石油石化职业技能培训教程

免费提供网络学习增值服务
手机登录方式见封底

井下作业工具工

（下册）

中国石油天然气集团有限公司人事部　编

石油工業出版社

内容提要

本书是由中国石油天然气集团有限公司人事部统一组织编写的《石油石化职业技能培训教程》中的一本。本书包括井下作业工具工应掌握高级工操作技能及相关知识、技师操作技能及相关知识、高级技师操作技能及相关知识，并配套了相应等级的理论知识练习题，以便于员工对知识点的理解和掌握。

本书既可用于职业技能鉴定前培训，也可用于员工岗位技术培训和自学提高。

图书在版编目(CIP)数据

井下作业工具工. 下册/中国石油天然气集团有限公司人事部编. —北京：石油工业出版社，2020. 2

石油石化职业技能培训教程

ISBN 978-7-5183-3535-0

Ⅰ. ①井… Ⅱ. ①中… Ⅲ. ①井下工具-技术培训-教材 Ⅳ. ①TE921

中国版本图书馆 CIP 数据核字(2019)第 166257 号

出版发行：石油工业出版社

（北京市安定门外安华里 2 区 1 号 100011）

网　址：www. petropub. com

编辑部：(010)64523785

图书营销中心：(010)64523633

经　销：全国新华书店

印　刷：北京中石油彩色印刷有限责任公司

2020 年 3 月第 1 版　2022 年 9 月第 3 次印刷

787 毫米×1092 毫米　开本：1/16　印张：29. 5

字数：750 千字

定价：95. 00 元

（如发现印装质量问题，我社图书营销中心负责调换）

《石油石化职业技能培训教程》

编　委　会

《井下作业工具工》编审组

主　　编：倪明泉

副 主 编：关尚奎　李瑞超

参编人员：高　山

参审人员（按姓氏笔画排序）：

宁治军　刘丽燕　张宝瑜

陈　佳　谭文波

PREFACE 前言

随着企业产业升级、装备技术更新改造步伐不断加快，对从业人员的素质和技能提出了新的更高要求。为适应经济发展方式转变和“四新”技术变化要求，提高石油石化企业员工队伍素质，满足职工鉴定、培训、学习需要，中国石油天然气集团有限公司人事部根据《中华人民共和国职业分类大典(2015年版)》对工种目录的调整情况，修订了石油石化职业技能等级标准。在新标准的指导下，组织对“十五”“十一五”“十二五”期间编写的职业技能鉴定试题库和职业技能培训教程进行了全面修订，并新开发了炼油、化工专业部分工种的试题库和教程。

教程的开发修订坚持以职业活动为导向，以职业技能提升为核心，以统一规范、充实完善为原则，注重内容的先进性与通用性。教程编写紧扣职业技能等级标准和鉴定要素细目表，采取理实一体化编写模式，基础知识统一编写，操作技能及相关知识按等级编写，内容范围与鉴定试题库基本保持一致。特别需要说明的是，本套教程在相应内容处标注了理论知识鉴定点的代码和名称，同时配套了相应等级的理论知识练习题，以便于员工对知识点的理解和掌握，加强了学习的针对性。**此外，为了提高学习效率，检验学习成果，本套教程为员工免费提供学习增值服务，员工通过手机登录注册后即可进行移动练习。**本套教程既可用于职业技能鉴定前培训，也可用于员工岗位技术培训和自学提高。

井下作业工具工教程分上、下两册，上册为基础知识、初级工操作技能及相关知识、中级工操作技能及相关知识，下册为高级工操作技能及相关知识、技师操作技能及相关知识、高级技师操作技能及相关知识。

本工种教程由大庆油田有限责任公司任主编单位，参与审核的单位有大庆油田有限责任公司、西部钻探工程有限公司、川庆钻探工程有限公司、吉林油田分公司等。在此表示衷心感谢。

由于编者水平有限，书中错误、疏漏之处请广大读者提出宝贵意见。

编　者

CONTENTS 目录

第一部分　高级工操作技能及相关知识

第二部分　技师操作技能及相关知识

第三部分　高级技师操作技能及相关知识

理论知识练习题

附 录

第一部分

高级工操作技能及相关知识

模块一　识别、检测井下工具

项目一　相关知识

一、试压泵

(一)定义

试压泵是专供各类压力容器、管道、阀门、锅炉、钢瓶、消防器材等作水压试验和实验室中获得高压液体的检测设备。试压泵的最大特点是排出压力很高,一般试压泵都可以达到几十兆帕,超高压试压泵可以达到上千兆帕。

(二)分类

试压泵分为3种:电动试压泵、手动试压泵和电动手提式试压泵。

(三)工作原理

试压泵可将动力机(如电动机和内燃机等)的机械能转换成液体的压力能。试压泵试压完毕,打开手动试压泵的放水阀,泵内液体流回水箱中即可排空泄掉容器内的压力。

试压泵凸轮由电动机带动旋转,当凸轮推动柱塞向上运动时,柱塞和缸体形成的密封体积减小,油液从密封体积中挤出,经单向阀排到需要的地方去;当凸轮旋转至曲线的下降部位时,弹簧迫使柱塞向下,形成一定真空度,油箱中的油液在大气压力的作用下进入密封容积;凸轮使柱塞不断地升降,密封容积周期性地减小和增大,泵就不断吸油和排油。

(四)功能

手动试压泵性能试验可确定流量、功率、泵效率与排出压力的关系,并绘制性能曲线。

常见试压泵DSY100K电动试压泵的工作压力为3MPa。

(五)常见的故障和排除方法

1. 电动试压泵压力打不上来

(1)检查滤网是否有垃圾,应清洗滤网。

(2)检查水箱内吸水口是否露出液面,应适当加水。

(3)检查开关是否关紧。

(4)连接管有刺漏现象。

(5)单向阀门阀口不密封,应拆下单向阀清洗。

(6)有可能是高压缸进水管堵死,应拆开检查,再进行下一步维修工作。

(7)有可能是柱塞密封圈损坏或松动,应调整螺套,更换密封圈。

2. 电动试压泵噪声大

(1)轴承损坏,应更换轴承。

(2)柱塞顶死,应调松连接体衬套,适当拧松一转。

（3）柱塞偶咬死（更换柱塞偶）。

3. 电动试压泵压力不稳定

（1）关死开关。

（2）连接管有刺漏现象。

（3）压力表损坏，修理更换压力表。

（4）试压泵稳不住压可能是针阀、放气阀、水阀泄漏，应更换或研磨。

GBA001 试压泵的使用方法

（六）试压泵的使用

（1）试压泵开始使用前应详细检查各部件连接处是否拧紧，压力表是否正常，进出水管是否安装好；禁止使用有泥沙及其他污染物的不清洁水。

（2）为提高试压效率、可先将被测试容器或设备注满水，再接试压泵的出水管。

（3）在试压过程中，若发现水中有多量空气，可拧开放水阀，把空气放掉。

（4）在试压过程中若发现有任何细微的掺水现象，应立即停止工作进行检查和修理，严禁在掺水情况下继续加大压力。

（5）试压完毕后，先松开放水阀，使压力下降，以免压力表损坏。

（6）试压泵不用时，应放尽泵内的水，吸进少量机油，防止锈蚀。

（七）主要参数

中低压、高压电动试压泵的主要参数见表1-1-1。

表1-1-1 中低压、高压电动试压泵参数表

高压电动试压泵参数							
型号	额定工作压力 MPa		流量 L/h		电动功率 kW	出水接口 （外螺纹） mm×mm	质量 kg
	低压	高压	低压	高压			
4D-SY18/100	2	100	515	12	3.0	M24×2	180
4D-SY25/60	2	60	528	25	3.0	M24×2	180
4D-SY30/35	2	35	590	38	3.0	M24×2	180

中低压电动试压泵参数					
型号	额定工作压力 MPa	流量 L/h	电动功率 kW	出水接口 （外螺纹） mm×mm	质量 kg
4D-SY400/20	20	400	3.0	M24×2	180
4D-SY400/12	12	400	3.0	M24×2	180
4D-SY700/6.0	6	700	3.0	M24×2	180
4D-SY200/3.0	3	200	0.75	M20×1.5	73.5

（八）其他知识

1. 压力表

压力是物理学上的压强，即单位面积上所承受压力的大小，以大气压力为基准，用于测量小于或大于大气压力的仪表及用于计量流体（气体、液体）压力的仪表，称为压力表。

2. 测量范围

为了保证弹性元件能在弹性变形的安全范围内可靠地工作，在选择压力表量程时，必须根据被测压力的大小和压力变化的快慢，留有足够的余地，因此，压力表的上限值应该高于工艺生产中可能的量大压力值。根据“化工自控设计技术规定”，在测量稳定压力时，最大工作压力不应超过测量上限值的2/3；测量脉动压力时，最大工作压力不应超过测量上限值的1/2；测量高压时，最大工作压力不应超过测量上限值的3/5；一般被测压力的最小值应不低于仪表测量上限值的1/3，从而保证仪表的输出量与输入量之间的线性关系，提高仪表测量结果的精确度和灵敏度。

根据被测参数的最大值和最小值计算出仪表的上、下限后、不能以此数值直接作为仪表的测量范围，应在国家规定的标准系列中选取仪表的标尺上限值。中国的压力表测量范围标准系列有：-0.1~0.06，0.15；0~1，1.6，2.5，4，6，10×10^{n}MPa（其中n为自然整数，可为正值或负值）。

3. 精度等级

压力表的精度等级见表1-1-2。

表1-1-2　压力表的精度等级

表盘直径，mm	标度范围，MPa	精度等级
50	0~0.1~100；-0.1~0~2.4	2.5%
60	—	2.5% （1.6%）
75	—	1.6% （1.0%）
100	—	1.6% （1.0%）

4. 检修保养

（1）经过一段时间的使用与受压，压力表机芯难免会出现一些变形和磨损，压力表就会产生各种误差和故障。为了保证其原有的准确度而不使量值传递失真，应及时更换，以确保指示正确、安全可靠。

（2）压力表要定期进行清洗，压力表内部不清洁，就会增加各机件磨损，从而影响其正常工作，严重的会使压力表失灵、报废。

（3）根据JJG 52—2013《弹性元件式一般压力表，压力真空表和真空表检定规程》规定，在测压部位安装的压力表的检定周期一般不超过半年；关系到生产安全和环境监测方面的压力表，检定周期必须符合检定规程，只可小于半年；如果工矿条件恶劣，检定周期必须更短。

GBA002 YNJ-160/8液压拧扣机的介绍

二、YNJ-160/8液压拧扣机

（一）用途

YNJ-160/8液压拧扣机是对螺纹连接件进行上扣或卸扣的专用设备，可用于抽油泵、封隔器等下井工具连接件螺纹的上、卸扣作业。

（二）结构

YNJ-160/8液压拧扣机主要由主扣头、副机头支架、座底、操作台、油箱、齿轮泵、液压马达等组成。

（三）工作原理

YNJ-160/8 液压拧扣机主扣头通过齿轮泵、液压马达，借助滚子在渐开线交错面上滚动；当腭板滚子在爬坡滚动时，腭板不断向中心推进，以达到卡紧工件的目的；这种渐开线交错的双曲面，使腭板滚子无论在任何位置，工件表面的切向力和径向力之比均接近一个常数，这就保证了卡紧机构对适应范围内的任意直径都能可靠卡紧。

（四）技术规范

（1）低挡额定扭矩：8kN · m。

（2）高挡额定扭矩：2. 2kN · m。

（3）低挡额定转速：15r/min。

（4）高挡额定转速：54r/min。

（5）通径：160mm。

（6）液压额定压力：14MPa。

（7）液压额定流量：75L/h。

（8）总功率：22kW。

（五）上、卸扣操作步骤

（1）将要上、卸扣的部件分别装夹在拧扣机上。

（2）根据上扣扭矩初步确定上、卸扣压力。

（3）启动拧扣机进行上、卸扣，并观察记录卸扣压力。

（4）卸压。

（5）从拧扣机上，拆下卸扣部件。

三、液压油缸

（一）液压传动概述

液压传动是用油液作为工作介质来传递能量的，同时液压传动装置也可用于自动控制系统，与其他传动装置（机械传动、电传动、气传动），液压传动具有很多优点：

（1）液压元件尺寸小，结构紧凑，重量轻；

（2）在很大范围内进行无级调速；

（3）可以方便地将发动机的旋转运动转换为执行机械的往复运动；

（4）可方便地实现动作自动化、过载保护；

（5）元件在油中工作，润滑好，寿命长；

（6）液压元件大部分是标准件，设计制造液压系统方便等。

所以液压传动被广泛地应用于各个工业部门，在石油钻采机械中液压传动也得到了广泛的应用，如液压钻机、液压修井机、液压大钳、液压油管钳等。

（二）工作原理

油泵由发动机带动，当油泵活塞向左运动时，泵缸右腔容积增大，压力降低，同时排出阀关闭，油箱内的油在油箱和泵缸压差作用下顶开吸入阀进入油缸，这时油泵吸油。当油泵活塞向右运动时，泵缸容积减小，压力增大，同时吸入阀关闭，排出阀打开，这时泵排油，泵排出的压力油进入油缸下腔，推动油缸活塞向上运动，实现起升的动作。

（三）液压系统组成及作用

一般来说，液压系统由以下四类元件组成：

（1）动力元件，即油泵，它把机械能转化为液压能，为系统提供压力油。

（2）执行元件，即液动机，如油缸或油马达，它把液压能转化为机械能，带动负荷运动。

（3）控制元件，包括控制液压系统压力（即执行元件产生的力）用的元件，如溢流阀；控制流量（即执行元件速度）用的元件，如节流阀；控制油流方向（即执行元件的运动方向）用的元件，如换向阀。控制元件是用来控制执行元件的力和运动的。

（4）辅助元件，如油箱、油管、蓄能器和滤油器等。在一个完整的液压系统中往往要用很多液压元件，这些元件由管线加以连接组成一个完整的液压系统。用元件的结构示意图来表达一个液压系统，往往因元件纵横排列，管路来往交错，既看不清楚，绘制又复杂，使用也不便。所以国家规定液压系统图一律用液压元件职能符号绘制，这里不做叙述。

（5）液压油，即液压系统中传递能量的工作介质，有各种矿物油、乳化液和合成型液压油等几大类。

在液压系统中，为了实现往复运动，可采用不同类型的动油缸。根据往复运动的形式不同，动油缸分为直线往复运动的油缸和摆动往复运动的油缸，一般把前者称为油缸，后者称为摆动油缸。这里只介绍常用的双作用伸缩式套筒油缸。

（四）动油缸基本参数

油缸的基本参数是油缸的往复运动速度和牵引力。油缸的往复运动速度与油缸结构及进入油缸的液压油流量有关：

$$V=10Q/F_1 \tag{1-1-1}$$

式中　V——油缸往复运动速度，m/min；

Q——进入油缸的流量，L/min；

F_1——油缸有效作用面积，cm^2。

油缸的牵引力一般是用来克服工作阻力 $P_{工}$ 和油缸密封装置的摩擦力 $P_{摩}$，即：

$$P=P_{工}+P_{摩} \tag{1-1-2}$$

（五）油缸常见密封装置

1. 活塞环密封

活塞环装在活塞上的凹槽内，用于活塞与缸体间的密封。活塞环密封依靠金属弹性变形的张力压紧在油缸表面上，而其侧面与活塞紧密接触。活塞环密封寿命长、耐温高、摩擦力较小，允许运动件的相对运动速度较高，是应用很广的一种密封装置。但制造工艺复杂，成本高。

2. 金属（铜垫与铝垫）密封

管接头与机体连接、油缸缸体与端盖间则常用铜（或铝）垫密封，金属密封装置只要保证有足够和均匀的压紧力，便能承受很高的压力。

3. O 形密封圈

O 形密封圈是液压传动中应用最广泛的一种密封装置，可用于往复运动和回转运动件的密封，也可用于固定密封；可用于内径密封，也可用于外径密封。它结构简单、密封可靠，密封能力随液压力的增加而提高，当用于运动件的密封时因接触面小，摩擦力较小。O 形密封圈的压力适应范围较广，对于固定连接，工作压力可达 70MPa，温度为-20~90℃，对于活动连接，工作压力可达 35MPa，温度为-40~120℃，这种密封圈可用到直径 400mm 的密封处。

O 形密封圈的型号前边的数字表示该密封圈的外径，后面的数字表示该密封圈的断面直径，例如 $\phi16\times2.4$ 表示此密封圈外径为 16mm，断面直径为 2.4mm。

4. Y 形密封圈

Y 形密封圈在活塞及活塞杆处都可用，它适用压力小于 20MPa 的工作条件，适应性广，应用普遍，随着工作压力的升高，其密封性能随之提高。

5. V 形密封圈

V 形密封圈由上环（压环）、中间环（密封环）和下环（支撑环）三部分组成，起密封作用的主要是中间环，工作压力达 50MPa，温度为-40~80℃，直径有 8~250mm 不同规格。

6. 防尘密封圈

石油钻采机械工作在野外，条件比较恶劣，为了防止灰尘进入液压系统中，必须在油缸活塞杆等伸出壳体外的部位安装防尘密封圈及橡胶或帆布套制作的折叠式防尘套，保证液压系统所有油液的清洁。防尘密封圈对于保证液压系统正常工作和延长液压元件的寿命具有很重要作用。防尘圈有 J 形、骨架形、三角形及组合型（由橡胶尘圈和毡圈）等多种。

（六）液压动油缸的安装、使用技术要求

1. 安装要求

（1）安装前检查所有部件是否存在损坏、变形等问题。

（2）安装时，首先将缸体固定好。

（3）装活塞前，将缸体内污油、杂质清除干净。

（4）将活塞的密封圈安装好，涂好润滑油，然后缓慢将活塞及活塞杆推入缸体内。

（5）将两端的挡环清洗干净，擦干水，涂好润滑油，并将其平推到位。

（6）将两端的密封总成安装好密封圈，用铜棒或橡胶锤将其推到位，并用螺栓将其固定在缸体上。

（7）打开排气孔，向油腔充油。充油时，排气孔的方向向上，充油孔方向向下，便于排气。

（8）油腔充满油后，要进行循环，并不断轻击缸体，将余气排净。

（9）排气完成后，关闭排气孔，进行试运行，检查液压缸工作是否正常，如果无异常情况，则安装完毕。

2. 使用要求

（1）液压油缸所承载的负荷要与活塞及活塞杆在同一轴线上。

（2）必须在额定的工作负荷、额定油压下工作，防止超负荷工作造成机件变形或密封件损坏。

（3）工作一定时间后要更换液压油。

（4）保护好活塞杆不被刮伤，保证端面密封圈工作正常。

（5）如果端面密封漏油要及时更换密封圈。

(6)如果液压油缸在野外工作,必须保证液压系统的油纯净,不得含有水分。

(七)液压动油缸的维修及故障排除

GBA003 液压拧扣机的液压油缸故障分析
GBA004 液压拧扣机的液压油缸故障排除

液压设备优点很多,但是液压系统的故障排除比较麻烦。因此,正确地维护使用液压设备是十分重要的。

1. 执行元件运动速度不够或完全不动

执行元件的运动速度取决于进入执行元件的流量,因此出现这类情况首先要判断流量减少的原因。产生这类故障的原因可能是油泵流量不够或完全没有流量;系统泄漏过多,使进入执行元件的流量不够;溢流阀调整的压力太低,克服不了工作机构的负载阻力等。

(1)首先观察泵附近的各压力表,如果没有压力,接着检查各回油管,如果回油路也没有回油,就说明泵没有打出油来,可能是油泵转向不对,或者油泵内泄漏太大,也可能吸油油路阻力过大,油泵没上油。

(2)如果检查回油管时发现溢流阀(或安全阀)有回油,可以调整溢流阀的调节弹簧,如无效,则可能是溢流阀主阀或锥阀在开口位置被卡死,或者调节弹簧断,或主阀阻尼孔堵塞,泵的油全部从溢流阀溢走,可以拆开溢流阀清洗检查,恢复其工作性能。

(3)清洗溢流阀后,故障仍然未排除,则可能是压力油路中与液动机直接有关的某些阀卡住而处于回油位置,或者是阀本身内泄漏太大,要拆洗这类阀,恢复其工作性能。

(4)拆洗压力油路上有关阀类后,故障仍然没有排除,就可以判断液动机本身内有泄漏,可能是密封被破坏,损坏严重的要进行修复和更换。

一个液压系统中如有几个执行元件,可以从不同油路上分开检查,如果有些油路工作正常,有些油路工作不正常,可以按上述的(3)(4)项中所提出的方法去排查工作不正常的油路。

2. 加载后液动机动作速度显著降低

如果一个液压系统在低载下或空载下速度达到预定的要求,但一加载速度显著下降,可以根据“执行元件运动速度不够或完全不动”故障排除的思路去分析。这类事故往往是液压元件内部有较大的内泄漏引起的。这时可以用换向阀等将压力油路切断,再调节溢流阀,观察压力表,如果用溢流阀可以使系统压力调节到预定压力,就说明泵、换向阀、溢流阀等元件没有问题,很可能是换向阀以后的元件漏,如此逐一检查。

3. 顺序动作等自动循环不能正确实现

顺序动作等自动循环是由发信号元件和控制阀来实现的,因此可以估计产生这类故障的主要原因是控制元件未能正确发出信号或者控制阀类没能正确执行,具体原因可能是:

(1)用行程开关—电磁阀控制时,行程开关或电磁阀可能失灵。

(2)用压力继电器发信号时,压力继电器的小件可能被卡住。

(3)以上两项可以很快从电路上检查出来。如果不是以上原因,那就是控制阀没有正确执行信号,可能是控制阀卡死或泄漏过大,需要清洗和修复。

4. 噪声和震动

噪声往往是震动引起的,震动的原因可能是油中混入了空气、油泵的流量脉冲大、液压元件参数选择不当。噪声较大时应首先查看管路,如发现某一段管路有显著震动,则震动的根源可能是管路安装不正确,须纠正。如油路没有问题,一般都是油中混入空气引起的,也可能是油泵吸油高度过高、吸油管阻力太大、油箱透气不好、补油泵供油不足、油的黏度太高或滤塞器堵塞等原因，应采取相应措施纠正。

此外，电动机与泵轴中心线不对正或联轴器松动等也会引起震动，因此安装和修理时要注意安装精度。滑阀碰撞阀体也会有噪声，应采取相应措施。

5. 油温过高

油压系统功率损失变为热能是温度过高的主要原因，液压系统设计合理与否，也是一个重要因素，除了设计不当外，液压系统出现油温过高可能有以下原因：

(1) 有严重的泄漏，油泵压力调整得过高。

(2) 误用黏度过大的油。

(3) 换向时的冲击现象造成不必要的能量损失。

(4) 散热不良。

(5) 卸荷回路工作不正常，系统不需要油液时，压力油从溢流阀流回油箱，要产生大量的热。

根据以上常见故障的分析和实际经验，要使一个油压系统能够可靠的工作，在使用过程中必须注意以下几个问题：

(1) 防止空气混入系统中并及时排除混入系统中的空气，空气混入系统中会引起震动、噪声、运动不稳定、爬行和油液氧化变质等不良影响。

(2) 要经常保持油液的清洁，要定期更换滤油器和更换液压油。

(3) 要防止泄漏和油温过高。

四、手动葫芦

(一) 概述

手拉葫芦向上提升重物时，顺时针拽动手动链条，手链轮转动，将摩擦片棘轮、制动器座压成一体共同旋转，齿长轴便转动片齿轮、齿短轴和花键孔齿轮，装置在花键孔齿轮上的起重链轮就带动起重链条，从而平稳地提升重物。下降时逆时针拽动手拉链条，制动座跟刹车片分离，棘轮在棘爪的作用下静止，五齿长轴带动起重链轮反方向运行，从而平稳下降重物。手拉葫芦一般采用棘轮摩擦片式单向制动器，在载荷下能自行制动，棘爪在弹簧的作用下与棘轮啮合，使制动器安全工作。

手拉葫芦作为升级版的定滑轮，完全继承了定滑轮的优点，同时采用反向逆止刹车的减速器和链条滑轮组的结合，对称排列二级正齿轮转动结构，简单、耐用、高效。

(二) 分类

手动葫芦按形状分为圆形手拉葫芦、三角形手拉葫芦、方形手拉葫芦、K 形手拉葫芦、V 形手拉葫芦、T 形手拉葫芦、迷你型手拉葫芦、防爆手拉葫芦、360°手拉葫芦等。

GBA005 手动葫芦的使用

(三) 使用与保养

(1) 手拉葫芦在使用前，应仔细进行检查，查看吊钩、链条和轴是否有变形或损坏，链条终根部分的销子是否牢固可靠，传动部分是否灵活，制动部分是否可靠，手拉链是否有滑链及掉链现象。

(2) 使用手拉葫芦的吊挂必须牢靠，检查起重链条是否有扭结现象，如有应调整好后再使用;手动葫芦的起吊高度一般不超过 3m。

(3)操作手拉葫芦时,先将手链反拉,并将起重链条放松,使其有充分的起升距离,然后慢慢起升,待链条拉紧后,检查各部分有无异常,挂钩是否合适,确认正常后,方可以继续工作。

(4)不要斜向拽动手拉链条,也不要用力过猛,在倾斜或水平方向使用时,拉链方向应与链轮方向一致,避免卡链和掉链现象发生。

(5)拉链人数应根据葫芦起重能力大小来决定,如遇拉不动时,应检查是否超载、是否勾连、葫芦是否有损坏,严禁增加拉链人数强拉。

(6)在起吊重物的过程中,如要将重物在空中停留较长时间时,应将手拉链拴在重物上或起重链上,以防止时间过长而机具自锁失灵发生意外事故。

(7)葫芦不得超载使用。数台葫芦同时起吊一个工件时,受力要均衡,要有专人指挥、起落同步。

(8)葫芦应定期保养,转动部件要及时加油润滑,以减少磨损,防止链条锈蚀。对严重锈蚀、断痕和裂纹的链条,要做报废或更新处理,不准凑合使用。注意不能将润滑油渗到摩擦胶木片上,以防止自锁失灵。

(9)维护和检修应由熟悉手扳葫芦机构者进行,防止不懂本机性能原理者随意拆装。

(10)使用完毕后,要把葫芦擦拭干净,存放在干燥的地方。

五、机械式内割刀

GBB001 机械式内割刀的功能

GBB003 水力式内割刀的功能

GBB004 水力式内割刀的技术规范

(一)用途

机械式内割刀是一种从井下管柱内部切割管子的专用工具,除接箍外可在任意部位切割,切割作业时,可将可退式打捞矛接在内割刀上部,待切割完后,将上部管柱一次提出。

(二)结构

机械内割刀由芯轴、切割机构、限位机构、锚定机构等部件组成,如图 1-1-1 所示。

芯轴:上部有与钻杆相连接的内螺纹,底部螺纹接引鞋,其他部位均套在芯轴上,芯轴中心有水眼,可进行循环。

切割机构:由刀片、刀枕、主弹簧等组成。刀片外部有弹簧片,自由状态的刀片停放在芯轴的刀片槽内;坐扣后,芯轴下放,刀片沿刀枕斜面外伸;钻柱旋转时刀片和刀枕一起随芯轴转动。进行切割刀片给进时,刀枕所承受的轴向力完全由主弹簧承担,这样就保证了进刀平稳,不致因冲击载荷而损坏刀片。

限位机构:切割过程中旋转和下放两种运动形式同时进行。旋转速度由地面控制,而下放时,刀片总进给量是由限位圈来控制的,限位圈端面上有 3 个凸台,切割时与刀枕一起转动,但不能随工具下行。当芯轴达到最大下放量时,门台与芯轴台肩接触,此时刀片外伸量为极限值,主弹簧受压达到最大压力。

锚定机构:由扶正壳体、滑牙套、滑牙板、弹簧、卡瓦、锥体等零件组成。扶正壳体上部均布三个“,”形孔,吊挂着三个卡瓦。滑牙板外侧表面有 3~4 个锯齿形牙,在弓形弹簧作用下,紧紧贴合在滑牙套外表面的锯齿形的牙间处。滑牙套内孔有螺纹与芯轴相连。

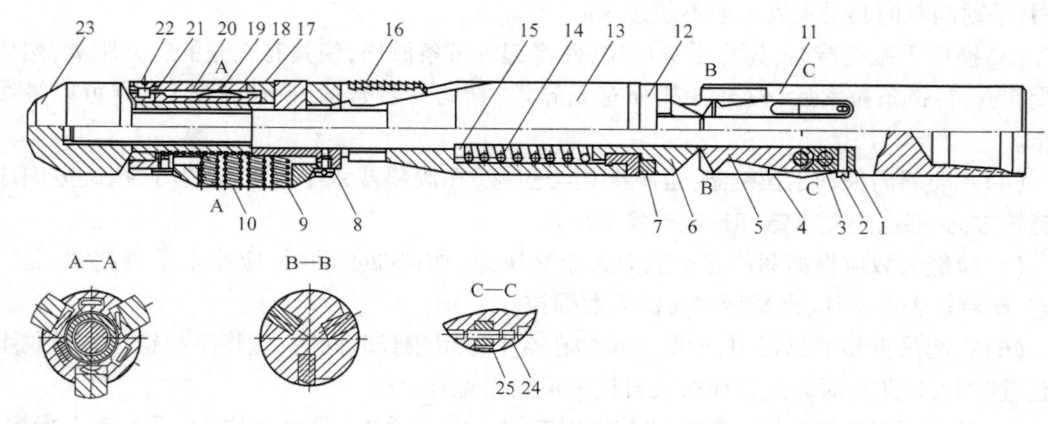

图 1-1-1　机械内割刀结构示意图

1—刀片座；2—螺钉；3—内六角螺钉；4—弹簧片；5—刀片；6—刀枕；7—卡瓦锥体座；8—螺钉；9—扶正块弹簧；10—扶正块；11—芯轴；12—限位圈；13—卡瓦锥体；14—主弹簧；15—垫圈；16—卡瓦；17—滑牙板；18—滑牙套；19—弹簧片；20—扶正壳体；21—止动圈；22—螺钉；23—底部螺帽；24—丝堵；25—圆柱销

（三）工作原理

当工具下放到预定深度时，正转钻柱，摩擦块紧贴套管内壁产生一定的摩擦力，迫使滑牙板与滑牙套相对转动，推动卡瓦上行沿锥面张开，并与套管内壁接触，完成锚定作用，继续转动并下放钻柱，则进行切割。切割完毕后上提钻柱，芯轴上行，单向锯齿螺纹压缩滑牙板弹簧，使之收缩，由此滑牙板与滑牙套即可跳跃复位，卡瓦脱开，解除锚定。

GBB002 机械式内割刀的技术规范

（四）技术规范

机械式内割刀的技术规范见表 1-1-3。

表 1-1-3　机械式内割刀技术规范

规格型号		JNGD73	JNGD89	JNGD101	JNGD140	JNGD168
外形尺寸，mm×mm		ϕ55×584	ϕ83×600	ϕ90×784	ϕ101×956	ϕ138×1208
接头螺纹代号		1. 900TBG	1. 900TBG	NC26	NC26 NC31	NC31 330
使用规范及性能参数	切割范围，mm	62~57	70~78	97~105	107~115	158~137
	坐卡范围，mm	65~54. 4	81~67	108~92	118~104	158~137
	切割转速，r/min	40~50	30~20	20~10	20~10	20~10
	进给量，mm	1. 2~2. 0	1. 5~3. 0	1. 5~3. 0	1. 5~3. 0	1. 5~3. 0
	钻压，kN	3	4	5	5	7
更换件后扩大的切割范围，mm(in)			101(3½)油管	114(4½)套管	139、146(5½、5¾)套管	177. 8(7)套管

（五）操作方法及注意事项

1. 操作方法

（1）工具下井前应通井，保证下井工具畅通无阻。

（2）根据被切割管子尺寸选择好内割刀。

（3）将工具接在钻柱下部，下至预定深度。

（4）循环洗井。

（5）正转钻柱并逐渐下放至坐卡，此时悬重应保持原钻柱重量。

（6）继续以 11~24r/min 的转速正转，以开始切割（扭矩增加）为起点，每次下放量为 1~2mm，总下放量见表 1-1-3 中给定值。

（7）当扭矩减少，说明管柱被切割掉。

（8）上提钻柱即可解除锚定状态。

2. 注意事项

（1）下工具时防止正转钻柱以免中途坐卡，如果中途坐卡，上提钻柱即可复位，然后继续下放。

（2）切割时应按规定控制下放量和转速，防止刀片损坏。

（六）组装保养

（1）将机械式内割刀的芯轴上端固定在专用工作台的压力钳上；

（2）刀片和刀片座通过圆柱销连接后置入芯轴上端的槽内，调整刀片座使螺孔对正后从侧面装入内六角螺钉进行固定；

（3）在刀片座上装上弹簧片，并用螺钉固定；

（4）在卡瓦锥体内装入垫圈和主弹簧，卡瓦锥体座依次与限位环、刀枕相连后，从芯轴下端套装在芯轴上；

（5）在芯轴下端装上滑牙套；

（6）在扶正壳体开槽内依次装上扶正块弹簧和扶正块，弹簧压紧扶正块，在扶正壳体两端分别套上止动圈，并用螺钉固定；

（7）扶正壳体上装上卡瓦后从芯轴下端装在芯轴上，卡瓦位于卡瓦锥体的燕尾槽内；

（8）在扶正壳体上依次装上滑牙板、弹簧片，使滑牙片的锯齿螺纹与滑牙套的锯齿螺纹相啮合，并用螺钉固定；

（9）在芯轴下端连接底部螺帽；

（10）每次使用后，应彻底清洗检查，损坏件应更换，涂防腐油装配好备用。

（七）优缺点

优点：

（1）结构紧凑，性能可靠，切割成功率高。

（2）切割深度准确，切口平整。

（3）更换少量零件即可扩大切割范围。

（4）有水眼可进行循环。

缺点：

操作较难掌握。

GBB006 机械式外割刀的结构及用途

六、机械式外割刀

（一）用途

机械式外割刀是一种从套管、油管或钻杆外部切断管柱的专用工具，更换卡爪装置后，可在除接箍外任何部位切割，切断后可直接提出断口以上管柱。

（二）结构

机械式外割刀主要由上接头、卡爪装置、止推环、承载环、隔套、弹簧罩、主弹簧、进给套、剪销、刀片、轴销、丝堵、筒体、引鞋等组成，如图1-1-2所示。

筒体上接上接头，下连引鞋，体内装有卡爪装置、止推环、承载环等零件。上接头有内螺纹，同套铣筒或其他工具管柱相连。卡爪装置有3种形式，即弹簧爪式、棘爪式和卡瓦式。卡爪装置的主要功能是使割刀固定在预切割部位的管柱上。

弹簧爪式卡爪装置可卡在套管、油管和钻杆等标准接箍处，也可卡在带台肩的工具接头外，如图1-1-3所示。

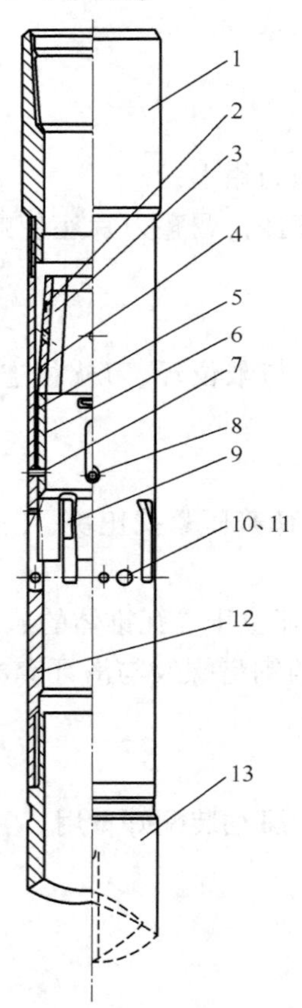

图1-1-2 机械式外割刀结构示意图

1—上接头；2—橡胶；3—活塞片；4—活塞O形密封圈；5—进刀片O形密封圈；6—进刀套；7—剪销；8—导向螺栓；9—刀片；10—刀销；11—刀销螺栓；12—外筒；13—引鞋

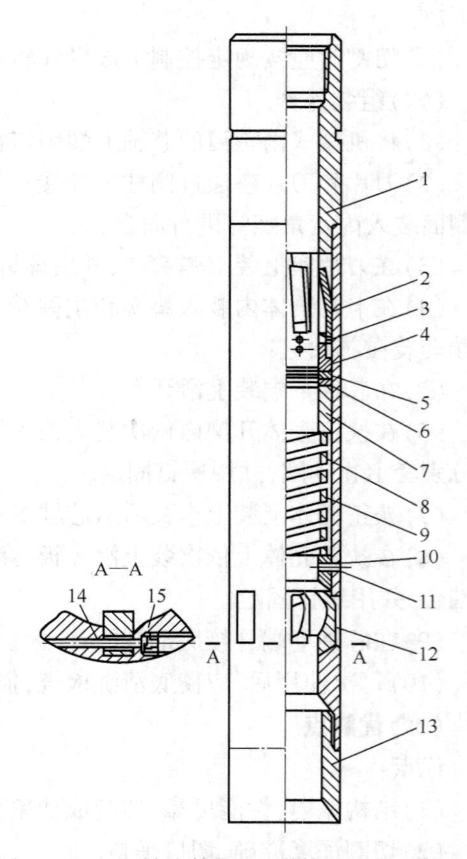

图1-1-3 机械式外割刀（弹簧爪式卡爪装置）

1—上接头；2—卡簧爪；3—铆钉；4—卡簧套；5—止推环；6—承载环；7—隔套；8—筒体；9—主弹簧；10—进给套；11—剪销；12—刀片；13—引鞋；14—轴销；15—顶丝

棘爪式卡爪装置可卡在整体管柱的加厚部位，由座体、隔套、棘爪、扭力弹簧、轴销等组成。座体上半部开六个豁口安装六个棘爪，棘爪长而扁，被轴销和扭力弹簧固定并压向水平位置，如图 1-1-4 所示。

卡瓦式卡爪装置（图 1-1-5）可卡在管子本体的任意部位上，由卡瓦、中间接头、卡瓦锥体、卡瓦锥体座、弹簧等零件所组成。中间接头连接在外割刀上接头与筒体之间，用以补偿原工具尺寸的不足，同时中间接头上部有一个台阶，压住弹簧。下端面压住卡瓦锥体座，使其固定不动。卡瓦锥体是圆柱形套，内孔有一个锥面。两个剪销把锥体座和锥体连在一起。卡瓦是整体式，圆环体的下部有四个卡瓦片，卡瓦片内表面有坚硬的内齿，卡瓦片的外表面是圆锥面。安装这种卡爪装置的外割刀，还可退出落鱼。

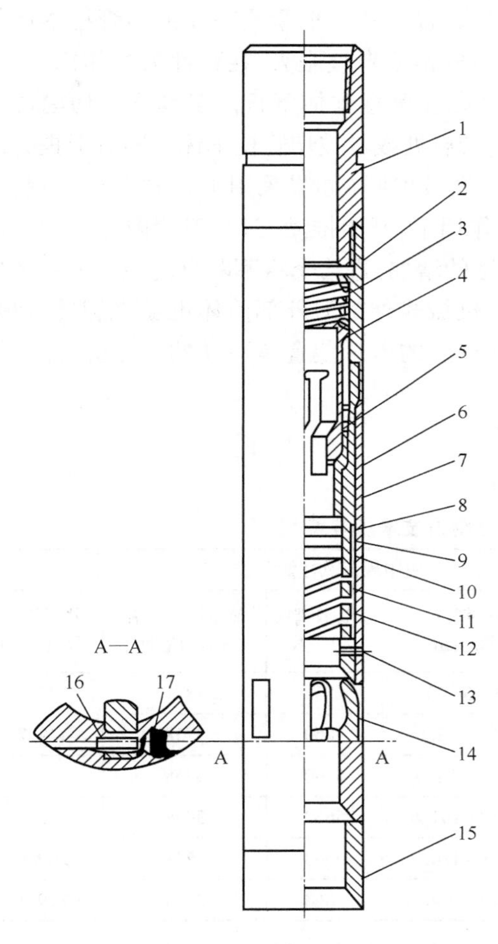

图 1-1-4　机械式外割刀（棘爪式卡爪装置）

1—上接头；2—套；3—棘爪；4—扭力弹簧；5—轴销；6—座体；7—止推环；8—承载圈；9—隔套；10—筒体；11—主弹簧；12—进给套；13—剪销；14—刀片；15—引鞋；16—轴销；17—顶丝

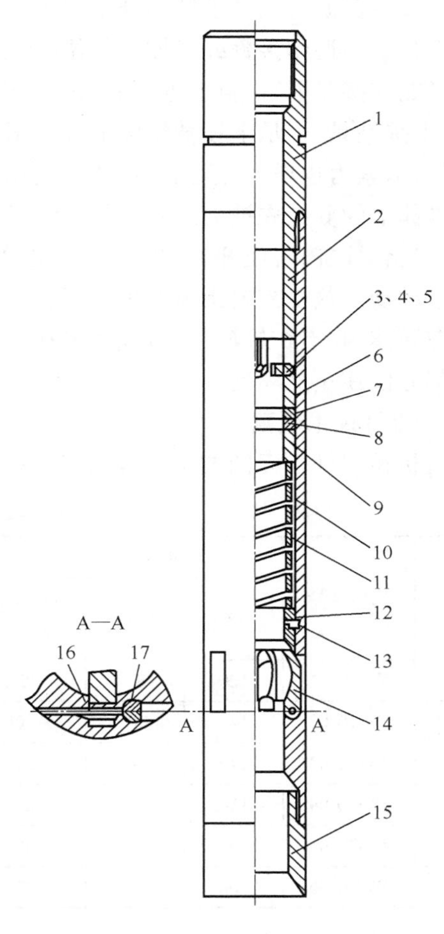

图 1-1-5　机械式外割刀（卡瓦式卡爪装置）

1—上接头；2—中间接头；3—弹簧；4—卡瓦锥体；5—卡瓦；6—卡瓦锥体座；7—剪销；8—止推环；9—承载环；10—隔套；11—筒体；12—弹簧；13—剪销；14—刀片；15—引鞋；16—轴销；17—顶丝

卡爪装置的下面是止推环和承载环。这两个零件是上部静止部分与下部运动部分的分界,因而有承压、耐磨的作用。主弹簧由矩形截面的弹簧钢板绕制而成,在一个装配好的外割刀中,主弹簧处于受压缩状态。引鞋有两种,一种是筒形,下端面有一大的内锥面,另一种下部有螺旋形缺口及内锥面,前者主要用于割断套铣后的管柱;后者主要用于割断井下遇卡管柱。

GBB005 机械式外割刀的工作原理

(三)工作原理

机械式外割刀是用卡爪装置固定割刀来实现定位切割的。工具管柱的旋转运动是切割的主运动,刀片绕轴销缓慢地转动是切削的进给运动。进给运动是靠压缩后主弹簧的反力来实现自动进给,其动作过程如下:

接在套铣管柱最下端的外割刀下入井后,卡爪装置中的卡爪紧紧贴在被切管柱本体外壁下行。当遇到接箍或者加厚部位时,卡爪或者被外推或者被胀大,在弹性力的作用下,卡爪又贴在接箍下行,直至通过接箍后,卡爪又重新贴在管柱本体下行。工具下至切割位置后,上提钻具,卡爪卡在被切段上部的第一个接箍台肩处或者被切管柱本体。随着上提力的增加,卡紧力也增大,达到一定值后进给套上的剪销被剪断(如果采用卡瓦式卡爪装置,卡瓦锥体上的剪销先被剪断)。进给套在弹簧力的作用下,开始推动刀片,刀片内伸。如果此刻工具管柱旋转,便开始切割管柱。随着切削深度的增加,进给套将不断自动地使刀片产生进给运动。这里需要指出的是,工具管柱旋转时,机械式外割刀外部筒体也随之旋转,但是装在筒体内,卡在接箍、台肩或者卡在被切管柱本体上的卡爪装置是不动的,因此筒体内转动部分仅在止推环处。

GBB007 机械式外割刀的技术规范

(四)技术规范

机械式外割刀的技术规范见表1-1-4所示。

表1-1-4 机械式外割刀技术规范表

序号	规格型号	割刀尺寸,mm		使用规范及性能参数				
		外径	内径	允许通过尺寸,mm	切割范围,mm	双剪销强度,N	剪断滑动卡瓦销负荷,N	井眼最小尺寸,mm
1	JWGD 01	120	98.4	95.3	48.3~73	2530	1871	125.4
2	JWGD 02	143	111.1	108	52.4~88.9	5660	3758	149.2
3	JWGD 03	149	117.1	114.3	60.3~88.9	5660	3758	155.6
4	JWGD 04	154	123.8	120.7	60.3~101.6	5660	3758	158.8
5	JWGD 05	194	161.9	158.8	88.9~114.3	5660	3758	209.6
6	JWGD 06	206	168.3	139.7	101.6~146.1	5660	3758	219.1

GBB008 机械式外割刀的使用和维护保养

(五)操作方法及注意事项

1. 操作方法

1)套铣

在下割刀前要进行套铣,使被切割的管柱与水泥环分开。套铣鞋的尺寸必须符合其外径稍大于所选定的外割刀外径,内径要小于外割刀内径3~4mm的规定。如果割断的管柱是套管内的油管或钻杆,自然不必套铣。

2)下井

(1)根据被切管柱的尺寸选定外割刀,并用工作井眼的最小尺寸校验工具能否通过。根据被切管柱的连接接箍或台肩选定卡爪装置。

(2)拧紧各部位螺纹,下至预切深度。

3)切割

(1)校准切割深度,待循环正常后,上提工具管柱卡爪装置卡住接箍,从而使割刀固定。继续增加上提负荷达到表1-1-4的规定值,进给套上销钉被剪断,进给套在主弹簧作用下压向刀片。

(2)均匀地、慢慢地旋转工具管柱,刀片开始切割管子。

(3)当指重表有明显摆动时预示切割完成。

(4)提出被切割管柱及工具。

2. 注意事项

(1)在整个切割过程中,要保持剪断剪销时的上提负荷。

(2)接上方钻杆后开泵循环,待循环正常后停泵,然后旋转工具管柱,其目的是使刀片不接触落鱼。

(3)切割开始时要做到慢转小扭矩,实现轻微切割,如果发现扭矩过大,转速过慢,应轻微下放工具管柱,直至扭矩小,转动自如为止,再上提工具管柱6mm左右进行切割。

(4)在裸眼中切割,一般情况下,切割长度不要超过140m。

(5)切割完成的主要显示:

① 若切割的管柱很短,切割完成时割刀转动速度加快,割刀旋转也很自如。

② 若切割的管柱较长,切割完成时,上部割断的管柱很可能压在刀片上,使工具管柱旋转困难,扭矩进一步增加,或者在切割旋转中,指重表读数明显增加。

③ 若认为切割完成了,上提工具管柱的25~50mm,指重表增加,再转动被切管柱,被切管柱转动自由,证明切割完成。

(六)组装与维修保养

(1)将机械式外割刀的上接头固定在专用工作台的压力钳上。

(2)在筒体的开孔处装入刀片,从侧孔处穿入轴销进行固定后旋入顶丝并上紧。

(3)从筒体上端装入进给套,并用剪销进行固定。

(4)从筒体上端依次装入弹簧承载圈、止推环、剪销、卡瓦锥体座、卡瓦、卡瓦锥体、弹簧、中间接头。

(5)使筒体与上接头相连接。

(6)将引鞋连接在割套上,放阴干处保存待用。

(7)使用后的机械式外割刀应彻底冲洗干净、擦干、涂油后装配好,放阴干处保存。

(8)对刀片、卡爪装置应进行全面检查,发现磨损较大及破损时必须更换。

(9)更换的剪销必须有剪切数据,不得用其他材料代替。

(七)优缺点

优点:

(1)切割深度准确,切口整齐,有利于下一步作业。

(2)切割速度平稳,能自动进刀。

(3)可进行修井液循环。

缺点:

该工具是不可退式工具,操作中要特别细心,保证一次切割成功。

GBB009 水力式外割刀的功能

七、水力式外割刀

(一)用途

水力式外割刀的用途与机械式外割刀相同。

(二)结构

水力式外割刀由筒体部分、送给机构、切割机构、限位机构4部分组成。

筒体部分由上接头、外筒、引鞋等组成。上接头上部为内螺纹,用来连接套铣管柱。外筒壁上有五条纵向刀槽,其内务装一个刀片、刀销和一个刀销螺栓。引鞋下部为螺旋线缺口,便于引进落鱼。上接头、外筒、引鞋三者用螺纹连接在一起。

进给机构由活塞和进刀套两部分组成。活塞是一个完整的锥体切成相等的四片,称为活塞片。它们被橡皮箍和O形密封圈紧抱在一起,构成一个锥形可胀缩的特殊活塞。每个活塞片上斜开一个溢流孔,用以保证工具工作时稳定泵压和冷却刀片。活塞片下部的R形头倒挂在下部的进刀套的R形槽内。进刀套由进刀套和O形密封圈组成,进刀套上均布4个T形槽,侧面对开两条纵向长槽。切割机构由刀片、刀销、刀销螺栓组成。

刀片前面对准外筒中心,除切削刃部分淬火外,其余部分硬度较低保持良好的韧性。刀片尾部的圆弧形头部坐在外筒刀槽弧形凹座内。

限位机构由销钉、导向螺栓和外筒上的限位台肩构成。在水力外割刀尚未进入切割之前,进给机构被外筒上的两个剪销限定以防刀片伸出。导向螺栓插入进给套的长槽内,使整个进给机构只能在外筒内上下移动,而不能相对转动。外筒内壁上有一台肩是一个限位保护装置,控制切割过程中进给机构的最大进给量,以防损坏刀片。

(三)工作原理

水力式外割刀靠液体的压差推动活塞,随着活塞下移,使进刀套剪断销钉,进刀套继续下移推动刀片绕刀销轴向内转动。此时转动工具管柱,刀片就切入管壁,实现切割运动。需要注意的是,在切割过程中,液体压差应随活塞、进刀套的下移而逐渐均匀增加,由此实现连续进刀,直至切断管柱。切割完成后,只要上提工具管柱,活塞片就将卡在被切管柱最下面的一个接箍上,把进刀套推在外筒的内台肩上。带着切下管柱一起提出井口。

GBB010 水力式外割刀的技术规范

(四)技术规范

水力式外割刀的技术规范见表1-1-5。

表1-1-5 水力式外割刀的技术规范表

序号	规格型号	工具尺寸,mm		使用规范及性能参数		
		外径	内径	切割外径,mm	工作压力,kPa	工作流量,L/min
1	SWD 95	95	73	33.4~52.4	137~275	7.57~9.15

续表

序号	规格型号	工具尺寸,mm		使用规范及性能参数		
		外径	内径	切割外径,mm	工作压力,kPa	工作流量,L/min
2	SWD 113	113	92	48.3~60.3	68~173	7.89~9.15
3	SWD 116	116	97	48.3~73	68~206	7.89~12.62
4	SWD 103	103	97	33.4~60.3	137~304	7.50~13.12
5	SWD 119	119	98	48.3~73	68~173	7.89~8.08
6	SWD 143	143	110	52.4~88.9	103~380	13.25~14.64
7	SWD 154	154	124	60.3~101.6	103~275	8.52~12.62
8	SWD 203	203	165	88.9~127	68~137	8.96~11.48

(五)操作方法及注意事项

GBB011 水力式外割刀的使用

1. 操作方法

(1)准备用一个外径比水力式外割刀外径稍大,内径比水力式外割刀内径稍小的铣鞋套铣被卡管柱,套铣至低于预割位置以下一根管柱的深度,以便被卡管柱能够在井下切割位置自由对正中心。

(2)选用适当规格的水力式外割刀,配上合适的活塞,将工具接到套铣管柱上,下至预割位置。

(3)打开放泄阀,启动钻井泵,再逐步关闭放泄阀,增大排量使活塞外产生 1~1.2MPa 压差将销钉剪断,然后打开放泄阀放掉压力。

(4)切割,以 15~25r/min 的低转速转动水力式外割刀,慢慢关小放泄阀,直至压力和排量达到规定值。

(5)起钻,切割中若转速、扭矩和悬重出现明显变化,说明管柱可能已被割断,起钻之前先将割刀向上试提 25~50mm,旋转钻柱如不受阻,证明切割成功,即可起钻。

2. 注意事项

(1)水力式外割刀在使用过程中,必须保证工作压力平稳,不得有较大波动,否则将使工作中的刀片折断,出现事故。

(2)水力式外割刀为不可退式,下井切割中,一定严格按操作规程进行操作。

(六)维修保养

(1)工具出井后,清洗干净,检查全部零件;组装时,剪销要固定装好。

(2)各配合面涂机油,并在各螺纹连接处涂螺纹脂,放阴干处保管。

八、水力锚

(一)用途

水力锚主要起固定管柱的作用,可防止管柱轴向位移,用于 5½in 套管油(气)井水力压裂、水井增注改造、水力喷砂、切割(或喷砂射孔)等井下作业管柱的锚定。

（二）结构

水力锚主要由锚体、衬套、锚爪、弹簧、压板等组成。

（三）工作原理

油管内憋压，水力锚锚爪在液体压力的作用下向外伸出，卡紧套管内壁，实现锚定动作。当油套压力平衡后，锚爪在挡板内弹簧的弹力作用下收回，解除锚定作用。

（四）注意事项

水力锚下井前在地面上必须做认真检查，全部合格后方可下井，检查内容主要包括：

（1）开箱检查合格证，出厂超过 8 个月的产品建议不使用。

（2）检查挡板上的紧固螺钉是否有松动，必须确保各螺钉上紧。

（3）下井前必须按照最小通径尺寸通井，合格方可入井。

（4）拆装水力锚时不得把管钳打在锚牙块上。

（5）装水力锚锚块时，要小心谨慎防止密封圈被切坏。

（6）组装好水力锚后，要以 60MPa 压力试压，稳压 30min，不渗不漏、无压降为合格。

（7）入井液体、材料、管柱、工具等应清洁干净，符合质量标准。

（8）下管柱时，操作应平稳，严禁猛提猛放，严禁顿钻、溜钻。

（五）操作规程

（1）连接管柱时，确保螺纹连接牢靠。

（2）下井后直接憋油压即可实现锚定作业，油套压力平衡后即可解除锚定作用。

GBB012 刮刀钻头的使用

九、刮刀钻头

（一）用途

刮刀钻头除有尖钻头的作用外，还有刮削井眼，使井壁光洁整齐的作用，可用于衬管内钻进、侧钻时钻进（可以破坏侧钻时形成的键槽）或对射孔炮弹垫子的钻磨等。

（二）结构

刮刀钻头由接头与钻头体焊接而成，其底部是刀刃形，因其形状不同，又可分为鱼尾刮刀钻头（图 1-1-6）和三刮刀钻头（图 1-1-7），若在刮刀钻头的头部增加一段尖部领眼，称其为领眼钻头（图 1-1-8）。尖部领眼的重要作用之一是使钻头沿原孔眼刮削钻进。

（三）工作原理

在钻压的作用下，刮刀钻头尖部吃入水泥等被钻物，再通过旋转使吃入部分在圆周方向进行切削，逐渐将被钻去。

（四）技术规范

刮刀钻头的技术规范见表 1-1-6。

表 1-1-6 鱼尾刮刀钻头技术规范

套管规范，in	4½	5	5½	5¾	6⅝	7
外径，mm	92~95	105~107	114~118	119~128	136~148	146~158
总长，mm	300	350	350	350	380	400
接头螺纹	NC26-12E2⅜ TBG	NC31-22E2⅞ TBG	NC31-22E2⅞ TBG	NC31-22E2⅞ TBG	NC31-22E2⅞ TBG	NC38-32E3½ TBG

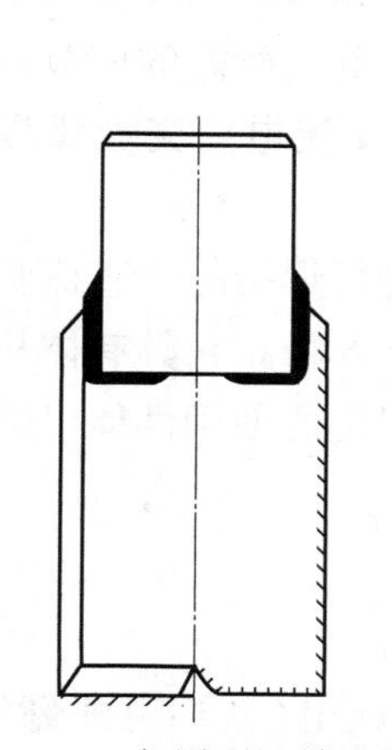

图 1-1-6　鱼尾刮刀钻头结构示意图

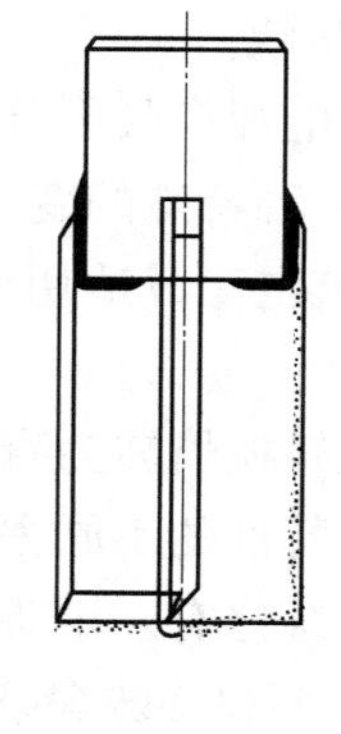

图 1-1-7　三刮刀钻头结构示意图

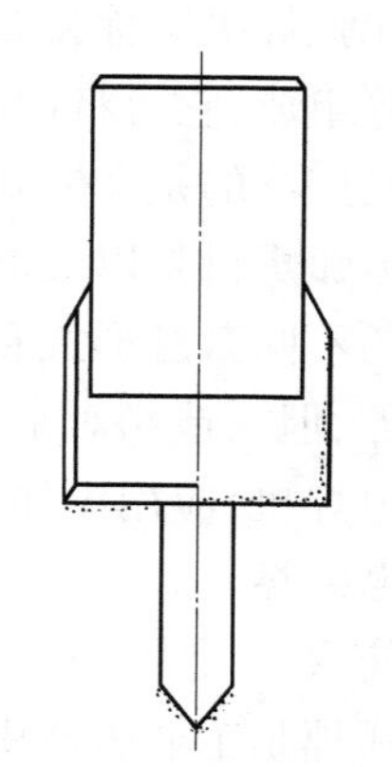

图 1-1-8　领眼钻头结构示意图

（五）维修保养

（1）每次使用后首先要清洗干净；

（2）检查接头螺纹、刮刀磨损情况，若有问题则更换或重新进行焊接。

十、焊接工具

GBA010　焊接修井工具的基本要求

（一）电焊

1. 电焊

1）定义

电焊机是利用正负两极在瞬间短路时产生的高温电弧来熔化电焊条上的焊料和被焊材料，达到使被接触物相结合的目的的。

GBA007　电焊机的种类

2）分类

目前电焊机有 22 个大类 45 个系列，500 多个品种，1000 多个规格，常用电焊机可包括：

（1）交流手工弧焊机：主要焊接 2.5mm 上以钢板。

（2）氩弧焊机：焊接 2mm 以下的合金钢。

（3）直流焊机：焊接生铁和有色金属。

（4）二氧化碳保护焊机：焊 2.5mm 以下的薄材料。

（5）埋弧焊机：焊接 H 钢、桥架等大型钢材。

（6）对焊机：以焊索链等环形材料为主。

（7）点焊机：以点击方式将两块钢板焊接。

（8）高频直缝焊机：以焊接管子直缝如水管等为主。

（9）滚焊机：以滚动形式焊接罐底等。

（10）铝焊机：专门焊接铝材。

(11)闪光压焊机：焊铜铝接头等材料。

(12)激光焊机：焊接三极管内部接线。

其中，手工电焊机较为常用，手工电焊机又可分为交流弧焊机和直流弧焊机两大类。

交流弧焊机又称弧焊变压器，是一种特殊的变压器，由主变压器及所需的调节部分和指示装置等组成，它可将网路电压的交流电变成适用于弧焊的低压交流电。交流弧焊机中目前应用最广泛的是动铁式交流焊机。

直流弧焊机是以交流电通过整流转换器转为直流电的电能进行焊接的。直流弧焊机按电动机的不同激磁形式和获得陡降外特性的不同去磁形式可以分 6 种。它具有体积小重量轻的优点，但构造相对来说有点复杂，维修有一定难度。直流弧焊机的使用性能可以完全替代交流电焊机，应用更加广泛（特殊材料和特殊焊条等都可以焊）。

2. 电弧焊

1)定义

电弧焊是工业生产中应用最广泛的焊接方法，它是利用电弧放电（俗称电弧燃烧）所产生的热量将焊条与工件互相熔化并在冷凝后形成焊缝，从而获得牢固接头的焊接过程。

2)适用范围

电弧焊是用手工操纵焊条进行焊接工作的，可以进行平焊、立焊、横焊和仰焊等多位置焊接。

3)分类

电弧焊可分为手工电弧焊、半自动（电弧）焊、自动（电弧）焊。自动（电弧）焊通常是指埋弧自动焊，在焊接部位覆有起保护作用的焊剂层，由填充金属制成的光焊丝插入焊剂层，与焊接金属产生电弧，电弧埋藏在焊剂层下，电弧产生的热量熔化焊丝、焊剂和母材金属形成焊缝，其焊接过程是自动化进行的，但电弧焊中使用最普遍的是手工电弧焊。

GBA008 常用手工电焊机的使用方法

4)手工电弧焊操作方法

(1)首先安全工作必须做好，工作服、手套、面罩，都要穿戴好，确认工作范围内没有可燃物品再施焊。

(2)焊接前搭铁线要连接施焊的母材，调节好电流并去除母材上的锈蚀污垢。

(3)根据焊接位置的不同，焊接时的摆动方法也不同。

(4)焊接时为了防止板材反变形，根据板材厚度不同板材向上撅起实施固定焊。

(5)焊接时要分清填充焊道的药皮和铁水，铁水应该呈半圆弧状，如果是点焊，每次施焊应该在上一个熔池的 1/3 处施焊。

(6)焊接完成后，要使用敲锈锤和钢丝刷清理药品。

GBA006 手工气焊的使用

(二)手工气焊

1. 手工气焊安全操作规定

(1)严格遵守一般焊工安全操作规程和有关电石、乙炔发生器、溶解乙炔气瓶，水封安全器、橡胶软管、氧气瓶的安全使用规则和焊（割）炬安全操作规程。

(2)氧气瓶及其附件、橡胶软管、工具上不能沾染油脂和泥垢。

(3)检查设备、附件及管路漏气时，只准用肥皂水试验；试验时，周围不准有明火，不准抽烟；严禁用火试验漏气。

(4)氧气瓶、乙炔发生器(或乙炔气瓶)与明火间的距离应在5m以上;如受条件限制也不准小于5m时,并应采取隔离措施。

(5)禁止用易产生火花的工具去开启氧气或乙炔气阀门。

(6)气瓶设备管道冻结时,严禁用火烤或用工具敲击冻块;氧气阀或管道要用40℃的温水溶化。

(7)焊接场地应备有相应的消防器材;露天作业时应防止阳光直射在氧气瓶或乙炔发生器上。

(8)遵守《气瓶安全监察规程》有关规定,如不得擅自更改气瓶的钢印和颜色标记,严禁用温度超过40℃的热源对气瓶加热,瓶内气体不得用尽,必须留有剩余压力,永久气体气瓶的剩余压力应不小于0.05MPa,液化气体气瓶应留有0.5%~1.0%规定充装量的剩余气体;气瓶立放时应采取防止倾倒措施;气焊低碳钢应采用中性焰。

(9)压力容器及压力表、安全阀,应按规定定期送交校验和试验。

(10)工作完毕或离开工作现场时,要拧上气瓶的安全帽,收拾现场。

2. 橡胶软管使用注意事项

(1)橡胶软管须经压力试验。氧气软管试验压力为2MPa;乙炔软管试验压力为0.5MPa。未经压力试验的代用品及变质、老化、脆裂、漏气的胶管及沾上油脂的胶管不准使用。

(2)软管长度一般为10~20m。不准使用过短或过长时软管。接头处必须用专用卡子或退火的金属丝卡紧扎牢。

(3)氧气软管为黑色,乙炔软管为红色,与焊炬连接时不可错乱。

(4)乙炔软管使用中发生脱落、破裂、着火时,应先将焊炬或割炬的火焰熄灭,然后停止供气。氧气软管着火时,应迅速关闭氧气瓶阀门,停止供氧。不准用弯折的办法来消除氧气软管着火,乙炔软管着火时可用弯折前面一段胶管的办法来将火熄灭。

(5)禁止把橡胶软管放在高温管道和电线上,或把重的或热的物件压在软管上,也不准将软管与电焊用的导线敷设在一起。使用时应防止割破。若软管经过车行道时,应加护套或盖板。

3. 氧气瓶使用注意事项

(1)每个气瓶必须在定期检验的周期内使用(3年),色标明显,瓶帽齐全。氧气瓶应与其他易燃气瓶油脂和其他易燃物品分开保存,也不准同车运输。运送储存时,气瓶需有瓶帽。禁止用行车或吊车吊运氧气瓶。

(2)氧气瓶附件有毛病或缺损、阀门螺杆滑丝时均应停止使用。氧气瓶应直立着安放在固定支架上,以免倾倒发生事故。

(3)禁止使用没有减压器的氧气瓶。

(4)氧气瓶中的氧气不允许全部用完,气瓶的剩余压力应不小于0.05MPa,并将阀门拧紧,写上“空瓶”标记。

(5)开启氧气阀门时,要用专用工具,动作要缓慢,不要面对压力表,但应观察压力表指针是否灵活正常。

(6)当氧气瓶在电焊同一工作地点时,瓶底应垫绝缘物,防止被窜入电焊机二次回路。

（7）氧气瓶一定要避免受热、暴晒，使用应尽可能垂直立放，并联使用的汇流输出总管上应装设单向阀。

4. 乙炔气瓶使用注意事项

（1）乙炔瓶在使用、运输、储存时必须直立固定，严禁卧放或倾倒；应避免剧烈震动、碰撞；运输时应使用专用小车，不得用吊车吊运；环境温度超过 40℃ 时应采取降温措施；乙炔瓶瓶漆使用白色，并漆有“乙炔”红色字样。

（2）乙炔瓶使用时，一把焊割炬配置一个岗位回火防止器及减压器。

（3）操作者应站在阀口的侧后方，轻缓开启。拧开瓶阀不宜超过 1.5 转。

（4）瓶内气体不能用光，必须留有一定余压。当环境温度小于 0℃ 时，余压为 0.05MPa；当环境温度为 0～15℃，余压为 0.1MPa，当环境温度为 15～25℃ 时，余压力 0.2MPa，当环境温度为 25～40℃ 时，余压为 0.3MPa。

（5）焊接工作地的乙炔瓶存量不得超过 5 只，超过时，车间内应有单独的储存间，若超过 20 只，应放置在乙炔瓶库。

（6）乙炔瓶严禁与氯气瓶、氧气瓶、电石及其他易燃易爆物品同库存放。作业点与氧气瓶、明火相互间距至少为 10m。

5. 焊割炬操作注意事项

（1）通透焊嘴应用铜丝或竹签，禁止用铁丝。

（2）使用前检查焊炬或割炬的射吸能力。方法：接上氧气管，打开乙炔阀和氧气阀（此时乙炔管与焊炬、割炬应脱开），用手指轻轻接触焊炬上乙炔进气口处，如有吸力，说明射吸能力良好。接插乙炔气管时，应先检查乙炔气流正常后再接上。若没有吸力，甚至氧气从乙炔接头中倒流出来，必须进行修理，否则严禁使用。

（3）根据工件的厚度，选择适当的焊炬、割炬及焊嘴、割嘴，避免使用焊炬切割较厚的金属，应用小割嘴切割厚金属。

（4）焊炬、割炬射吸检查正常后，进行接头连接时必须与氧气橡皮管连接牢固，而乙炔进气接头与乙炔橡皮管不应连接太紧，以不漏气并容易接插为宜。老化和回火时烧损的皮管不准使用。

（5）工作地点要有足够清洁的水供冷却焊嘴用。当焊炬（或割炬）由于强烈加热而发出“噼啪”的炸鸣声时，必须立即关闭乙炔供气阀门，并将焊炬（或割炬）放入水中进行冷却。最好不关氧气阀。

（6）短时间休息时，必须把焊炬（或割炬）的阀门闭紧，不准将焊炬放在地上。较长时间休息或离开工作地点时，必须熄灭焊炬，关闭气瓶球形阀，除去减压器的压力，放出管中余气，并停止供水，然后收拾软管和工具。

（7）焊炬（或割炬）点燃操作规程：

① 点火前，急速开启焊炬（或割炬）阀门，用氧吹风以检查喷嘴的出口，但不要对准脸部试风；无风时不得使用。

② 进入容器内焊接时，点火和熄火都应在容器外进行。

③ 对于射吸式焊炬（或割炬），点火时应先微微开启焊炬（或割炬）上的乙炔阀，然后送到灯芯或火柴上点燃，当发现冒黑烟时，立即打开氧气手轮调节火焰。若发现焊割炬不正

常、点火并开始送氧后一旦发生回火时,必须立即关闭氧气,防止回火爆炸或点火时鸣爆现象。

④ 使用乙炔切割机时,应先放乙炔气,再放氧气引火。

⑤ 使用氢气切割机时,应先放氢气,后放氧气引火。

(8)熄灭火焰时,焊炬应先关乙炔阀,再关氧气阀。割炬应先关切割氧,再关乙炔和预热氧气阀门。当回火发生后,若胶管或回火防止器上出现喷火,应迅速关闭焊炬上的氧气阀和乙炔阀,再关上一级氧气阀和乙炔阀门,然后采取灭火措施。

(9)氧、氢并用时,先放出乙炔气,再放出氢气,最后放出氧气,再点燃。熄灭时,先关氧气,后关氢气,最后关乙炔。操作焊炬和割炬时,不准将橡胶软管背在背上操作。禁止使用焊炬(或割炬)的火焰来照明。使用过程中,如发现气体通路或阀门有漏气现象,应立即停止工作,消除漏气后才能继续使用。

(10)气源管路通过人行通道时,应加罩盖,注意与电气线路保持安全距离。

(11)气焊(割)场地必须通风良好,容器内焊(割)时应采用机械通风。

(三)焊条

GBA009 焊条的选择

1. 定义

焊条由焊芯及药皮两部分构成。焊条是在金属焊芯外将涂料(药皮)均匀、向心地压涂在焊芯上。焊条种类不同,焊芯也不同。焊芯即焊条的金属芯,为了保证焊缝的质量与性能,焊芯中各金属元素的含量都有严格的规定,特别是对有害杂质(如硫、磷等)的含量,应有严格的限制,优于母材。

2. 分类

根据不同情况,电焊条有3种分类方法:按焊条用途分类、按药皮的主要化学成分分类、按药皮熔化后熔渣的特性分类。

按照焊条的用途,电焊条可以分为结构钢焊条、耐热钢焊条、不锈钢焊条、堆焊焊条、低温钢焊条、铸铁焊条、镍和镍合金焊条、铜及铜合金焊条、铝及铝合金焊条以及特殊用途焊条。

按照焊条药皮的主要化学成分来分类,电焊条可以分为氧化钛型焊条、氧化钛钙型焊条、钛铁矿型焊条、氧化铁型焊条、纤维素型焊条、低氢型焊条、石墨型焊条及盐基型焊条。

按照焊条药皮熔化后,熔渣的特性来分类,电焊条可分为酸性焊条和碱性焊条。酸性焊条药皮的主要成分为酸性氧化物,如二氧化硅、二氧化钛、三氧化二铁等。碱性焊条药皮的主要成分为碱性氧化物,如大理石、萤石等。

(四)焊接质量检验及标准

(1)焊接材料应符合设计要求和有关标准的规定,应检查质量证明书及烘焙记录。

(2)焊工必须经考核合格,检查焊工相应施焊条件的合格证及考核日期。

(3)Ⅰ、Ⅱ级焊缝必须经探伤检验,且应符合设计要求和施工及验收规范的规定,检验焊缝探伤报告。

焊缝表面:

① Ⅰ、Ⅱ级焊缝不得有裂纹、焊瘤、烧穿、弧坑等缺陷。

② Ⅱ级焊缝不得有表面气孔夹渣、弧坑、裂纹、电焊擦伤等缺陷,且Ⅰ级焊缝不得有咬边,未焊满等缺陷。

焊缝外观:

焊缝外形均匀,焊道与焊道、焊道与基本金属之间过渡平滑,焊渣和飞溅物清除干净。

表面气孔:

Ⅰ、Ⅱ级焊缝不允许。

Ⅲ级焊缝每 50mm 长度焊缝内允许直径不大于 0.4t(t 为钢板厚度)。

气孔 2 个,气孔间距不大于 6 倍孔径。

咬边:

Ⅰ级焊缝不允许。

Ⅱ级焊缝:咬边深度不大于 0.05t,且不大于 0.5mm,连续长度不大于 100mm,且两侧咬边总长不大于 10%焊缝长度。Ⅲ级焊缝:咬边深度不大于 0.1t,且不大于 1mm。

GBC001 零件图的画法

十一、工程制图知识

(一)零件图

零件图(图 1-1-9)就是单个零件的图样,用来表达单个零件在加工完毕后的形状结构、尺寸大小和应达到的技术要求的图样,用于指导零件的生产。

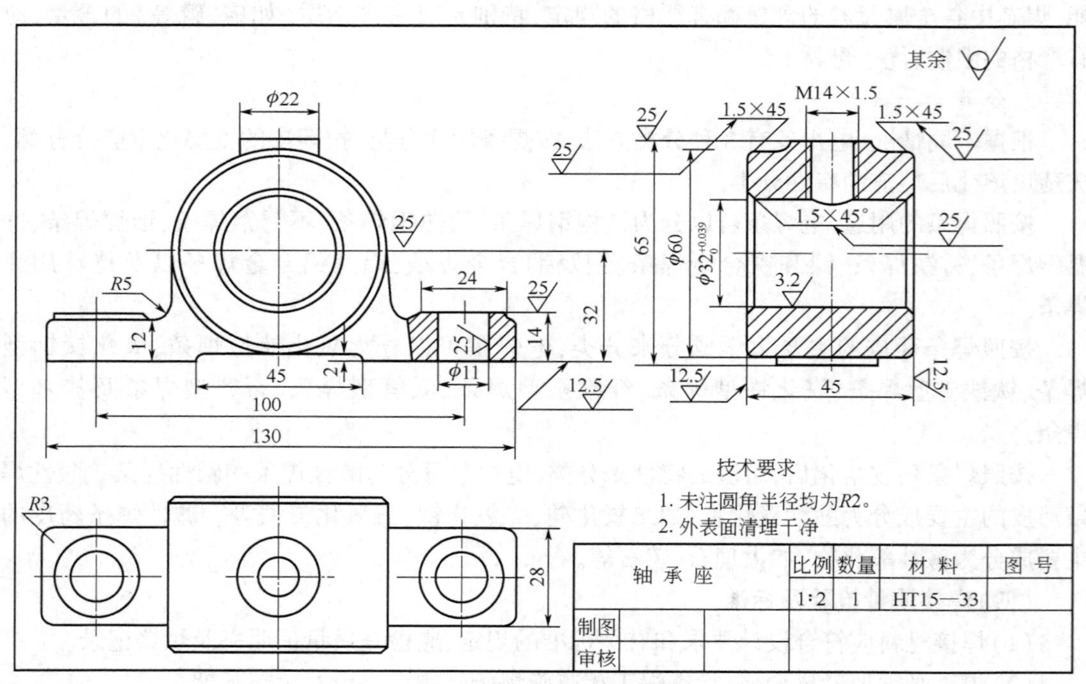

图 1-1-9 轴承座零件图

从图 1-1-9 中可以看出,一张完整的零件图应包括下列内容:

(1)一组视图,包括基本视图,辅助视图、剖视图、剖面图和其他表达方法,准确完整、清晰地表达出零件的各部分结构、形状。

(2)全部尺寸,正确、完整、清晰、合理地标注出零件制造、检验中需要的全部尺寸,用以表达零件的大小、各部分的尺寸及其相对位置。

(3)技术要求,用规定的符号、数字文字表达出零件在制造和检验时,应达到的技术质量要求,如零件的尺寸公差、形位公差、表面粗糙度、热处理和表面处理要求和其他附加条件等。

(4)标题栏,在标题栏中写明零件的名称、材料、数量、比例、重量、图号、单位名称、设计者、校核者姓名及日期等。

(二)视图的选择

GBC002 主视图的选择

对各种零件选择恰当的视图,确定合理的表达方案,是画好零件图的首要问题。

1. 主视图的选择

主视图是零件图的核心,它选择的恰当与否将影响到其他视图的位置、数量的确定,以及看图、绘图是否方便。主视图的确定应考虑以下原则:

(1)表现形体特征;

(2)表现加工位置;

(3)表现工作位置。

2. 视图数量和各种表达方法的选择

主视图确定后,应根据零件的复杂程度,在能正确、完整、清晰地表达零件内外结构形状的前提下,配置别的视图,尽量用较少的视图,表达精练的方案,便于画图和看图。在决定视图数量和运用各种表达方法时要注意处理以下3种关系:

(1)表达内形和表达外形的关系。根据零件内外形状的复杂程度以及各部分结构间的相互位置是否有对称、平行等条件,恰当地选择各种剖视方法和其他表达方法,既要保证内部结构的充分表达,又不影响外部形状的基本完整。

(2)虚线的省略和保留的关系。视图中虚线太多、会造成图形的杂乱,为绘制图、标注尺寸和看图带来困难,对于在采用了剖视、剖面等方法后,已能完全表达内部形状,应不再用虚线表示。

(3)视图的集中与分散的关系。为了保证图面的规整,便于了解零件各部分结构间的联系,采用各种局部表达方法,力求排列整齐或适当结合起来。

(三)零件图的尺寸标注

GBC003 零件图的尺寸标注方法

合理的标注尺寸,是指所注尺寸既符合设计要求,又满足工艺要求,包括从基准出发标注尺寸、按加工工艺标注尺寸、按测量要求标注尺寸、零件上常见结构尺寸的规定标注法。

GBC004 基准尺寸的标注方法

1. 从基准出发标注尺寸

尺寸基准一般都是零件上的一些面和线。图1-1-10(a)中,轴承座高度方向的尺寸基准是安装面,长度方向的尺寸基准是对称中心,这些都是面基准;图1-1-10(b)中小轴径向(即高、宽方向)的尺寸基准为轴线,这是线基准。

标注尺寸时面基准一般选择零件上的主要加工面、两零件的结合面、零件的对称中心面、端面、轴肩等;线基准一般选择轴、孔的轴心线、对称中心等。

确定基准时,要考虑设计要求和便于加工测量,为此有设计基准和工艺基准之分:

设计基准是指根据零件的结构和设计要求而选定的基准，图 1-1-10(a) 中轴承座的底平面是安装面，支撑孔的中心高应根据这一基面来确定，因此它是高度方向的设计基准。图 1-1-10(b) 中阶梯轴的轴线为径向尺寸的设计基准，这是考虑到轴在部件中要与轮类零件的孔和轴承孔配合，装配后保证两者同轴，所以轴和轮类零件的轴线一般都定为设计基准。

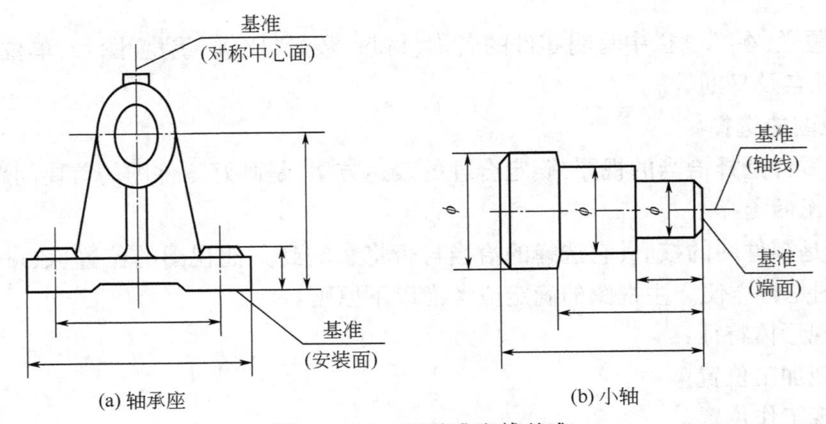

图 1-1-10　面基准和线基准

工艺基准是指为便于加工和测量而选定的基准。图 1-1-11 中阶梯轴在加工时，车刀每一次车削的最终位置都是以右端面为起点来进行测定的。因此，选择右端面为工艺基准来标注轴向尺寸。

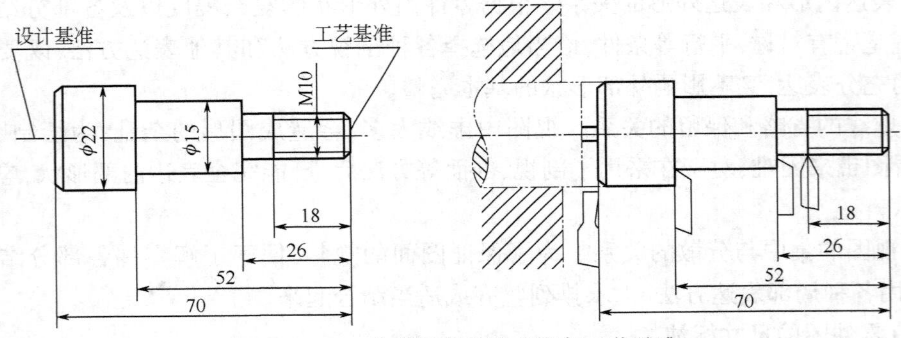

图 1-1-11　阶梯轴的设计基准与工艺基准

GBC008　按加工工艺标注尺寸的方法

2. 按加工工艺标注尺寸

图 1-1-12 为滑动轴承的下轴衬，它的外圆与内孔是与上轴衬对合起来加工的，因此，轴衬上的半圆尺寸要以直径形式标注出。

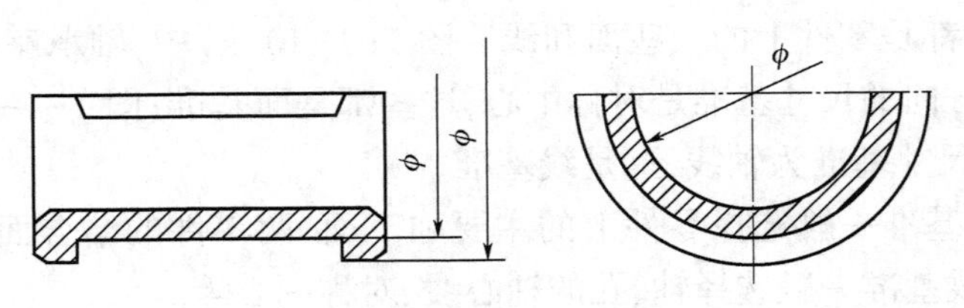

图 1-1-12　下轴衬的尺寸标注

GBC009 按测量要求标注零件图尺寸的方法

3. 按测量要求标注尺寸

在生产中，为便于加工测量，应尽量采用普通量具，减少专用量具，因此，所注尺寸要便于使用普通量具测量(图 1-1-13)。

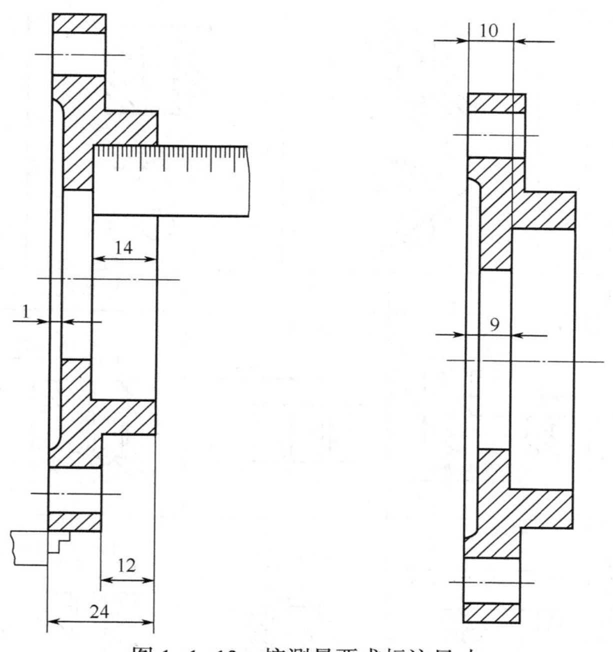

图 1-1-13 按测量要求标注尺寸

GBC006 零件图的尺寸标注

4. 零件上常见结构尺寸的规定标注法

零件上常见的光孔、螺孔、倒角、退刀槽等结构的尺寸注法均有具体规定。可参照表 1-1-7 的示例进行标注。表中的“一般注法”和“旁注法”为同一种结构的两种注写形式，标注尺寸时，可根据图形情况及标注尺寸的位置加以选用。

总之，标注尺寸就是要根据零件结构及工艺的要求，尽可能做到完整、清晰、合理。即：

(1) 尺寸应标注在反映形状特征的视图上，同一结构形状的尺寸，应尽可能地标注在同一视图上；

(2) 尺寸应尽量标注在视图之外，并尽量注在两视图之间；

(3) 平行尺寸不能重复标注，不能标注“封闭”尺寸。

表 1-1-7 零件上常见结构尺寸标注法

	光孔			锪平孔
普通注法	4−φ4 10	4−φ4H7 10 12	该孔无普通注法，按规定用以下形式引出标注。注意：其中 φ4 是指与其所配的圆锥销的公称直径(小端直径)	φ20锪平 4−φ9

续表

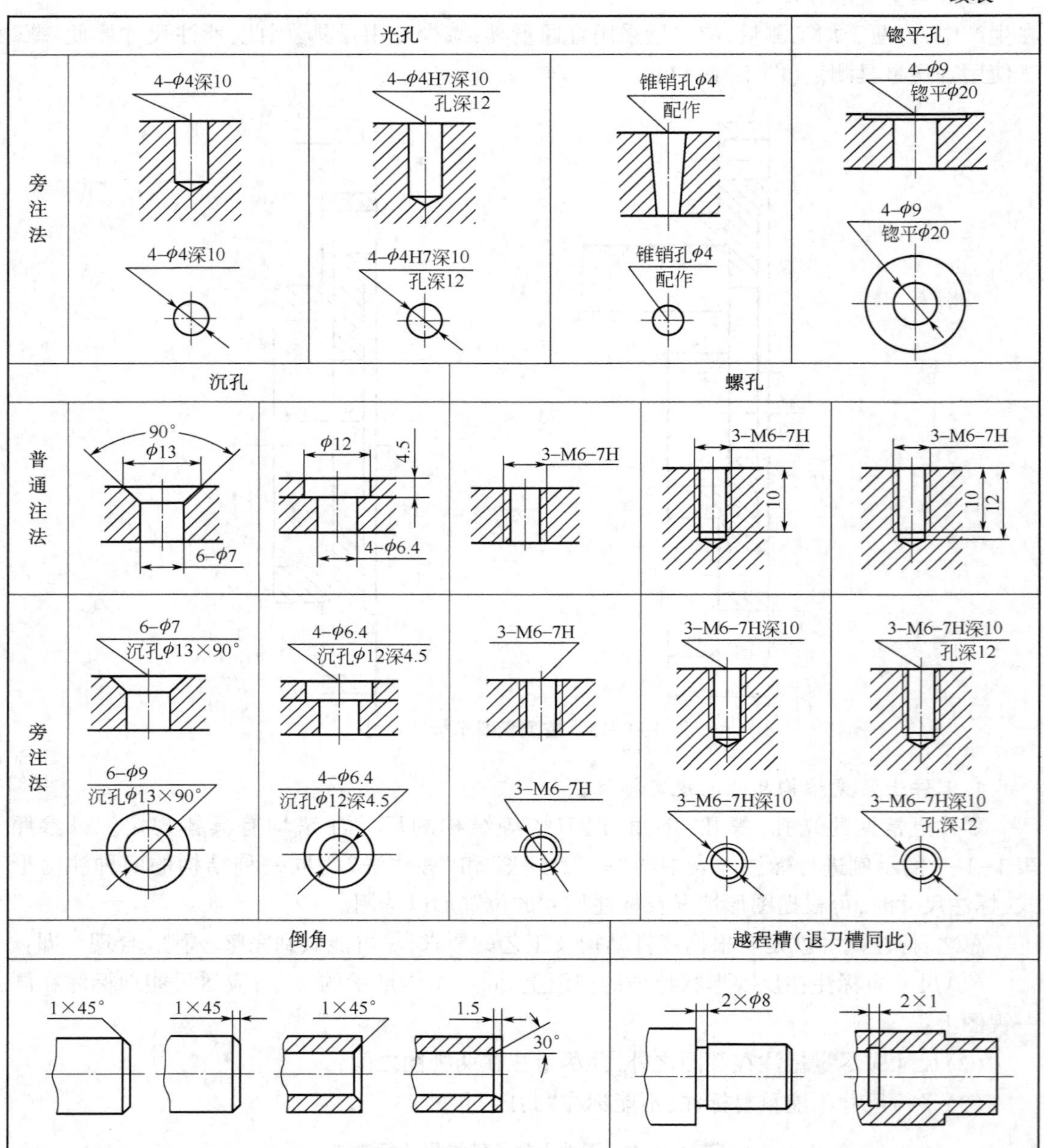

GBC005 零件图的测绘步骤

（四）零件图绘制

生产中使用的零件工作图，有的是根据设计装配图绘制的，有的是按实际零件进行测绘而获得的。

零件测绘是对零件以目测的方法，徒手绘制零件草图，按尺寸标注的基本要求注出所有尺寸的尺寸线、尺寸界线及箭头，然后使用量具及一定的方法进行尺寸的测量，再标注在零件草图中，然后对零件进行核查、修改、完善，最后完成零件工作图的绘制。

零件草图虽是徒手绘制，但仍应认真进行并应具有与零件工作图相同的内容。

1. 了解和分析零件

(1)了解零件的名称、材料,它在装配体中的作用,以及与其他零件的关系。

(2)对零件的结构,特别是内部结构,进行全面了解、分析,掌握零件的全部情况,以便考虑选择零件表达方案和进行尺寸标注。

(3)零件的缺陷部分,如在使用中磨损、碰伤等,在测绘时不应当成零件的原有结构画出。

2. 绘制零件草图

根据已确定的表达方案绘制草图:

(1)根据零件尺寸大小选定比例、图幅,画出边框线、标题栏。

(2)安排视图位置,注意留出标注尺寸所需的地方,在画出各视图的基准线的基础上进行作图。

(3)用细实线画出各视图之间主体部分,注意各部分的投影、比例关系。

(4)画出其他结构,对决定的剖视图(或规定画法)部分,按规定作图。

(5)画出各细节部分,完成全图。

(6)检查后加深各图线。

3. 测量及标注尺寸

(1)根据所需标注的尺寸,画出尺寸界线、尺寸线、箭头。

(2)按所画尺寸线有条不紊地测量尺寸、进行注写。

(3)画出表面粗糙度符号、有配合要求或形位公差要求的部位要仔细测量,参考有关技术资料加以确定,进行注写。

4. 编写技术要求及标题

编写技术要求及填写标题栏。

5. 对草图进行全面审核

经过审核补充修改后,即可根据草图画零件工作图。

6. 绘制零件图要注意的问题

(1)画图前应对零件的结构形状、作用、加工方法有初步的了解,在此基础上,将零件分解为若干基本形体,从而确定零件的主视图、视图数量和剖视方法。

(2)根据零件的形状大小和视图数量,选定绘图比例与视图,绘出各视图的基准线。

(3)按照零件形状的大小,首先绘制起主体作用的基本形体,而且从能反映形体特征的那个视图开始,逐次地画出其他形体的各个视图。

(4)画剖视图时应直接画出剖切后的线框,画剖面线时,应注意:顺着筋板剖切时按规定不画剖面线,而垂直筋板剖切时要画剖面线。

(5)在加深图线前,应对底稿进行一次检查,去掉多余的图线。

(6)标注尺寸时,应按画图的过程逐个注写出基本形状的大小和定位尺寸,并按有关标准标注。

GBC007 看零件图的方法

(五)看零件图的方法

看零件图除了要根据各视图的投影关系想象出零件的结构形状外,还要根据有关尺寸、基准及各项技术要求设想加工过程。

1. 概括了解

首先通过标题栏了解零件名称、材料、画图比例等，并对全图作大体观察，这样可对零件的大致形状在机器中的作用等有个大概认识。

2. 分析表达方式，搞清视图间的联系

概括了解后，紧接着应了解该零件图都选用了哪些视图、剖视或其他表达方法。

看图过程应按“先大后小、先整后细”的次序逐一分析，直至全图看懂，想象出其立体形状。

3. 分析尺寸及技术要求

看零件图上的尺寸，应首先找出 3 个方向的尺寸基准，然后从基准出发，按形体分析法，找出各组成部分的定型、定位尺寸。

4. 综合归纳

通过以上看图过程，将所获得的各方面的认识、资料，在头脑中进行归纳，再分析。通过综合想象，从而将零件图全面看懂。

以上可以看出看零件图的一般步骤：先看标题栏，了解零件的名称、材料、比例等，再看视图，通过观察、分析视图，想象出零件的形状及内外部构造；通过察看尺寸标注及符号等，了解各部位的大小及相互位置及应达到的要求；通过看技术要求，得知零件应达到的技术质量要求。

（1）看标题栏：标题栏内有零件的名称、数量、材料规格、制图比例、设计者及单位等。

（2）看视图、分析视图：

应先看主视图，再结合看俯视图、左视图，对零件的总体结构形状有个基本全面的认识，再看剖视图、剖面图、局部视图等，对零件的复杂部位、细节部位进行详细确定。在内外零件结构上，先看零件的外部构造，后看零件的内部构造，如剖视图等；先看容易确定的简单的部分，后看复杂的难以确定的部分，然后再把各部分视图的分析结果综合起来，反复琢磨，逐步想象出零件的整体形状和结构。

先分析零件的长、宽、高 3 个方向的尺寸，从基准出发，弄清楚哪些是零件的总体尺寸、主要尺寸，然后以零件结构形状分析为线索，找出零件各部分的定型尺寸，定位尺寸。看定位尺寸时，必须先确定各方向的主要尺寸基准，特别是各基准面。图上基本尺寸后面有上、下偏差值或公差带代号的尺寸应加以特别注意，这些都是有公差要求的重要尺寸。

（3）看技术要求：

技术要求主要有表面粗糙度和形位公差、热处理要求及零件加工的其他要求等，是检验零件的质量依据。看表面粗糙度代号时，应注意代号尖端的指向位置，并熟悉细小结构的简化标注和连续表面只标注一次的规定。图样右上角所注的表面粗糙度代号表示零件图上某些表面未注代号的表面粗糙度值。看形位公差代号时，注意指引线箭头的指向和指引线与尺寸线关系，并注意定位基准点面的标准位置。指引线与尺寸线对齐时，被测要素是尺寸线所标明形体的对称平面或轴线；指引线箭头指向视图的轮廓线或其引出线，且与尺寸线错开时，被测要素是箭头所指的线或表面。

(六)螺纹及螺纹连接的画法

GBC010 螺纹的规定画法

1. 螺纹的规定画法

螺纹的牙顶用粗实线表示,牙底用细实线表示(螺杆上底倒角或倒圆部分也应画出)在端视图上,表示牙底的细实线圆只画约3/4圈,此时轴或孔上的倒角省略不画,如图1-1-14所示。

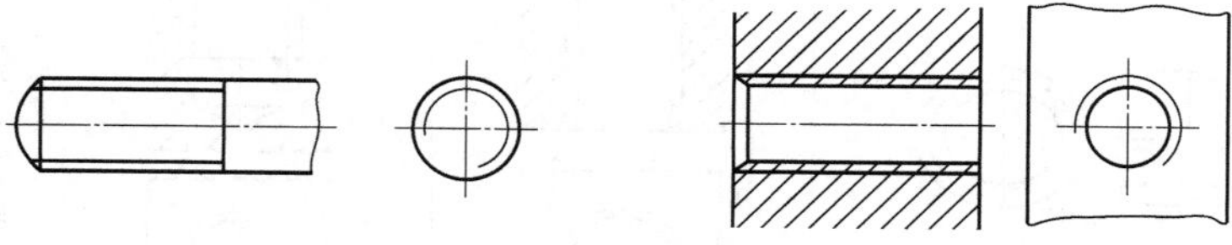

图1-1-14　螺纹的画法

1)外螺纹的画法

外螺纹的大径和完整螺纹的终止界线均用粗实线表示,当需要表示螺纹收尾时,螺尾部分的牙底用与轴线成30°的细直线绘制。

2)内螺纹的画法

零件上螺孔未剖时,在非圆视图上,内螺纹的大径和小径全用虚线表示,如图1-1-15(a)所示。在剖视或剖面图中,内螺纹的大径用细直线表示,小径和螺纹终止线用粗实线表示,剖面线必须画到粗实线处如图1-1-15(b)所示。当需要表示螺纹收尾时,其表示法如图1-1-15(c)所示。绘制不穿通的螺孔时一般应将钻孔深度分别画出,底部的锥顶角应画成120°。

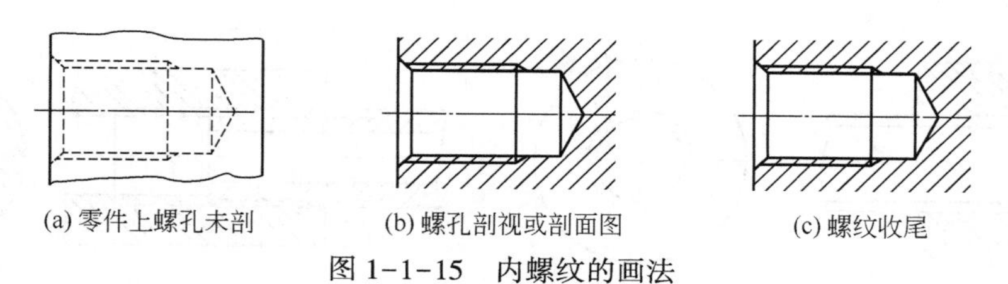

图1-1-15　内螺纹的画法

表1-1-8所列为常见的内外螺纹的各种画法。

表1-1-8　常见的内外螺纹的各种画法

	外螺纹	内螺纹		说明
		螺纹通孔	螺纹盲孔	
不剖时				(1)盲孔一般将钻孔深度与螺孔深度分别画出; (2)内外螺纹端部倒角的圆省略不画; (3)螺孔的剖视图,剖面线必须画到实线处; (4)对圆锥形螺纹注意圆形视图上所省略的圆

续表

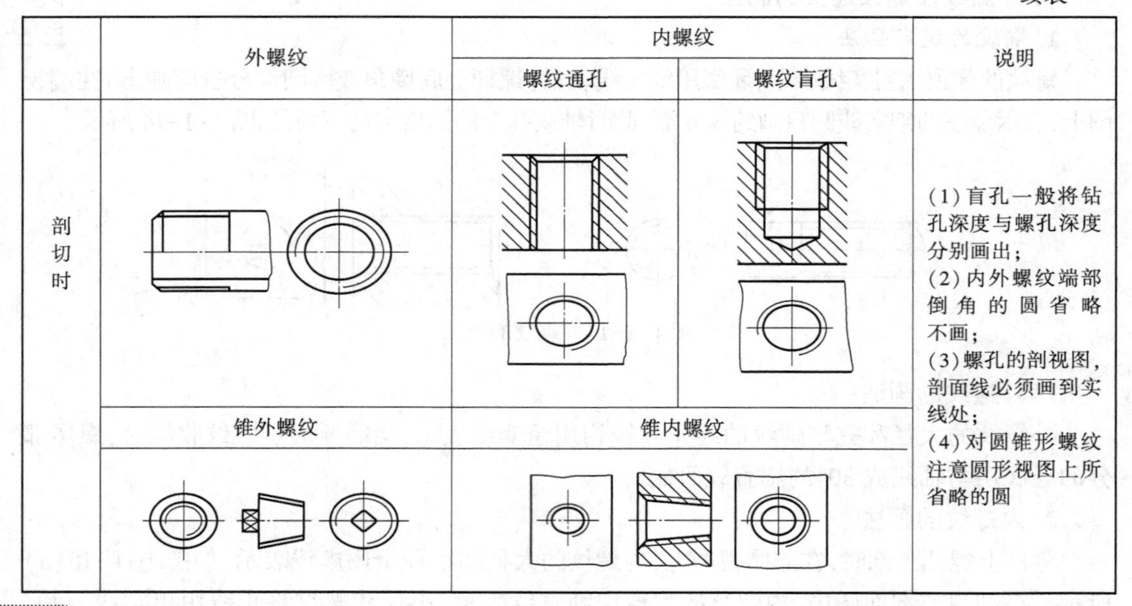

	外螺纹	内螺纹		说明
		螺纹通孔	螺纹盲孔	
剖切时				(1)盲孔一般将钻孔深度与螺孔深度分别画出；(2)内外螺纹端部倒角的圆省略不画；(3)螺孔的剖视图，剖面线必须画到实线处；(4)对圆锥形螺纹注意圆形视图上所省略的圆
	锥外螺纹	锥内螺纹		

GBC011 螺纹连接的画法

2. 螺纹连接的画法

螺纹要素全部相同的内外螺纹方能连接，螺纹连接在画成剖视图时，结合的部分按照外螺纹的画法绘制，其余部分仍按各自的画法绘出，如图 1-1-16 所示。

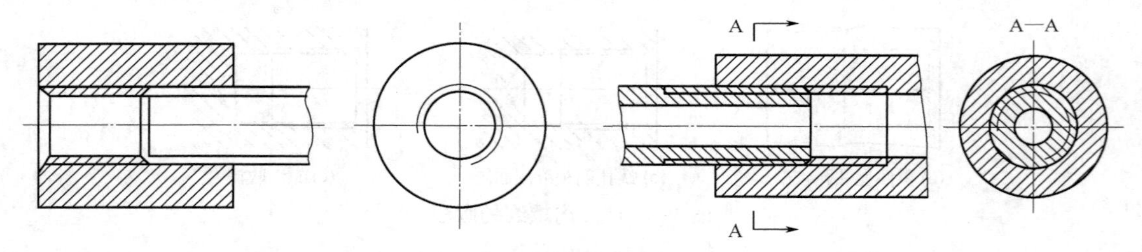

图 1-1-16　螺纹连接的画法

3. 常用螺纹的标注

由于螺纹规定画法不能表达螺纹的要素和类型，因此绘制螺纹图样时必须标注相应标准中规定的代号。

普通螺纹采用牙型代号大径-公差带代号-旋合长度的格式标注。

示例：

某普通螺纹大径为 10mm，中径公差带代号“5s”，顶径公差带代号“6g”，旋合长度“L”，右旋，其标注法为 M10-5g6g-1。

普通细牙螺纹还应注出螺距数值（表 1-1-9）。右旋螺纹可不注旋向，螺纹公差带代号按需要在设计时确定。螺纹旋合长度（两个相互配合的螺纹，沿螺纹轴线方向相互旋合部分的长度）分为三组，一般情况下，不标注螺纹旋合长度。

管螺纹代号标注形式：牙型代号公称直径旋向。管螺纹的公称直径不是螺纹的大径，而是带有外螺纹的管子的近似孔径，单位是英寸。

示例：

（1）G½″，G 表示圆柱管螺纹，公称直径为½″，右旋。（2）ZG½″，ZG 代表锥管螺纹，½″代表公称直径为 1/2in。

油管螺纹、套管螺纹也是圆锥管螺纹，但是有专用标准（GB/T 22512.2—2008《石油天然气工业 旋转钻井设备 第 2 部分：旋转台肩式螺纹连接的加工与测量》）规定的标注代号。

不加厚油管螺纹在直径尺寸后加 TBG，如 3TBG。外加厚油管螺纹在 TBG 前加 UP，如 3UPTBG。套管螺纹应符合 GB/T 9253.2—2017《石油天然气工业 套管油管和管线螺纹的加工、测量和检验》规定。

常用的标准螺纹的种类及其代号标注见表 1-1-9。

表 1-1-9 常见标准螺纹的种类、牙型与标注示例

螺纹类别		牙型	牙型代号	标注示例	图例	附注
连接螺纹	粗牙普通螺纹	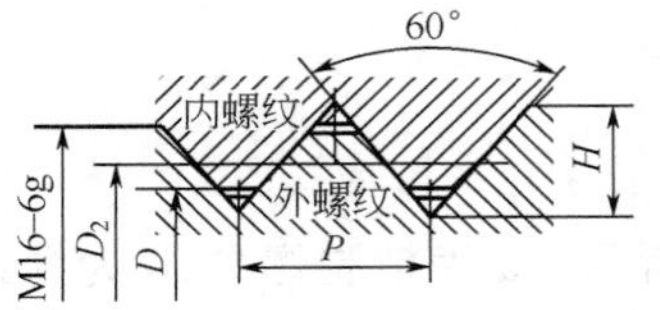 60°；内螺纹；外螺纹；H；P；M16-6g；D_2；D_1	M	M16-6g（牙型代号、大径、公差带代号）	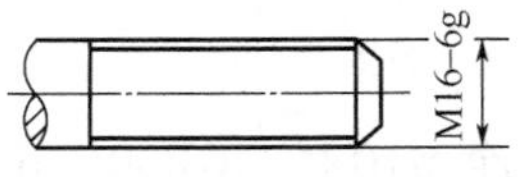 M16-6g	注：当中径、顶径公差带代号相同时，可只注写一个代号；细牙螺纹用于细小精密或薄壁零件
	细牙普通螺纹	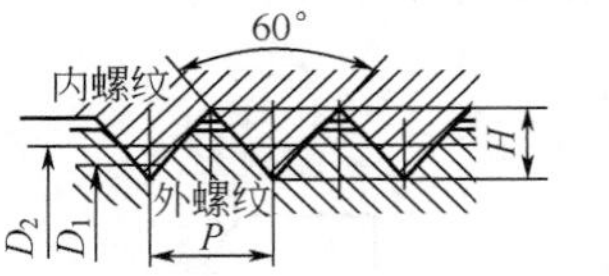 60°；内螺纹；外螺纹；H；P；D_2；D_1		M16×1-6H（牙型代号、大径、螺距、公差带代号）	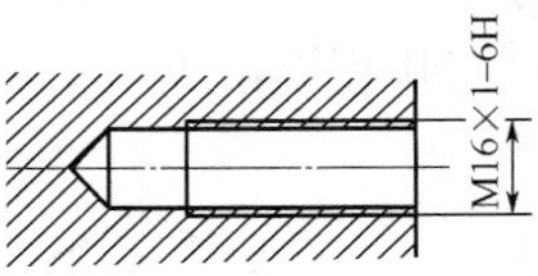 M16×1-6H	
	圆柱管螺纹	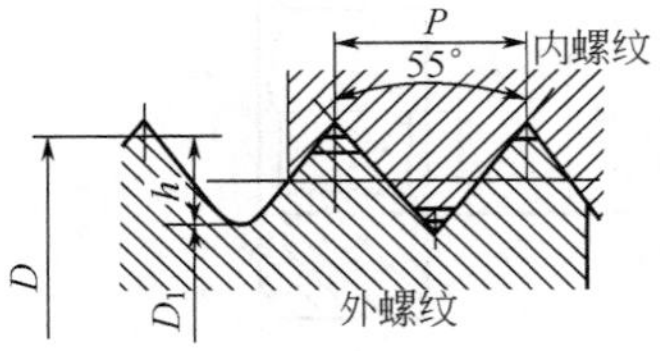 P；55°；内螺纹；外螺纹；h；D；D_1	G	G1″（牙型代号、公称直径）	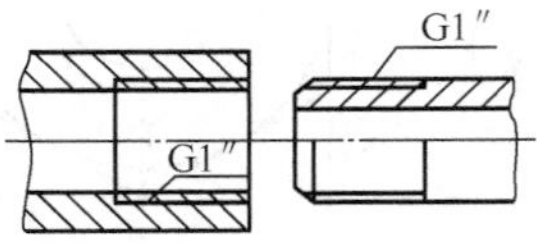 G1″；G1″	用于水管、油管、煤气管等薄壁件上，其连接紧密有防漏性能
传动螺纹	梯形螺纹	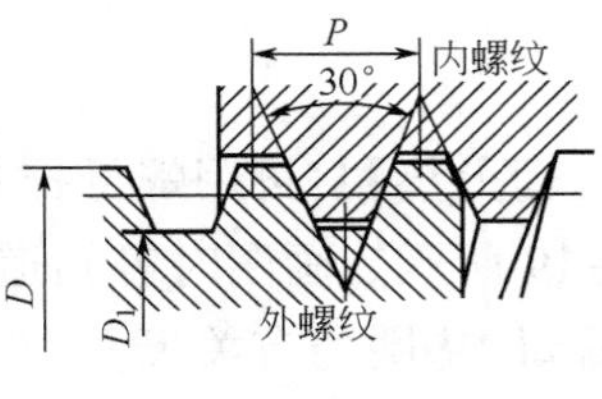 P；30°；内螺纹；外螺纹；D；D_1	T	T36×12/2-2（牙型代号、大径、螺距、精度）	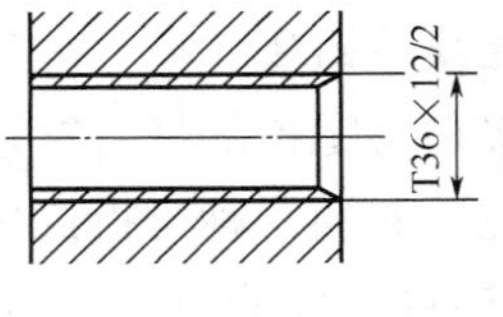 T36×12/2	传递动力，如用于车床丝杠
传动螺纹	锯齿形螺纹	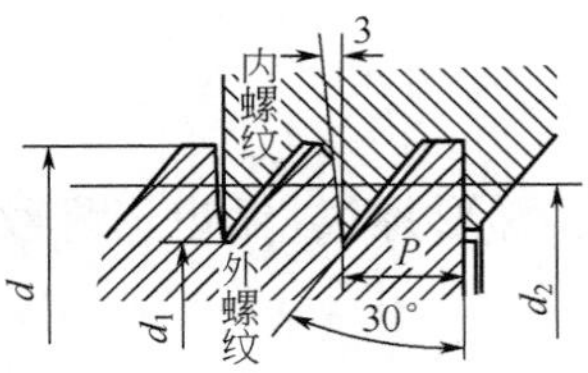 3；内螺纹；外螺纹；P；30°；d；d_1；d_2	S	S70×10-2（牙型代号、大径、螺距、精度）	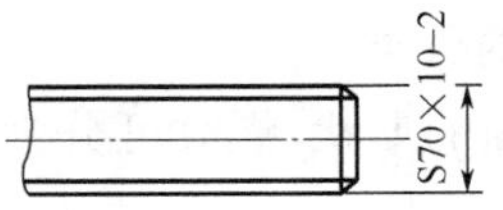 S70×10-2	传递单向动力，如用于压力机

4. 螺纹连接件及其画法

螺纹连接件种类很多，常见的连接形式有螺栓连接、双头螺栓连接和螺钉连接。螺栓连接件有螺栓、螺母、垫圈。

(1)螺栓由头部和杆身组成。常用的为六角头螺栓，如图1-1-17所示。螺栓的规格尺寸是螺栓直径 d 和螺栓长度 L。其规定标记为名称螺栓代号×长度标准代号。

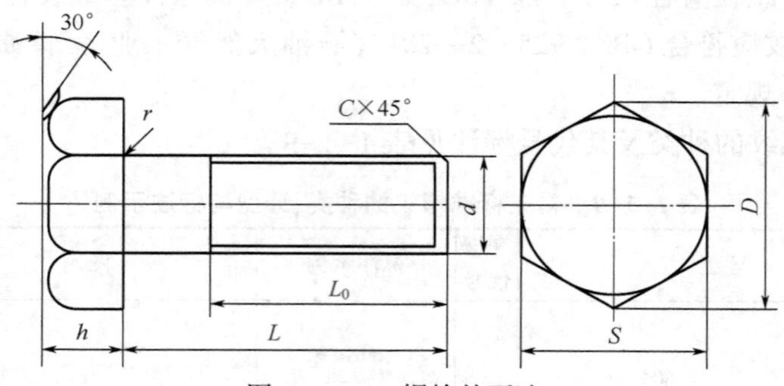

图1-1-17 螺栓的画法

示例：螺栓 M10×100GB30-76。

(2)螺母。常见的螺母是六角螺母，如图1-1-18所示。a为精制螺母，b为允许制造模式。螺母的规定尺寸是螺纹大径 d，其规定标记为名称螺纹代号标准代号。

示例：螺母 MIOGB52-76。

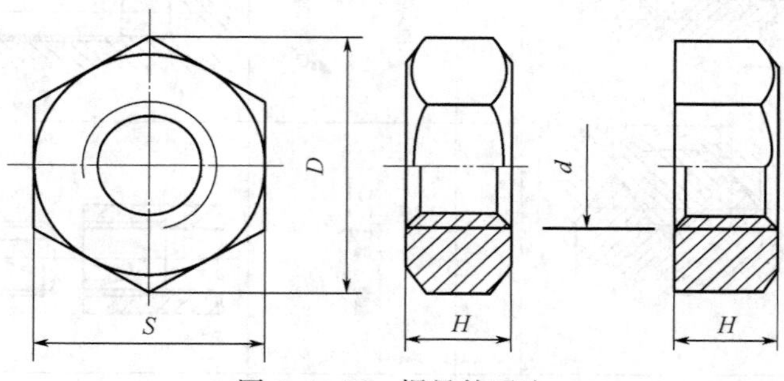

图1-1-18 螺母的画法

5. 螺栓连接的画法

螺栓连接是将螺栓的杆身穿过两个被连接件的通孔，套上垫圈，再用螺母拧紧，是使两个零件连接在一起的一种可拆卸的连接方式，如图1-1-19所示。画图时需知道螺栓的型式、大径和被连接零件的厚度，从有关标准中查出螺栓、螺母、垫圈的有关尺寸，然后计算确定螺栓的长度 L。

6. 螺纹的种类及特点

1)螺纹的分类

根据断面的形状，螺纹可分为三角形螺纹、矩形螺纹、梯形螺纹、锯齿形螺纹和圆锥管螺纹。

根据绕行的方向，螺纹可分为右旋和左旋的区别。

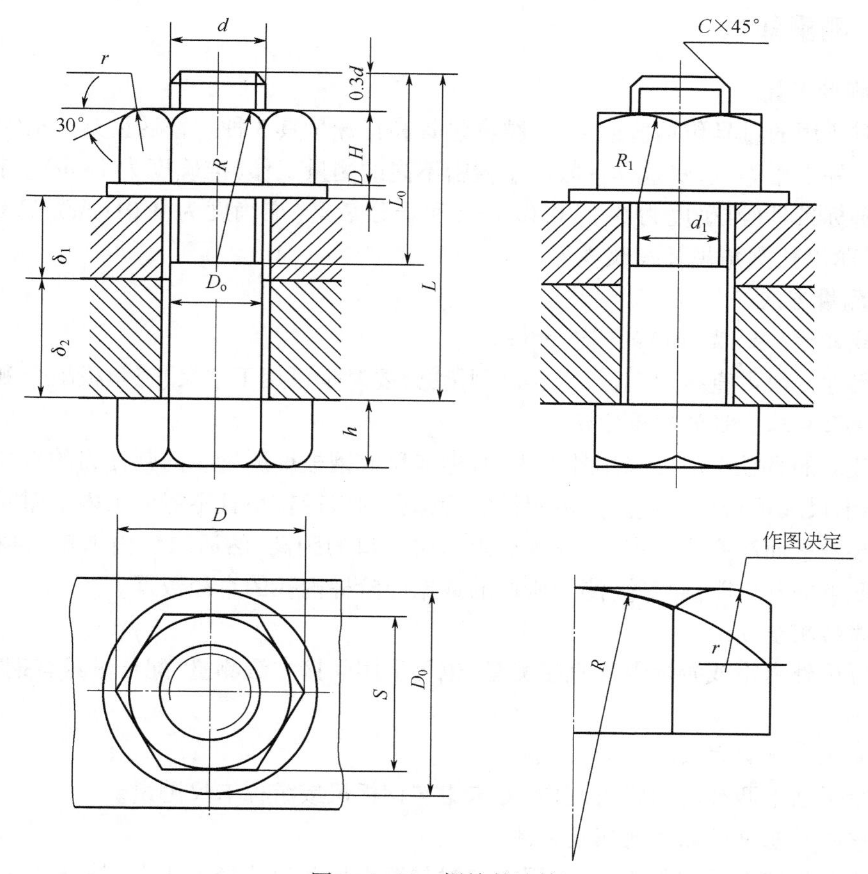

图 1-1-19　螺栓的连接

根据螺纹螺旋线的头数,螺纹可分为单头螺纹和多头螺纹。

按用途,螺纹可分为连接螺纹和专用螺纹。

普通螺,纹是最常用的连接螺纹,有粗牙和细牙两种。在大径相同的条件下,细牙普通螺纹的螺距与螺纹高度都比粗牙的小。

管螺纹只用于管子的连接,梯形螺纹和锯齿形螺纹是常用的传动螺纹,锯齿型螺纹只能传递单向动力。

2)螺纹的主要参数

(1)螺纹外径,指螺纹的最大直径,也是螺纹的公称尺寸。

(2)螺纹内径,指螺纹的最小直径,是外螺纹危险断面的直径,强度计算中常用到这个尺寸。

(3)螺距的平均直径,指螺纹内径和外径的平均值。

(4)螺距,指沿螺纹轴线方向量得的相邻两螺纹相应点之间的距离。

(5)升距,指螺纹上任一点螺旋线转一周所移动的轴向距离。单头螺纹的升距等于螺距,而多头螺纹升距等于头数乘螺距。

十二、测量知识

（一）测量工具

测绘时所用的量具包括普通量具、精密量具和特殊量具3种。普通量具包括钢板尺、卷尺、内卡钳、外卡钳等，这些量具一般用于精密不高的测量工作（准确度为1mm）。精密量具包括各种游标量具（准确度为0.1~0.02mm）和千分量具（准确度为0.01mm），特殊量具包括塞尺（厚薄规）、圆角规及螺纹规等。

GBC012 常用的测量方法

（二）测量方法

1. 直线尺寸（长、宽、高）的测量方法

直线尺寸一般可直接用钢板尺、卷尺测量，必要时也可用丁字尺、三角板配合测量。

2. 圆柱面和球直径的测量方法

外圆柱面的直径一般可采用外卡钳、游标卡尺或钢板尺测量。内圆柱面的直径，可用内卡钳、游标卡尺或钢板尺测量。当被测量的阶梯孔的口径较小且不能取出内卡钳时，可在内卡钳开口某一平面高度取一点，量取这点内卡钳开口的距离，然后取出内卡钳，再将内卡钳打开和量取点的开口距离相等，测量所取的数据即阶梯内孔的直径数据。

3. 壁厚的测量方法

壁厚可用外卡钳或游标卡尺直接测量，也可采用间接方法测量，配合量具有钢板尺和三角板。

4. 孔间距的测量方法

在一个平面上两孔的间距可用内、外卡钳与钢板尺或游标卡尺测量。

5. 孔中心至基准面距离的测量方法

孔中心至基准面间的距离，可先用内卡钳与钢板尺测出孔径 D 和尺寸，再由公式 $i=H+D/2$ 即可求出。

6. 圆角的测量方法

圆角可用圆角规测量，测量时，可在圆角规不同圆弧尺寸的钢片中找与被测圆角相吻合的一片，其上的数据即为所测半径。

7. 角度的测量方法

角度可用游标量角器直接测出。

8. 曲线、曲面的测量方法

对于零件上的圆弧、曲线或回转面的轮廓，可用下述方法进行测量：

（1）拓印法，对于零件上较复杂的平面曲线轮廓，用拓印法或用铅笔描绘得到其形状后，再定出曲线尺寸。

（2）坐标法，对于有回转曲面的零件，其轮廓尺寸可用其上各点的坐标表示，而各点坐标均由钢板尺与三角板配合测出。

（3）铅丝法，回转曲面的轮廓可用铅丝法测量，测量时，用软铅丝沿素线方向贴合在曲面上，然后将铅丝放平在纸上，沿弯曲的铅丝勾绘出实际的平面曲线，并定出该曲线的尺寸。

9. 尺寸测量中应注意的几个问题

GBC013 尺寸测量中应注意的问题

(1)测量尺寸时,要正确地选择测量基准,以减少测量误差。零件上磨损部位的尺寸应参考与之配合的零件的相关尺寸或其他有关技术资料予以确定。

(2)零件间相配合表面的公称尺寸必须一致。

(3)零件上的标准基素,如锥度、斜度、通孔直径、螺纹、退刀槽、键槽、倒角等,在测得尺寸后,都要参照相应标准查出其标准值。

(4)零件上的一般尺寸(例如不经切削加工部分的尺寸等)应参照标准中规定的标准化数列进行圆整,而在测量重要尺寸时(如两轴孔的中心距、齿轮上轮齿的尺寸等),则应使用较精密量具,并且不得圆整。

项目二 检修保养液压动力钳

一、准备工作

(一)材料、工具

擦布1块,记录单1张,操作工作台1台,300mm游标卡尺1把,钢丝刷1把,150mm十字螺丝刀和一字螺丝刀各1把,配套拆卸工具1套,油管1根,油盆1个,锉刀1套,柴油若干,碳素笔1支。

(二)人员

1人操作,劳动用品穿戴齐全。

二、操作规程

序号	工序	操作步骤
1	准备工作	将准备的工具放置于专用工作台上,核对准备的工具数量和种类
2	检查	检查动力钳: (1)接通动力源,操作动力钳,预判断常见故障,并做好记录。 (2)根据常见故障,按照动力钳图样选择正确的易损件。 (3)汇报评审员,需求部件及故障原因。 检查工具、用具: (1)对游标卡尺进行检查,应符合游标卡尺使用标准。 (2)对螺丝刀进行检查,应无缺陷
3	拆卸与清洗	拆卸: (1)按照图样对动力钳结构进行分析,确定拆卸步骤。 (2)使用拆卸工具对动力钳进行拆卸,拆卸外壳、主钳体、钳牙等部件。 (3)对拆卸的各部件按顺序进行编号。 清洗: 使用柴油和棉纱对动力钳的各部件进行清洗,应无油污及其他杂质
4	检测与更换	(1)清洗后的各部件按照各部件图样尺寸进行测量。 (2)使用游标卡爪测量易损件,并做好记录。 (3)校对故障原因和易损件,做好更换配件记录

续表

序号	工序	操作步骤
5	组装	按编号顺序对动力钳进行组装，需要润滑的部位加注润滑油，使用测量工具测量组装后的动力钳，其相互配合件之间的过盈量为0.25~0.5mm
6	测试	连接组装后的动力钳动力源，进行组装工具等操作
7	收尾工作	对现场进行清理，收取工具，上交记录单

三、注意事项

(1)系统工作、停机未泄压、未切断控制电源时，禁止对系统进行检修，防止发生人身伤亡事故。

(2)检修现场一定要保持清洁，拆除元件或松开管件前应清除其外表面污物，检修过程中要及时用清洁的护盖把所有暴露的通道口封好，防止污染物侵入系统，不允许在检修现场进行打磨、施工及焊接作业。

(3)检修或更换元器件时必须保持清洁，不得有砂粒、污垢、焊渣等，可以先漂洗一下再进行安装。

(4)更换密封件时，不允许用锐利的工具，注意不得碰伤密封件或工作表面。

(5)拆卸、分解液压元件时要注意零部件拆卸时的方向和顺序并妥善保存，不得丢失，不要将其精加工表面碰伤；元件装配时，各零部件必须清洗干净。

(6)安装元件时，拧紧力要均匀适当，防止造成阀体变形、阀芯卡死或接合部位漏油。

(7)油箱内工作液的更换或补充时，必须将新油通过高精度滤油车过滤后注入油箱；工作液牌号必须符合要求。

(8)不允许在蓄能器壳体上进行焊接和加工，维修不当可能造成严重事故，如发现问题应及时送回制造厂修理。

(9)检修完成后，需对检修部位进行确认，无误后，调整液压系统，并观察检修部位，确认正常后，可投入运行。

项目三　检修液压油缸

一、准备工作

(一)材料、工具

试压泵1台，擦布1块，记录单1张，操作工作台1台，300mm游标卡尺1把，钢丝刷1把，150mm十字螺丝刀和一字螺丝刀各1把，配套拆卸工具1套，油管1根，油盆1个，锉刀1套，柴油若干，碳素笔1支。

(二)人员

1人操作，劳动用品穿戴齐全。

二、操作规程

序号	工序	操作步骤
1	准备工作	将准备的工具放置于专用工作台上,核对准备的工具数量和种类
2	拆卸	(1)对拆卸的油缸先进行外部清洗及擦拭。 (2)油缸泄压,使用工具打开泄压阀口并使用油盆接泄压阀口中流出的油质。 (3)使用拆卸工具拆卸动压管线和回压管线,使用油盆接油质,避免滴漏地面。 (4)按顺序拆卸油缸缸体并拆卸油缸的零部件,标识油缸易损件
3	清洗	(1)清洗油缸各零部件表面油污及缸体。 (2)核对各密封垫数量。 (3)如采用密封胶情况,先进行胶印的清理,并选用匹配的密封胶。 (4)对密封垫处进行清理
4	检测	(1)检查缸筒内部及缸口螺纹情况,如有螺纹破损,使用锉刀修复。 (2)检查拉杆滑动面、活塞面及端盖、耳环和铰轴等部分
5	安装	(1)安装时,对更换的易损件及其他配件进行检查。 (2)安装过程中,配合面的部件均匀涂抹润滑脂。 (3)密封连接处,应更换密封胶垫或密封圈,并涂抹密封脂。 (4)装好密封件后,上紧螺纹
6	测试	连接试压泵,对油缸进行试压,无刺漏表示合格
7	收尾工作	对现场进行清理,收取工具,上交记录单

三、注意事项

(1)液压缸及周围环境应清洁。

(2)油箱要保证密封,防止污染。

(3)管路和油箱应清理,防止有脱落的氧化铁皮及其他杂物。

(4)清洁要用无绒布或专用纸。

(5)不能试用麻线和黏合剂作密封材料。

(6)液压油应符合设计要求,注意油温和油压的变化。

(7)空载时,拧开排气螺栓进行排气。

(8)液压缸的基座必须有足够的刚度,否则加压时缸筒成弓形向上翘,使活塞杆弯曲。

(9)液压缸安装到系统之前,应将液压缸标牌上的参数与订货时的参数进行比较。

(10)安装液压缸体的密封压盖螺钉时,其拧紧程度以保证活塞在全行程上移动灵活,无阻滞和轻重不均匀的现象为宜,螺钉拧得过紧,会增加阻力,加速磨损,过松会引起漏油。

(11)有排气阀或排气螺塞的液压缸,必须将排气阀或排气螺塞安装在最高点,以便排除空气。

(12)缸的轴向两端不能固定死,且一端必须保持浮动以防止热膨胀的影响,由于缸内受液压力和热膨胀等因素的作用,有轴向伸缩,若缸两端固定死,将导致缸各部分变形。导向套与活塞杆间隙要符合要求。

(13)拆装液压缸时,严防损伤活塞杆顶端的螺纹、缸口螺纹和活塞杆表面。

项目四　检修机械式内割刀

一、准备工作

（一）材料、工具

擦布1块，记录单1张，操作工作台1台，台虎钳1台，300mm游标卡尺1把，4800mm、3600mm管钳各1把，螺丝刀1把，钢丝刷1把，油盆1个，锉刀1套，柴油若干，碳素笔1支。

（二）人员

1人操作，劳动用品穿戴齐全。

二、操作规程

序号	工序	操作步骤
1	准备工作	将准备的工具放置于专用工作台上，核对准备的工具数量和种类
2	检查	对设备和工具、用具进行检查，检查量具、量块、管钳、台虎钳等
3	清洗	（1）将工具平稳夹持加紧在台虎钳上，注意保护外表面。 （2）使用钢丝刷、擦布、柴油等擦拭干净工具的表面。 （3）使用螺纹规检测螺纹
4	检测	（1）对机械式内割刀的外部件扶正块、止动圈螺钉、扶正块螺钉、底部螺帽、限位圈、卡瓦滑道、刀枕、刀片座螺钉等进行检查。 （2）对刀片、卡瓦易损件进行检测，查看是否存在裂纹等情况
5	拆卸	（1）按顺序拆卸芯轴、切割机构、限位机构、锚定机构等部件，并做好记录和编号。 （2）清洗打捞筒各个零部件。 （3）检查各零部件外观，使用游标卡尺进行测量
6	组装	（1）组装： ①将机械式内割刀的芯轴上端固定在专用工作台的压力钳上； ②刀片和刀片座通过圆柱销连接后置入芯轴上端的槽内，调整刀片座使螺孔对正后从侧面装入内六角螺钉进行固定； ③在刀片座上装上弹簧片，并用螺钉固定； ④在卡瓦锥体内装入垫圈和主弹簧，卡瓦锥体座依次与限位环、刀枕相连后，从芯轴下端套装在芯轴上； ⑤在芯轴下端装上滑牙套； ⑥在扶正壳体开槽内依次装上扶正块弹簧和扶正块，弹簧压紧扶正块，在扶正壳体两端分别套上止动圈，并用螺钉固定； ⑦扶正壳体上装上卡瓦后从芯轴下端装在芯轴上，卡瓦位于卡瓦锥体的燕尾槽内； ⑧扶正壳体上依次装上滑牙板、弹簧片，使滑牙片的锯齿螺纹与滑牙套的锯齿螺纹相啮合，并用螺钉固定； ⑨在芯轴下端连接底部螺帽； ⑩每次使用后，应彻底清洗检查，损坏件应更换，涂防腐油装配好备用。 （2）对损伤的零部件，进行更换，螺纹处涂抹密封脂。 （3）填写记录单相关内容
7	收尾工作	对现场进行清理，收取工具，上交记录单

三、注意事项

(1)在拆卸时先将部件的油污、泥渣内外冲洗干净。
(2)检查各部件是否被损坏或变形,如果发现被损坏应立即进行更换。
(3)检查刀片、卡瓦易损件是否磨损严重,如果也被损,同样也需要更换。
(4)检查修理完毕后将所有零件涂防锈油,并存放于干燥通风处。

项目五 检修机械式外割刀

一、准备工作

(一)材料、工具

擦布1块,记录单1张,操作工作台1台,台虎钳1台,300mm游标卡尺1把,4800mm、3600mm管钳各1把,螺丝刀1把,钢丝刷1把,油盆1个,锉刀1套,柴油若干,碳素笔1支。

(二)人员

1人操作,劳动用品穿戴齐全。

二、操作规程

序号	工序	操作步骤
1	准备工作	将准备的工具放置于专用工作台上,核对准备的工具数量和种类
2	检查	对设备和工用具进行检查,检查量具、量块、管钳、台虎钳等
3	清洗	(1)将工具平稳夹持加紧在台虎钳上,注意保护外表面。 (2)使用钢丝刷、擦布、柴油等擦拭干净工具的表面。 (3)使用螺纹规检测螺纹
4	检测	(1)对机械式外割刀的外部件销钉、止推环、刀片、顶丝等进行检查。 (2)如发现刀片等外部件出现裂纹或破损严重的情况,更换并做好记录
5	拆卸	(1)按顺序拆卸上接头、卡爪装置、止推环、承载环、隔套、弹簧罩、主弹簧、进给套、剪销、刀片、轴销、丝堵、筒体、引鞋等部件,并做好记录和编号。 (2)清洗打捞筒各个零部件。 (3)检查各零部件外观及使用情况,使用游标卡尺进行测量
6	组装	(1)组装: ①将机械式外割刀的上接头固定在专用工作台的压力钳上; ②在筒体的开孔处装入刀片,从侧孔处穿入轴销进行固定后旋入顶丝并上紧; ③从筒体上端装入进给套,并用剪销进行固定; ④从筒体上端依次装入弹簧承载圈、止推环、剪销、卡瓦锥体座、卡瓦、卡瓦锥体、弹簧、中间接头; ⑤连接筒体与上接头; ⑥将引鞋连接在割套上,放阴干处保存待用; ⑦使用后的机械式外割刀应彻底冲洗干净、擦干、涂油后装配好,放阴干处保存; ⑧对刀片、卡爪装置应进行全面检查,发现磨损较大及破损时必须更换;⑨更换的剪销必须有剪切数据,不得用其他材料代替。

续表

序号	工序	操作步骤
6	组装	(2)对损伤的零部件,进行更换,螺纹处涂抹密封脂。 (3)填写记录单相关内容
7	收尾工作	对现场进行清理,收取工具,上交记录单

三、注意事项

(1)拆卸机械外割刀时,先将外割刀的上接头、刀槽、卡瓦及其他部件的油污、泥渣内外冲洗干净。

(2)虎钳夹住外割刀的筒体,大钳夹住上接头松扣,小心卸下上接头,从筒体内取出卡紧套,上、下止推环、滑环、弹簧帽,弹簧和进刀环。

(3)用大钳夹住引鞋松扣,卸下引鞋。最后从筒体内卸下压刀弹簧,然后从筒体上卸下螺堵、销轴和刀头,完成拆卸工作。

(4)检查卡紧套的卡簧是否被损坏或变形,如果发现被损坏应立即进行更换。

(5)检查刀头和上、下止推环凸面是否磨损严重,如果也被损,同样也需要更换。

(6)检查修理完毕后将所有零件涂防锈油,并存放于干燥通风处。

项目六 测绘零部件

一、准备工作

(一)材料、工具

擦布1块,记录单1张,专用工作台1台,300mm游标卡尺1把,绘图仪1套,碳素笔1支,英制、公制螺纹规各1个。

(二)人员

1人操作,劳动用品穿戴齐全。

二、操作规程

序号	工序	操作步骤
1	准备工作	将准备测量的工具放置在专用工作台上,并对量具、量块进行检查
2	检查工件	对测量工件进行外观检查,合格后将其擦拭干净
3	测量工件	(1)使用游标卡尺测量工件长度、外径、内径并记录。 (2)使用量块对螺纹扣型进行审对,并记录螺纹扣型。
4	绘制草图	(1)根据零件尺寸大小选定比例、图幅,画出边框线、标题栏。 (2)安排视图位置,注意留出标注尺寸所需的地位,在画出各视图的基准线的基础上进行作图。 (3)用细实线画出各视图之间主体部分,注意各部分的投影、比例关系。 (4)画出其他结构,对决定的剖视图(或规定画法)部分,按规定作图。 (5)画出各细节部分,完成全图。 (6)检查后加深各图线

续表

序号	工序	操作步骤
5	绘制零件图	(1)根据草图绘制零件图。 (2)选择主视图和其他视图。 (3)选择视图比例,正确绘制零件图,正确标注零件结构尺寸。 (4)根据零部件使用要求和实测结果确定和标注配合等级和公差值。 (5)根据零部件使用要求和实测结果确定零件各表面的表面粗糙度。 (6)确定被测零件技术要求。 (7)填写标题栏
6	收尾工作	对现场进行清理,收取工具,上交草图、零件图样及记录单等

三、技术要求

(一)草图的技术要求

(1)必须具备零件工作图应有的全部内容和要求;

(2)图线清晰,比例匀称,投影关系正确,字体工整。

(二)测绘零件图的技术要求

投影对应关系为"长对正、高平齐、宽相等",即:

长对正——主视图与俯视图的长度相等,位置对正;

高平齐——主视图与左视图的高度相等,位置对正;

宽相等——俯视图与左视图的宽度相等。

四、注意事项

(1)画图前应对零件的结构形状、作用、加工方法有初步的了解,在此基础上,将零件分解为若干基本形体,从而确定零件的主视图、视图数量和剖视方法。

(2)根据零件的形状大小和视图数量,选定绘图比例与视图,绘出各视图的基准线。

(3)按照零件形状的大小,首先绘制起主体作用的基本形体而且最好从能反映形体特征的那个视图开始,逐次地画出其他形体的各个视图。

(4)画剖视图时,应直接画出剖切后的线框,画剖面线时应注意:顺着筋板剖切时按规定不画剖面线,而垂直筋板剖切时要画剖面线。

(5)在加深图线前,应对底稿进行一次检查,去掉多余的图线。

(6)标注尺寸时,应按画图的过程逐个注写出基本形状的大小和定位尺寸,并按有关标准标注。

项目七　根据装配图拆画零件图

一、准备工作

(一)材料、工具

擦布 1 块,记录单 1 张,专用工作台 1 台,300mm 游标卡尺 1 把,绘图仪 1 套,碳素笔 1 支,英制、公制螺纹规各 1 个。

(二)人员

1人操作,劳动用品穿戴齐全。

二、操作规程

序号	工序	操作步骤
1	准备工作	(1)将准备测量的工具放置于专用工作台上,并对量具、量块进行检查。 (2)对被测零件与装配图进行核对,在提供的多张装配图中,选择正确的被测零件的装配图
2	检查工件	对测量工件进行外观检查,合格后对其擦拭干净
3	看懂、拆装配图	记录零件在该装配图中功能和结构
4	测量工件	(1)使用游标卡尺对测量工件长度、外径、内径进行测量并记录。 (2)使用量块对螺纹扣型进行审对,并记录螺纹扣型
5	绘制草图	(1)根据零件尺寸大小选定比例、图幅,画出边框线、标题栏。 (2)安排视图位置,注意留出标注尺寸所需的地位,在画出各视图的基准线的基础上进行作图。 (3)用细实线画出各视图之间主体部分,注意各部分的投影、比例关系。 (4)画出其他结构,对决定的剖视图(或规定画法)部分,按规定作图。 (5)画出各细节部分,完成全图。 (6)检查后加深各图线
6	绘制零件图	(1)根据草图绘制零件图。 (2)选择主视图和其他视图。 (3)选择视图比例,正确绘制零件图,正确标注零件结构尺寸。 (4)根据零部件使用要求和实测结果确定和标注配合等级和公差值。 (5)根据零部件使用要求和实测结果确定零件各表面的表面粗糙度。 (6)确定被测零件技术要求。 (7)填写标题栏
7	收尾工作	对现场进行清理,收取工具,上交零件图样及记录单等

三、技术要求

(一)草图的技术要求

(1)必须具备零件工作图应有的全部内容和要求;

(2)图线清晰,比例匀称,投影关系正确,字体工整。

(二)测绘零件图的技术要求

投影对应关系为“长对正、高平齐、宽相等”,即:

长对正——主视图与俯视图的长度相等,位置对正;

高平齐——主视图与左视图的高度相等,位置对正;

宽相等——俯视图与左视图的宽度相等。

四、注意事项

(1)画图前应对零件的结构形状、作用、加工方法有初步的了解,在此基础上,将零件分解为若干基本形体,从而确定零件的主视图、视图数量和剖视方法。

(2)根据零件的形状大小和视图数量选定绘图比例与视图,绘出各视图的基准线。

(3)按照零件形状的大小,首先绘制起主体作用的基本形体而且最好从能反映形体特征的那个视图开始,逐次地画出其他形体的各个视图。

(4)画剖视图时,应直接画出剖切后的线框,画剖面线时,应注意:顺着筋板剖切时按规定不画剖面线,而垂直筋板剖切时要画剖面线。

(5)在加深图线前,应对底稿进行一次检查,去掉多余的图线。

(6)标注尺寸时,应按画图的过程逐个注写出基本形状的大小和定位尺寸,并按有关标准标注。

模块二 拆卸、组装井下工具

项目一 相关知识

GBD009 探砂面的注意事项

一、抽油机井起管杆、探砂面、组配下井油管柱

（一）起抽油杆的要求及注意事项

（1）卸掉井口胶皮阀门，起光杆时一定要缓慢上提，以保证有脱接器的井脱接器顺利脱开；当提抽油杆柱遇阻时，不能盲目硬拔，应查清原因制定措施后再进行处理。

（2）起抽油杆柱时各岗位要密切配合，防止抽油杆弯曲和造成井下落物。

（3）平稳起完抽油杆和活塞。

（二）起原井油管的要求及注意事项

（1）平稳操作起出原井油管及下井工具，起原井管柱做到不碰、不刮、不掉。

（2）起完管柱要核实砂面深度，检查油管完好情况，做好记录。

（三）探砂面的要求及注意事项

（1）可用原井管柱探砂面，起出后应核实井内管柱。

（2）下入光油管探砂面，必须装灵敏度较好的拉力计（表）观察悬重变化，操作要求平稳，严禁软探砂面。

（3）下油管进入射孔井段后，应控制下放速度，管柱遇阻后，连探3次，拉力计（表）负荷下降20~30kN，数据一致为砂面深度。

GBD010 组配下井油管柱的要点

（四）组配下井油管柱

1. 管式泵管柱的组配

（1）泵挂深度=油补距+油管挂短节长度+泵以上油管长度+泵上附加工具长度+泵长。

（2）尾管深度=油补距+油管挂短节长度+泵以上油管长度+泵上附加工具长度+泵长+泵以下附加工具长度+尾管长度。

（3）抽油杆和油管组配：驴头处于下死点时，光杆伸入油管头法兰长+抽油杆总长+抽油杆短节长+活塞长+防冲距=油管挂短节长度+泵以上油管长度+泵上附加工具长度+泵长。

2. 杆式泵管柱的组配

（1）泵挂深度=油补距+油管挂短节长度+外工作筒支撑环上油管长度+外工作筒支撑环以上附加工具长度+泵长。

（2）尾管深度=油补距+油管挂短节长度+外工作筒支撑环上油管长度+外工作筒支撑环以上附加工具长度+外工作筒长+外工作筒以下附加工具长度+尾管长度。

（3）抽油杆和油管组配：驴头处于下死点时，光杆伸入油管头法兰长+抽油杆总长+抽油杆短节长+活塞长+防冲距=油管挂短节长度+支撑环以上油管长度+内工作筒长度。

二、潜油电泵

GBD011 下泵的操作注意事项

（一）起下潜油电泵的质量标准

（1）动管柱前井架要重新校正，大钩必须对中井口；协助潜油电泵专业人员安装好施工辅助设备及专用工具。

（2）整个起下电泵的过程中，必须听从专业人员的指挥，必须平稳操作，缓起缓下（以每4~5min下一根油管为宜），切勿顿钻、溜钻；要注意保护好电缆，避免使用电缆出现死弯、磕碰、扭伤和损坏包皮现象。

（3）每根油管打3个电缆子（电缆的接口处上下各打一个电缆卡子），每根油管距离两端1~1.5m以内各打一个电缆卡子，在油管的中部打一个电缆卡子，打卡子要注意质量，松紧适度，以不在油管上受力滑动为宜，严格防止松卡和漏卡下井。

（4）全部油管在上卸扣过程中，必须打好背钳，以防油管转动扭伤电缆。

（5）随管柱下井数量的增加，悬重增加，重心偏移，必须随时调整井架，保证大钩对正井口，以免电缆被井壁擦伤。

（6）下井油管必须测量长度，复查，检查螺纹质量，油管要求冲洗干净，油管螺纹部分必须涂密封脂，保证油管不刺不漏。

（7）机组下井过程中，电工负责电缆的检查测量，每5根油管检测一次，若发现相间机组对地绝缘电阻出现导通，立即停止施工，经检查处理妥当后继续施工。

（8）电缆随管柱下井，要有专人负责电缆滚筒上电缆的投放，应随下井速度投放，不得使电缆突然卡死，不能强力拉伸，也不可投放速度过大而使电缆打扭或造成死弯。

（9）施工过程中严防任何物品落井。

（二）常用配套工艺技术

1. 测试工艺技术

目前，国内外的潜油电泵井测试工艺上比较可行的方法有以下几种：

（1）在潜油电泵井检泵时，利用气举诱导液流，模拟电动潜油电泵抽油时的工作制度进行油井分层测试。

（2）安装潜油电泵时，在泵出口上安装一个专用的阀，在测试时，沿着油管下入一个小直径压力计至泵的出口上端，通过这个阀结构，使油套连通，油套管压力平衡则可进行压力测试，将测试结果折算到油层中部深度，就能得到井底流动压力。

（3）在大套管井中，泵出口上端安装一个Y形结构的油管，然后从油管中下人小直径的压力计，通过Y形结构下泵和套管的间隙，并沿这个间隙将仪器送到泵下进行压力测试。

（4）在潜油电泵机组下端连接一个专门测试仪器，进行井下压力和温度的测试。

2. 加深泵挂工艺技术

在油田潜油电泵井生产中，为了保证潜油电动机的表面散热，延长潜油电泵机组的寿

GBD017 潜油电泵的常见故障
GBD018 潜油电泵常见故障的排除
GBD002 影响泵效的因素

命，一般潜油电泵机组的泵挂深度均在射孔井段之上，使从油层流出的井液首先经过电动机表面，与电动机进行热交换，达到电动机散热的目的。

（三）潜油电泵机组常见故障原因分析与处理

潜油电泵机组常见的故障原因及其处理方法见表1-2-1。

表1-2-1 潜油电泵机组常见故障原因分析与处理

序号	故障类型	故障现象与检查方法	原因分析及故障排除
1	新井投产时出现过载现象	新井投产时，启动机组出现瞬时脱扣跳闸： （1）检查机组的三相对地绝缘电阻是否符合要求； （2）检查中心控制器过载值调整是否适当； （3）检查总开关脱扣装置是否脱扣	分析机组启动电流是否为额定电流的4~7倍，短路保护值低于启动电流的起始值，经不起启动电流的冲击；中心控制器过载整定值偏低，引起瞬间跳闸按额定电流的4~7倍重新调整短路保护值，或按要求调整中心控制器的过载整定值
2	新井投产时电流高不能正常运行	新井投产时，机组运行电流偏高： （1）检查机组工作电压是否正常； （2）检查供电网络电压是否正常	分析确认是否施工结束后，压井液替喷不干净，含有杂质的井液进入泵内，摩擦阻力增大而引起电流升高。排除方法是将启动时间由原来的5s延长到15s，试启动一次。否则，用清水进行洗井；如果是电压不正常，可调节电压挡位，直到电压值正常为止
3	新井投产时憋压上升缓慢	新井投产时，憋压上升缓慢，井口无排液声： （1）检查机组工作电流是否正常； （2）检查机组相序是否正确	如果运行电流小于额定电流的50%，且憋不起压力，可能是保护器以上有轴断裂或轴间脱连现象，需进行起泵作业，更换机组；如果相序不正确，则调换电源相序
4	新井投产时无液量，运行电流偏低	新井投产后，运行一段时间机组运行电流突然下降，且三相平衡；憋压不上升，井口无排液声	如果运行电流小于额定电流50%，且憋不起压力，可能是保护器以上有轴断裂或轴间脱连现象，需进行起泵作业，更换机组
5	新井投产时变压器高压熔丝断路	机组电气参数正常，检查高压熔断器	熔断器熔丝选择不当，更换熔丝
6	新井投产时启动后即过载停机	新井投产时，机组启动数秒后过载停机，但机组电气参数正常： 检查中心控制器过载整定值是否合适	过载整定值与额定电流值接近，因此过载停机；按实际工作电流的1.2倍重新调整中心控制器过载整定值
7	机组因停电而停机，当恢复供电时不能正常启动运行	来电后机组不能自启： （1）检查输入电压是否正常，机组三相直流电阻及对地绝缘电阻正常； （2）检查中心控制器发现过载，单相发光管亮； （3）检查电路系统是否存在断路（或接触不良）故障	根据故障症状分析，认为是控制柜电路故障；启动机组观察三相电流，一相无电流，其他两相电流是正常值的2倍；检查开关、接触器、线路及接头处，将断路处或接触不良处处理并连接好
8	真空接触器吸合不稳定	按启动按钮，接触器吸合不稳定，发出连续的“啪、啪……”声： 检查控制回路电压是否正常	根据症状分析是电磁吸合力小，克服不了衔铁弹簧的反作用力，满足不了吸合要求；调整控制变压器一次或二次端线圈抽头，使输出电压达到110V

续表

序号	故障类型	故障现象与检查方法	原因分析及故障排除
9	真空接触器不能吸合	按启动按钮,真空接触器不吸合,衔铁有轻微的抖动: (1)检查控制回路电压是否正常; (2)检查桥式整流电路	根据症状分析为直流输出电压低,问题出在桥式整流电路,输出电压是正常的50%左右,证明二极管短路或断路,变成半波整流,满足不了接触器的吸合要求,需更换二极管
10	运行电流比额定电流高	机组运行电流高于额定电流,经常出现过载停机: (1)检查机组电气参数和网络电压是否正常; (2)检查井口回压值	经检查井口回压过高,进一步检查地面管线有堵塞现象;停机清洗和高压气清扫地面管线,使其畅通
11	机组过载停机	机组在运行中过载停机: (1)检查机组三相直流电阻是否平衡; (2)检查对地绝缘电阻是否正常; (3)重新启动一次,观察启动电流变化情况	如果机组三相直流电阻不平衡,则电机绕组匝间、相间或电气系统存在短路故障; 如果机组对地绝缘电阻低或为零,则说明电气系统存在绝缘损坏或击穿现象; 如果重新启动后启动电流变化不大,说明机组发生机械故障; 以上无论哪一种情况,都需起泵更换机组
12	机组瞬时过载停机	电流卡片画出的是一条瞬时过载停机曲线: (1)检查机组三相直流电压是否平衡及对地绝缘电阻; (2)启动机组观察,控制柜脱扣装置跳闸; (3)检查电网电压是否波动及其他负载波动	根据测量数据分析,可能是电缆头击穿放电,将电缆芯线烧断。由于电弧产生的炭灰在井液的侵蚀下具有一定的导电性,所以虽然芯线已烧断,故仍能测出一定的电阻值。这种情况需起泵更换机组; 根据跳闸症状分析,可能是机组机械故障或有较大砂粒造成卡泵,可视具体情况决定是否更换机组; 还有一种情况是电网电压波动或其他因素引起的
13	机组运行过程中三相电流不平衡	机组在运行过程中,三相电流有较大的不平衡: (1)检查机组三相直流电阻是否平衡; (2)检查变压器三相直流电阻是否平衡; (3)检查电网三相电压是否平衡; (4)检查供电线路是否有漏电和接地现象	如果机组三相直流电阻不平衡度超过2%,则不平衡原因在井下机组,否则,不平衡原因在地面变压器或电源; 如果变压器三相直流电阻不平衡度超过2%,则不平衡原因在变压器,需进一步检查并进行处理; 如果电网三相电压不平衡,则电流不平衡
14	中心控制器显示电流不平衡,并且不稳定	机组运行过程中,实测三相电流平衡,但中心控制器显示的三相电流不平衡,并且数字跳动不稳定	根据症状分析,三相电流显示不平衡和不稳定,可能是由于输入端的取样电阻焊点松动接触不良,使输入阻抗发生变化而引起的,将取样电阻焊牢即可

续表

序号	故障类型	故障现象与检查方法	原因分析及故障排除
15	机组发生故障后，测量三相直流电阻不稳定	机组出现故障后，用指针式万用表测量三相直流电阻，出现大幅度左右摆动；改用数字万用表测量数字跳动不稳定，无法读取准确测量结果	根据现象分析，并进一步观察停机后井口油压指示，可能是油井具有一定的自喷能力，井液作用于叶轮转动，或机组悬挂的环形空间在外力作用下摆动，两种因素都有可能引起一定的感应电势干扰测量，需关井或采取措施避免摆动后再测量
16	欠载性故障	机组每次启动只能运 10～20s，电流卡片无欠载现象： (1)启动机组，测量三相运行电流正常； (2)核对欠载整定值符合要求； (3)检查中心控制器显示欠载，延时发光二极管不熄灭	根据现象分析，欠载原因可能是欠载恢复时间调整太长，导致欠载电流讯号滞后于欠载动作时间，排除方法是重新调整欠载动作时间，直到适当为止
17	频繁地欠载停机	机组在运行中，出现频繁欠载停机： (1)检查电流卡片，电流曲线偏低； (2)检查中心控制器，欠载整定值偏高	欠载原因是欠载整定值过高，与运行电流接近，负载稍有波动就会欠载停机，应按实际运行电流的 0.8 倍重新调整欠载整定值
18	运行电流低于欠载值停机	机组运行电流较小，接近空载电流；憋压不上升，且井口无出液声音： 检查机组电气参数是否正常	根据运行电流接近空载电流判断电动机在空转，可能是保护器以上部位存在断轴或部件脱连现象，需起泵更换机组
19	供液不足引起欠载停机	从电流卡片上反映出的症状是每隔一段时间就欠载停机一次： 检查机组电气参数正常	经调查分析，欠载原因是周围注水井停注或注水量减少，导致供排失调，排除方法是调小油嘴，尽量延长延时时间，减少停机次数，直至恢复正常注水
20	受气体影响，经常欠载停机	电流卡片上的电流曲线呈锯齿状： 检查套压放气阀及套压是否正常	如果套管放气阀损坏，进行修理或更换，否则，根据实际生产情况重新计算确定套管放气压力并进行调整；如上述措施无效，则需起泵更换双分离器，并尽量加深泵挂深度
21	泵效下降，运行电流减小引起欠载	机组运行时间较长，其排液量下降，运行电流也随之减小，经常出现欠载停机现象： (1)检查油井动液面正常； (2)进行憋压试验，油压上升速度较慢； (3)化验油样含砂	井液中含砂量较高，或机组运行时间较长，叶导轮磨损严重，导致泵效下降，机组运行电流相应减小，这种情况需要起泵更换机组
22	在高黏油井中，泵排量低	机组在原油黏度较高的井中运行，排液量较低，但油压比正常井要高	因井液黏度较高，增加了井液的流动阻力，故排液量较低。如果排液量在排量范围下限值以上，则属于正常情况；否则需要重新进行选泵，更换机组，或者采取降黏措施

续表

序号	故障类型	故障现象与检查方法	原因分析及故障排除
23	机组不能正常启动	合上闸刀开关以后,按下启动按钮,机组无任何反应: (1)检查熔断器及电压正常; (2)检查中心控制器上的欠载指示灯与机组控制发光管同时亮	原因是中心控制器20号接线端子与14号接线端子接触不良,导致电路不通处理端子氧化层及腐蚀物,重新将端子接点连接好
24	施工中引起的故障	压井作业时压井液中混有纤维类杂物,启动机组后经泵吸入口进入泵流道造成卡泵; 施工中电缆遭到刮碰,内部绝缘层受到破坏,机组再下到一定深度时,在压力的作用下,绝缘下降	预防措施是在压井时,将压井液过滤干净,启动机组前将压井液替喷干净后,再启动机组。按操作规程要求进行安装前套管内壁的检查,杜绝磕、碰、刮等现象,发现隐患及时处理
25	冬季施工引起的电缆绝缘损坏	冬季低到一定温度时,电缆绝缘层将会变脆,在外力作用下,绝缘层会出现裂纹	这种损伤用普通绝缘检测方法是很难检测出来的。当机组下到一定深度时,损伤处受井液侵蚀后绝缘下降。预防措施是按规定给电缆采取保温,在低温下注意不要使电缆发生急弯或小弯

(四)潜油电泵的维修保养

GBD019　潜油电泵的检修
GBD020　潜油电泵的保养

在潜油电泵的运行过程中,要使设备能够长期正常运行,除要求合理选择潜油电泵,使其在最佳状况下运行外,还必须定期对井下设备进行检查和对地面设备进行正常的维护保养,从而取得较好的抽油效果和经济效益。

(1)定期测量井下设备的对地绝缘电阻和三相直流电阻。

(2)进行控制柜的检查和维护:

① 定期对控制柜进行清扫,除去潮气、灰尘和污垢。

② 检查控制柜门是否密封,如有问题及时进行修理,以保证其密封性、防尘防潮。

③ 定期检查各种电气元器(件如接触器、指示灯、熔断器等),保持良好的工作状态。

④ 经常检查、紧固各连接螺栓。

(3)变压器的检查和维护:

① 检查变压器是否漏油、腐蚀及绝缘失效,缺油的要及时补充变压器油;检查连接螺栓是否松动,并检查变压器壳体的状况,及时处理所发现的问题。

② 经常对变压器的过滤器和干燥器进行检查,有问题及时进行更换。

(4)定期检查从电源到变压器、控制柜、接线盒及井口的连接电缆和紧固螺栓均需定期检查。

(5)经常对所有设备壳体的接地线仔细进行检查,以保证其安全性。

(6)定期检查井口电缆密封,确定它的密封是否可靠,如有渗漏,应采取措施及时进行处理。

(7)电流记录仪的维护:

① 必须定期检查电流记录仪是否校准正确。

② 检查电流记录仪的记录笔的清洁度及动作是否正常,缺墨水的记录笔要及时进行更换。

三、抽油井防喷盒

（一）安装防喷盒操作步骤

（1）卸开抽油井防喷盒密封帽上的压盖，取出其中的胶皮密封，再卸开防喷盒的防喷帽，取出上压帽、密封、弹簧及下压帽，按次序排好。

（2）再用管钳卸开下密封座，取出内部的密封及压帽，按次序排好。

（3）把胶皮密封倾斜于平面，用钢锯锯开一个切口。

（4）将光杆没有接头的一端，依次穿过胶皮阀门、抽油杆防喷盒各部件，将密封胶皮用手掰开放入各部压帽下边，按数量要求装够。

（5）用手将穿在光杆上的胶皮阀门及防喷盒各部件连接螺纹依次抹好螺纹脂并对扣连接，并拧紧胶皮阀门两个手轮，在光杆无接头的一端约 10cm 处卡上一个方卡子，卡紧卡牢。

（6）将抽油杆吊卡卡在刚卡好的光杆方卡子下面，把光杆提起与下入井内的抽油杆接箍对好，用抽油杆扳手上紧，然后将胶皮阀门两个手轮开到头，上提抽油杆，撤去井口上的抽油杆吊卡，下放光杆使泵内的活塞接触泵底。

（7）依次将井口与胶皮阀门、胶皮阀门与防喷盒各连接部位螺纹用管钳适当上紧，抽油井安装防喷盒工作结束。

（二）安装防喷盒的注意事项

（1）安装抽油井防喷盒是在活塞进入泵筒后，已调整完井内抽油杆的情况下进行的。

（2）用抽油杆吊卡提光杆时，由于其上部有防喷盒，必须有专人扶起防喷盒，防止将光杆压弯。

（3）放入密封胶皮时，上下两块应避开切口位置，不要把胶皮密封切口朝同一个方向。

（4）防喷盒各部件多为铸铁件，因此，上扣时注意不能过紧，以防挤裂。

四、转盘

转盘是石油修井的主要地面旋转设备，用于修井时旋转钻具、钻开水泥塞和坚固的砂堵，在处理事故时进行倒扣、套铣、磨铣等工作。此外，在进行起下作业时，用于悬持钻具等。

常用修井转盘按结构形式分为船形底座转盘和法兰底座转盘两种形式，按传动方式分为轴传动与链条传动两种形式。

（一）船形底座转盘

船形底座转盘有链传动与轴传动，两种传动方式虽不同，但转盘内部结构原理基本相同。

1. 基本结构形式

船形底座转盘的基本结构形式如图 1-2-1 所示。

2. 基本参数

船形底座转盘的基本参数如下：

开口直径：520cm。

最大静载荷：2000kN。

额定功率：350kW。

最高转速:300r/min。

齿轮转动比:3∶22。

外形尺寸:长×宽×高为2250cm×1440cm×695cm。

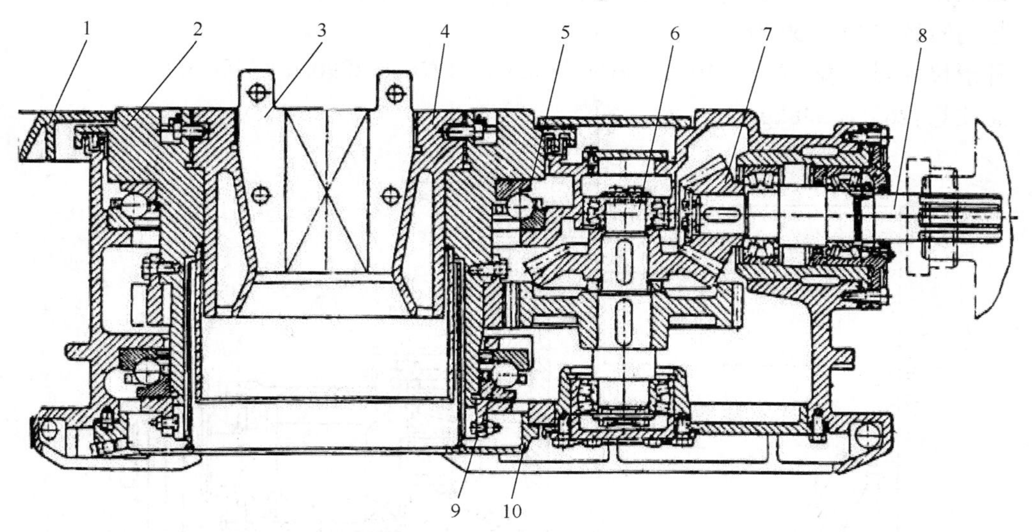

图1-2-1　船形底座转盘

1—护罩;2—转盘台;3—补心;4—方瓦;5,9—轴承;6,8—轴;7—齿轮;10—油底壳

3. 使用要求

使用链传动船形底座转盘时,应用修井机作动力来源,用链条带动转盘转动。

(1)使用时,应在船形底座下衬垫木方,木方不得压在井口及套管头上;

(2)四角用钢丝绳(不低于ϕ18.5cm)固定在四个专用绳坑(桩)内,不得将钢丝绳系在井架脚上;

(3)各润滑部位加注充满润滑脂;

(4)转盘平面应平、正、倾斜度不超过1°;

(5)转盘补心与井口(井眼)中心偏差不超过2cm;

(6)方补心应安放固定牢靠;

(7)方补心安放就位后,应用螺栓对穿并上紧;

(8)重载荷时,应先快转,后逐步加速;

(9)严禁超负荷、超载旋转;

(10)转盘停稳后方可上卸钻具。

(二)法兰底座转盘

法兰底座转盘体积较小,质量小,安装方便,直接连坐于井口之上,螺栓与井口法兰连接即可,较适用于钻水泥塞、套铣等一般修井作业。法兰底座转盘用链条传动。

1. 基本结构形式

法兰底座转盘的基本结构形式如图1-2-2所示。

GBE011　转盘的技术规范

2. 基本参数

法兰底座转盘的基本参数如下:

开口直径：180～292cm。

工作负荷：350kN。

最大扭矩：4000N·m。

最高转数：280～300r/min。

外形尺寸：长×宽×高为 810cm×462cm×525cm；1720cm×890cm×378cm。

总质量：263kg、348kg。

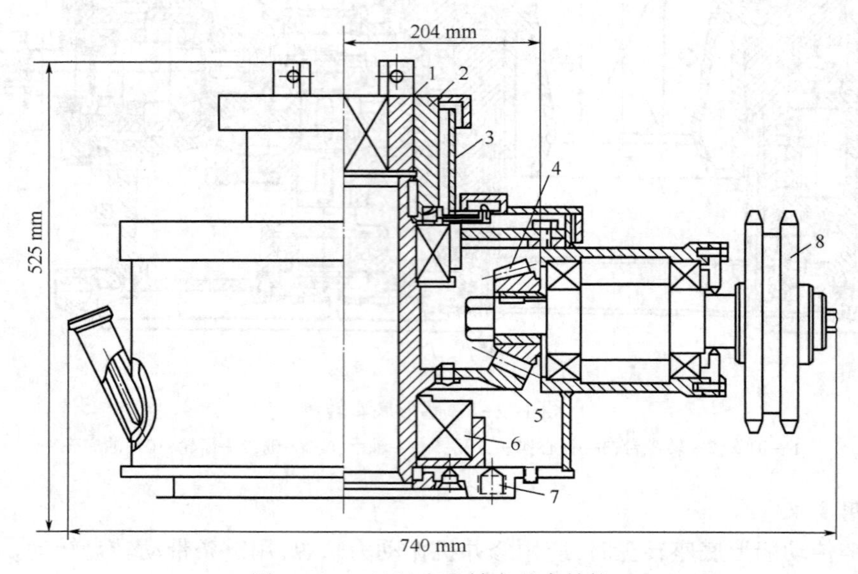

图 1-2-2　法兰底座转盘基本结构

1—方补心；2—方瓦；3—护罩；4—主动齿轮；5—驱动齿轮；6—轴承；7—固定螺孔；8—链轮

3. 使用要求

在链轮的相反方向，用钢丝绳固定在专用绳坑（桩）内，以免链条拉紧时，拉歪拉坏井口；其他要求同船形底座转盘。

4. 检测、维修保养

详见 SY/T 5080—2013《石油钻机和修井机轮盘》。

五、游车大钩

（一）概述

游车、大钩是石油天然气钻采和修井作业中起下钻杆、油管、抽油杆及各种钻具的重要提升设备，是石油钻修机提升系统理想的配套设备。

（二）型号

游车大钩的型号用"YG　XXX"表示，其中"XXX"表示载荷的 1/10，单位为 kN。

示例：YG160 表示载荷为 1600KN 的游车大钩。

（三）分类

游车大钩包括整体式游车大钩和分体式游车大钩。

1. 整体式游车大钩

整体式游车大钩由游动滑车和大钩两部分组成,为一个整体的部件,其优点是缩短了游动滑车和大钩的长度,便于充分利用井架的高度,操作方便。

2. 分体式游车大钩

分体式游车大钩分为游动滑车和大钩两个单位的部件,两个部件连接使用,它的优点是重量较大,便于快速下放,结构简单,便于维修;缺点是连接后尺寸较长。

(四)技术参数

游车大钩的主要参数见表1-2-2。

表1-2-2　游车大钩技术规范表

型号 规范		YG20/35 (35A)	YG30	YG60	YG70	YG80	YG90	YG110	YG135B	YG160	YG160B	YG180	YG225
最大载荷,kN		225/360	300	585	675	800	900	1125	1350	1580	1580	1800	2250
滑轮外径,mm		400/500	475	610	610	610	760	760	760	760	760	915	915
滑轮个数		2(3)	3	4	3	5	3	4	4	5	4	4	5
钢丝绳直径,mm		19/22	24	22	22	26	26	26	26	26	29	32	32
钩体形式		双钩	三钩	三钩	三钩	三钩	三钩	三钩	三钩	三钩	三钩	三钩	三钩
钩口开口尺寸,mm		90	94	110	110	110	110	150	152	180	180	190	190
弹簧行程,mm		153	154	115	115	153	153	150	153	150	150	180	180
外形尺寸,mm	长	1160/450	2250	1840	1840	2244	2350	2640	2768	3150	3150	3450	3450
	宽	400/1185	500	692	692	670	830	828	828	828	828	970	970
	高	525/310	400	456	456	631	413	500	500	605	730	840	850
质量,kg		332/475	490	1200	1150	2150	2000	2310	2842	3280	3200	4630	4732

(五)使用方法

1. 工作前检查

游车大钩工作前应做以下检查;

(1)检查各滑轮轴承及大钩主轴承的润滑情况。

(2)用手转动各滑轮,检查其转动灵活性。

(3)用手扳动钩体,检查其转动灵活性及定位可靠性。

(4)检查各滑轮绳槽、钩体、钩杆的承载表面是否有裂纹或严重损伤的情况;每半年应对钩体、钩杆、钩筒进行一次磁粉和超声波检查,认真检查确定无异常情况后,即可投入使用。

2. 工作期间检查

(1)工作期间应注意观察游车大钩的工作情况,如果出现异常响声,应立即停机检查维修。

（2）用手检查各滑轮轴承，当温度超过70℃时应停机检查维修。

（3）经常注意观察钩体各工作表面是否出现有裂纹、严重损伤情况，如有裂纹或严重损伤必须立即停止使用，否则会影响人身及设备安全。

（4）起下作业前，要检查侧钩钩口锁紧臂紧固件的锁紧情况；旋转作业前要检查主钩钩口安全锁紧臂的锁紧情况；在处理井下复杂事故时，挂水龙头后用钢丝绳绑住锁紧臂，以防提环脱出。

（5）开始提升时应平稳，以防止弹簧受力过猛而折断，当弹簧行程不足时应及时送修。

GBE012 游车大钩的常见故障

（六）故障原因及排除方法

游车大钩的技术规范见表1-2-3。

表1-2-3 游车大钩故障原因及排除方法

序号	故障	可能原因	排除方法
1	滑轮发热或不转	（1）油道堵死、缺油； （2）轴承损坏	（1）清洗、加油； （2）换轴承
2	弹簧行程不足或回不去	（1）弹簧疲劳松弛或折断； （2）内部有卡阻	（1）换弹簧； （2）检查修理
3	大钩转动不灵活或卡死	（1）缺油； （2）轴承损坏； （3）内部有卡阻	（1）加油； （2）更换； （3）检查修理
4	大钩制动装置失效	（1）卡死； （2）弹簧损坏	（1）修理； （2）更换
5	钩口安全锁紧装置失灵	弹簧损坏	更换

项目二 检修抽油泵

GBD003 柱塞与泵筒间隙的测量

GBD004 抽油泵漏失量的测量

GBD005 抽油泵整体密封的测量

一、准备工作

（一）设备

试压泵1套。

（二）材料、工具

擦布1块，记录单1张，操作工作台1台，台虎钳1套，250mm游标卡尺1把，钢卷尺1把，钢丝刷1把，150mm螺丝刀1把，900mm管钳2把，1200mm管钳2把，活动扳手2把，油盆1个，锉刀1套，柴油若干，量杯1个，碳素笔1支，抽油泵漏失量与间隙等级表1个，ϕ19mm抽油泵柱塞连杆1根，（ϕ38~56mm）×（0.8~3m冲程）管式抽油泵1台，压力钳1套。

（三）人员

1人操作，2人辅助，劳动用品穿戴齐全。

二、操作规程

序号	工序	操作步骤
1	准备工作	将准备的工具放置于专用工作台上，核对准备的工具数量和种类
2	检查	对设备和工具、用具进行检查，检查量具、量块、试压泵、管钳、台虎钳、压力钳等
3	拆卸与清洗	(1)拆卸前将泵筒总成外部做彻底清洗；清洗黏附在泵筒外表面的油污、蜡砂等污物，清洗过待拆的泵筒总成必须放在垫木或支架上，层层放置，不得堆放，以免造成泵筒变形。 (2)拆卸泵筒总成： ①选择合适的台虎钳夹紧泵筒。 ②用管钳夹紧油管接箍，卸掉泵筒阀座压帽取出泵筒阀座阀球。 ③用管钳夹紧油管接箍，卸掉泵筒阀罩。 ④用管钳夹紧加长短节，卸掉油管接箍。 ⑤用管钳夹紧下泵筒接箍，卸掉油管接箍。 ⑥旋紧台虎钳夹紧泵筒，用管钳卸掉泵筒上、下泵筒接箍。 (3)拆卸柱塞总成： ①选择合格的台虎钳夹紧柱塞。 ②用扳手夹固柱塞接头，用扳手卸掉柱塞上部阀罩，取出柱塞阀座、阀球。 ③用方扳手卸掉柱塞接头。 ④用摩擦钳或方扳手夹固柱塞下部阀罩，用方扳手卸掉柱塞阀座压帽，取出柱塞阀座、阀球。 ⑤用摩擦钳或方扳手卸掉柱塞下部阀罩。 (4)清洗： ①彻底清洗泵筒内径。 ②彻底清洗柱塞内径及柱塞两端螺纹。 ③彻底清洗阀总成。 ④彻底清洗所有拆卸零件
4	检查	(1)检查泵筒： ①用内径量缸表确定泵筒的磨损。 ②如果内径量缸表显示磨损值比泵筒原始内径大 0.13mm 时，应考虑更换。 ③泵筒内径有砂痕、沟槽、擦伤或腐蚀磨损时均需要更换。 ④检查泵筒外表面、两端螺纹，应无刻痕或腐蚀，如有问题，应予更换。 (2)检查柱塞： ①检查柱塞表面，并用外径千分尺测量外径尺寸。 ②如果外径磨损量比原配合尺寸小 0.05~0.076mm，应考虑更换。 ③柱塞上如有砂痕、沟槽、点蚀、擦伤或表面涂层剥落现象，应予更换。 ④检查其外螺纹、内螺纹，如有腐蚀现象，不能继续使用
5	组装	按顺序正确组装抽油泵： (1)连接零件上扣时，应再次检查各零件的螺纹表面、密封端面、孔口等处的毛刺、磕伤是否修光。 (2)上扣时，零件应预先手动旋入连接螺纹，直到手紧平面，即收力不能再旋入，然后回松 2~3 扣再手动拧紧，使端面可靠接触，用专用工具将零件拧紧。 (3)连接各零件时，不得隔件紧扣，螺纹表面均涂上螺纹脂(铅油或胶)
6	测试	连接检修后的抽油泵与试压泵，进行试压，使用量杯等测量工具进行测试： (1)筒内放入选配好的柱塞，一端接上试压接头，另一端旋入专用堵头(装吸入阀总成时必须使吸入阀打开)，置泵于水平位置，在压力不低于 10MPa 的条件下测试间隙漏失量。 (2)泵筒长度 3m 以上的测试上、下两个部位，泵筒长度不大于 3m 的，只测其下部漏失的量。

续表

序号	工序	操作步骤
6	测试	(3)测漏失量时，应在压力上升到规定值后保压 3min 再计漏失量。 (4)漏失量试验介质用 10 号轻柴油，柱塞长度为 1.2m。 (5)漏失量超标的泵应从以下各方面寻找原因： ①配合间隙过大。 ②柱塞或泵筒密封面有质量缺陷。 ③排出阀组密封性能未达到要求
7	收尾工作	对现场进行清理，收取工具，上交记录单

三、相关资料

抽油泵的测定间隙漏失量见表 1-2-4 和表 1-2-5。

表 1-2-4 抽油泵测定间隙漏失量表 1

公称直径，mm（Ⅰ系列）	试验压力，MPa	间隙代号		
		1	2	3
		最大漏失量，mL/min		
32	10	100	500	1420
38		120	595	1690
44		140	690	1955
56		175	875	2490
63		200	985	2800
70		280	1410	4010
83		330	1670	4750
95		380	1910	5440

表 1-2-5 抽油泵测定间隙表 2

公称直径，mm（Ⅰ系列）	试验压力，MPa	间隙代号				
		1	2	3	4	5
		最大漏失量，mL/min				
31.8	10	200	415	760	1245	1910
38.1		235	500	910	1495	2290
44.5		275	580	1060	1745	2670
45.2		280	590	1075	1770	2715
50.8		315	665	1210	1990	3050
57.2		355	745	1360	2240	3435
63.5		390	830	1510	2490	3810
69.9		550	1170	2140	2530	5210
82.6		650	1380	2530	4170	6390
95.3		750	1600	2920	4810	7380

四、注意事项

（一）检查泵筒及加长短节

（1）用气动测量仪测量泵筒内径的磨损情况，内径最大尺寸和最小尺寸大于0.05mm，内径应进行研磨并按研磨后的尺寸选配所需间隙的新柱塞；如内径磨损量超过规定极限时，应予更换；在矫直机上检测泵筒直线度，如超差，要进行矫直。

（2）检查泵筒和加长短节的螺纹、密封面及外表面，若有影响密封和机械强度的损伤应予更换；检查加长短节内径的腐蚀情况，如腐蚀深度大于1/3原始厚度，应考虑更换。

（二）检查柱塞

（1）检查柱塞外表面，并用外径千分尺测量外径尺寸，如外径磨损比原始配合尺寸小0.051~0.076mm（在全长范围内），应考虑更换。

（2）柱塞外表面上如有较深的沟槽、腐蚀及表层（镀层或喷焊层）剥落，应予更换。

（三）检查阀球、阀座和进油阀罩

（1）检查阀球表面、阀座各密封面，若有影响密封的腐蚀和磨损应予更换；表面虽没有缺陷，但还应进行对阀球与阀座密封性能测试的真空试验，若试验不合格，应进行配研或更换新件。

（2）检查进油阀罩内孔导向筋的磨损和变形情况，若变形后的厚度比原始厚度小1/3，应予更换，阀罩各平面密封面若有影响密封的损坏，也应进行更换。

（四）检查泵筒接箍

检查螺纹，如有磨损、腐蚀，影响连接和连接强度时应予更换；检查泵筒接箍内台肩密封面，若有影响密封的损伤，应予更换。

项目三　检验抽油泵质量

一、准备工作

GBD001　抽油泵的检验工具

GBD012　检泵的质量标准

（一）设备

试压泵1套。

（二）材料、工具

擦布1块，记录单1张，操作工作台1台，台虎钳1套，250mm游标卡尺1把，钢卷尺1把，钢丝刷1把，150mm螺丝刀1把，油盆1个，锉刀1套，柴油若干，量杯1个，碳素笔1支，螺纹规1套，抽油泵漏失量与间隙等级表1个，ϕ19mm抽油泵柱塞连杆1根，（ϕ38~56mm）×（0.8~3m冲程）管式抽油泵1台，压力钳1套。

（三）人员

1人操作，2人辅助，劳动用品穿戴齐全。

二、操作规程

序号	工序	操作步骤
1	准备工作	将准备的工具放置于专用工作台上，核对准备的工具数量和种类
2	检查	对设备和工具、用具进行检查，检查量具、量块、试压泵、管钳、台虎钳、压力钳等
3	试抽	将抽油泵夹持在专用工作台上，使用台虎钳平稳夹紧。柱塞在泵筒内充满行程，反复拉动和转动柱塞，应轻快灵活、无阻滞，否则应寻找原因予以排除，并做好记录
4	测量	使用游标卡尺和钢卷尺测量泵径及长度，使用螺纹规测量两端螺纹，并做好记录
5	测试	连接检修后的抽油泵与试压泵，进行试压，使用量杯等测量工具进行测试： (1)筒内放入选配好的柱塞，一端接上试压接头，另一端旋入专用堵头（装吸入阀总成时必须使吸入阀打开），置泵于水平位置，在压力不低于10MPa的条件下测试间隙漏失量。 (2)泵筒长度3m以上的测试上、下两个部位，泵筒长度不小于3m的，只测其下部漏失的量。 (3)测漏失量时，应在压力上升到规定值后保压3min再计漏失量。 (4)漏失量试验介质用10号轻柴油，柱塞长度为1.2m。 (5)漏失量超标的泵应从以下各方面寻找原因： ①配合间隙过大。 ②柱塞或泵筒密封面有质量缺陷。 ③排出阀组密封性能未达到要求。 (6)根据漏失量与间隙等级表确定间隙等级。 (7)计算冲程： ①管式泵及其他允许柱塞上始点可稍冲出泵筒的泵型、泵筒长度（含加长短节）≥冲程长度+柱塞长度+0.3，单位为m。 ②杆式泵及其他不许柱塞上始点冲出泵筒的泵型、泵筒长度（含加长短节）≥冲程长度+柱塞长度+0.9，单位为m。 ③有其约定的泵型应以约定的为准
6	收尾工作	对现场进行清理，收取工具，上交记录单

三、相关资料

表1-2-6　抽油泵测定间隙漏失量表1

公称直径，mm（Ⅰ系列）	试验压力，MPa	间隙代号		
		1	2	3
		最大漏失量，mL/min		
32	10	100	500	1420
38		120	595	1690
44		140	690	1955
56		175	875	2490
63		200	985	2800
70		280	1410	4010
83		330	1670	4750
95		380	1910	5440

表 1-2-7　抽油泵测定间隙漏失量表 2

公称直径,mm（Ⅰ系列）	试验压力,MPa	间隙代号				
		1	2	3	4	5
		最大漏失量,mL/min				
31.8	10	200	415	760	1245	1910
38.1		235	500	910	1495	2290
44.5		275	580	1060	1745	2670
45.2		280	590	1075	1770	2715
50.8		315	665	1210	1990	3050
57.2		355	745	1360	2240	3435
63.5		390	830	1510	2490	3810
69.9		550	1170	2140	2530	5210
82.6		650	1380	2530	4170	6390
95.3		750	1600	2920	4810	7380

四、注意事项

（一）检查泵筒及加长短节

（1）用气动测量仪测量泵筒内径的磨损情况，内径最大尺寸和最小尺寸大于 0.05mm，内径应进行研磨并按研磨后的尺寸选配所需间隙的新柱塞。如内径磨损量超过规定极限时，应予更换。在矫直机上检测泵筒直线度，如超差，要进行矫直。

（2）检查泵筒和加长短节的螺纹、密封面及外表面，若有影响密封和机械强度的损伤应予更换。检查加长短节内径的腐蚀情况，如腐蚀深度大于 1/3 原始厚度，应考虑更换。

（二）检查柱塞

（1）检查柱塞外表面，并用外径千分尺测量外径尺寸，如外径磨损比原始配合尺寸小 0.051～0.076mm（在全长范围内），应考虑更换。

（2）柱塞外表面上如有较深的沟槽、腐蚀及表层（镀层或喷焊层）剥落，应予更换。

（三）检查阀球、阀座和进油阀罩

（1）检查阀球表面，阀座各密封面，若有影响密封的腐蚀和磨损应予更换。表面虽没有缺陷，但还应进行对阀球与阀座密封性能测试的真空试验，若试验不合格，应进行配研或更换新件。

（2）检查进油阀罩内孔导向筋的磨损和变形情况，若变形后的厚度比原始厚度小 1/3 时，应予更换，阀罩各平面密封面若有影响密封的损坏，也应进行更换。

（四）检查泵筒接箍

（1）检查螺纹，如有磨损、腐蚀，影响连接和连接强度时应予更换。检查泵筒接箍内台肩密封面，若有影响密封的损伤，应予更换。

项目四　测量确定修复后抽油泵等级

一、准备工作

（一）设备

试压泵 1 套。

（二）材料、工具

擦布 1 块，记录单 1 张，操作工作台 1 台，台虎钳 1 套，250mm 游标卡尺 1 把，钢卷尺 1 把，钢丝刷 1 把，150mm 螺丝刀 1 把，油盆 1 个，锉刀 1 套，柴油若干，量杯 1 个，碳素笔 1 支，螺纹规 1 套，抽油泵漏失量与间隙等级表 1 个，ϕ19mm 抽油泵柱塞连杆 1 根，（ϕ38～56mm）×（0.8～3m 冲程）管式抽油泵 1 台，压力钳 1 套。

（三）人员

1 人操作，2 人辅助，劳动用品穿戴齐全。

二、操作规程

序号	工序	操作步骤
1	准备工作	将准备的工具放置于专用工作台上，核对准备的工具数量和种类
2	检查	对设备和工具、用具进行检查，检查量具、量块、试压泵、管钳、台虎钳、压力钳检查等
3	测试	连接检修后的抽油泵与试压泵，进行试压，使用量杯等测量工具进行测试： （1）筒内放入选配好的柱塞，一端接上试压接头，另一端旋入专用堵头（装吸入阀总成时必须使吸入阀打开），置泵于水平位置，在压力不低于 10MPa 的条件下测试间隙漏失量。 （2）泵筒长度 3m 以上的测试上、下两个部位，泵筒长度不小于 3m 的，只测其下部漏失的量。 （3）测漏失量时，应在压力上升到规定值后保压 3min 再计漏失量。 （4）漏失量试验介质用 10 号轻柴油，柱塞长度为 1.2m。 （5）漏失量超标的泵应从以下各方面寻找原因： ①配合间隙过大。 ②柱塞或泵筒密封面有质量缺陷。 ③排出阀组密封性能未达到要求。 （6）根据漏失量与间隙等级表确定间隙等级
4	收尾工作	对现场进行清理，收取工具，上交记录单

三、相关资料

表 1-2-8　抽油泵测定间隙漏失量表 1

公称直径,mm（Ⅰ系列）	试验压力,MPa	间隙代号		
		1	2	3
		最大漏失量,mL/min		
32	10	100	500	1420
38		120	595	1690
44		140	690	1955
56		175	875	2490
63		200	985	2800
70		280	1410	4010
83		330	1670	4750
95		380	1910	5440

表 1-2-9　抽油泵测定间隙漏失量表 2

公称直径,mm（Ⅰ系列）	试验压力,MPa	间隙代号				
		1	2	3	4	5
		最大漏失量,mL/min				
31. 8	10	200	415	760	1245	1910
38. 1		235	500	910	1495	2290
44. 5		275	580	1060	1745	2670
45. 2		280	590	1075	1770	2715
50. 8		315	665	1210	1990	3050
57. 2		355	745	1360	2240	3435
63. 5		390	830	1510	2490	3810
69. 9		550	1170	2140	2530	5210
82. 6		650	1380	2530	4170	6390
95. 3		750	1600	2920	4810	7380

四、注意事项

（一）检查泵筒及加长短节

（1）用气动测量仪测量泵筒内径的磨损情况，内径最大尺寸和最小尺寸大于 0. 05mm，内径应进行研磨并按研磨后的尺寸选配所需间隙的新柱塞；如内径磨损量超过规定极限，应予更换；在矫直机上检测泵筒直线度，如超差，要进行矫直。

（2）检查泵筒和加长短节的螺纹、密封面及外表面，若有影响密封和机械强度的损伤应予更换；检查加长短节内径的腐蚀情况，如腐蚀深度大于 1/3 原始厚度，应考虑更换。

（二）检查柱塞

（1）检查柱塞外表面，并用外径千分尺测量外径尺寸，如外径磨损比原始配合尺寸小 0. 051～0. 076mm（在全长范围内），应考虑更换。

（2）柱塞外表面上如有较深的沟槽、腐蚀及表层（镀层或喷焊层）剥落，应予更换。

（三）检查阀球、阀座和进油阀罩

（1）检查阀球表面、阀座各密封面，若有影响密封的腐蚀和磨损应予更换；表面虽没有缺陷，但还应进行对阀球与阀座密封性能测试的真空试验，若试验不合格，应进行配研或更换新件。

（2）检查进油阀罩内孔导向筋的磨损和变形情况，若变形后的厚度比原始厚度小 1/3 时，应予更换，阀罩各平面密封面若有影响密封的损坏，也应进行更换。

（四）检查泵筒接箍

检查螺纹，如有磨损、腐蚀，影响连接和连接强度时应予更换；检查泵筒接箍内台肩密封面，若有影响密封的损伤，应予更换。

项目五　研磨修复抽油泵阀座

一、准备工作

（一）设备

试压泵 1 套。

（二）材料、工具

擦布 1 块，记录单 1 张，操作工作台 1 台，台虎钳 1 套，250mm 游标卡尺 1 把，钢卷尺 1 把，钢丝刷 1 把，150mm 螺丝刀 1 把，900mm 管钳 2 把，1200mm 管钳 2 把，活动扳手 2 把，油盆 1 个，锉刀 1 套，柴油若干，量杯 1 个，碳素笔 1 支，抽油泵漏失量与间隙等级表 1 个，ϕ19mm 抽油泵柱塞连杆 1 根，无衬套管式抽油泵（ϕ38～56mm）×（0. 8～3m 冲程），游动阀、固定阀若干，压力钳 1 套。

（三）人员

1 人操作，2 人辅助，劳动用品穿戴齐全。

二、操作规程

序号	工序	操作步骤
1	准备工作	将准备的工具放置于专用工作台上，核对准备的工具数量和种类
2	检查	对设备和工具、用具进行检查，检查量具、量块、试压泵、管钳、台虎钳、压力钳检查等
3	拆卸与清洗	（1）拆卸前将泵筒总成外部做彻底清洗。清洗黏附在泵筒外表面的油污、蜡砂等污物，清洗过待拆的泵筒总成必须放在垫木或支架上，层层放置，不得堆放，以免造成泵筒变形。 （2）泵筒总成的拆卸： ①选择合适的台虎钳夹紧泵筒。 ②用管钳夹紧油管接箍，卸掉泵筒阀座压帽取出泵筒阀座阀球。 ③用管钳夹紧油管接箍，卸掉泵筒阀罩。 ④用管钳夹紧加长短节，卸掉油管接箍。 ⑤用管钳夹紧下泵筒接箍，卸掉油管接箍。 ⑥旋紧台虎钳夹紧泵筒用管钳卸掉泵筒上、下泵筒接箍。

续表

序号	工序	操作步骤
3	拆卸与清洗	(3)柱塞总成的拆卸: ①选择合格的台虎钳夹紧柱塞。 ②用扳手夹固柱塞接头,用扳手卸掉柱塞上部阀罩,取出柱塞阀座、阀球。 ③用方扳手卸掉柱塞接头。 ④用摩擦钳或方扳手夹固柱塞下部阀罩,用方扳手卸掉柱塞阀座压帽,取出柱塞阀座,阀球。 ⑤用摩擦钳或方扳手卸掉柱塞下部阀罩。 (4)清洗: ①彻底清洗泵筒内径。 ②彻底清洗柱塞内径及柱塞两端螺纹。 ③彻底清洗阀总成。 ④彻底清洗所有拆卸零件
4	检查	(1)泵筒的检查: ①用内径量缸表确定泵筒的磨损。 ②如果内径量缸表显示磨损值比泵筒原始内径大 0.13mm,应考虑更换。 ③泵筒内径有砂痕、沟槽、擦伤或腐蚀磨损时均需要更换。 ④检查泵筒外表面、两端螺纹,应无刻痕或腐蚀,如有问题,应予更换。 (2)柱塞的检查: ①检查柱塞表面,并用外径千分尺测量外径尺寸。 ②如果外径磨损量比原配合尺寸小 0.05~0.076mm,应考虑更换。 ③柱塞上如有砂痕、沟槽、点蚀、擦伤或表面涂层剥落现象,应予更换。 ④检查其外螺纹、内螺纹,如有腐蚀现象,不能继续使用
5	研磨	(1)组装游动阀和固定阀。 (2)研磨:阀件上产生的麻点、刻痕,当深度在 0.5mm 以内时,可采用研磨方法修复,其研磨过程按粗磨、中磨和细磨 3 步进行
6	组装	按顺序正确组装抽油泵: (1)连接零件上扣时,应再次检查各零件的螺纹表面、密封端面、孔口等处的毛刺、磕伤是否修光。 (2)上扣时,零件应预先手动旋入连接螺纹处,直到手紧平面,即收力不能再旋入,然后回松 2~3 扣再手动拧紧,使端面可靠接触,用专用工具将零件拧紧。 (3)连接各零件时,不得隔件紧扣,螺纹表面均涂上螺纹脂(铅油或胶)
7	测试	连接检修后的抽油泵与试压泵,进行试压,使用量杯等测量工具进行测试: (1)筒内放入选配好的柱塞,一端接上试压接头,另一端旋入专用堵头(装吸入阀总成时必须使吸入阀打开),置泵于水平位置,在压力不低于 10MPa 的条件下测试间隙漏失量。 (2)泵筒长度 3m 以上的测试上、下两个部位,泵筒长度不小于 3m 的,只测其下部漏失的量。 (3)测漏失量时,应在压力上升到规定值后保压 3min 再计漏失量。 (4)漏失量试验介质用 10 号轻柴油,柱塞长度为 1.2m。 (5)漏失量超标的泵应从以下各方面寻找原因: ①配合间隙过大。 ②柱塞或泵筒密封面有质量缺陷。 ③排出阀组密封性能未达到要求。 (6)计算冲程: ① 管式泵及其他允许柱塞上始点可稍冲出泵筒的泵型、泵筒长度(含加长短节)≥冲程长度+柱塞长度+0.3,单位为 m。 ② 杆式泵及其他不许柱塞上始点冲出泵筒的泵型、泵筒长度(含加长短节)≥冲程长度+柱塞长度+0.9,单位为 m。 ③ 有其约定的泵型应以约定的为准
8	收尾工作	对现场进行清理,收取工具,上交记录单

三、相关资料

表 1-2-10　抽油泵测定间隙漏失量表 1

公称直径，mm（Ⅰ系列）	试验压力，MPa	间隙代号		
		1	2	3
		最大漏失量，mL/min		
32	10	100	500	1420
38		120	595	1690
44		140	690	1955
56		175	875	2490
63		200	985	2800
70		280	1410	4010
83		330	1670	4750
95		380	1910	5440

表 1-2-11　抽油泵测定间隙漏失量表 2

公称直径，mm（Ⅰ系列）	试验压力，MPa	间隙代号				
		1	2	3	4	5
		最大漏失量，mL/min				
31.8	10	200	415	760	1245	1910
38.1		235	500	910	1495	2290
44.5		275	580	1060	1745	2670
45.2		280	590	1075	1770	2715
50.8		315	665	1210	1990	3050
57.2		355	745	1360	2240	3435
63.5		390	830	1510	2490	3810
69.9		550	1170	2140	2530	5210
82.6		650	1380	2530	4170	6390
95.3		750	1600	2920	4810	7380

四、注意事项

研磨过程按粗磨、中磨和细磨 3 步进行：

（1）粗磨一般选用 W240～W40 磨料或 2 号砂布，使用较大的研磨压力，主要是为磨去麻点和划痕。

（2）中磨选用 W28～W14 磨料或 1 号、0 号砂布，研磨压力比较小，研磨前要更换新的研具。经过中磨，密封面基本达到要求，表面平整光亮。

（3）细磨是指用手工方式，将阀门上的阀瓣和阀座直接对研。选用细研磨膏（磨料粒度 W14～W5），并稍加一点机油稀释，先顺时针再逆时针，轻轻地来回研磨，磨一会儿检查一次，直至磨得发亮，并可在阀瓣和阀座的密封面上见到一圈黑亮的闭合带，最后再用机油轻轻磨几次，用干净的棉纱擦干。

项目六 检修螺杆泵

GBD013 螺杆泵的故障诊断
GBD014 螺杆泵的故障排除
GBD015 螺杆泵的检修
GBD016 螺杆泵的保养

一、准备工作

（一）材料、工具

擦布1块，记录单1张，操作工作台1台，台虎钳1台，300mm游标卡尺1把，3600mm管钳1把，钢丝刷1把，油盆1个，锉刀1套，柴油若干，碳素笔1支。

（二）人员

1人操作，2人辅助，劳动用品穿戴齐全。

二、操作规程

序号	工序	操作步骤
1	准备工作	将准备的工具放置于专用工作台上，核对准备的工具数量和种类
2	检查	对设备和工具、用具进行检查，检查量具、量块、管钳、台虎钳等
3	清洗	（1）收回的螺杆泵平稳夹持加紧在台虎钳上，使用胶皮保护夹持部位，注意保护螺杆泵外表面。 （2）使用钢丝刷、擦布、柴油等擦拭干净螺杆泵表面
4	检测	（1）检查泵体和转子的外表面损伤情况，如损伤过大，严格执行螺杆泵检修标准要求。 （2）使用配套螺纹规对螺纹情况进行检查
5	拆卸	（1）将螺杆泵上接箍、上筒、衬胶筒、螺杆、下接头逐一拆卸，清洗各零部件并编号。 （2）检查转子的损伤情况，并做好记录。 （3）拆卸衬胶筒与螺杆。 （4）检查定子的损伤情况
6	组装	（1）对损伤的零部件进行更换，按编号顺序进行组装。 （2）填写记录单相关内容
7	收尾工作	对现场进行清理，收取工具，上交记录单

三、注意事项

（1）作业人员进行拆卸作业时必须配合得当，作业人员相互站位正确，避免相互伤害。

（2）进行较高处拆卸作业时，必须搭设牢靠的脚手架（必要时系好安全带），作业人员相互配合、站位正确，手持工具、重物要牢固拿稳、作业人员站位要稳，用力要均匀；避免在交叉作业时重物失手、人员坠落，造成人身伤害、设备损坏。

（3）作业人员搬运重物要相互配合、均匀用力，避免重物滑落发生对作业人员的伤害事故。

(4)了解所拆零(部)件的结构,明确拆卸次序;拆下的零(部)件须仔细地用适宜的清洗溶剂加以清洗并擦净,根据零(部)件的情况分类安放,涂油防锈。

(5)各零(部)件拆卸后应妥善保管,不得碰伤;螺钉、螺栓与螺母拧下后最好按原配对拧上,以免丢失;重要部件的加工面和大部件应有防止碰伤的措施,转子和部件应有防止变形的措施。

(6)各重要配合零(部)件拆卸时应注意其原装配位置,必要时可做记号分类安放,以免回装时弄错。

(7)拆卸时使用的工具应不会对零(部)件产生损伤,严禁用硬质工具直接在零(部)件的工作表面上敲击。

(8)拆卸下的零(部)件要摆放有序妥善保管,避免部件丢失、人员磕碰。

项目七　拆卸、组装单闸板防喷器

一、准备工作

(一)材料、工具

单闸板防喷器1台,侧门修理包1套,敲击扳手1把,防喷器扳手1把,手锤1把,内六角扳手1把,一字螺钉旋具1把,操作工作台1台,150mm螺丝刀1把,钢丝刷1把,油盆1个,柴油若干,擦布1块,记录单1张,碳素笔1支,润滑油1桶,毛刷1把。

(二)人员

1人操作,劳动用品穿戴齐全。

二、操作规程

序号	工序	操作步骤
1	准备工作	将准备的防喷器放置于专用工作台上,核对准备的工具数量和种类
2	检查	对防喷器和工具、用具进行检查
3	清洗	使用擦布、柴油等,擦拭干净使用后的防喷器表面,并检查外表面是否有损伤
4	拆卸	(1)使用手锤敲打侧门对应型号的敲击扳手将侧门总成四条螺栓卸松,用防喷器扳手将侧门螺栓卸下来,对螺栓及相关配件进行清洗。 (2)向外侧拉动侧门总成,将其拔出。 (3)将侧门总成闸板取下,用一字螺钉旋具拆掉旧的前密封和顶密封。 (4)用六角螺栓将侧门总成上锁紧螺母和闸板轴套连接六角螺栓卸松,分离锁紧螺母和闸板轴套。 (5)将侧门锁紧轴、闸板轴卸下。 (6)将闸板轴和锁紧轴之间的密封圈、侧门密封圈用一字螺钉旋具卸下。 (7)将其余侧门总成按上述办法拆卸后,清洗全部零配件
5	检验	(1)检查壳体侧平面、闸板室顶部凸台密封面、密封垫环槽、侧门平面、侧门密封圈槽及挡圈等部位,不允许有影响密封性能的缺陷。 (2)检查壳体垂直通孔内圆柱面的偏磨情况。 (3)检查闸板体与闸板轴连接槽,不得有裂纹,弯曲变形;闸板体宽度和盖板高度不允许有严重磨损。 (4)检查锁紧轴承,不允许有缺损掉珠。 (5)检查锁紧轴,不允许有裂纹、弯曲、沟槽,锁紧轴开关应灵活

续表

序号	工序	操作步骤
6	组装	(1)更换所有闸板胶芯、密封圈。 (2)更换已损坏的螺栓、螺母。 (3)修理损坏了的螺纹孔及密封垫环槽、密封圈槽。 (4)更换已产生裂纹或严重变形的闸板体及闸板轴。 (5)按拆卸相反步骤进行组装,密封件涂抹黄油。 (6)填写记录单相关内容
7	收尾工作	对现场进行清理,收取工具,上交记录单

三、注意事项

(1)作业人员严格按照安全操作流程进行拆卸、组装,避免意外伤害。

(2)拆卸过程中,禁止用工具硬性安装,防止破坏密封件。

(3)安装密封件过程中,涂抹黄油,注意密封件清洁。

模块三　维修、保养井下工具

项目一　相关知识

GBF001 封隔器检修的注意事项

GBF008 封隔器的坐封压力

GBF009 封隔器洗井的工作原理

一、封隔器

（一）Y111-114 封隔器

1. 性能

Y111-114 封隔器为支撑式封隔器，是以井底（或卡瓦式封隔器或支撑卡瓦总成）为支点，将油管部分重量加在封隔器上，使封隔器密封件受压变形而达到密封油套环形空间的目的。

2. 结构

Y111-114 封隔器由上部接头、上胶皮筒、下胶皮筒、隔环、中胶筒、O 形密封圈、承压接头、剪断销钉、花键接头及下部接头等组成，如图 1-3-1 所示。

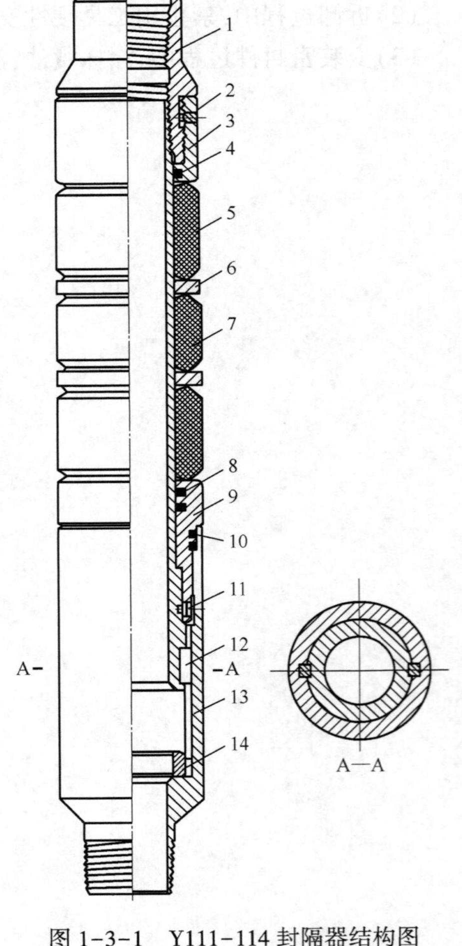

图 1-3-1　Y111-114 封隔器结构图

1—上接头；2—销钉；3—调节环；4，8，10—O 形密封圈；5—胶筒；6—隔环；7—中心管；9—承压接头；11—坐封剪钉；12—键；13—下接头；14—压缩距垫环

3. 工作原理

封隔器下入设计位置时，上提油管一定高度，然后下放管柱，由于管柱支撑到套管内壁，部分油管重量压缩封隔器密封件，使密封件径向胀开，达到密封油套管环形空间的目的，起封隔器时，上提管柱，封隔器即可恢复原状。

4. 技术规范

Y111-114 型封隔器的技术规范见表 1-3-1。

表 1-3-1　Y111-114 型封隔器的技术规范

型号	Y111-114
最大外径，mm	ϕ114
内通径，mm	ϕ62
工作压力，MPa	15
坐封拉力，kN	80

5. 组装步骤

（1）将封隔器下接头固定在工作台的压力钳上。

(2)装承压接头密封胶圈和调节环密封胶圈。

(3)将承压接头接入中心管。

(4)装好坐封剪钉。

(5)将键装入中心管键槽内。

(6)将压缩距垫环装入下接头。

(7)将承压接头与下接头连接。

(8)依次将封隔件、隔环套装在中心管上。

(9)将上接头和调节环组装在一起,装到中心管上端并上紧。

(10)将调节环压紧,上好防松销钉。

(二)Y341-114 封隔器

1. 用途

Y341-114 封隔器主要用于油田注水分层注水等。

2. 结构

Y341-114 封隔器主要由上、下接送头,内、外中心管,内、外活塞,中间接头胶筒、隔环等组成的封隔部分,由锁套、卡瓦座、卡瓦牙、解封套等组成的锁紧部分,并由内、外中心管组成。

3. 工作原理

坐封:当水注入油管压力经内中心管压力孔推动上、下活塞,当推力达到一定值,坐封剪钉被剪断,活塞继续上行推动压缩胶筒封隔油套管环行空间,与此同时,上行的锁套被由卡瓦座、卡瓦牙组成的锁紧机构锁定使胶筒保持压缩状态,密封油套管空间。

解封:上提油管柱,当拉力达到一定值后,剪断上接头与中间接头之间的解封剪钉,中心管上移,解封套压下卡牙,锁紧机构失去支撑,卡爪与锁套脱开,胶筒靠自身弹性推动外中心管下移,从而胶筒恢复原位。

4. 技术参数

Y341-114 封隔器的主要技术参数见表 1-3-2。

表 1-3-2 Y341-114 封隔器技术参数

型号	最大外径,mm	内通径,mm	工作压力,MPa	坐封压力,MPa	解封拉力,kN	两端连接螺纹
Y341-114	$\phi114$	$\phi50$	25	9~12	23~25	2⅞UPTBG

GBF002 检修Y341型封隔器
GBF005 Y341型封隔器的故障诊断

5. 使用注意事项

(1)封隔器应由专门负责井下工具的单位进行检验,试验合格后方能使用。

(2)下封隔器的油井必须按要求进行通井,保证套管畅通。

(3)封隔器两端在入井前必须加戴护丝,不许着地。

(4)下井的油管、工具必须保证清洁,入井干净。

(5)起下带封隔器的管柱时禁止猛起猛放和频繁上下活动。

6. 维护和保养

(1)封隔器由井内起出应及时回收清洗,防止在空气中加重锈蚀。

(2)影响使用的变形、损伤、锈蚀零件应予更换,橡胶件全部更换。

(3)修复、组合、组装合格和封隔器及零件应采取防护措施，存放在通风、干燥的库房工具架上。

(4)搬运、存放必须加戴保护，严禁摔碰、雨淋、阳光暴晒、着地。

(5)库存时间较长的封隔器（超过橡胶件存放期），应重新更换橡胶件、检查、试压后方可使用。

（三）Y445-114 封隔器

1. 用途

Y445-114 封隔器主要用于油气井封堵水层，从而完成油气井的分层采油、采气。

2. 工作原理

封隔器坐封时，将封隔器下到井下设计位置，向油管内打液压，当压力达 17～21MPa 时，压力突然降为 0MPa，封隔器坐封，上提管柱，丢开送封工具。封隔器解封时，将封隔器打捞工具下到距封隔器鱼顶 2～3m 时，开始冲砂，至清水进出时，边冲洗边缓慢下放打捞工具，打捞爪抓锁鱼顶，上提即可解封，但需重复几次上提下放动作，这样能松动剩余积砂，解封彻底。

3. 主要参数

钢体最大外径：114mm。

丢手前最小内通径：35mm。

丢手后最小内通径：48mm。

坐封压力：17～21MPa。

工作压差：20MPa。

解封载荷：40～60kN。

连接螺纹：2⅞TBG。

GBF004 检修 Y445型封隔器

4. 注意事项

(1)在运输与搬运时，不允许碰撞避免雨淋和潮湿。

(2)封隔器下井时，封隔器下接管柱不得超过 500m。

(3)作业时，工具严禁带压下井，以免中途坐封。

（四）Y211 型封隔器

1. 结构

Y211 封隔器的结构如图 1-3-2 所示。

2. 工作原理

坐封：按所需坐封高度上提管柱后下放管柱，由扶正器依靠弹簧的弹力造成摩擦块与套管壁的摩擦力，扶正器则沿中心管轨迹槽运动，轨道销钉从原来的短槽上死点 A 经过 B 到达长槽上死点 C 的坐封位置。由于顶套的作用，挡球套被顶开解锁，从而使卡瓦被锥体撑开，并卡在套管内壁上。同时，在管柱重量作用下，上接头、调节环和中心管一起下行压缩胶筒，使胶筒直径变大，封隔油套环形空间。

解封：上提管柱，上接头、调节环和中心管一起上行，结果轨道销钉又运动到下死点 B，锥体退出卡瓦。同时由于扶正器的摩擦力，产生一个向下的拉力，从而卡瓦准确回收及锁球复位，挡球套在弹簧的作用下自动复位，锁紧装置恢复。与此同时，胶筒收回解封。

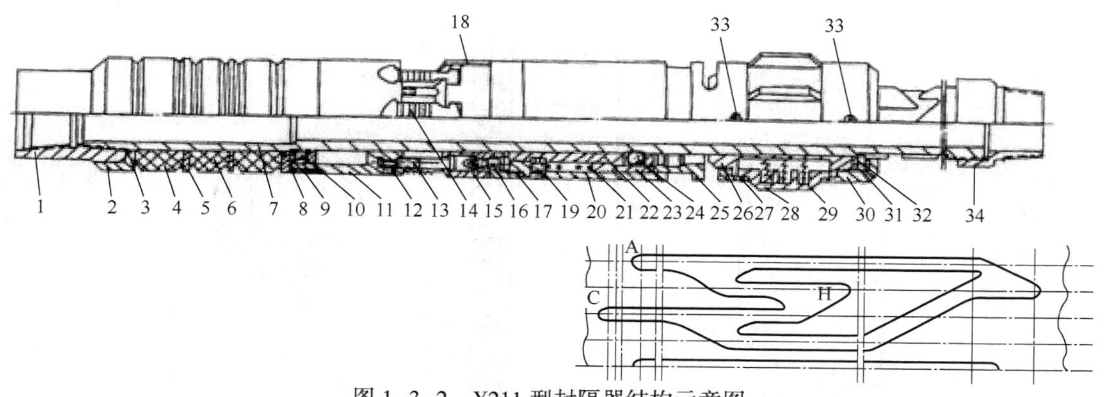

图 1-3-2 Y211 型封隔器结构示意图

1—上接头;2—调节环;3—O 形密封圈;4—边胶筒;5—隔环;6—中胶筒;7—中心管;8—楔形体帽;9—挡环;10—防松螺钉;11—楔形体;12—防松螺钉;13—限位螺钉;14—卡瓦;15—大卡瓦挡环;16—固定螺钉;17—连接环;18—小卡瓦挡块;19—防松螺钉;20—护罩;21—弹簧;22—锁环套;23—挡球套;24—挡球;25—顶套;26—扶正体;27—压环;28—摩擦块;29—压簧;30—限钉压环;31—滑环;32—轨道销钉;33—防松螺钉;34—下接头

(五)Y344 型封隔器

Y344 封隔器为无支撑、液压坐封和液压解封的压缩式封隔器,主要应用于分层试油、分层找水、堵水和油井热油循环清蜡。

1. 结构

Y344 封隔器的结构如图 1-3-3 所示。

2. 工作原理

坐封时,从油管内加液压,一方面液压经中心管的孔眼作用在承压接头上,剪钉被剪断,推动活塞套,承压接头和承压套上行压缩胶筒,使胶筒直径变大,封隔油套环形空间,另一方面液压经中心管的孔眼又作用在活塞上,但坐封压力不能使解封拉钉被拉断,活塞固定不动。放掉油管压力,由于活塞套被卡簧卡住,活塞套、承压接头和承压套则在胶筒的弹力作用下不能退回,胶筒就始终处于封隔油套环形空间的状态。

解封时,油管内加液压,一方面液压经中心管的孔眼作用在承压接头上,推动活塞套,承压接头和承压套上行,直到承压接头的台阶与中心管的外台阶接触,另一方面液压经中心管的水眼作用在活塞上,解封拉钉被拉断,但活塞的承压面积大于承压接头的承压面积,所以活塞就在液压和胶筒的弹力作用下带着活塞套、承压接头和承压套下行,胶筒就收回解封。

3. 拆卸

(1)将封隔器上接头固定在工作台的压力钳上。

(2)卸下下接头和下压帽。

(3)将活塞套与承压接头间的螺纹卸开,取下下压帽和活塞套,此时活塞套内部带有下卡簧压帽和活塞;用专用工具将卡簧压帽与活塞间的扣卸开,即可将它们从活塞套和下压帽中取出。

(4)拆下拉钉挂,取下承压接头。

(5)卸下上接头,依次取下密封环、密封隔件、隔环、承压套。

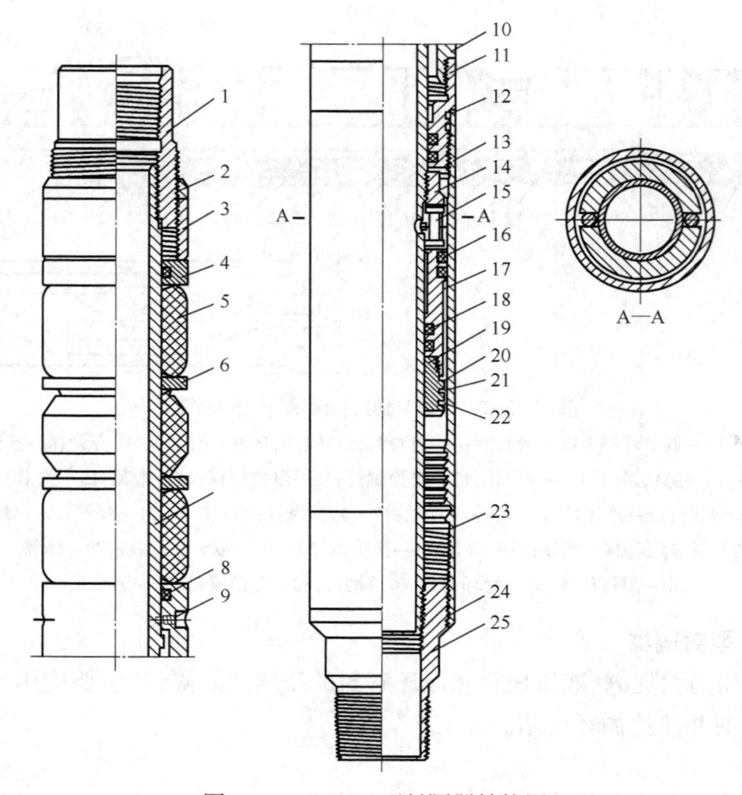

图 1-3-3　Y344 型封隔器结构图

1—上接头；2，23—上压帽；3—调节环；4—密封环；5—胶筒；6—隔环；7—中心管 8，12，16，18—O 形密封圈；9—剪钉；10—承压套；11—承压接头；13—活塞套；14—拉钉挂；15—解封拉钉；17—活塞；19—卡簧压帽；20—卡簧；21—补簧；22—卡簧；24—下压帽；25—下接头

4. 技术要求

封隔器经地面试验合格后才能下井。

（六）K344 型封隔器

1. 用途

K344 系列压裂封隔器可与各类喷砂器配套实现任意一层或分层酸化、压裂等施工。

2. 工作原理

当流体从油管进入封隔器传压孔后，可扩张胶筒胀封密封油套环空。

3. 技术规范

K344 型封隔器的技术规范见表 1-3-3。

表 1-3-3　K344 型封隔器的技术规范

型号	K344-112	K344-114	K344-148
最大外径，mm	ϕ112	ϕ114	ϕ148
内通径，mm	ϕ50	ϕ50	ϕ60
工作压力，MPa	80	80	80

续表

型号	K344-112	K344-114	K344-148
工作温度,℃	150	150	150
坐封压力,MPa	2~3	2~3	2~3
反洗排量,m^3/h	30	30	30
解封力,kN	自动解封	自动解封	自动解封
两端连接螺纹	2⅞UPTBG		

4. 组装、拆卸、检验

GBF003　检修K344型封隔器
GBF006　K344型封隔器的故障诊断

组装:

(1)各零件先去毛刺,并清洗干净。

(2)检测各零件的尺寸精度是否符合图样要求,不合格者不得使用。

(3)凡密封配合面不得有咬痕等缺陷,组装时应涂上润滑油。

(4)凡螺纹连接均应涂上密封脂。

(5)按照装配图及要求进行组装。

拆卸:

(1)将封隔器上接头固定在工作台的压力钳上。

(2)旋下下接头。

(3)取下滤网罩。

(4)旋下胶筒座和胶筒。

(5)旋下中心管。

(6)将胶筒座与胶筒旋开。

(7)将密封圈从上、下接头取下。

调试和检验:

GBF007　封隔器整体密封的测量

封隔器整体密封性能试验:在油浸罐中中心管打压,稳压5min,无渗漏为合格。

5. 使用注意事项

(1)下井封隔器及各项工具必须在地面认真检查,合格后方可下井;入井液体、材料、管柱、工具等应清洁干净,符合质量标准。

(2)下井管柱须涂密封脂。

(3)下管柱时,操作应平稳,严禁顿钻、溜钻(下油管限速小于25根/h)。

(4)必须要安装灵敏可靠的指重表或拉力计。

(5)在地面认真检查油管,逐根用通径规通过,不合格油管不准下井。

(6)下井管柱要求丈量准确,确保封隔器卡点准确,并避开套管接箍。

(7)严禁违章作业、违章指挥。

(8)严格按施工设计、HSE及各项操作规程施工。

(9)施工人员严格按要求穿戴好劳保用品,注意安全。

(10)施工作业区设立安全境界线,非施工人员未经允许不得进入。

(11)做好防火、防止意外事故的应急准备工作。

（12）污水必须进污油池回收，严禁随意排放。

（13）取全取准资料。

二、油水井窜槽

GBF010 油水井窜槽的原因

（一）油水井窜槽的原因

造成套管外窜通的原因是多方面的，概况性地分为地质因素和工程因素两大类。对于一个具体的油田来说，这两类因素很有可能有的是主导因素，有的是次要因素，但更多的是两种因素同时存在。

1. 地质因素

1）地层裂缝

在碳酸盐岩或沉积岩构造的油田中，由于地壳的不断运动和地下水的长期作用，许多的裂缝或溶洞构成层间窜通的通道。

2）地震活动

地球是一个不停运动的天体，地下地质活动从未间断。根据微地震监测资料，每天地表、地壳的微震达上万次，较严重的地震可以产生新的构造断裂和裂缝，也可以使原生构造断裂活化。因此，构造运动和地震是导致层间窜通的一个重要因素。

3）地壳运动

地球在不停地运动，地壳也在不停地缓慢运动中，其运动方向一般有两个：一是水平运动；二是升降运动。地壳缓慢的升降运动可导致地层坍塌，严重时会造成地层错位，形成管外窜。

2. 工程因素

在固井过程中，由于水泥质量、钻井液、滤饼、固井前冲洗井壁与套管外干净程度等问题，往往造成水泥与套管、水泥与岩壁胶结固化不好，造成管外窜槽。

1）射孔质量

由于射孔工艺选择不当，射孔时产生的冲击波太大，套管外靠近套管的水泥环被震裂，或由于误射将薄隔层射穿等原因都将导致管外窜通。

2）施工质量

分层酸化或分层压裂时，由于压差过大而将管外地层憋窜，特别是夹层较薄时，憋窜的可能性更大。

3）日常管理

油水井工作制度不当而造成地层坍塌，引起管外窜通。如采油时参数不合理等引起地层出砂和坍塌，造成管外窜通。

4）套管问题

套管外壁腐蚀或损坏造成未射孔的套管所封隔的高压水（或油、气）层与其他层窜通。

GBF011 油水井窜槽的危害

（二）油水井窜槽的危害

套管外窜槽会给油井生产和管理带来严重危害。

1. 油井窜槽的危害

（1）边水或底水的窜入造成油井含水上升，影响油井的正常生产，严重的水窜会造成油井全部出水而停产。

(2)浅层胶结疏松的砂岩油层因水窜侵蚀,造成地层坍塌使油井停产。

(3)严重水窜加剧套管腐蚀损坏,从而造成油井报废。

2. 注水井窜槽的危害

(1)达不到预期的配注目标,影响单井(或区块)原油产能,此外,还影响砂岩地层泥质胶结强度,从而造成地层坍塌堵塞。

(2)加剧套管外壁的腐蚀,降低抗挤压性能,导致套管变形或损坏。

(3)导致区块的注采失调,达不到配产方案要求,使油井减产或停产。

(三)油水井找窜工艺

1. 找窜概念

确定油水井层间窜槽井段位置的工艺过程称为找窜。

2. 油水井找窜工艺方法

当油水井已经发生了管外窜槽,就应该及时进行封窜处理,封窜前的首要问题是要准确找出窜槽的位置,以便采取针对性的措施,恢复油水井的正常生产。常用的找窜方法有声幅测井找窜、同位素测井找窜、封隔器找窜3种。

1)声幅测井找窜

GBF013　声幅测井找窜的方法

(1)声幅测井找窜的基本原理:

当进行声幅测井施工时,先由声源振动发出声波,此声波经井内的液体、套管、水泥环和地层各自返回接收器。声波在套管中的传播速度大于在其他介质中的传播速度,而声波幅度的衰减与水泥环和套管、水泥环和地层的胶结程度有关。通过研究得出:声波幅度的衰减反比于套管的厚度,正比于水泥环的密度。也就是说,套管壁越薄、水泥环越致密,声波幅度的衰减就越大。应用这一原理就可以检查套管外水泥环的固结情况及水泥面的上返高度等情况,如图1-3-4所示。固井良好的井段,大量声波能被水泥与地层吸收,曲线幅度为低值;固井质量不好的井段,声波不能被水泥与地层吸收或吸收很少,曲线幅度很高。

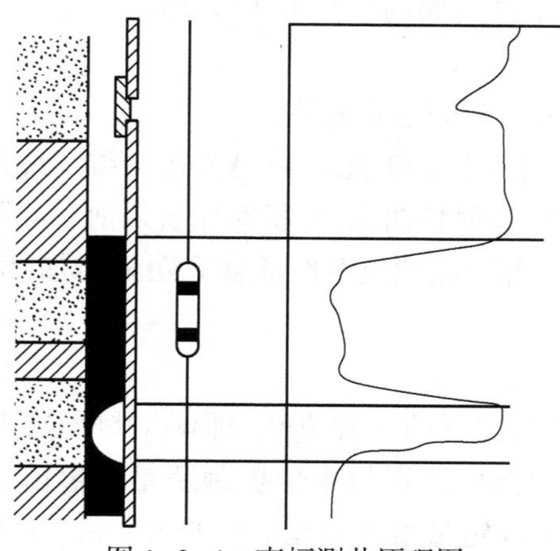

图1-3-4　声幅测井原理图

(2)声幅测井的施工步骤:

① 按照施工设计要求,选择好适当密度的压井液进行压井,然后起出原井管柱;

② 下冲砂管柱带冲砂笔尖,探砂面,有砂则冲砂至人工井底或设计深度;

③ 起出冲砂管柱，下外径比套管内径小 6~8mm 的通径规，通径至被找窜层以下 50m；

④ 起出通井管柱，如有套管变形、破损或落物，应先处理正常后再下声幅测井仪测井；

⑤ 分析声幅测井仪器测得的声幅测井曲线，找出管外窜槽位置。

(3)声幅测井资料的解释：

一般情况下，水泥固结好，声幅曲线幅度低；水泥固结差，声幅曲线幅度高。在水泥面处，有从高幅度到低幅度的突变，因此，根据声幅曲线可以判断水泥胶结的好坏。但是，声幅测井有一定的局限性，它仅能反映固井第一界面（套管与水泥环）质量，而不能反映第二界面（水泥环与地层）情况，因此，用声幅测井解释固井质量好的井段，也存在着窜槽的可能性。

GBF014 同位素测井找窜的方法

2)同位素测井找窜

(1)同位素测井找窜的基本原理：

往地层内挤入含放射性活度的液体，然后测得放射性活度曲线，将其与该井的自然放射性活度曲线做比较排除影响因素，根据伽马射线强度的增强来判定套管外是否窜通。

(2)同位素测井找窜的施工步骤：

① 编写施工设计。根据施工目的，决定施工方式和使用同位素的名称、强度及浓度，计算配制活化液等。

② 选择适当密度的压井液进行压井，然后卸掉采油树，加深油管探砂面，如砂面高度不符合施工设计要求，冲砂至人工井底。

③ 按规定选用合适的通径规通过预测井段，以保证测井仪器在井筒内自由起下；起出通井管柱，测自然放射性活度曲线。

④ 下入放射性同位素找窜管柱，通常为油管+K344 封隔器+节流器+球座。

⑤ 室内按设计要求溶解配制放射性同位素液体，尽量使用半衰期短的放射性同位素配制，用铅制容器将其送往施工现场，接好正循环洗井管线。

⑥ 开泵用清水正循环洗井一周；投球，待球入座后开泵正挤入同位素液体，挤入顶替液。

⑦ 关井 24h，使地层充分吸收同位素液体。

⑧ 接好水泥车管线，反循环大排量洗井，待球洗出后继续洗井两周以上。

⑨ 起出井内管柱，再次测放射性曲线，分析对比挤入前后的测试曲线，找出管外窜通位置；如果发现封隔器上部或下部层段的放射性活度有明显增加，则说明此处层间有窜通、窜槽现象。

GBF012 封隔器找窜的方法 GBF015 低压井封隔器找窜的方法 GBF016 高压井封隔器找窜的方法

3)封隔器找窜

封隔器找窜是现场应用较广泛的一种方法，即使用封隔器下入测井段，用来封隔欲测井段与其他油层，然后根据所测资料来分析判断是否窜槽。该方法施工简单，找窜结果准确可靠，既能定性又能定量给出窜通层段的窜通量（压力、流量），为封窜提供设计依据。

目前现场常用来找窜的封隔器是水力压差式封隔器。根据找窜时使用封隔器的数目，封隔器找窜可分为单封隔器找窜和双封隔器找窜两种方法；根据找窜井油层压力情况的不同，又可分为低压井找窜、高压井找窜和漏失井找窜三种方法。方法不同，找窜的工艺和要求也不同，下面分别简单介绍。

按封隔器数量分类的找窜方法：

（1）单水力压差式封隔器找窜：

将一级水力压差式封隔器（K344 系列）下至找窜的两个层段夹层中部，封隔器下部连接节流器，最下部接单流阀。找窜时，从油管内注入高压液体，通过测量与观察来判断欲测层段是否窜槽，具体方法有以下两种：

① 套压法：套压法是采用观察套管压力的变化来分析判断欲测层段之间有无窜槽的方法。若套管压力随着油管压力的变化而变化，则说明封隔器上、下层段之间有窜槽；反之，若套管压力不随油管压力的变化而变化，则说明层间无窜槽。

② 套溢法：套溢法是指以观察套管溢流来判断层段之间有无窜槽的方法。具体测量时采用变换油管注入压力的方式，同时观察、计量套管流量的大小与变化情况，若套管溢流量随油管注入压力的变化而变化，则说明层段之间有窜槽；反之，则无窜槽。

（2）双水力压差式封隔器找窜：

双水力压差式封隔器找窜与单水力压差式封隔器找窜原理基本一致，其区别是双水力压差式封隔器找窜在节流器下面再接一级水力压差式封隔器。两级封隔器刚好卡在下部层位射孔段的两端。

具体做法是：将验窜管柱下入欲测井段位置，从油管内注入高压液体，用套溢法进行观察判断。应用水力压差式封隔器找窜时，由于找窜井油层压力情况的不同，所采用的方法也不同，可分为低压井找窜、高压井找窜、漏失井找窜 3 种方法。

① 低压井封隔器找窜：先将找窜管柱下入设计层位，测油井溢流量，然后循环洗井、投球；当油管压力上升时，再测定套管返出液量。如返出量不大于溢流量时，则证明管外不窜；如返出量大于溢流量，先将封隔器上提至射孔井段以上，验其密封性，若封隔器密封，则证明地层是窜通的。

找窜时应仔细观察排量、泵压、进出口水量等变化情况，并将这些数据详细记录在报表上，作为分析判断窜槽的依据。施工时还应注意以下事项：

a. 找窜前要先进行冲砂、通井、探测套管等工作，以便了解该井套管的完好情况及井下有无落物等；

b. 油管数据要准确，找窜管柱下入位置无误差，封隔器卡封位置应尽量避免套管接箍；

c. 测量窜槽时应坐好井口；

d. 当测量完一点需要上提封隔器时，要先活动泄压，缓慢上提，以防止地层大量出砂，造成验窜管柱卡钻。

e. 找窜过程中资料显示有窜槽，应上提封隔器至射孔井段以上验证其密封性，若封隔器密封则说明资料结果正确，反之应更换封隔器重测。

② 高压井封隔器找窜：在高压自喷井找窜时，可用不压井不放喷的井口装置将找窜管柱下入预定层位。油管及套管装灵敏压力表。找窜时，从油管泵入液体，使油管与套管造成压差变化，并观察套管压力是否随油管压力变化而变化，若是，且封隔器完好，则证明此层段间有窜槽现象。

③ 漏失井封隔器找窜：在漏失严重的井段找窜时，因井内液体不能构成循环，因而无法

应用套压法或套溢法验证，应采取强制打液体与仪器配合的找窜方法，如采用油管打液体套管测动液面的方法或采用套管打液体油管内下压力计测压的方法进行找窜。

（四）套管外窜槽的预防

套管外窜槽会给油井生产和管理带来严重的影响，防止管外窜槽在油田开发过程中是一个非常重要的课题，预防方法可分为以下几个方面：

（1）钻井完井时要确保固井质量的合格；

（2）作业施工时，应避免对套管猛烈的和不必要的冲击与震动，保护套管外水泥环；

（3）对油层进行技术改造之前，应对套管采取保护措施，避免损坏；

（4）在各种修井作业中，应尽量避免和减少对套管的磨损撞击，防止损伤套管壁；

（5）应在满足油田开发需要的前提下，尽量减少射孔孔眼数，应杜绝误射事故的发生；

（6）采取有效工程和工艺技术措施，防止套管腐蚀，延长套管使用寿命；

（7）对于分层注水压力较高的层位，不宜过高提高注水压力，要实行增注措施，避免在高压差下注水；

（8）分层压裂或分层酸化施工时，应采用套管平衡压力的方法，以减少层间压差，避免损坏套管。

（五）油水井封窜的方法

封堵窜槽的方法较多，按照封堵剂种类划分，主要有水泥封窜、补孔封窜、高强度复合堵水封窜等。

1. 水泥封窜技术

水泥封窜技术是在欲封堵层段挤入一定量的水泥浆，使之进入欲封堵层窜槽内，使水泥浆凝固来达到封堵窜槽的目的。由于水泥封窜工艺简单、成本低，是现场上广泛应用的一种方法。根据水泥浆进入地层的方式不同，水泥封窜又可分为循环法、挤入法、循环挤入法3种方法。

1）循环法封窜

循环法封窜是指将封堵用的水泥浆以循环的方式，在不憋压力的情况替入窜槽井段的窜槽孔缝内，使水泥浆在窜通孔缝内凝固，封堵窜槽井段。

根据封窜管柱连接方式和所用工具不同，循环法封窜又可分为单水力压差式封隔器封窜和双水力压差式封隔器封窜两种。

（1）单水力压差式封隔器封窜时，封窜前只露出夹层以下一个层段，其他层段则应采用人工填砂的方法掩盖，封隔器应坐于夹层上。

（2）双水力压差式封隔器封窜时，将两个水力压差式封隔器中间连接节流器下入井内。下封隔器应坐于窜通层以下紧靠窜通层位的夹层上，上封隔器坐于已窜通的夹层上部。封堵时，水泥浆由两级封隔器中间的节流器喷出，由窜通的下部油层进入窜通部位将窜槽封堵住。

GBF017 循环水泥法封窜的操作方法

循环法封窜的施工步骤：

（1）按施工设计要求下入封堵窜槽管柱，使封隔器坐于设计要求的夹层位置；

（2）投球、冲洗窜槽部位；

（3）泵入水泥浆；

(4)顶替至节流器以上10~20m处,待水泥浆刚开始稠化上提封窜管柱,使封隔器位于射孔井段以上;

(5)反洗井,冲洗出多余的水泥浆;

(6)上提油管50m,关井候凝48h;

(7)试压、检验封堵情况。

GBF018　挤入法封窜的操作方法

2)挤入法封窜

挤入法封窜是指在憋有适当压力的情况下,将水泥浆挤入窜槽部位,以达到封窜的目的。

该施工方法封窜比较可靠,能够封堵复杂的窜槽。但封窜过程中会有大量水泥浆进入油层,容易堵塞油流通道,污染油层,工艺较复杂,易造成井喷事故。由于井况不同,挤入法封窜可分为封隔器封窜和油管封窜两种。

(1)封隔器封窜:

封隔器封窜的管柱自下而上由球座、节流器、水力压差式封隔器及油管组成。该方法可避免或减少挤水泥时污染其他油层,封隔器下入位置应根据层段的不同而选择。

当窜槽以上油层较多时,采用由上向下挤水泥的方法,将下部射孔井段填砂掩埋,将封隔器坐在紧靠窜通层上部的夹层上,水泥浆自上而下挤入窜槽内,凝固后将窜槽封堵。

当窜槽以上油层少时,采用自下而上挤水泥的方法。这种方法是先将下部射孔井段填砂,只露部分别射孔井段。封堵时水泥浆由此往上返进入窜槽内,凝固后达到封堵窜槽的目的。

(2)光油管封窜:

当窜槽复杂或套管损伤不易下入封隔器时,可以下入光油管柱进行封窜。封窜时,要将欲封层以下射孔井段用填砂法全部掩埋或打水泥塞隔挡。下管柱时,把油管下至上部射孔井段以上10~15m。水泥浆自油管注入,当水泥浆快出油管时,关套管阀门,将水泥浆挤入窜槽中。水泥浆挤完后,正替清水至射孔井段,关油、套阀门候凝。

施工时除了注意与封隔器挤水泥相同的一些问题之外,要特别注意上部套管应无损坏或漏失,替清水量应准确无误。

3)循环挤入法

循环挤入法封窜是循环法与挤入法两种方法的联合使用,其封堵过程是:当将水泥浆注入窜槽内时套管阀门是打开的,以保证水泥浆在不憋压的情况下进入窜槽内,当地层内窜槽部位进入足够的水泥浆后,关闭套管阀门使剩余的水泥浆在憋有一定压力的条件下挤入,以保证将窜槽封堵好,替够清水,上提封隔器至射孔井段以上,反洗井冲去多余的水泥浆;然后,上提管柱,关井候凝48h。封堵窜槽时,为防止水泥浆由于重力作用而下沉,在水泥浆挤入并充满窜槽后填料水泥浆封堵窜槽的进口,可避免水泥浆反吐,达到封堵窜槽的目的。

2. 补孔封窜技术

补孔封窜工艺原理:在相互窜通的未射开高含水层与邻近生产层之间,补射专门炮眼,在挤注高强度硬性堵剂充填水泥环窜通通道的基础上,再挤入高强度堵剂,从而达到彻底封堵未射的高渗透含水层,达到封窜的目的。该项技术适用于封堵夹层厚度较大的窜槽井。

GBG004 三球打捞器的用途
GBG005 三球打捞器的结构及技术规范
GBG006 三球打捞器的维修保养

三、打捞工具

（一）三球打捞器

1. 用途

三球打捞器是专门用来在套管内打捞抽油杆接箍或抽油杆加厚台肩部位的打捞工具。

2. 结构

三球打捞器由筒体、钢球、引鞋等零件组成。

3. 工作原理

三球打捞器靠三个球在斜孔中的位置变化来改变三个球内切圆直径的大小，从而允许抽油杆台肩和接箍通过。带接箍或带台肩的抽油杆进入引鞋后，接箍或者台肩推动钢球沿斜孔上升，三个球形成的内切圆逐渐增大，待接箍或台肩通过三个球后，三个球依其自重沿斜孔回落，停靠在抽油杆本体上。上提管柱，抽油杆台肩或接箍因尺寸较大无法通过而压在三个球上，斜孔中的三个钢球在斜孔的作用下，给落物以径向夹紧力，从而抓住落鱼。

4. 技术参数

三球打捞器的主要技术参数见表 1-3-4。

表 1-3-4 三球打捞器技术参数

序号	规格型号	外形尺寸 mm×mm	接头螺纹	使用规范及性能参数	
				落物规范，in	工作井眼，in
1	SQ95-01	φ95×305	2⅜TBG	⅝、¾抽油杆台肩接箍	4½
2	SQ95-02	φ95×305	2⅜TBG	⅞、1 抽油杆台肩接箍	4½
3	SQ102-01	φ102×305	2⅜TBG	⅝、¾抽油杆台肩接箍	5
4	SQ102-02	φ102×305	2⅜TBG	⅞、1 抽油杆台肩接箍	5
5	SQ114-01	φ114×305	2⅞TBG	⅝、¾抽油杆台肩接箍	5½
6	SQ114-02	φ114×305	2⅞TBG	⅞、1 抽油杆台肩接箍	5½
7	SQ140	φ140×320	3½TBG，4TBG	⅝、¾、⅞、1 抽油杆台肩接箍	6⅝
8	SQ150	φ150×320	4TBG，4½TBG	台肩及接箍	7

5. 操作方法与注意事项

1）操作方法

（1）记录好鱼顶的方入，待工具通过鱼顶时注意指重表（拉力表）的指针，有轻微的跳动说明已引入鱼头，通过鱼顶方入 0.5~1m 时，上提管柱。

（2）上提管柱时，注意观察悬重变化，悬重增加说明捞获；若悬重由高到低，说明落鱼引入较短使落鱼滑脱，应增加落鱼的引入长度。

2）注意事项

（1）采用三球打捞器打捞前必须进行通井、刮蜡洗井。

（2）检查三球工具的外径尺寸和上接头螺纹是否完好，并同时给三球滑道涂机油保证钢球的灵活性。

6. 维修保养

（1）用完后拆卸清洗三个钢球和斜孔滑道。

（2）每次用完清洗时都要对钢球进行检测，如有变形损坏，应及时更换。

（3）装配后上接头涂黄油并上紧，斜孔滑道和钢球涂机油。

（4）入库待用。

GBG007 测井仪器打捞器的用途
GBG008 测井仪器打捞器的维修保养

（二）测井仪器打捞器

1. 用途

测井仪器打捞器专门用于打捞各种直径小、重量轻、没有卡阻的落井仪器和杆类的工具。

2. 结构

测井仪器打捞器由上接头、外筒、钢丝环、钢丝、引鞋等组成，如图 1-3-5 所示。上接头有螺纹与钻具及筒体相连。筒体内腔安装有钢丝环，各环上的径向方向穿有直径 1～1.5mm 钢丝若干，作为卡取落物之用。筒体最下端连接引鞋，引鞋除有引导落物进入打捞器内的功能之外，还有压紧钢丝环的作用。

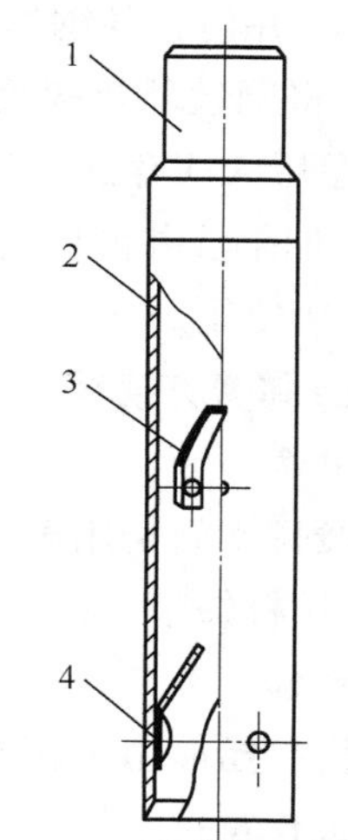

图 1-3-5　测井仪器打捞器（弹簧打捞筒）
1—上接头；2—筒体；3—弹簧片；4—铆钉

3. 工作原理

当落井的测井仪器（杆类物）通过引鞋进入筒体之后，在管柱的压力下，仪器分开钢丝环内的钢丝上行，由于多股钢丝的弹力造成的摩擦力，将落物卡住，达到打捞的目的。

4. 技术规范

测井仪器打捞器的技术规范见表 1-3-5。

表 1-3-5　测井仪器打捞器的技术规范

序号	型号规格	外径尺寸，mm×mm	接头螺纹	井眼尺寸，in
1	CYLQ92	ϕ92×1	NC26（2A10）	4 油管、4½套管
2	CYLQ100	ϕ100×1	2⅞ REG（230）	5 套管
3	CYLQ114	ϕ114×1	NC31（210）	5½套管
4	CYLQ140	ϕ140×1	NC38（310）	6⅝套管
5	CYLQ148	ϕ148×1	NC40（410）	7 套管

5. 操作方法及注意事项

1）操作方法

（1）在地面检查工具，检查各钢丝是否完好，有无损坏，并绘草图。

（2）将工具下至鱼顶 2～3m，开泵冲洗鱼顶，然后缓慢旋转并下放管柱，下放时应特别留心指重表指针的变化，如有变化，立即停止下放与转动，再上提管柱。

（3）将钻具旋转 90°后再按上述方法操作一次，如此可数次转动钻具下放进行打捞。

（4）停泵，再下放管柱至井底一次即可起钻。

2）注意事项

（1）洗井液必须清洁，应在泵上水管及方钻杆入口处（或水龙带入口处）安装过滤网，以防止污物将工具循环通道堵死。

（2）下放时不能快放重压，否则会将落井仪器压弯，造成下一步打捞困难。

（3）起钻时必须轻提慢放，严禁猛顿或敲击钻具，以防止落物重新掉入井内。

6. 维修保养

（1）工具使用完毕之后，应立即送回工具车间拆开工具，将各个钢丝环逐个取出，逐个清洗干净，并检查各钢丝，如有弯曲变形应更换。

（2）将钢丝环及螺纹涂黄油或密封脂。上紧装配好之后，放入机油中浸泡 1h 后，取出擦洗干净后入库存放。

（3）如果洗井液中含有腐蚀介质，更应及时拆卸洗净，否则存放时间较长，钢丝将全部腐蚀，无法使用。

（三）弹簧打捞筒

1. 用途

弹簧打捞筒是用来打捞带接箍和其他具有不同形状台阶的自由落物，如单根油管、有接箍油管、钻杆短节、抽子等工具。

2. 结构

弹簧打捞筒由上接头、筒体、弹簧片、铆钉等组成，如图 1-3-5 所示。

3. 工作原理

弹簧打捞筒是依靠铆接在筒体内壁向上倾斜的弹簧片卡住落鱼而实现打捞的。当落鱼进入工具后，将弹簧压向筒壁，一旦接箍通过弹簧片，弹簧片又恢复原来形状，抱住并卡紧落鱼本体，将落物捞获。

4. 技术规范

弹簧打捞筒的技术规范见表 1-3-6。

表 1-3-6 弹簧打捞筒技术规范

序号	规格型号	外径，mm	接头螺纹	使用规范及性能参数		
				接箍尺寸，mm	弹簧片数	井眼尺寸，in
1	THLT95	95	2⅞REG	73	4	4½
2	THLT105	105	NC31(210)	89.5	6	5
3	THLT114	114	NC31(210)	89.5	6	5½
4	THLT134	134	NC38(310)	107、121	6	6⅝
5	THLT145	145	NC38(310)	121、132.5	6	6⅝、7

5. 操作方法及注意事项

（1）在地面检查接头螺纹与引鞋是否完好，尺寸是否合适，各弹簧片是否完好，弹簧是否适合，尤其铆接部分是否铆紧，不得有松动现象。

（2）记录好鱼头的方入，并量取打捞筒打捞方入；地面采用与落鱼相同的实物进行打捞试验；检查弹簧片是否能卡牢台阶，如此反复试验 2~3 次，均能正常完成打捞动作，即可下井。

（3）工具下至鱼顶以上 2~3m 后，开泵循环洗井，缓慢下放管柱，进入鱼顶方入后停泵，开始慢转下放管柱引入落鱼，观察指重表的变化（指针是否微跳），打捞方入是否正确，再施加钻压 5~10kN，可重复上述打捞操作 2~3 次，即可起管柱。

（4）起管柱操作平稳，不得顿碰与用大锤敲击管柱，以免弹簧片受震后弹开，使落物重新掉井。

6. 维修保养

（1）每次使用后首先要清洗干净。

（2）检查各弹簧片是否完好，弹簧是否适合，如有损坏应进行更换。

（3）检查铆接部分是否铆紧，不得有松动现象。

（4）将螺纹涂抹黄油后，入库妥善保存，待用。

（四）组合式抽油杆打捞筒

1. 用途

组合式抽油杆打捞筒是将打捞抽油杆本体的打捞筒与打捞抽油杆接箍和台肩的打捞筒组合在一起构成的一种新式打捞工具，其用途是在不换卡瓦的情况下，在油管内打捞抽油杆本体或打捞抽油杆台肩及接箍，是一种多用途、高效率打捞抽油杆的组合工具。

2. 结构

组合式抽油杆打捞筒由上、下两部分打捞筒组成，如图 1-3-6 所示

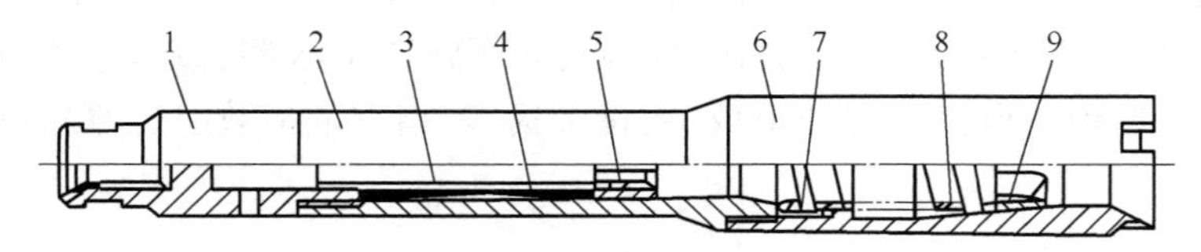

图 1-3-6　组合式抽油杆打捞筒

1—上接头；2—上筒体；3—弹簧座；4，8—弹簧；5—小卡瓦；6—下筒体；7—弹簧座；9—大卡瓦

（1）上筒部分专供打捞抽油杆本体，由上接头、上筒体、弹簧、弹簧座、小卡瓦等组成。

上接头：上部有连接抽油杆的内螺纹，下部有与上筒体连接的外螺纹，内孔与弹簧座滑动配合，小通孔用于内外连通排除死油。

上筒体：上部有螺纹与上接头连接，其下部有一段内锥面，下端外部螺纹与下筒体连接。

弹簧座：其上坐入弹簧，并在上接头内孔里配合滑动，在弹簧的作用下压紧小卡瓦。

小卡瓦：剖分式结构，内部加工有抓捞螺纹牙齿，外部是与筒体同一锥度的锥面。

（2）下筒部分可打捞抽油杆接箍和台肩，结构组成基本与上筒相同，由下筒体、弹簧套、弹簧、大卡瓦等组成。

下筒体：上部有与上筒体连接的螺纹，内部上段有装入弹簧套的配合孔，中间段是内锥面，下段内孔引导落鱼。

弹簧：由于设计尺寸的限制，采用了矩形截面的螺旋弹簧。

弹簧套：装在筒体内，起稳定弹簧作用。

大卡瓦：与小卡瓦相同。

3. 工作原理

（1）打捞抽油杆本体：工具下井过程中，如遇抽油杆本体，本体通过下筒体进入上筒体进而进入小卡瓦内，在弹簧力的作用下，卡瓦外锥面与筒体的内锥面相吻合，并使卡瓦内牙

面始终贴紧落鱼外表面。提拉打捞筒时，在摩擦力的作用下，鱼顶带着卡瓦相对筒体下移，筒体内锥面迫使剖分式双瓣卡瓦产生径向夹紧力，咬住落鱼。

（2）打捞抽油杆台肩或接箍：落鱼通过下筒体引入并抵住卡瓦前倒角。随着工具下放，落鱼顶开双瓣卡瓦进入并穿过卡瓦。上提打捞筒，落鱼带着卡瓦与筒体产生相对运动，形成径向夹紧力，落鱼部分弧面被卡瓦咬住或卡在卡瓦止口的台肩上。

4. 技术规范

组合式抽油杆打捞筒的技术规范见表1-3-7。

表1-3-7 组合式抽油杆打捞筒技术规范

序号	规格型号	外形尺寸，mm×mm	接头螺纹	使用规范
1	ZLT-¾in	ϕ59×540	¾in抽油杆螺纹	2½in油管内打捞⅝in，¾in抽油杆接箍、台肩
2	ZLT-1in	ϕ72×542	1in抽油杆螺纹	¾in油管内打捞1in抽油杆接箍、台肩

GBG013 组合式抽油杆打捞筒的维修保养

5. 操作方法及注意事项

1）操作方法

（1）将组合抽油杆打捞筒接在选好的工具管柱上下井。

（2）当工具管柱下至鱼顶时，下放速度要慢，并可旋转3~5圈，以引进落鱼。

（3）当指重表指针回降后，停止下放，缓慢上提，若指重表指数超过原悬重，说明打捞筒抓住落鱼。

（4）起钻。

2）注意事项

（1）工具用完后，各零件要拆卸、清洗检查并及时更换损坏的零件，清洗检查组合式抽油杆打捞筒筒体、螺纹。

（2）将工具装在专用工具台上，分别卸上接头、下筒体。

（3）分别取出弹簧座、弹簧、小卡瓦及弹簧座、弹簧、大卡瓦。

（4）清洗零件，检查筒体、卡瓦、弹簧、弹簧座，有能修的修好，损坏的要换件。

（5）按顺序涂好黄油装上并上紧。

技术要求：组装时除对各零件正常涂油外，亦需对上筒中的弹簧座与其配合的内孔及下筒中的弹簧套与相配合的内孔部位涂少量的黄油，以保证配合滑动良好。

GBG001 偏心式抽油杆接箍捞筒的用途
GBG002 偏心式抽油杆接箍捞筒的技术规范
GBG003 偏心式抽油杆接箍捞筒的维修保养

（五）偏心式抽油杆接箍打捞筒

1. 用途

偏心式抽油杆接箍打捞筒是用来打捞抽油杆接箍的小型打捞筒，尤其对接箍上残留极短的抽油杆鱼顶，该打捞筒最为适用。这种打捞筒可在油管内打捞，也可在套管内打捞，是一种适应性较强的工具，其主要特点：

（1）适应性强，可抓住接箍，也可卡住接箍与抽油杆接头台肩。

（2）多种用途，更换卡瓦可改变其尺寸，更换引鞋可改变其工作的环形空间。

（3）结构简单，易于加工和操作，使用方便可靠。

2. 结构

偏心式抽油杆接箍打捞筒由上接头、上下筒体、偏心套、限位螺钉等零件组成，如

图 1-3-7 所示。

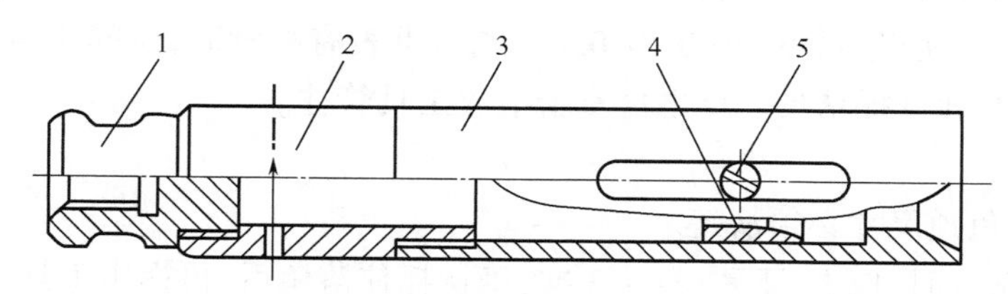

图 1-3-7 偏心式抽油杆接箍打捞筒

1—上接头;2—上筒体;3—下筒体;4—偏心套;5—限位螺钉

上接头上部是抽油杆内螺纹(或外螺纹),与打捞管柱相连接;下部是细牙外螺纹,与上筒体连接,无水眼。上筒体与下筒体相连,中部有两个孔,是内外连通的通道。下筒体下部的内部是内锥面,起到引鞋的作用。锥面以上是一个偏心的内圆柱面,在其上安装偏心套的部位有一个内外相通的长形孔、偏心套内外表面偏心。下筒体的偏心位置与偏心套的偏心位置均在自外径中心线的两侧,从而使工具的内通道近似于椭圆形。固定在偏心套孔的圆柱头螺钉滑动在下筒体长形孔中,保证偏心套的位置和导向。

3. 作用原理

1)偏心夹紧原理

抽油杆接箍位于偏心套与下筒体的偏心孔内时,在提拉负荷及落鱼重量的作用下,接箍被夹紧,在这种情况下偏心套被推向工具上部。设计的偏心值必须保证偏心套不但很接近下筒体的偏心部位,又能获得良好的打捞效果。

2)卡住台肩打捞原理

如果抽油杆接箍与下部所连接的抽油杆一起进入上、下筒体内,接箍通过偏心套进入上筒体,由于工具通孔呈近似椭圆形,其短轴直径小于接箍外径,接箍自然被卡住。

4. 技术规范

偏心式抽油杆接箍打捞筒的技术规范见表 1-3-8。

表 1-3-8 偏心式抽油杆接箍打捞筒技术规范

序号	规格型号	外形尺寸 mm×mm	接头螺纹	打捞尺寸,mm	适用井眼规格	卡瓦数
1	CGLT58	ϕ58×500	⅞in 抽油杆接箍	ϕ38、ϕ42、ϕ46	2½in 油管	3 套
2	CGLT70	ϕ70×500	⅞in 抽油杆接箍	ϕ38、ϕ42、ϕ46、ϕ55	3in 油管	4 套
3	CGLT85	ϕ85×600	⅞in 抽油杆接箍	ϕ38、ϕ42、ϕ46、ϕ55	3½in 油管	4 套
4	CGLT95	ϕ95×600	⅞in 抽油杆接箍	ϕ38、ϕ42、ϕ46、ϕ55	4in 油管 4½in 套管	4 套
5	CGLT100	ϕ100×600	1in 抽油杆接箍	ϕ38、ϕ42、ϕ46、ϕ55	5in 套管	4 套
6	CGLT114	ϕ114×750	1in 抽油杆接箍	ϕ38、ϕ42、ϕ46、ϕ55	5½in 套管	4 套

5. 操作方法及注意事项

1)操作方法

(1)查明落鱼尺寸及鱼顶形状,安装合适偏心套。

(2)上紧打捞管柱,垂直下入井中。

(3)下至深度值为鱼顶深度加0.5~0.6m或指重表有显示时,试提工具管柱,悬重有增加,说明打捞成功,即可提钻具。反之再重新下放工具管柱。

2)注意事项

(1)打捞前,鱼顶尺寸必须清楚。

(2)打捞提钻具时,应上、下重复2~3次,确认抓住落鱼后,再提出工具。

6. 维修保养

(1)每次使用后要清洗干净,清洗检查抽油杆接箍打捞筒及螺纹、偏心通道、限位销钉。

(2)将工具装在专用工具台上,卸下上筒体、下筒体、限位销钉,取出偏心套。

(3)清洗各部件,检查筒体、偏心套、限位销钉是否损坏,损坏件必须更换。

(4)按顺序涂好黄油,组装并上紧螺纹。

(5)装上限位销钉。

(6)擦干后,涂机油,放阴干处保存。

GBG009 短鱼头打捞筒的技术规范
GBG010 短鱼头打捞筒的工作原理
GBG011 短鱼头打捞筒的维修保养

(六)短鱼头打捞器

1. 用途

普通打捞筒要求有一定的打捞范围和最小的引入长度,但鱼头距卡点很近,或者鱼头在接箍以上长度很小时,这类落物用普通打捞筒无能为力,短鱼头打捞筒就能实现这一打捞,一般情况下,鱼头露出50mm就能被抓住。

2. 结构

短鱼头打捞筒由上接头、控制环、篮式卡瓦、筒体、引鞋等零件组成。筒体上连下接头,下连引鞋,内装控制环、篮式卡瓦。筒体内有宽锯齿形内螺纹,宽锯齿形螺纹的起点处有一个宽键槽,筒体内有一段光滑表面与控制环相配合。

篮式卡瓦有4个均布的纵向开口,其中一条是两端开通。卡瓦外表面是宽锯齿形螺纹,其旋转方向、螺距与筒体的宽锯齿形螺纹一致。卡瓦的内表面是坚硬的打捞牙齿。卡瓦的上端面有一个宽键槽,键槽的宽度和长度与筒体上的键槽大致相同,并与两端开通槽相连通。

控制环由环体和下端面上的弧形长键组成,二者焊接在一起。环体要装在筒体的光滑内表面处,长键安装在筒体和篮式卡瓦的键槽内。长键不仅传递扭矩,而且还限定卡瓦的运动,使卡瓦只沿筒体轴线上下滑动,不做相对传动。

引鞋呈环形,长约20mm,内孔有大倒角,外表面是螺纹,旋入筒体后与下端面平齐。

上接头上部是钻杆内螺纹,与钻杆相接,下部是细螺纹,中间有水眼。

篮式卡瓦要装在筒体内,其下端面距引鞋很近,约30mm。筒体上的螺纹与篮式卡瓦尽管螺距、旋向一致,但是螺纹外径尺寸不同,因此篮式卡瓦与筒体间有一定的轴向窜动量。

3. 工作原理

筒体与篮式卡瓦上的宽锯齿形螺纹,就一个螺距而言,是一个螺旋锥面。当内外螺纹锥面吻合,并有上提力时,筒体便给卡瓦以夹紧力,迫使卡瓦内缩夹紧落鱼,即所谓抓捞,当内外螺旋锥面脱开,并施以正扭矩和上提力时,控制环上的长键带动卡瓦右旋。虽然上提有使螺旋锥面贴合的趋势,但是螺旋锥面是左旋螺旋,使两锥面处于脱开状态,夹紧力近似于零,打捞筒则可退出落鱼,即所谓释放。

在进入落鱼后,短鱼头打捞筒首先将卡瓦上推,使其螺旋锥面脱开,则卡瓦被胀大,鱼顶进入。提拉钻具则筒体上行,两螺旋锥面贴合,卡瓦咬入落鱼,随提拉力的增加夹紧力加大,实现打捞。一旦落鱼遇卡需退出工具时,可加给打捞筒以下击力,使篮式卡瓦、筒体的螺旋锥面脱开。再行右旋钻具并上提,螺旋卡瓦内径与鱼头间产生正向扭矩,迫使卡瓦处于松扣胀大状态,阻止了螺旋锥面的贴合,工具被退出。

4. 技术规范

短鱼头打捞筒的技术规范见表 1-3-9。

表 1-3-9 短鱼头打捞筒的技术规范

规格型号	外形尺寸(直径×长度),mm×mm	接头螺纹	打捞尺寸,mm	许用拉力,kN	许用套管范围,in
LT-01DJ	95×540	NC26(2A10)	47~49.3	100	4½
LT-02DJ	105×540	NC31(210)	59.7~61.3	850	5
LT-03DJ	114×560	NC31(210)	72~74.5	900	5½~5¾
LT-04DJ	134×580	NC31(210)	88~91	1300	6⅝
LT-05DJ	145×580	NC38(310)	101~104	1330	6⅝~7
LT-06DJ	160×600	NC38(310)	113~115	1300	7⅝
LT-07DJ	185×600	NC38(310)	126~129 139~142	1800	8⅝

5. 操作方法及注意事项

1)打捞落鱼

(1)根据鱼头大小和井眼尺寸连接好合适的短鱼头打捞筒。

(2)工具下井,在离鱼顶 1~2m 处边右旋边下放工具,当悬重下降,停转停放。

(3)上提钻具。

2)释放工具

(1)给打捞筒下击力。

(2)慢慢右旋,并慢慢上提钻具。

3)注意事项

(1)打捞之前鱼头情况要清楚。如直径大小、距接箍距离、鱼头形状、井眼尺寸等。

(2)不规则鱼头,如劈裂、椭圆长轴超出打捞尺寸 1.3 倍时,需修整鱼头。

6. 维修保养

(1)每次使用完后,拆开零件清洗,擦干,主要清洗检查打捞筒及螺纹、引鞋。

(2)将工具装在专用工具台上,分别卸上接头、引鞋。

(3)取出控制环、篮式卡瓦。

(4)清洗零件,检查筒体、卡瓦、引鞋,有能修的修好,损坏的要换件。

(5)捡出破损件,再换件组装,各部螺纹涂黄油,按顺序涂好黄油装上并上紧。

(6)放阴干处保存。

（七）鱼顶修整器

1. 用途

鱼顶修整器用来修整椭圆形鱼顶和较小弯曲的鸭嘴形鱼顶，尤其对井口操作过程中因挂单吊环提钻将油管从吊卡下部折断，掉入井内的变形鱼顶，成功率可达100%。

这种工具的特点是不管鱼顶有无劈裂，鱼顶修整器都能将其修整成便于打捞的圆度。这种修整鱼顶的方法比用铣磨的方法操作简便、工效高，还减少了一些附属设备。

GBH017 鱼顶修整器的结构

2. 结构

鱼顶修整器由上接头、芯轴、喇叭口、引鞋等组成，如图1-3-8所示。上接头上部有与钻柱相连接的螺纹，下部为平台阶，中孔有与芯轴相连接的内螺纹。

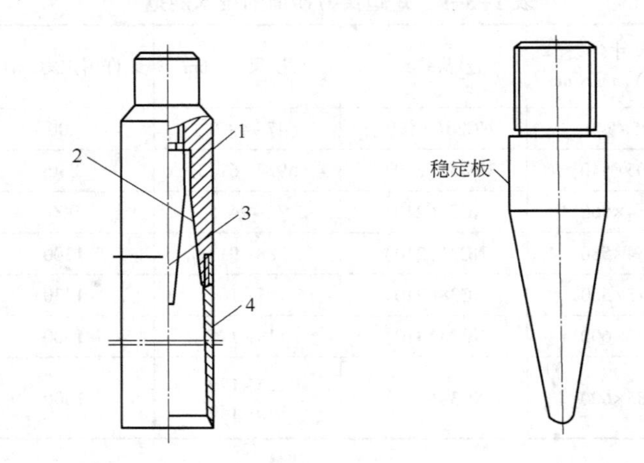

图1-3-8　鱼顶修整器

1—接头；2—喇叭口整形筒；3—芯轴；4—引鞋

喇叭口上端有与芯轴相连接的内螺纹，下端有与引鞋相连接的外螺纹，其下端有锥度为1∶8的锥面，锥面与芯轴螺纹之间有一等直径空心圆柱稳定段。

芯轴上端有与上接头喇叭口相连接的外螺纹，下端为锥度1∶6的圆锥体。在圆锥体与外螺纹当中，有一等直径圆柱体稳定段。喇叭口内的稳定段与芯轴上的稳定段恰好处于同一位置，可对管柱内孔与外圆同时修整。引鞋上端有与喇叭口相接的内螺纹，下端开有拨人切口，引鞋尺寸较长，一般应长于1.5m，其作用如下：

（1）便于观察引鞋碰鱼与入鱼后整形时的方入变化；

（2）保证芯轴能顺利进入鱼腔；

（3）保证芯轴对中鱼腔时能有足够的上下运动长度，下放或溜钻时能产生足够的整形冲击力。

GBH018 鱼顶修整器的工作原理

3. 作用原理

当引鞋引入落鱼之后，由于引鞋本身的扶正作用，使芯轴尖部在任何状态下均能对中鱼腔。利用钻柱下滑力量使芯轴尖部进入，首先对椭圆形的短轴向外挤胀使短轴加长，继而喇叭口部分进入鱼顶，首先接触长轴，迫使长轴向内收缩。在这内胀外缩的作用下，使椭圆弯曲的鱼顶，逐渐变形复原而进入环形锥体空间，将其弯曲部分校直，并继续对椭圆变形下部的过渡段整形，达到全部整形复原效果。

4. 技术规范

鱼顶修整器的技术规范见表 1-3-10 所示。

表 1-3-10　鱼顶修整器的技术规范表

序号	规格型号	外形尺寸（外径×长度）mm×mm	接头螺纹	使用规范及性能参数		
				整形尺寸 mm		钻压 kN
				内径	外径	
1	YDSZ-60	105×1500	2⅜TBG	48	61	20～25
2	YDSZ-73	114×1800	2⅞TBG	60	74	20～25
3	YDSZ-89	137×2000	2½TBG	71	90	30～35
4	YDSZ-105	145×2200	4TBG	87	103	30～35
5	YDSZ-114	160×2500	4½TBG	98	116	30～35

5. 操作方法及注意事项

1）操作方法

（1）在地面检查各零件是否完整，芯轴及喇叭口是否有损伤，检查后在芯轴与喇叭口涂黄油上紧。

（2）测绘工具草图留查。

（3）下钻至鱼顶以上 5m 左右后，慢下钻柱并开泵洗井，初探鱼顶找出引鞋碰鱼方入。

（4）转动钻具使引鞋引入落鱼，缓慢下放钻柱至芯轴锥体接触落鱼，记好芯轴入鱼方入。

（5）根据引鞋长度及两次方入，计算出冲胀高度。冲胀上提高度应保证引鞋始终套住鱼顶，上提钻柱至预定高度，下放或溜放钻具（钻具本身重力较大超过 200kN 时可快速下放，如钻具较轻则应高抬刹把进行溜钻），对变形鱼顶进行冲胀整形。为增加整形效果，可重复上述操作一次，然后提钻，即可将变形鱼顶修复。

2）注意事项

（1）下钻不宜过快，以免将引鞋切口碰坏，尤其是管壁较薄的引鞋，更应特别注意。

（2）引鞋碰鱼方入与锥体入鱼方入一定要校核准确，以保证冲胀时落鱼始终在引鞋筒体内上、下移动。一般应校核两次，否则下顿时，会将引鞋与鱼顶同时顿坏，恶化事故。

（3）整形冲胀次数以 2 次为宜，不宜过多，否则将对鱼顶产生不良影响。

（4）经鱼顶修整器修整后的鱼顶，在其顶部都有大小不等的裂纹存在，因而在修整后下入打捞工具时，应充分考虑此情况，以免将鱼顶撕裂，使打捞失败。建议采用卡瓦打捞筒、带引鞋的滑块卡瓦打捞矛或可退打捞矛，切勿使用公锥，以免恶化事故。

GBH019 鱼顶修整器的维修保养

6. 维修保养

（1）工具使用完毕后，应及时拆开清洗，损坏变形件应即时更换。

（2）应仔细检查芯轴中部的应力减震槽，若发现有裂纹，或怀疑有裂纹应作报废处理。

（3）应检查修理或重新切割加工引鞋切口。

（4）工具涂油保养后，重新组装入库待用。

四、套管损坏

(一)套管损坏的因素

套管损坏的因素是多方面的,地壳运动,地震活动,地下介质腐蚀,地层的非均质性、倾角、岩石性质等都是导致油水井套管技术状况变差的客观事实。注水开发、油井出砂、油层改造、固井完井质量等工程因素,也是引发诱导地质因素产生破坏性地应力的主要原因。因此可以把造成套管损坏的因素分为地质因素和工程因素两大类。

1. 地质因素

1)地层的非均质性

砂岩、泥质粉砂岩等油田,由于沉积的环境不同,油藏渗透性在层与层之间、层内平面都有较大的差别,即使同一层系内各小层渗透率差别也很大,有的相差几倍(如大庆油田),有的相差几十倍(如胜利油田)。在注水开发过程中,油层的非均质性将直接导致注水开发的不均衡性,引发地层孔隙压力场的变化,必然导致油水井套管受力变化,甚至损坏套管。

2)地层倾角

陆相沉积的油田,多为构造油田,一般地层倾角越大,受岩体重力的水平分力的影响越大,套管损坏也就越严重。

3)岩石性质

注水开发的泥砂岩油田,当油层中的泥岩及油层上、下的页岩被注入水浸泡后,泥岩、页岩水化膨胀,使套管受岩石膨胀力的挤压,同时当具有一定倾角的泥岩、页岩遇水呈塑性时,可将上覆岩层压力转移至套管,使套管受到损坏。

4)断层活动

地壳是在不断运动的,如地震、构造运动、地层的沉降等都会使断层活动化,特别是注采不平衡、注入水侵蚀作用,会进一步加剧断层活动,从而对套管的产生破坏作用。

5)地震活动

根据微地震监测资料,每天地表、地壳的微震达上万次,比较严重的地震可以产生新的构造断裂和裂缝,也可使原生构造断裂和裂缝活化,因此,它也是导致套管损坏的一个重要因素。

6)地壳运动

地球在不停运转,地壳也在不停地缓慢运动中,其运动方向一般有两个:一是水平运动(板块运动),二是升降运动。地壳缓慢的升降运动产生的应力可以导致套管被拉伸损坏,而损坏的程度和时间则取决于现代地壳运动升降速度和空间上分布的差异,因此,地壳运动不仅能损坏套管,而且升降运动的速度也直接影响套管损坏的速度。

7)地下介质腐蚀

油水井套管是处在地下介质之中,金属铁发生的各种化学和电化学腐蚀都会导致套损。地层中的硫酸盐还原菌能作用产生硫化氢等有害物质也会严重腐蚀套管。有硫化物的地层水中在含氧量只有十几亿分之几的条件下,就能引起套管的腐蚀。

2. 工程因素

1)套管质量

套管本身存在不符合要求及有损伤等质量问题,在完井以后的长期注采过程中,都会削弱套管抵御外来损坏的能力,像微孔、微缝及损伤的存在还会加剧套管的腐蚀。

2)固井质量

在固井过程中,井眼不规则、井斜、水泥质量问题、钻井液滤饼的存在等,往往造成水泥与套管、水泥与岩壁胶结固化不好,直接影响套管的寿命。由于窜槽,注水侵入泥页岩,岩体膨胀、变形、滑移都或导致套管受到挤压或剪切作用而损坏。

3)完井方式

完井方式对套管影响是很大的,特别是射孔完井法,射孔工艺选择不当,将会影响套管强度,出现管外水泥环破裂,甚至出现套管破裂,影响套管的寿命。

4)井位部署

断层附近部署注水井容易引起断层滑移而导致套管严重损坏;注水井成排部署,容易加剧地层孔隙压差的作用,增大水平方向的应力集中,导致套管损坏。

5)注采平衡

对于注水开发的油田,超注或欠注,加密、调整井网,开采方式的转变,以及注水井提压注水、控制注水、停注等注入波动,使地层孔隙压力大起大落;或油层的非均质性和井网部署的影响,使油层孔隙压力分布不均匀,都会引起孔隙骨架不均匀的膨胀或收缩,导致局部地面升降,产生局部应力集中而造成套管损坏。

6)油层改造

酸化酸压油层改造中,酸液对套管具有酸蚀作用;油层压裂措施中,高压直接对水泥与套管、水泥与岩壁胶固质量产生的作用等,都会影响套管寿命。

7)油水井管理

油水井出砂严重,井壁坍塌,会损坏套管;注入水窜入泥页岩层,泥页岩蠕变,会损坏套管;注采不稳定或不平衡,地层孔隙压力变化引发地应力变化,会损坏套管;增产措施不当,也会损坏水泥环、套管。因此,加强油水井管理是防止套管损坏的关键。

(二)套管损坏的类型

1. 径向变形

注入水侵入造成的泥页岩膨胀等,使套管受水平挤压作用,或套管本身局部质量问题,在固井质量差及长期注采压差作用下,套管产生局部径向变形,呈缩径或椭圆形状态。这是套管变形中的基本变形形式。一般长短轴差值大于20mm时,套管就可能破裂。

2. 腐蚀孔洞

套管局部的微孔、微裂缝及其他损伤,使得地层介质长期在套管该局部位置产生化学和电化学作用,造成局部腐蚀而穿孔;或者某处螺纹密封不好,在注采压差及作业施工压力过高时,发生泄漏,随生产时间延长不断冲蚀而穿孔。

3. 弯曲变形

地质构造力、断层活动、长期注采不平衡造成的地层滑移,产生地应力剪切套管,使套管按水平地应力方向弯曲,并在径向上产生变形。

4. 套管错断

随着油水井生产时间的延长,地层的滑移、地壳的运动等因素所产生的地应力不断集中,以及泥页岩受注入水侵入而蠕变等引起的井壁不稳定,或严重出砂未能得到有效治理而引起井壁坍塌等，都会在套管上产生巨大的横向剪切力，造成套管弯曲、变形，甚至错断。这是目前极难采取修复措施，甚至报废油水井的最复杂的套管损坏类型。

（三）套管损坏检测技术方法

1. 工程测井法和机械法

1）工程测井法

工程测井法是指利用井径仪检测套管径向尺寸变化，连续流量及井温测井检测套管腐蚀、孔洞、破裂、错断等的位置。

2）机械法

机械法是指利用印模（包括铅模、胶膜、蜡模等）对套管和鱼头状态及几何形状进行印证，然后加以定性、定量的分析，以确定其具体形状和尺寸。

2. 工程测井法

1）井径测井——套管变形检测

井径测井仪组装完后与电缆连接下入井内，井径测井仪的各对称方向壁在弹簧作用下紧贴套管内壁下滑移。当套管某一深度内径有变化时，方向壁收拢或扩张，这一收拢或扩张将使仪器产生电脉冲信号，通过电缆传至地面接收仪器并自动记录下来，绘制成套管径向变化曲线。测井后，将记录的线加以测量、分析、计算，即可得到套管某一深度位置截面上多点坐标图，测量这一图形可得到套管的径向尺寸变化。

井径测井一般在压井状况下进行。目前比较常用的测井仪器是四十壁井径仪，可测得20条互成18°角的20个坐标点。

测套管变形的记录纸共分九格。套管未损坏则为比较平滑的直线，只在接箍部位出现尖峰；如果记录曲线偏离基准线位置，则存在套管变形；若记录线为波浪线，则可能是内壁磨损或腐蚀；若曲线超出格外，说明套管穿孔或有裂缝。

2）井温与连续流量测井——套管漏失检测

井温和连续流量测井是指将两种不同的测井方法在一口井上实施。若发现某井外漏，先测得一条井温基线，然后向井内连续注入液体同时测出不同压力下的连续流量（注入量），注完液体后，紧接着再测井温曲线。从两条井温曲线的对比中分析出套管漏失井段，必要时再用机械法核对。这样就可以准确地验证出套管损坏的位置和漏失量。

（1）井温测井。

井温测井是测量地温梯度和局部温度差异（微差井温）的方法。仪器电路中采用铜、钨、钼、或合金做热敏电阻，对温度都有灵敏的反应，随温度升高或降低伴有相应电阻的变化，通过测量桥路电位差的变化间接地求出温度变化，井下仪器送温度信号到地面仪器，得到地温梯度曲线，若某部地温出现异常，则井温曲线会有显变化，分析这种变化，即可得到该处温度情况和其在井下的位置。

（2）连续流量测试。

连续流量计是一种涡轮流量计，被测流体带动涡轮转动，涡轮叶片在磁场中切割磁力线，从而转换为电脉冲信号，传至地面，常用于注水井吸水量的连续测量，用于套管损坏井检测漏失量时，可通过连续测量井内流体沿轴向运动速度的变化而确定漏失井段、漏点的注入量。

(3)彩色超声波电视成像测井。

彩色超声波电视成像测井技术可以将套管的损坏程度直观地反映在电视屏幕上，结合井径测井，可定量地得到套损形状与尺寸。

工作原理：在压井状态下，利用超声波在不同声阻抗介质中传播和界面处反射特性，根据接收到的反射波到达时间和首波到达的首波幅度信息，用一旋转的超声换能器，在先进的电子技术和计算机成像技术辅助下，获得套管内壁的内径变化，同时显示出立体图、纵向截面图、横向截面图和内径曲线等资料，从而可以直观形象地判断套管的损坏类型和程度。

(4)印模与陀螺方位测井。

印模与陀螺方位测井(简称方位测井)是用来检测套管变形的方位走向的方法，根据同一地区多口井的套变方位，基本可以判断出套管变形的外力来源，并计算出该区块套管变形的地应力变化、外力方向、走向等，为新钻井如何提高固井质量或改变固井方式预防套管损坏提供必要的依据。

工作原理：利用铅模、偏心配产器、工作筒、油管柱组成测试管柱，在铅模入井前对铅模工作端面某一点打印记并测量印记与偏心配产器偏心孔的夹角，入井后对套管变形部位打印，然后在管柱内下入陀螺仪测井，测出偏心孔的方位。起出打印管柱，测绘偏心孔方位与铅模印痕及印痕与端面某点印记夹角，即可得到套变方位。

3. 机械法检测

机械法即印模法检测，就是利用专用管柱(条件许可时也可用钢丝绳带铅模)下接铅模类打印工具，对井下落物鱼顶或套损程度(几何形状)等进行打印，然后对打出的印痕进行描绘、分析、判断，最后提出准确的鱼顶、套损点等几何形状、尺寸和深度位置。这种印痕结论、数据将为修井措施、修井施工设计的制定和编写提供必不可少的有效依据。

GBH001 平底磨鞋的用途
GBH002 平底磨鞋的结构
GBH003 平底磨鞋的工作原理
GBH004 平底磨鞋的技术规范
GBH005 平底磨鞋的操作方法及注意事项

五、修井工具

(一)平底磨鞋

1. 用途

平底磨鞋是用来研磨井下落物的工具，如磨碎钻杆、钻具等落物。

2. 结构

平底磨鞋是由磨鞋本体及所堆焊的YD合金或其他耐磨材料组成的，如图1-3-9所示。

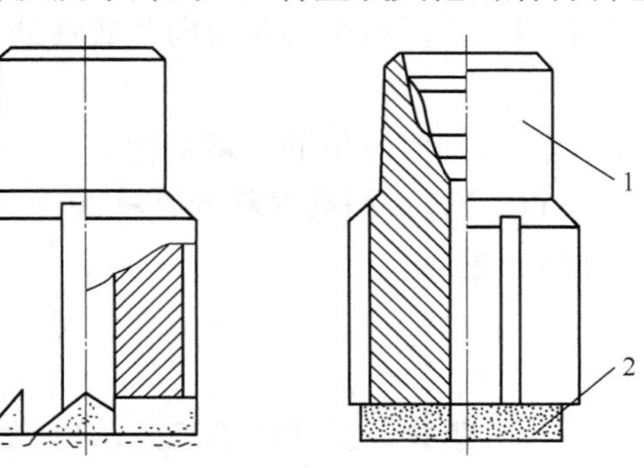

图1-3-9　平底磨鞋的结构示意图

1—磨鞋体；2—YD合金

磨鞋本体由两段圆柱体组成,小圆柱上部是内螺纹,与钻柱相连;大圆柱体底面和侧面有过水槽,在底面过水槽间焊满 YD 合金或其他耐磨材料,磨鞋体从上至下有水眼,水眼可做成直通式和旁通式两种。

3. 工作原理

平底磨鞋在钻压的作用下,吃入并磨碎落物,磨屑随循环洗井液带出地面。YD 合金由硬质合金颗粒及焊接剂(打底焊条)组成,在转动中对落物进行切削,而采用钨钢粉作为耐磨材料的工具,可利于用较大的钻压对落物表面进行研磨。

4. 技术规范

平底磨鞋的技术规范见表 1-3-11。

表 1-3-11　平底磨鞋技术规范

序号	规格型号	外形尺寸 mm×mm	接头螺纹	使用规范及性能参数	
				最大磨削直径 D,mm	套管规范,in
1	PMB114	D×250	NC26(2A10)	94、95、96、97、98、99、101	4½
2	PMB127	D×250	2⅞REG NC31(210)	106、107、108、109、110、111、112	5
3	PMB140	D×260	NC31(210)	116、117、118、119、120、121、122、123、124	5½
4	PMB168	D×270	NC38(310)	145、146、147、148、149、150、151、152	6⅝
5	PMB178	D×280	NC38(310)	152、153、154、155、156、157、158、159	7

5. 操作方法及注意事项

1)操作方法

(1)下井前检查钻杆螺纹是否完好,水眼是否畅通,YD 合金或耐磨材料不得超过本体直径。

(2)将平底磨鞋连接在工具最下端。

(3)下至鱼顶以上 2~3m,开泵冲洗鱼顶;待井口返出的洗井液流平稳之后,启动转盘慢慢下放钻具,使其接触落鱼进行磨削。

2)注意事项

(1)下钻速度不宜太快。

(2)作业中不得停泵。

(3)如果单点长期无进尺,应分析原因,采取措施,防止磨坏套管。

(4)对活动鱼顶不宜使用,以防止磨鞋带动落鱼向井底钻进,或损坏下面落鱼。

6. 维修保养

(1)每次用完后要清洗干净,冲净水眼里的一切杂物。

(2)磨损了的底平面上的 YD 合金或耐磨材料允许补焊,但必须先预热,待焊接表面加热均匀后再施补焊料,并防止过热。

GBH006 凹面磨鞋的用途
GBH007 凹面磨鞋的结构
GBH008 凹面磨鞋的工作原理
GBH009 凹面磨鞋的技术规范
GBH010 凹面磨鞋的使用注意事项

(二)凹面磨鞋

1. 用途

凹面磨鞋可用于磨削井下小件落物以及其他不稳定落物,如钢球、螺栓、螺母、炮垫子、钳牙、不规则金属块(片)等。磨鞋凹面在磨削过程中能罩住落鱼,迫使落鱼聚集于切削范围之内而被磨碎,由洗井液带出地面。

2. 结构

凹面磨鞋底面为 5°～30°凹面角，其上有 YD 合金或其他耐磨材料，其余结构与平面磨鞋相同，如图 1-3-10 所示。

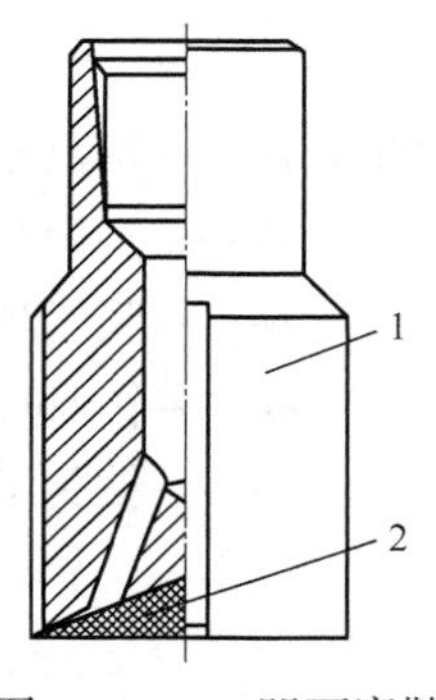

图 1-3-10　凹面磨鞋
1—磨鞋体；2—YD 合金

3. 工作原理

与平底磨鞋相同。

4. 技术规范

与平底磨鞋相同。

5. 操作方法及注意事项

1）操作方法

与平底磨鞋相同。

2）注意事项

凹面磨鞋的注意事项除与平底磨鞋基本相同外，还应注意：

（1）在磨削较长落物时（如钻杆、钻铤等）容易出现固定部分磨削，当 YD 合金和耐磨材料全部磨损后，落物进入工具本体，形成落物与本体摩擦，使泵压上升无进尺，扭矩下降，此时应上提钻具再轻压，改换磨削位置。

（2）旁通式水眼容易被泥沙堵死，影响井下作业。除下井前检查外，在下井过程中应采取分段洗井，一般 400m 洗一次井。

6. 维修保养

与平底磨鞋相同。

（三）梨形胀管器

GBH011　梨形胀管器的基本结构
GBH012　梨形胀管器的工作原理
GBH013　梨形胀管器的使用方法
GBH014梨形胀管器的使用注意事项

1. 用途

梨形胀管器简称胀管器，是用来修复井下套管较小变形的整形工具之一。它依靠地面施加的冲击力（冲击力由钻具本身重力或由下击器来实现）迫使工具的锥形头部楔入变形套管部位，进行挤胀，实现恢复其内通径尺寸的目的。

2. 结构

梨形胀管器为一个整体结构，其过水槽可分为直槽式和螺旋槽式两种，如图 1-3-11 所示。

3. 作用原理

梨形胀管器的工作部分为锥体大端。当钻具向工具施加下击力时，其锥体大端与套管变形部位接触的瞬间所产生的侧向分力 F 直接挤胀套管变形部位，如图 1-3-12 所示。

由图 1-3-12 可知：

$$P=\frac{1}{2}mv^2 \tag{1-3-1}$$

$$F=\frac{P}{2\tan\dfrac{\alpha}{2}} \tag{1-3-2}$$

$$F=\frac{mv^2}{4\tan\frac{\alpha}{2}} \tag{1-3-3}$$

式中 P——钻具施加给工具的力，N；

F——侧向分力（挤胀力），N；

α——胀管器锥角，(°)；

m——钻具质量，kg；

v——钻具下放速度，m/s。

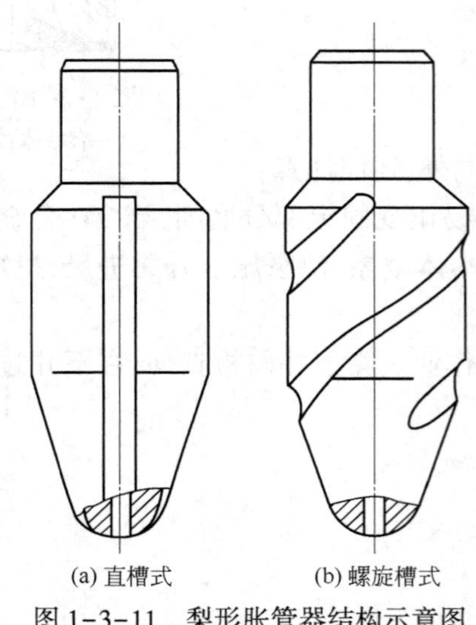

图 1-3-11 梨形胀管器结构示意图

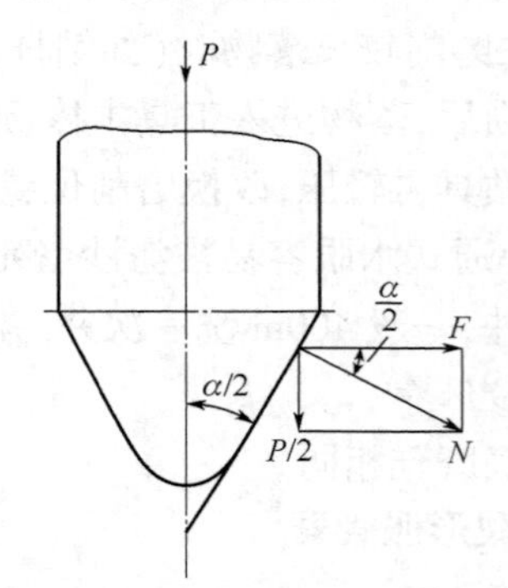

图 1-3-12 梨形胀管器示意图

由式（1-3-3）可知：

（1）挤胀力矩与钻具质量成正比，并与下放速度的平方成正比。

（2）挤胀力 F 与半锥角的正切成反比。当锥角小于 25°时，经验证明胀管器锥体与套管接触部位将产生挤压粘连而发生卡钻事故，因此选用胀管器的锥角大于 30°较为合适。

4. 技术规范

梨形胀管器的技术规范见表 1-3-12。

表 1-3-12 梨形胀管器的技术规范

序号	规格型号	外形尺寸，mm×mm	接头螺纹	使用规范及性能参数		
				整形尺寸分段，mm	适应套管，in	整形率
1	ZQ-114	D×250	NC26（2A10）	92、94、96、98、100	4½	98%～99%
2	ZQ-127	D×300	NC31（210）2⅞REG	102、104、106、108、110、112	5	98%～99%
3	ZQ-140	D×300	NC31（210）	114、116、118、120、122、124	5½	98%～99%
4	ZQ-168	D×350	NC31（210） NC38（310）	140、142、144、146、148、150、152	6½	98%～99%
5	ZQ-178	D×400	NC38（310）	154、156、158、160、162	7	98%～91%

5. 操作方法及注意事项

1) 操作方法

(1) 打铅印或下通径规，搞清变形套管的最大通径。

(2) 选用比最大通径大 2mm 的胀管器，接上钻具下井，当井较深，钻具重力足够大时，可不下下击器，若钻具重力不够大时应在工具上部接下击器。

(3) 下至套管变形井段以上一单根时，开泵洗井，然后下钻具，探遇阻深度，并做好深度记号。

(4) 上提钻具 2～3m 后，以较快速度下放；当记号距转盘面高 0.3～0.4m 时，突然刹车，让钻具的惯性伸长使工具冲胀变形套管；如此数次之后尚不能通过，应将钻具刹车高度下降 10cm 再重复操作。

(5) 如使用下击器，应根据当时的钻具重力、井斜和井内液体情况制定好钻具上提高度及下放速度，以达到冲击胀大变形套管的目的。

(6) 经过以上操作仍不能通过时，则表明胀管器所选尺寸过大，应起钻，更换较小一级的胀管器重新进行挤胀。

(7) 第一级胀管器通过之后，第二级胀管器的外径只能比第一级大 1.5～2mm，以后逐级按 1.5～2mm 增量进行挤胀。

2) 注意事项

当选用胀管器外径尺寸超过套管变形部位内通径 2mm 以上时，有可能按上述操作方法多次胀不开。此时切忌高速下放冲胀，由于速度及下放高度的增加所产生的瞬时冲击力很大，胀管器虽可强行通过，但套管被挤胀之后钢构本身的弹性恢复力将使胀管器通过后的尺寸缩小，把胀管器卡死，形成恶性卡钻事故。

(四) 偏心辊子整形器

1. 用途

偏心辊子整形器主要用于对油、气、水井轻度变形的套管进行整形修复，最大可恢复到原套管内径的 98%。

2. 结构

偏心辊子整形器由偏芯轴、上辊、中辊、锥辊、钢球及丝堵等组成，如图 1-3-13 所示。

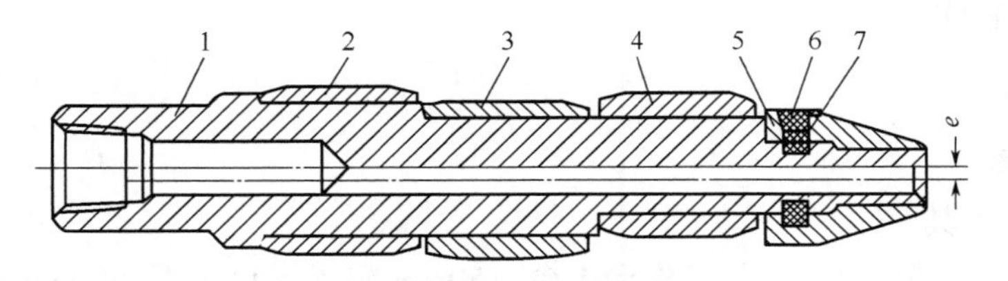

图 1-3-13　偏心辊子整形器

1—偏芯轴；2—上辊；3—中辊；4—下辊；5—锥辊；6—丝堵；7—钢球

偏芯轴：上端有与钻柱连接的内螺纹，下端为四阶不同尺寸、不同轴线的台阶。其中上接头、上辊、下辊三者为同一轴线；中辊与锥辊为另一轴线，两条轴线的偏心距为 e。

辊子：共分上、中、下和锥辊 4 件，其中上、中、下三辊为对套管整形的挤胀零件。锥辊除起引鞋作用之外，在辊子内孔部加工有半球面形槽与芯轴相配合，装入相应的滚球，旋转时起上、中、下三辊的限位作用，同时锥辊也参与初始整形工作。

3. 工作原理

当钻柱沿自身轴线旋转时，上、下辊绕自身轴线做旋转运动。而中辊轴线由于与上、下辊轴线有一偏心距 e，绕钻具中心线以 $1/2D_{中}+e$ 为半径做圆周运动，这样就形成一组曲轴凸轮机构，形成以上辊、下辊为支点，中辊以旋转挤压的形式对变形部位套管进行整形。除此之外，当工具在变形较复杂的井段内工作时，由于变形量的不同，上辊、下辊与中辊又可互为支点，但各支点的阻力各不相同，因此具有偏心距 e 的偏芯轴旋转时，在变形量小、阻力小的支点处，辊子边滚动进外挤。在变形量大、阻力也大的支点处，偏芯轴与辊子间产生滑动摩擦运动，并对变形部位向外挤胀。

4. 操作方法

(1)用卡钳检查各辊子尺寸是否符合设计要求。各辊子孔径与轴的间隙不得大于0.5mm。

(2)安装后用手转动检查各辊子是否灵活，上下滑动辊子，其窜动量不得大于1mm。

(3)检查滚珠口丝堵是否上紧，上紧后锥辊应灵活转动，不能有任何卡阻现象。

(4)将工具各部涂油，接上钻柱，下入井中。

(5)下至变形位置以上1~2m处，开泵循环，待洗井平稳后启动转盘空转。

(6)慢放钻柱，使辊子逐渐进入变形井段，转盘扭矩增大后，缓慢进尺，直至通过变形井段。

(7)上提钻柱，用较高的转速反复进行划眼，直至上下能比较顺利地通过为止。

GBH016 偏心棍子整形器的维修保养

5. 维修保养

(1)工具用完后应清洗干净，拆卸后检查偏芯轴及各辊子有无擦伤，磨损量是否过大。损坏件应更换。

(2)工具涂油及润滑脂后置阴干处保存。

项目二　检修 Y111-114 封隔器

一、准备工作

(一)设备

试压泵1套。

(二)材料、工具

擦布1块，记录单1张，操作工作台1台，150mm游标卡尺1把，500mm游标卡尺1把，钢丝刷1把，150mm螺丝刀1把，900mm管钳2把，1200mm管钳2把，油盆1个，锉刀1套，柴油若干，绘图仪1套，碳素笔1支，公制螺纹规1个，英制螺纹规1个，Y111-114封隔器装配图1套，Y111-114封隔器易损的更换件若干。

(三)人员

1人操作，劳动用品穿戴齐全。

二、操作规程

序号	工序	操作步骤
1	准备工作	将准备的工具放置于专用工作台上,核对准备的工具数量和种类
2	检查	对设备和工具、用具进行检查,检查量具、量块、试压泵、管钳、装配图等
3	测试	(1)擦洗工具表面,确保无油污,有明显损坏点时记录。 (2)工具连接试压泵,判断常见故障并记录。 (3)根据故障判断出损伤的零件,并记录
4	拆卸	(1)使用150mm螺丝刀、900mm管钳和1200mm管钳按装配图编号顺序拆卸工具,并记录编号。 (2)使用量块对螺纹扣型进行审对,外螺纹出现损伤时,使用锉刀修复,并记录螺纹扣型
5	更换、检测零件	(1)清洗零件,记录损伤的零件编号,更换新的零件(如果胶筒原因,需更换全部胶筒)。 (2)对损伤的零件本体、外径、内径等尺寸进行测量;使用螺纹规对螺纹类型进行测定,如果有螺纹损坏应记录
6	组装、测试	(1)根据装配图及编号的零件,按顺序组装封隔器: ①将封隔器下接头固定在工作台的压力钳上。 ②装承压接头密封胶圈和调节环密封胶圈。 ③将承压接头接入中心管。 ④装好坐封剪钉。 ⑤将键装入中心管键槽内。 ⑥将压缩距垫环装入下接头。 ⑦将承压接头与下接头连接。 ⑧依次将封隔件、隔环套装在中心管上。 ⑨将上接头和调节环组装在一起,装到中心管上端并上紧。 ⑩将调节环压紧,上好防松销钉。 (2)组装时,连接螺纹要涂均匀的密封脂。 (3)O形密封圈要涂抹润滑脂。 (4)封隔器连接试压泵,小于0.3MPa/30min
7	收尾工作	对现场进行清理,收取工具,上交记录单

三、注意事项

(1)清洗检查Y111封隔器,对各部分零部件进行表面检查,对封隔器进行试压测试,检查是否有刺漏点。

(2)使用拆卸工具按顺序拆卸封隔器,检查零部件外观及螺纹。

(3)清洗零部件,更换封隔器胶筒(小于120℃)和O形密封圈,测量和及时更换易损件。

(4)按顺序组装Y111封隔器并进行试压,压力不大于0.3MPa/30min。

项目三　检修 Y344-114 封隔器

一、准备工作

（一）设备

试压泵 1 套。

（二）材料、工具

擦布 1 块，记录单 1 张，操作工作台 1 台，150mm 游标卡尺 1 把，500mm 游标卡尺 1 把，钢丝刷 1 把，150mm 螺丝刀 1 把，900mm 管钳 2 把，1200mm 管钳 2 把，油盆 1 个，锉刀 1 套，柴油若干，绘图仪 1 套，碳素笔 1 支，公制螺纹规 1 个，英制螺纹规 1 个，Y344-114 封隔器装配图 1 套，Y344-114 封隔器易损的更换件若干。

（三）人员

1 人操作，劳动用品穿戴齐全。

二、操作规程

序号	工序	操作步骤
1	准备工作	将准备的工具放置于专用工作台上，核对准备的工具数量和种类
2	检查	对设备和工具、用具进行检查，检查量具、量块、试压泵、管钳、装配图检查等
3	测试	（1）擦洗工具表面，确保无油污，有明显缺陷时，并记录。 （2）工具连接试压泵，判断常见故障并记录。 （3）根据故障判断出损伤的零件，并记录
4	拆卸	（1）使用 150mm 螺丝刀、900mm 管钳和 1200mm 管钳按装配图编号顺序拆卸工具，并记录编号。 ①将封隔器上接头固定在工作台的压力钳上。 ②卸下下接头和下并帽。 ③将活塞套与承压接头间的螺纹卸开，取下下并帽和活塞套，此时活塞套内部带有下卡簧压帽和活塞；用专用工具将卡簧压帽与活塞间的扣卸开，即可将它们从活塞套和下并帽中取出。 ④拆下拉钉挂，取下承压接头。 ⑤卸下上接头，依次取下密封环、密封隔件、隔环、承压套。 （2）使用量块对螺纹扣型进行审对，外螺纹出现损伤情况，使用锉刀修复，并记录螺纹扣型
5	更换、检测零件	（1）清洗零件，记录损伤的零件编号，更换新的零件（如果胶筒原因，需更换全部胶筒）。 （2）对损伤的零件本体、外径、内径等尺寸进行测量；使用螺纹规对螺纹类型进行测定，如果有螺纹损坏的话，要记录
6	组装、测试	（1）根据装配图及编号的零件，按顺序组装封隔器： ①各零件先去毛刺，并清洗干净。 ②检测各零件的尺寸精度是否符合图样要求，不合格者不得使用。 ③凡密封配合面不得有咬痕等缺陷，组装时应涂上润滑油。 ④凡螺纹连接均应涂上密封脂。 ⑤按装配图及要求进行组装。 （2）O 形密封圈要涂抹润滑脂。 （3）封隔器连接试压泵，标准小于 0.3MPa/5min
7	收尾工作	对现场进行清理，收取工具，上交记录单

三、注意事项

(1)清洗检查 Y344 封隔器,对各部分零部件进行表面检查,对封隔器进行试压测试,检查是否有刺漏点。

(2)使用拆卸工具按顺序拆卸封隔器,检查零部件外观及螺纹。

(3)清洗零部件,更换封隔器胶筒(小于 120℃)和 O 形密封圈,及时测量和更换易损件。

(4)按顺序组装 Y344 封隔器并进行试压,压力不大于 0.3MPa/30min。

项目四　检修 K344-114 封隔器

一、准备工作

(一)设备

试压泵 1 套。

(二)材料、工具

擦布 1 块,记录单 1 张,操作工作台 1 台,150mm 游标卡尺 1 把,500mm 游标卡尺 1 把,钢丝刷 1 把,150mm 螺丝刀 1 把,900mm 管钳 2 把,1200mm 管钳 2 把,油盆 1 个,锉刀 1 套,柴油若干,绘图仪 1 套,碳素笔 1 支,公制螺纹规 1 个,英制螺纹规 1 个,K344-114 封隔器装配图 1 套,K344-114 封隔器易损的更换件若干。

(三)人员

1 人操作,劳动用品穿戴齐全。

二、操作规程

序号	工序	操作步骤
1	准备工作	将准备的工具放置于专用工作台上,核对准备的工具数量和种类
2	检查	对设备和工具、用具进行检查,检查量具、量块、试压泵、管钳、装配图检查等
3	测试	(1)擦洗工具表面,确保无油污,有明显缺陷时,并记录。 (2)工具连接试压泵,判断常见故障并记录。 (3)根据故障判断出损伤的零件,并记录
4	拆卸	(1)使用 150mm 螺丝刀、900mm 管钳和 1200mm 管钳按装配图编号顺序拆卸工具,并记录编号: ①将封隔器上接头固定在工作台的压力钳上。 ②旋下下接头。 ③取下滤网罩。 ④旋下胶筒座和胶筒。 ⑤旋下中心管。 ⑥将胶筒座与胶筒旋开。 ⑦将密封圈从上、下接头取下。 (2)使用量块对螺纹扣型进行审对,外螺纹出现损伤时,使用锉刀修复,并记录螺纹扣型

续表

序号	工序	操作步骤
5	更换、检测零件	(1)清洗零件，记录损伤的零件编号，更换新的零件（如果胶筒原因，需更换全部胶筒）。 (2)对损伤的零件本体、外径、内径等尺寸进行测量；使用螺纹规对螺纹类型进行测定，如果有螺纹损坏的话，要记录
6	组装、测试	(1)根据装配图及编号的零件，按顺序组装封隔器： ①各零件先去毛刺，并清洗干净； ②检测各零件的尺寸精度是否符合图样要求，不合格者不得使用； ③凡密封配合面不得有咬痕等缺陷，组装时应涂上润滑油； ④凡螺纹连接均应涂上密封脂； ⑤按装配图及要求进行组装。 (2)O形密封圈要涂抹润滑脂。 (3)封隔器连接试压泵，标准小于0.3MPa/5min
7	收尾工作	对现场进行清理，收取工具，上交记录单

三、注意事项

(1)清洗检查K344封隔器，对各部分零部件进行表面检查，对封隔器进行试压测试，检查是否有刺漏点。

(2)使用拆卸工具按顺序拆卸封隔器，对零部件外观及螺纹进行检查。

(3)清洗零部件，更换封隔器胶筒（小于120℃）和O形密封圈，并测量和及时更换易损件。

(4)按顺序组装K344封隔器，并进行试压，压力不大于0.3MPa/30min。

项目五　检修可退式打捞筒

GBG012 可退式打捞筒的维修保养

一、准备工作

（一）材料、工具

擦布1块，记录单1张，操作工作台1台，台虎钳1台，300mm游标卡尺1把，4800mm、3600mm管钳各1把，螺纹规1套，钢丝刷1把，油盆1个，锉刀1套，柴油若干，碳素笔1支。

（二）人员

1人操作，劳动用品穿戴齐全。

二、操作规程

序号	工序	操作步骤
1	准备工作	将准备的工具放置于专用工作台上，核对准备的工具数量和种类
2	检查	对设备和工具、用具进行检查，检查量具、量块、管钳、台虎钳检查等
3	清洗	(1)将可退式打捞筒平稳夹持加紧在台虎钳上，注意保护外表面。 (2)使用钢丝刷、擦布、柴油等，擦拭干净表面

续表

序号	工序	操作步骤
4	检测	(1)使用螺纹规检测螺纹。 (2)检查水眼是否通畅
5	拆卸	(1)按顺序拆卸可退式打捞筒上接头、壳体总成、卡瓦、铣控环、内密封圈、O形密封圈、引鞋等配件,并做好记录和编号。 (2)清洗打捞筒各个零部件。 (3)检查各零部件外观,使用游标卡尺进行测量
6	组装	(1)对损伤的零部件进行更换,按编号顺序进行组装,螺纹处涂抹密封脂。 (2)填写记录单相关内容
7	收尾工作	对现场进行清理,收取工具,上交记录单

三、注意事项

(1)篮式可退式打捞筒、修磨鱼顶,加压不应过大。

(2)捞筒内有密封圈,捞获落鱼洗井时,应注意泵压变化,防止憋泵。

(3)工具外径较大,井内须清洁,防沉砂卡钻。

(4)如被捞管柱未卡,可直接打捞;遇卡可配震击类工具使用。

项目六　检修组合式抽油杆打捞筒

一、准备工作

(一)材料、工具

擦布1块,记录单1张,操作工作台1台,台虎钳1台,300mm游标卡尺1把,4800mm、3600mm管钳各1把,ϕ25.4mm抽油杆1根,钢丝刷1把,油盆1个,锉刀1套,柴油若干,碳素笔1支。

(二)人员

1人操作,劳动用品穿戴齐全。

二、操作规程

序号	工序	操作步骤
1	准备工作	将准备的工具放置于专用工作台上,核对准备的工具数量和种类
2	检查	对设备和工具、用具进行检查,检查量具、量块、管钳、台虎钳等
3	清洗	(1)将工具平稳夹持加紧在台虎钳上,注意保护外表面。 (2)使用钢丝刷、擦布、柴油等擦拭干净表面。 (3)使用螺纹规检测螺纹
4	检测	(1)对工具的外部件上接头、上筒体、下筒体等进行检查。 (2)如发现外部件出现裂纹或破损严重情况,做好更换记录

续表

序号	工序	操作步骤
5	拆卸	(1)按顺序拆卸组合式抽油杆打捞筒的上筒部分和下筒部分,并做好记录和编号。 (2)上筒部分专供打捞抽油杆本体,由上接头、上筒体、弹簧、弹簧座、小卡瓦等组成,按顺序拆卸上筒部分。 (3)下筒部分可打捞抽油杆接箍和台肩,在结构组成上基本与上筒相同,由下筒体、弹簧套、弹簧、大卡瓦等组成,按顺序拆卸下筒部分。 (4)检查各零部件外观及使用情况,使用游标卡尺进行测量
6	组装	(1)组装: ①先将上筒体部分的上接头夹持在台虎钳上,将弹簧、弹簧座及小卡瓦组装完毕后,与上接头组装。 ②将下筒体部分的弹簧套、弹簧、大卡瓦等部件与下筒体组装后,将其与上筒体部分连接。 (2)对损伤的零部件进行更换,螺纹处涂抹密封脂。 (3)填写记录单相关内容,并将预准备的抽油杆做现场打捞试验,判断工具是否合格
7	收尾工作	对现场进行清理,收取工具,上交记录单

三、注意事项

(1)工具用完后,要拆卸、清洗检查及时更换损坏的零件,清洗检查组合式抽油杆打捞筒筒体、螺纹。

(2)将工具装在专用工具台上,分别卸上接头、下筒体。

(3)分别取出弹簧座、弹簧、小卡瓦及大卡瓦。

(4)清洗零件,检查筒体、卡瓦、弹簧、弹簧座,能修的修好,损坏的要换件。

(5)按顺序涂好黄油装上并上紧。

项目七　检修偏心式抽油杆接箍捞筒

一、准备工作

(一)材料、工具

擦布 1 块,记录单 1 张,操作工作台 1 台,台虎钳 1 台,300mm 游标卡尺 1 把,4800mm、3600mm 管钳各 1 把,ϕ25.4mm 抽油杆 1 根,钢丝刷 1 把,油盆 1 个,锉刀 1 套,柴油若干,碳素笔 1 支。

(二)人员

1 人操作,劳动用品穿戴齐全。

二、操作规程

序号	工序	操作步骤
1	准备工作	将准备的工具放置于专用工作台上，核对准备的工具数量和种类
2	检查	对设备和工具、用具进行检查，检查量具、量块、管钳、台虎钳等
3	清洗	(1)将工具平稳夹持加紧在台虎钳上，注意保护外表面。 (2)使用钢丝刷、擦布、柴油等擦拭干净表面。 (3)使用螺纹规检测螺纹
4	检测	(1)对工具的外部件上接头、上筒体、下筒体等进行检查。 (2)如发现外部件出现裂纹或破损严重的情况，做好更换记录
5	拆卸	(1)按顺序拆卸偏心式抽油杆打捞筒的上筒部分和下筒部分各零部件，并做好记录和编号。 (2)检查各零部件外观及使用情况，使用游标卡尺进行测量
6	组装	(1)组装： ①先将工具的上接头夹持在台虎钳上，与上筒体螺纹连接。 ②将下筒体部分的偏心套等部件与下筒体安装后，将其与上筒体部分连接，螺纹上紧。 (2)对损伤的零部件进行更换，螺纹处涂抹密封脂。 (3)填写记录单相关内容，并将预准备的抽油杆做现场打捞试验，判断工具是否合格
7	收尾工作	对现场进行清理，收取工具，上交记录单

三、注意事项

(1)每次使用后要清洗干净，清洗检查抽油杆接箍打捞筒及螺纹、偏心通道、限位销钉。
(2)将工具装在专用工具台上，卸下上筒体、下筒体、限位销钉，取出偏心套。
(3)清洗各部件，检查筒体、偏心套、限位销钉是否损坏，损坏件必须更换。
(4)按顺序涂好黄油，组装并上紧螺纹。
(5)装上限位销钉。
(6)擦干后，涂机油，放阴干处保存。

项目八　检修短鱼头打捞筒

一、准备工作

(一)材料、工具

擦布 1 块，记录单 1 张，操作工作台 1 台，台虎钳 1 台，300mm 游标卡尺 1 把，4800mm、3600mm 管钳各 1 把，钢丝刷 1 把，油盆 1 个，锉刀 1 套，柴油若干，碳素笔 1 支。

(二)人员

1 人操作，劳动用品穿戴齐全。

二、操作规程

序号	工序	操作步骤
1	准备工作	将准备的工具放置于专用工作台上，核对准备的工具数量和种类
2	检查	对设备和工具、用具进行检查，检查量具、量块、管钳、台虎钳等
3	清洗	(1)将工具平稳夹持加紧在台虎钳上，注意保护外表面。 (2)使用钢丝刷、擦布、柴油等擦拭干净表面。 (3)使用螺纹规检测螺纹
4	检测	(1)对工具的外部件上接头、筒体进行检查。 (2)如发现外部件出现裂纹或破损严重的情况，做好更换记录
5	拆卸	(1)拆开短鱼头打捞筒的上接头和筒体，并按顺序拆卸引鞋、篮式卡瓦、控制环等各零部件，做好记录和编号。 (2)检查各零部件外观及使用情况，进行清洗后，使用游标卡尺进行测量。 (3)对引鞋、篮式卡瓦进行检测，出现损坏等情况时，要做好更换记录
6	组装	(1)组装： ①先将工具的上接头夹持在台虎钳上。 ②将控制环、篮式卡瓦、引鞋逐一安装与筒体内部，并与上接头连接。 (2)对损伤的零部件进行更换，螺纹处涂抹密封脂，安装筒体内的工件要涂抹润滑脂。 (3)填写记录单相关内容
7	收尾工作	对现场进行清理，收取工具，上交记录单

三、注意事项

(1)每次使用完后，拆开零件清洗，擦干，主要清洗检查打捞筒及螺纹、引鞋。

(2)将工具装在专用工具台上，分别卸上接头、引鞋。

(3)取出控制环、篮式卡瓦。

(4)清洗零件，检查筒体、卡瓦、引鞋，能修的修好，损坏的要换件。

(5)检出破损件，再行换件组装，各部螺纹涂黄油；按顺序涂好黄油装上并上紧。

(6)放阴干处保存。

项目九　检修弹簧式套管刮削器

一、准备工作

(一)材料、工具

擦布1块，记录单1张，操作工作台1台，台虎钳1台，300mm游标卡尺1把，一字、十字螺丝刀各1把，六角扳手1套，钢丝刷1把，油盆1个，锉刀1套，柴油若干，碳素笔1支。

(二)人员

1人操作，劳动用品穿戴齐全。

二、操作规程

序号	工序	操作步骤
1	准备工作	将准备的工具放置于专用工作台上,核对准备的工具数量和种类
2	检查	对设备和工具、用具进行检查,检查量具、量块、管钳、台虎钳等
3	清洗	(1)将工具平稳夹持加紧在台虎钳上,注意保护外表面。 (2)使用钢丝刷、擦布、柴油等擦拭干净表面。 (3)使用螺纹规检测螺纹
4	检测	(1)对工具的外部件本体,内,外螺纹,刀板,固定块,压块等进行检查。 (2)如发现外部件,出现裂纹或破损严重的情况,做好更换记录
5	拆卸	(1)拆卸弹簧式套管刮削器的各刀板的六角螺钉,并按顺序逐一拆卸其他部分的压板和固定块,并做好记录和编号。 (2)检查各零部件和螺纹孔的外观及使用情况,使用游标卡尺进行测量
6	组装	(1)组装:先将工具夹持在台虎钳上,将更换的弹簧、刀板、刀板座、固定块、压板逐一安装到位,使用六角螺钉(一字钉或十字钉)上紧。 (2)对损伤的零部件进行更换,刀板、固定块、压板部分,涂抹润滑脂。 (3)填写记录单相关内容
7	收尾工作	对现场进行清理,收取工具,上交记录单

三、注意事项

(1)工具使用完毕后,应在井场将工具外部刺洗干净,送回维修保养;不可长期存放,以免刀片生锈。

(2)拆卸后检查各零件,如果发现弹簧损坏或者有残余变形(自由高度明显减少)的必须更换新的。

(3)各部分螺纹涂抹密封脂,零件抹油,放阴干处保存。

项目十　检修偏心辊子整形器

一、准备工作

(一)材料、工具

擦布1块,记录单1张,操作工作台1台,300mm游标卡尺1把,螺丝刀1把,钢丝刷1把,油盆1个,锉刀1套,柴油若干,碳素笔1支。

(二)人员

1人操作,劳动用品穿戴齐全。

二、操作规程

序号	工序	操作步骤
1	准备工作	将准备的工具放置于专用工作台上，核对准备的工具数量和种类
2	检查	对设备和工具、用具进行检查，检查量具、量块等
3	清洗	（1）将工具平稳放在操作平台上，注意保护外表面及外螺纹。 （2）使用钢丝刷、擦布、柴油等擦拭干净表面。 （3）使用螺纹规检测螺纹规格
4	检测	（1）对工具的外部件偏芯轴、上辊、中辊、锥辊等进行检查。 （2）如发现外部件，出现裂纹或破损严重情况，做好更换记录
5	检修	（1）对偏心辊子整形器的偏芯轴、上辊、中辊、锥辊进行检测并拆卸。 （2）检测水眼是否通畅。 （3）使用锉刀对外螺纹进行修复，不用修复，做好记录。 （4）检查各零部件，辊子和轴的内外径及使用情况，使用游标卡尺进行测量
6	组装	（1）重新清理干净检修后的工具，并对工具进行除锈，再进行安装。 （2）对损伤的零部件进行更换，并涂抹润滑脂。 （3）填写记录单相关内容
7	收尾工作	对现场进行清理，收取工具，上交记录单

三、注意事项

（1）工具使用完毕后，应在井场将工具外部刺洗干净，送回维修保养；不可长期存放，以免刀片生锈。

（2）拆卸后检查各零件，如果发现弹簧损坏或者有残余变形（自由高度明显减少）的必须更换新的。

（3）各部分螺纹涂抹密封脂，零件抹油，放阴干处保存。

第二部分

技师操作技能及相关知识

模块一　识别、检测井下工具

项目一　相关知识

一、测绘井下工具

J(GJ)BA004 零件测绘的一般步骤

(一)井下工具测绘步骤

1. 全面了解井下工具

根据井下工具产品说明书等有关资料，详细了解井下工具的机械性能、用途、工作原理、传动情况、结构特点、操作方法、各零件的作用、零部件间的装配关系、连接方式等。

J(GJ)BA001 零件图的主要内容

2. 拆卸井下工具

在拆卸井下工具前，要考虑拆卸方法和拆卸次序，同时还要正确地选用拆卸工具，以免在拆卸过程中损伤零件，以致降低井下工具测绘质量和装配后的性能。

拆卸井下工具时，为了防止零件丢失和总装时装错，应将零件按其拆卸次序进行登记和编号，并加以妥善保管。精密零件的表面要清洗后涂油并包好。

J(GJ)BA003 零件的测绘

3. 测绘零件

将井下工具拆成零件后进行清洗和测绘。零件测绘包括画零件草图、测量尺寸和制定技术要求等内容。

测绘零件前，首先画零件草图，应先画主要零件，然后画其他零件。对于标准件，如螺钉、螺母等可不画草图，只需量出其主要尺寸，查出其标准数据，并编写出明细表就可以了。

零件的尺寸应在画出全部草图之后一起测量，边量边记，以避免弄错和遗漏。

在生产实践中，往往是一件工具的个别零件损坏，需要加工维修。测绘零件时要注意主要测量和该零件上下内外相连接配件的尺寸要相吻合，并画出需加工零件的草图。

4. 画零件工作图和装配图

画出全部零件草图之后，经检查，修改无误后即可画装配图。装配图是以零件草图和装配示意图为依据的。画出装配图后，再根据装配图绘制零件工作图。

画出整套零件工作图和装配图后，即可整理有关的技术资料。至此，井下工具测绘的全部工作即告完成。

(二)井下工具草图绘制步骤

1. 分析零件

分析零件是为正确地画出零件草图做准备，需做到：

(1)了解零件的名称、材料，它在装配体中的作用，以及与其他零件的关系；

(2)对零件的结构，特别是内部结构，进行全面了解、分析，掌握零件的全部情况，以便考虑选择零件表达方案和进行尺寸标注；

(3)零件的缺陷部分，如在使用中磨损、碰伤等，在测绘时不可当成零件的原有结构画出。

J(GJ)BA002 零件表达方案的选择

2. 选择视图

视图主要从主视图、俯视图、左视图三个基本视图中选择画出。一般选择原则是尽量选择能够反映出工具零件全部形状尺寸的视图。如一个视图不能全面反映出零件的形状尺寸，则可以再选择一个或两个视图直到视图能够满足零件全部形状尺寸要求。

3. 画出图形

(1)定出各视图的位置，画出基准线和轴线；

(2)依次画出零件的各主要组成部分；

(3)画出图形中的细节；

(4)检查图形并描深；

(5)画出所有尺寸界线、尺寸线、箭头，注出表面粗糙度；

(6)测量并填写尺寸数字；

(7)填写技术要求说明及标题栏。

J(GJ)BA005 装配图的内容

(三)装配图概述

装配图是表达装配体(机器或部件)的图样，它表示出该机器(或部件)的构造、零件之间的装配与连接关系，装配体的工作原理，以及生产该装配体的要求、检验要求等。

图 2-1-1 为滑动轴承装配图。从图中可看出，一张完整的装配图应具有标题栏、明细表、一组图形、必要的尺寸、有关技术要求。装配图中的明细表是为组成装配体的全部零件编序号，注写名称、材料、数量而设。装配图的图形和尺寸所表达的内容与零件图不同。

J(GJ)BA006 装配图的一般表达方法

(四)装配图的表达方法

零件图的各种表达方法在装配图中同样适用，但由于装配图表达的内容、侧重点与零件图不同，因此视图选择的原则不同，并应针对装配图的特点采用一些特殊表达方法和规定画法。

1. 装配图视图选择

装配图应反映装配体的结构特征、工作原理及零件间的相对位置和装配关系。因此装配图的主视图，一般应符合装配体的工作位置，并要求尽量反映装配体的工作原理和零件之间的装配关系。由于组成装配体的零件往往相互交叉、遮盖，导致投影重叠。因此，为使某一层次或某一装配干线的情况表达清楚，装配图一般都进行剖视。

2. 装配图画法的一般规定

(1)两个零件的接触面或配合(包括间隙配合)表面，规定只画一条线；而非接触面、非配合表面，即使间隙再小，应画两条线。

(2)相邻两个零件的剖面线的倾斜方向应相反(如图 2-1-1 中轴承盖与轴承座)；若相邻零件多于 2 个时，则有的零件的剖面线应以间隔不同与其相邻的零件相区别；同一零件在各视图上剖面线画法应一致。

(3)在装配图上作剖视图时，当剖切平面通过标准件(螺母、螺钉、垫圈、销、键等)和实心件(轴、杆、柄、球等)的基本轴线时，这些零件按不剖绘制(即不画剖面线)，如图 2-1-1

主视图上半剖视部分的螺母、双头螺柱。

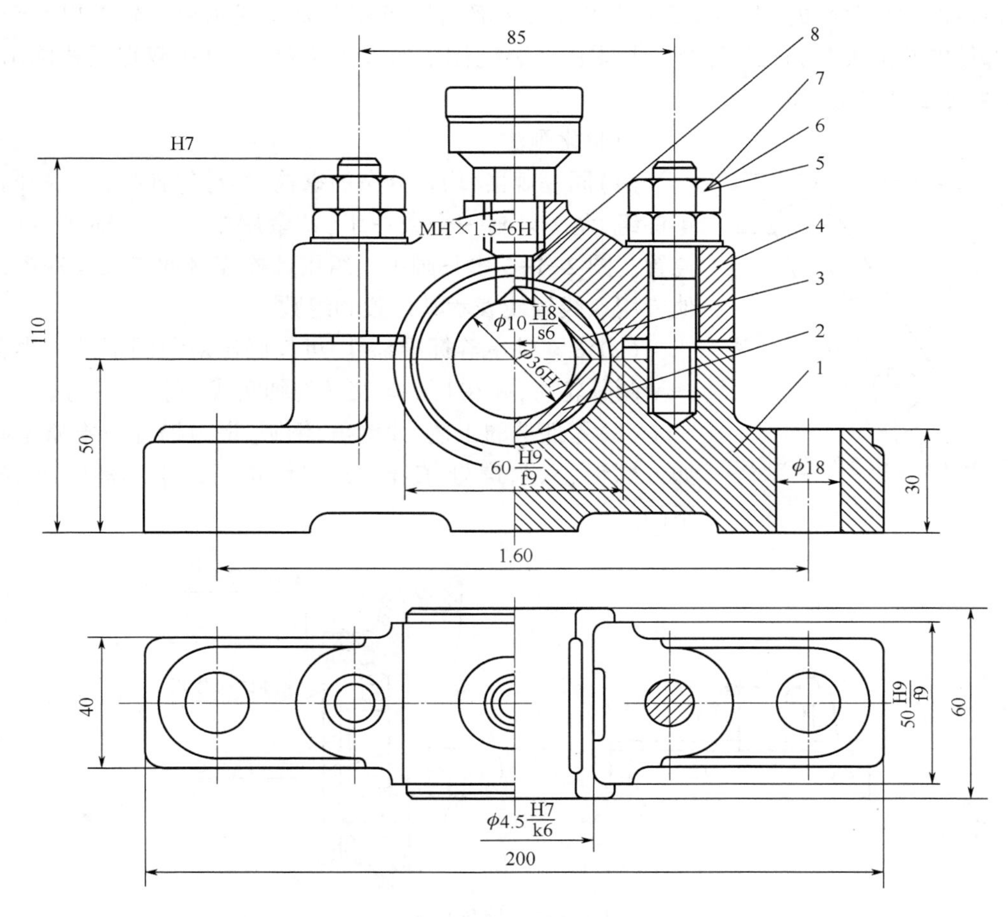

技术要求

1. 轴瓦和轴承座用着色法检查接触情况。下轴瓦与轴承座接触面不得小于整个面积的50%，上轴瓦与轴承盖接触面积不得小于40%。

2. 调正席转后，零件用煤油清洗，工作面涂一层薄干油。

序号	名　称	数量	材　料	备　注
8	销　套	1	45	
7	螺母M12	4	A5	
6	螺柱M12×70	2	A3	
5	垫圈12	2	A3	
4	轴承盖	1	HT15-33	
3	上轴衬	1	ZQA19-4	
2	下轴衬	1	ZQA19-4	
1	轴承座	1	HT15-33	

滑动轴承		比例		第　张
		重量		共　张
制图				
审核				

2-1-1　滑动轴承装配图

J(GJ)BA007 装配图的特殊表达方法

3. 装配图的特殊表达方法

1) 拆卸画法

在某视图上已表达清楚的零件，如在另一视图上再次出现，实为重复，或其图形将影响后面零件的表达，这时，可假想将该零件拆去不画。如图2-1-1所示的俯视图，是将轴承盖、上轴承等按对称轴拆去一半后画出的。它相当于沿着轴承盖与轴承座结合半剖。

拆去零件的视图可在视图上方注以“拆去件×、×、×…”字样。

2）假想画法

与该部件相关联的，但不属于该部件的零（部）件，可用双点画线画出其轮廓以便于了解该部件的装配关系和工作原理。某零件在装配体中的极限位置，也可用双点画线画出其轮廓，如图2-1-2所示。

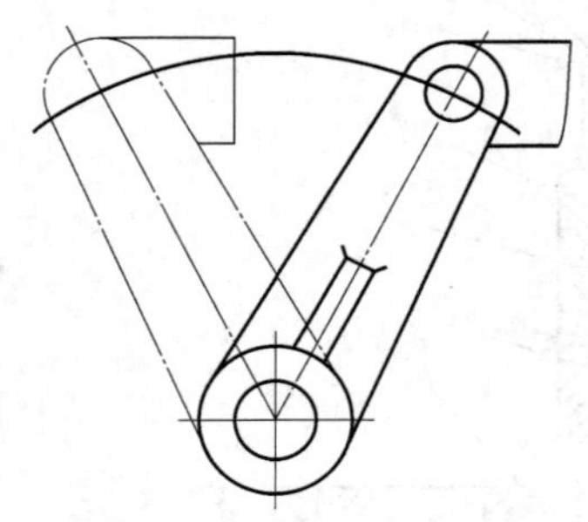

图2-1-2　运动零件的极限位

3）简化画法

（1）同一规格、均匀分布的螺栓、螺母等连接件或相同的零件组，允许只画一个或一组，其余用中心线或轴线表示其位置。图2-1-3中只画出一组用螺栓连接的支架零件组，其他皆用点线划线表示其位置和组数。

（2）滚动轴承等标准部件，可仅画出对称图形的一半，另一半画其轮廓，并在其中画交叉的细实线（图2-1-3）。

（3）零件上的工艺，如倒角、倒圆、退刀槽等可省略不画，如方螺母、六角螺母、螺栓头，因倒角而产生的曲线可省略不画。

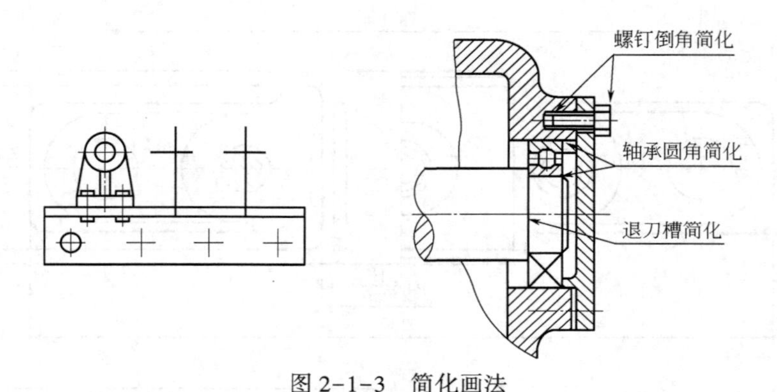

图2-1-3　简化画法

4）夸大画法

薄、细、小间隙，以及斜度、锥度很小的零件或部位，可按加厚、加粗、加大画出。厚度、直径小于2mm的细零件或部位的剖面，可用涂黑代替剖面线。

J(GJ)BA008 装配图的尺寸标注

（五）装配图的尺寸标注，零件编号及明细表

1. 尺寸标注

1）性能（规格）尺寸

这类尺寸表明装配体的性能和规格大小，如图2-1-1中轴承孔的直径$\phi35$，它反映所支撑的轴的直径大小。

2）装配关系尺寸

这类尺寸表明装配体上相关零件之间的装配关系：

（1）配合尺寸，如图2-1-1中的$\phi35H7$、$60\frac{H9}{f9}$。

（2）主要轴线的定位尺寸，如图2-1-1中的$\phi35H7$孔的中心高50。

（3）各装配干线的轴线间的距离。

3)安装尺寸

安装尺寸如图 2-1-1 中轴承座上两安装孔的直径 $\phi8$ 和两孔中心距 160。

4)总体尺寸

总体尺寸是装配体总的长、宽、高 3 个方向的尺寸,它是为包装、安装所需之尺寸,如滑动轴承的总长 200、总宽 60、总高 110。

5)其他主要尺寸

这是指设计时通过计算而确定的尺寸,如齿轮油泵中齿轮的 m、z,进出油口的螺孔 M18×1.5,又如凸轮曲线的轮廓尺寸等。

2. 零件编号和明细表

为了便于看图和生产管理,组成部件的所有零件(组件)应在装配图上编写序号,并在标题栏上方编制相应的零件明细表。

1)序号编排方法

将组成部件的所有零件(包括标准件)进行统一编号。相同的零(部)件编一个序号,一般只标注一次,如图 2-1-4 所示。

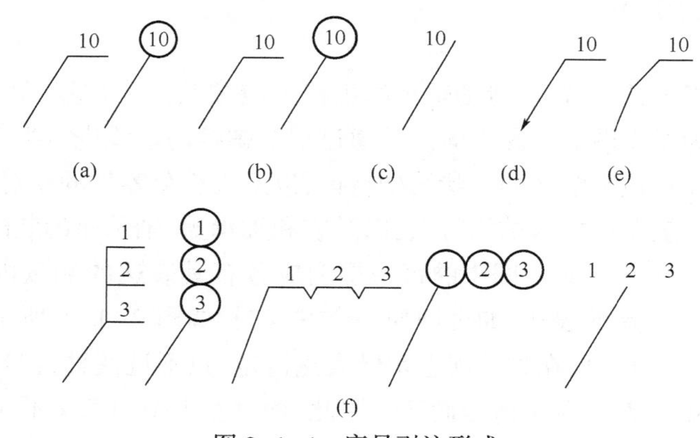

图 2-1-4　序号引注形式

(1)序号的字号应比图上尺寸数字大一号,如图 2-1-4(a)所示,或大两号,如图 2-1-4(b)所示。一般从被注零件的轮廓内用细实线画出指引线。在零件一端画圆点,另一端画水平细实线或细实线圆。

(2)直接将序号写在指引线附近,这时的序号应比图上尺寸数字大 2 号,如图 2-1-4(e)所示。

(3)当指引线所指零件很小,或是涂黑的剖面而不便画圆点时,则可以箭头代替圆点,箭头直接指在该部的轮廓线上,如图 2-1-4(d)所示。

(4)画指引线不要相互交叉,不要与剖面线平行,必要时允许画成一次折线,如图 2-1-4(e)所示。

(5)一组连接件可按图 2-1-4(f)的形式引注。

(6)序号应按顺时针(或逆时针)方向整齐地顺次排列,如在整个图上无法连续时,可只在每个水平或垂直方向顺次排列。

在序号注写时,尽量使其间距均匀一致。

2）明细表

明细表一般编绘在标题栏上方。对于复杂的装配体，零件较多时，则要另立明细册。明细表的填写应按编号顺序自上而下地进行。位置不够时，可在与标题栏毗连的左边续编。

J(GJ)BA009 画装配图的方法

（六）画装配图

装配图来源有二：一种是新产品的设计，体现为设计装配图；另一种是通过对现有机器（部件）进行测绘获得的资料而绘制的装配图。无论是前者或后者，在画装配图前，都必须对欲画装配体的功用、工作原理、结构特点，以及各零件的装配关系等进行全面、充分地了解。

现以图2-1-1滑动轴承为例介绍装配图的绘制方法与步骤。

1. 分析了解装配体

滑动轴承是支撑传动轴的部件。为了减少轴在轴承孔内转动时的摩擦阻力，轴承盖与轴承座之间装有铜合金轴衬，且通过轴承盖上安装的油杯注入润滑油，轴衬做成两半，用一销套同轴承盖顶面的孔插入上轴衬的销孔内，使轴衬定位，防止随轴转动而使油孔错位。轴承盖与轴承座由两组双头螺栓加以连接，这样既保证了对该部件的性能要求，又可以在轴衬磨损后进行更换，便于拆装。

2. 视图选择

根据装配图的视图选择特点，滑动轴承的主视图应按其工作位置，以及轴承盖、轴承座形状特征的一面作为主视图的投影方向。并通过双头螺栓的轴线进行半剖。这样所确定的主视图就可清楚的显示该装配体的形状结构特征，以及大部分零件的相对位置和装配关系。同时采用拆卸画法来表明轴衬的结构特点，以及它和轴承盖、轴承座的装配关系。

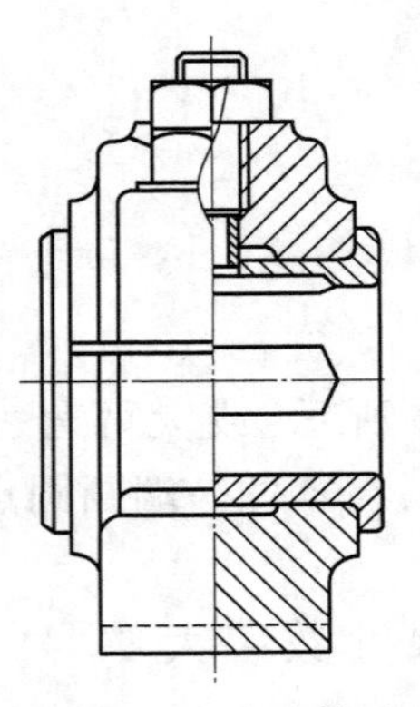

图2-1-5 滑动轴承左视图

装配图中的每一视图应各有其表达的侧重内容。对于滑动轴承的表达，如再增加一个左视图，如图2-1-5所示，就其内、外结构而言，在主俯视上都已表达清楚，只不过使轴衬与轴承盖、轴承座相对位置稍清楚而已。因此，增设左视图的意义不大。

3. 画图步骤

在考虑表达方案时，一般可先绘制装配草图，经审查修改后方可画仪器图。装配图画图步骤如下：

（1）定比例、选图幅、合理布局：

画图物比例及图幅大小应根据装配体的大小、复杂程度及所确定的表达方案而定，也要考虑尺寸标注、编注序号、明细表等所占的地位。视图布局通过画装配体的基准面、基准线来安排，如图2-1-6（a）所示。

（2）依次画主要件和较大零件的轮廓，如图2-1-6（b）和图2-1-6（c）所示。画每一零件时，均应在各视图中按其投影对应关系同时进行。

（3）画其他零件及各零件的细节部分，如图2-1-6（d）所示。按事先确定的方案画出剖视部分或其他图形。

（4）检查所画视图，加深图线，标注尺寸和注写技术要求，编序号，填明细表、标题栏（完成的装配图，如图2-1-1所示）。

(5)对完成之图进行全面校核。

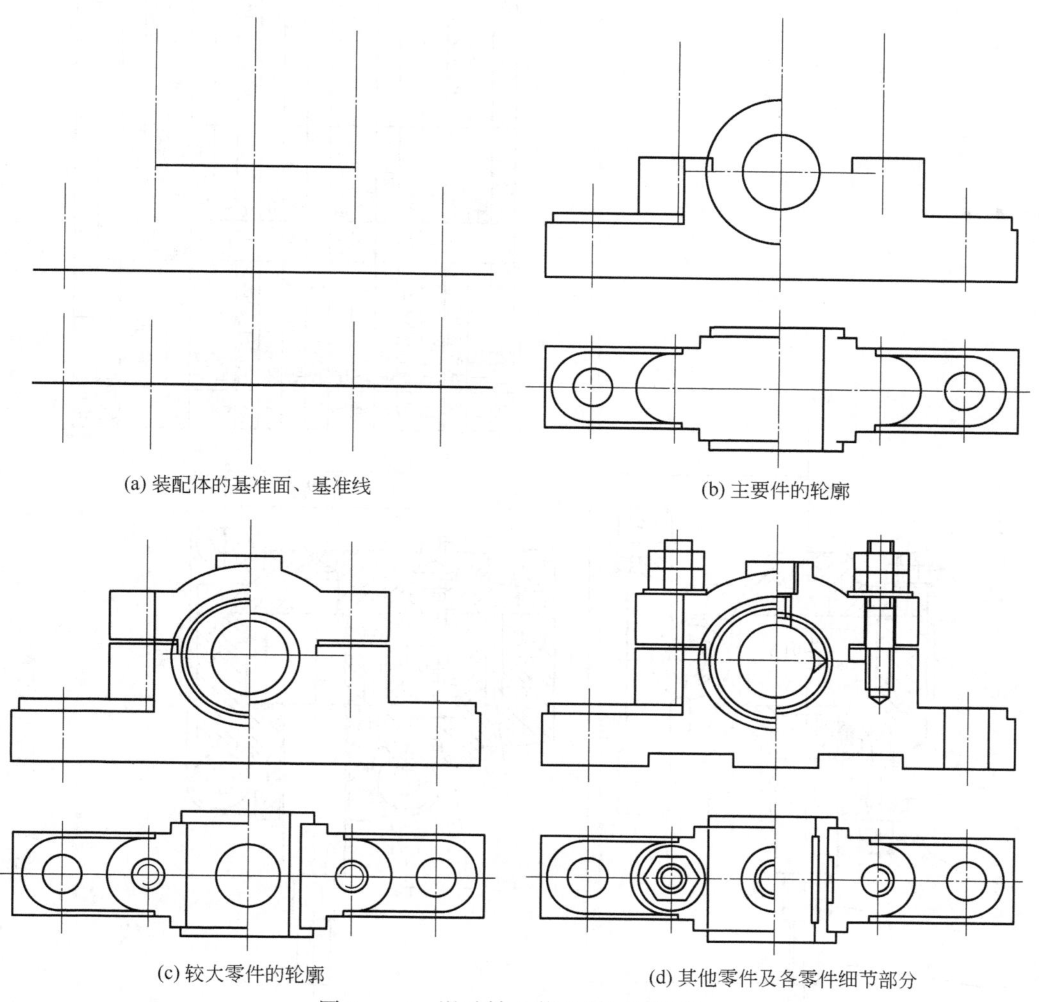

(a) 装配体的基准面、基准线　(b) 主要件的轮廓

(c) 较大零件的轮廓　(d) 其他零件及各零件细节部分

图 2-1-6　滑动轴承装配图画图步骤

J(GJ)BA010 看装配图的方法

(七)看装配图

通过看装配图应了解:(1)装配体的名称、用途和工作原理;(2)各零件的相对位置及装配关系、调整方法和安装顺序;(3)主要零件的形状结构和在该装配体中的作用,如根据装配图拆画零件图,则还应在弄懂装配图的前提下,对图中的零件未曾给定的形状结构进一步加以确定。现以齿轮油泵装配图图 2-1-7 为例说明看装配图的一般方法和步骤。

1. 概括了解

从标题栏中了解部件名称;按图上序号对照明细表了解组成该装配体的各零件的名称、材料、数量;通过初步观察,结合阅读有关资料、说明书等对装配体结构、工作原理有个概括了解。

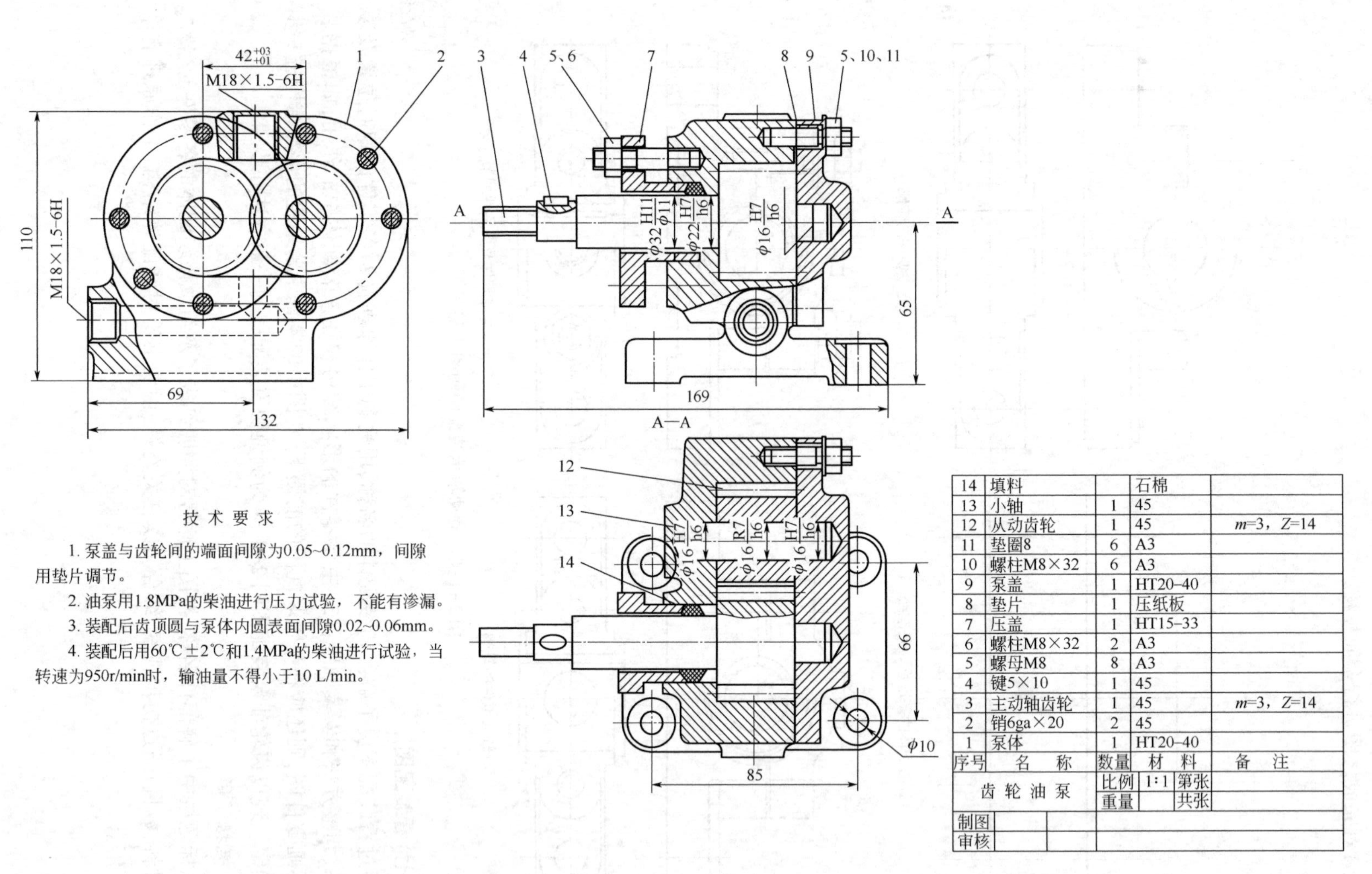

序号	名称	数量	材料	备注
14	填料		石棉	
13	小轴	1	45	
12	从动齿轮	1	45	m=3，Z=14
11	垫圈8	6	A3	
10	螺柱M8×32	6	A3	
9	泵盖	1	HT20-40	
8	垫片	1	压纸板	
7	压盖	1	HT15-33	
6	螺柱M8×32	2	A3	
5	螺母M8	8	A3	
4	键5×10	1	45	
3	主动轴齿轮	1	45	m=3，Z=14
2	销6ga×20	2	45	
1	泵体	1	HT20-40	

齿轮油泵	比例	1:1	第张	
	重量		共张	
制图				
审核				

图 2-1-7　齿轮油泵装配图

2. 分析视图

通过阅读、了解装配图的表达方案，分析所选用的视图、剖视图、剖面图及其他表达方法各有何用途。油泵装配图选用了主、俯、右三个基本视图。

主视图装配体的工作位置绘制做了局部剖，保留了下部出油口附近的外形。这样的表达，除了一对齿轮啮合的特征未能表示外，其他各零件的相对位置，装配连接关系已基本表达清楚。

右视图以拆卸画法（拆去泵盖）绘制，已将一对齿轮啮合情况与进、出油口的关系表达清楚。该视图反映了油泵的工作原理。右视图与主视图相对照，将油泵主要零件与泵体的结构形状（除了安装底板）已表达得比较清楚。

俯视图是通过两齿轮轴线剖切的全剖视图。它所表达的重点是主动轴齿轮、从动齿轮、小轴三者与泵体、泵盖的装配关系，以及泵体上安装板的形状、四孔的分布情况。

3. 看懂零件图形

在基本了解各视图表达的内容后，对照明细表和图中的序号，按先简单后复杂的顺序，逐一了解各零件的结构形状。对于比较熟悉的连接件、常用件以及一些较简单的零件，可先将它们看懂，从图中逐一“分离”出去，最后剩下个别较复杂的零件（例如泵体），再集中力量去分析、看懂。

看图的方法可根据剖视图中的剖面线方向、间隔和相关零件的配合尺寸等来划分、弄清各个零件在各视图中的投影范围。当零件轮廓一经明确，即可按形体分析法、线面分析法来看懂该装配图所表达的零件的图形。

当零件的局部结构在装配图中表达得不完整时，可通过分析它与有关零件的装配关系或它本身的作用，进一步分析确定。如泵体左端凸台的形状，可通过与其有装配关系的压盖的形状结构及压盖与泵体的装配关系来确定。压盖的形状结构，可根据主、俯视图高、宽方向的结构，分析判断如下：主视图上高度方向尺寸与俯视图上宽度方向尺寸相比较，是高大于宽。其高度稍大的原因是压盖上有两螺柱孔。根据这种情况，可对压盖端面形状进行设想和加以确定。图 2-1-8 为压盖端面两种可能形状的设想。相比之下，图 2-1-8(b)所示结构较为简单、而在拧紧螺母后，其强度也较图 2-1-8(a)图所示结构要高。

4. 搞清装配关系和工作原理

通过前几个步骤，初步了解了装配体的装配关系和原理，但还不够深入。因此，还需要根据已掌握的资料进行整理、归纳、想象，才能彻底看懂这张装配图。

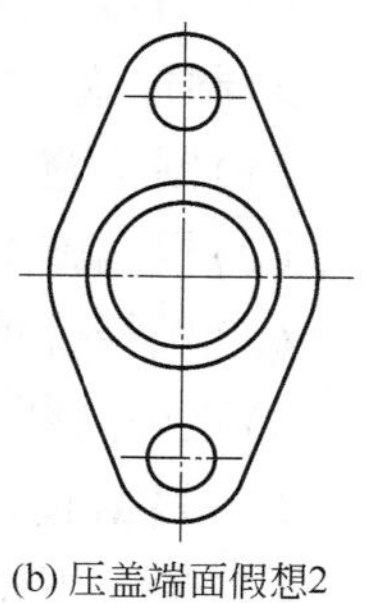

(a) 压盖端面假想1　　(b) 压盖端面假想2

图 2-1-8　压盖端面形状分析

首先从装配关系入手。油泵的主动齿轮与轴是一个整体（称作轴齿轮），从动齿轮与小轴以过盈配合（$\phi 6\frac{R7}{h9}$）连成一体，它们与泵盖、泵体上的孔都是间隙配合（$\phi 16\frac{H7}{h6}$、$\phi 22\frac{H7}{h6}$）轴齿轮左端用键连接一传动齿轮（不属该装配体），以便把扭矩传递到主动齿轮上。显然，油泵中一对啮合齿轮运转的动力即由此输入。从三个基本视图可看到：齿轮的齿顶圆与泵体的齿轮腔之间，以及齿轮两端面与泵体、泵盖所限定的空腔之间，都是有配合关系的。而且可想到齿轮与泵体、泵盖在装配后的配合关系应为间隙配合，但这一配合的松紧程度是靠调整垫片的厚度来实现的。垫片还可防止在泵体与泵盖结合处漏油。压盖的作用是通过压紧填料防止油从主动轴与孔的间隙中泄漏出去。

在完成上述各步骤的基础上，把所取得的对齿轮油泵的全部认识，加以归纳及综合想象，其工作原理、装配关系，装拆顺序、使用和维护的注意事项等即可更为明确。作为一个整体，齿轮油泵的形象就会更为鲜明、生动、准确。

二、选择修井打捞工具

通过对井下情况的综合分析判断，能够明确井下落物（落鱼）的形状、种类等资料，并能计算出落鱼的卡点深度，然后可以根据修井打捞工具的特点选择组合合适的修井打捞工具处理事故。

（一）综合分析判断井下落鱼

1. 掌握井下情况

在实际打捞作业前，根据送修措施的要求，要掌握如下资料：

（1）钻井完井的原始数据及完井结构。

（2）油、气、水井的生产动态及生产方式。

（3）掌握近期井下作业施工的主要原因及井下完井管柱现状。

（4）掌握本次上修的主要原因及措施要求。

2. 施工前应考虑的问题

根据送修措施要求除掌握上述资料外，要进行充分的分析井下情况，制定落实有效的施工方案。

1）落实井况

（1）了解施工井的地质、钻井、采油资料，搞清目前的完井结构，生产套管完好情况，井下有无早期落物。

（2）搞清落物落井原因，分析落井后有无变形可能及井（工具、砂）卡、埋等现象。

（3）初步的计算鱼顶深度，判断鱼顶的规范、形状及特征。

2）制定施工方案

（1）制定施工工序细则及施工工序过程中的注意事项（现场施工设计大表）。

（2）根据施工作业时可能达到最大负荷加固井架。

（3）选择合理的铅模和打捞工具。

3）正确判断落物鱼顶

（1）根据起出的工具或管柱确定井下落鱼鱼顶形状。

（2）通过下铅模打印落实井下落鱼鱼顶形状。

（3）对特殊井还可进行井下电视照相等手段进行确认落鱼鱼顶情况。

J(GJ)BB001 井下落物的判断方法

（二）井下落鱼判断法

井下落物鱼顶的判断有两种方法，一是原物判断法，二是铅模打印确认法。前者对鱼顶的判断率较高，但往往和原物还是有一定的差别的，必要时需打印铅模进一步的证实。

1. 原物判断法

根据井内提出的管柱(或井下工具)断脱处的现状,实物分析判断确认落物鱼顶在井下的形状及井下断脱、卡的主要因素,分析出井下产生断、脱、卡的主要原因(结合该井的生产动态具体分析)。

(1)若管柱在中和点(极限点)处被拉伸缩径断,证明井下卡的比较死(砂埋严重、硬卡),证实鱼顶也产生同条件的缩径(往往有不规则的鱼顶产生),需倒扣、套铣处理。

(2)油管在接箍螺纹部位提脱,肉眼看不出明显的管体变形,证明螺纹抗拉强度满足不了技术要求造成脱扣,暂不能证明井下卡的具体情况,只证明鱼顶是完好的。

(3)提出的井下工具零部件结构不全,要认真地查阅工具组装图,核对落井的零部件,掌握每个零部件各项尺寸数据,初步认定鱼顶最上部的零部件形状或在最大空间的所产生的各种形状(必要时铅模打印确认鱼顶形状)。

2. 铅模打印确认判断法

J(GJ)BB002 铅印的判断方法

1)印模的选择

打印选择的印模要根据井下落鱼的材质和井内套管的内径而定。井下落鱼为有色金属材质受压后不易变形的可采用铅模,落鱼材质受压后易变形的可采用软模(沥青、肥皂、胶泥等印模),主要防止打印时鱼顶受压后被破坏发生变形破坏鱼顶。印痕确认大体分两种,一是规则印痕,二是不规则印痕。铅模印痕描述及事故判断处理见表 2-1-1。

表 2-1-1 铅膜印痕描述及事故判断处理例析

类别		印痕图形	简单描述	故障判断	处理方法
落物	杆类		落物打印在铅模正中清晰	鱼顶清楚,落鱼直立正中	下母锥或卡瓦打捞筒
			铅模边缘有斜印痕	落鱼斜倒	应下带引鞋或扶正的打捞工具
			铅模平面有一横倒半圆长条痕	落鱼倒放	下带拔钩或引鞋工具
	管类		单圈印痕打在正中间	说明落物是管类,外螺纹鱼头,直立于中间	下母锥或下带引鞋的卡瓦打捞筒

续表

类别		印痕图形	简单描述	故障判断	处理方法
落物	管类	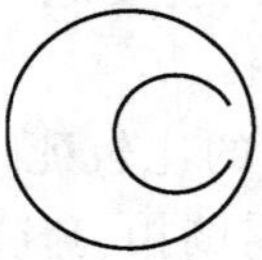	印痕单圈并有缺口打在旁边	落物鱼头是外螺纹，偏斜并破坏	下母锥，注意保护鱼头
		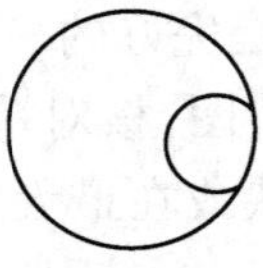	印痕单圈打在旁边	鱼头是外螺纹，斜立于井中	下带引鞋和扶正的打捞工具
		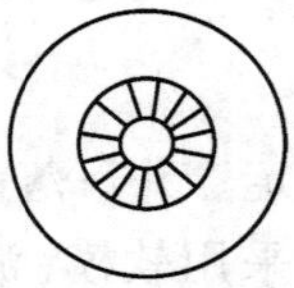	双圈印痕打在正中	管类内螺纹，鱼头直立	用捞矛或卡瓦捞筒打捞
		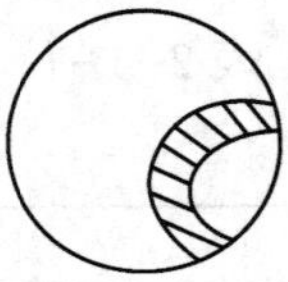	双圈打偏在铅磨底	管类内螺纹，鱼头歪斜	用带外螺纹或引鞋的打捞工具
	绳类	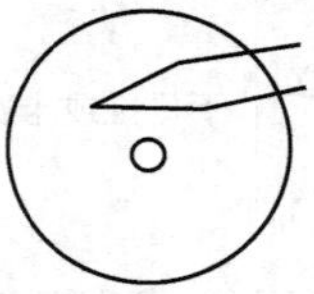	铅模底有绳痕	落物为钢丝绳	用打捞绳类工具
			铅模侧面有绳痕	钢丝蝇落在套管侧面	
		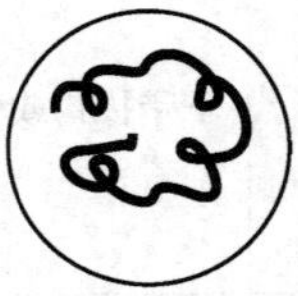	铅模底有绳痕	落物为钢丝绳	
			几段直杆圆形痕在铅模底部	落物为电缆	

续表

类别		印痕图形	简单描述	故障判断	处理方法
落物	小件	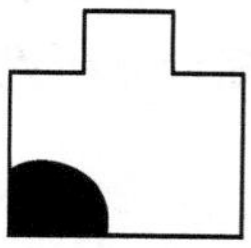	铅模角有半圆洞痕	落物为钢球	用打捞小件落物工具
		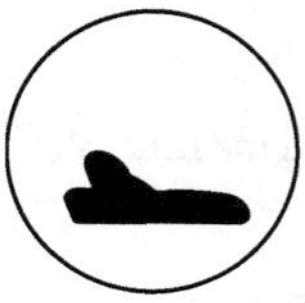	铅模底部有清晰的扳手印痕	落物为扳手	
		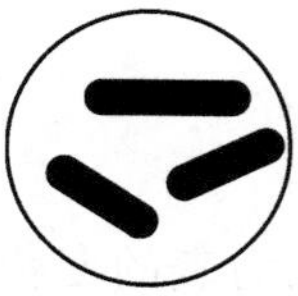	铅模底部有清晰的 3 个牙块痕	落物为 3 个牙块	
套管	破裂	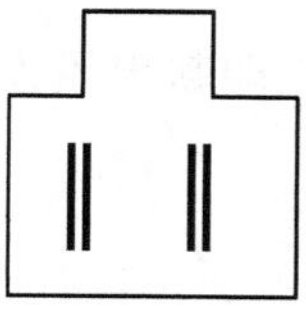	铅模侧面有两道刀切条痕	套管裂缝所划破	进行套管补贴或取套、换套
		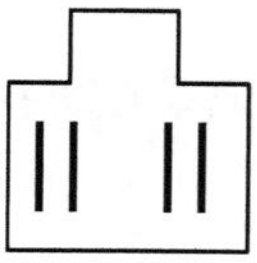	铅模侧面有两道宽缝裂痕	套管裂口所划破	
	变形	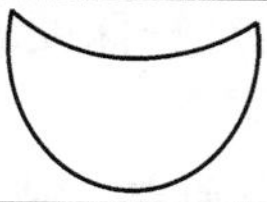	铅模一边缘偏陷	套管单向变形	采用胀管器或爆炸整形
		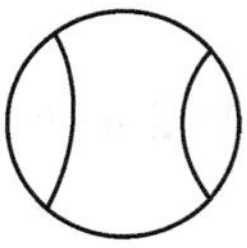 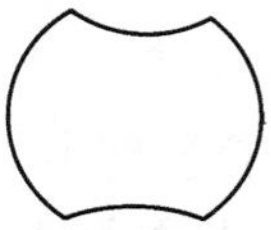	铅模两缘偏陷	双向或多向变形	
其他		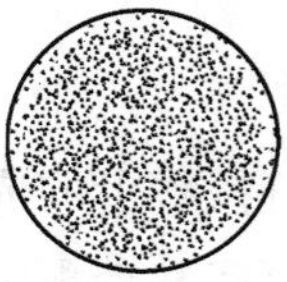	铅模底部只有砂粒痕迹	说明接触到砂面，落物已砂埋	冲砂、套铣或用带水眼工具打捞

(1)规则印痕确认。一般规则的铅模印痕都在铅模的底平面显示出来，确认印痕一目了然。

(2)不规则印痕确认：

不规则的印痕往往出现在铅模底平面的边缘，显示的痕迹无规律，侧面的擦痕形状无规律不明显，给确认带来较大的困难，需结合作业施工井的实际情况综合分析判断确认。

J(GJ)BB003 铅模的使用方法

2)铅模打印的操作步骤

(1)打印前下笔尖进行大排量冲洗鱼顶。

(2)铅模下至鱼顶以上5m左右时，开泵大排量冲洗，边冲洗边缓慢下管柱，下放速度不超2m/min。

(3)当铅模下至距鱼顶0.5m时，冲洗5~10min后停泵，再以1m/min的速度下放管柱，遇到鱼顶后，加压打印，加压范围为10~20kN。

(4)提出铅模后不可用硬物清洁铅模表面，用棉纱和抹布清洁干净。

3)铅模打印的技术要求

(1)严禁带铅模冲砂。

(2)铅模在井内只能加压打印一次，禁止重复打印。

(3)下铅模管柱操作要平稳，拉力表灵活好用，并随时观察拉力表的变化，若铅模遇阻时，应立即起出检查，找出遇阻原因，更换铅模重新下井。

(4)在使用压井液压井打印时，当铅模下井后，因故停工，应立即起出铅模，防止压井液沉淀卡钻。

(5)起铅模管柱遇卡时，要平稳活动管柱，严禁猛提猛放。

4)铅模描述

(1)用相机拍铅模，以保持铅模原样。

(2)用1:1的比例绘制草图，详细描述铅模变形和印痕情况，记录在班报内。

(三)落鱼卡点深度确定

1.卡点

卡点是指井下落物被卡部位最上部的深度，卡点的测定就是对这一深度的测定。

2.测定卡点深度的意义

(1)可以确定大修施工中管柱倒扣时的悬重，即确定管柱的中和点。施工中能准确地从卡点处倒开，减少打捞次数。

(2)可以确定管柱切割的准确位置，能保证切割时在卡点上部1~2m处切断。

(3)判断套管损坏的准确位置，有利于对套管损坏部位的修复。

(4)判断管柱被卡类型，有利于事故的处理。

J(GJ)BB004 管柱卡点的计算方法

3.卡点的测定及计算

井下工艺管柱遇卡有各种原因，而准确地测得卡点深度，对于打捞解卡是非常重要的。目前卡点的测定两种方法：一是测卡仪测卡，二是经验提拉法推算测卡。现场常用的是经验提拉法推算测卡测得卡点预计深度。

1)测卡仪器测卡法

测卡仪测卡点是近几年发展起来的新的测卡技术，它提高了打捞解卡的成功率，且缩短了施工时间，测得的卡点直观准确可靠。这种方法主要配合切割方法处理被卡管柱。

(1)测卡仪的用途:主要用于钻井、修井、井下作业中被卡管柱的卡点测定,为制定处理措施提供准确依据。

(2)结构:由电缆接头、磁性定位器、加重杆、滑动接头、振荡器、上弹簧锚、传感器、下弹簧锚、底部短节等组成,如图 2-1-9 所示。

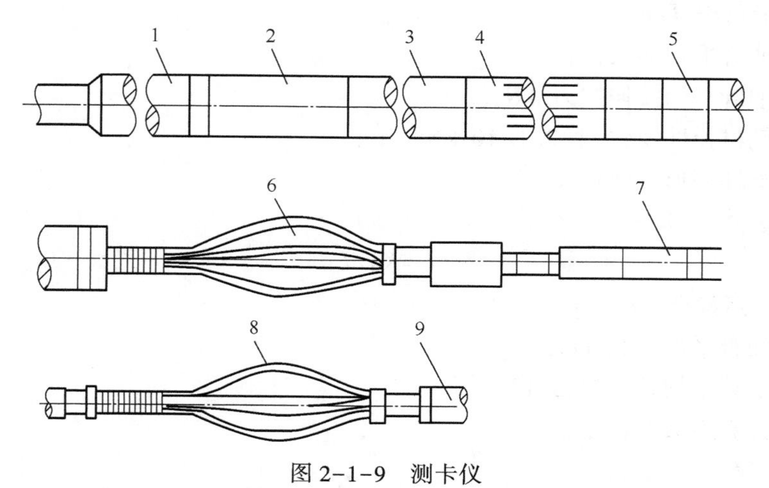

图 2-1-9　测卡仪

1—电缆接头;2—磁性定位器;3—加重杆;4—滑动接头;5—振荡器;6—上弹簧锚;7—传感器;8—下弹簧锚;9—底部短节

(3)工作原理:

井下各种工艺管柱被卡阻,由于其材质不同,在所受到弹性极限范围内的拉、扭时,应变与应力成一定的线性关系,被卡管柱在卡点以上的部位受力时,符合这种关系。卡点以下部分,因为力传递不到而无应变,而卡点则位于无应变到有应变的显著变化部位,测卡仪则能精确地测出 2.54×10^{-3} 的应变值,二次仪表能准确地接收、放大并显示在地面仪表上。

测卡仪通过天车、井口滑轮,经井口短方钻杆下入被卡管柱至遇阻位置,在不同的上提力或不同的扭矩下或在一定的上提力和扭矩的综合作用下,管柱卡阻位置的应力应变被传感器接收放大,经二次仪表反映在地面仪表上,即可直接读到卡点深度位置。

(4)基本参数:

仪器本体外径:ϕ25mm、ϕ41mm。

加重杆直径长度:ϕ40mm×200mm;空心可容导线穿过,每根重约 16kg。

能够准确地在 ϕ60~ϕ298mm 的各种管内测卡。

(5)操作使用:

①调试地面仪表,将地面仪表读数调到 100,然后将指针拨归零。

②提法计算卡点大约位置,然后确定测卡管柱不同的 3 次上提力。

③仪器入井至遇阻后缓慢上提,同时按确定的上提力分别上提管柱,则可测出卡点深度;也可在仪器缓慢上提时,分别施加扭转力,在 3 次不同的管柱扭转力下,可测得管柱卡点深度。测卡仪弹簧外径应合适,加重杆数量应适当,使仪器能顺利起下,以利测试。

2）计算法测卡点

（1）理论计算法。

理论计算法的理论依据是虎克定律，即：

$$L=EF\lambda/P \quad (2-1-1)$$

式中 L——卡点深度，cm；

λ——油管平均伸长，cm；

P——油管平均拉伸拉力，kN；

E——钢材弹性模数，取 2.1×10^4kN/cm^2；

F——管柱环形截面积，cm^2。

（2）经验公式计算法：

$$L=K\lambda/P \quad (2-1-2)$$

式中 L——卡点深度，cm；

λ——油管平均伸长，cm；

P——油管平均拉伸拉力，kN；

K——计算系数 kN/cm。

3）操作步骤

（1）上提管柱，当上提负荷比井内管柱悬重稍大时停止上提，记录第 1 次上提拉力，记为 P_1。

（2）在与防喷器法兰上平面平齐位置的油管上做第 1 个标记，作为 A 点。

（3）继续上提管柱，当上提负荷超过第 1 次上提拉力 50kN 时，停止上提，记录第 2 次上提拉力，记为 P_2。

（4）在与防喷器法兰上平面平齐位置的油管上做第 2 个标记，作为 B 点。

（5）用钢板尺测量标记 A 与标记 B 之间的距离，记为 λ_1。

（6）继续上提管柱，当上提负荷超过第 2 次上提拉力 50kN 时，停止上提，记录第 3 次上提拉力，记为 P_3。

（7）在与防喷器法兰上平面平齐位置的油管上做第 3 个标记，作为 C 点。

（8）用钢板尺测量标记 A 与标记 C 之间的距离，记为 λ_2。

（9）继续上提管柱，当上提负荷超过第 3 次上提拉力 50kN 时，停止上提，记录第 4 次上提拉力，记为 P_4。

（10）在与防喷器法兰上平面平齐位置的油管上做第 4 个标记，作为 D 点。

（11）用钢板尺测量标记 A 与标记 D 之间的距离，记为 λ_3。

（12）下放管柱，卸掉提升系统负荷。

（13）计算 3 次上提拉伸拉力及 3 次平均拉伸拉力：

第 1 次上提拉伸拉力 $P_a=P_2-P_1$

第 2 次上提拉伸拉力 $P_b=P_3-P_1$；

第 3 次上提拉伸拉力 $P_c=P_4-P_1$；

平均拉伸拉力 $P=(P_a+P_b+P_c)/3$。

（14）计算三次上提拉伸的平均油管伸长量 $\lambda=(\lambda_1+\lambda_2+\lambda_3)/3$。

(15)根据式(2-1-2),算出卡点深度。其中,常用的 K 可由表 2-1-2 查出。

表 2-1-2　计算系数 K 值

管类	外径,mm	壁厚,mm	K	管类	外径,mm	壁厚,mm	K
钻杆	73	9	3800	油管	60	5	1820
	88.9	9	4750		73	5.5	2450
		11	5650		88.9	6.5	3750

(四)落鱼中和点的计算

当钻具被卡落井,打捞时如果提拉力小于管柱重力时,则上面钻具受拉,下面钻具受压,其中有一位置既不受拉,又不受压,称为中和点。一般倒扣时容易在此部位倒开。可由式(2-1-3)算出:

$$L=P/q \tag{2-1-3}$$

式中　L——中和点的深度,m;

P——打捞时上提力,kN;

q——每米油管在压井液中的重力,N/m。

例 1:某井井深 2456m,采用 ϕ73mm 平式油管完井,完井深度 2152m,用密度 1.05g/cm^3 的压井液压井,现上提 100kN 倒扣,估计在什么位置倒开?

解:

已知,上提拉力为 100kN,每米油管在空气中的重力为 89.73N/m;压井液密度为 1.05g/cm^3,查得浮力系数是 0.866,每米油管在压井液中的重力是 89.73×0.866=77.71N=0.07771kN,则:

$$L=P/q=100/0.07771=1286.84(\text{m})$$

所以估计在 1286.84m 处倒开。

其中,钻柱在液体中的重量=钻柱总重量×浮力系数。常用浮力系数见表 2-1-3。

表 2-1-3　常用浮力系数表

压井液密度,g/cm^3	K	压井液密度,g/cm^3	K
1.00	0.872	1.20	0.847
1.03	0.869	1.22	0.844
1.05	0.866	1.25	0.841
1.08	0.862	1.27	0.838
1.10	0.859	1.29	0.835
1.12	0.856	1.30	0.834
1.15	0.853	1.32	0.832
1.17	0.850	1.34	0.829

J(GJ)BB005 井下落物的分类

J(GJ)BB006 常用打捞工艺的要求

（五）打捞工具的选择

在各种修井作业中，打捞作业占2/3以上，而井下落物种类繁多，形态各异，归纳起来主要有管类落物、杆类落物、绳类落物、井下仪器工具类管物和零部件等小落物。井下落物影响生产，一般需打捞处理，针对不同落物的特点选择不同的打捞工具和现行设计可行的打捞工具，可提高作业施工速度。

1. 打捞作业难易程度划分

（1）简单打捞：凡掉入井内的管类、封隔器和绳类等，没有卡钻遇阻等复杂情况，一般作业队的设备及技术力量能够解除的故障，并且不需要采用转盘倒扣、套铣、磨铣等工艺的作业。即在采油、注水、修井过程中掉入井内的铣锤、刮蜡片、压力计、钢丝和钢丝绳等，或在修井过程中没有按操作规程办事，造成修井工具、管类、绳类掉入井中，或钻具（管柱）、封隔器被卡断在井内，用简单提拉、震击解卡可以解除的，均属于简单打捞。

（2）复杂打捞：凡掉入井内或卡在井内的管类、封隔器和绳类等，一般作业队设备及技术力量无法处理，须使用转盘倒扣、套铣、钻磨等措施处理才能恢复正常生产的作业过程。

J(GJ)BB007 管类落物打捞工具的选择

J(GJ)BB008 杆类落物打捞工具的选择

J(GJ)BB009 绳类落物打捞工具的选择

J(GJ)BB010 小件类落物打捞工具的选择

2. 常用打捞工具的选择

1）管类落物打捞工具

管类落物打捞工具主要有公锥、母锥、滑块卡瓦打捞矛（单滑块、双滑块、对称双滑块）、油管接箍分瓣打捞矛、可退式打捞矛、卡瓦打捞筒、可退式打捞筒（篮式卡瓦打捞筒、螺旋卡瓦打捞筒）、短鱼顶打捞筒。打捞负荷较轻的（单根、油管短节等）采用开窗打捞筒、弹簧打捞筒；打捞大直径的有水力打锈矛。

2）杆类落物打捞工具

杆类落物打捞工具分为两种类型：套管内打捞和油管内打捞。

（1）套管内打捞工具：抽油杆接箍打捞矛、抽油杆短鱼顶打捞筒、篮式卡瓦抽油杆打捞筒、螺旋式卡瓦抽油杆打捞筒（为A型可退式抽油杆打捞筒）、活页式打捞筒、三球打捞器、偏心式抽油杆接箍打捞筒、测井仪器打捞器、不可退式抽油杆打捞筒、开窗打捞筒、弹簧打捞筒、卡瓦打捞筒。上述打捞工具除三球打捞器以外，均根据套管的尺寸变化更换引鞋。

（2）油管内打捞工具：抽油杆接箍打捞矛、卡瓦打捞筒、短鱼顶打捞筒、篮式卡瓦抽油杆打捞筒、螺旋卡瓦式抽油杆打捞筒、组合式抽油杆打捞筒、偏心式抽油杆接箍打捞筒。上述工具的连接螺纹均为抽油杆螺纹。

3）绳类落物打捞工具

绳类落物打捞工具分为两种类型：套管内和油管内打捞。

（1）套管内打捞工具：内钩（死钩形双向内钩、活钩形双向内钩、死钩形单向内钩、单向活动内钩）、外钩（死钩形双向外钩、单活动外钩、双活动外钩、单钩捞钩）、内外组合钩、老虎嘴、多向内外组合钩。

（2）油管内打捞工具：内钩（双向死内钩、单向死内钩、多向死内钩、外钩、多向外钩）、多向内外组合钩。上述工具连接螺纹均为加重杆螺纹。

4）小件落物打捞工具

（1）一把抓可捞不规则的小件落物，如牙轮、卡瓦牙、钳牙、刮蜡片、阀座、井口使用的小件工具、加重杆，泵活塞、油管接箍、油管短节、泵衬套、录井钢丝、电缆包皮、碎块胶皮、螺栓、螺母等。

ZBC001　磁力打捞器的用途

ZBC002　磁力打捞器的结构

（2）磁力打捞器（正循环磁力打捞器、反循环磁力打捞器，也可分强磁打捞器和高强磁打捞器）可打捞小于吸重力的金属物件，如钳牙、金属碎片、螺母、炮弹金属垫，短的录井钢丝、井口使用小件工具等。

（3）反循环打捞篮（局部反循环打捞篮）可打捞重量较轻的井下小件落物，如钢球、金属碎块、炮弹垫子、井口螺母、非磁力金属碎块、胶皮碎块、柔性落物、短钢丝等，是钻铣水泥塞前起到清理井底作用的专项工具。

（六）倒扣器

J(GJ)BB011 倒扣器的用途

1. 用途

倒扣器是一种变向传动装置，其主要功能是将钻杆的右旋转动（正扭矩）变成遇卡管柱的左旋转动（反扭矩），使遇卡管柱的连接螺纹松扣。由于这种变向传动装置没有专门的抓捞机构，因此必须同特殊形式的打捞筒、打捞矛、公锥或母锥等工具联合使用以便倒扣和打捞。

由此可见，倒扣器就其所要完成的作业而言，是一种组合型打捞工具。

与公锥、母锥倒扣、滑牙块打捞矛倒扣作业相比，倒扣器有下列优点：

（1）节省反扣钻杆。

（2）该工具可释放亦可随时收回。

（3）操作过程中安全可靠，反弹力小。

J(GJ)BB012 倒扣器的结构

2. 结构

倒扣器主要由接头总成、变向机构、锚定机构、锁定机构等组成，如图 2-1-10 所示。

（1）接头总成主要由连接轴、牙嵌块、锁定套、节流塞等组成，如图 2-1-11 所示。

① 连接轴：上部是右旋钻杆内螺纹，下部是牙嵌，内孔是方螺纹，中间是水眼，径向有一与水眼相通的溢流孔。

② 牙嵌块：厚壁套中间是花键孔，上端面的牙嵌与连接轴相结合。

③ 锁定套：套装在长轴上，其上的内螺纹与锚定机构的空芯轴连接，并有 4 个紧固螺钉固定。

④ 节流塞：拧在连接轴溢流孔里，中间有通孔用于溢流。

接头总成的作用：

① 用连接轴牙嵌块将钻杆上的转动扭矩传至变向机构的长轴。

② 水眼和溢流孔的作用是投球之后，在倒扣器以上形成新的循环通道，避免憋泵。

③ 锁定套机器上的紧定螺钉、锁定连接轴和变向机构，都用来防止松扣和脱节。

（2）变向机构主要由长轴、行星齿轮、支撑套、外筒、承载套等零件组成，如图 2-1-12 所示。

① 长轴：长轴下端面有对称的两个槽，在槽的中央沿轴向有 2 个深孔，长轴上还有 4 个承载槽和渐开线齿形。长轴的上部是方牙螺纹旋入连接轴中，整个长轴从上至下有水眼连通。

② 行星齿轮：有 5 个或 6 个细而长的行星齿轮，两端的细轴与齿轮成为一体。

③ 支撑套：呈两部分，中间有止口定位，两部分用螺钉紧固成一个整体。在支撑套的上

端面有牙嵌与锚定机构相咬合。这一零件相当于行星机构中的摇杆，行星齿轮安装在其中的圆孔内。

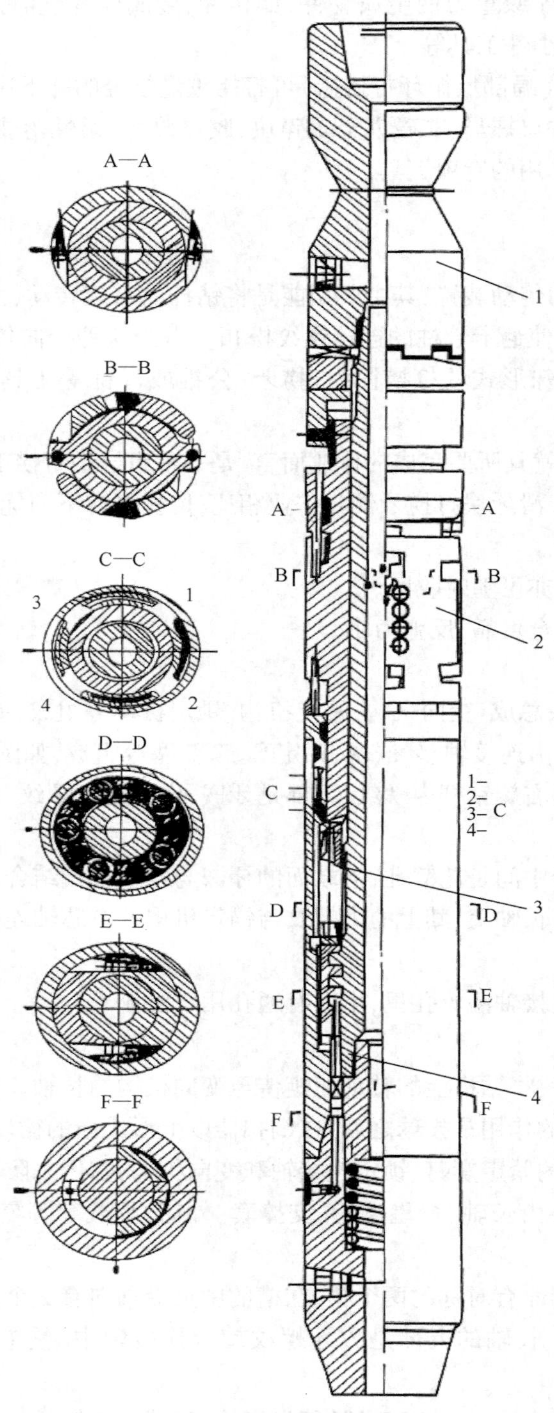

图 2-1-10　倒扣器结构

1—接头总成；2—锚定机构；3—换向机构；4—锁定机构

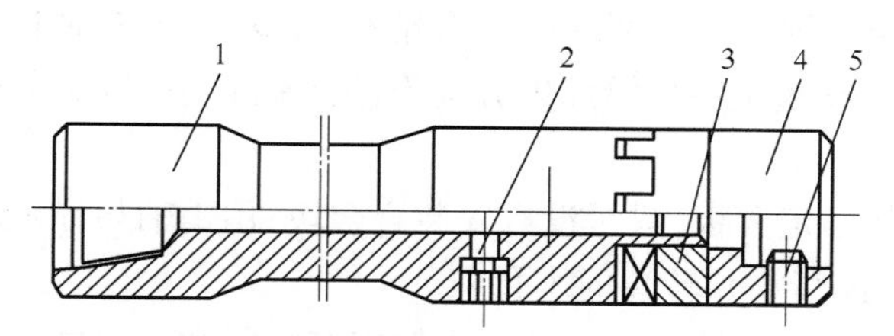

图 2-1-11 接头总成结构

1—连接轴;2—节流塞;3—牙嵌块;4—锁定套;5—紧定螺钉

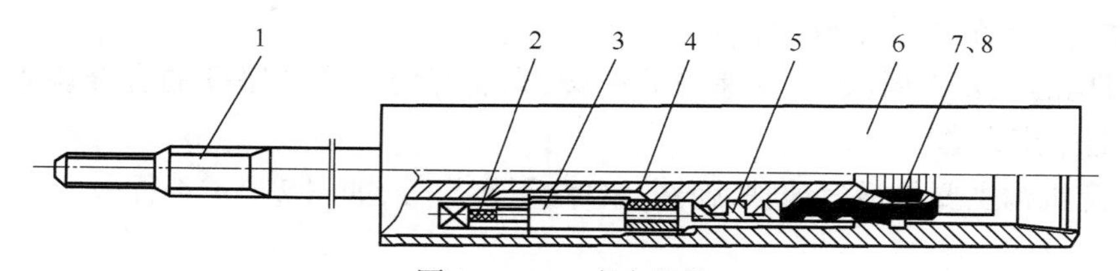

图 2-1-12 变向机构

1—长轴;2,4—支撑套;3—行星齿轮;5—承载套;6—外筒;7,8—O 形密封圈及挡圈

④ 外筒体:上部是一段光滑的内表面,下部是渐开线型的内齿,再下是一段较长的内锥螺纹,最下端是特殊形式的内锥螺纹。

⑤ 承载套:部分是青铜件,沿轴线有止口定位,用两个螺钉连接成一整体。承载套外径上有细牙螺纹与外筒体旋合,内径有与长轴相对应的凸凹相间的承载环。

变向机构的主要作用:

① 如同变速箱一样,通过行星齿轮机构变换输入端的转速和旋向,从而把右旋扭矩变成左旋扭矩。

② 行星机构上的支撑套把钻杆上的运动和扭矩传给锚定机构,使其坐定在套管内。

③ 长轴和承载套负担打捞作业(包括倒扣作业)中的全部提力。

(3)锚定机构主要包括空芯轴、锚定翼板、连动板、摩擦套筒、摩擦胀圈、转套、销轴等,如图 2-1-13 所示。

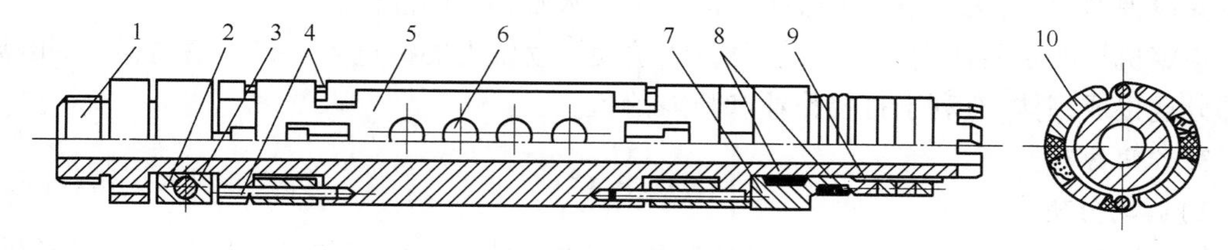

图 2-1-13 锚定机构

1—空芯轴;2—转套;3—螺钉;4—销;5—锚定翼板;6—合金块;7—摩擦套筒;8—O 形密封圈;9—摩擦胀圈;10—连动板

① 空芯轴:上部是细牙螺纹,与锁定套相连,下端面有压嵌与变向机构的支撑套相接。中部外圆柱上对称的加工两道凸筋。加力筋两端被切断的部分钻出锁孔,用以铰接锚定翼板。

② 锚定翼板：长条形圆弧板。两端面钻有销孔，安装在空芯轴上。沿圆弧板的长度方向安装有 4 块合金块。在翼板一侧沿厚度方向有凸形弧面槽，与锚定机构中的空芯轴加力筋配合。

③ 连动板：形状如锚定翼板，只是没有安装合金块，用销轴与锚定翼板铰接。连动板两端面有小轴，插装在摩擦套管和转套的小孔内。

④ 摩擦套筒：滑装在空芯轴上。上端面沿轴向有挡圈和密封槽。

⑤ 摩擦胀圈：共 4 个，在其开口处有两个内钩，经压缩后内钩卡在摩擦套筒的扇面形花键两侧上，依靠其被压缩后的弹力，贴紧在变向机构的外筒体的光滑表面内，从而使摩擦套筒与外筒体在一定的条件下成为整体。

锚定机构的主要作用：如同变速箱的地脚，靠展开的一半和坚硬的合金块啃入套管壁内，将倒扣器坐定在套管上。

（4）锁定机构主要包括滑动轴、弹簧、钢球、下接头等，如图 2-1-14 所示。

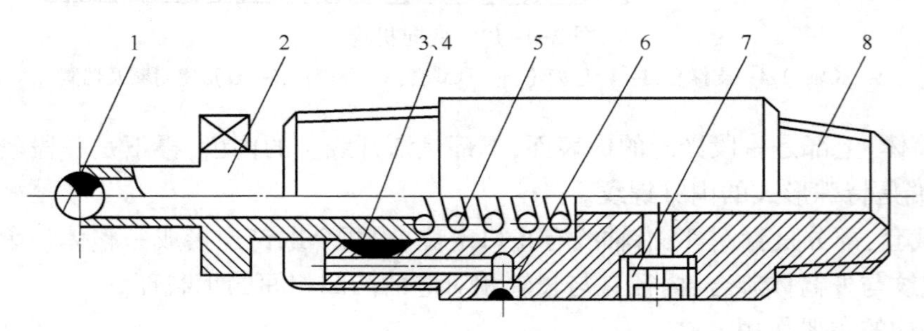

图 2-1-14　锁定机构

1—钢球；2—滑动套；3，4—O 形密封圈、挡圈；5—弹簧；6—油塞；7—溢流塞；8—下接头

① 滑动轴：分粗细两段，中部是对称两个键。安装时细端朝上，该端面上有球座。滑动轴的粗端滑装在下接头的孔内。被弹簧向一方抵紧，迫使中部的两个键进入长轴端面的键槽内。滑动轴与长轴连成一体，滑动轴水眼可保持循环流畅。

② 下接头：上下均有连接螺纹，上端面有与滑动轴上两键相对应的槽，中间有阶梯孔，大者安放弹簧，小者为水眼。下接头径向有一与水眼相通的溢流孔。

锁定机构的主要作用是在投球后憋压，迫使滑动轴上的键进入下接头槽内，将倒扣器四个部分连接成一体，有利于打捞作业和释放落鱼。

J(GJ)BB013 倒扣器的作用原理

3. 作用原理

1）运动分析

倒扣器实质上是一台立式变速变向装置，其主要传动是钻杆带动牙嵌的连接轴长轴行星齿轮组，此时有两种运动，即行星齿轮自转（左向）（$n_{自}$），支撑套（摇杆）同行星齿轮绕长轴公转（向右）（$n_{公}$），则：

（1）当外筒与支撑套均无制动力矩时，倒扣器整体右旋，即 $n_{筒}=n_{钻}$。

（2）当外筒有制动力矩使 $n_{筒}=0$ 时，行星齿轮除自转外，还带动支撑套公转，则 $n_{公}=n_{钻}(1+Z_{筒}/Z_{轴})$。

其中 $Z_{筒}$ 为外筒上的齿数，$Z_{轴}$ 为长轴上的齿数。

(3)当支撑套上有制动力矩时,使 $n_{公}=0$,此行星机构成为定轴轮系,由于外筒体上有内齿故将钻杆上的转向变为左旋,即 $n_{筒}=n_{钻}\ Z_{轴}/Z_{筒}$。

上述第一种情况是倒扣器未打捞时的空运转状态;第二种情况是倒扣器抓住落鱼后左旋锚定前状态;第三种情况是倒扣器锚定后钻杆右旋倒扣的工作状态。

2)锚定动作分析

带抓捞工具的倒扣器抓住落鱼后,产生上述第二种情况,即 $n_{筒}=0$。此时行星齿轮除自转外,还带动支撑套(摇杆)绕长轴(太阳轮)公转。由于空芯轴与支撑套有牙嵌相接,旋转的空芯轴与其加力筋推动锚定翼板转动;又由于连动板插装在摩擦套筒上,而摩擦套筒固装在外筒体内,连动板不能被推旋转,则产生了对锚定翼板的阻力作用,使锚定翼板外伸,从而合金块切入管壁而停止,此时即为锚定。锚定过程中各件运动情况如图 2-1-15 所示。

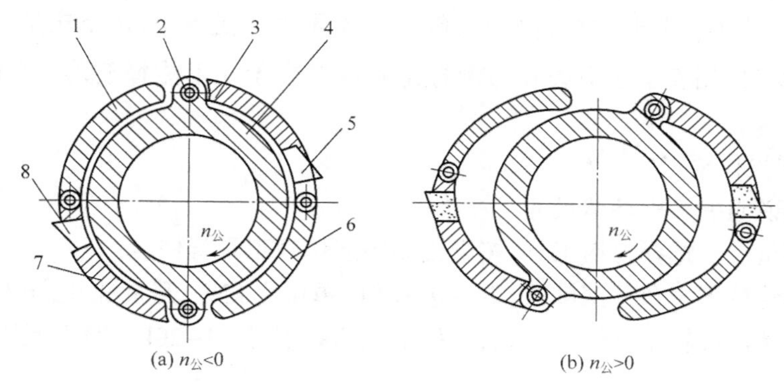

图 2-1-15　锚定过程

1,6—连动板;2—销轴;3,7—锚定翼板;4—空芯轴;5,8—合金板

倒扣动作实现后,需起出打捞管柱工具,但是由于倒扣器还坐定在套管上,因此必须解除锚定。其方法是反转钻杆 1/4~1/2 圈,锚定翼板当即复原。这一动作必须是在倒扣力矩等于零时才能进行。

3)锁定动作分析

在整个打捞倒扣的操作中,有时要求上、下接头同步同向转动,而锚定机构不坐定在套管上。为实现这一工况,必须对倒扣器左旋部分加以锁定。

锁定前必须向倒扣器内投放一钢球,待钢球滚落在滑动轴的球座上后,开泵以大流量、中等压力循环。液体的压力克服弹簧力压下滑动轴,滑动轴上两个键进入下接头,但脱不开长轴的键槽,从而使长轴与下接头连成一体,即所谓的锁定。

4. 技术规范

J(GJ)BB014 倒扣器的技术规范

倒扣器的技术规范见表 2-1-4。

表 2-1-4　倒扣器技术规范表

项目	DKQ95	DKQ103	DKQ148	DKQ196
外径,mm	95	103	148	196
内径,mm	16	25	29	29

续表

项目		DKQ95	DKQ103	DKQ148		DKQ196
长度,mm		1829	2642	3073		3073
锚定套管尺寸(内径),mm		99.6~127	108.6~150.4	152.5~205	216.8~228.7	216~258
抗拉极限负荷,kN		400	660	890	890	1780
扭矩值,N·m	输入	5423	13558	18982	18982	29828
	输出	965.3	24133	33787	33787	53093
井内所定工具压力,MPa		401	3.4	3.4	3.4	3.4

J(GJ)BB015 倒扣器的操作方法

J(GJ)BB016 倒扣器的使用注意事项

5. 操作方法及注意事项

(1)倒扣器与打捞工具的组接顺序(自落鱼向上):倒扣打捞筒(倒扣打捞矛)+倒扣安全接头+倒扣下击器+倒扣器+正扣钻杆(油管)。

上述组接形式中,用倒扣器打捞筒或倒扣打捞矛去抓捞落鱼,用下击器去补偿连接螺纹松扣时的上移量,用安全接头去收回倒打捞筒或打捞矛在不能释放落鱼(安全接头以上的管柱)。

(2)倒扣器操作要点:

① 按使用说明书检查钢球尺寸。

② 根据落鱼尺寸选择打捞工具,按组接顺序连接好工具管柱。

③ 将工具管柱下至鱼顶深度,记下悬重 G 值(单位为 kN),开泵洗井,正常后停泵。

④ 直下或缓慢反转工具管柱入鱼,待指重表读数下降 10~20kN 停止下放,在井口记下第 1 个记号。

⑤ 上提工具管柱,其负荷为 $Q=G+(20\sim30)$(单位为 kN),并在井口记下第 2 个记号(此时抓住落鱼,拉开下击器)。

⑥ 继续增加上提负荷。上提负荷大小视倒扣管柱长度而定,但不得超过说明书规定负荷。

⑦ 在保持上提负荷的前提下,慢慢正转工具管柱(使翼板锚定)。

⑧ 继续正转工具管柱(倒扣作业开始)。

⑨ 当发现工具管柱转速加快,扭矩减少,说明倒扣作业完成。

⑩ 反转工具管柱(锚定翼板收拢)。

⑪ 提钻。

(3)倒扣器使用中应注意的几个问题:

① 倒扣作业前井下情况必须清楚,如鱼顶形状、落鱼自然状态、鱼顶深度、套管和落鱼间的环形空间大小、鱼顶部位套管的完好情况等。不规则鱼顶要修整、变形套管要整形、对倾斜状态下的落鱼可加接引鞋。

② 倒扣器不可锚定在裸眼内或者破损套管内。如果鱼顶确实处于裸眼或破损套管处时,必须在倒扣器与下击器间加接反扣钻杆,使倒扣器锚定在完好套管内。

③ 倒扣器在下至鱼顶深度的过程中,切忌转动工具,一旦因钻柱旋转,使倒扣器锚定在套管内时,则应反转钻柱,即可解除锚定。

④ 倒扣器工作前必须开泵洗井，循环不正常不得进行倒扣作业。

⑤ 锚定翼板上的每组合金块安装时必须保证在同一水平线上。校对方法可用一钢板尺检查，低者、高者均需更换。

（4）退出工具管柱的操作要点：

① 反转工具管柱，关闭锚定翼板。

② 下压工具管柱至井口第一个记号（关闭下击器），使倒扣器正转 0.5~1 圈起钻。如果仍不能退出工具，可投球憋压（有的倒扣器可直接憋压）锁定工具，边正转边上提卸开安全接头。

6. 维修保养步骤

J(GJ)BB017 倒扣器的维修保养

（1）倒扣器每次使用后必须进行彻底清洗，冲刷净修井液、油泥等各种污物。

（2）倒扣器使用正常的情况下，每下井 3~5 次小修一次，包括用柴油清洗锚定机构、检查锚定翼板上的销轴和开口销合金块、校准或更换合金块、充填润滑脂等，如发现损坏件一定要更换。

（3）每下井 8~10 次要中修。中修内容包括：

① 全拆卸、全清洗、全检查。

② 更换或修整损伤、腐蚀的零件。

③ 更换全部密封件。

④ 校准或更换合金块。

⑤ 仔细检查和修整行星齿轮组，有微小飞刺、麻点的齿轮允许用油石修整，损伤严重者必须更换。

⑥ 检查连接螺纹和各配合表面，一般性擦伤允许修复。

⑦ 清除旧润滑油，充满新润滑脂。

（4）每次组装后，必须按下列程序试验：

① 用虎钳夹住下接头，旋转上部连接轴，检查锚定翼板张开情况。

② 用大钳卡住锚定翼板，转动上部连接轴，检查下接头的反转情况。

（5）涂油放阴干处保管。

项目二　根据井内无落物卡铅印选择打捞工具

一、准备工作

（一）材料、工具

印痕为 ϕ62mm 平式油管接箍的 ϕ154mm 铅印（井内落物没有遇卡）1 件，ϕ76mm 伸缩打捞矛 1 件，LT-03TA、LT-03TB、LT-02TB、LT-04TB 卡瓦打捞筒各 1 件，HLM-K60 滑块打捞矛、LM-60 可退打捞矛各 1 件，0.6m ϕ62mm 平式油管短节（带接箍）1 根，500mm 游标卡尺 1 把，1200mm、900mm 管钳各 1 把。

（二）人员

1 人操作，持证上岗，劳动保护用品穿戴齐全。

二、操作规程

序号	工序	操作步骤
1	准备工作	将准备使用的工具放置于专用工作台上
2	检查	将铅模擦洗干净
3	测量	(1)测量铅模外径。 (2)测量落物内外径。 (3)观察铅模其他印痕。 (4)画草图标注落物各部分尺寸
4	分析	(1)确定落物的名称。 (2)确定落物的规范。 (3)确定落物的形状。 (4)确定落物的卡阻状态
5	选择工具	(1)确定打捞工具的名称。 (2)确定打捞工具的规范
6	试捞	使用所选工具判断落物，进行试捞
7	清理场地	对现场进行清理，收取工具

三、注意事项

(1)选择打捞工具前应对井内落物的管柱结构、鱼顶形状及套管状况有所了解。

(2)根据铅模印痕确定落物鱼顶的形状和尺寸，分析铅模印痕与调查得到的落物尺寸是否相符。

(3)选定打捞工具后，要进行试捞。

项目三　根据井内油管落物遇卡铅印选择打捞工具

一、准备工作

(一)材料、工具

印痕为 ϕ62mm 平式油管接箍的 ϕ154mm 铅印（井内落物遇卡）1 件，ϕ76mm 伸缩打捞矛 1 件，LT-03TA、LT-03TB、LT-02TB、LT-04TB 卡瓦打捞筒各 1 件，HLM-K60 滑块打捞矛、LM-60 可退打捞矛各 1 件，0.6m ϕ62mm 平式油管短节（带接箍）1 根，500mm 游标卡尺 1 把，1200mm、900mm 管钳各 1 把。

(二)人员

1 人操作，持证上岗，劳动保护用品穿戴齐全。

二、操作规程

序号	工序	操作步骤
1	准备工作	将准备使用的工具放置于专用工作台上
2	检查	将铅模擦洗干净
3	测量	(1)测量铅模外径。 (2)测量落物内外径。 (3)观察铅模其他印痕。 (4)画草图标注落物各部分尺寸
4	分析	(1)确定落物的名称。 (2)确定落物的规范。 (3)确定落物的形状。 (4)确定落物的卡阻状态
5	选择工具	(1)确定打捞工具的名称。 (2)确定打捞工具的规范
6	试捞	使用所选工具,判断落物进行试捞
7	清理场地	对现场进行清理,收取工具

三、注意事项

(1)选择打捞工具前应对井内落物的管柱结构、鱼顶形状及套管状况有所了解。

(2)根据铅模印痕确定落物鱼顶的形状和尺寸,分析铅模印痕与调查得到的落物尺寸是否相符。

(3)选定打捞工具后,要进行试捞。

项目四　测绘油管变扣接头

一、准备工作

(一)材料、工具

油管变扣接头1件,A3绘图纸3张,500mm游标卡尺1把,1000mm钢板尺1把,15m钢卷尺1把,200mm内卡钳、外卡钳各1把,绘图工具1套。

(二)人员

1人操作,持证上岗,劳动保护用品穿戴齐全。

二、操作规程

序号	工序	操作步骤
1	准备工作	将准备测量的工具放置于专用工作台上,并对量具、量块进行检查
2	检查工件	对测量工件进行外观检查,合格后将其擦拭干净

续表

序号	工序	操作步骤
3	测量工件	(1)使用游标卡尺对测量工件长度、外径、内径进行测量并记录。 (2)使用量块对螺纹扣型进行审对,并记录螺纹扣型
4	绘制草图	(1)根据零件尺寸大小选定比例、图幅,画出边框线、标题栏。 (2)安排视图位置,注意留出标注尺寸所需的地位。在画出各视图的基准线的基础上进行作图。 (3)用细实线画出各视图之间主体部分。注意各部分的投影、比例关系。 (4)画出其他结构。剖视图(或规定画法)部分按规定作图。 (5)画出各细节部分,完成全图。 (6)检查后加深各图线
5	绘制零件图	(1)根据草图绘制零件图。 (2)选择主视图和其他视图。 (3)选择视图比例,正确绘制零件图,正确标注零件结构尺寸。 (4)根据零部件使用要求和实测结果确定和标注配合等级和公差值。 (5)根据零部件使用要求和实测结果确定零件各表面的表面粗糙度。 (6)确定被测零件技术要求。 (7)填写标题栏
6	收尾工作	对现场进行清理,收取工具,上交草图、零件图样及记录单等

三、技术要求

(一)草图的技术要求

(1)必须具备零件工作图应有的全部内容和要求;

(2)图线清晰,比例匀称,投影关系正确,字体工整。

(二)测绘零件图的技术要求

投影对应关系为“长对正、高平齐、宽相等”,即:

长对正——主视图与俯视图的长度相等,位置对正;

高平齐——主视图与左视图的高度相等,位置对正;

宽相等——俯视图与左视图的宽度相等。

四、注意事项

(1)画图前应对零件地结构形状、作用、加工方法有初步的了解。在此基础上,将零件分解为若干基本形体,从而确定零件的主视图、视图数量和剖视方法。

(2)根据零件的形状大小和视图数量,选定绘图比例与视图,绘出各视图的基准线。

(3)按照零件形状的大小,首先绘制起主体作用的基本形体,而且最好从能反映形体特征的那个视图开始,逐次地画出其他形体的各个视图。

(4)画剖视图时,应直接画出剖切后的线框。画剖面线时,应注意顺着筋板剖切时按规定不画剖面线,而垂直筋板剖切时要画剖面线。

(5)在加深图线前,应对底稿进行一次检查,去掉多余的图线。

(6)标注尺寸时,应按画图的过程逐个注写出基本形状的大小和定位尺寸,并按有关标准标注。

项目五　测绘滑块打捞矛

一、准备工作

(一)材料、工具

滑块打捞矛1件,A3绘图纸3张,500mm游标卡尺1把,1000mm钢板尺1把,15m钢卷尺1把,200mm内卡钳、外卡钳各1把,绘图工具1套。

(二)人员

1人操作,持证上岗,劳动保护用品穿戴齐全。

二、操作规程

序号	工序	操作步骤
1	准备工作	将准备测量的工具放置于专用工作台上,并对量具、量块进行检查
2	检查工件	对测量工件进行外观检查,合格后将其擦拭干净
3	测量工件	(1)使用游标卡尺对测量工件长度、外径、内径进行测量并记录。 (2)使用量块对螺纹扣型进行审对,并记录螺纹扣型
4	绘制草图	(1)根据零件尺寸大小选定比例、图幅,画出边框线、标题栏。 (2)安排视图位置,注意留出标注尺寸所需的地位,在画出各视图的基准线的基础上进行作图。 (3)用细实线画出各视图之间主体部分。注意各部分的投影、比例关系。 (4)画出其他结构。剖视图(或规定画法)部分,按规定作图。 (5)画出各细节部分,完成全图。 (6)检查后加深各图线
5	绘制零件图	(1)根据草图绘制零件图。 (2)选择主视图和其他视图。 (3)选择视图比例,正确绘制零件图,正确标注零件结构尺寸。 (4)根据零部件使用要求和实测结果确定和标注配合等级和公差值。 (5)根据零部件使用要求和实测结果确定零件各表面的表面粗糙度。 (6)确定被测零件技术要求。 (7)填写标题栏
6	收尾工作	对现场进行清理,收取工具,上交草图、零件图样及记录单等

三、技术要求

(一)草图的技术要求

(1)必须具备零件工作图应有的全部内容和要求;

(2)图线清晰,比例匀称,投影关系正确,字体工整。

(二)测绘零件图的技术要求

投影对应关系为“长对正、高平齐、宽相等”,即:

长对正——主视图与俯视图的长度相等,位置对正;

高平齐——主视图与左视图的高度相等,位置对正;

宽相等——俯视图与左视图的宽度相等。

四、注意事项

(1)画图前应对零件地结构形状、作用、加工方法有初步的了解。在此基础上,将零件分解为若干基本形体,从而确定零件的主视图、视图数量和剖视方法。

(2)根据零件的形状大小和视图数量,选定绘图比例与视图,绘出各视图的基准线。

(3)按照零件形状的大小,首先绘制起主体作用的基本形体,而且最好从能反映形体特征的那个视图开始,逐次地画出其他形体的各个视图。

(4)画剖视图时,应直接画出剖切后的线框。在画剖面线时,应注意顺着筋板剖切时按规定不画剖面线,而垂直筋板剖切时要画剖面线。

(5)在加深图线前,应对底稿进行一次检查,去掉多余的图线。

(6)标注尺寸时,应按画图的过程逐个注写出基本形状的大小和定位尺寸,并按有关标准标注。

项目六　测绘母锥

一、准备工作

(一)材料、工具

母锥 1 件,A3 绘图纸 3 张,500mm 游标卡尺 1 把,1000mm 钢板尺 1 把,15m 钢卷尺 1 把,200mm 内卡钳、外卡钳各 1 把,绘图工具 1 套。

(二)人员

1 人操作,持证上岗,劳动保护用品穿戴齐全。

二、操作规程

序号	工序	操作步骤
1	准备工作	将准备测量的工具放置于专用工作台上,并对量具、量块进行检查
2	检查工件	对测量工件进行外观检查,合格后将其擦拭干净
3	测量工件	使用游标卡尺对测量工件长度、外径、内径进行测量并记录。 使用量块规对螺纹扣型进行审对,并记录螺纹扣型
4	绘制草图	(1)根据零件尺寸大小选定比例、图幅,画出边框线、标题栏。 (2)安排视图位置,注意留出标注尺寸所需的地位。在画出各视图的基准线的基础上进行作图。 (3)用细实线画出各视图之间主体部分,注意各部分的投影、比例关系。 (4)画出其他结构。剖视图(或规定画法)部分按规定作图。 (5)画出各细节部分,完成全图。 (6)检查后加深各图线

续表

序号	工序	操作步骤
5	绘制零件图	(1)根据草图绘制零件图。 (2)选择主视图和其他视图。 (3)选择视图比例,正确绘制零件图,正确标注零件结构尺寸。 (4)根据零部件使用要求和实测结果确定和标注配合等级和公差值。 (5)根据零部件使用要求和实测结果确定零件各表面的表面粗糙度。 (6)确定被测零件技术要求。 (7)填写标题栏
6	收尾工作	对现场进行清理,收取工具,上交草图、零件图样及记录单等

三、技术要求

(一)草图的技术要求

(1)必须具备零件工作图应有的全部内容和要求;

(2)图线清晰,比例匀称,投影关系正确,字体工整。

(二)测绘零件图的技术要求

投影对应关系为“长对正、高平齐、宽相等”,即:

长对正——主视图与俯视图的长度相等,位置对正;

高平齐——主视图与左视图的高度相等,位置对正;

宽相等——俯视图与左视图的宽度相等。

四、注意事项

(1)画图前应对零件地结构形状、作用、加工方法有初步的了解,在此基础上,将零件分解为若干基本形体,从而确定零件的主视图、视图数量和剖视方法。

(2)根据零件的形状大小和视图数量选定绘图比例与视图,绘出各视图的基准线。

(3)按照零件形状的大小,首先绘制起主体作用的基本形体,而且最好从能反映形体特征的那个视图开始,逐次地画出其他形体的各个视图。

(4)画剖视图时,应直接画出剖切后的线框。在画剖面线时,应注意顺着筋板剖切时按规定不画剖面线,而垂直筋板剖切时要画剖面线。

(5)在加深图线前,应对底稿进行一次检查,去掉多余的图线。

(6)标注尺寸时,应按画图的过程逐个注写出基本形状的大小和定位尺寸,并按有关标准标注。

项目七　测绘公锥

一、准备工作

(一)材料、工具

公锥 1 件,A3 绘图纸 3 张,500mm 游标卡尺 1 把,1000mm 钢板尺 1 把,15m 钢卷尺 1 把,200mm 内卡钳、外卡钳各 1 把,绘图工具 1 套。

（二）人员

1人操作，持证上岗，劳动保护用品穿戴齐全。

二、操作规程

序号	工序	操作步骤
1	准备工作	将准备测量的工具放置于专用工作台上，并对量具、量块进行检查
2	检查工件	对测量工件进行外观检查，合格后对其擦拭干净
3	测量工件	（1）使用游标卡尺对测量工件长度、外径、内径进行测量并记录。 （2）使用量块对螺纹扣型进行审对，并记录螺纹扣型
4	绘制草图	（1）根据零件尺寸大小选定比例、图幅，画出边框线、标题栏。 （2）安排视图位置，注意留出标注尺寸所需的地位。在画出各视图的基准线的基础上进行作图。 （3）用细实线画出各视图之间主体部分，注意各部分的投影、比例关系。 （4）画出其他结构。剖视图（或规定画法）部分按规定作图。 （5）画出各细节部分，完成全图。 （6）检查后加深各图线
5	绘制零件图	（1）根据草图绘制零件图。 （2）选择主视图和其他视图。 （3）选择视图比例，正确绘制零件图，正确标注零件结构尺寸。 （4）根据零部件使用要求和实测结果确定和标注配合等级和公差值。 （5）根据零部件使用要求和实测结果确定零件各表面的表面粗糙度。 （6）确定被测零件技术要求。 （7）填写标题栏
6	收尾工作	对现场进行清理，收取工具，上交草图、零件图样及记录单等

三、技术要求

（一）草图的技术要求

（1）必须具备零件工作图应有的全部内容和要求；

（2）图线清晰，比例匀称，投影关系正确，字体工整。

（二）测绘零件图的技术要求

投影对应关系为“长对正、高平齐、宽相等”，即：

长对正——主视图与俯视图的长度相等，位置对正；

高平齐——主视图与左视图的高度相等，位置对正；

宽相等——俯视图与左视图的宽度相等。

四、注意事项

（1）画图前应对零件地结构形状、作用、加工方法有初步的了解。在此基础上，将零件分解为若干基本形体，从而确定零件的主视图、视图数量和剖视方法。

（2）根据零件的形状大小和视图数量，选定绘图比例与视图，绘出各视图的基准线。

（3）按照零件形状的大小，首先绘制起主体作用的基本形体，而且最好从能反映形体特征的那个视图开始，逐次地画出其他形体的各个视图。

(4)画剖视图时,应直接画出剖切后的线框。在画剖面线时,应注意顺着筋板剖切时按规定不画剖面线,而垂直筋板剖切时要画剖面线。

(5)在加深图线前,应对底稿进行一次检查,去掉多余的图线。

(6)标注尺寸时,应按画图的过程逐个注写出基本形状的大小和定位尺寸,并按有关标准标注。

项目八　测绘套铣筒

一、准备工作

(一)材料、工具

套铣筒1件,A3绘图纸3张,500mm游标卡尺1把,1000mm钢板尺1把,15m钢卷尺1把,200mm内卡钳、外卡钳各1把,绘图工具1套。

(二)人员

1人操作,持证上岗,劳动保护用品穿戴齐全。

二、操作规程

序号	工序	操作步骤
1	准备工作	将准备测量的工具放置于专用工作台上,并对量具、量块进行检查
2	检查工件	对测量工件进行外观检查,合格后对其擦拭干净
3	测量工件	(1)使用游标卡尺对测量工件长度、外径、内径进行测量并记录。 (2)使用量块对螺纹扣型进行审对,并记录螺纹扣型
4	绘制草图	(1)根据零件尺寸大小选定比例、图幅,画出边框线、标题栏。 (2)安排视图位置,注意留出标注尺寸所需的地位。在画出各视图的基准线的基础上进行作图。 (3)用细实线画出各视图之间主体部分,注意各部分的投影、比例关系。 (4)画出其他结构,剖视图(或规定画法)部分,按规定作图。 (5)画出各细节部分,完成全图。 (6)检查后加深各图线
5	绘制零件图	(1)根据草图绘制零件图。 (2)选择主视图和其他视图。 (3)选择视图比例,正确绘制零件图,正确标注零件结构尺寸。 (4)根据零部件使用要求和实测结果确定和标注配合等级和公差值。 (5)根据零部件使用要求和实测结果确定零件各表面的表面粗糙度。 (6)确定被测零件技术要求。 (7)填写标题栏
6	收尾工作	对现场进行清理,收取工具,上交草图、零件图样及记录单等

三、技术要求

(一)草图的技术要求

(1)必须具备零件工作图应有的全部内容和要求;

(2)图线清晰,比例匀称,投影关系正确,字体工整。

（二）测绘零件图的技术要求

投影对应关系为“长对正、高平齐、宽相等”，即：

长对正——主视图与俯视图的长度相等，位置对正；

高平齐——主视图与左视图的高度相等，位置对正；

宽相等——俯视图与左视图的宽度相等。

四、注意事项

（1）画图前应对零件地结构形状、作用、加工方法有初步的了解。在此基础上，将零件分解为若干基本形体，从而确定零件的主视图、视图数量和剖视方法。

（2）根据零件的形状大小和视图数量，选定绘图比例与视图，绘出各视图的基准线。

（3）按照零件形状的大小，首先绘制起主体作用的基本形体，而且最好从能反映形体特征的那个视图开始，逐次地画出其他形体的各个视图。

（4）画剖视图时，应直接画出剖切后的线框。在画剖面线时，应注意顺着筋板剖切时按规定不画剖面线，而垂直筋板剖切时要画剖面线。

（5）在加深图线前，应对底稿进行一次检查，去掉多余的图线。

（6）标注尺寸时，应按画图的过程逐个注写出基本形状的大小和定位尺寸，并按有关标准标注。

模块二 维修、保养井下工具

项目一 相关知识

一、抽油井测试

(一)主要内容及目的

J(GJ)BD002 抽油井测试的内容

1. 测试内容

(1)利用动力仪测取反映抽油井有杆泵抽油系统(包括机、泵、杆)工作状况的示功图和电流图。

(2)利用液面测深仪(回声仪)测取抽油井环形空间的动液面和静液面深度。

(3)利用便携式诊断仪进行示功图、功率、抽油泵固定阀和游动阀的漏失和液面测量,抽油机系统效率分析和泵工作状况的诊断工作。

(4)利用抽油机环空测试仪测取抽油井的产液剖面和油层压力等参数。

J(GJ)BD001 抽油井测试的目的

2. 测试目的

(1)了解抽油机驴头负荷的变化情况。

(2)了解抽油参数组合是否合理。

(3)了解抽油泵的工作性能情况。

(4)深井泵是否受到砂、蜡、气、水、稠油的影响。

(5)判断抽油杆是否断脱。

(6)油层供液能力充分与否。

(7)防冲距调整是否恰当。

(二)测试仪器——动力仪

动力仪的用途是测取抽油井的示功图,通过计算和分析了解有杆泵抽油系统(包括机、泵、杆)的工作情况,目前我国各油田使用的动力仪有水力式、机械式和电子式 3 种类型。

下面以 CY611 型水力式动力仪为例介绍其工作原理及技术参数。

J(GJ)BD003 CY611型水力式动力仪的工作原理

1. 工作原理

将作用在光杆上力的变化,通过杠杆机构、膜压器转变为仪器内液体压力的变化。当光杆上、下运动时,行程转换系统带着记录台上、下运动,同时要受液压的螺旋弹簧管绕其轴产生一个转角,从而带动负荷记录笔作弧线运动,将光杆受力随行程的变化情况记录下来,因此,在驴头往复运动一个循环后,在记录线上画出一个封闭的记录曲线,即为示功图。

2. 技术参数

（1）动力仪3个支点应力范围的比例关系为1∶0.75∶0.53，如同样一个弹簧管（测量负荷为80kN），即可测量3种应力范围，分别为80kN、60kN、42kN。见表2-2-1。

表2-2-1 动力仪支点应力范围比例关系

弹簧管压力，MPa	动力仪最大负荷，kN
5	40
10	80
12	100

（2）动力仪的最大冲程为3.3m。

（3）动力仪通过改善传动轮可有3个减程比，即1∶15、1∶30、1∶45，见表2-2-2。

表2-2-2 动力仪减程比

冲程，m	减程轮
0.3~1.2	1∶15
1.5~2.1	1∶30
2.4~3.3	1∶45

（4）示功图记录在宽85mm的记录线带上，图形尺寸为50mm×75mm。

（5）膜片由厚度为0.15mm、直径为61mm的磷铜薄膜制成。

3. 动力仪的测试方法

（1）将驴头停在距下死点300~400mm的位置，装好测试用的光杆卡子坐于光杆密封器上盖上。

（2）松开刹车，使驴头下行悬绳夹板离开上光杆卡子，刹住车，将动力仪装入夹板中间，再松开刹车使驴头慢慢地上行夹住仪器，使仪器两交力点均匀，挂好保险链。

（3）减程轮拉线固定于井口，对好导向轮方向，使导向轮上边沿与减程轮下边沿基本水平。

（4）启动抽油机，待工作3~5min后使深井泵工作稳定开始测试。当驴头接近下死点时，用手同时压下偏心轮手把及控制栓，使记录笔与记录纸接触。驴头上、下运动一个冲程，画出一个冲程，即画出一个封闭的示功图。

（5）当驴头行至上死点时，用手拉紧拉线，使卷纸辊顶端棘轮与端面棘轮相咬合，带动卷纸辊卷纸。

（6）测试完成后，按（1）、（2）的过程取下仪器。

有关其他动力仪的工作原理及操作方法参看《采油技术手册（修订本）六·机械采油技术》一书。

J(GJ)BD005 示功图的分析方法

（三）理论示功图及示例

利用动力仪把作用在光杆上随上下冲程交替变化的负荷，转变为动力仪测试系统内的液体压力变化，再通过记录系统将其记录在卡片上，光杆往复运动一次后，所得到的一个记录光杆上下冲程内负荷变化的封闭曲线，称为示功图。封闭曲线所围成的面积，表示泵在一个行程中所做的功。示功图是分析和判断深井泵在井下工作状态的主要手段。

1. 理论示功图

理论示功图是认为抽油机及抽油杆在带动深井泵工作时，光杆只承受静负荷，不承受惯性等动负荷，通过理论计算，表示光杆在往复运动一次的负荷变化和光杆与冲程变化的图形，如图 2-2-1 所示。

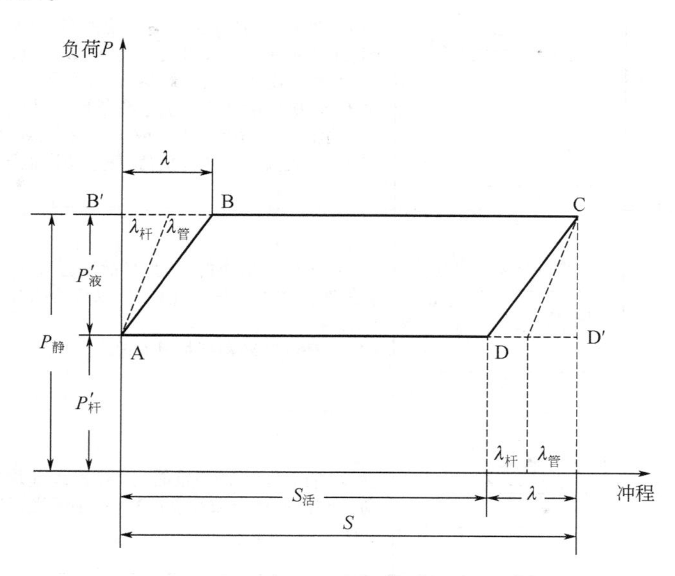

图 2-2-1　理论示功图

AB—增载线（仅光杆上行，出油阀关闭）；BC—上行线（活塞上行，进油阀打开）；CD—减载线（仅光杆下行，进油阀关闭）；DA—下行线（活塞下行，出油阀打开）；OA—下冲程时，光杆承受的最小静载荷；OB′—上冲程时，光杆承受的最大静载荷；A—驴头下死点位置；B—活塞开始上行点；C—驴头上死点的位置；D—活塞开始下行点；S—光杆冲程，m；$S_{活}$—活塞开始上行点；P—光杆负荷；P'—抽油杆在液体中的重量，kN；$\lambda_{杆}$—抽油杆伸缩长度，m

平行四边形 ABCD 中，A 点表示驴头下冲程结束，上冲程开始。AB 线表示光杆负荷增加过程，称为增载线。此过程中抽油杆因加载而伸长，油管因卸载而缩短。光杆自 A 点虽开始上行，但活塞未动，直到 B 点加载结束，活塞才开始上行。B′B 线表示抽油杆伸长和油管缩短的冲程损失。BC 线表示活塞上行至下死点，光杆负荷等于抽油杆在液体中的重量与作用在活塞上的液柱压力之和，并保持不变。CD 线与 AB 线相反，表示光杆负荷减少过程，称为卸载线。此时，油管因加载伸长，抽油杆因卸载而缩，到 D 点卸载结束，活塞开始下行。D′D 表示卸载过程中抽油杆缩短和油管伸长的冲程损失。DA 线表示活塞下行至下死点，光杆负荷等于抽油杆在液体中的重量，并保持不变。

J(GJ)BD004 示功图的图形特征

2. 典型示功图分析

典型示功图是指某一影响因素十分明显，其形状代表了该因素的基本特征的示功图。各种典型示功图影响因素及图形特征见表 2-2-3。

表 2-2-3 典型示功图

影响因素	示功图	图形特点
正常示功图	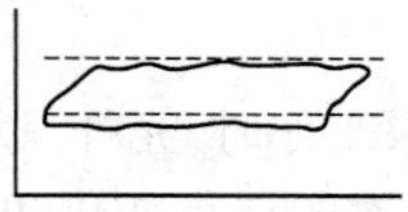	(1)图形基本上呈平行四边形； (2)抽油杆柱受振动载荷的影响，导致示功图出现波纹，特别是左上角和右下角更明显； (3)在深井中由于力的传递滞后以及动力载荷增大使示功图沿顺时针方向有一定程度的偏转
油井连抽带喷示功图	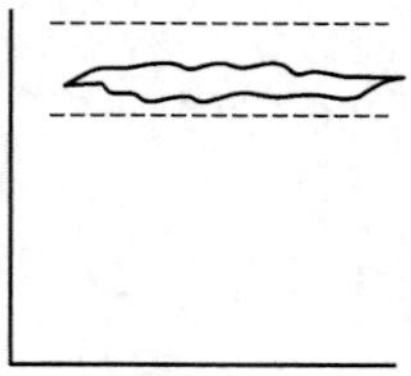	(1)上冲程时，由于油井有一定的自喷能力，出油阀不能完全关闭，此时液柱混有大量气体，因此最大负荷小于最大理论负荷；下冲程时，由于自喷的影响，进油阀不能完全关闭，因此负荷减少不多，所以示功图一般呈窄条形，并位于理论值之间； (2)当油井自喷能力很大或泵径较大，或两者兼有，则上喷能力很大，大大减轻了光杆负荷，使示功图低于最小理论值
砂卡示功图	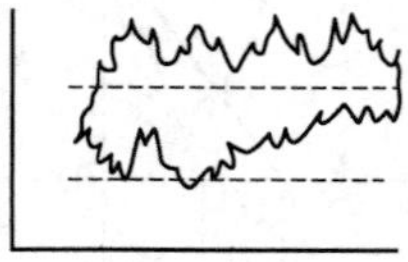	(1)由于砂卡造成的阻力，当活塞通过局部阻力时，光杆负荷在极短时间内发生很大变化，所以负荷曲线常常出现不规则的锯齿尖峰； (2)增载线和减载线振动强烈
蜡卡示功图	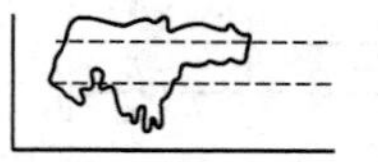	油管、抽油杆结蜡严重时，上冲程载荷增加很大，大于理论载荷；光杆刚下时，载荷立即减少，小于光杆理论载荷
油井出水示功图	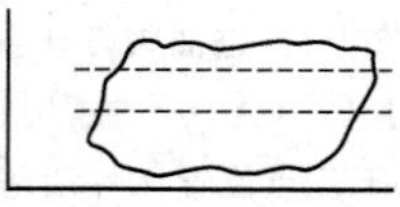	油井出水后造成原油乳化，黏度增加，从而增加了抽油杆摩擦，使图形肥胖。此种示功图与出油管线过长，回压过大，出油阀门关死或出油管线堵塞的示功图相似
油井产气示功图	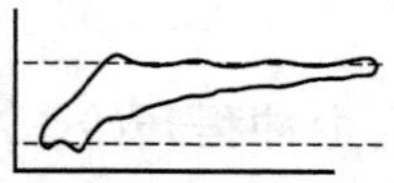	当光杆下行时，活塞下面的气体被压缩，出油阀不能立即打开，光杆不能立即卸载。当活塞下面的气体压力稍大于活塞上面的液柱压力时，出油阀才打开，光杆卸载；工作筒内气体越大.曲率中心在减载线的后方
油井供油能力差示功图	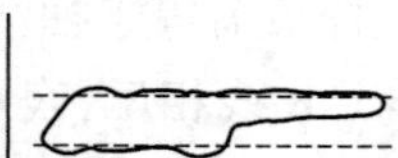	(1)因供油能力差，液体不能充满泵工作筒，使其下冲程时光杆不能及时卸载，只能活塞碰到底面时才卸载，卸载线曲率大； (2)增载线与减载线平行
活塞向下撞击固定阀示功图	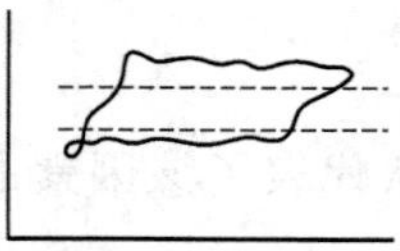	活塞下行到最末端，光杆负载突然减少，强烈的撞击振动，负载线呈波状形.同时引起游动阀跳动，造成上冲程初期的瞬时漏失，示功图增载缓慢，形成一个环状的撞击“尾巴”

续表

影响因素	示功图	图形特点
固定阀漏失示功图	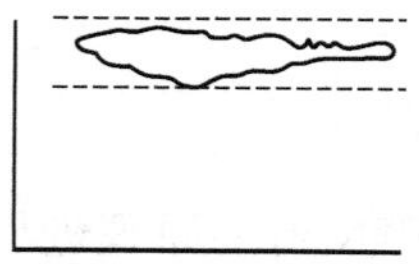	(1)减载线的倾角比泵正常工作时大,漏失越大倾角越大,原因是漏失使游动阀迟开,卸载延缓; (2)右上角比较尖,左上角变圆弧形,曲率中心在示功图内部,位于最低负载的左上方
排出部分漏失示功图	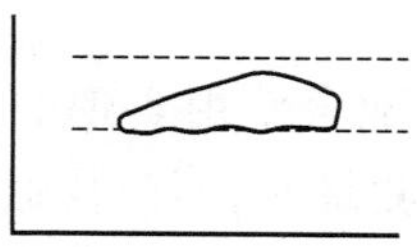	(1)在上冲程因排出部分漏失,在工作筒内的液体向上托作用,使光杆负荷不能及时上升到最大值,并使光杆未到上死点就卸载,漏失越严重,卸载越提前,右上角越圆滑; (2)漏失量很大时,活塞始终不能离开液面的顶托,进油阀打不开,光杆负荷始终达不到最大值泵不排油; (3)增载线是一条向下凹的曲线曲率中心在示功图的右下方
排出部分和吸入部分同时漏失	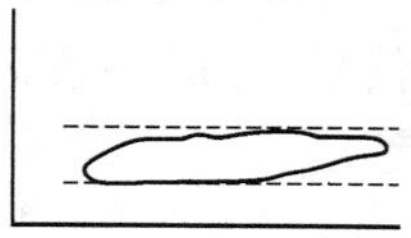	(1)由于两种漏失同时存在,示功图四周都是呈圆角; (2)一般可根据四周圆角的变化程度来判断各不漏失程度,排出与吸收同时漏失严重时油井不出油.示功图呈椭圆条带状,幅度比抽油杆断脱要宽
抽油杆断脱示功图	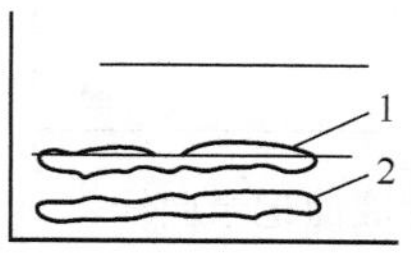 1 2	上下冲程光杆负荷较小,图形位于最小理论值附近,并呈一条水平条带状。1是抽油杆在活塞附近断脱示功图;2是抽油杆柱在上部断脱示功图
活塞脱出工作筒示功图	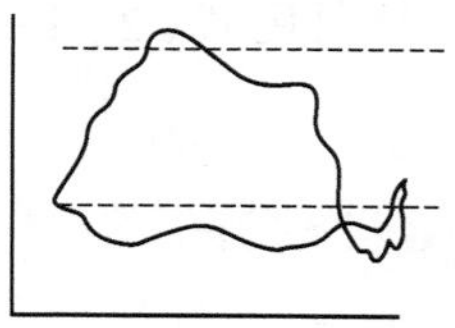	活塞移动到一定距离时,载荷突然下降,一直降到最低点。同时由于脱出时引起抽油杆的强烈跳动,出现不规则的波状曲线
活塞未下入工作筒示功图	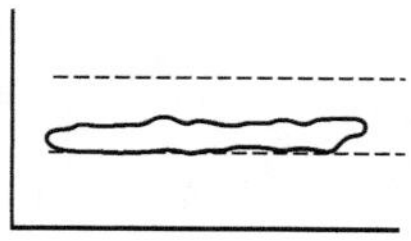	下冲程光杆负荷约等于抽油杆在液体中的重量,油井不出油

J(GJ)BD006 测动液面的方法

(四)测动液面

井下液面包括动液面和静液面。动液面是抽油井正常生产时,在油套环形空间测得的液面深度。静液面指抽油井关井或停产后,待液面恢复稳定时,测得的液面深度。动液面与静液面之差(即它们之间的液面差的液柱高度),表示了抽油井的生产压差。

1. 测动液面的目的

(1)确定抽油泵的沉没深度($H_{沉}=H_{泵}-H_{液}$)，了解泵的工作情况。

(2)计算油层中部静止压力。

(3)计算油层中部流动压力。

2. 测试原理

利用声波在气体介质中传播时遇到障碍物有回声反射的原理进行测量的。若声波在井筒中的传播速度为 V，遇到障碍物回声反射至声源的时间为 t，则声源与障碍物之间的距离为 $S=Vt/2$。

测液面深度计算：

测量井下液面深度是通过回声仪和声响发生器配合使用实现的，声响发生器（有气枪式和火药式两种）发出音响，回声仪记录脉冲信号。测量时，回声仪通过电缆和热感接收器连接，当声响发生器在井口发出音响后，热感接收器就收到一个声波信号并把它转化为脉冲电流。此声波沿油套环形空间往下传，先碰到回音标，再碰到液面后声波经反射回到井口。回音标反射的声波先到，液面反射的声波后到，被回声仪依次接收。回声仪按炮声—回音标反射声波—液面反射声波的次序接收并记录下脉冲信号，形成一条记录曲线（图 2-2-2），然后通过综合分析、整理、计算求出油井井下液面深度 $H_{液}$。

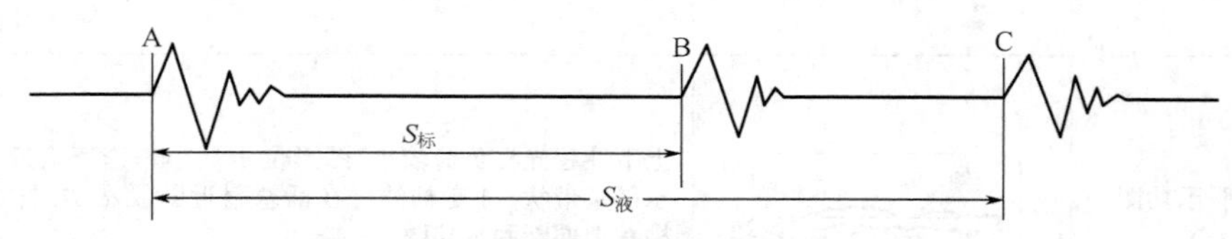

图 2-2-2 回声仪测量抽油井液面记录曲线

图 2-2-2 中，$S_{标}$ 和 $S_{液}$ 分别为声波从井口到音标和液面，再反射到井口，所记录下轨迹距离（单位为 mm）。如回音标下入深度为 $H_{标}$，可利用式（2-2-1）计算出井下液面深度：

$$H_{液}=(H_{标}-H_{油补}-1/2H_{通})S_{液}/S_{标} \tag{2-2-1}$$

式中 $H_{油补}$——油补距，m；

$H_{通}$——采油树大四通高度，m。

二、震击类工具

（一）润滑式下击器

ZBB008 震击器的工作原理

J(GJ)BF024 润滑式下击器的用途

1. 用途

润滑式下击器又称油浴式下击器，是闭合式下击器的一种。这种下击器是以向鱼头突然施以下砸力为主的解卡工具，也可以产生向上的冲击力，实现活动解卡。它与开式下击器主要区别在于工具本身的撞击过程是在润滑腔的密闭式油浴中进行的，寿命比开式下击器长。

润滑式下击器作为预防性措施连接在打捞、钻井、试油等工具管柱中，可传递足够的扭矩，且能承受很大的钻压。此外，连接有润滑式下击器的工具管柱利用其下击力可在井口将打捞工具从落鱼中取出，这是润滑式下击器的重要优点之一。

J(GJ)BF025 润滑式下击器的结构

2. 结构

润滑式下击器主要由接头芯轴、上缸体、中缸体、上击锤、导管、下接头及密封装置组成，如图 2-2-3 所示。

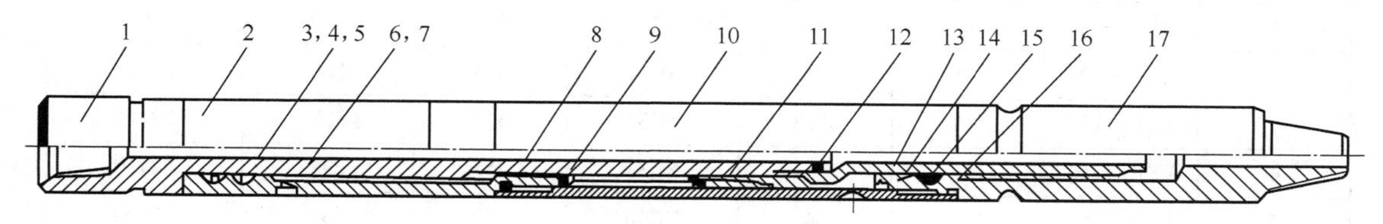

2-2-3　润滑式下击器

1—接头芯轴；2—上缸体；3，7，8，9，12，16—O 形密封圈；4，14—挡圈；5，15—保护圈；6—油塞；10—中缸体；11—上击锥；13—导管；17—下缸体

接头芯轴：中间带水眼的长轴类零件。上部较粗部位有内螺纹与打捞钻杆连接，细长部分除一部分是精度较高的光滑圆柱外，其余部分则是花键。上击锤装在其下端，被旋紧在接头芯轴上的导管紧紧顶住。上缸体下段有内花键，与接头芯轴相配合，就其功能而言，不仅需要传递扭矩，而且还必须构成液体流动通道；就其结构而言，不仅要求花键轴、孔两侧有良好配合，而且要求键与键槽顶端有较大间隙。上缸体上、下两端面能承受较大的上、下冲击负荷。中缸体有同尺寸的内径，撞击锤与其为间隙配合，可在其中快速上、下运动。

撞击锤：撞击锤外表面是 12 棱柱面，每一间隔的棱面上焊有耐磨、耐腐蚀的金属，并加工成与内孔同心的圆弧面，形成六条带状圆弧表面体，称之为表面硬化稳定带。它能耐横向高频颤动，防止工具损坏。

中缸体：与下缸体连接成一体，包容着接头芯轴、导管及各部密封装置所构成的一个密封环形空间，润滑油就装在其中。

由上述可知，接头芯轴导管与上、中、下缸体间有相对运动，运动最大的距离为工具的冲程。

J(GJ)BF026 润滑式下击器的工作原理

3. 工作原理

润滑式下击器是依据弹性力学中的拉伸、收缩时的变形能转变为动能的力学原理实现震击的一种工具。

在地面对钻具施加拉力，使其产生弹性伸长（储存变形能），一旦解除拉力，钻具就在下击器冲程范围内高速下行，接头芯轴台肩猛烈地撞击上缸体和鱼头，这就是所谓下击。

润滑式下击器的动作过程：上提钻具至规定负荷，接头芯轴首先上行，下击器被打开。继续上提，钻柱被拉伸，储存变形能量，上提力越大，储存的能量越大。如果突然卸去全部负荷，钻具在重力和变形能的作用下，快速向下运动，很快关闭下击器，动能作用在上缸体的上端面上，并传给落鱼，实现下击。

4. 技术规范

润滑式下击器的技术规范见表 2-2-4。

表 2-2-4 润滑式下击器技术规范

序号	规格型号	工具尺寸		接头螺纹代号	性能参数		
		外径,mm	内径,mm		冲程,mm	许用接力,kN	许用扭矩,N·m
1	USJQ-95	95	32	NC26 2⅞REG	394	170	11630
2	USJQ-108	108	50	NC31	394	186	21150
3	USJQ-117	117	50.8	NC31	394	227	23455
4	USJQ-146	146	71	NC38	457	292	52930
5	USJQ-159	159	54	NC46	457	364	68990
6	USJQ-197	197	89	NC46	457	598	137360

J(GJ)BF027 润滑式下击器的操作方法

5. 操作方法及注意事项

1）施工准备

（1）工具管柱连接顺序（由下而上）：打捞筒（或打捞矛）+安全接头+润滑式下击器+钻杆。

（2）检查下击器内是否充满油。

（3）在试验架上拉 2~4 次，检查冲程并做记录；检查各部是否有渗漏现象。

2）操作步骤

（1）按连接顺序拧紧工具管柱，下井。

（2）工具抓住落鱼后，当上提负荷等于钻具原悬重时，在井口作第 1 个记号。再提钻具，上升距离等于下击器冲程 S，做第 2 个记号。

（3）按规定负荷上提钻具刹稳车，记钻具的伸长量 L 值，作第 3 个记号。

（4）突然松开刹车，全重下放，使下放量不小于 $L+S$。从钻具记号上看，超第 1 个记号以下，说明工具下击。

J(GJ)BF028 润滑式下击器的使用注意事项

3）注意事项

（1）使用维修时，一定保证各间隙配合表面的精度；可防止各配合件的横向高频率振动，延长使用寿命。

（2）润滑式下击器所用润滑油必须是耐压不起泡的高级润滑油。当工具用于深井或高温井时，应选用重质润滑油；当工具用于浅井或低温井时，应选用轻质润滑油。油质应清洁干净、无杂质。

（3）操作时负荷应从小到大，逐渐增加，不得超过许用值。

J(GJ)BF029 润滑式下击器的保养方法

6. 维修保养

（1）润滑式下击器每次使用后应冲洗干净，抹好机油和润滑脂，放阴干处保存。

（2）每次拆修，必须更换密封件。

（3）每拆修一次，必须更换新润滑油，若用旧油，必须过滤。

（4）各配合表面、撞击锤、导管的表面硬化带一经划伤，应用细砂布修光。沟痕深、变化大者必须更换。

(5)充满油、排净气。充油方法:

① 把工具夹在虎钳上,使其接头芯轮朝上倾斜 30°。

② 将一根耐油软管连接下击器的下油口和手动注油泵上,另一根油管接在下击器上油口及油箱上。

③ 中速泵油、排出下击器内气体;拧紧上、下油塞。

(二)开式下击器

J(GJ)BF001 开式下击器的用途

J(GJ)BF002 开式下击器的结构

J(GJ)BF003 开式下击器的工作原理

1. 用途

开式下击器(以下简称下击器)是一种机械式震击工具。可对遇卡管柱进行反复震击,使卡点松动解卡,当提拉和震击都不能解卡时,还可以转动使可退式打捞工具释放落鱼。开式下击器与机械内割刀配合使用时,可使内割刀得到一个不变的预定进给力,保证切割平稳。与倒扣器配合使用时,可以补偿倒扣后螺纹上升的行程。

2. 结构

开式下击器由上接头、外筒、芯轴、芯轴外套、撞击套、抗挤压环、挡环、O 形密封圈、紧固螺钉等组成,如图 2-2-4 所示。上接头上部有钻杆内螺纹,下部有偏梯形外螺纹,中间外筒两端都有偏梯形内螺纹。内孔是光滑的配合表面,芯轴下部是钻杆外螺纹,中间是外六方长杆,上部有连接外螺纹,内有水眼。撞击套安装在芯轴上端的外螺纹上,用螺钉锁紧。芯轴外套有六方孔,套在芯轴的六方杆上,可上下自由滑动并能传递扭矩。撞击套上由抗挤压环、挡环和 O 形密封围组成两组密封装置。

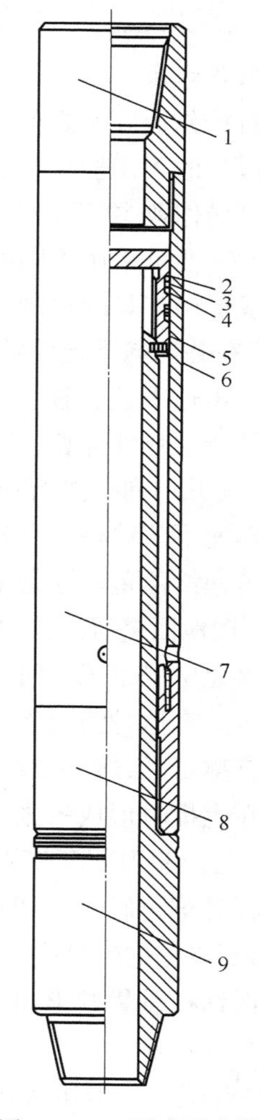

图 2-2-4　开式下击器

1—上接头;2—抗挤环;3—O 形密封圈;4—挡圈;5—撞击套;6—紧固螺钉;7—外筒;8—芯轴外套;9—芯轴

3. 工作原理

震击过程中的能量转化:下击器的工作过程可以看成是一个能量相互转化的过程。上提钻柱时,下击器被拉开,上部钻柱被提升一个冲程的高度(一般为 500~1500mm)产生弹性伸长,储备变形能。急速下放钻柱,在重力和弹性力的作用下,钻柱向下做加速运动,势能和变形能转变为动能。当下击器达到关闭位置时,势能和变形能完全转化为动能,并达到最大值,随即产生向下震击作用。

影响下击器震击力大小的因素很多,但起决定作用的有以下几点:

(1)下击器上部钻柱的悬重越大,震击力越大。

(2)上提钻柱时钻柱产生的弹性伸长越大,震击力越大.

(3)下击器的冲程越长,震击力越大。

J(GJ)BF004 开式下击器的技术规范

4. 技术规范

开式下击器见表 2-2-5。

表 2-2-5　开式下击器技术规范

序号	规格型号	外形尺寸 mm×mm	接头螺纹	使用规范及性能参数			
				许用拉力 kN	冲程 mm	水眼直径 mm	许用扭矩 kN·m
1	XJ-K95	ϕ95×1413	27/8REG	1250	508	38	11700
2	XJ-K108	ϕ108×1606	NC31	1550	508	49	21800
3	XJ-J121	ϕ121×1606	NC31	1960	508	51	29900
4	XJ-K140	ϕ110×1850	NC50	2100	508	51	43766

J(GJ)BF005 开式下击器的操作方法

5. 操作方法

在打捞作业开始之前，将落鱼管柱卡点以上部分倒扣取出，使鱼顶尽可能接近卡点，因为震击时下击器离卡点越近，震击效果越好。

在打捞作业中，下击器装在打捞钻柱中，接在各种可退式打捞工具或安全接头之上。根据不同的需要可采用不同的操作方法使下击器向下或向上产生不同方式的震击，以达到落鱼解卡或退出工具的目的。

(1)在井内向下连续震击：上提钻柱，使下击器冲程全部拉开，并使钻柱产生适当的弹性伸长。迅速下放钻柱，当下击器接近关闭位置 150mm 以内时刹车，停止下放。钻柱由于运动惯性产生弹性伸长，下击器迅速关闭，芯轴外套下端面与芯轴台肩发生连续撞击。

(2)在井内向下进行强力震击：上提钻柱使下击器冲程全部拉开，钻柱产生一定的弹性伸长。迅速下放钻柱，下击器急速关闭，芯轴外套下端面撞在芯轴的台属上，将一个很大的下击力传递给落鱼。这是下击器的主要用途和主要工作方式。

(3)在地面进行震击：打捞工具（如可退式打捞矛、可退式打捞筒等）及落鱼提至地面，需要从落鱼中退出工具时，由于打捞过程中进行强力提拉，工具和落鱼咬得很紧，退出工具比较困难。在这种情况下，可在下击器以上留一定重量的钻具，并在芯轴外套和芯轴台肩面间放一支撑工具，然后放松吊卡；将支撑工具突然取出，下击器迅速关闭形成震击，可去除打捞工具在上提时形成的胀紧力，再旋转和上提就容易退出工具。

(4)与内割刀配套使用：将下击器接在内割刀以上若干根钻杆上，让下击器和内割刀之间的钻杆悬重正好等于加在内割刀上的预定进给力。切割时使下击器处于半开半闭的状态，下击器以上的钻柱受拉，只有下击器以下的钻柱重量压在内割刀上，形成进给力，不受井口或上部钻杆重量的影响，以保证内割刀平稳顺利地进行切割。

J(GJ)BF006 开式下击器的保养方法

6. 维修保养

(1)开式下击器每次使用后应全部拆卸，擦拭干净，仔细检查各零件是否完好。

(2)如有零件损坏或发现裂纹，应及时更换。毛刺擦伤、管钳咬伤等用锉刀和细砂纸打磨。

(3)每次拆修，必须更换密封件。

(4)凡经强烈震击和强扭后，震击杆、下接头、缸套、震击垫等应做探伤检查；震击杆如弯曲，应进行校直处理。

(5)组装时,各螺纹部位应涂优质黄油或润滑脂,其他部位涂足够的润滑脂。

7. 优缺点

J(GJ)BF007 地面下击器的用途

(1)用途广泛,适合于配套,不仅是有效的解卡工具,而且也是各种打捞作业必备的配套工具,例如使用各种可退式打捞工具(如可退式打捞矛、可退式打捞筒、安全接头、铅封注水泥套管补接器等)进行打捞作业时,退出工具均要先向下砸,卸掉上提时造成的胀紧力,然后通过正转或反转释放落鱼。

J(GJ)BF008 地面下击器的结构

(2)工具结构简单,制造成本低,工具坚固耐用,经得起强力下击和大负荷提拉。每次使用后,只需进行简单的机械维修即可继续工作。工具操作方法简单,容易掌握。下击器对工作环境无特殊要求。

(三)地面下击器

1. 用途

地面式下击器是装在钻台上,对遇卡管柱施加瞬间下砸力的一种震击类工具,主要用于:

(1)钻柱解卡作业;

(2)驱动井内遇卡无法工作的震击器;

(3)解脱可释放式的打捞工具。

2. 结构

地面下击器主要由上接头、短节、上壳体、芯轴、冲洗管、密封座、调节环、摩擦芯轴、摩擦卡瓦、支撑套、下壳体、锁紧销钉和下接头组成,如图 2-2-5 所示。

上接头上部为母螺纹,与钻杆连接;下部是细牙内螺纹,与芯轴连接。芯轴除连接螺纹外,其余部分为六方形。下端连接着摩擦芯轴,其下端是经强化处理的3~4 道较宽的棱带,每条棱带表面处于同一圆锥面上。在芯轴与摩擦芯轴的连接处,还有一个密封座。从上至下连成一体的上接头、芯轴、摩擦芯轴有一个通孔,冲洗管装在通孔中,作为循环修井液的通道。密封座上的内、外密封圈密封着冲洗管的外表面和芯轴的内表面,以防止修井液进入摩擦卡瓦与摩擦芯轴所在的环形空间,且对摩擦芯轴有扶正作用。

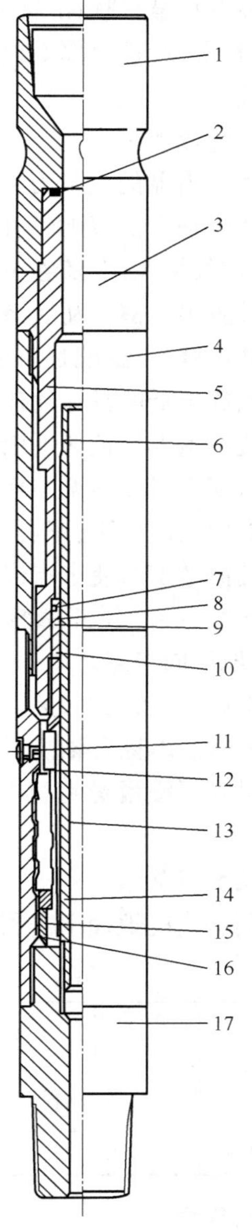

图 2-2-5　地面下击器

1—上接头;2,7,8,9—O 形密封圈;3—短节;4—上壳体;5—芯轴;6—冲洗管;10—密封座;11—螺钉;12—调节环;13—摩擦芯轴;14—摩擦卡瓦;15—支撑套;16—下管体;17—下接头

六方形芯轴的外部套装着短节和上壳体。短节同上壳体相接。短节有六方形内孔与芯轴上的六方相配,其功用是传递扭矩及导向。下壳体上接上壳体,下连下接头。内孔中装有调节环、摩擦卡瓦、摩擦芯轴、支撑套。摩擦卡瓦内、外表面上大下小的锥面,其上有 3~4 条棱

带，分别与摩擦芯轴、下壳体的棱带凸凹相对。

工作时，调节环紧紧压住摩擦卡瓦。由于调节环正、反向旋转，即可上、下移动，因此摩擦卡瓦、摩擦芯轴、下壳体、棱带贴合时的锥面直径大小不一，从而改变了三者相对滑动时的松紧程度。

摩擦卡瓦呈套状，沿轴向等分有数条从上至下（也有从下至上）很窄的开口，开口一一错开，互相平行，且全部不相同。摩擦卡瓦放在支撑套上。下接头在下壳体的最下端，内孔连接冲洗管。

J(GJ)BF009 地面下击器的工作原理

3. 工作原理

地面下击器的震击力主要是靠摩擦芯轴与摩擦卡瓦间在拉伸时的巨大摩擦力的阻尼作用下使卡点以上钻柱产生弹性伸长。由虎克定律可知：在弹性极限范围内，拉力越大，弹性伸长越大，但随着拉力的不断增加，两者间的静摩擦变成动摩擦，芯轴缓慢上移，当摩擦芯轴脱出摩擦卡瓦后，钻柱的上拉力突然变成零，被拉伸的钻柱必然向下收缩，给卡点以向下冲击载荷，这就是所谓下击。

地面震击器的具体动作过程如下：

连接在遇卡钻柱最上面的地面震击器，在上提负荷的作用下，先是拉动摩擦芯轴，并带动摩擦卡瓦上行抵住调节环。摩擦芯轴与摩擦卡瓦的棱带处，卡瓦被胀大，卡瓦外棱带被下条壳体的内表面所阻，三者间产生了正压力及摩擦力，阻止摩擦芯轴上行。摩擦芯轴与摩擦卡瓦间的静摩擦力使卡点以上管柱产生弹性拉长，储存成变形能，摩擦芯轴开始缓慢上行至一定距离后，突然脱开摩擦卡瓦，被拉长了的钻柱以其储存的变形能及卡点以上的全部重力，快速地砸向卡点。

震击后，下放工具，关闭震击器，此时摩擦卡瓦在支撑套上处于下壳体内锥面的最下端而直径最大。摩擦芯轴能轻而易举地胀开摩擦卡瓦，恢复震击前位置。

如果卸下锁紧螺钉，旋动调节环，就可以改变摩擦卡瓦的工作位置。从而调节了震击力。

J(GJ)BF010 地面下击器的技术规范

4. 技术规范

目前国内的地面下击器只有一个规范，其技术规范见表 2-2-6。

表 2-2-6　地面下击器技术规范

型号	尺寸 mm		接头螺纹	性能参数				
	外径	内径		冲程 mm	极限扭矩 N·m	极限拉力 kN	最大泵压 MPa	调节范围 kN
DXJ-M178	178	48	5½FH	1219	71000	3833	56.2	0~1000

J(GJ)BF011 地面下击器的操作方法

5. 操作方法

作业要求不同，震击钻柱的配备连接形式也不同，如操作中要保持修井液循环，可在震击器上方接方钻杆；若不需要修井液循环，可接 1~2 根钻杆和钻铤，以作为关闭震击器时用，但必须留有足够的提拉高度。具体操作程序如下：

（1）调定调节环，通常是由低逐步上调。

（2）测定卡点位置，计算卡点以上钻柱在修井液中的重力，记录并标记在指重表上。

(3)计算卡点以上钻柱在提拉时的伸长量以供操作中检视。

(4)将震击器接在转盘以上,使下接头靠近转盘,震击器上部按作业要求接方钻杆、钻杆、钻铤1~2根。

(5)上提工具钻柱至调节负荷。

(6)震击后,下放工具关闭震击器,待下次震击。

J(GJ)BF012 地面下击器的使用注意事项

6. 注意事项

(1)地面震击器使用前,摩擦芯轴和摩擦卡瓦应是关闭状态,否则需用震击器在钻台上顿几下,使其关闭。

(2)震击作业时,应从小拉力开始,逐步增加,但绝不能超过卡点以上管柱在修井液中的重力。

(3)每次调节拉力时,应从锁钉孔注入些机油,并检查是否由修井液进入。

(4)大拉力震击时,应先检查井架各连接件,以防松动,若用吊卡工作,应锁紧。

J(GJ)BF013 地面下击器的保养方法

7. 维修保养

(1)地面下击器每次用后均应全部拆卸擦拭,仔细检查各零件是否完好,更换损坏件。

(2)检查摩擦卡瓦、摩擦芯轴和下壳体各部尺寸,更换磨损量较大者。

(3)重新组装后,涂润滑油,放阴干处保管。

8. 优点

(1)地面下击器可安装在井口之上,较其他形式操作简单、易控制。

(2)下击力大小可调。

(四)液压式上击器

J(GJ)BF014 液压上击器的用途

1. 用途

液压式上击器(以下简称上击器),主要用于处理深井的砂卡、盐水和矿物结晶卡、胶皮卡、封隔器卡以及小型落物卡等。尤其在井架负荷小、不能大负荷提拉钻具时,上击器的解卡能力更显得优越。该工具接加速器后也适用于浅井。

J(GJ)BF015 液压上击器的结构

2. 结构

上击器主要有上接头、芯轴、撞击锤、上杠体活塞、活塞环、导管、下缸体及密封装置等组成,如图2-2-6所示。

上接头上部为钻杆内螺纹,与上部钻具连接,下部为细牙螺纹,与芯轴相连。芯轴上部为光滑圆柱,下部为花键。光滑圆柱与上壳体的上部密封件配合,密封壳体内有液体。花键同上壳体下部的花键孔配合传递扭矩。芯轴下端连接导管。导管外光滑,与下接头内孔中的密封件配合。上壳体、中壳体、下接头用螺纹连接,并采用耐高温密封件密封。芯轴和导管间是活塞和活塞环。活塞环安装在活塞上的槽内,厚度小于槽宽,且开口为极窄的缝隙。芯轴、导管与上中壳体、下接头间的空腔被活塞环分成上、下两腔,两腔均充满油。下接头下部是钻杆外螺纹与其他工具连接。

J(GJ)BF016 液压上击器的工作原理

3. 工作原理

利用液体的不可压缩性和缝隙的溢流延时作用,拉伸钻杆储存变形能,经瞬时释放,在极短的时间内转变成向上的冲击动能,传至鱼顶,使遇卡管柱解卡。

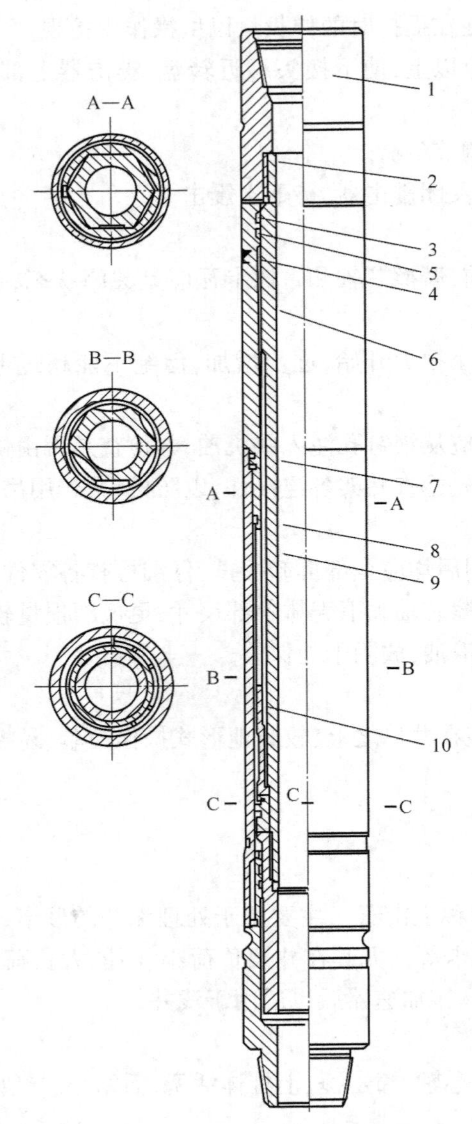

图 2-2-6　液压式上击器结构示意图

1—上接头；2—芯轴；3，5，7，8，16—密封圈；4—放油塞；6—上壳体；9—中壳体；10—撞击锤；

上击器的工作过程可分为储能阶段、释放能量阶段、撞击阶段、复位阶段 4 个阶段。

（1）拉伸储能阶段：上提钻具时，因被打捞管柱遇卡，钻具只能带动芯轴、活塞和活塞环上移。由于活塞上的缝隙小，溢流量很少，因此钻具被拉长，储存变形能。

（2）卸荷释放能量阶段：尽管活塞环上的缝隙小，溢流量小，但活塞仍可缓缓上移。经过一段时间后，活塞移至卸荷槽位置，受压液体立即卸荷。受拉伸长的钻具快速收缩，使芯轴快速上行，弹性变形能变成钻具向上运动的动能。

（3）撞击阶段：急速上行的芯轴带动撞击锤，猛烈撞击上缸的下端面，与上缸体连在一起的落鱼受到一个上击力。

（4）复位阶段：撞击结束后，下放钻具卸荷，中缸体下腔内的液体沿活塞上的油道毫无阻力地返回至下击器全部关闭，等待下次震击。

4. 技术规范

J(GJ)BF017 液压上击器的技术规范

液压式上击器的技术规范见表 2-2-7。

表 2-2-7　液压式上击器技术规范

规格型号	外径 mm	内径 mm	接头螺纹	冲程 mm	推荐使用钻铤质量 kg	最大上提负荷 kN	震击时计算载荷 kN	最大扭矩 N·m	推荐最大工作负荷 kN
YSQ-95	95	38	NC26	100	1542～2087	260	1442	15500	204.5
YSQ-108	108	49	NC31	106	1588～2131	265	1923	31200	206.7
YSQ-121	121	51	NC38	129	2540～3402	423	2282	34900	331.2

5. 操作方法及注意事项

J(GJ)BF018 液压上击器的操作方法

1）钻具的组装

按顺序组装钻具上击器（从鱼顶向上）：打捞筒（打捞矛）+安全接头+上击器+钻铤+加速器+钻杆（浅井和斜井需加加速器）。

J(GJ)BF019 液压上击器的使用注意事项

2）操作步骤

（1）检查下井工具规格是否符合要求，部件是否完好。

（2）按设计要求接好钻具下井。

（3）按需用负荷上提钻具，刹车后等待上击。

（4）当钻台（井台）发生震动后，下放钻具关闭上击器。

3）注意事项

（1）上击器入井前须经实验架试验，检查上击器的性能，并填写资料卡片，架上试验规范见表 2-2-8。

表 2-2-8　液压上击器架上试验规范

规格型号	拉开时试验的最低负荷，kN	拉开上击器速度为 76.2cm/min 时的负荷，kN	井内许用最大载荷，kN
YSQ-95	35.5	66.7～115.7	204.5
YSQ-108	35.5	80.1～124.5	207.5
YSQ-121	44.5	124.5～200	331.2

（2）井内提拉时，上提力从小到大逐渐增加，直至许用值。

（3）上击器上、下腔中必须满油，各部密封装置不得渗漏。

（4）如果第一次震击不成功，则应逐步加大提拉力，或提高上提速度。

（5）如果不产生第二次震击，就应把钻具多放一些，完全关闭上击器。

（6）如果发生震击的时间过长，就不应该完全关闭上击器。

4）调整上击力

司钻可根据震击效果的大小，随时调整上击力，其方法是改变上提速度以调整上提负荷和根据井口所作标记改变上击器关闭程度。

5）上击器充油

上击器所用液压油是精制的高黏度的机械油。充油时，上接头朝上，并倾斜 30°，将手压泵软管的另一端接在中缸体的油口上，另一根软管接在上缸体的油口上，并与回油箱相通，然后慢慢泵油。此时回油箱内有气泡溢出，直至无气泡时停止泵油。对换进口、出口再次泵油，接头芯轴下行而关闭，旋紧各注油塞。

J(GJ)BF020 液压上击器的保养方法

6. 维修保养

(1)上击器每次下井前应拧紧各部螺纹；在做拉力试验时检查各部件是否漏油，如漏油必须更换密封件。

(2)每次使用完后，必须清洗干净，擦干并涂油，经试验台试验检查达到技术要求后，放阴干处保存；若试验不合格，应拆开检查，重装后再行试验。

(3)上击器故障及修理方法见表2-2-9。

表2-2-9 上击器故障及修理方法

故障	原因	修理方法
试验架上试验达不到规定负荷，卸荷不明显	密封装置漏油，上、下腔内油量不足，活塞与中缸体配合有间隙，节流缝隙过大，液压油黏度低	更换密封件，用手压泵按规定方法注满油；活塞环、中缸体对研，保证各活塞环缝隙互相错开
架上试验拉压负荷差值小，无卸荷显示	密封件严重漏洞，上、下腔窜通，活塞环密闭错误，活塞环折断，下端面不平	检查中缸体圆度值，如果活塞环超差应更换，活塞环安装时大端面朝下
架上试验时拉不开	节流缝隙小，油中有杂质堵塞缝隙，活塞环安装错误	检查油质或更换液压油，检查活塞环安装方向

7. 优点

(1)可将弹性变形能迅速变成瞬时向上的冲击动能；

(2)结构紧凑，操作容易；

(3)可传递扭矩，承受拉伸负荷。

J(GJ)BF021 倒扣下击器的结构

(五)倒扣下击器

1. 用途

倒扣下击器实质上是一个开式下击器，它除具备开式下击器的功用外，还可同倒扣器配套使用。

2. 结构

倒扣下击器主要由芯轴、承载套、键、筒体、销、导管、下接头及各种密封件组成，如图2-2-7所示。

芯轴上部是钻杆内螺纹，用以同倒扣器或钻杆连接。下部连接导管，用弹性销锁紧防松。在细而长的圆柱表面上，有5个半圆形槽。导管的光滑表面与下接头密封装置配合，密封着循环钻井液。连成一体的芯轴、导管，自上至下有一内孔，是循环钻井液的通路。

芯轴的外部是承载套、筒体等零件。承载套上端面经过表面处理，承受下击负荷。筒体上部内孔中有半圆形槽，内装圆柱形键。键把筒体、芯轴连在一起，传递扭矩，并允许芯轴上下滑动。筒体上有通孔平衡着筒体内外、上下压力，减少芯轴、导管上、下移动的阻力。圆柱形长键安装在筒体、芯轴半圆形键槽内，上被承载套压着，下被筒体内台肩挡住。该工具可传递很大扭矩，卸开螺纹后，随上升螺纹的移动前很轻松地上移，防止了因过大的压力致使松扣部位乱扣、粘扣。下接头与反扣打捞工具或倒扣抓捞工具连接，其内孔中有两道密封装置，封隔着高压循环修井液和上返修井液。

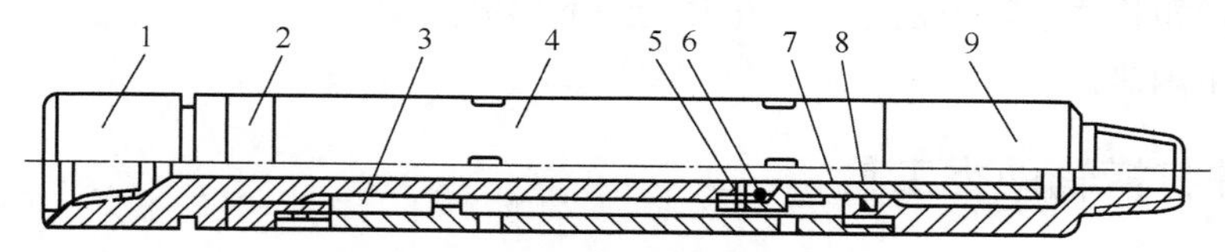

图 2-2-7　倒扣下击器

1—芯轴；2—承载套；3—圆柱套；4—筒体；5—弹性销；6，8—密封圈；7—导管；9—下接头

J(GJ)BF022 倒扣下击器的工作原理

3. 工作原理

倒扣下击器有两个功用：其一是作为下击器连接在管柱中，对卡点施以瞬间下砸力；其二是同倒扣器配合使用。前者的工作原理及动作过程与开式下击器相同，不再描述。倒扣器是用来对接头螺纹施加反扭矩，旋开连接接头的一种传递力矩的变向装置。倒扣器工作时必须固定在套管壁上，因此旋松螺纹的管柱升移量需要补偿，而倒扣下击器芯轴、筒体的自由伸缩，就使其成为倒扣过程中螺纹松扣升移量的补偿件。

工作前连接在倒扣器下端的下击器的芯轴相对筒体是拉开的。倒扣器上的反扭矩经芯轴、圆形键和筒体传至落鱼。接头螺纹旋松后，上升的管柱推动筒体上行，筒体相对芯轴移动，就补偿了螺纹旋开的升移量。

如果修井作业需要，安装有倒扣下击器的钻柱也可对卡点施以下击。

J(GJ)BF023 倒扣下击器的技术规范

4. 技术规范

倒扣下击器的技术规范见表 2-2-10。

表 2-2-10　倒扣下击器技术规范

序号	规格型号	外形尺寸 mm×mm	接头代号	使用规范及性能参数		配套倒扣器规格 mm(in)
				冲程 mm	允许传递扭矩 kN·m	
1	DXJQ95	ϕ95×1651	2⅞REG	406	10.8	ϕ95(3¾)
2	DXJQ105	ϕ105×1753	NC31(210)	406	20.7	ϕ103(4)
3	DXJQ148	ϕ148×2108	NC38(310)	457	48.39	ϕ148(6)
4	DXJQ197	ϕ197×2261	NC50(410)	457	85.72	ϕ197(8)

5. 操作方法

(1)井内下击解卡的操作与开式下击器相同。

(2)将倒扣下击器连接在倒扣器下端。

(3)倒扣操作时，使倒扣下击器全部拉开。

(4)倒扣作业中，若需对卡点施行下击，必须先关闭倒扣器，再按开式下击器操作程行。

6. 维修保养

(1)每次使用后，应拆卸全部零件，清洗干净。

(2)检查承载套、圆柱形键及其他零件，损伤件应更换。

(3)更换全部密封件。

(4)擦干后,涂油保存。

7. 优缺点

优点:传递扭矩大,能承受大的下击力,上、下移动灵活。

缺点:加工困难。

J(GJ)BE004 倒扣打捞矛的用途

J(GJ)BE005 倒扣打捞矛的工作原理

J(GJ)BE006 倒扣打捞矛的操作方法

J(GJ)BE001 倒扣打捞筒的结构

J(GJ)BE002 倒扣打捞筒的工作原理

J(GJ)BE003 倒扣打捞筒的操作方法

三、修井打捞辅助类工具

(一)倒扣打捞矛

1. 用途

倒扣打捞矛在倒扣作业中具有同时完成抓捞和传递左旋扭矩两种功能。它可以代替旋螺纹公锥,其功能与倒扣接头相似,不同的是,该工具不必与落鱼对扣,可以打捞落鱼内径的任何部位。倒扣打捞矛可以和安全接头、下击器、倒扣器等组合使用。

2. 结构

倒扣打捞矛由上接头、矛杆、连接套、止动片、卡瓦等组成,如图 2-2-8 所示。

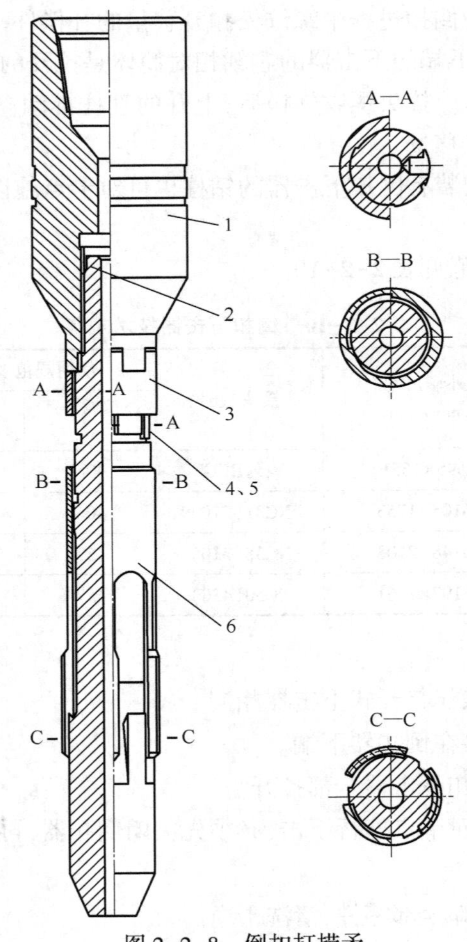

图 2-2-8 倒扣打捞矛

1—上接头;2—矛杆;3—花键套;4—限位块;5—定位螺钉;6—卡瓦

3. 工作原理

倒扣打捞矛的卡瓦抓捞部分为三瓣,卡瓦在矛杆上可以上下活动和转动一定角度。打捞时,分瓣卡瓦被压下,内锥面与矛杆锥面贴合,卡瓦外表面略带锥度,其抓捞部分外径略大于落鱼内径。卡瓦进入落鱼内腔时,上行到矛杆小锥端,靠弹性紧贴落鱼内壁,上提矛杆,矛杆锥面撑紧卡瓦,即可抓住落鱼。退倒扣打捞矛时,下放矛杆,使卡瓦相对处于矛杆处最高位置,再右旋90°到限位块限制的角度。这时,卡瓦的下端面将被矛杆下部的3个键顶住,不能再往下行,工具处于释放状态。

4. 操作方法

(1)倒扣打捞矛探进鱼顶,使卡瓦全部进入打捞部分,然后上提打捞管柱,悬重增加表明捞住落鱼,如果打捞矛打滑,可能打捞矛处于释放状态,应在工具进入鱼顶后左旋打捞管柱0.5~1圈,再上提即可捞住。

(2)倒扣:活动钻具,上提拉力应比欲倒出的落鱼负荷大些(适井下情况而定),按倒扣的操作规程进行。

(3)退倒扣打捞矛:右旋钻具,使卡瓦与矛杆相对转动90°,当卡瓦转动到限位块处,再上提即可退出打捞矛,同时也观察悬重变化判断。

(二)倒扣打捞筒

1. 用途

倒扣打捞筒是从落鱼外径处打捞和倒扣的一种工具,它可以代替母锥和打捞筒。

2. 结构

倒扣打捞筒由上接头、筒体、卡瓦、限位座、弹簧密封装置和引鞋组成,如图2-2-9所示。

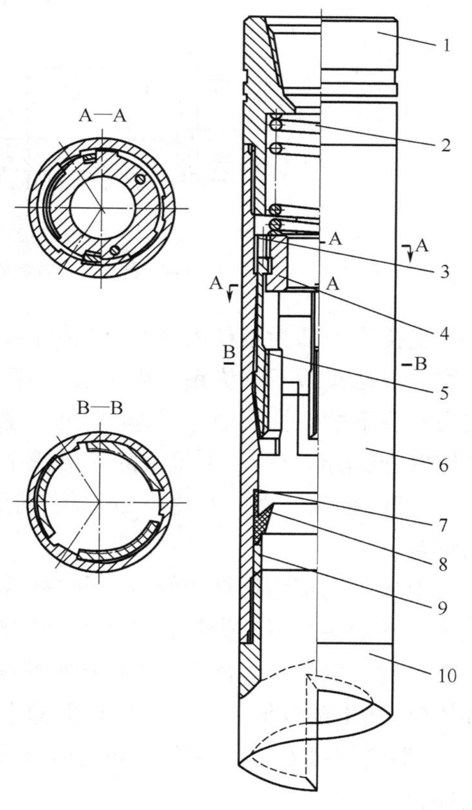

图2-2-9 倒扣打捞筒

1—上接头;2—弹簧;3—螺钉;4—限位座;5—抓捞卡瓦;6—筒体;7—上隔套;8—密封圈;9—下隔套;10—引鞋

3. 工作原理

筒体上部内壁上的3个键控制着限位座的位置,筒体下部的内圆锥面上也有3个键,用来传递扭矩。筒体的锥面使卡瓦产生夹紧力,实现打捞,3个键把筒体上的力矩传给卡瓦,实现倒扣。内倾斜面之间的夹角起限定卡瓦与筒体贴合位置的作用,便于工具退出落鱼。卡瓦共3片,均布在限位座上,并由弹簧压在3个键之间,当鱼顶将限位座及卡瓦顶到一定位置,并右旋90°时,卡瓦被限制,不能与筒体相对运动,工具处于释放状态。

4. 操作方法

(1)当卡瓦接触落鱼以后,卡瓦与筒体相对移动,卡瓦与筒体锥面脱开。筒体继续下行,直至限位座顶到上接头下端面上时,迫使卡瓦外胀,引入落鱼,被胀大了的卡瓦对落鱼产生夹紧力,上提钻具时，筒体上行，卡瓦与筒体锥面贴合，随着上提力的增加，三块卡瓦夹紧力也增大，使卡瓦内壁上的三角形牙咬住落鱼外壁，实现打捞。

(2)给打捞筒施加左旋扭矩，扭矩通过筒体两个键传给卡瓦和落鱼，实施倒扣。

(3)如果需要井下工具退出落鱼收回工具时，可以正转管柱，筒体带动限位座及卡瓦一起转动，并采取一边转动，一边上提的方法，即可退出落鱼。

5. 维修保养

与可退式卡瓦打捞筒相同。

J(GJ)BE010 倒扣安全接头的结构

(三)倒扣安全接头

1. 用途

倒扣安全接头像其他安全接头一样连接在工具管柱上，传递扭矩，承受拉、压和冲击负荷，而在打捞工具遇卡，或者动作失灵无法释放落鱼收回钻具时，可很容易地将此接头旋开收回安全接头以上的工具及管柱，再行处理下部钻柱和工具，可单独使用，也可作为倒扣器的配套工具。

2. 结构

倒扣安全接头由上接头、防挤环、下接头、密封件等组成，如图 2-2-10 所示。

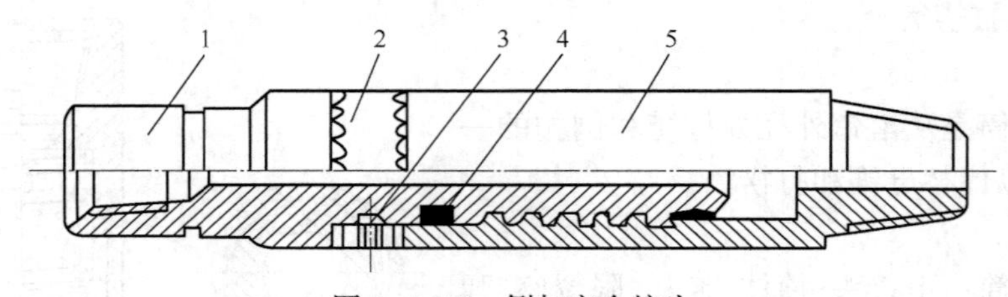

图 2-2-10 倒扣安全接头

1—上接头；2—防挤环；3—螺钉；4—密封圈；5—下接头

上接头上部为钻杆内螺纹，同钻杆或倒扣下击器连接，其余的细长的圆柱表面上是方扣螺纹。下接头最下端为钻杆内螺纹，同打捞工具连接。上、下接头之间是防挤环，套装在上接头台肩下的圆柱表面上，被4个沉头螺钉固定在上接头上，4个螺钉拧紧在环体上，穿过环体壁，凸出部分伸入上接头的环形槽中，使得防挤环可任意转动和少许沿轴向移动。环体上、下端经特殊处理。并均布16个半圆形孔，可十分有效地防止端面因受巨大压力和扭矩而黏合。

上接头上部为钻杆内螺纹，同钻杆或倒扣下击器连接，其余的细长的圆柱表面上是方扣螺纹。下接头最下端为钻杆外螺纹，同打捞工具连接。上、下接头之间是防挤环，套装在上接头台肩下的圆柱表面上，被4个沉头螺钉固定在上接头上，4个螺钉拧紧在环体上，穿过环体壁，凸出部分伸入上接头的环形槽中，使得防挤环可任意转动和少许沿轴向移动。环体上、下端经特殊处理。并均布16个半圆形孔，可十分有效地防止端面因受巨大压力和扭矩而黏合。

旋合在一起的上、下接头，从上至下有一个水眼，可保证循环修井液畅通。同时在上、下接头配合表面处有密封装置，封隔了下行及上返修井液的通道。

3. 工作原理

连接在钻具上的安全接头靠其防挤环与上、下接头的端面摩擦力传递扭矩，承受压力，靠其方牙螺纹承受拉力。与倒扣器配套使用时，一旦需要卸脱安全接头，必须先关闭倒扣器，再行旋开。倒扣器操作规程规定在90~150kN拉力下工作，此时倒扣安全接头能轻便地旋开。

4. 技术规范

J(GJ)BE011 倒扣安全接头的技术规范

倒扣安全接头的技术规范见表2-2-11。

表2-2-11　倒扣安全接头技术规范

序号	规格型号	外形尺寸 mm×mm	接头螺纹	传递扭矩 kN·m	配套倒扣器规格
1	DANJ95	ϕ95×762	27/8REG	11	DKQ95
2	DANJ105	ϕ105×762	NC31(210×211)	21	DKQ103
3	DANJ148	ϕ148×813	NC38(310×311)	48	DKQ148
4	DANJ197	ϕ197×813	NC50(410×411)	86	DKQ196

5. 操作方法

在钻柱悬重下边正转边上提，操作方法与倒扣器相同。

6. 维修保养

(1)每次用后清洗检查，更换易损件。

(2)擦干、涂油放阴干处保管。

7. 优缺点

(1)结构简单，动作灵活，性能可靠。

(2)承载能力大，在任何负荷下均能旋开。

J(GJ)BE012 爆炸松扣工具的结构

(四)爆炸松扣工具

1. 用途

爆炸松扣是在测准卡点之后，用爆炸的方法促使卡点以上第一个接头螺纹松扣，收回卡点以上部分管柱的方法。

2. 结构

爆炸松扣工具由提环、防磁外壳、磁定位器、加重杆、爆炸杆、雷管、导爆索和引鞋等组成，如图2-2-11所示。

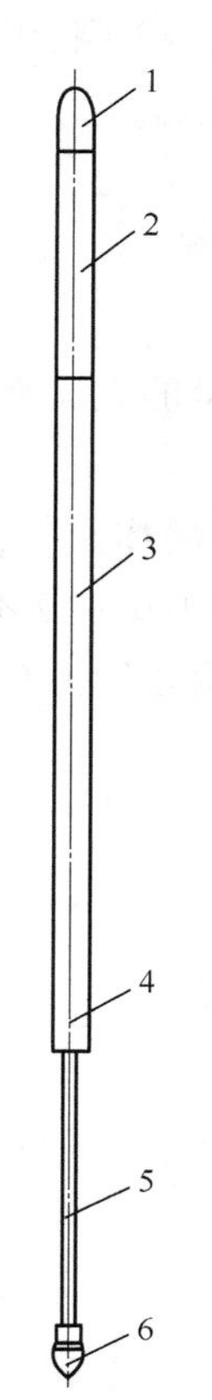

图2-2-11　爆炸松扣工具结构示意图

1—提环；2—磁定位器；3—加重杆；4—接线盒；5—爆炸杆；6—引鞋

提环用来连接电缆和提升爆炸松扣工具。磁定位器用来确定准确的爆炸位置。加重杆是保证工具顺利下放的附件。爆炸杆是导爆索、雷管的载体，与导爆索平行而均匀地缚束在周围。雷管能耐高温、高压，且引爆后产生高温、高压、高速的气流。引鞋呈锥形，位于工具最下端。

3. 工作原理

爆炸松扣是倒扣作业的一种形式。用定量的炸药引爆后，在管柱的接箍处产生高速冲击波，致使螺纹牙间的摩擦和自锁性瞬时消失或者大量减少，当即使连接螺纹在预先施加的反扭矩作用下松扣。这一方法与在地面上为卸开管线，边用锤头敲击接箍边施加反扭矩的道理相似。

J(GJ)BE013 爆炸松扣工具的操作方法

4. 操作方法

(1)测卡点位置，用磁定位器找出卡点以上第一个接箍的深度。

(2)旋紧全部井下管柱，通常当右旋的圈数等于返弹回的圈数时即可。

(3)根据通井情况选择合适的加重杆及爆炸松扣工具。

(4)上提打捞管柱，其负荷为卡点以上全部重量加10%，使卡点以上第一个接箍处于稍微受拉的状态。

(5)用电缆车从打捞管柱内下入爆炸松扣工具至预定深度，利用磁性定位仪测出松扣接箍位置，使导爆索中部对准接箍。

(6)施加反扭矩。如果井内打捞管柱是反扣，则应加正扭矩，力矩大小视松扣深度而定。现场使用证明，遇卡管柱为2⅞in钻杆，连接扣为内平扣，松扣深度在1500~2000m时，反转8~10圈为宜；遇卡管柱为2½in油管，松扣深度在1000m左右，反转2~3圈为宜。

(7)引爆。引爆后当遇卡管柱出现轻微上跳，并沿施扭方向转动2~3圈，说明爆炸成功，然后慢慢试提，指重表如显示爆炸位置以上的管柱重量，说明松扣成功。

(8)解卡卸扣后，起出电缆及管柱。

5. 注意事项

(1)爆炸松扣操作中，必须上提、加扭、导爆索对准接箍。

(2)导爆索的药量要适当，否则可能炸坏管柱或是不能松扣。药量的大小要由遇卡管柱的尺寸、钻井液的密度、爆炸深度决定。

大庆油田在2½in油管内，深度为810~1086m处清水或修井液里爆炸松扣，使用的药量为19g，直径ϕ6mm的射孔导爆索，效果很好，未发生异常现象。胜利油田在2⅞in内平钻杆内，深度为1343~1627m处，压井液为清水或修井液里爆炸松扣，所用药量为90g，倒扣获得成功。

6. 优缺点

(1)可按要求深度回收管柱，作业时间短、效率高。

(2)卸扣后鱼顶整齐，为下一步作业创造良好条件。

项目二　识别理论示功图

一、准备工作

(一)材料、工具

抽油泵理论示功图(不标注汉字)1副。

(二)人员

1人操作，持证上岗，劳动保护用品穿戴齐全。

二、操作规程

工序	操作步骤
理论示功图识别	(1)指出光杆的实际冲程是哪条线。 (2)指出柱塞冲程是哪条线。 (3)指出抽油杆在液体中的重量是哪条线。 (4)指出抽油泵内液柱重量是哪条线。 (5)指出光杆承受的静负荷是哪条线。 (6)指出抽油杆伸缩长度是哪条线。 (7)指出油管伸缩长度是哪条线。 (8)指出冲程损失是哪条线。 (9)指出抽油泵一个冲程所做的功是哪个区域。 (10)指出增载线为什么是斜的

项目三　根据示功图分析抽油泵工作状态

一、准备工作

(一)材料、工具

抽油泵工作正常的示功图、抽油泵砂卡的示功图、抽油泵蜡卡的示功图、游动阀漏失的示功图、气体影响的示功图、油井连喷带抽的示功图、抽油杆脱的示功图、柱塞碰泵的示功图、固定阀漏失的示功图、抽油杆刮井口的示功图各 1 幅(均不标出字样)。

(二)人员

1 人操作,持证上岗,劳动保护用品穿戴齐全。

二、操作规程

工序	操作步骤
根据示功图分析抽油泵的工作状态	(1)分析示功图 1 抽油泵的工作状态。 (2)分析示功图 2 抽油泵的工作状态。 (3)分析示功图 3 抽油泵的工作状态。 (4)分析示功图 4 抽油泵的工作状态。 (5)分析示功图 5 抽油泵的工作状态。 (6)分析示功图 6 抽油泵的工作状态。 (7)分析示功图 7 抽油泵的工作状态。 (8)分析示功图 8 抽油泵的工作状态。 (9)分析示功图 9 抽油泵的工作状态。 (10)分析示功图 10 抽油泵的工作状态

项目四　检修倒扣下击器

一、准备工作

(一)材料、工具

柴油若干,图样 1 张,150mm 锉刀 1 把,钢丝刷 1 把,1200mm、900mm 管钳各 1 把,300mm 游标卡尺 1 把,150mm 螺丝刀 1 把,油盆 1 个,紫铜棒 1 根,手锤 1 把,大锤 1 把,配套检修工具 1 套。

(二)人员

1 人操作,持证上岗,劳动保护用品穿戴齐全。

二、操作规程

序号	工序	操作步骤
1	准备工作	将准备的工具放置于专用工作台上,核对准备的工具数量和种类
2	检查	擦洗工具;检查下击器外观及螺纹
3	拆卸	(1)将倒扣下击器筒体固定在工作台的压力钳上。 (2)卸下下接头。 (3)卸开承载套,取出芯轴。 (4)依次取下密封圈、弹性销
4	更换、检测零件	(1)清洗零件,记录损伤的零件编号,更换新的零件。 (2)对损伤的零件本体、外径、内径等尺寸进行测量;使用螺纹规对螺纹类型进行测定,如果有螺纹损坏的话,要求记录
5	组装	(1)各零件先去毛刺,并清洗干净。 (2)密封配合面不得有咬痕等缺陷,组装时应涂上润滑油。 (3)螺纹连接均应涂上密封脂。 (4)按装配图及要求进行组装。 (5)O 形密封圈要涂抹润滑脂
6	收尾工作	对现场进行清理,收取工具,上交记录单等

三、注意事项

(1)清洗检查倒扣下击器,对各部分零部件进行表面检查。

(2)使用拆卸工具,按顺序拆卸倒扣下击器,对零部件外观及螺纹进行检查。

(3)清洗零部件,按要求测量和及时更换易损件。

(4)按顺序组装倒扣下击器。

项目五　检修开式下击器

一、准备工作

(一)材料、工具

柴油若干,图样 1 张,150mm 锉刀 1 把,钢丝刷 1 把,1200mm、600mm 管钳各 1 把,300mm 游标卡尺 1 把,150mm 螺丝刀 1 把,油盆 1 个,紫铜棒 1 根,手锤 1 把,大锤 1 把,配套检修工具 1 套。

(二)人员

1 人操作,持证上岗,劳动保护用品穿戴齐全。

二、操作规程

序号	工序	操作步骤
1	准备工作	将准备的工具放置于专用工作台上,核对准备的工具数量和种类
2	检查	擦洗工具;检查下击器外观及螺纹
3	拆卸	(1)将开式下击器外筒固定在工作台的压力钳上。 (2)卸下芯轴、芯轴外套。 (3)卸下紧固螺钉、撞击套。 (4)依次取下密封圈
4	更换、检测零件	(1)清洗零件,记录损伤的零件编号,更换新的零件。 (2)对损伤的零件本体、外径、内径等尺寸进行测量;使用螺纹规对螺纹类型进行测定,如果有螺纹损坏的话,要求记录
5	组装	(1)各零件先去毛刺,并清洗干净。 (2)密封配合面不得有咬痕等缺陷,组装时应涂上润滑油。 (3)螺纹连接均应涂上密封脂。 (4)按装配图及要求进行组装。 (5)O 形密封圈要涂抹润滑脂
6	收尾工作	对现场进行清理,收取工具,上交记录单等

三、注意事项

(1)清洗检查开式下击器,对各部分零部件进行表面检查。

(2)使用拆卸工具,按顺序拆卸开式下击器,对零部件外观及螺纹进行检查。

(3)清洗零部件,按要求测量和及时更换易损件。

(4)按顺序组装开式下击器。

项目六　检修 Y341-114 封隔器

一、准备工作

（一）材料、工具

柴油适量，图样 1 张，150mm 锉刀 1 把，钢丝刷 1 把，1200mm、900mm 管钳各 1 把，300mm 游标卡尺 1 把，专用工具台 1 个，150mm 螺丝刀 1 把，油盆 1 个，紫铜棒 1 根，手锤 1 把，大锤 1 把，8kg操作台 1 个，配套检修工具 1 套。

（二）人员

1 人操作，持证上岗，劳动保护用品穿戴齐全。

二、操作规程

序号	工序	操作步骤
1	准备工作	将准备的工具放置于专用工作台上，核对准备的工具数量和种类
2	检查	擦洗工具；检查工具外观及接头螺纹
3	拆卸	（1）将封隔器上接头固定在工作台的压力钳上。 （2）卸下下接头和下压帽。 （3）将活塞套与承压接头间的螺纹卸开，取下下压帽和活塞套，此时活塞套内部带有下卡簧压帽和活塞；用专用工具将卡簧压帽与活塞间的扣卸开，即可将它们从活塞套和下压帽中取出。 （4）拆下拉钉挂，取下承压接头。 （5）卸下上接头，依次取下密封环、密封隔件、隔环、承压套。 （6）使用量块对螺纹扣型进行审对，外螺纹出现损伤时，使用锉刀修复，并记录螺纹扣型
4	更换、检测零件	（1）清洗零件，记录损伤的零件编号，更换新的零件（如果因胶筒原因损坏，需更换全部胶筒）。 （2）对损伤的零件本体、外径、内径等尺寸进行测量；使用螺纹规对螺纹类型进行测定，如果有螺纹损坏的话，要求记录
5	组装	（1）根据装配图及编号的零件，按顺序组装封隔器： ①各零件先去毛刺，并清洗干净； ②检测各零件的尺寸精度是否符合图样要求，不合格者不得使用； ③凡密封配合面不得有咬痕等缺陷，组装时应涂上润滑油； ④凡螺纹连接均应涂上密封脂。 ⑤按装配图及要求进行组装。 （2）O 形密封圈要涂抹润滑脂。 （3）封隔器连接试压泵，标准小于 0.3MPa/5min
6	收尾工作	对现场进行清理，收取工具，上交记录单等

三、注意事项

（1）清洗检查 Y341 封隔器，对各部分零部件进行表面检查，对封隔器进行试压，检查是否有刺漏点。

（2）使用拆卸工具按顺序拆卸封隔器，对零部件外观及螺纹进行检查。

(3)清洗零部件,更换封隔器胶筒(小于 120℃)和 O 形密封圈,按要求测量和及时更换易损件。

(4)按顺序组装 Y341 封隔器,并进行试压,压力不大于 0.3MPa/30min。

项目七　检修倒扣打捞筒

一、准备工作

(一)材料、工具

柴油若干,图样 1 张,150mm 锉刀 1 把,钢丝刷 1 把,1200mm、600mm 管钳各 1 把,300mm 游标卡尺 1 把,150mm 螺丝刀 1 把,油盆 1 个,紫铜棒 1 根,手锤 1 把,大锤 1 把,配套检修工具 1 套。

(二)人员

1 人操作,持证上岗,劳动保护用品穿戴齐全。

二、操作规程

序号	工序	操作步骤
1	准备工作	将准备的工具放置于专用工作台上,核对准备的工具数量和种类
2	检查	擦洗工具;检查打捞筒外观及接头螺纹
3	拆卸	(1)将倒扣打捞筒上接头固定在工作台的压力钳上。 (2)卸下筒体和引鞋。 (3)取出弹簧。 (4)取出限位座和卡瓦。 (5)卸下上、下隔套和密封圈
4	更换、检测零件	(1)清洗零件,记录损伤的零件编号,更换新的零件。 (2)对损伤的零件本体、外径、内径等尺寸进行测量
5	组装	(1)各零件先去毛刺,并清洗干净。 (2)密封配合面不得有咬痕等缺陷,组装时应涂上润滑油。 (3)螺纹连接均应涂上密封脂。 (4)按装配图及要求进行组装。 (5)密封圈要涂抹润滑脂
6	收尾工作	对现场进行清理,收取工具,上交记录单等

三、注意事项

(1)清洗检查倒扣打捞筒外观。

(2)使用拆卸工具按顺序拆卸倒扣打捞筒,对零部件外观及螺纹进行检查。

(3)清洗零部件,并按要求测量和及时更换易损件。

(4)按顺序组装倒扣打捞筒。

模块三　综合管理

项目一　相关知识

一、计算机应用

J(GJ)BG001 Word 2003的基本操作方法

(一) Word 2003 的基本操作方法

1. 启动系统

运用【开始】菜单启动 Word 2003 系统：

执行【开始】/【程序】/【Microsoft Office】/【Microsoft Office Word 2003】命令，即可启动 Word 2003。

运用快捷图标启动 Word 2003 软件：

(1) 将光标置于【开始】/【程序】/【Microsoft Office】/【Microsoft Office Word 2003】子菜单命令上，单击鼠标右键，会弹出一个快捷菜单。

(2) 将鼠标移到【发送到】选项，在弹出的子菜单中单执行【桌面快捷方式】命令，桌面上会出现 Word 2003 的快捷方式图标。

(3) 在桌面上双击该(Word 2003 快捷图标)即可启动该应用程序。

在菜单栏中执行【文件】/【退出】命令，即可退出 Word 2003 程序。

2. 界面介绍

Word 2003 的工作界面主要包括标题栏、菜单栏、工具栏、标尺、文档编辑区、滚动条、任务窗格以及状态栏 8 个部分。

1) 标题栏

标题栏位于界面最上方的蓝色长条区域，分为两个部分。左边用来显示文件的名称和软件名称，右边是最小化/向下还原/退出 3 个按钮。

2) 菜单栏

菜单栏是命令菜单的集合，用于显示和调用程序命令的，包含【文件】【编辑】【视图】【插入】【格式】【工具】【表格】【窗口】和【帮助】9 项。

3) 工具栏

当启动 Word 2003 的工作界面时，会自动显示【常用】和【格式】两个工具栏，用户可以根据需要显示或隐藏某个工具栏。

Word 2003 提供了多个工具栏，通常在窗口中显示的只是常用的部分。执行菜单栏中的【视图】/【工具栏】命令，会弹出工具栏菜单。在该命令菜单中，可以看到一些命令前面都有“√”标记，则表明该命令按钮已在工具栏中显示。

(1) 在工具栏中，执行【绘图】命令，【绘图】窗口被打开。

(2)执行菜单栏中的【工具】/【自定义】命令,将弹出【自定义】对话框。

(3)在【自定义】对话框中的【工具栏】选项中,勾选所要显示的工具栏。

(4)设置完选项后,关闭对话框,便恢复了工具栏的显示。

4)标尺

标尺位于文本编辑区的上边和左边,分水平标尺和垂直标尺两种。

(1)执行菜单栏中的【视图】命令,弹出下拉菜单。在【标尺】命令的左侧如有“√”符号,说明标尺已显示,如没有“√”符号,说明正处在隐藏状态。

(2)执行【标尺】命令,标尺被显示或隐藏。

5)文档编辑区

文档编辑区位于窗口中央,用来输入、编辑文本和绘制图形的地方。

6)滚动条

滚动条位于文档编辑区的右端和下端,调整滚动条可以上下左右的查看文档内容。

7)任务窗格

任务窗格集中了 Word 2003 应用程序的常用命令。由于它的尺寸小,所以用户可以在使用这些命令的同时继续处理文件。

8)状态栏

状态栏主要用来显示已打开的 Word 文档当前的状态,如当前文档页码、文档共有多少节、文档的总页码、当前光标的位置等信息。用户通过状态栏可以非常方便地了解当前文档的相关信息任务。

3. 新建文档

(1)只要启动 Word 2003 程序,系统就会自动建立一个命名为“文档 1”的新文档。

(2)如想再次创建新文档,单击工具栏中的【新建空白文档】按钮,新文档便创建完成,新文档的文件名会被自动定义。

(3)执行菜单栏中的【文件】/【新建】命令,会弹出任务窗格,单击【空白文档】命令选项,会建立一个新文档。

4. 输入文档内容

输入文档内容包括英文、中文和符号的输入。

1)输入英文字母

(1)英文可通过键盘可直接输入。敲击键盘,可直接输入“how are you”小写字母。

(2)敲击键盘中的 CAPS LOCK 键后,键盘右上方的第 2 个灯亮了,输入的英文字母为大写。

(3)如果想继续输入小写字母,可再次敲击键盘中的 CAPS LOCK 键,键盘右上方的第 2 个灯灭了,可输入小写字母。

2)输入中文

(1)单击窗口右下角任务栏中的输入法按钮,弹出输入法菜单。

(2)在输入法菜单中选取自己会用的中文输入法选项。

(3)运用键盘便可输入文字。

(4)需要换行时,可敲击键盘中的 Enter 键。

3）输入标点符号

在键盘中，一个按键包含了上下两个标点符号，下面以"；"和"："为例，分别学习它们的输入方法。

（1）在文档输入窗口中，将文档输入光标放置在分号需要输入的位置。

（2）直接敲击键盘中的"；"键，分号便被输入。

（3）在文档输入窗口中，将文档输入光标放置在冒号需要输入的位置。

（4）按住键盘中的 Shift 键，再敲击"："键，冒号便被输入。

4）输入通知文稿

（1）执行菜单栏中的【文件】/【新建】命令，创建一个新文档。

（2）执行菜单栏中的【视图】/【页面】命令，设置文档的外观显示。

（3）单击右下角的按钮，弹出输入法菜单，在输入法菜单中选取中文输入法选项。

（4）输入名称"通知"。敲击键盘中的 Enter 键，光标被移动到下一行，要继续输入下一段的文字。

（5）敲击键盘中的逗号键，可直接输入逗号。

（6）在输入散文的过程中，需要输入左括号，可按住键盘中的 Shift 键，再敲击"（"键。

5. 保存文档

在编辑文档的过程中，一切工作都是在计算机内存中进行的，如果突然断电或系统出现错误，编辑的文档就会丢失，因此就要经常保存文档。

1）保存未命名文档

（1）执行菜单栏中的【文件】/【保存】命令或者单击工具栏中的【保存】按钮，会弹出【另存为】对话框。

（2）单击【保存位置】选项框右侧的按钮，弹出列表框，根据自己的需要选择文档要存放的路径及文件夹。

（3）在【文件名】选项右侧的文本框处，输入保存的文档名称（通常默认的文件名是文档中的第一句）。

（4）在【保存类型】选项处单击右侧的按钮，选择保存文档的文件格式。

（5）设置完成后，单击对话框中的确定按钮即可完成保存操作。

（6）敲击键盘中的 Ctrl+S 组合键，也可以对文件进行保存。

2）保存已有的文档

保存已有的文档有两种形式：第一种是将文稿依然保存到原文稿中；第二种，是另建文件名进行保存。

（1）如果将以前保存过的文档打开修改后，想要保存修改，直接敲击键盘中的 Ctrl+S 组合键或者单击工具栏中的【保存】按钮即可。

（2）如果不想破坏原文档，但是修改后的文档还需要进行保存，可以直接执行菜单栏中的【文件】/【另存为】命令，在弹出的【另存为】对话框中，为文档另外命名然后保存即可。

3）自动保存文档

Word 2003 提供了自动保存的功能，即隔一段时间系统自动保存文档，需要用户来设置文档保存选项。

（1）执行菜单栏中的【工具】/【选项…】命令，在弹出的【选项】对话框中，单击【保存】选项卡。

（2）在【选项】对话框中，将【自动保存时间间隔】选项前面的复选框勾选，然后单击右侧框中的⇔按钮，设置两次自动保存之间的间隔时间。

（3）设置完成后，单击对话框中的确定按钮，退出对话框即可。

6. 打开文档

如果想再次编辑以前的文档，就需要将该文档再次打开。

1）打开已有的文档

（1）执行菜单栏中的【文件】/【打开】命令，弹出【打开】对话框。

（2）在弹出的【打开】对话框中选择需要的文档。

（3）单击对话框中的【打开（O）】按钮，即可将文件打开。

（4）单击常用工具栏中的【打开】按钮，也可弹出【打开】对话框。在弹出的【打开】对话框中选择需要的文档，再单击【打开（O）】按钮，将文件打开即可。

2）打开最近的文档

执行菜单栏中的【文件】命令，在弹出的菜单底部显示最近打开过的文件名，单击任意一个文件名，文件便被打开。

7. 选取文本

选取文本的目的，就是能够更方便的执行文本的移动、删除、复制等编辑工作。

1）运用鼠标选取文本

（1）将光标置于要选取的文字前，按下鼠标向后拖曳，可将文字选取。

（2）在一个词内或文字上双击鼠标，可将整个词和文字选取。

（3）在一段文本内三次单击鼠标，可将整个段落选取。

（4）将光标置于句首，将光标变为↖形状时，单击鼠标，可将整行文字选取。

（5）将光标置于句首，将光标变为↖形状时，双击鼠标，可将整段文字选取。

2）运用键盘选取文本

（1）将光标置于被选文本的前（后）面，按住键盘中 Shift 键的同时，敲击键盘中的“→”或“←”方向键，可向后或向前选定文本。

（2）如果要实现文本的竖向选择，按住键盘中 Shift 键的同时，敲击键盘中的“↑”或“↓”方向键。

（3）敲击键盘中的 Ctrl+A 键，可将整篇文档选取。

（4）执行菜单栏中的【编辑】/【全选】命令，也可将整篇文档选取。

8. 删除、复制和粘贴文本

1）删除文本

（1）光标在错误文字的后面闪烁时，敲击键盘中的 Backspace 退格键，可以将前面的错误文字删除。

（2）将光标置于错误文字的前面，敲击键盘中的 Delete 键，也可删除错误的文字。

（3）如果整行的文字需要修改，将文本选取，敲击键盘中的 Delete 键将其删除，然后输入正确的文字。

2）复制和粘贴文本

（1）选取要复制的文本。

（2）执行菜单栏中的【编辑】/【复制】命令（也可敲击键盘中的 Ctrl+C 键），可将选取的文本复制。

（3）将光标置于需要粘贴的位置。

（4）执行菜单栏中的【编辑】/【粘贴】命令（也可敲击键盘中的 Ctrl+V 键），此时刚刚复制的内容粘贴到目标位置。

（5）将光标置于选定的文本上，单击鼠标右键，在弹出的右键菜单中单击【复制】命令，可将选取的文本复制。将光标置于目标位置，单击鼠标右键，在弹出的右键菜单中执行【粘贴】命令。

（6）单击工具栏中的　按钮。将光标置于目标位置，单击工具栏中的　按钮即可完成操作。

3）撤销和恢复操作

（1）运用光标选取文档内容。

（2）敲击键盘中的 Delete 键，选取的文档被删除。

（3）单击工具栏中的【恢复键入】按钮（或者敲击键盘中的 Ctrl+Z 键），撤销前一次删除文档的操作。

（4）单击工具栏中的【撤销键入】按钮（或者敲击键盘中的 Ctrl+Y 键），又被返回到被删除文档后的效果。

9. 查找和替换文档内容

1）查找文本

（1）输入一段文本。

（2）执行菜单栏中的【编辑】/【查找】命令（或者敲击键盘中的 Ctrl+F 键），会弹出【查找和替换】对话框。

（3）在对话框的【查找内容】选项右侧的文本框中输入文字。

（4）单击对话框中的【查找下一处（F）】按钮，文本中查找到的文字已经被选取。

（5）再次单击对话框中的【查找下一处（R）】按钮，文本中下一个文字又被选取。

2）替换文本

（1）输入一段文字。

（2）执行菜单栏中的【编辑】/【替换】命令（或者敲击键盘中的 Ctrl+H 键），会弹出【查找和替换】对话框。

（3）在对话框中的【查找内容】选项文本框中输入文字，然后在【替换为】选项文本框中输入文字。

（4）单击对话框中的【查找下一处（F）】按钮，将要替换的文本被选取。

（5）单击对话框中的【替换（R）】按钮，文字被替换，下一处需要替换的文本会自动被选取。

（6）如果不需要替换该文本，可继续单击【查找下一处（F）】按钮，寻找下一个需要替换的文本。

(7)当最后一个替换完成,会弹出一个提示对话框。通常单击提示对话框中的【确定】按钮,如果已经全部查找完毕,系统会自动弹出一个提示对话框,提示操作已完成。

(8)如果需要全部替换,可单击对话框中的【全部替换(A)】按钮即可,系统会弹出一个提示框来说明所替换的文本个数。

应用【查找和替换】对话框不仅是对文字进行查找和替换,还可以查找指定的格式、段落标记、分页符和其他项目等。

10. 文档定位

1)运用【定位】命令定位文档

(1)执行菜单栏中的【编辑】/【定位】命令(或者敲击键盘中的 Ctrl+G 键),弹出【查找和替换】对话框。

(2)在【定位目标】选项框内选择相应的目标单位,在【输入页号】选项下的文本框内,输入需要浏览的相应数值。

(3)单击【定位(T)】按钮后,窗口中会立刻显示出需要浏览的文稿内容。

2)运用【书签】命令定位文稿

(1)运用【书签】命令定位文稿,就是在文稿中添加标记,然后查寻标记,便可轻松地浏览该文稿。

(2)将光标移动到文稿中需要插入书签的位置。

(3)执行【插入】/【书签】命令,在弹出的【书签】对话框中,输入书签名。

(4)输入名称之后,单击【添加(A)】按钮,标记便被添加。

(5)当再需要浏览该文档时,执行【插入】/【书签】命令,在弹出的【书签】对话框中选取所插入的书签名称。

(6)单击对话框中的【定位(G)】按钮,此时光标会立刻跳到插入书签的位置。

3)运用滚动条浏览文档内容

(1)单击滚动条中的△▽◁▷按钮,可以将文稿内容向上、下、左、右一行或一列滚动。

(2)移动滚动条中的滑块,可以使文稿快速并大距离的移动。

(3)运用【选择浏览对象】按钮浏览文档内容。

(4)单击滚动条中的【选择浏览对象】按钮,在弹出的选项框中,单击【按页浏览】选项。

(5)单击滚动条中的【前一页】和【下一页】按钮,文档会跳转至上一页或下一页。

11. 插入符号

1)插入菜单中符号

(1)执行菜单栏中的【插入】/【符号】命令,弹出【符号】对话框。

(2)选取要插入的符号,然后单击对话框中的【插入(I)】按钮,即可将该符号插入到文档中。

(3)在对话框的【近期使用过的符号】选项下,显示了用户最近用过的一些符号。

2)插入键盘中特殊字符

(1)将输入法切换到“五笔型”输入状态或“标准”汉语拼音输入状态,会出现中文浮动条。

(2)在中文浮动条右侧的【软键盘】按钮上单击鼠标右键,弹出键盘列表。

(3)勾选任一特殊键盘,窗口中会出现相应的键盘,如勾选“标点符号”,窗口中将出现键盘。

(4)单击键盘上要插入的符号,则选取的符号将被插入到当前光标所在处。

(5)应用完毕,再次单击中文浮动条上的【软键盘】按钮即可退出特殊符号编辑状。

J(GJ)BG003 文本基本格式的设置

(二)文本格式的设置

1. 视图方式

执行菜单栏中的【视图】命令,在弹出的子菜单中可以选择普通、Web 版式、页面、阅读版式、大纲视图这 5 种视图方式。

执行菜单栏中的【文件】命令,在弹出的子菜单中,可以选择网页预览和打印预览两种视图方式。

同样还可以在文档窗口中单击左下角的 5 个视图切换按钮:普通视图、Web 版式视图、页面视图、大纲视图、阅读版式进入相应的视图。

1)普通视图

执行菜单栏中的【视图】/【普通】命令,文档编辑区变为普通视图显示状态。这种视图方式对输入、输出及滚动命令的响应速度较其他几种视图要快,并且能够显示大部分的字符和段落格式。该视图最适合于普通的文字输入和编辑工作。普通视图能连续显示文档,栏是按实际宽度单栏显示,而不是并排显示。在普通视图中,不显示页边距、页眉页脚等信息。

2)Web 版式视图

执行菜单栏中的【视图】/【Web 版式】命令,文档编辑区变为 Web 版式视图显示状态。该视图将显示文档在 IE 浏览器中的外观,包括背景、包装的文字和图形,即在屏幕上显示的效果就是在浏览器中的效果,便于阅读。Web 版式视图不显示分页、页眉页脚等信息。

3)页面视图

执行菜单栏中的【视图】/【页面】命令,文档编辑区变为页面视图显示状态。该视图所显示出来的效果同打印出来的样式是一致的。分页符被形象的页边界所代替,以纸张页面的形式显示,精确地显示文本、图形及其他元素在最终的打印文档中的情形,在页面视图中,可以看见整张纸的形态,对页边距、页眉页脚都有清楚的显示。页面视图适合在文档编辑的中期阶段使用,可以对文本、格式、版面、文档的外观、页眉页脚等进行操作。

4)阅读版式视图

执行菜单栏中的【视图】/【阅读版式】命令,文档编辑区变为阅读版式视图显示状态。这是 Word 2003 提供的一个新的视图版式,有了阅读版式视图,可以在屏幕上阅读以前需要打印的文档。这种视图不更改文档本身,只更改页面版式并改善字体的显示,以便文本更易于阅读。当进入阅读版式视图时,会弹出【阅读版式】工具栏。

5)大纲视图

执行菜单栏中的【视图】/【大纲】命令,文档编辑区变为大纲视图显示状态。该视图提供了一个处理提纲的视图界面,能分级显示文档的各级标题、层次分明。切换到大纲视图后,系统会自动弹出【大纲】工具栏,工具栏提供了在大纲视图下操作的全部功能。

6）网页预览

执行菜单栏中的【文件】/【网页预览】命令，文档编辑区变为网页预览视图显示状态。网页预览借助 Internet Explorer 显示文档，该视图中不能对文档进行编辑，它只是查看文档的最终外观效果的一种方式。

7）打印预览

执行菜单栏中的【文件】/【打印预览】命令，文档编辑区变为打印预览视图显示状态。打印预览窗口会显示出文档打印后的外观效果，在默认的情况下，该视图会显示出完整的页面。在文稿内单击，可以选中整个页面的前半部分或后半部分，还可以放大视图进行预览。

2. 设置页面格式和内容

执行菜单栏中的【文件】/【页面设置】命令，弹出【页面设置】对话框。在该对话框中包含了页边距、纸张大小、页面方向等设置，它们都是为整个页面排版布局而服务的。

1）页边距

（1）执行菜单栏中的【文件】/【页面设置】命令，打开【页面设置】对话框。

（2）在【页边距】命令中，设置或调整【上】【下】【左】【右】选项框中的数值，可设置文字与页面边缘的距离。

（3）【页边距】命令中还包含了其他两个命令，它们的用途如下：

①【装订线位置】用于设置装订线到纸边的位置。

②【装订线】：设置装订线边距的精确数值。设置该选项时，可设定装订线到纸边的距离。

③ 打印文档可以采取横向和纵向两种方式，在【方向】选项中，单击【横向】或【纵向】即可。

④ 可以在一篇文档中同时使用【横向】或【纵向】两种方向。在改变部分文档的页面方向时，先选将文档内容选取，在【应用于】命令选项中选取【所选文字】选项后，再改变方向即可。

2）设置纸张大小

（1）执行菜单栏中的【文件】/【页面设置】命令，在弹出的【页面设置】对话框中单击【纸张】选项。

（2）在【纸张大小】命令下方的【宽度】和【高度】命令中设置参数。

（3）单击【纸张大小】选项右侧的▼按钮，在弹出一个下拉列表框可以选择需要的纸张类型。

3）页面垂直对齐方式

（1）打开【页面设置】对话框，单击【版式】选项。

（2）页面垂直对齐方式是以整个页面为对象单位的，决定了段落文字相对于上页边距和下页边距的位置。

（3）在【垂直对齐方式】下拉列表框中，单击所需的对齐方式。

4）用标尺改变页边距

如果要改变左右页边距，可用鼠标指向水平标尺上的页边距边界，待光标变为左右双向箭头后拖动页边距边界即可。如果要改变上下页边距，可用鼠标指向垂直标尺上的页边距边界，待光标变为上下双向箭头后拖动页边距边界即可。

3. 插入页眉与页脚

页眉位于页面顶部，可以添加一些关于书名或者章节的信息。页脚处于最下端，通常会把页码放在页脚里。

（1）执行菜单栏中的【视图】/【页眉和页脚】命令，自动弹出【页眉和页脚】工具栏。

（2）页眉和页脚的编辑方法和正文的编辑方法完全一样。此外，页眉和页脚还可以用于说明一些文档的信息，例如添加页码或其他的信息等。

（3）单击【插入“自动图文集”（S）】按钮右侧的下拉黑箭头，在弹出的下拉菜单中显示可以为页眉或页脚添加的内容，如页码、文档创建日期、作者等。

（4）单击【插入页码】按钮，可在光标所在处插入页码。

（5）单击【插入页数】按钮，可在光标所在处插入文档的总页数。

（6）单击【设置页码格式】按钮，将弹出【页码格式】对话框，在该对话框中可以设置页码的格式。

（7）单击【插入日期】按钮，可将当前日期插入到光标所在位置。

（8）单击【插入时间】按钮，可将当前时间插入到光标所在位置。

（9）单击【页面设置】按钮，弹出【页面设置】对话框，可以在对话框中设置页眉和页脚的格式。

（10）单击【显示/隐藏文档文字】按钮，将显示或隐藏文档的主要文字。

（11）单击【链接到前一个】按钮，可以将不同节之间的页眉和页脚链接。如果文档只有一节，那么该按钮为不可选状态。

（12）单击【在页眉和页脚间切换】按钮，向上或向下滚动页面，可以在页眉和页脚的编辑状态间转换。

（13）如果页眉和页脚在奇偶页上不同，可以运用【显示前一项】和【显示下一项】按钮从一项移到另一项。

（14）单击【关闭（C）】按钮即可返回正文编辑状态。

4. 插入脚注和尾注

脚注和尾注主要用于为文档中的文本提供解释、批注以及相关的参考资料。脚注出现在文档中每一页的底端。尾注出现在本节的结尾或文档的结尾。

（1）在文档中将光标置于要插入注释的位置。

（2）执行菜单栏中的【插入】/【引用】/【脚注和尾注】命令，会弹出【脚注和尾注】对话框。

（3）在【位置】选项点选择需要插入脚注。

（4）在【格式】选项设置所需要的格式。

（5）如果要插入自己喜欢的符号，可单击【自定义】选项右侧的【关闭（Y）】按钮，在弹出的【符号】对话框中选择自己需要的符号即可。

（6）设置完成后，单击【插入（I）】按钮，此时，在光标处将插入注释编号，同时，在页面底端或者文档尾部将出现注释编号，可在光标所在处输入自己的注释文本。

(7)输入完毕后,单击页面的其他位置即可完成脚注或尾注的插入。

(8)要删除脚注或尾注,在文档中选取要删除的尾注或脚注,然后敲击键盘中的 Delete 键即可。

5. 设置行号

(1)执行菜单栏中的【视图】/【页面】命令,将文档编辑区设置为页面视图显示状态。

(2)如果要给整篇文档添加行号,就需要执行【编辑】/【全选】命令将文字全选。

(3)如果要给部分文档添加行号,就需要选取部分文字。

(4)如果要给某节设置行号,就需要选定所需的章节。

(5)执行菜单栏中的【文件】/【页面设置】命令,在弹出【页面设置】对话框中,单击【版式】选项。

(6)如果要为部分文档设置行号,就选取【应用范围】框中的【所选文字】选项,否则选取【整篇文档】选项。

(7)单击　按钮,弹出【行号】对话框中。

(8)首先选择【添加行号】命令,然后设置其他选项和参数。

(9)单击对话框中的【确定】按钮,文字被添加了行号。

(10)如果要删除行号,需再次打开【行号】对话框,只要取消勾选【添加行号】命令,行号便被删除。

6. 分栏

1)设置分栏的版式

(1)执行菜单栏中的【视图】/【页面】命令,将文档编辑区设置为页面视图显示状态。

(2)为文档内容进行分栏,有以下 3 种形式:

① 如果要给整篇文档设置分栏格式,就需要执行【编辑】/【全选】命令,将文字全选。

② 如果要给部分文档设置分栏格式,就需要选取部分文字。

③ 如果要给某节设置分栏格式,就需要选定所需的章节。

(3)执行菜单栏中的【格式】/【分栏】命令,会弹出【分栏】对话框。

(4)在【预设】区域中,可以挑选任意一种样式。

(5)选取【两栏】选项,此时文稿被分成两栏。

(6)还可以在【栏数】命令中,直接输入参数。

(7)在【宽度和间距】命令中,可以精确的设置栏宽度和间距数。

(8)如要在每栏之间添加竖线,勾选【分隔线】命令。

(9)如果要取消分栏效果,需再次打开【分栏】对话框,在【预设】区域中,选取【一栏】选项即可。

2)转到下页进行分栏

(1)将光标放置在需要转下一页分栏的前方。

(2)执行菜单栏中的【插入】/【分隔符】命令,在弹出的【分隔符】对话框中点选【分栏符】选项。

(3)单击对话框中的【确定】按钮,光标以后的文档内容被自动转到下一页。

J(GJ)BG002 编辑文本内容的操作方法

(三)编辑文本内容的操作方法

1. 运用【格式】工具栏设置字符

(1)执行菜单栏中的【视图】/【工具栏】/【格式】命令,会弹出【格式】工具栏。

(2)单击【格式】工具栏中的【格式窗格】按钮,弹出【样式和格式】任务窗格。在该窗格中,只要将编辑的文稿选取,然后单击窗格中的文字样式,选取的文字便被定义成该样式。

(3)单击【格式】工具栏中“字体”文字框后的下拉菜单按钮,会弹出字体列表框。

(4)选取需要设置的文字,单击列表框中的任何字体(如隶书、宋体、黑体、仿宋等)。

(5)单击【格式】工具栏中“字号”文字框后的下拉菜单按钮,可弹出字号列表框。

(6)选取需要设置的文字,单击列表框中的任何字号(如初号、二号、小三、10.5、16、22等),编辑文字字号,可以在框内自行设置数值,然后敲击键盘中的 Enter 键确认。

(7)单击【格式】工具栏中的【加粗】按钮,可将选取的文本加粗,如果选取的文本已经处于粗体状态,那么单击此按钮可取消加粗编辑。

(8)单击【格式】工具栏中的【倾斜】按钮,可以使选取的文本以斜体方式出现在文本中。它与【加粗】按钮一样,如果已选取的文本已处于斜体状态,单击该按钮可将该文本进行取消斜体编辑。

(9)单击【格式】工具栏中的【下划线】按钮,可以为文本添加下划线。单击按钮右边的下拉菜单按钮,在弹出下拉菜单中可以选择下划线的样式及颜色。

(10)选取需要设置下划线的文字,单击列表框中的任何一种下划线样式,文字的下划线便被添加。

(11)单击【格式】工具栏中的【字符边框】按钮,可以为选取的文本添加边框,再次单击该按钮,可将边框取消。

(12)单击【格式】工具栏中的【字符底纹】按钮,可以为文本添加底纹效果,再次单击该按钮,可将底纹效果取消。

(13)单击【格式】工具栏中的【字符缩放】按钮,可以将文本水平方向拉伸。

(14)单击其右侧的▼小按钮,在弹出的下拉菜单中可以选择字符的缩放比例。

(15)要恢复原字体的比例时,单击菜单中的100%命令即可。

(16)单击【格式】工具栏中的【突出显示】按钮,可以为所选文本覆盖一种颜色来衬托,从而起到突出文本的效果。单击其右侧的▼小按钮,在弹出的颜色框中可以选择不同的颜色。

(17)要取消文本的突出显示时,单击颜色板中的【无】选项即可。

(18)单击【格式】工具栏中的【字体颜色】按钮,可以改变文字本身的颜色,单击其右侧的▼小按钮,在弹出的颜色框中可以选择不同的字体颜色。

(19)选取需要标注拼音的文字后,单击【格式】工具栏中的【拼单指南】按钮,弹出【拼单指南】对话框,单击【确定】按钮,文字被添加上拼音。

(20)要删除拼音时,将文本选取,单击【拼音指南】对话框【全部删除(V)】按钮即可。

(21)选定文字后,单击【格式】工具栏中的【带圈字符】按钮该按钮,将弹出【带圈字符】对话框,在对话框中设置选项。再单击【确定】按钮,文字添加了圈号。

2. 运用菜单命令设置字符

执行菜单栏中的【格式】/【字体】命令，弹出【字体】对话框，该对话框中包含了【字体】【字符间距】和【文字效果】3 种选项，它可以一次性的更改多项设置。

【字体】对话框中有三个选项卡，每个选项卡控制的字符格式不一样。

1）字体

单击【字体】选项，可以看到它与【格式】工具栏中的命令大体相同，也对文本进行字体、颜色、大小、删除线等设置。

2）字符间距

单击【字符间距】选项，弹出的对话框。这里可以精确设置字符的显示比例、间距及位置。

（1）【缩放】选项：在不影响文字大小的情况下调整其宽度。

（2）【间距】选项：主要调整文字之间距离的大小。

（3）【位置】选项：调整所选文字相对于标准文字基线的位置。

（4）【预览】选项：主要用于对文字效果进行显示，应用上述选项对字体进行设置时，设置后的文字效果将在预览框中显示。

3）文字动态效果

（1）在【动态效果】框中共有 6 种动态效果，单击任意一种效果，再单击【确定】按钮，文字动态效果便被添加。

（2）如要取消动态效果，在【动态效果】框中，单击【无】选项即可。

3. 首字下沉

（1）选取要编辑下沉的文字。

（2）执行菜单栏中的【格式】/【首字下沉】命令，会弹出【首字下沉】对话框。

（3）在【位置】选项中，包含了 3 种类型，选取【无】选项时，文字不被编辑，保持着原来效果。

（4）选取【下沉】选项，然后设置【选项】下方的【字体】【下沉行数】【距正文】命令。

（5）选取【悬挂】选项，然后设置【选项】下方的【字体】【下沉行数】【距正文】命令。

4. 文字方向

执行菜单栏中的【格式】/【文字方向】命令，在弹出的【文字方向】对话框中，单击需要的文字方向类型即可。

5. 段落编辑

1）显示和隐藏段落标记

（1）如果文档中已显示着段落标记，执行菜单栏中的【工具】/【选项】命令，在弹出的对话框中将【段落标记】选项中的勾选取消，段落标记便隐藏了。

（2）如果需要显示段落标记时，再将【段落标记】选项勾选即可。

2）段落对齐方式

（1）段落的对齐方式可以在【格式】工具栏里直接设置。

（2）单击【两端对齐】按钮，可将所选文字按正常向两端排列对齐（快捷键是 Ctrl+J）。

（3）单击【居中】按钮，可将所选文字居中对齐（快捷键是 Ctrl+E）。

(4)单击【右对齐】按钮，可将所选文字向右对齐(快捷键是 Ctrl+T)。

(5)单击【分散对齐】按钮，可将所选文字向两端分散对齐(有的字符间距将被拉大)。

(6)还可以执行菜单栏中的【格式】/【段落】命令，在弹出的【段落】对话框中选取【缩进和间距】选项，在【对齐方式】命令中也可以对文字对齐进行设置。

6. 段落的缩进

1)【格式】工具栏设置段落缩进

(1)【格式】工具栏里包含着【增加缩进量】和【减少缩进量】两个段落缩进的命令。

(2)将光标置于要调整的段落中的任意位置，单击【增加缩进量】按钮，整段文字将向右推移一个字的距离。

(3)将光标置于要调整的段落中的任意位置，单击【减少缩进量】按钮，可将文字向左移动一个字的距离。

2)【段落】对话框设置段落缩进

(1)执行菜单栏中的【格式】/【段落】命令，弹出【段落】对话框中，在【缩进】选项栏下，便可以设置段落缩进。

(2)【左】【右】选项：设置该选项中的数值，可调整段落的左缩进和右缩进。

(3)【特殊格式】选项：共有【首行缩进】和【悬挂缩进】两种缩进方式，选取其中一种方式，调整右面的【度量值】选项栏中的数值，会精确的设定段落的缩进。

(4)选取【首行缩进】时，【度量值】选项中设定的数值为段落第一行缩进的距离；选取【悬挂缩进】时【度量值】选项中设定的数值为除第一行外的其他段落缩进的距离。

7. 行间距和段间距

1)设置行间距

在进行文本的输入时，行间距默认为单倍行距。

(1)如果要调整段落的行间距，在【格式】工具栏中，单击【行距】按钮右侧的▼小按钮，在弹出的下拉菜单中选择合适的行距即可，如 1.5、2、3 等。

(2)执行菜单栏中的【格式】中【段落】命令，会弹出【段落】对话框。

(3)在【段落】对话框中，单击【行距】下拉框中的▼按钮，将弹出一个下拉菜单中。

(4)在这个菜单中可以选择“单倍行距”“1.5 倍行距”“2 倍行距”“固定值”等选项。

(5)选择“最小值”“固定值”“多倍行距”这三项中时，可以在【设置值】数值框中设置参数，调整行间距的大小。

2)设置段间距

段间距的设置与行间距基本相同，只要打开【段落】对话框，在【段前】【段后】选项框中输入相应的数值，或者单击选项框右侧的⬘按钮调整数值，表明要增加的间距即可。

8. 段落边框和底纹

1)边框

(1)执行菜单栏中的【格式】中【边框和底纹】命令，在弹出的【边框和底纹】对话框中单击【边框】选项。

(2)【设置】选项中有 5 种边框类型，根据需要可以随意选取。

(3)【线型】选项中包含了多种边框线的样式，移动右侧的滑块，可查看到更多的线型。

(4)在【颜色】选项中,可以设置边框的颜色。

(5)在【宽度】选项中,可以设置所选线型的宽度。

(6)在【预览】选项中,可以显示出边框的外观效果。单击其左侧和下部的按钮,可删除或添加边框及单元格四周的线条。

2)页面边框

(1)【页面边框】添加了【艺术型】选项,应用该选项,可以给页面添加装饰性的边框。

(2)在【边框和底纹】对话框中,单击【页面边框】选项,会弹出该选项的参数设置对话框。

(3)在对话框中移动【艺术型】选项右侧的滑块,可以看到许多彩色的各种类型的边框。

(4)选取其中的任意一种,单击【确定】按钮即可。

3)底纹

在【边框和底纹】对话框中,选取【底纹】选项,会弹出该选项的参数设置对话框。该选项卡,可以给所选文字或表格设置底纹颜色或图案。

9. 项目符号和编号

1)添加项目符号

Word 2003 可以自动为文本添加项目符号和编号,也可以将项目符号和编号快速添加到现有的文本段落中。

(1)首先输入"*",接着敲击空格键或 Tab 键,再输入一段文本,敲击键盘中的 Enter 键,下一个项目符号就被插入。

(2)结束项目符号,敲击两次 Enter 键即可结束。

(3)执行菜单栏中的【格式】中【项目符号和编号】命令,在弹出的【项目符号和编号】对话框中单击【项目符号】选项。

(4)选取其中一种项目符号样式,单击【确定】按钮即可添加。

(5)单击【格式】工具栏中的【项目符号】按钮,也可添加项目符号。

2)编辑项目符号

(1)选取要修改的项目符号文稿。

(2)打开【项目符号和编号】对话框,在【项目符号】选项栏中,单击【自定义(T)…】按钮,弹出【自定义项目符号列表】对话框。

(3)单击【字体(F)…】按钮,会弹出【字体】对话框,在该对话框中,可以设置项目符号的大小。

(4)单击【字符(C)…】按钮和【图片(P)…】按钮,在弹出的【符号】对话框和【图片项目符号】对话框中,都包含了多种样式的项目符号,可以任意选取。

(5)在【项目符号位置】选项下的参数设置,可以设置项目符号和页边距的缩进。

(6)在【文字位置】选项下的参数设置,可以设置文字和页边距的缩进。

3)添加编号

(1)首先输入"1.",接着输入一段文本,再敲击键盘中的 Enter 键,下一个编号就被插入。

(2)结束编号,敲击两次 Enter 键即可结束。

(3)执行菜单栏中的【格式】/【项目符号和编号】命令，在弹出的【项目符号和编号】对话框中单击【编号】选项。

(4)选取其中一种编号样式，单击【确定】按钮即可添加。

(5)单击【格式】工具栏中的【编号】按钮，可创建编号列表。

4)编辑编号

(1)选取要修改的编号文稿。

(2)打开【项目符号和编号】对话框，在【编号】选项栏中，单击【自定义(T)…】按钮，会弹出【自定义编号列表】对话框，在该对话框中，可随意设置编号的大小、位置和样式。

5)多级符号

【多级符号】选项主要用于有大纲的各种标题和副标题。

(1)执行菜单栏中的【格式】/【项目符号和编号】命令，在弹出的【项目符号和编号】对话框中单击【多级符号】选项。

(2)选取其中一种多级符号样式，单击【确定】按钮即可添加。

(3)单击【自定义(T)…】按钮，在弹出的【自定义多级符号列表】对话框中，可随意编号的大小、位置和样式。

(4)然后可以继续进行文本的输入。

(5)【项目符号和编号】对话框共有4个选项卡，常用的选项卡有【项目符号】【编号】【多级符号】，如果现有的项目符号和编号不符合用户的要求，可以单击对话框中的【自定义(T)…】按钮，在弹出的【自定义……】对话框中自行设置符合要求的项目符号和编号。

J(GJ)BG006 编辑工作表的方法
J(GJ)BG005 用Excel 2003制作表格的方法
J(GJ)BG007 设置工作表格式的方法
J(GJ)BG009 Excel键的使用方法

(四)用Excel2003制作表格的方法

1.创建规则表格

1)运用工具栏命令创建规则表格

(1)单击【常用】工具栏中的【插入表格】按钮，会出现一个表格框。

(2)在表格框里按住鼠标从左上角向右下角拖曳。

(3)释放鼠标，在光标所在的位置创建一个规则的表格。

2)运用菜单栏命令创建规则表格

(1)执行菜单栏中的【表格】/【插入】/【表格】命令，在弹出的【插入表格】对话框中设置参数。

(2)在【插入表格】对话框的【列数】选项中设置参数为“5”，设置出表格的列数。

(3)在【插入表格】对话框的【行数】选项中设置参数为“7”，设置出表格的行数。

(4)在【自动调整】操作选项中，点选【固定列宽】选项。

(5)【固定列宽】选项：点选该选项时，可在其右边的文本框中设置参数固定表格的列宽，系统默认为【自动】。

(6)【根据内容调整表格】选项：点选该选项时，列宽将随着输入内容的增加随时改变，但总保持在设置的页边距内。当输入的内容过多时，行宽将变大以适应输入的内容。

(7)【根据窗口调整表格】选项：点选该选项时，表格的宽度不会发生改变，但行宽将随着内容的增加而加大。点选【根据窗口调整表格】选项插入表格的效果，同点选【固定列宽】选项时，在文本框中选取【自动】插入表格的效果相同。

（8）单击对话框中的【确定】按钮，即可创建表格。

（9）单击对话框中的【自动套用格式（A）…】按钮，在弹出的【表格自动套用格式】对话框中的【格式】列表中选择"列表型 4"。

（10）单击【表格自动套用格式】对话框中的按钮，回到【插入表格】对话框。

（11）单击【插入表格】对话框中的按钮，即可在文档窗中创建表格。

2. 创建不规则表格

（1）将光标置于要创建表格的起始位置。

（2）执行菜单栏中的【表格】中【绘制表格】命令，会弹出【表格和边框】工具栏。单击【常用】工具栏中的【表格和边框】按钮也可弹出【表格和边框】工具栏。

（3）按住鼠标拖曳至适合位置释放鼠标，即可绘制出一张表格的外框。

（4）在表格内部继续平行或垂直移动鼠标绘制直线，可为表格添加行和列。

（5）当绘制的行和列不符合要求时，需要将其删除，具体操作如下：

① 单击【表格和边框】工具栏中的【擦除】按钮，此时鼠标指针变成橡皮形。

② 将鼠标移到要擦除的表格线上，按住鼠标拖曳，待表格线显示为棕色时，释放鼠标，可将该表格线擦除。

③ 操作结束后，再次单击【表格和边框】工具栏中的【绘制表格】按钮或【擦除】按钮，鼠标指针即可恢复正常形状。

3. 在表格中插入表格

（1）将插入点移至要插入表格的单元格中。

（2）单击【常用】工具栏中的【插入表格】按钮，用鼠标拖曳至所需的行和列单击，一个新的表格便被插入到单元格中。

4. 文本与表格的转换

1）文本转换成表格

（1）输入一些文字并将其选取。

（2）执行菜单栏中的【表格】中【转换】的【文本转换成表格】命令，弹出【将文字转换成表格】对话框。

（3）在该对话框中设置"行数""列数""列宽"及"表格样式"等参数。

（4）设置完成后，单击【确定】按钮，选取的文字转化成表格。

2）表格转换成文本

（1）将光标放置在表格中。

（2）执行菜单栏中的【表格】中【转换】的【表格转换成文本】命令，弹出【表格转换成文本】对话框。如果转换的表格中有嵌套表格，必须先勾选【转换嵌套表格】复选框，如果表格中没有嵌套表格，则该选项是灰色的。

（3）在对话框图点选相应的选项，单击【确定】按钮即可。

5. 绘制斜线表头

（1）将光标放置在需要绘制斜线表头的单元格内。

（2）执行菜单栏中的【表格】中【绘制斜线表头】命令，在弹出的【插入斜线表头】对话框中设置选项。

(3)单击【确定】按钮,单元格内被插入了斜线表头。

(五)编辑 Excel 单元格

1. 选择单元格

(1)选取一个单元格时,将鼠标置于单元格内单击,光标所在位置的单元格即被选取。

(2)选取多个单元格时,将光标置于要选取的单元格中,单击鼠标拖曳即可。

(3)将光标置于所需选取表格的左边框上,待鼠标指针变成一个向右上的黑箭头时,单击鼠标左键,可选取整个单元格。

(4)按住键盘中的 Shift 键,单击单元格,可选择单元格。

(5)执行菜单栏中的【表格】/【选择】命令,在弹出的子菜单中单击相应的命令,可进行表格的选取。

2. 插入单元格

(1)将光标置于需要插入单元格的位置。

(2)执行菜单栏中的【表格】/【插入】/【单元格】命令,弹出【插入单元格】对话框。

(3)【活动单元格右移】:点选该选项时光标所在的单元格将向右移动位置。

(4)【活动单元格下移】:点选该选项时,光标所在的单元格将向下移动位置。

(5)【整行插入】:点选该选项时,在光标所在单元格的上方插入一行表格。

(6)【整列插入】:点选该选项时,在光标所在单元格的左方插入一列表格。

(7)根据需要,选取合适的选项,单击【确定】按钮,便插入了单元格。

3. 删除单元格

(1)需要删除单元格时,首先必须将须删除的单元格选取。

(2)执行菜单栏中的【表格】中【删除】的【单元格】命令,在弹出的【删除单元格】对话框中点选相应的命令即可,也可以在选取单元格后,单击鼠标右键,在弹出的右键菜单中执行【删除单元格】命令。

4. 合并单元格

(1)选取要合并的单元格,单击【常用】工具栏中的【表格和边框】按钮,弹出【表格和边框】工具栏。

(2)单击工具栏中的【合并单元格】按钮即可将所选单元格合并。

(3)合并的单元格还有两种方法:其一,执行菜单栏中的【表格】中【合并单元格】命令;其二,单击鼠标右键,在弹出的右键菜单中单击【合并单元格】命令。

5. 拆分单元格

(1)对单元格进行合并后,但又不喜欢合并后的效果,还可以对合并后的单元格进行拆分。所谓拆分单元格,就是将一个整体的单元格分成若干个单元格。

(2)选取要拆分的单元格,执行菜单栏中的【表格】中【拆分单元格】命令,弹出【拆分单元格】对话框。

(3)在单元格中输入要拆分的列数和行数,单击【确定】按钮即可。

(4)拆分单元格还有两种方法:其一,单击鼠标右键,在弹出的右键菜单中执行【拆分单元格】命令,在弹出的对话框中设置参数;其二,单击【表格和边框】工具栏中的【拆分单元格】按钮,然后在弹出的【拆分单元格】对话框中设置参数。

6. 选择表格中的行与列

(1)将光标置于要选取行或列的第一个单元格中,单击鼠标拖曳至最后一个单元格,即可选取表格中的行或列。

(2)将鼠标指针置于表格左侧外,待鼠标指针变成一个向右上的黑箭头时,单击鼠标左键可选取整行。

(3)将鼠标指针置于表格上方,待鼠标指针变成一个向下的黑箭头时,单击鼠标左键可选取整列。

(4)按住键盘中的 Shift 键,单击表格中的行与列进行选择。

(5)执行菜单栏中的【表格】中【选择】命令,在弹出的子菜单中单击相应的命令进行选取。

7. 插入表格中的行和列

(1)执行菜单栏中的【表格】中【插入】命令,会弹出子菜单。在子菜单中,单击任意选项,即可插入。

(2)子菜单中各选项的作用如下:

① 单击【列(在左侧)】命令,将在光标所在表格的左侧插入一列。

② 单击【列(在右侧)】命令,将在光标所在表格的右侧插入一列。

③ 单击【行(在上方)】命令,将在光标所在表格的上方插入一行。

④ 单击【行(在下方)】命令,将在光标所在表格的下方插入一行。

(3)选取整行或整列,单击鼠标右键,在弹出的右键菜单中单击【插入行】或【插入列】命令即可。

(4)执行菜单栏中的【表格】中【插入】的【单元格】命令,在弹出的【插入单元格】对话框中点选相应的命令即可。

(5)当选取整行或整列时,在【常用】工具栏中的【插入表格】按钮变成【插入行】按钮或【插入列】按钮。单击相应按钮,即可在表格中插入行或列。

8. 删除表格中的行与列

(1)执行菜单栏中的【表格】中【删除】命令,在弹出的菜单中选取相应的命令即可。

(2)选取整行或整列,单击鼠标右键,在弹出的右键菜单中执行【删除行】或【删除列】命令即可。

(3)执行菜单栏中的【表格】中【删除】的【单元格】命令,在弹出的【删除单元格】对话框中点选相应的命令即可。

(4)删除行和列还可以应用【剪切】命令,但是,删除单元格不能应用该命令,【剪切】命令只是将单元格的内容剪切掉。

9. 表格自动套用格式

(1)将光标放置在需要套用格式的表格中。

(2)执行菜单栏中的【表格】中【表格自动套用格式】命令,弹出【表格自动套用格式】对话框。

(3)移动【表格样式】选项右侧的滑块,单击下拉菜单中的任意样式,【预览】窗口中都会显示其外观效果,选取表格样式。

（4）单击对话框中的【应用（A）】按钮，光标所在的表格被套用了该样式。

（5）如果一开始，光标不在表格中，也没有选取表格，在单击对话框中的【应用（A）】按钮后，会弹出【插入表格】对话框，在对话框中设置参数和选项。

（6）设置完毕，单击对话框中的【确定】按钮，光标所在处将插入选取的空白表格，在表格中输入文字即可。

10. 表格位置的编辑

1）移动表格

（1）将光标放置在表格上，待表格的左上角出现了✥符号时，将光标放到该符号处。

（2）当光标变为十字箭头时，按住鼠标拖曳，便可移动表格。

2）调整表格与文字之间的位置

（1）执行菜单栏中的【表格】中【自动调整】命令，会弹出子菜单。

（2）执行【根据内容调整表格】命令，表格将根据输入的文本内容来设定行与列的大小，当在表格中编辑文本时，表格会随其变化。

（3）执行【根据窗口调整表格】命令，会根据当前文档的页面设置来自动调整表格的宽度，当对页面边距进行修改时，表格会自动随着页面的变化而变化。

（4）单击【固定列宽】命令，会设定表格中列的固定宽度。当输入的文本超出列宽时，文本会自动隐藏，而不会增加列宽，此时需要手动调整列宽。

（5）单击【平均分布各行】命令，可保持表格高度不变的情况下，使选取行的行高一致。

（6）单击【平均分布各列】命令，可保持表格宽度不变的情况下，使选取列的列宽一致。

（7）除了通过菜单应用【自动调整】命令外，还可以单击鼠标右键，在弹出的右键菜单中单击相应的命令即可。

3）文字环绕表格

（1）将光标放置在表格中。

（2）执行菜单栏中的【表格】中【表格属性】命令，在弹出的【表格属性】对话框中，选择【表格】选项。

（3）在对话框中，单击【环绕】图标，单击【确定】按钮，文本便环绕在表格周围。

4）文本在单元格中的对齐方式

（1）将光标放置在需要对齐文本的单元格中。

（2）单击鼠标右键，在弹出的子菜单中单击【单元格对齐方式】命令，可弹出 9 种对齐方式。

（3）根据需要可选取任意一种对齐方式。

11. 标题行重复

当创建表格时，有时表格占用不止一页。为了醒目，通常希望在每页的第一行重复显示表格的标题行，此时不用重复输入标题，只需执行菜单栏中的【表格】/【标题行重复】命令即可。

（六）打印文本的方法

1. 打印预览

单击【常用】工具栏中的【打印预览】按钮（或者执行菜单栏中的【文件】/【打印预览】命令），可进入文件打印预览状态。

【打印预览】工具栏各个按钮功能如下：

(1)单击【打印】按钮可立即开始文稿打印。

(2)单击【放大镜】按钮可对文档进行100%放大或缩小显示。

(3)单击【单页】按钮文档将以单页进行预览显示。

(4)单击【多页】按钮将弹出下拉列表,在这6种形式中可选择显示的页数。

(5)单击【显示比例】按钮右侧的下拉黑箭头,可以设置预览比例。

(6)单击【查看标尺】按钮将在预览界面中显示或隐藏标尺。

(7)单击【缩小字体填充】按钮,系统将自动缩减文档页数,避免将较少的文字排在单独的一页上。

(8)单击【全屏显示】按钮,文档将以全屏方式显示。

(9)单击【关闭】按钮,回到正常文档窗口。

2. 打印文档

J(GJ)BG004 打印文本的方法

在Word软件中,有两种打印方法,一种是直接单击【常用】工具栏中的【打印】按钮进行打印,这种打印方法是将全部的文档打印一份,另一种方法是通过菜单栏中的【打印】命令来完成。

(1)执行菜单栏中的【文件】中【打印】命令,弹出【打印】对话框。

(2)在【打印】对话框中,【打印机】选项是用来选择打印文稿的打印机。

(3)【页面范围】选项用来设置打印文档的内容范围。

(4)【副本】选项用来设置要打印的份数。

(5)【打印内容】选项用来指定要打印文档的某个部分。

(6)【打印】选项中包含了3个选项,它们是用来设定打印的奇偶数页。如文档有10页,设置【打印】选项为【奇数页】,则只打印1、3、5、7、9页。奇数页打印完以后,把已经打印纸张的反面放到打印机里,再进行偶数页的打印。打印的文稿便是双页打印效果。

(7)在【缩放】选项中有【每页的版数】和【按纸张大小缩放】两种选项,它们的作用是将文档内容以缩放的形式打印在纸张中。

(8)设置完成,单击对话框中的【确定】按钮,即可进行文档的打印。

(七)打印工作表的方法

1. 设置工作表

在页面设置对话框中打开工作表选项卡,在其中可以设置如下内容:

(1)打印区域:如果该文本框中的内容非空,则在打印时将只打印该栏中所设置的工作表区域,可以直接输入区域的引用值,也可以将光标置于其文本框中,然后直接在工作表中选取。

(2)打印标题:设置每一页要打印的标题行和列,这样就不需要在每一页的开头都输入标题行。

(3)网格线:决定是否在工作表中打印水平和垂直方向的网格线。

(4)单色打印:如果数据中有彩色的格式,而打印机为黑白打印机,则选择“单色打印”;如果是彩色打印机,选择该选项可以减少打印时间。

(5)草稿品质:选中此复选框,则 Excel 将不打印网格线和大多数图表,可以减少打印时间。

(6)行号列标:设置在打印页中是否包括行号和列标。

(7)批注:选择该选项可打印单元格的批注,在其右端还可以设置打印批注的方式。

(8)打印顺序:为超过一页的数据选择打印的顺序,当选择了一种顺序时,可以在预览框中预览打印文档的方式。

2. 打印预览

打印之前一定要使用打印预览功能查看打印的效果,如果对效果满意则可以打印,如果不满意则需要重新进行设置。

1)打开打印预览窗口

打开打印预览窗口有以下 3 种方法:

(1)单击【Office】按钮,在弹出的菜单中选择【打印】中【打印预览】命令。

(2)按快捷键“Ctrl+F2”。

(3)单击快速访问工具栏中的【打印预览】按钮,在弹出的【打印预览】窗口中显示的是打印内容的缩略图,它和打印出来的效果相同。

2)打印预览窗口中按钮的功能

打印预览窗口中提供了以下功能按钮:

(1)【打印】按钮:单击该按钮将弹出【打印内容】对话框,在其中可以进行打印设置。

(2)【页面设置】按钮:单击该按钮将弹出【页面设置】对话框,在其中可以设置页面。

(3)【显示比例】按钮:使用该按钮可以调整文件的显示比例。

(4)【关闭打印预览】按钮:关闭【打印预览】窗口,返回到原来的视图。

(5)【下一页】按钮:显示下一页的预览效果。

(6)【上一页】按钮:显示上一页的预览效果。

此外,选中“显示边距”复选框,显示或隐藏用来拖动调整页边距、页眉和页脚边距、列宽的控制柄。当显示出控制柄后,可以直接使用鼠标拖动控制柄的方法来对上述属性进行修改。

J(GJ)BG010 打印工作表的方法

3. 设置分页打印

Excel 会自动为数据分页,用户可以先查看分页情况,也可以对分页进行调整。在“视图”选项卡中的“工作簿视图”选项区中单击“分页预览”按钮,可以将当前视图切换到分页预览模式,用蓝色的虚线或者实线表示分页的位置。通过用鼠标单击并拖动分页符,可以调整分页的位置。

4. 设置打印区域

打印 Excel 工作表可以不打印整张工作表,而只打印其中的一部分内容,这可以通过设置打印区域来实现。设置打印区域可以采用以下两种方法:

(1)拖动鼠标选择要打印的单元格区域,然后单击【Office】按钮,在弹出的菜单中选择【打印】命令,弹出【打印内容】对话框,在其【打印内容】栏选中【选定区域】单选按钮即可。

(2)在【页面设置】对话框中单击【打印】按钮,也会弹出【打印内容】对话框。在【打印范围】栏进行相关设置即可。

如果要取消这个打印区域，可取消【选定区域】单选按钮的选中；如果设置了新的打印区域，则旧的打印区域自动取消。

5. 同时打印多张工作表

Excel 文件的打印与 Word 文档的打印基本相同，主要有以下两种方法：

(1)单击快速访问工具栏上的按钮，则快速打印输出。

(2)单击【Office】按钮，在弹出的菜单中选择【打印】命令，弹出【打印内容】对话框，在其中进行相关设置后单击【确定】按钮，即可完成打印任务。

为了加快打印的速度和效率，有时需要一次对多张工作表进行页面设置和打印操作，用设置工作组的方法可以满足这个要求，操作步骤如下：

(1)按住【Ctrl】键的同时用鼠标单击选中所有需要打印的工作表。也可以先选中一张工作表的标签，然后按住【Shift】键同时单击选中另一个标签，以选中连续的几张工作表。当这些工作表标签变白突出显示时表示选中。

(2)在【页面布局】选项卡中的【页面设置】选项区中单击【对话框启动器】按钮，弹出【页面设置】对话框。在该对话框中进行相关的页面设置。

(3)设置完毕后，执行打印操作，即完成多张工作表的同时打印。

J(GJ)BG011 Internet Explo-6.0浏览器的使用方法

二、Internet Explorer 浏览器

随着计算机技术和网络通信技术的飞速发展和日益普及，国际互联网(Internet)越来越深入到日常工作和生活中。人们使用它来发布新闻和消息，传播知识，提供最新的软件和各种多媒体文件。它在教学上的广泛应用，则为教师提供了足不出户而获取各种教学素材的便利手段。国际互联网采用浏览器/服务器模式的工作模式，网络用户调用浏览器访问某个服务器(常称站点)提供的内容。

J(GJ)BG012 浏览器主界面的组成

(一)浏览器主界面

在 Windows 操作系统上建立好网络连接，调用程序 Internet Explorer，在地址栏中输入北京大学中小学教师远程教育课堂的网址(http://train. pkudl. cn)，就会出现如图 2-3-1 所示的界面。

图 2-3-1 浏览器的基本组成元素

该程序界面的基本组成元素及其功能：

标题栏：一般显示当前网页的标题。

菜单栏：包含了浏览器操作的所有命令，包括文件、编辑、查看、收藏、工具、帮助。

工具栏：提供了浏览器的常用操作功能，包括后退（浏览过的上一网页）后退·、前进（浏览过的下一网页）·、停止浏览、刷新、浏览主页、搜索 搜索、收藏夹 收藏夹、历史等。

地址栏：用于输入网址。

内容显示区：显示网页内容。

状态栏：显示当前浏览器状态。

（二）收藏夹

如果觉得浏览到的网站（如北京大学中小学教师远程教育课堂）很好，而希望以后不必再输入一串长长而又难记的网络地址就能迅速访问该网站，可以使用收藏夹，让浏览器记录这个网址（注意：是记录网址，而不是保存其内容）。具体办法是在要收藏的网页上，选择菜单栏的“收藏”“添加到收藏夹”，在弹出的对话框中输入该网站的名称（一般系统会自动将网页标题作为网站名称填入该栏），单击确定便可将当前站点存放在收藏夹中，如图 2-3-2 所示。

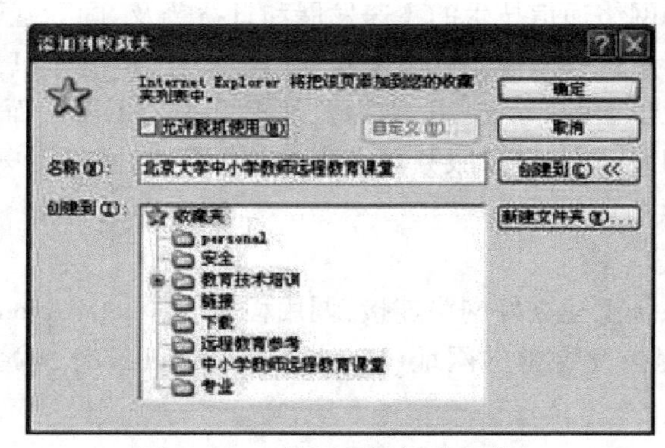

图 2-3-2　将网页添加到收藏夹

若要将网页添加到某个子收藏夹中，则在“添加到收藏夹”对话框中单击“创建到”按钮使“创建到”窗口展开，再选择相应的子收藏夹，然后点确定，也可单击“新建文件夹”按钮，新建一个子收藏夹，并将浏览到的网页地址放入其中。如果要整理收藏夹的内容，使之更加规整有序，可以使用菜单栏中的“收藏”中“整理收藏夹”，然后进行相应的操作，如创建、移动、重命名、删除，如图 2-3-3 所示。

（三）历史记录

用户浏览过的网站都会被记录在 IE 的历史记录中，单击工具栏的历史按钮，就会出现历史记录窗口，如图 2-3-4 所示。

在该窗口中选择“查看”中的方式，能以“按时间”“按站点”“按访问次数”或“按今天的访问顺序”4 种方式排列访问过的历史记录，如图 2-3-5 所示。

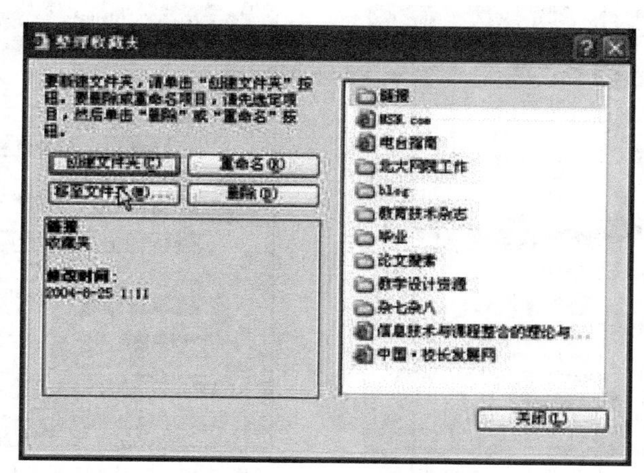

图 2-3-3 收藏夹的整理

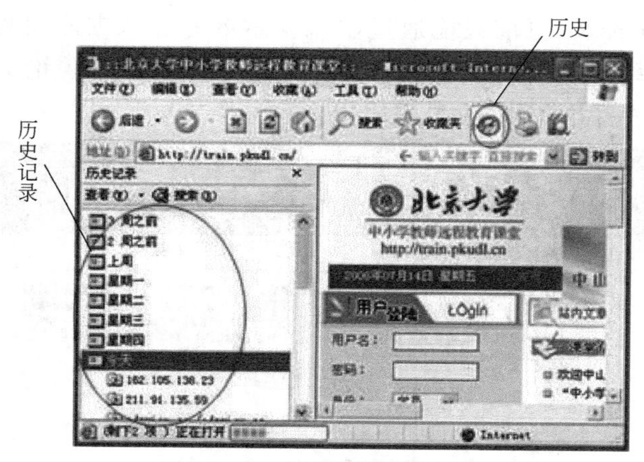

图 2-3-4 浏览器的历史记录

如果要重新访问历史记录中的某项，直接点击该项即可在右边的内容框中浏览其内容。这时再次点击“历史”按钮就隐藏历史记录栏。

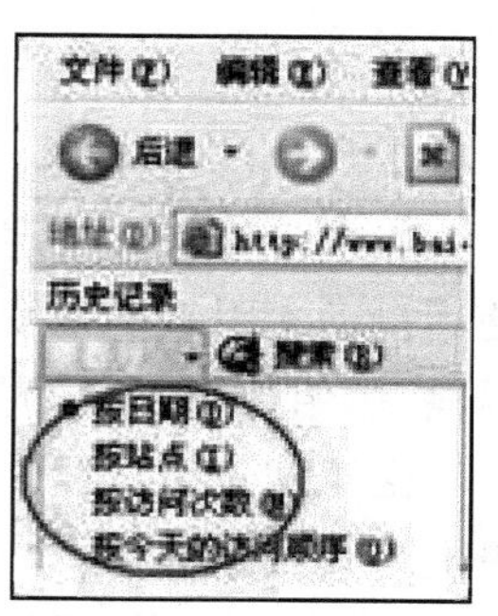

图 2-3-5 历史记录的分类查找

历史记录还可以被清除。选择菜单栏的“工具”中“Internet”选项，在弹出的窗口的“常规”标签下有一个“历史记录”区域。单击“清除历史记录”按钮可快速清除所有先前浏览过网站的记录。通过“网页保存在历史记录中的天数”可以设置历史记录保存的天数，如图 2-3-6 和图 2-3-7 所示。

(四)查找 Web 页的方法

一般大型的综合性教育网站和搜索引擎都提供分类目录检索服务，如中国教育科研网、搜狐、Yahoo、AltaVista 等，而且还提供了诸如“教育技术”“远程教育”等分类目录。通过这些专业网站和目录检索，可以找到需要的各个学科的教学资源。

J(GJ)BG013 查找Web页的方法

图 2-3-6 浏览器的工具选项

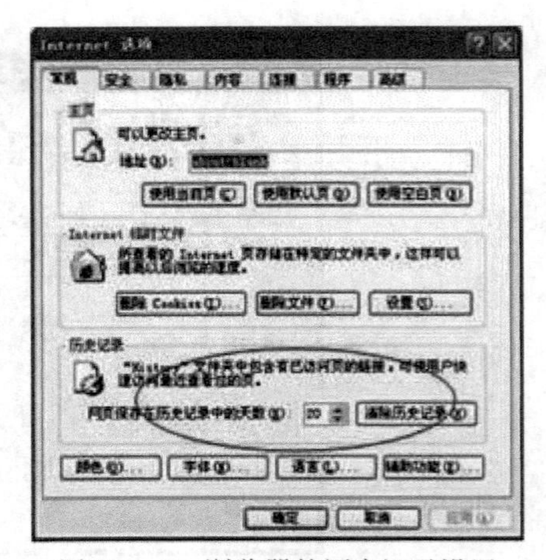
图 2-3-7 浏览器的历史记录设置

随着网络的迅速普及，以前只能通过联机检索的专业数据库也纷纷上网，通过基于WWW 的专业数据库可以检索到大量教学资源，如全文、书目、学位论文、会议信息等，例如图 2-3-8 中北京大学图书馆的中文数据库列表。

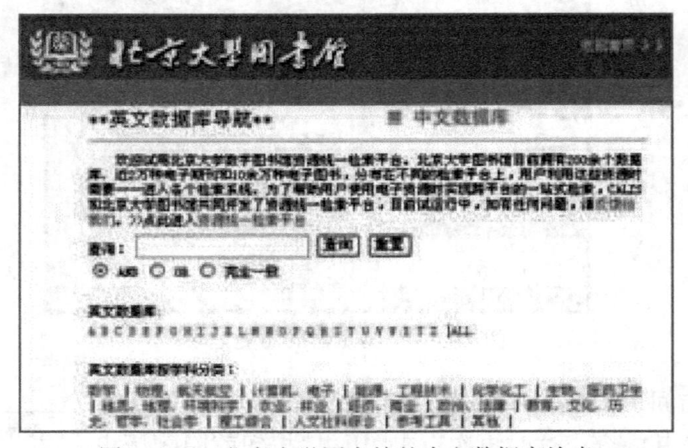
图 2-3-8 北京大学图书馆的中文数据库检索

如果希望得到特定的信息，并且知道相应的标题或短语，可以使用搜索引擎。搜索引擎使用自动索引软件来发现、收集、标引网页并建立数据库，以 Web 形式提供给用户一个检索界面，供用户输入检索关键词进行检索，以发现所需网页。

由于搜索引擎设计时的目的、方向和技术的不同，有时往往同一关键字在不同的搜索引擎上所查到的结果不同，所以在使用搜索引擎前要选择较为合适的引擎站点；同一个搜索引擎，关键字的不同也可能获得不一样的结果。可见掌握一定的网上搜索方法和技巧对高效率地利用网络信息资源有着重要的意义。

J(GJ)BG014 自定义浏览器的方法

（五）自定义浏览器的方法

在 IE“工具(T)”菜单中“Internet 选项”的“程序”选项卡里，确保“检查 Internet Explorer 是否为默认的浏览器”选项打上√。然后在启动 IE 时，如果 IE 非默认浏览器就会出现提示窗是否把 IE 设置为默认。

J(GJ)BG008
管理数据的方法

(六)管理数据的方法

数据管理是利用计算机硬件和软件技术对数据进行有效的收集、存储、处理和应用的过程,其目的在于充分有效地发挥数据的作用。实现数据有效管理的关键是数据组织。

随着计算机技术的发展,数据管理经历了人工管理、文件系统、数据库系统 3 个发展阶段。在数据库系统中所建立的数据结构,更充分地描述了数据间的内在联系,便于数据修改、更新与扩充,同时保证了数据的独立性、可靠、安全性与完整性,减少了数据冗余,故提高了数据共享程度及数据管理效率。

(七)电子邮件

1. 简介

电子邮件(Electronic Mail,Email),实际上就是利用计算机网络的通信功能实现普通信件传输的一种技术。

电子邮件不是直接发送到对方的计算机中,而是发到对方用户邮箱的服务器上,所以不需要让计算机 24h 上网。

电子邮件具有很高的保密性,再加上它是数字式的,可以传送声音、视频等各种类型的文件。与传统的通信方式相比,电子邮件具有快捷、经济、高效、灵活和功能多样的特点。

一个完整的电子邮件系统应该包括以下 3 个部件。

1)电子邮件服务器

电子邮件服务器就像平常的邮局,寄信和收信都必须经过它,电子邮件服务器对发邮件和收邮件有明确的划分,分别称为发送邮件服务器(SMTP)和接收邮件服务器(POP 或 POP3),这两个服务器可以是分开的两台主机,也可以是同一台主机。邮件服务器上必须安装有邮件系统软件。

2)电子邮箱

电子邮箱是电子邮件服务器上划分出来的硬盘空间,这是邮件服务器的管理员为用户所划分出来的空间,每个用户都对应着一个账号。

3)客户计算机

客户计算机是用户自己的电脑,它通过互联网与邮件服务器相连接。客户计算机上一般安装有一个邮件客户端软件,通过这个软件可以撰写、发送和接收邮件等。现在很多提供免费邮箱的网站,开发基于 Web 页面的客户端程序,用户在使用这种邮箱的时候,只要浏览器就可以了。

2. 电子邮件地址

如真实生活中人们常用的信件一样,电子邮件有收信人姓名、收信人地址等,其结构是用户名@ 邮件服务器,用户名就是用户在主机上使用的登录名。而@ 后面的是邮局方服务计算机的标识(域名),都是邮局方给定的,如 student2011@ 126. com 即为一个邮件地址。

在互联网中,电邮地址的格式是用户名@ 域名。@ 是英文 at 的意思,所以电子邮件地址是表示在某部主机上的一个使用者账号,每一个电子邮箱都是唯一的。

3. 申请电子邮箱

现在有很多网站都有提供免费电子邮箱的服务，不同的网站所提供的免费邮箱的大小不同，但通常都有支持 POP3、邮件转发、邮件拒收条件设定等功能。许多网站，如网易、新浪、搜狐，都推出了收费邮箱服务，提高了邮箱的服务性能。下面以 126 为例介绍申请一个免费邮箱步骤。

（1）打开 http://www.126.com 主页，点击页面右下方的“注册”按钮。

（2）点击“注册”按钮后，按照要求输入账号相关信息（须牢记用户名和密码）。

（3）点击最下端的“立即注册”按钮，完成电子邮箱申请，进入邮箱。

J(GJ)BG016 发送电子邮件的方法

4. 使用电子邮箱

（1）打开 http://www.126.com 主页，在用户名和密码框内输入注册的用户名和密码。

（2）单击“登录”按钮，即可进入邮箱界面。

（3）在窗口的左侧可以看到收信、写信、收件箱、发件箱、草稿箱等功能选项，如果要发邮件，请点击“写信”按钮，进入写信页面。

（4）在收件人处填入收件人电子信箱的地址，如果同时发给多人，地址间用西文分号“;”间隔；主题可以填写邮件大意，以便收信者能直观了解。

（5）附件添加完后，在下面的编辑区中输入信件正文。

（6）全部输入完毕，确认无误后就可以点击“发送”选项，如果附件比较大，发送时间也许会很长，请耐心等待。发送完毕会提示成功发送。

J(GJ)BG015 读取电子邮件的方法

5. 接收、阅读及回复电子邮件

（1）进入电子邮箱后，电子邮箱界面会提示您有未阅读的邮件。

（2）点击“收件箱”，按钮，在右边的浏览窗里，出现“收件箱”里已收到的“主题”。

（3）选择其中一封，单击，该信的全文就在预览窗格中，就可以“阅读”了，还可以“回复作者”“全部回复”“转发邮件”等。

J(GJ)BA011 电子图版的用途

三、CAXA 电子图板 2007

（一）用途

CAXA 电子图板是我国自主版权的 CAD 软件系统，它是为满足国内企业界对计算机辅助设计不断增长的需求，由 CAXA 推出的。

CAXA 电子图板是功能齐全的通用 CAD 系统，以交互图形方式对几何模型进行实时的构造、编辑和修改，并能够存储各类拓扑信息。

CAXA 电子图板提供形象化的设计手段，帮助设计人员发挥创造性，提高工作效率，缩短新产品的设计周期，把设计人员从繁重的设计绘图工作中解脱出来，并有助于促进产品设计的标准化、系列化、通用化，使得整个设计规范化。

CAXA 电子图板已经在机械、电子、航空、航天、汽车、船舶、轻工、纺织、建筑及工程建设等领域得到广泛的应用。CAXA 电子图板适合于所有需要二维绘图的场合，利用它可以进行零件图设计、装配图设计、零件图组装装配图、装配图拆画零件图、工艺图表设计、平面包装设计、电气图样设计等。

（二）特点

J(GJ)BA012 电子图版的特点

1. 自主版权、易学易用

CAXA 电子图版是自主版权的中文计算机辅助设计绘图系统，具有友好的用户界面，灵活方便的操作方式，其设计功能和绘图步骤均是从实用角度出发，功能强劲，操作步骤简练，易于掌握。

CAXA 电子图版系统在绘图过程中提供多种辅助工具，可对使用者的要求降至最低，无须具备精深的计算机知识，经过短暂的学习使用便可独立操作，进入实际设计阶段。

2. 智能设计、操作简便

CAXA 电子图版系统提供强大的智能化工程标注方式，包括尺寸标注、坐标标注、文字标注、尺寸公差标注、形位公差标注、粗糙度标注等，只需选择需要标注的方式，系统便可自动捕捉设计意图，具体标注的所有细节均由系统自动完成。

CAXA 电子图版系统提供强大的智能化图形绘制和编辑功能，包括基本的点、直线、圆弧、矩形等以及样条线、等距线、椭圆、公式曲线等的绘制，提供裁剪、变换、拉伸、阵列、过渡、粘贴、文字和尺寸的修改等。绘制和编辑过程“所见即所得”。

CAXA 电子图版系统采用全面的动态拖画设计，支持动态导航、自动捕捉特征点、自动消隐，具备全程 Undo/Redo 功能。

3. 体系开放、符合标准

CAXA 电子图版系统全面支持最新国家标准，通过国家机械 CAD 标准化审查。系统既备有符合国家标准的图框、标题栏等样式供选用，也可制作自己的图框、标题栏。在绘制装配图的零件序号、明细表时，系统可自动实现零件序号与明细表联动。明细表还支持 Access 和 Excel 数据库接口。

CAXA 电子图版系统为使用过其他 CAD 系统的用户提供了标准的数据接口，可以有效地继承用户以前的工作成果以及与其他系统进行数据交换。CAXA 电子图版系统支持对象链接与嵌入，可以在绘制的图形中插入其他 Windows 应用程序，如 Microsoft Word 的文档、Microsoft Excel 的电子表格等，也可以将绘制的图形嵌入到其他应用程序中。

CAXA 电子图版系统支持 Truetype 矢量字库和 Shx 形文件，可以利用中文平台的汉字输入方法输入汉字，方便地在图样上输入各种字体的文字。

4. 参量设计、方便实用

CAXA 电子图版系统提供方便高效的参数化图库，可以方便地调出预先定义好的标准图形或相似图形进行参数化设计，从而极大地减轻绘图负担。对图形的参量化过程既直观又简便，凡标有尺寸的图形均可参量化入库供以后的调用，未标有尺寸的图形则可作为用户自定义图符来使用。

CAXA 电子图版系统在原有基础上增加了大量国标图库，覆盖了机械设计、电气设计等各个行业。

J(GJ)BA013 电子图版用户界面的组成

（三）电子图版界面

用户界面（简称界面）是交互式绘图软件与用户进行信息交流的中介。CAXA 电子图版系统通过界面反映当前信息状态或将要执行的操作，用户按照界面提供的信息做出判断，并经由输入设备进行下一步的操作。因此，用户界面被认为人机对话的桥梁。CAXA 电子图板的用户界面主要包括3个部分，即菜单条、工具栏和状态栏部分。

此外，需要特别说明的是CAXA电子图板提供了立即菜单的交互方式，代替传统的逐级查找的问答式交互，使得交互过程更加直观和快捷。

J(GJ)BA014 电子图版菜单栏的组成

1. 屏幕画面的分布

CAXA电子图版的界面如图2-3-9所示。

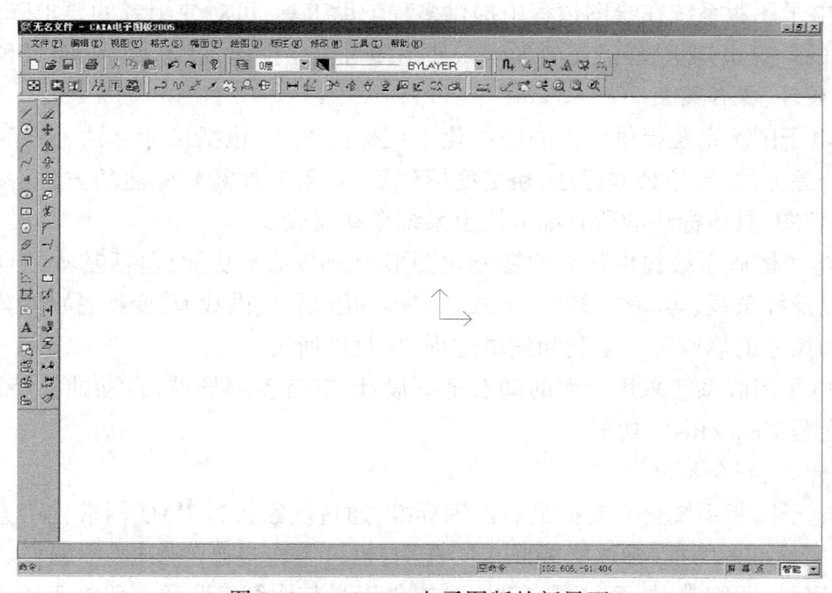

图2-3-9　CAXA电子图版的新界面

单击任意一个菜单项（例如设置），都会弹出一个子菜单。移动鼠标到【绘制工具】工具栏，在弹出的当前绘制工具栏中单击任意一个按钮，系统会弹出一个立即菜单，并在状态栏显示相应的操作提示和执行命令状态，如图2-3-10所示。

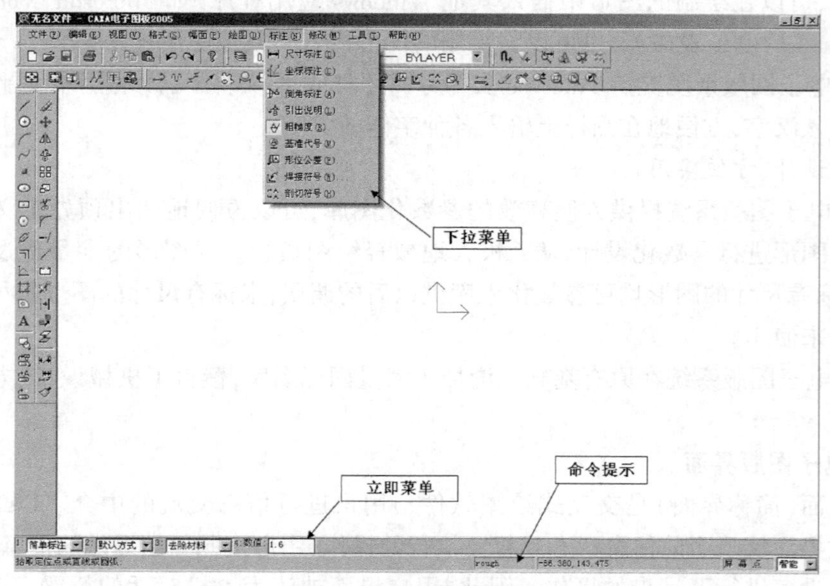

图2-3-10　菜单结构

在立即菜单环境下，用鼠标单击其中的某一项(如【1. 两点线】)或按【Alt+数字】组合键(如【Alt+1】)，会在其上方出现一个选项菜单或者改变该项的内容。

此外，在这种环境下(工具菜单提示为【屏幕点】)，使用空格键，屏幕上会弹出一个被称为【工具点菜单】的选项菜单。用户可以根据作图需要从中选取特征点进行捕捉，如图2-3-11所示。

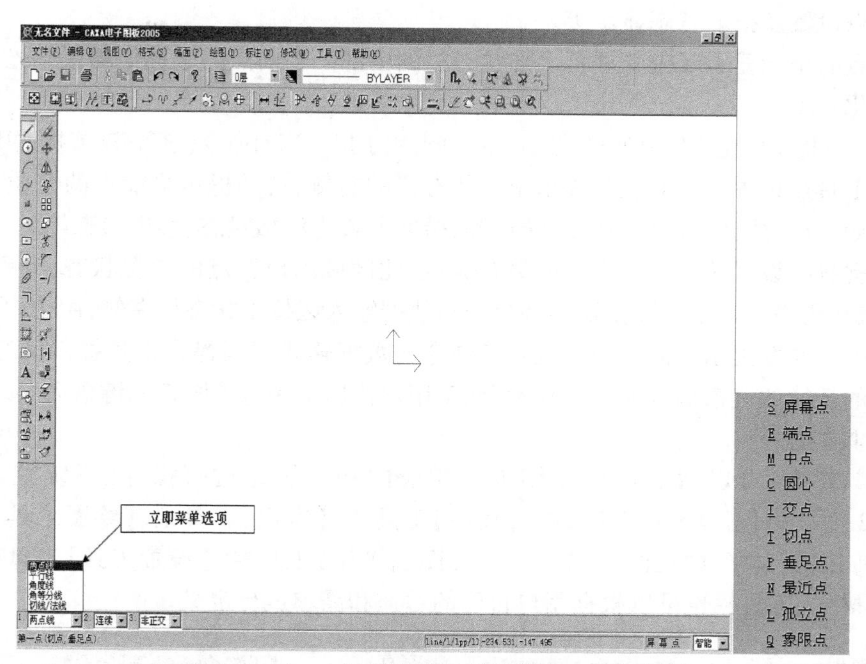

图2-3-11 立即菜单的选项菜单及工具点菜单

2. *用户界面说明*

1)绘图区

绘图区是用户进行绘图设计的工作区域位于屏幕的中心，并占据了屏幕的大部分面积。广阔的绘图区为显示全图提供了清晰的空间。在绘图区的中央设置了一个二维直角坐标系，该坐标系称为世界坐标系。它的坐标原点为(0.0000,0.0000)。CAXA电子图版以当前用户坐标系的原点为基准，水平方向为x方向，并且向右为正，向左为负。垂直方向为y方向，向上为正，向下为负。在绘图区用鼠标拾取的点或由键盘输入的点，均为以当前用户坐标系为基准。

2)菜单系统

CAXA电子图版的菜单系统包括主菜单、立即菜单和工具菜单3个部分。主菜单区如图2-3-12所示，位于屏幕的顶部，由一行菜单条及其子菜单组成，菜单条包括文件、编辑、视图、格式、绘制、标注、修改、工具和帮助等。每个部分都含有若干个下拉菜单。

图2-3-12 菜单条主菜单区

立即菜单描述了该项命令执行的各种情况和使用条件。用户根据当前的作图要求，正确地选择某一选项，即可得到准确的响应。

工具菜单包括工具点菜单、拾取元素菜单。

3）状态栏

CAXA 电子图板提供了多种显示当前状态的功能，包括屏幕状态显示、操作信息提示、当前工具点设置及拾取状态显示等。

当前点的坐标显示区位于屏幕底部状态栏的中部。当前点的坐标值随鼠标光标的移动作动态变化。

操作信息提示区位于屏幕底部状态栏的左侧，用于提示当前命令执行情况或提醒用户输入。

当前工具点设置及拾取状态提示位于状态栏的右侧，自动提示当前点的性质以及拾取方式。例如，点可能为屏幕点、切点、端点等，拾取方式为添加状态、移出状态等。

点捕捉状态设置区位于状态栏的最右侧，在此区域内设置点的捕捉状态，分别为自由、智能、导航和栅格。命令与数据输入区命令与数据输入区位于状态栏左侧，用于由键盘输入命令或数据。命令提示区命令提示区位于命令与数据输入区与操作信息提示区之间，显示目前执行的功能的键盘输入命令的提示，便于用户快速掌握电子图板的键盘命令。

J(GJ)BA015 电子图版工具栏的组成

4）工具栏

在工具栏中，可以通过鼠标左键单击相应的功能按钮进行操作，系统默认工具栏（图 2-3-13）包括【标准】工具栏、【属性】工具栏、【常用】工具条、【绘图工具】工具栏、【绘图工具Ⅱ】工具栏、【标注工具】工具栏、【图幅操作】工具栏、【设置工具】工具栏、【编辑工具】工具栏。工具栏也可以根据用户自己的习惯和需求进行定义。

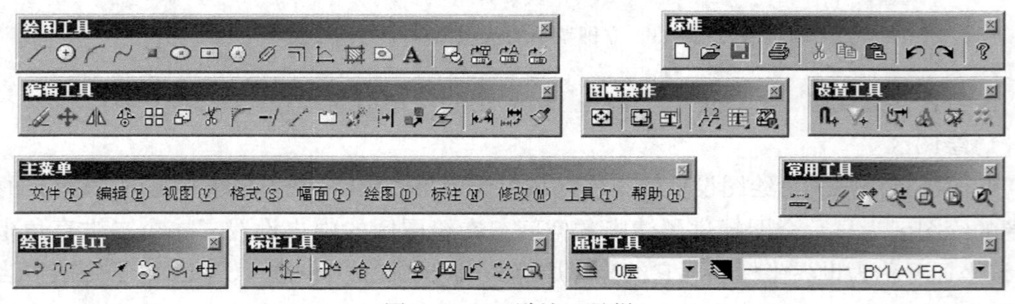

图 2-3-13　默认工具栏

J(GJ)BA016 电子图版的基本操作方法

（四）基本操作

1. 命令的执行

CAXA 电子图板在执行命令的操作方法上，为用户设置了鼠标选择和键盘输入两种并行的输入方式，两种输入方式的并行存在。

鼠标选择方式主要适合于初学者或是已经习惯于使用鼠标的用户。所谓鼠标选择就是根据屏幕显示出来的状态或提示，用鼠标光标去单击所需的菜单或者工具栏按钮。菜单或者工具栏按钮的名称与其功能相一致，选中了菜单或者工具栏按钮就意味着执行了与其对应的键盘命令。由于菜单或者工具栏选择直观、方便，减少了背记命令的时间。因此，很适合初学者采用。

键盘输入方式是由键盘直接键入命令或数据。它适合于习惯键盘操作的用户。键盘输入要求操作者熟悉了解软件的各条命令以及它们相应的功能,否则将给输入带来困难。

在操作提示为【命令名】时,使用鼠标右键和键盘回车键可以重复执行上一条命令,命令结束后会自动退出该命令。

2. 点的输入

点是最基本的图形元素,点的输入是各种绘图操作的基础。因此,各种绘图软件都非常重视点的输入方式的设计。CAXA 电子图板也不例外,除了提供常用的键盘输入和鼠标单击输入方式外,还设置了若干种捕捉方式,例如智能点的捕捉、工具点的捕捉等。

1)键盘输入点的坐标

点在屏幕上的坐标有绝对坐标和相对坐标两种方式。它们在输入方法上是完全不同的,初学者必须正确地掌握它们。

绝对坐标的输入方法很简单,可直接通过键盘输入 x,y 坐标,但 x,y 坐标值之间必须用逗号隔开,例如 30,40。

相对坐标是指相对系统当前点的坐标,与坐标系原点无关。输入时,为了区分不同性质的坐标,CAXA 电子图板对相对坐标的输入做了如下规定:输入相对坐标时必须在第一个数值前面加上一个符号@,以表示相对,例如输入@ 60,84,表示相对参考点来说,输入了一个 x 坐标为 60,y 坐标为 84 的点。此外,相对坐标也可以用极坐标的方式表示,例如@ 60<84 表示输入了一个相对当前点的极坐标,相对当前点的极坐标半径为 60,半径与 x 轴的逆时针夹角为 84°。

参考点是系统自动设定的相对坐标的参考基准。它通常是用户最后一次操作点的位置。在当前命令的交互过程中,用户可以按 F4 键,专门确定希望的参考点。

2)鼠标输入点的坐标

鼠标输入点的坐标就是通过移动十字光标选择需要输入的点的位置。选中后按下鼠标左键,该点的坐标即被输入。鼠标输入的都是绝对坐标。用鼠标输入点时,应一边移动十字光标,一边观察屏幕底部的坐标显示数字的变化,以便尽快较准确地确定待输入点的位置。

鼠标输入方式与工具点捕捉配合使用可以准确地定位特征点,如端点、切点、垂足点等等。用功能键 F6 可以进行捕捉方式的切换。

3)工具点的捕捉

工具点是在作图过程中具有几何特征的点,如圆心点、切点、端点等。所谓工具点捕捉就是使用鼠标捕捉工具点菜单中的某个特征点。

用户进入作图命令,需要输入特征点时,只要按下空格键,即在屏幕上弹出下列工具点菜单。

屏幕点(S):屏幕上的任意位置点。

端点(E):曲线的端点。

中心(M):曲线的中点。

圆心(C):圆或圆弧的圆心。

交点(I):两曲线的交点。

切点(T):曲线的切点。

垂足点(P)：曲线的垂足点。

最近点(N)：曲线上距离捕捉光标最近的点。

孤立点(L)：屏幕上已存在的点。

象限点(Q)：圆或圆弧的象限点。

工具点的默认状态为屏幕点，用户在作图时拾取了其他的点状态，即在提示区右下角工具点状态栏中显示出当前工具点捕获的状态，但这种点的捕获一次有效，用完后立即自动回到【屏幕点】状态。

工具点的捕获状态的改变，也可以不用工具点菜单的弹出与拾取，用户在输入点状态的提示下，可以直接按相应的键盘字符（如“E”代表端点、“C”代表圆心等）进行切换。

在使用工具点捕获时，捕捉框的大小可用主菜单【设置】中菜单项【拾取设置】（命令名 objectset），在弹出对话框【拾取设置】中预先设定。

当使用工具点捕获时，其他设定的捕获方式暂时被取消，这就是工具点捕获优先原则。

3. 选择（拾取）实体

绘图时所用的直线、圆弧、块或图符等，在交互软件中称为实体。每个实体都有其相对应的绘图命令。CAXA 电子图板中的实体有直线、圆或圆弧、点、椭圆、块、剖面线、尺寸等类型。

拾取实体的目的是根据作图的需要在已经画出的图形中选取作图所需的某个或某几个实体。拾取实体的操作是经常要用到的操作，应当熟练地掌握它。已选中的实体集合称为选择集。当交互操作处于拾取状态（工具菜单提示出现【添加状态】或【移出状态】）时用户可通过操作拾取工具菜单来改变拾取的特征。

1）拾取所有

拾取所有就是拾取画面上所有的实体，但系统规定，在所有被拾取的实体中不应含有拾取设置中被过滤掉的实体或被关闭图层中的实体。

2）拾取添加

指定系统为拾取添加状态，此后拾取到的实体将放到选择集中（拾取操作有两种状态：【添加状态】和【移出状态】）。

3）取消所有

取消所有就是取消所有被拾取到的实体。

4）拾取取消

拾取取消的操作就是从拾取到的实体中取消某些实体。

5）取消尾项

执行本项操作可以取消最后拾取到的实体。

6）重复拾取

拾取上一次选择的实体上述几种拾取实体的操作，都是通过鼠标来完成的，也就是说，通过移动鼠标的十字光标，将其交叉点或靶区方框对准待选择的某个实体，然后按下鼠标左键即可完成拾取的操作。被拾取的实体呈拾取加亮颜色的显示状态（默认为红色），以示与其他实体的区别。

4. 右键直接操作功能

CAXA 电子图版系统提供面向对象的功能，即用户可以先拾取操作的对象(实体)，后选择命令，进行相应的操作，该功能主要适用于一些常用的命令操作，提高交互速度，尽量减少作图中的菜单操作，使界面更为友好。

在无命令执行状态下，用鼠标左键或窗口拾取实体，被选中的实体将变成拾取加亮颜色(默认为红色)，此时用户可单击任一被选中的元素，然后按下鼠标左键移动鼠标来随意拖动该元素。圆、直线等基本曲线还可以单击其控制点(屏幕上的紫色亮点，如图 2-3-14 右图)来进行拉伸操作。进行了这些操作后，图形元素依然是被选中的，即依然是以拾取加亮颜色显示。系统认为被选中的实体为操作的对象，此时按下鼠标右键，则弹出相应的命令菜单(如图 2-3-14 左图)，单击菜单项，则将对选中的实体进行操作。拾取不同的实体(或实体组)，将会弹出不同的功能菜单。

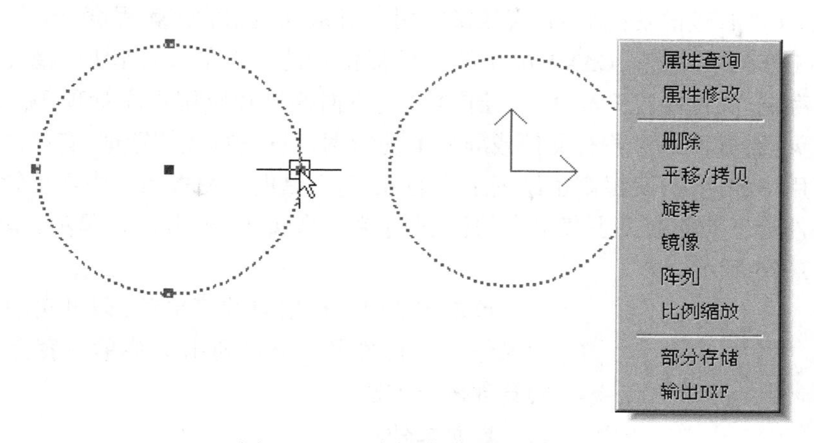

图 2-3-14　右键直接操作功能

5. 其他常用操作

CAXA 电子图版系统具有计算功能，它不仅能进行加、减、乘、除、平方、开方和三角函数等常用的数值计算，还能完成复杂表达式的计算，例如：60/91+(44.35)/23；Sqrt(23)；Sin(70*3.1415926/180)等。

6. 立即菜单操作

用户在输入某些命令以后，在绘图区的底部会弹出一行立即菜单，例如输入一条画直线的命令(从键盘输入【line】或用鼠标在【绘图】工具栏单击【直线】按钮)，则系统立即弹出一行立即菜单及相应的操作提示，如图 2-3-15 所示。

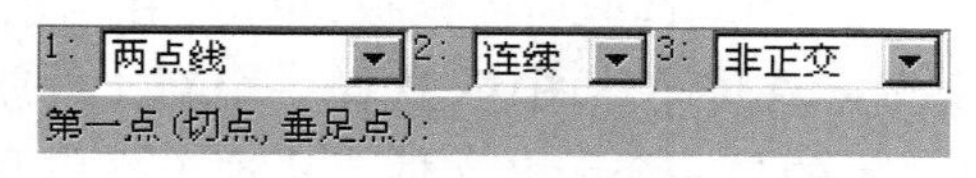

图 2-3-15　立即菜单

图 2-3-15 中菜单表示当前待画的直线为两点线方式，非正交的连续直线。在显示立即菜单的同时，在其下面显示如下提示：【第一点(切点，垂足点)：】。括号中的【切点，垂足点】表示此时可输入切点或垂足点。需要说明的是，输入点时，如果没有提示(切点，垂足

点），则表示不能输入工具点中的切点或垂足点。用户按要求输入第一点后，系统会提示【第二点（切点，垂足点）：】。用户再输入第二点，系统在屏幕上从第一点到第二点画出一条直线。

立即菜单的主要作用是可以选择某一命令的不同功能。可以通过鼠标单击立即菜单中的下拉箭头或用快捷键“Alt+数字键”进行激活，如果下拉菜单中有很多可选项，可使用快捷键“ALT+连续数字键”进行选项的循环。如上例，如果想在两点间画一条正交直线，那么可以用鼠标单击立即菜单中的【3. 非正交】或用快捷键 Alt+3 激活它，则该菜单变为【3. 正交】。如果要使用【平行线】命令，那么可以用鼠标单击立即菜单中的【1 平行线】或用快捷键【Alt+1】激活它。

（五）文件操作

使用计算机时，都是以文件的形式把各种各样的信息数据存储在计算机中，并由计算机管理。因此，文件管理的功能如何，直接影响用户对系统使用的信赖程度，当然，也直接影响到绘图设计工作的可靠性。CAXA 电子图板可提供功能齐全的文件管理系统，其中包括文件的建立与存储、文件的打开与并入、绘图输出、数据接口和应用程序管理等。用户使用这些功能可以灵活、方便地对原有文件或屏幕上的绘图信息进行文件管理，有序的文件管理环境既方便了用户的使用，又提高了绘图工作的效率，它是电子图板系统中不可缺少的重要组成部分。文件管理功能通过主菜单中的【文件】菜单来实现，单击该菜单项，系统弹出子菜单，如图 2–3–16 所示。

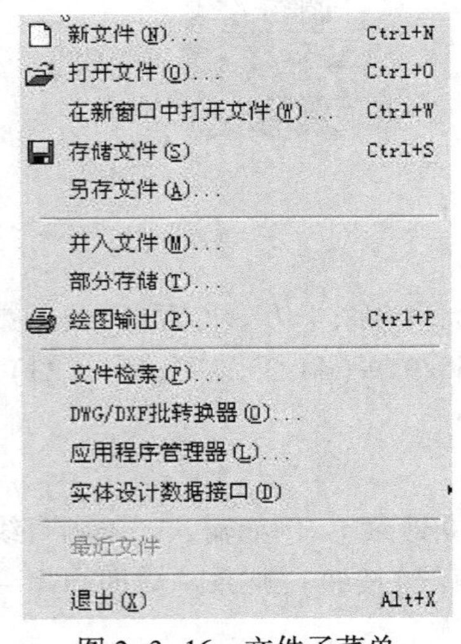

图 2–3–16　文件子菜单

单击图 2–3–16 相应的菜单项，即可实现对文件的管理操作。下面按照子菜单列出的菜单内容介绍各类文件的管理操作方法。

1. 新文件

新文件指的是创建基于模板的图形文件。【命令名】New，单击子菜单中的【新文件】菜单项，系统弹出新建对话框，如图 2–3–17 所示。

对话框中列出了若干个模板文件，它们是国标规定的 A0～A4 的图幅、图框及标题栏模板以及一个名称为 Eb. tpl 的空白模板文件。这里所说的模板，实际上就是相当于已经印好图框和标题栏的一张空白图纸。用户调用某个模板文件相当于调用一张空白图纸。模板的作用是减少用户的重复性操作。

选取所需模板，单击【在当前窗口新建】按钮，一个用户选取的模板文件被调出并显示在屏幕绘图区，这样一个新文件就建立了。由于调用的是一个模板文件，在屏幕顶部显示的是一个无名文件。从这个操作及其结果可以看出，CAXA 电子图板中的建立文件是用选择一个模板文件的方法建立一个新文件，实际上是为用户调用一张有名称的绘图纸，这样就大大地方便了用户，减少了不必要的操作，提高了工作效率。如果选择模板后，单击【在新窗口中新建】将新打开一个电子图板绘图窗口。

建立好新文件以后，用户就可以应用前面介绍的图形绘制、编辑、标注等各项功能了。

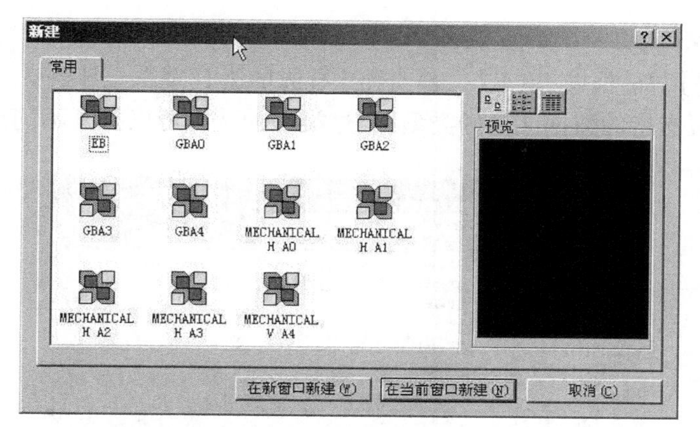

图 2-3-17　选择模板文件对话框

但必须记住，当前的所有操作结果都记录在内存中，只有存盘以后，用户的绘图成果才会被永久地保存下来。用户在画图以前，也可以不执行本操作，采用调用图幅、图框的方法或者以无名文件方式直接画图，最后在存储文件时再给出文件名。

2. 打开文件

打开文件指的是打开一个 CAXA 电子图板的图形文件或其他绘图文件的数据。

【命令名】Open，单击子菜单中的【打开文件】菜单项，系统弹出打开文件对话框，如图 2-3-18 所示。

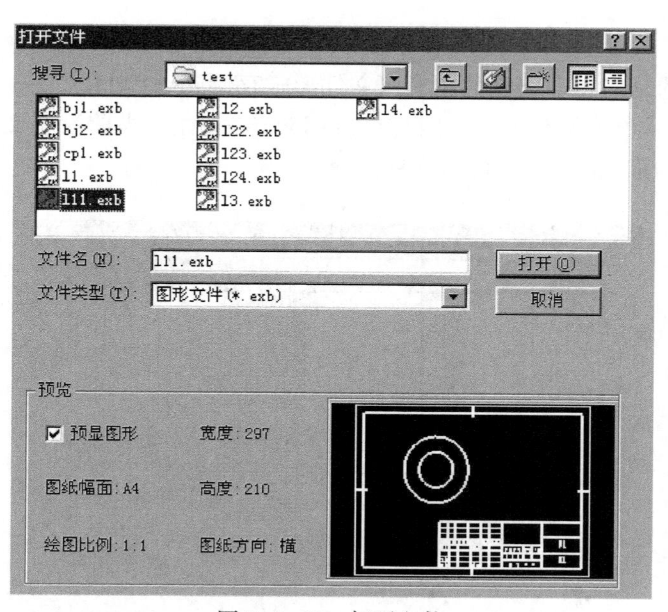

图 2-3-18　打开文件

对话框上部为 Windows 标准文件对话框，下部为图纸属性和图形的预览。选取要打开的文件名，单击【确定】按钮，系统将打开一个图形文件。如果读入的为 DOS 版文件，则没有图纸属性和图形的预览，且在打开文件后，将原来的 DOS 版文件做一个备份，将扩展名改为 Old，存放在 TEMP 目录下。

要打开一个文件，也可单击按钮。

在【打开文件】对话框中，单击【文件类型】右边的下拉箭头（图 2-3-19），可以显示出 CAXA 电子图板所支持的数据文件的类型，通过类型的选择可以打开不同类型的数据文件。

图 2-3-19　打开文件类型选择

3. 存储文件

储存文件指的是将当前绘制的图形以文件形式存储到磁盘上。

【命令名】Save，单击子菜单中的【存储文件】菜单项，如果当前没有文件名，则系统弹出一个如图 2-3-20 所示的存储文件对话框。

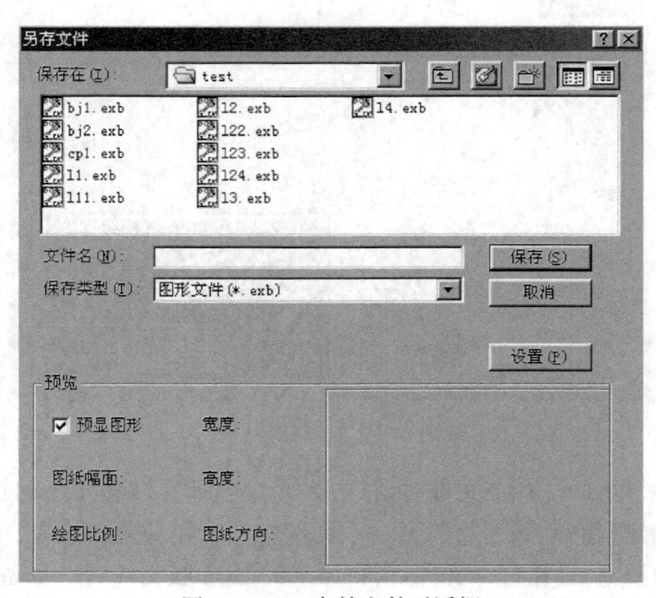

图 2-3-20　存储文件对话框

在对话框的文件名输入框内,输入一个文件名,单击【确定】按钮。系统即按所给文件名存盘。

如果当前文件名存在(即状态区显示的文件名),则直接按当前文件名存盘。此时,不出现对话框。系统以当前文件名存盘。一般情况下在第一次存盘以后,当再次选择【存储文件】菜单项或输入 Save 命令时,就会出现这种情况。这是正常的,不必担心因无对话框而没有存盘的现象。经常把自己的绘图结果保存起来可以避免因发生意外而使您的绘图成果丢失。

要对所存储的文件设置密码,按【设置】按钮,按照提示重复设置两次密码即可。有密码的文件在打开时要输入密码。

要存储一个文件,也可以单击按钮。

在【保存文件】对话框中,单击【文件类型】右边的下拉箭头,可以显示出 CAXA 电子图板所支持的数据文件的类型,通过类型的选择我们可以保存不同类型的数据文件,如图 2-3-21 所示。

图 2-3-21 存储类型选择

4. 电子图板其他版本文件保存

在文件类型可以选用“电子图板 2005 文件”“电子图板 XP 文件”“电子图板 V2 文件”“电子图板 2000 文件”“电子图板 97 文件”这一功能使电子图板各版本之间的数据转换便捷。

5. IGES 文件保存

输出 IGES 文件:在类型中选择【IGES 文件(*.igs)】,输入文件名后,单击【确定】按钮,输出所选的 IGES 文件。

HPGL 老版本文件保存:

在类型中选择【HPGL 老版本文件（ *.plt）】。输入文件名后，单击【确定】按钮，输出所选的 HPGL 老版本文件。

6. 并入文件

将用户输入的文件名所代表的文件并入到当前的文件中。如果有相同的层，则并入到相同的层中。否则，全部并入当前层。

【命令名】Merge，单击子菜单中的【并入文件】菜单项，系统弹出如图 2-3-22 所示的并入文件对话框。

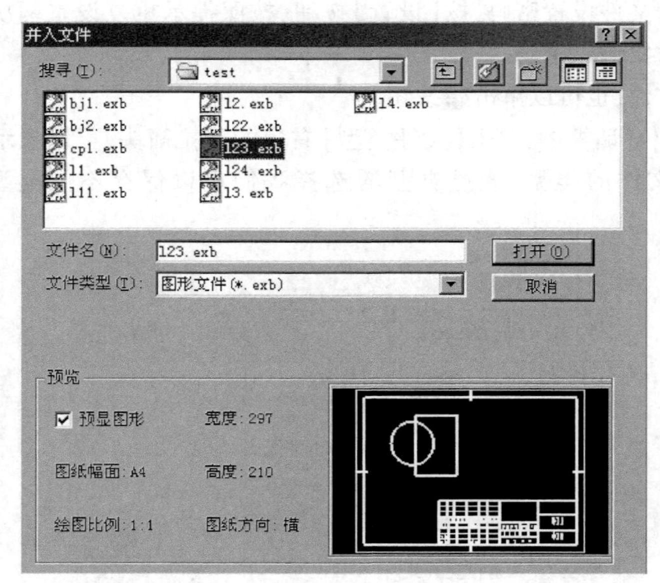

图 2-3-22　并入文件对话框

图 2-3-22 并入文件对话框选择要并入的文件名，单击【打开】按钮。系统弹出如图 2-3-23 所示的立即菜单。

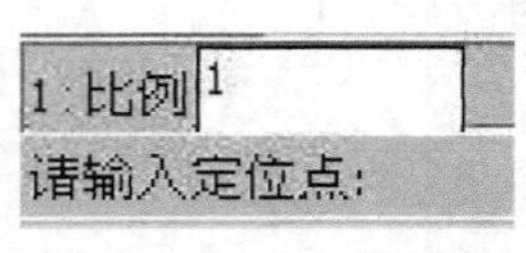

图 2-3-23　立即菜单

其中立即菜单选项【比例】指并入图形放大（缩小）比例。根据系统提示输入并入文件的定位点后，系统再提示：【请输入旋转角：】用户输入旋转角后，则系统会调入用户选择的文件，并将其在指定点以给定的角度并入到当前的文件中。此时，两个文件的内容同时显示在屏幕上。而原有的文件保留不变，并入后的内容可以用一个新文件名存盘。

注意：将几个文件并入一个文件时最好使用同一个模板，模板中定好这张图纸的参数设置，系统配置以及层、线型、颜色的定义和设置，以保证最后并入时，每张图纸的参数设置及层、线型、颜色的定义都是一致的。

7. 部分存储

部分存储指的是将图形的一部分存储为一个文件。

【命令名】Partsave，单击子菜单中的【部分存储】菜单项，系统提示：【拾取元素：】拾取要存储的元素，拾取完后用鼠标右键确认。然后系统提示：【请给定图形基点：】指定图形基点后，系统弹出一个如图 2-3-24 所示的部分存储对话框，输入文件名后，即将所选中的图形存入给定的文件名中。

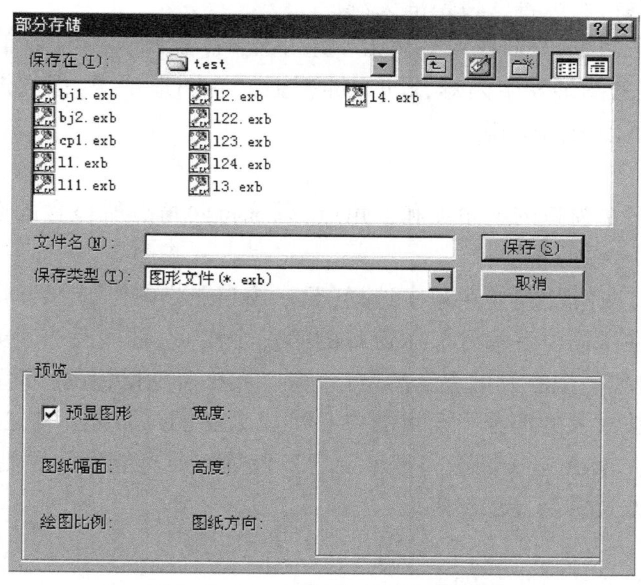

图 2-3-24　部分存储文件对话框

其部分存储的文件类型选择，参见【存储文件】。

注意：部分存储只存储了图形的实体数据而没有存储图形的属性数据（系统设置，系统配置及层、线型、颜色的定义和设置），而存储文件菜单则将图形的实体数据和属性数据都存储到文件中。

J(GJ)BA017 电子图版线型的画法

（六）视图控制

1. 概述

CAXA 电子图板还为用户提供了一些控制图形的显示命令。一般来说，视图命令与绘制、编辑命令不同。它们只改变图形在屏幕上的显示方法，而不能使图形产生实质性的变化。它们允许操作者按期望的位置、比例、范围等条件进行显示，但是，操作的结果既不改变原图形的实际尺寸，也不影响图形中原有实体之间的相对位置关系。简而言之，视图命令的作用只是改变了主观视觉效果，而不会引起图形产生客观的实际变化。图形的显示控制对绘图操作，尤其是绘制复杂视图和大型图纸时具有重要作用，在图形绘制和编辑过程中要经常使用它们。

视图控制的各项命令安排在屏幕主菜单的【视图】菜单中，如图 2-3-25 所示。

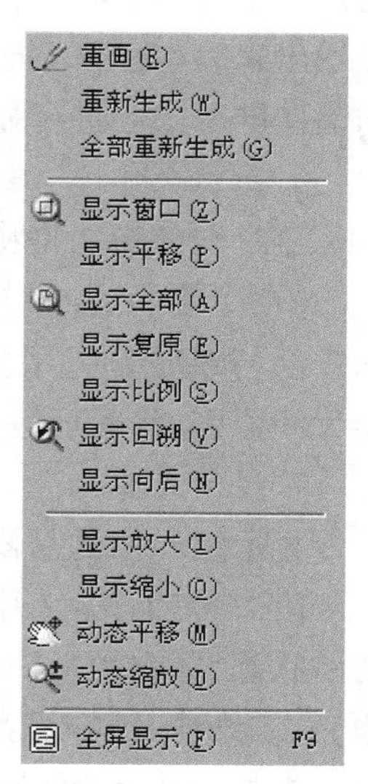

图 2-3-25　视图变换子菜单

2. 重画

重画指的是刷新当前屏幕所有图形。

【命令名】Redraw，经过一段时间的图形绘制和编辑，屏幕绘图区中难免留下一些擦除痕迹，或者使一些有用图形上产生部分残缺，这些由于编辑后而产生的屏幕垃圾，虽然不影响图形的输出结果，但影响屏幕的美观。使用重画功能，可对屏幕进行刷新，清除屏幕垃圾，使屏幕变得整洁美观。

重画操作方法很简单，只需用鼠标单击子菜单中的【重画】菜单，或单击【常用】工具栏中的按钮，屏幕上的图形发生闪烁，此时，屏幕上原有图形消失，但立即在原位置把图形重画一遍也即实现了图形的刷新。

3. 视图窗口

提示用户输入一个窗口的上角点和下角点，系统将两角点所包含的图形充满屏幕绘图区加以显示。

【命令名】Zoom，在【视图】子菜单中选择【显示窗口】菜单项，或从常用工具箱中选择按钮。按提示要求在所需位置输入显示窗口的第一个角点，输入后十字光标立即消失。此时再移动鼠标时，出现一个由方框表示的窗口，窗口大小可随鼠标的移动而改变。窗口所确定的区域就是即将被放大的部分。窗口的中心将成为新的屏幕显示中心。在该方式下，不需要给定缩放系数，CAXA 电子图板将把给定窗口范围按尽可能大的原则，将选中区域内的图形按充满屏幕的方式重新显示出来。

4. 全屏显示

全屏显示指的是全屏幕显示图形。

【命令名】Fullview，用鼠标单击【视图】菜单中【全屏显示】选项，或单击【常用】工具栏中的全屏显示按钮即可全屏幕显示图形，按 Esc 键可以退出全屏显示状态。

5. 显示平移

显示平移指的是提示用户输入一个新的显示中心点，系统将以该点为屏幕显示的中心，平移显示图形。

【命令名】Pan，用鼠标单击【视图】菜单中【显示平移】选项，然后按提示要求在屏幕上指定一个显示中心点，按下鼠标左键。系统立即将该点作为新的屏幕显示中心将图形重新显示出来。本操作不改变放缩系数，只将图形作平行移动。用户还可以使用上、下、左、右方向键使屏幕中心进行显示的平移。

6. 显示全部

显示全部指的是将当前绘制的所有图形全部显示在屏幕绘图区内。

【命令名】Zooma，单击【视图】子菜单中的【显示全部】选项，或单击【常用】工具栏中【显示全部】按钮后，用户当前所画的全部图形将在屏幕绘图区内显示出来，而且系统按尽可能大的原则，将图形按充满屏幕的方式重新显示出来。

7. 显示复原

显示复原指的是恢复初始显示状态（即标准图纸状态）。

【命令名】Home，用户在绘图过程中，根据需要对视图进行了各种显示变换，为了返回到初始状态，观看图形在标准图纸下的状态，可用鼠标光标在【视图】子菜单中单击【显示复原】菜单命令，或在键盘中按 Home 键，系统立即将屏幕内容恢复到初始显示状态。

8. 显示放大/缩小

显示放大指的是按固定比例将绘制的图形进行放大显示。

【命令名】Zoomin，单击【显示放大】菜单命令，或在键盘中按 PageUp 键，系统将所有图形放大 1.25 倍显示。

显示缩小指的是按固定比例将绘制的图形进行缩小显示。

【命令名】Zoomout，单击【显示缩小】菜单命令，或在键盘中按 PageDown 键，系统将所有图形缩小 0.8 倍显示。

9. 显示比例

显示比例指的是显示放大和显示缩小是按固定比例进行缩放，而显示比例功能有更强的灵活性，可按用户输入的比例系数，将图形缩放后重新显示。

【命令名】Vscale，按提示要求，由键盘输入一个（0，1000）范围内的数值，该数值就是图形放缩的比例系数，并按下回车键。此时，一个由输入数值决定放大（或缩小）比例的图形被显示出来。

10. 显示回溯

显示回溯指的是取消当前显示，返回到显示变换前的状态。

【命令名】Prev，单击【视图】子菜单中的【显示回溯】选项，或在【常用】工具栏中单击显示回溯按钮。系统立即将图形按上一次显示状态显示出来。

11. 显示向后

显示向后指的是返回到下一次显示的状态（同显示回溯配套使用）。

【命令名】Next，单击子菜单中的【显示向后】菜单命令，系统将图形按下一次显示状态显示出来。此操作与显示回溯操作配合使用可以方便灵活地观察新绘制的图形。

12. 重新生成

重新生成指的是将显示失真的图形进行重新生成的操作，可以将显示失真的图形按当前窗口的显示状态进行重新生成。【命令名】Refresh，单击【视图（s）】菜单中【重新生成】命令，可以执行重新生成命令。圆和圆弧等元素都是由一段一段的线段组合而成，当图形放大到一定比例时会出现显示失真的效果，如图 2-3-26 所示。

执行重新生成命令，软件会提示【拾取添加】鼠标变为拾取形状，拾取半径 2.5 的圆形，右击【结束】命令，圆的显示已经恢复正常，如图 2-3-27 所示。

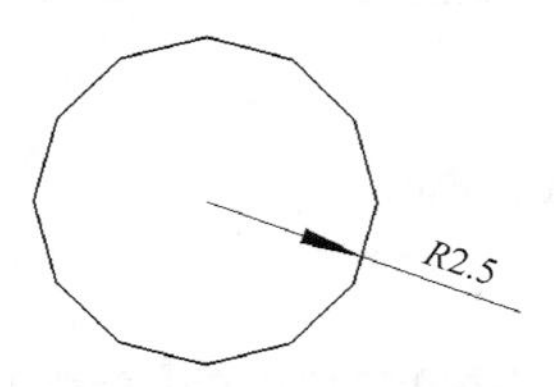

图 2-3-26　矢真图形

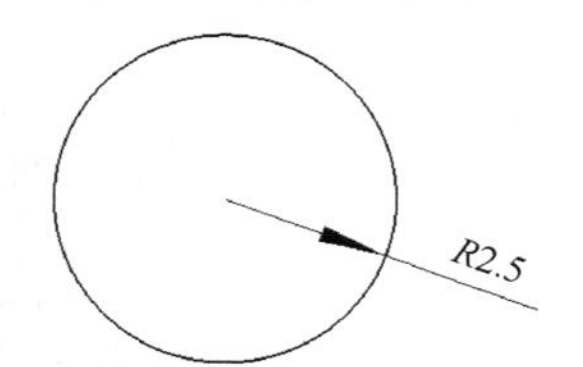

图 2-3-27　恢复正常图形

13. 全部重新生成

全部重新生成指的是将绘图区内显示失真的图形全部重新生成。

【命令名】Refreshall，单击【视图（s）】菜单中【全部重新生成】命令，可以使图形中所有元素进行重新生成。

14. 动态平移

动态平移指的是拖动鼠标平行移动图形。【命令名】Dyntrans，单击【视图】子菜单中的

【动态平移】项或者单击动态平移按钮，即可激活该功能，光标变成动态平移图标，按住鼠标左键，移动鼠标就能平行移动图形。右击可以结束动态平移操作。此外，按住 Ctrl 键的同时按住鼠标左键拖动鼠标也可以实现动态平移，而且这种方法更加快捷、方便。

15. 动态缩放

动态缩放指的是拖动鼠标放大缩小显示图形。

【命令名】Dynscale，单击【视图】子菜单中的【动态缩放】项或者单击动态显示缩放按钮即可激活该功能，鼠标变成动态缩放图标，按住鼠标左键，鼠标向上移动为放大，向下移动为缩小，右击可以结束动态平移操作。此外，按住【Ctrl】键的同时按住鼠标右键拖动鼠标也可以实现动态缩放，而且这种方法更加快捷、方便。

注意：鼠标的中键和滚轮也可控制图形的显示，中键为平移，滚轮为缩放。

（七）入门实例

以一简单零件的主视图和俯视图（图 2-3-28）绘制为例，说明用 CAXA 电子图板 XP 绘图的主要过程。

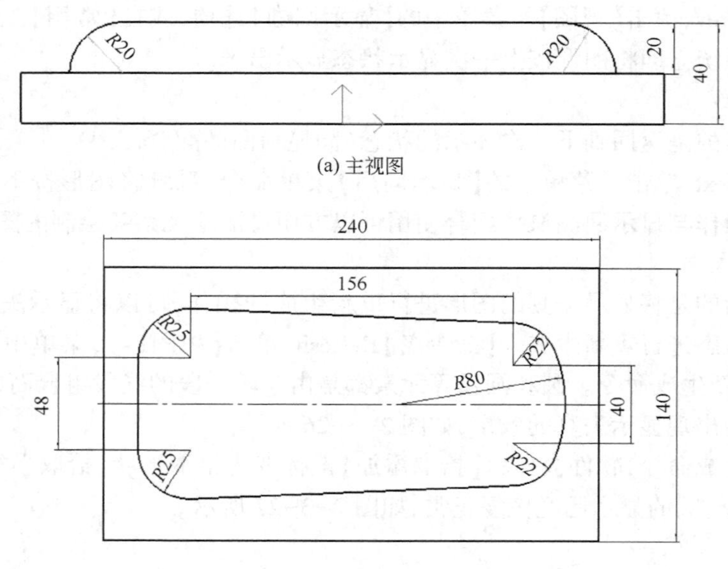

图 2-3-28　零件主俯视图

1. 画主视图

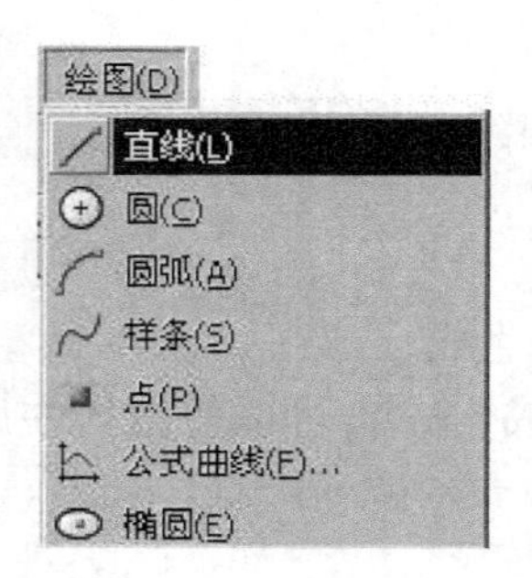

图 2-3-29　主菜单

单击主菜单【绘图】菜单中的【直线】一项或者单击【绘图工具】工具栏中单击【直线】按钮（注：单击菜单和按钮的功能相同，以后所有功能均用单击按钮方式）激活绘制直线功能，如图 2-3-29 所示。

在立即菜单中选择【两点线】【连续】【非正交】方式，如图 2-3-30 所示。系统提示【第一点（切点、垂足点）：】，键盘输入坐标（-120，0）并按回车键确认；系统提示【第二点（切点、垂足点）：】，输入坐标（120，0）并确认。则生成一条直线。

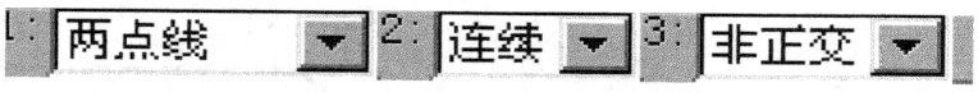

1: 两点线 2: 连续 3: 非正交

图 2-3-30　立即菜单

单击【等距线】按钮，立即菜单选择如下，单击【5:距离】，弹出输入实数菜单，输入距离20并确认；同样操作输入份数1，如图 2-3-31 所示。

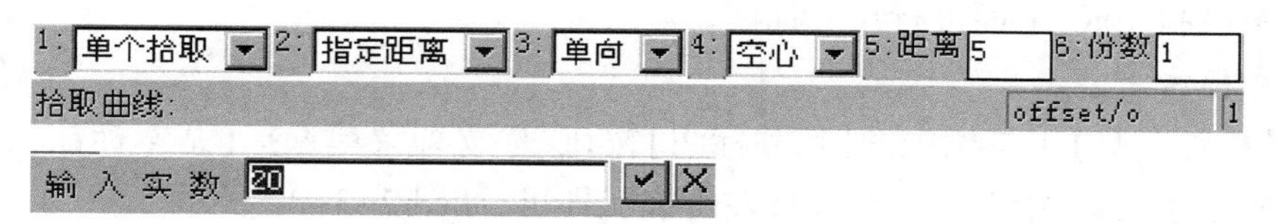

图 2-3-31　输入实数菜单

按提示拾取生成的直线，拾取到的直线变为红色；出现箭头，按系统提示拾取向上的箭头方向，等距线生成，如图 2-3-32 所示。

单击【直线】按钮，按空格键弹出工具点菜单选择【端点】，然后拾取一条直线的右端；再弹出工具点菜单选择端点，拾取另一条直线的右端，生成一条直线。同样操作生成左端的直线，如图 2-3-33 所示。

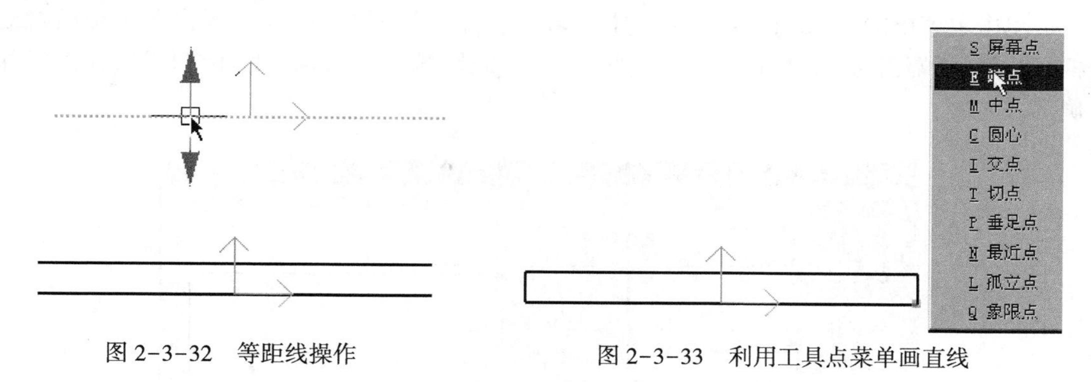

图 2-3-32　等距线操作　　　图 2-3-33　利用工具点菜单画直线

单击【圆弧】按钮，选择立即菜单如图 2-3-33 所示，输入半径和起始角度，并确认。按提示输入圆心坐标(82,20)，得到一圆弧，如图 2-3-34 所示。

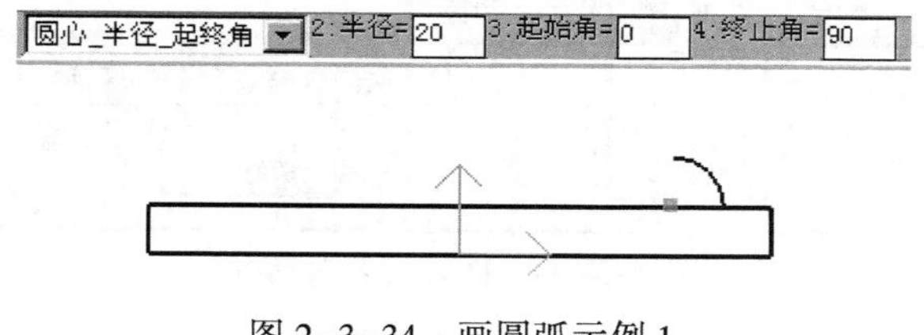

图 2-3-34　画圆弧示例 1

改变起始角=90，终止角=180，输入圆心坐标(-82,20)得到另一圆弧，如图 2-3-35 所示。

单击【直线】按钮，按空格键在弹出的工具点菜单中选择端点，拾取一圆弧，然后再按空格键选择端点，拾取另一圆弧得到一直线，如图 2-3-36 所示。

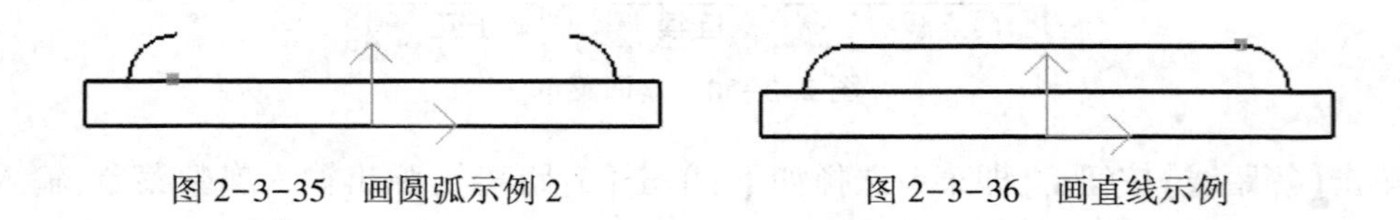

图 2-3-35　画圆弧示例 2　　　图 2-3-36　画直线示例

主视图绘制完成，下面进行尺寸标注。

2. 尺寸标注

单击【标注工具】工具栏中的【尺寸标注】按钮，立即菜单选择【基本标注】，按系统提示分别拾取标注元素，拾取完后按鼠标左键确认即可，如图 2-3-37 所示。

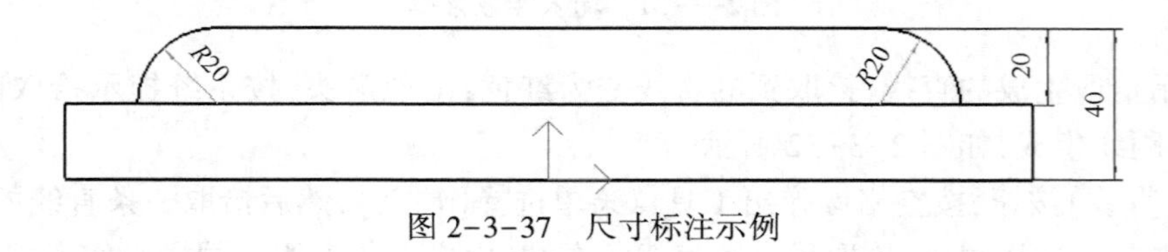

图 2-3-37　尺寸标注示例

3. 设置图纸幅面并且调入图框和标题栏

单击主菜单的【幅面】子菜单中的【图幅设置】一项（图 2-3-38），弹出图纸幅面对话框，选择图纸幅面 A4、绘图比例 1∶1、图纸方向横放，选择横 A4 图框、标题栏选择国标并确定。

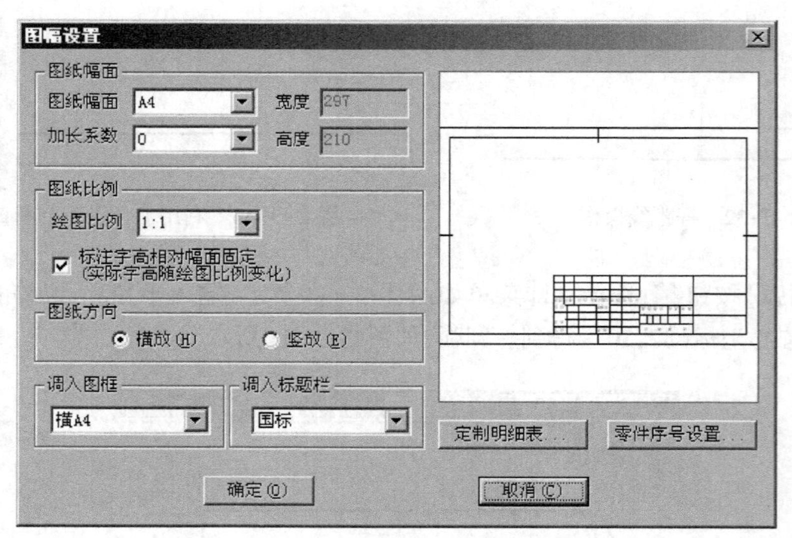

图 2-3-38　图幅设置对话框

确定后图框和标题栏调入完成，图纸如图 2-3-39 所示。

4. 填写标题栏

单击【幅面】菜单的【填写标题栏】一项，弹出填写标题栏对话框，在对话框中填写有关的信息并确定即可，如图 2-3-40 所示。

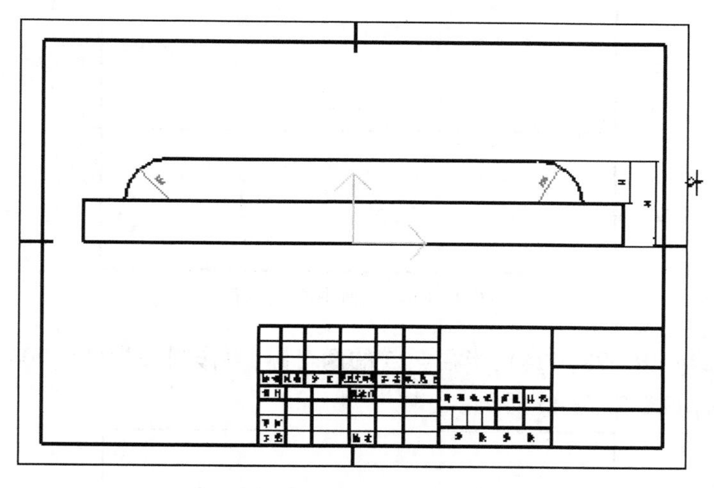

图 2-3-39　图纸显示

图 2-3-40　填写标题栏对话框

5. 画俯视图

单击【绘制】工具栏中的【矩形】按钮，选择如下立即菜单，输入定位中心坐标(0,0)得到一矩形，如图 2-3-41 所示。

图 2-3-41　立即菜单

单击【绘制】工具栏中的【中心线】按钮，在立即菜单中填写延伸长度为 3，分别拾取矩形的两较长边，得到矩形的中心线，如图 2-3-42 所示。

单击【绘制】工具栏中的【圆】按钮，在立即菜单中选择【圆心-半径】和【半径】方式，

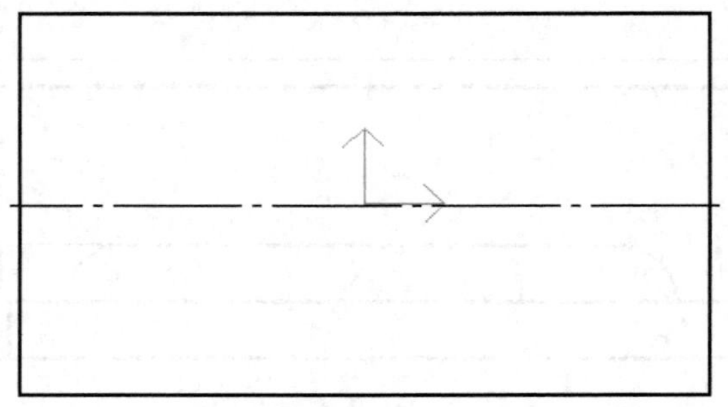

图 2-3-42　画中心线示例

作圆心为(-78,24)和(-78,-24),半径=25 的两个圆;再作圆心为(78,20)和(78,-20),半径=22 的两个圆,如图 2-3-43 所示。

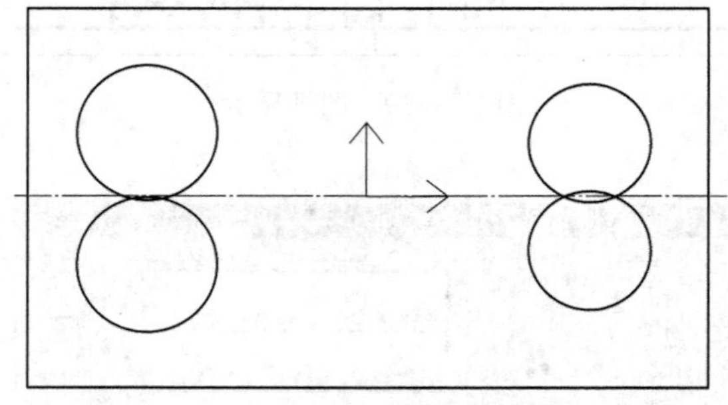

图 2-3-43　画圆示例

单击【直线】按钮,按空格键在点工具菜单中选择切点,拾取圆,重复操作,作如图 2-3-44 所示的与圆两两相切的直线。

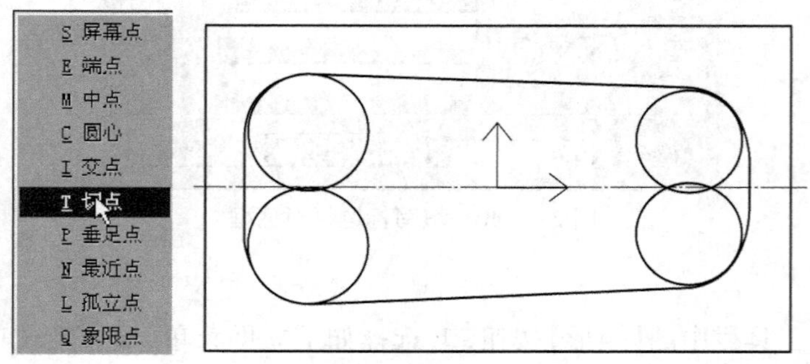

图 2-3-44　画切线示例

单击【绘制】工具栏中的【圆弧】按钮,在立即菜单中选择【两点-半径】方式,按空格键在工具点菜单中选择切点,拾取右边的一圆,再选择切点,拾取右边另一圆,输入半径 80,得到与两圆相切的圆弧,如图 2-3-45 所示。

单击【编辑】工具栏中的【裁剪】按钮,裁掉切线内的圆弧,如图 2-3-46 所示。

至此主视图绘制完成,尺寸标注、幅面设置、调入图框、标题栏和填写标题栏的步骤与前面主视图的操作完全相同。

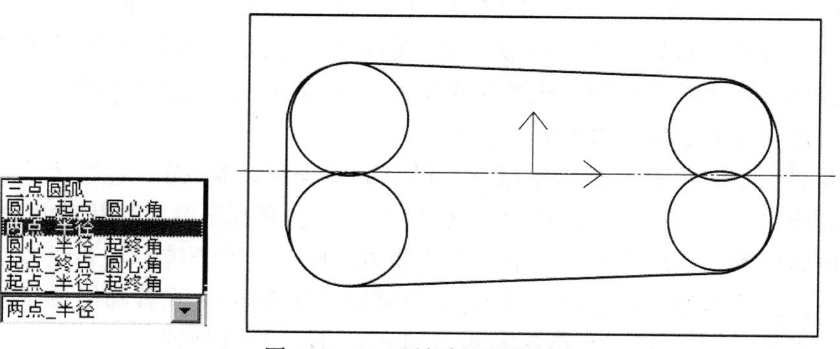

图 2-3-45　画相切圆弧示例

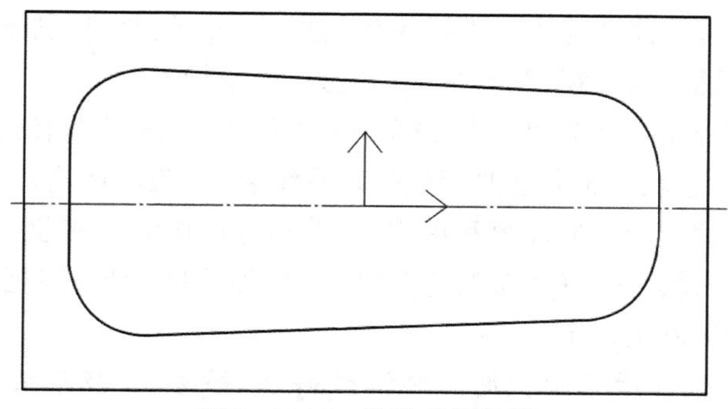

图 2-3-46　曲线裁剪示例

四、理论和技能培训

根据培训需求编制培训计划，并将其纳入本单位年度教育培训计划中，在考虑课程设置方面，要以专业或工种作为课程结构的基本成分，要依据一定的教学原理组织起来的科学基础知识为基础，而且是科学上比较稳定的、主要的基础知识，即公认的科学概念、基本原理和基本事实以及研究的最新成果，如新技术、新工艺、新设备方面的知识，重大事故的预防处理，生产技术的关键知识。采取集中授课或咨询的方式，使井下作业工具工高级技师达到相适应的理论知识水平。

J(GJ)BJ001 制定教学大纲的方法

（一）制定教学大纲

根据教学计划以纲要的形式编定有关课程教学内容的教学指导性文件，要规定课程的知识范围、深度及其结构，教学的进度和教学方法等基本要求。教学大纲是编写教科书和教师进行教学的主要依据，是衡量教学质量的重要标准。当然学员掌握的科学技术知识的范围，也不应限于大纲的规定，但全面实现教学大纲是各科教学的基本任务。

J(GJ)BJ002 常用的教学方法

（二）教学方法

教学方法是指教师和学员为实现教学目的、任务所采用的手段，包括教师教的方法和学员学的方法。科学合理地运用教学方法，对于全面提高教学质量具有重要意义。

常用的教学方法有讲授、谈话、演示、参观、实验、实习、阅读指导、练习作业等。

（1）讲授法：教师通过口头语言系统地向学生传授知识的方法，是讲述法、讲解法和讲演法的总称。它有利于发挥教师的主导作用,控制教学过程,使学生在较短的时间内就能获得大量的系统的科学知识。对学生来讲,是接受性学习,此法如果运用不当,会使学生处于消极被动的地位,影响学习主动性积极性的发挥。教师要注意讲授的科学性、启发性、逻辑性和趣味性,提高口头表达能力和语言艺术。

(2)谈话法:又称问答法,教师根据学生已有的知识和经验,提出问题,引导学生积极思考,通过对话或讨论得出结论,获得新的知识的方法。它有利于激发学生的思维活动,加强教学反馈,培养学生独立思考和口头语言表达能力。此法可用于传授新知识,复习巩固旧知识,对实验、实习、练习和参观等教学活动,也起重要指导作用,要求教师做好充分准备,问题要明确具体,难易适度,鼓励学生敢于发表不同意见,培养创新精神。

(3)演示法:教师把实物或教具呈现给学生看,或向学生做示范性实验,以说明印证要学生掌握的知识的方法。此法能为学生提供生动形象的感性材料,利于形成正确概念,引起学习兴趣,知识易于巩固,发展观察能力,记忆能力,思维能力。

(4)实验法:教师指导学生利用一定设备、仪器和材料,按照要求进行独立作业,使研究对象发生某些变化,通过观察研究这些变化过程及结果,来验证理论知识或获得直接知识的方法。此法有助于对理论知识的理解和巩固,培养学生操作能力和独立思考能力,以及严谨求实的科学态度。要求教师做好实验的充分准备,加强具体指导,巡视检查,实验结果要做总结并对学生实验报告做出评定。

(5)阅读指导法:教师指导学生通过阅读教科书、参考书、技术资料获得知识的方法。它可分讲读、阅读、半独立性阅读三种方式。此法利于培养学生自学能力,养成认真读书和独立思考的习惯。开阔眼界,启迪智慧,丰富精神生活。教师要针对教材的各自特点和学生学习的不同阶段,采用相应的指导方式,指导学生使用工具书,做好读书笔记。

(6)电化教学:应用现代化教学手段传递知识信息的教学。它采用电气声像设备,又称视听教学,如在教学中使用投影、电视、录音、录像,语言实验室,程序教学机,电子计算机等电教器构和相应教材,向学生传授知识。

现代科学技术成果在教学上的运用是教育发展史上的又一次革命,是教育现代化的重要标志之一。电化教学与传统教学手段相比,具有直观形象,表现力强的特点。从宏观到微观,不受时间、空间和地域的限制,丰富教学内容、缩短教学时间,增强学习兴趣,提高教学质量。电化教学的广泛开展,正引起教学内容、方法、形式的重大变革,促进教育事业的迅速发展。

总之,选择教学方法要根据教学目的任务,考虑课程性质及教材特点,设备的具体条件出发,将各种教学方法相互配合,灵活运用,采取各种方式方法来提高教学质量。

J(GJ)BJ003 教学的几个重要环节

(三)教学工作中的几个重要环节

教学工作是一个完整的活动系统,是由相互联系,彼此衔接的各个环节构成的。任何一个环节如果脱离整体或与整体不相协调,就会削弱整体教学系统的功能。

为全面提高教学质量,必须抓好教学工作的基本环节,这几个环节是备课、上课、课外作业、教学辅导和答疑、学业成绩的检查等。上课是整个教学工作的中心环节。对上课的基本要求是:目的明确、内容科学、方法恰当、结构紧凑。衡量一堂课的标准,最主要是看单位时间内,学生的学习质量和学习效果,即从较少的时间和精力,取得最大可能的教学效果,俗话说:“讲的清楚,听得明白。”师生都处于积极状态。

(1)备课:上课前的准备工作。备好课是上好课的前提条件。教师只有认真备好课,才能保证教学的计划性和学生学习的有效性,全面完成教学任务。备课的主要内容包括:

① 钻研教材:包括钻研教学大纲,教科书和阅读有关参考书和参考资料。

② 了解学生:使教学能切合实际,有的放矢。

③ 考虑教法:注意引导学生理解学习过程。

备课工作最后要编写三种计划:一是学期教学进度计划;二是课题或单元计划;三是课时计划(教案)。

J(GJ)BJ004 教学的考核方法

(2)教学效果检查:对学生学业成绩的检查、分析和评定。科学合理地测试教学效果,是对教学过程实施调节控制,促进教与学积极性的重要手段,是教学工作中必不可缺的环节。

教学效果检查可使学生、教师、学校领导和教育行政部门了解成绩和质量,做出符合实际情况的判断和评价,从而进一步调整教学目标和计划,采取提高教学质量的相应措施。

教学效果检查的方法是多种多样的,一般分为平时考查(日常观察、提高、作业、测验等)和总结性检查(学期、学年、结业、毕业考试),考试形式为笔试、口试和实际操作考试,分开卷考试、闭卷考试和实际操作等。评定成绩的主要方法是百分制计分法和等级制记分法。

学业成绩考查评定要做到提高题目编制的效度、信度以及区分度等标准化指标,坚持评分的客观标准,命题内容应力求全面,发挥检查评定的教育性,考试要有统一安排,防止学生负担过重。

(3)教学效果分析:在对教学效果的检查、分析、评定中,分析是关键的一环。通过分析要求透过现象看本质,了解学生的思维过程和学习方法是否科学、合理;也可以推断教师的讲授是否得法,从而充分发挥教学检查的鼓舞、监督和调节作用,使教和学建立在自觉的基础上,提高教学质量和效果。

教学效果分析的类型有两种:

① 全面分析:在学期、学年开始时对学生进行“摸底考试”,期末、年终对学生进行全面考试,将两种成绩进行分析,目的在于弄清发展趋势,肯定显著进步,发现突出的问题,并找出原因和解决办法。

② 专题分析:这是在日常的小测验后为解决具体问题采用的方法。

两种分析都必须放到一定的教学背景下进行,分析应该以具体事实的依据,运用必要的统计学方法求得各种数据,从量的变化看质的变化,从中找出规律来。

(4)传统考试方法:又称论文考试法,属于教师自编的课堂测验。教师根据教学大纲、教材,或讲授内容命题考试;学生依据考题要求,把自己储备的知识充分调动、挖掘出来,经过思考、组织加工、阐述自己的观点和见解;教师根据学生答案的质量,给予评分。

现行的传统考试方法存在不少弊端,如凭经验命题,评分主观性过大,题量少、覆盖面窄,不注意对考试质量指标(考试效度、信度、难度、区分度等)的数量化分析,评分误差大等。但是传统考试法之所以能沿用到今天,证明它还有突出的优点,即能检查学生对知识的理解和思考能力，文学表达能力等。随着职业教育发展的形势，必须对考试进行有效的改革，综合运用各种学业检查评定方法，全面真实地考核出学员的知识技能和业务能力。

(5)标准化考试：制定客观而规范的标准以减少或避免各种误差的一种比较客观、信息量度好、题量多、覆盖面宽、试题难度适中，区分度强，答案简单明了，评分客观准确，能够测出考生较真实的成绩。

衡量考试标准化的要素：

① 有考试大纲或考试指导书。

② 命题标准化，制定“命题题目表”并检验试验适切的程度。

③ 试题经过预测或调试的程序，使考生测试成绩正态分布。

④ 考试施测过程(考试、阅卷、评分)有严格统一的规定。

⑤ 为解释考试分数提供常模。

使用标准化考试方法时，要注意区分常规参照性和目标参照性考试，前者强调区分不同程度的考生，学校教学考试多属此种考试方法。

在职业教育工作中，特别是工人技术学校培训中的测试和考试也以传统式考试向标准化考试过渡，两种考试方法都有优点和缺陷，作为培训教师要综合运用各种学业检查评定方法，全面真实地考核出学生的知识技能和智力发展水平。

J(GJ)BJ005 教育学的基本概念

(四)教育学基本概念

(1)教育：一种社会现象，是培养人的活动。凡是有意识有目的地对受教育者施加一种影响以便在受教育者的身心上养成教育者所希望的品质都是教育，如幼儿教育、少儿教育、成人教育、职业教育、高等教育等。

(2)现代教育：是在社会发展的新形势下，人的知识、才能越来越成为现代生产发展的决定性因素。

因此作为国家乃至全球都非常重视教育，教育事业成为开发智力资源的一个重要投资部门，教育投资是效益最大的一种投资，它把科学技术这一潜在的生产力转化为现实的生产力。

(3)全员培训：是现代成人教育理论的重要概念之一，全员培训是指企业、事业、团体中工作(劳动)的人，不论其职位、工种、年龄、级别、文化程度、性别的差别都要给每个人提供再学习的机会和条件。全员培训包括新工人培训、对新特工人的技术培训，对工长、工段长和技师的岗位职务培训，对工程技术人员的继续教育，管理人员的进修等。

(4)教师：是人类社会最古老的职业之一，受社会的委托对受教育者进行专门的教育。在教育过程中，教师是起主导作用的，教师工作质量的好坏关系到受教育者掌握知识水平的程度和综合素质的提高。

(5)教育学：是研究教育现象，揭示其实现规律的一门科学。当代科学技术的成就为教育学的研究提供了新的概念和方法。教育学和主要形容内容：

① 教育的一般原理和教育的本质、教育目的、教育制度等问题；

② 教育的过程、原则和内容；

③ 实现教育目的的方法、手段和组织形式；

④ 教育制度和教育原理。

随着教育事业发展，教育学分化成若干个分支，如学前儿童教育学、普通学校教育学、中等学校教育学、成人教育学、高等学校教育学、艺术教育学、学科教育学等。

（6）成人教育：是对成年劳动者和待业青年所进行的教育，不断提高劳动者的政治文化和技术水平以适应国民经济的发展和个人生活的需要。它是学校教育的继续，补充和延伸。成人教育的种类很多，有掌握文化基础知识、补充专业技术知识、岗位技术培训、工程技术人员和管理干部的继续教育等，有脱产、业余、半脱产、集中培训等形式。

（7）职业教育：是中国教育事业的一个分支，是以职业补习、职业指导为基础的一种教育活动。

（8）教育心理学：是心理学的分支之一，研究学校情境中教学和教育的心理活动规律，主要任务在于揭示受教育者在教育的影响下，形成道德品质、掌握知识和技能、发展智力和体力以及形成个性的心理活动规律。教育心理学还研究教师和学生的相互关系，对教师的要求以及教育能力的形成过程，为提高教育和教学质量提供科学依据。

（9）教育技术学：又称教育工艺学，是20世纪30年代在教学科学中兴起的一门综合性技术学科。它运用教育学、心理学、生理学、工艺学、信息科学、行为科学等多种学科的理论和技术成果，研究实现“教育最优化”的理论和技术，从达到现定的教育和教学目标。

（五）教育技术学的主要研究内容

（1）把自然科学和工程技术方面所取得的理论和技术成果，按照教育规律转化为教育技术，研究最佳的教学工具及设施等，用以提高教学效率。

（2）运用教育学、心理学、生理学有关的研究成果，研究人的认识和学习规律，探讨教学和教育内容及组织安排，并采用相应的最佳教学和教育方法，以提高教学效率和教育效果。

（3）探讨采用现代化的教学手段后，在教育的组织、计划、内容和管理等方面产生的新问题，并利用系统工程学的理论予以解决。

（4）利用人类工程学的知识，设计和研制便于使用而且有效的设施和教材教具，使教育系统化。电化教学是教育技术学的重要组成部分，在我国目前已得到广泛的运用和发展。

项目二　在 Word 中实现段落设置操作

一、准备工作

（一）材料、工具

计算机1台、Office办公软件1套。

（二）人员

1人操作，持证上岗，劳动保护用品穿戴齐全。

二、操作规程

序号	工序	操作步骤
1	准备工作	检查电源线路是否安全;开机检查机器运行是否正常
2	在 Word 中实现段落设置操作	(1)启动 Word; (2)输入试题内容的文章; (3)标题为隶书、小二号字、居中对正,正文为默认; (4)第一段设置为悬挂缩进 1cm; (5)第二三段设置为首行缩进 0.75cm; (6)全文段前、段后分别设置为 6 磅; (7)第三段行距设置为 1.5 倍行距; (8)对齐方式为两端对齐; (9)把文档保存到 C:\kg9

项目三　制作职工档案卡

一、准备工作

(一)材料、工具

计算机 1 台、Office 办公软件 1 套。

(二)人员

1 人操作,持证上岗,劳动保护用品穿戴齐全。

二、操作规程

序号	工序	操作步骤
1	准备工作	检查电源线路是否安全;开机检查机器运行是否正常
2	制作职工档案卡	(1)启动 Word; (2)制表; (3)文字录入; (4)文字排版; (5)把文档保存到 C:\kg9

项目四　讲解弹簧式刮削作业施工方法及技术要求

一、准备工作

(一)材料、工具

刮削器的结构、工作原理教学挂图 1 张。

(二)人员

1 人操作,持证上岗,劳动保护用品穿戴齐全。

二、操作规程

序号	工序	操作步骤
1	准备工作	教具、讲义、演示工具准备齐全
2	讲解弹簧式刮削器各组成部分及作用	(1)讲解刮削器的用途; (2)讲解刮削器各零部件的构造; (3)讲解刮削器各组成部分的作用
3	讲解弹簧式刮削器的工作原理	(1)讲解刮削器外径与套管内径的关系; (2)讲解刮削器入井后各部件的工作过程
4	讲解弹簧式刮削器施工时管柱结构、施工注意事项、使用方法	(1)讲解使用刮削器施工时管柱结构; (2)讲解使用刮削器施工的操作方法; (3)讲解施工注意事项; (4)讲解出现遇阻、遇卡等情况的处理方法

三、注意事项

(1)着装得体、整洁。

(2)讲解应准确顺畅。

项目五　讲解管式抽油泵结构、工作原理及使用技术要求

一、准备工作

(一)材料、工具

管式抽油泵的结构、工作原理教学挂图1张。

(二)人员

1人操作,持证上岗,劳动保护用品穿戴齐全。

二、操作规程

序号	工序	操作步骤
1	准备工作	教具、讲义、演示工具准备齐全
2	讲解管式抽油泵各组成部分及作用	(1)讲解管式抽油泵的用途; (2)讲解管式抽油泵各零部件的构造; (3)详细讲解管式抽油泵各组成部分的作用
3	讲解管式抽油泵的工作原理	(1)讲解管式抽油泵的吸入过程; (2)讲解讲解管式抽油泵的排出过程

续表

序号	工序	操作步骤
4	讲解管式抽油泵施工时管柱结构、施工注意事项、使用方法	(1)讲解管式抽油泵施工时管柱结构; (2)讲解管式抽油泵施工的操作方法; (3)讲解施工注意事项; (4)讲解出现蜡影响、泵漏失等情况的处理方法

三、注意事项

(1)着装得体、整洁。

(2)讲解应准确顺畅。

项目六　讲解修井螺杆钻具结构、工作原理及使用技术要求

一、准备工作

(一)材料、工具

螺杆钻具的结构、工作原理教学挂图1张。

(二)人员

1人操作,持证上岗,劳动保护用品穿戴齐全。

二、操作规程

序号	工序	操作步骤
1	准备工作	教具、讲义、演示工具准备齐全
2	讲解螺杆钻具各组成部分及作用	(1)讲解螺杆钻具的用途及各部分结构; (2)讲解上接头的构造及作用; (3)讲解旁通阀的构造及作用; (4)讲解定子的构造及作用; (5)讲解转子的构造及作用; (6)讲解联轴节的构造及作用; (7)讲解过水接头的构造及作用; (8)讲解轴承总成的构造及作用; (9)讲解下接头的构造及作用
3	讲解螺杆钻具的工作原理	(1)讲解高压液体转换机械能的过程; (2)讲解旁通阀关闭的工作过程; (3)讲解轴承总成的工作过程
4	讲解螺杆钻具施工时管柱结构、施工注意事项、使用方法	(1)讲解螺杆钻具施工时管柱结构; (2)讲解平稳下钻,下放速度要求; (3)讲解磨铣时,钻压、转速的要求; (4)讲解磨铣时,对于循环液及排量的要求; (5)讲解出现蹩钻、无进尺等情况的处理方法

三、注意事项

(1)着装得体、整洁。
(2)讲解应准确顺畅。

项目七　讲解液压油缸结构、工作原理及使用技术要求

一、准备工作

(一)材料、工具

液压油缸的结构、工作原理教学挂图1张。

(二)人员

1人操作,持证上岗,劳动保护用品穿戴齐全。

二、操作规程

序号	工序	操作步骤
1	准备工作	教具、讲义、演示工具准备齐全
2	讲解液压油缸各组成部分及作用	(1)讲解液压油缸的用途; (2)讲解液压油缸各零部件的构造; (3)讲解液压油缸各组成部分的作用
3	讲解液压油缸的工作原理	(1)讲解液压油推动活塞运动的过程; (2)讲解活塞运动速度的快慢成因; (3)讲解活塞推力与面积的关系
4	讲解液压油缸使用方法及使用注意事项	(1)讲解液压油缸使用方法; (2)讲解液压油缸使用注意事项; (3)讲解出现遇阻、遇卡等情况的处理方法

三、注意事项

(1)着装得体、整洁。
(2)讲解应准确顺畅。

项目八　结合工作岗位撰写论文

一、准备工作

(一)材料、工具

考生论文1篇,答辩记录若干。

(二)人员

1人操作,持证上岗,劳动保护用品穿戴齐全。

二、操作规程

序号	工序	操作步骤
1	结合工作岗位撰写论文	(1)论文字数少于3000字； (2)论文格式符合文档要求； (3)论点明确； (4)论据充分； (5)条理不清晰； (6)条理不清晰； (7)与工作岗位结合不紧密
2	论文答辩	考评员提出5个有关论文的主要问题,考生进行答辩

三、注意事项

(1)着装得体、整洁。

(2)讲解应准确顺畅。

第三部分

高级技师操作技能及相关知识

模块一　识别、检测井下工具

项目一　相关知识

一、井下工具设计

（一）井下工具设计方法

J(GJ)BC006 工具设计的基本步骤

1. 基本步骤

（1）根据井下落鱼的具体情况，收集相关的技术数据资料，进行分析计算，构思井下工具每个动作的工作原理和结构，并绘制草图（方案图）。

（2）进行必要的方案技术论证和有关技术数据的计算。

（3）按有关方案技术数据计算和方案技术论证结果绘制总装图。

（4）按总装图地面模拟事故处理，检查是否达到技术论证的效果。

（5）按各零部件图的结构尺寸及工艺要求审核井下工具设计的正确性，即工作原理是否正确，结构是否合理，加工是否可行。

（6）对各零部件草图进行标准化审核，画出正规的加工图（急需件可不画正规图）。

J(GJ)BC007 工具设计的依据

2. 依据

鱼顶上部有活动落鱼，采用常规打捞工具无效，活动落鱼大体有两种类型：一是活动落鱼的形状长大于套管内径，宽大于鱼顶内腔，是金属片状，一般情况是偏斜形状在套管内，个别的底端插入落鱼同套管的环形空间，呈倾斜状；二是落鱼小于套管内径，大于鱼顶内腔，呈现的情况不同，有不规则片状，有扁圆形物并带一定尺寸的中心孔，还有形状各异不规则的物件等。这样给常规打捞带来一定的困难，若磨铣又压不住，必须捞出鱼顶上的活动落鱼才能进行下道工序，往往需设计急需要的简单化工具处理。

（1）活动落鱼鱼长大于套管内径，宽大于鱼顶内腔，是金属片状，打捞工具设计主要原则为设计能够靠自然挤压和弹性挤压方法进行打捞的打捞筒类工具。

（2）落鱼小于套管内径大于鱼顶内腔，是不规则片状，扁圆形带一定尺寸的中心孔，形状不规则的物件的打捞工具设计，应优先选择设计带有对前一种孔采用中心弹性收缩打捞筒；不规则物件采用内弹性挤压打捞筒。

同规格多数量活动落鱼的打捞工具设计：例如管式带衬套的泵在泵底阀上部外筒提断，泵筒内长 150mm 衬套 22 个，落入井内后，在井下呈斜状、倾斜状、倾斜微立状、下立状等，采用虎口式打捞筒多次打捞无效，根据井下的具体情况设计打捞钩式工具。此打捞钩设计可单钩、双钩、多杆长短不齐钩的方向可多向钩。钩杆的材质弹性要好，无脆性，钩的开口直径等于或略大于衬套的内径，钩长不能大于 50mm。此种打捞工具的打捞的效果是比较理想的。

根据落物的几何图形、内外的具体几何尺寸，设计简单急需不常规用井下打捞工具：首先画出井下落物的实际现状，根据实物设想构思打捞工具的几何图形，再以落物的几何尺寸考虑打捞工具的工作原理结构尺寸，并绘制成 1∶1 的草图，然后进行强度计算，选好所需的材料，最后进行草图模拟工作，认真分析工作原理是否正确及每个动作是否符合构思的理想要求。在结构合理的情况下，还要考虑加工是否可行，达到最佳的打捞工具设计，提高打捞作业施工效率。

J(GJ)BC008 工具设计的效果分析

3. 设计效果分析

设计异常井下落物打捞工具时，必须遵照在不成功的前提下不能破坏落鱼的几何形状，不能使井下工具在实施时交卡，造成较复杂的井下事故。

打捞长度大于套管内径、宽度大于鱼顶内径、金属片状活动落鱼的打捞工具的设计分析：某井为 3400m 复合套管完井，上部为 177.8mm 套管、下部为 139.7mm 套管完井，实施打捞前该井管柱为负压射孔管柱，下部为 73mm 油管连接射孔枪身，上部为 88.9mm 油管。由于操作不当产生油管落井，造成 88.9mm 油管接箍卡在 139.7mm 套管的顶部，在大力解卡时将下部油管提脱造成油管弹跳，起出油管发现脱开油管下部（外螺纹部分）撕裂，呈条状两块，长 420~360mm，宽大于 62mm。铅模打印落实鱼顶为 88.9mm 油管接箍，无其他落物印痕，决定下滑块打捞矛倒起管。起出 139.7mm 套管以上油管后，再下滑块打捞矛，经多次作业滑块打捞矛不入鱼腔，进行铅摸打印落实鱼顶，印痕一个长 15mm、宽为 7mm；另一个为长 74mm、宽为 7~9mm，两个印痕较明显的集中在铅模的中心部位，近似于对顶角的几何图形。分析认为两块呈条状金属落在最下根 88.9mm 油管接箍的外边，也就是 139.7mm 和 177.8mm 套管的连接部位，因该部位是反向喇叭口，有一定的环形空间，同时也证明最末一根 88.9mm 油管接箍没有完全进入 139.7mm 套管内。分析后采用常规的打捞筒进行打捞不容易引进去，即使引进去也卡不住，反而破坏了鱼顶，给下一步打捞带来较大的困难。因此决定设计弹性充填挤压打捞筒，地面模拟效果理想，采用 168mm 薄壁套管做工作筒，用 ϕ1.8mm~ϕ2.4mm 清蜡钢丝做充填物。因为 168mm 套管外壁近似于落物直立时外径，尤其是落物在井内呈对顶角形，当落物接近打捞筒时，首先是落鱼顶部进入打捞筒内的网状充填物内，当打捞筒继续下捞时（在喇叭口环形空间内）将金属片校直，在井下形成倾斜角，上提时不产生刮碰，金属片在打捞筒内受钢丝的弹性挤压，下部又无倾斜角不产生刮碰，打捞一次成功。

处理井下事故时，对井下落鱼情况不清，不可盲目进行处理。搞清楚井下落鱼情况后，常规的打捞工具又解决不了问题，必须要认真地研究，以设计实用的打捞工具为主。打捞工具设计加工后，要制定严密的操作程序，直接操作者必须严格地按操作程序中所提到的注意事项执行，否则会直接影响打捞施工的成功率，严重的会破坏井下鱼顶造成较复杂的井下事故。有些设计的简单打捞工具在使用时做好操作程序的交底工作，这部分打捞工具往往不需要较大的钻压，如弹性充填物挤压打捞筒。将落物引入后，钻压在 5~10kN 就可安全满足打捞的施工要求，但钻压一旦超过 10kN 就会使弹性充填物挤坏变形，有的甚至将弹性充填物破坏起不到弹性挤压的作用。所以设计出较理想的打捞工具必须要有严格的实施操作程序和注意事项，否则会出现不应有的麻烦，给下步制定措施带来较大的困难。

（二）技术要求

在接到一项设计任务后，先做以下工作后方可进行打捞工具的设计。

首先应该了解以下几方面的情况：

（1）该井的井况，其中包括井身结构、钻井、完井和套管内径等资料。

（2）调查形成落物的原因和有无早期落物，分析落物井下状态及有无砂埋等情况。

（3）在落物井下状态不清楚的情况下，应下铅模打印。

（4）井内管柱状态和结构、井中各层的生产状况（主要包括出砂情况、漏失情况、油气层压力情况等）。

其次是对落物原因、遇卡原因、落物在井内状况有一定的、相对客观的判断，能够对遇卡原因或井内落物的状态有一初步的分析和认定。这样可为正确判断和指导处理井内落物或遇卡管柱提供客观基础，通过分析、讨论，产生一套完整、切实可行的处理方案。

（1）根据处理方案或处理意见选择打捞工具。尽可能选用标准的、现成的打捞工具，这样可为打捞工作节省大量的、宝贵的作业时间和作业成本。如果无现成的标准打捞工具可选，则必须设计一些非标准的打捞工具，以满足施工需求。

（2）根据打捞处理方案或处理意见确定打捞方式，即采用软捞还是硬捞。根据打捞方式确定打捞工具的连接形式和工具的操作方式，确定打捞工具的连接螺纹或其他连接形式。

在设计打捞工具时，应首先结合打捞处理意见，构思打捞工具所能实现的功能和服务形式，即打捞工具的工作原理和操作方法。工具的工作原理和操作方法应符合现场实际设备和操作环境的要求，且实现的方法越简单越好。

（3）针对形成的打捞工具的工作原理和操作方法进行可行性分析、校正，即根据具体实际井况分析，确定打捞工具与打捞处理意见对打捞工具的要求之间的差别和改进措施。

（4）依据打捞工具的工作原理和连接方式确定打捞工具的总装图（或工作原理图）。在设计总装图时，应使工具实现的功能尽量满足打捞处理意见的要求。现场操作尽可能简单且适应现场设备的实际情况。但对于打捞处理意见所要求的关键性的功能不能实现的，则必须重新修改打捞工具的设计构想和工具的设计结构，使之满足打捞处理意见的要求。

根据实际的井身结构、打捞工具的工作原理图（或总装图），确定打捞工具的外形尺寸（包括最大外径、最小内径、连接螺纹等）。

（5）拆画打捞工具的零件图，确定零件具体尺寸、材料，进行零件强度的校核，若零件的强度不能满足要求，则需修改零件的尺寸或选用强度更高的材料，使之满足打捞强度要求，同时，还必须修改与其相关的零件的尺寸，防止零件尺寸间的冲突。

在完成所有的零件图后，要求重新按比例画出打捞工具的总装图，在画总装图的过程中，可以校验各零件尺寸的相关性和合理性。工具总装图完成后，分析其运动原理和操作方法是否满足打捞处理方案或打捞处理意见的要求。

（6）工具的设计完成后，交相关部门、领导审核、审批，待得到批准后，送机械厂进行加工生产。加工前，与机械厂加工工艺人员讨论零件工艺的合理性。必要时，可修改零件的结构形式，以满足加工工艺的要求。加工完成后，将各零件组装在一起，在地面进行模拟打捞试验，检验工具的各项性能指标和操作的灵活性。如果有问题，必须进行整改，满足设计要求，否则，坚决不能下井，避免造成事故的复杂化。

(7)组织现场实施，工具入井前，对修井队技术员、作业工交底，说明工具的工作原理和操作方法及其注意事项。同时井口要有相应的防喷措施、防掉落物的措施。根据实际情况备足相应的修井工作液。

接近鱼顶，指挥协调打捞工作。针对打捞结果和捞出的落鱼，分析井内残余落鱼的情况根据情况选择适当的打捞工具。若无合适的工具，则需重新设计打捞工具以适合打捞工作的要求。

总之，针对不同的鱼头选择不同的打捞工具，若无现成的打捞工具可用，则必须设计相应功能的工具，以满足打捞工作的需求，直至将落鱼处理完毕。

设计打捞工具时，应考虑如下几个问题：

(1)打捞工具下入方法(工具的连接方式)。

(2)打捞工具的可退性(工具使用的安全性，避免事故复杂化)。

(3)打捞工具操作的安全性(工具的强度问题)。

(4)打捞工具的可操作性(操作应简单可靠，便于现场应用)。

(5)打捞工具尽可能设计有循环通道(便于洗井、压井作业)。

(6)打捞工具与现有工具的匹配性(便于工具的相互组合)。

(7)打捞作业不改变原井身结构。

J(GJ)BC009 井下工具的设计原则

(三)井下工具设计的原则

设计井下工具是井下工具开发的一个重要环节，对井下工具的质量有重大影响，据统计，井下作业约有1/3的质量事故是井下工具设计不合理造成的，所以进行井下工具设计必须遵守以下原则。

1. 满足需要的原则

设计的井下工具应是今后生产技术需要的，工具的性能应能最大限度地满足生产技术要求，应在调查、分析和生产需求的基础上确定是否应进行该井下工具的设计，怎样进行设计，设计的井下工具应具备哪些性能等。

2. 经济合理性

经济合理是指所设计的井下工具应成本低，质量好，使用方便。

3. 可靠性原则

可靠性原则指的是在规定的条件和规定的时间内，设计的工具能完成规定所需求的能力。

4. 最优化原则

最优化原则指定设计目标后，用优化设计方法，从若干可行方案中找到尽可能完善的方案。

5. 标准化原则

标准化原则是指设计的工具(产品)的规格、参数应尽量符合国家标准(行业标准)的指标，主要零部件应能最大限度地与同类工具的零部件通用、互换，成系列发展，以使用较少的品种、规格、满足生产技术(用户)的需要。

6. 安全性原则

安全性原则有三方面的含义：一是保证产品使用者的安全；二是保证产品本身的安全；三是要保证其对周围环境无危害，应考虑以下4个方面的问题：

(1)技术上要采取安全措施。

(2)最大限度地减少工人操作时的体力消耗。

(3)努力改善操作者的工作环境。

(4)规定严格的使用条件和特定的使用程序。

7. 人机工程学原则

(1)人如何与系统的主要环节协调。

(2)怎样充分发挥操作者的主观能动性。

(3)按操作者和设备(工具)的自然联系合理地选择信息,显示装置和操纵机构。

8. 提高价值原则

提高价值原则指在产品(工具)的使用寿命周期内,用最低的成本实现产品(工具)的必要功能。

(1)产品成品保持不变,功能提高。

(2)产品功能不变,成本降低。

(3)既提高产品(工具)的功能,又降低产品成本。

(4)产品成本略有提高,但产品功能大为改善。

(5)产品功能略有下降,但产品成本大幅度下降。

9. 急需临时(一次性)井下工具设计原则

在实际生产实践中,井下作业施工在处理事故时,往往会有意想不到的井下情况发生,使用常规的井下工具处理是难以解决的。这就需要针对井下发生的实际情况,设计出有针对性处理事故的工具。所以,井下工具设计基本分两种形式,一种是通用常规稳定型,另一种是井下事故处理急需临时型(针对井下实际情况加工工具只能使用一次)。对于井下工具的设计是对症下药方式,这样简单化的工具设计必须遵照以下原则:

(1)搞清该井各项地质、工程完井及近期井下施工作业资料数据。

(2)落实井下产生事故的基本原因,对有关施工数据进行技术数理分析。

(3)落实井下事故的具体现状或物件的名称及形状,进行详细分析,检查核对有关图纸及技术数据(零部件的材料、产生的几何图形、内外尺寸、目前在井下处的位置形状等)。

(4)确定工具的设计方案,根据掌握的井下具体现状,要求采用 1∶1 的比例画法,针对井下落物及设计的工具进行地面模拟处理,是否达到井下处理事故处理的可靠性,安全性。

(5)制定该工具的规定使用条件和特定使用程序,同时制定操作时的安全注意事项。

(四)工具设计相关计算方法

J(GJ)BC010
管体抗拉载荷的计算

1. 管体抗拉载荷计算

金属材料在外力作用下抵抗变形和断裂的能力称为强度。金属材料的强度是通过屈服极限、弹性极限、屈服强度、抗拉强度指标来反映的。在外力作用下工作的零件或构件,其强度是选用金属材料的重要依据。

管体抗拉强度是使管体钢材在达到最小屈服强度时,在拉断前所承受的最大拉力,称为抗拉载荷。它表示金属材料在拉力作用下抵抗大量塑性变形和破坏的能力。

油管的抗拉载荷计算以屈服极限作为主要依据。危险断面的选择:平式油管在螺纹处,加厚油管在本体。

1)平式油管抗拉载荷的计算

平式油管的薄弱环节是螺纹根部，于是计算最后一完整螺纹根部的抗拉载荷为平式油管抗拉载荷，计算公式为螺纹根部的截面积乘以管体的屈服强度。最后一完整螺纹根部截面积$=\frac{\pi}{4}[(D-2h)^2-d^2]$，则：

$$P_{r平}=\frac{\pi}{4}[(D^2-2h^2)-d^2]\sigma_s \tag{3-1-1}$$

式中 $P_{r平}$——平式油管抗拉载荷，kN；

D——油管的外径，cm；

d——油管的内径，cm；

σ_s——钢材的屈服强度（取最小值），kN/cm^2；

h——油管螺纹高度（10 牙/in＝1. 412mm＝0. 1412cm）。

2)加厚油管抗拉强度计算

加厚油管抗拉强度的计算公式：

$$P_{r加}=\frac{\pi}{4}(D^2-d^2)\sigma_s \tag{3-1-2}$$

式中 $P_{r加}$——加厚油管抗拉载荷，kN。

计算平式油管抗拉载荷时（屈服强度最好选两个值，最小值和平均值），综合性考虑螺纹根部和管体两个值（处理事故时）。

J(GJ)BC011 钻杆扭转圈数的计算

2. 钻杆允许扭转圈数计算

钻杆允许扭转圈数可通过式（3-1-3）计算：

$$N=KH \tag{3-1-3}$$

其中

$$K=\frac{100\times0.5\sigma_s}{\pi GSD} \tag{3-1-4}$$

式中 N——允许扭转圈数，圈；

K——扭转系数，圈/m；

H——卡点深度，m；

σ_s——钢材屈服强度，kN/cm^2；

G——钢材剪切弹性系数，取 $8\times10^3kN/cm^2$；

S——安全系数，取 1. 5；

D——钻杆外径，cm。

钻杆扭转系数见表 3-1-1。

表 3-1-1 钻杆扭转系数

钻杆外径		扭转系数，圈/m					
in	mm	国产			API		
		D55	D65	D75	D 级	E	P105
$2\frac{3}{8}$	60. 30	0. 01210	0. 01430	0. 01650	0. 00851	0. 01160	0. 01624
$2\frac{7}{8}$	73. 00	0. 00999	0. 01180	0. 01362	0. 00703	0. 00957	0. 01340

续表

钻杆外径		扭转系数,圈/m					
in	mm	国产			API		
		D55	D65	D75	D 级	E	P105
3½	88.90	0.00820	0.00970	0.01119	0.00577	0.00787	0.01101
4	101.60	0.00718	0.00848	0.00979	0.00505	0.00688	0.00936
4½	114.30	0.00638	0.00754	0.00870	0.00449	0.00612	0.00856

3. 抗扭强度计算

1)管体抗扭强度计算

管体抗扭强度计算公式:

$$M_s=10^{-2}\sigma_t\omega_p \tag{3-1-5}$$

其中

$$\omega_p=\frac{\pi}{16}\left(\frac{D^4-d^4}{D}\right) \tag{3-1-6}$$

式中 M_s——管材的抗扭强度,kN · m;

σ_t——钢材抗扭屈服强度(=0.57730σ_t),kN/cm^2;

ω_p——管体极切面模数,cm^3;

D——管的外径,cm;

d——管的内径,cm。

2)接箍的抗扭强度计算

接箍的抗扭强度计算公式:

$$M=10^{-2}\sigma_t\omega_p \tag{3-1-7}$$

其中

$$\omega_p=\frac{\pi}{16}\left(\frac{D_0^4-d^4}{D_0}\right) \tag{3-1-8}$$

$$D_0=D_G-h-Z \tag{3-1-9}$$

式中 M——接箍的抗扭强度,kN · m;

D_0——外螺纹基面根部直径,cm;

D_G——基面节径,cm;

h——螺纹高度,cm;

Z——螺纹配合间隙,cm。

钻采管材的物理机械性能见表 3-1-2 和表 3-1-3。

J(GJ)BC002 套管的强度

表 3-1-2　国产管材的物理机械性能

钢级	DZ40	DZ50	DZ55	DZ60	DZ65	DZ75	DZ85	DZ95
原钢级	D40	D50	D55	D60	D65	D75	D85	D95
	DZ_2	DZ_3	DZ_4		DZ_5	DZ_6		
抗拉强度(σ_b) kN/cm^2	65	70	75	78	80	90	95	105
屈服强度(σ_s) kN/cm^2	38	50	55	60	65	75	85	95

续表

钢级		DZ40	DZ50	DZ55	DZ60	DZ65	DZ75	DZ85	DZ95
原钢级		D40	D50	D55	D60	D65	D75	D85	D95
		DZ_2	DZ_3	DZ_4		DZ_5	DZ_6		
延伸率	δ5	16%	12%	12%	12%	12%	10%	10%	10%
	δ10	12%	10%	10%		10%	10%		
断面收缩率		40%	40%	40%		40%	40%		
冲击韧度 kN·cm/cm²		4	4	4		4	4		

J(GJ)BC005 抽油杆的强度

表 3-1-3　API 管材物理机械性能

性能 \ 钢级	H40	J55	K55	C75	N80	C95	P105	P110	V150	D	E	36CrNI Mo4	SAE 4140	SAE 3140
最小抗拉强度 MPa	42. 2	53	16. 8	86. 6	70. 3	73. 8	84. 4	87. 9	120	66. 8	70	110	110	78-89
最小屈服极限 MPa	28. 1	39	38. 7	52. 7	56. 2	66. 8	73. 8	77. 3	105. 5	38. 7	53	100	95	60~72
试样的最小伸长率	27%	20%	20%	16%	16%		15%	15%	12%	18%	18%	19%	12%	15%
	32%	25%		18%	18%		17%	17%		20%	20%			
断面收缩率										40%	40%	57%	45%	
冲击韧度 kN·cm/cm²										4	4	5	8	8

J(GJ)BC001 套管螺纹的种类

4. 油田常用管材

我国油气田套管通常采用两种螺纹接头，即圆螺纹（简写 CSG）和偏梯形螺纹（简写 BCSG）。

J(GJ)BC003 油管螺纹的种类

1）API 圆螺纹

圆螺纹有套管短圆螺纹（英文简写 CSG，外观如图 5 所示）与套管长圆螺纹套管（LCSG）之分。

油管圆螺纹英文简写为 TBG，细分为不加厚油管螺纹（TBG）、外加厚油管螺纹（UP TBG）。

圆螺纹为无台肩锥管螺纹、需要有接箍连接，牙型为三角形、圆顶圆底，牙型角为 60°，螺纹锥度为 1∶16，牙形角平分线与轴线垂直，当螺纹旋紧后，靠内外螺纹的牙侧面密封。检验不同规格的圆螺纹套管及接箍螺纹的紧密距，要用相应规格的螺纹量块检验，必要时还要对检测数据进行相应的处理。

所有套管圆螺纹及接箍螺纹的基本形状是一样的，其齿高、螺距、锥度、牙型角等基本尺寸和公差范围完全相同，且齿顶和齿底圆弧形状、管端外倒角、消失锥角的要求也相同。

2）偏梯形螺纹

偏梯形螺纹是为了提高抗轴向拉伸或抗轴向压缩载荷能力，并提供泄漏抗力而设计的，英文简写 BCSG，无台肩锥管螺纹、需有接箍连接，牙型为偏梯形、平顶平底。

J(GJ)BC004
抽油杆的种类

5. 抽油杆的分类

普通抽油杆：C、D、K、KD 级抽油杆。

高强度抽油杆：H 级，分为 HY、HL、KHL 3 种类型。

特种抽油杆：空心抽油杆、钢制杆。

连续抽油杆：钢制杆。

螺杆泵专用抽油杆：锥螺纹抽油杆、插接式抽油杆。

玻璃钢抽油杆：纤维增强塑料抽油杆。

柔性抽油杆：碳纤维复合材料抽油杆、钢丝绳抽油杆。

其他类型抽油杆：电热抽油杆。

6. 设计简单井下工具的要求

(1)功能满足要求，效率高；

(2)便于使用、维护和修理；

(3)容易制造、维护和修理；

(4)结构简单，工作可靠，寿命长；

(5)减轻体力劳动，操作安全，对环境不产生污染及影响；

(6)总体布置匀称紧凑。

二、完井工程技术工艺

井下的技术工艺是井下维修作业保证不污染油层的重要环节之一。目前投入的开发井完井方式有多种类型，但都有其各自的适用条件和局限性，只有根据油气藏类型和油气层的特性去选择最合适的完井方式，才能有效地开发油气田，延长油气井的开采寿命和提高经济效益。合理的开采完井方式应该力求满足以下要求：

(1)油气层和井筒之间保持最佳的连通条件，油气层所受的损害最小。

(2)油气层和井筒之间应具有尽可能大的渗流面积，油气入井的阻力最小。

(3)应能有效地封隔油层、气层、水层，防止气窜或水窜，防止层间干扰。

(4)应能有效地控制油层出砂，防止井壁坍塌，确保油井长期生产。

(5)应具备分层注水、注气、分层压裂、酸化等分层措施以及便于人工举升和井下作业等条件。

(6)稠油开采能达到注蒸气热采的要求。

(7)油田开发后期具备侧钻的条件。

(8)施工工艺简便，成本较低。

(一)完井工程定义

完井工程是衔接钻井和采油工程而又相对独立的工程，是从钻开油层开始，到下套管、注水泥固井、射孔、下生产管柱、排液直至投产的一项系统工程。

(二)完井工程理论基础

(1)通过对油气层的研究以及对油气层潜在伤害的评价，要求从钻开油层开始到投产每一道工序都要保护油气层，尽可能减少对储层的伤害，形成油气层与井筒之间的良好的连通以保证油、气层发挥其最大产能。

(2)通过节点分析,充分利用油气层能量,优化压力系统,并根据油藏工程和油田开发全过程特点以及开发过程中所采取的各项措施来选择完井方式及方法和选定套管直径,为科学地开发油田提供必要的条件。

(三)完井工程内容

(1)岩心分析及敏感性分析。

(2)钻开油层的钻井液设计。

(3)完井方式及方法。

(4)油管及生产套管的尺寸选定。

(5)生产套管设计。

(6)注水泥设计。

(7)固井质量评价。

(8)射孔完井液选择。

(9)完井的试井评价。

(10)完井生产管柱设计。

(11)投产措施设计。

从油田开发的宏观出发,立足油藏工程,近远期结合,按完井工程系统的要求,将钻井、完井、采油工程有机地联系起来,而不是用完井工程去代替钻井和采油工程,还需要钻井、完井、采油工程搞好各自的工作。在高科技时代的今天,各项工程都是互相渗透而又共同发展的。当前提出完井工程概念和形成完井工程系统,其目的:

(1)尽可能减少对油气层的损害,使油气层自然产能能更好地发挥。

(2)提供必要条件来调节生产压差,从而提高单井产量。

(3)有利于提高储量的动用程度。

(4)为采用不同的采油工艺技术措施提供必要的条件。

(5)有利于保护套管、油管,减少井下作业工作量,延长油气井寿命。

(6)近期与远期相结合,尽可能做到最低的投资和最少的操作费用,有利于提高综合经济效益。

(四)完井工艺技术管柱研究

油井套管射井后,下入完井管柱使生产井或注入井开始正常生产是完井工程的最后一个环节。生产管柱设计的合理性直接关系到生产井或注入井投产后能否正常生产。这就需要对生产井和注入井的生产管柱的结构、适用范围、设计的原则及技术要求进行系统研究。

按开采完井类型,油井大体可分为天然能量自喷完井管柱、有杆泵井完井管柱、水力活塞泵完井管柱、潜油电泵完井管柱和气举井完井管柱。

1. 天然能量自喷完井管柱

天然能量自喷完井管柱是自喷井的初期完井管柱,可研究下入不压井完井作业管柱,可减少作业对油层的损害,这种管柱包括悬挂器、伸缩补偿器、滑套、限位插入式密封总成、封隔器、井下活门(单流阀)等。作业时,在密闭压力系统中将第一根油管起出到井下活门以上,井下活门当即关闭,此时已与井下压力系统隔开,即可在不压井的情况下作业。油井一旦停喷抽油或采用其他机械开采也不受井下完井管柱的影响。

2. 有杆泵井完井管柱

有杆泵井的完井管柱比较复杂，有杆泵井受砂、蜡、水的影响和多层合采的影响，在研究完井工艺技术管柱时应分项进行。首先第一条必须满足不污染油层，作业简单操作方便。研究低液面增大生产压差的完井管柱和控制地层砂流入井筒内并随时可在井下对防砂工具进行清洗完井管柱时，以最快速度冲砂且减少对油层的严重污染为要。

三、采油工艺

（一）目前国内采油工艺现状

根据油藏的地质特性分类，采油工艺可分为稀油、稠油、特超稠油、高凝油开采。稀油井的开采主要受砂、蜡、水的影响；稠油或特超稠油井受蒸汽吞吐和出砂比较严重的影响；高凝油井受热力补偿和砂的影响，如何提高单井产量、排除油井的影响，要在完井的技术工艺进行专项的系统研究，取得较可靠的工艺开采技术才能保证油井旺盛平稳产能。

（二）采油工艺新进展

1. 侧钻技术新发展

侧钻作为老油田增产挖潜、提高油田采收率的一项重要手段，近年来，随着小井眼定向侧钻技术的新发展，侧钻的设备已逐渐形成体系，技术日趋成熟，小井眼开采工艺技术的系统研究日渐展开，其中连续油管技术在现场的实施中得到了充分的认定。

连续油管像电缆一样被盘在大型的滚筒上，进行作业时，作业工具连续油管送到井底，作业完后，收回到滚筒上。

连续油管作业的优点：(1)操作安全平稳。(2)大幅度缩短起下钻时间。(3)可以不间断循环冲洗井。(4)不受井内压力的影响。(5)可以处理井下在高压情况下的蜡堵死，蜡卡，稠油和超稠油堵、卡事故。(6)操作简单。(7)在高压井可采用螺杆钻具处理井下落物。

2. 机械防砂技术新发展

目前我国各油田受砂害影响较大，初步统计占作业总工作量的1/2。冲砂施工作业比较频繁，个别油井由于地层亏空对地层伤害也比较严重，因此提高防砂技术和避免冲砂伤害地层的技术逐步开展研究。

目前现场使用的防砂工具有(1)绕丝防砂管；(2)预充填绕丝防砂管；(3)缝眼交错排列防砂管；(4)金属纤维防砂管；(5)金属粉末烧烤防砂管；(6)金属粉末防腐防砂管；(7)陶瓷防砂管；(8)不锈钢板定粒度内外套可换式防砂管；(9)多层充填防砂管；(10)石英砂与环氧树脂胶结可冲洗式防砂管；(11)多层绕丝防砂管；(12)热采筛管。

上述防砂管大部分用于防止地层砂进入油管内，需进行定期的冲砂维修作业。机械防砂不同于化学防砂，化学防砂主要起固结作用，并不影响地层的孔隙。目前应在机械防砂的基础上系统地研究(除细粉砂以外)不让地层砂流入井筒内，让较少的地层砂滞留在防砂工具与生产套管的环形空间，并在防砂工具的底部装有可关启的控制阀(可达到定期清洗井下工具的作用)，在较短的时间内完成清洗防砂工具，随后关闭控制阀，使油井能正常地生产。

机械防砂关启控制阀的优点：(1)除细粉砂以外可阻止地层砂流入井筒内，不造成井底大量的积砂；(2)有量化地限制砂埋油层造成油井停产；(3)能保证油井延长维修周期；

(4)能较好地利用井下排砂泵抽油生产,减缓砂卡泵的可能性;(5)冲砂作业时间较短,不伤害油层;(6)减少作业费用同时降低管理费用;(7)作业操作简单易行,安全可靠。

机械防砂关启控制阀面临的问题:(1)关启控制阀的阀板受井斜和井筒脏物的影响,起下时有一定的困难(需进一步的研究阀板关启技术的形成);(2)关启控制阀井下需有10m以上的口袋;(3)冲洗工具组合配套必须到位。

3. 不压井作业技术新发展

油田开发到中后期作业比较频繁,压井作业使出砂油井产生倒灌,使油井的油层受到较大的伤害,有些井压力比较低,恢复产能较慢,将影响油井的稳产。不压井作业技术是保证油层不受伤害,使油井长期处于稳定状态的重要措施。

目前现场使用的不压井作业技术有两种类型:一种是化学暂堵法,另一种是机械不压井封闭法。地层亏空较大、漏失倒灌较严重、不压井又不能进行作业的井,采用可溶性树脂桥式暂堵法先将油层堵住后再进行压井作业,由于井下情况的不同,机械不压井技术还没有形成系列,还是个比较大的缺口工艺技术,不同类型的井采取什么样的不压井技术应当进行系统研究,例如:(1)地层亏空较大有一定的压力(气影响),不压井作业又易喷,压井作业又往地层倒灌。(2)有些井地层压力比较低,液面较高,压井作业地层漏失严重,不压井作业活动管柱后又容易喷,污染地面环境。(3)有的井地层压力较高,地层亏空较严重,必须压井作业,压井后地层漏失严重,排液时间较长。(4)部分井可以采取不压井作业工艺技术,但该井地层出砂比较严重,作业比较频繁。

面临的问题:(1)不压作业工艺技术组合工具必须配套;(2)出砂井如何解决可打捞式开启阀;(3)开启阀定量限位做到关闭速度快。

(三)完井管柱设计

设计合理的完井管柱,使生产井或注入井开始正常生产,是完井工程的最后一个环节。生产管柱设计的合理性直接关系到生产井或注入井投产后能否正常生产。

1. 合理设计完井管柱

1)不压井作业完井管柱

油层无自喷能力,但又有一定的动液面,地层的压力相对较低,地层亏空比较严重,应采用不压井完井管柱完井。

2)机械防砂井下清洗防砂工具完井管柱

减轻对油层的伤害,缩短冲砂时间,减轻作业劳动强度,降低作业费用,快速恢复油井产能,可采用井下可清洗防砂工具完井管柱完井。

2. 完井管柱结构

不压井有杆泵抽油井下系统主要由伸缩管、限位滑管、插入管、封隔器、开启阀门等组成。合理设计不压井作业完井管柱的技术关键是开启阀门和限位滑套的选择。开启阀门的压量距离决定开启阀门的关开速度,同时开启阀门压量也决定限位滑套的压量距,根据开启阀门压量的计算,调整限位滑套压量,做到既打开开启阀门又不使开启阀门处于疲劳状态。伸缩管主要起到井下开启阀门以上管柱承载悬浮压量,也可以将限位滑套下端连接压缩密封装置,将限位滑和压缩密封装置直接坐在封隔器的上平面,把油套分开。

机械防砂井下可清洗防砂工具主要由两部分组成:井下完井管柱和作业施工管柱。井下完井管柱主要由封隔器、防砂管、清洗控制阀组成。清洗控制阀总成由弹簧、内外套、分瓣闸板等组成。当清洗插入管接触控制阀时由限位滑套控制压量（钻压），伸缩管内的管柱不再继续伸长，此时的压量恰好将控制阀打开，可大排量冲洗防砂管（根据防砂管的技术规范要求定冲洗时间），一般冲洗 20～30min 即可，然后上提管柱使冲洗插入管离开控制阀，控制阀随即关闭，冲洗防砂施工完毕。

四、堵水工艺

（一）封隔器堵水的概念

将封隔器下入井中，采用机械或液压坐封方式，使封隔器坐封，达到封堵油井中的某一高含水层段，使该高含水层液流不能进入井筒，这种堵水方法称为封隔器堵水。

（二）常用的封隔器堵水方法

J(GJ)BI001 封隔器堵水的方法

常用封隔器堵水方法如图 3-1-1 所示。

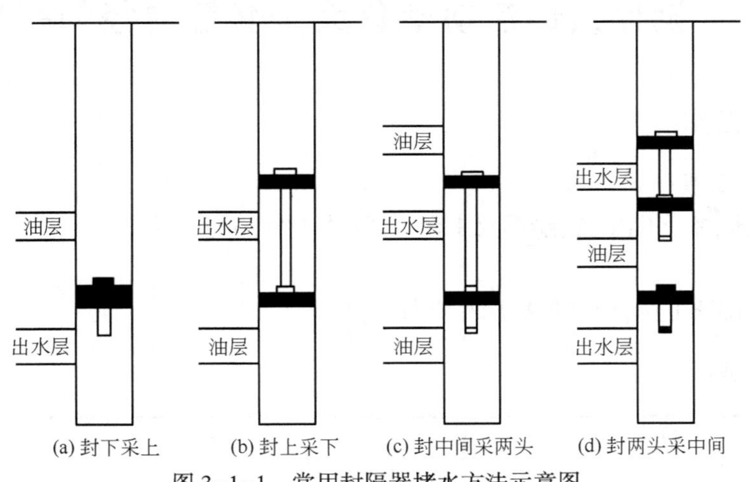

图 3-1-1　常用封隔器堵水方法示意图

J(GJ)BI002 应用Y441与Y445完成封下采上堵水的方法

1. 封下采上

封下采上指封堵下部水层，开采上部油层。下入 Y445 或 Y441 封隔器，管串结构自下而上为：死堵+油管+Y445 或 Y441 封隔器+丢手接头+单流开关+油管。

地面连接泵车并打压，使液压封隔器卡瓦撑开咬合在套管内壁上，同时泵压推动胶筒膨胀达到密封效果。而 Y441 丢手时只需继续增压至压力突然下降，套管返水，证明憋掉丢手接头；Y445 丢手需要油管内投球后憋压至 28MPa 左右，压力突然下降或套管返水，可断定已丢手。根据现场实际情况，决定是否试压。将管柱提出井内，完成堵水目的。

J(GJ)BI003 应用Y211与Y341完成封上采下堵水的方法

2. 封上采下

封上采下指封堵油层以上出水层段，开采其下油层。管柱结构自下而上为：油管鞋+油管+Y341 封隔器+油管+Y211 封隔器+防顶器+丢手接头+单向阀+油管。

操作步骤：

（1）地面连接工具，均匀入井，匀速下入油管至目的层。

(2)上提油管,调节方余,缓慢下放加压60~80kN,使Y211封隔器坐封。如果指重表悬重不回落,则上提管柱,封隔器轨道换位,重复上述操作。

(3)连接泵车,地面打压,Y341封隔器胶筒膨胀密封,继续打压完成丢手。

3. 封中间采两头

封中间采两头指在一套油水层段上,封堵中间出水层段。管串结构自下而上为:油管鞋+油管+Y341封隔器+油管+Y441封隔器+丢手接头+单向阀+油管。

封两头采两头指操作步骤与封下采上相同。

4. 封两头采中间

封两头采两头指封堵某一油层上下出水层段。封堵这样的出水层段,管柱的连接应尽量简化。封两头采中间一般采用先下入Y445或Y441封隔器,将其下部水层封堵,然后按照封上采下管柱连接方法操作。

项目二　设计顶部活动落鱼大于套管内径的打捞工具

一、准备工作

(一)材料、工具

白纸若干张,签字笔1支,绘图仪1套,计算器1个,画板1张。

(二)人员

1人操作,持证上岗,劳动保护用品穿戴齐全。

二、操作规程

序号	工序	操作步骤
1	根据井下情况设计工具并画出工具图	(1)工具尺寸合理; (2)结构简单,便于加工; (3)视图标注准确; (4)材料可靠; (5)打捞操作容易
2	进行地面模拟论证	(1)提出对相关工具的技术理解; (2)进行打捞效果分析; (3)提出相关补救措施
3	设计打捞方案	(1)方案设计应符合现场实际; (2)打捞方案应符合施工标准; (3)打捞方案利于今后的作业和采油
4	经验总结	(1)设计的工具有缺陷,而没有改进的计划; (2)对比相似的工具,介绍优缺点; (3)介绍设计工具的应用范围

三、注意事项

(1)打捞方案不能损伤套管。

(2)打捞方案不能造成储层伤害。

项目三　设计顶部活动落鱼小于套管内径的打捞工具

一、准备工作

(一)材料、工具

白纸若干张,签字笔 1 支,绘图仪 1 套,计算器 1 个,画板 1 张。

(二)人员

1 人操作,持证上岗,劳动保护用品穿戴齐全。

二、操作规程

序号	工序	操作步骤
1	根据井下情况设计工具并画出工具图	(1)工具尺寸合理; (2)结构简单,便于加工; (3)视图标注准确; (4)材料可靠; (5)打捞操作容易
2	进行地面模拟论证	(1)提出对相关工具的技术理解; (2)进行打捞效果分析; (3)提出相关补救措施
3	设计打捞方案	(1)方案设计符合现场实际; (2)打捞方案符合施工标准; (3)打捞方案利于今后的作业和采油
4	经验总结	(1)设计的工具有缺陷,而没有改进的计划; (2)对比相似的工具,介绍优缺点; (3)介绍设计工具的应用范围

三、注意事项

(1)打捞方案不能损伤套管。

(2)打捞方案不能造成储层伤害。

项目四　设计遇卡落物鱼顶劈裂打捞工具

一、准备工作

(一)材料、工具

白纸若干张,签字笔 1 支,绘图仪 1 套,计算器 1 个,画板 1 张。

（二）人员

1 人操作，持证上岗，劳动保护用品穿戴齐全。

二、操作规程

序号	工序	操作步骤
1	根据井下情况设计工具并画出工具图	(1)工具尺寸合理； (2)结构简单，便于加工； (3)视图标注准确； (4)材料可靠； (5)打捞操作容易
2	进行地面模拟论证	(1)提出对相关工具的技术理解； (2)进行打捞效果分析； (3)提出相关补救措施
3	设计打捞方案	(1)方案设计符合现场实际； (2)打捞方案符合施工标准； (3)打捞方案利于今后的作业和采油
4	经验总结	(1)设计的工具有缺陷，而没有改进的计划； (2)对比相似的工具，介绍优缺点； (3)介绍设计工具的应用范围

三、注意事项

(1)打捞方案不能损伤套管。

(2)打捞方案不能造成储层伤害。

项目五　设计打捞方案

一、准备工作

（一）材料、工具

白纸若干张，签字笔 1 支，绘图仪 1 套，计算器 1 个，画板 1 张。

（二）人员

1 人操作，持证上岗，劳动保护用品穿戴齐全。

二、操作规程

序号	工序	操作步骤
1	有关计算数据	(1)计算出管柱伸长量； (2)计算出砂卡的位置； (3)计算出中和点的悬重

续表

序号	工序	操作步骤
2	制定打捞方案	(1)打捞方案合理; (2)操作步骤齐全; (3)打捞方案符合操作规程
3	经验总结	(1)根据自己的倒扣、打捞经验提出安全注意事项; (2)总结出工作中的实际经验; (3)了解此方面先进的技术或设备

三、注意事项

(1)打捞方案不能损伤套管。

(2)打捞方案不能造成储层伤害。

项目六 设计封隔器堵水施工方案

一、准备工作

(一)材料、工具

白纸若干张,签字笔1支,绘图仪1套,计算器1个,画板1张,井况资料1份。

(二)人员

1人操作,持证上岗,劳动保护用品穿戴齐全。

二、操作规程

序号	工序	操作步骤
1	准备	(1)进行井况调查; (2)选择最佳堵水方案
2	制定施工步骤及技术要求	(1)做好井筒准备; (2)通井; (3)刮削; (4)洗井工作; (5)组配堵水管柱,保证下管柱、坐封、验封效果
3	质量要求	(1)选择与地层配伍性好的压井液; (2)下井油管要清洁; (3)下井油管要用通管规通过
4	安全注意事项	(1)遵守安全施工操作规程; (2)遵守环保施工操作规程; (3)了解此方面先进的技术或设备; (4)遵守安全、环保施工操作规程

项目七　测绘滑块打捞矛(带水眼)

一、准备工作

(一)材料、工具

滑块打捞矛(带水眼)1 件,A3 绘图纸 3 张,500mm 游标卡尺 1 把,1000mm 钢板尺 1 把,15m 钢卷尺 1 把,200mm 内卡钳、外卡钳各 1 把,绘图工具 1 套。

(二)人员

1 人操作,持证上岗,劳动保护用品穿戴齐全。

二、操作规程

序号	工序	操作步骤
1	准备工作	将准备测量的工具放置于专用工作台上,并对量具、量块进行检查
2	检查工件	对测量工件进行外观检查,合格后将其擦拭干净
3	测量工件	(1)使用游标卡尺对测量工件长度、外径、内径进行测量并记录。 (2)使用量块对螺纹扣型进行审对并记录螺纹扣型
4	绘制草图	(1)根据零件尺寸大小选定比例、图幅,画出边框线、标题栏。 (2)安排视图位置,注意留出标注尺寸所需的地位,在画出各视图的基准线的基础上进行作图。 (3)用细实线画出各视图之间主体部分,注意各部分的投影、比例关系。 (4)画出其他结构,剖视图(或规定画法)部分按规定作图。 (5)画出各细节部分,完成全图。 (6)检查后加深各图线
5	绘制零件图	(1)根据草图绘制零件图。 (2)选择主视图和其他视图。 (3)选择视图比例,正确绘制零件图,正确标注零件结构尺寸。 (4)根据零部件使用要求和实测结果确定和标注配合等级和公差值。 (5)根据零部件使用要求和实测结果确定零件各表面的表面粗糙度。 (6)确定被测零件技术要求。 (7)填写标题栏
6	收尾工作	对现场进行清理,收取工具,上交草图、零件图样及记录单等

三、技术要求

(一)草图的技术要求

(1)必须具备零件工作图应有的全部内容和要求;

(2)图线清晰,比例匀称,投影关系正确,字体工整。

(二)测绘零件图的技术要求

投影对应关系为"长对正、高平齐、宽相等",即:

长对正——主视图与俯视图的长度相等,位置对正;
高平齐——主视图与左视图的高度相等,位置对正;
宽相等——俯视图与左视图的宽度相等。

四、注意事项

(1)画图前应对零件地结构形状、作用、加工方法有初步的了解。在此基础上,将零件分解为若干基本形体,从而确定零件的主视图、视图数量和剖视方法。

(2)根据零件的形状大小和视图数量,选定绘图比例与视图,绘出各视图的基准线。

(3)按照零件形状的大小,首先绘制起主体作用的基本形体,而且最好从能反映形体特征的那个视图开始,逐次地画出其他形体的各个视图。

(4)画剖视图时,应直接画出剖切后的线框。在画剖面线时应注意:顺着筋板剖切时按规定不画剖面线,而垂直筋板剖切时要画剖面线。

(5)在加深图线前,应对底稿进行一次检查,去掉多余的图线。

(6)标注尺寸时,应按画图的过程逐个注写出基本形状的大小和定位尺寸,并按有关标准标注。

项目八 测绘油管接箍打捞矛

一、准备工作

(一)材料、工具

油管接箍打捞矛1件,A3绘图纸3张,500mm游标卡尺1把,1000mm钢板尺1把,15m钢卷尺1把,200mm内卡钳、外卡钳各1把,绘图工具1套。

(二)人员

1人操作,持证上岗,劳动保护用品穿戴齐全。

二、操作规程

序号	工序	操作步骤
1	准备工作	将准备测量的工具放置于专用工作台上,并对量具、量块进行检查
2	检查工件	对测量工件进行外观检查,合格后将其擦拭干净
3	测量工件	(1)使用游标卡尺对测量工件长度、外径、内径进行测量并记录。 (2)使用量块对螺纹扣型进行审对并记录螺纹扣型
4	绘制草图	(1)根据零件尺寸大小选定比例、图幅,画出边框线、标题栏。 (2)安排视图位置,注意留出标注尺寸所需的地位,在画出各视图的基准线的基础上进行作图。 (3)用细实线画出各视图之间主体部分,注意各部分的投影、比例关系。 (4)画出其他结构,剖视图(或规定画法)部分按规定作图。 (5)画出各细节部分,完成全图。 (6)检查后加深各图线

续表

序号	工序	操作步骤
5	绘制零件图	(1)根据草图绘制零件图。 (2)选择主视图和其他视图。 (3)选择视图比例,正确绘制零件图,正确标注零件结构尺寸。 (4)根据零部件使用要求和实测结果确定和标注配合等级和公差值。 (5)根据零部件使用要求和实测结果确定零件各表面的表面粗糙度。 (6)确定被测零件技术要求。 (7)填写标题栏
6	收尾工作	对现场进行清理,收取工具,上交草图、零件图样及记录单等

三、技术要求

(一)草图的技术要求

(1)必须具备零件工作图应有的全部内容和要求;

(2)图线清晰,比例匀称,投影关系正确,字体工整。

(二)测绘零件图的技术要求

投影对应关系为"长对正、高平齐、宽相等",即:

长对正——主视图与俯视图的长度相等,位置对正;

高平齐——主视图与左视图的高度相等,位置对正;

宽相等——俯视图与左视图的宽度相等。

四、注意事项

(1)画图前应对零件地结构形状、作用、加工方法有初步的了解。在此基础上,将零件分解为若干基本形体,从而确定零件的主视图、视图数量和剖视方法。

(2)根据零件的形状大小和视图数量,选定绘图比例与视图,绘出各视图的基准线。

(3)按照零件形状的大小,首先绘制起主体作用的基本形体,而且最好从能反映形体特征的那个视图开始,逐次地画出其他形体的各个视图。

(4)画剖视图时,应直接画出剖切后的线框。在画剖面线时应注意:顺着筋板剖切时按规定不画剖面线,而垂直筋板剖切时要画剖面线。

(5)在加深图线前,应对底稿进行一次检查,去掉多余的图线。

(6)标注尺寸时,应按画图的过程逐个注写出基本形状的大小和定位尺寸,并按有关标准标注。

项目九　测绘平底磨鞋

一、准备工作

(一)材料、工具

平底磨鞋 1 件,A3 绘图纸 3 张,500mm 游标卡尺 1 把,1000mm 钢板尺 1 把,15m 钢卷尺

1 把,200mm 内卡钳、外卡钳各 1 把,绘图工具 1 套。

(二)人员

1 人操作,持证上岗,劳动保护用品穿戴齐全。

二、操作规程

序号	工序	操作步骤
1	准备工作	将准备测量的工具放置于专用工作台上,并对量具、量块进行检查
2	检查工件	对测量工件进行外观检查,合格后将其擦拭干净
3	测量工件	(1)使用游标卡尺对测量工件长度、外径、内径进行测量并记录。 (2)使用量块对螺纹扣型进行审对并记录螺纹扣型
4	绘制草图	(1)根据零件尺寸大小选定比例、图幅,画出边框线、标题栏。 (2)安排视图位置,注意留出标注尺寸所需的地位,在画出各视图的基准线的基础上进行作图。 (3)用细实线画出各视图之间主体部分,注意各部分的投影、比例关系。 (4)画出其他结构,剖视图(或规定画法)部分按规定作图。 (5)画出各细节部分,完成全图。 (6)检查后加深各图线
5	绘制零件图	(1)根据草图绘制零件图。 (2)选择主视图和其他视图。 (3)选择视图比例,正确绘制零件图,正确标注零件结构尺寸。 (4)根据零部件使用要求和实测结果确定和标注配合等级和公差值。 (5)根据零部件使用要求和实测结果确定零件各表面的表面粗糙度。 (6)确定被测零件技术要求。 (7)填写标题栏
6	收尾工作	对现场进行清理,收取工具,上交草图、零件图样及记录单等

三、技术要求

(一)草图的技术要求

(1)必须具备零件工作图应有的全部内容和要求;

(2)图线清晰,比例匀称,投影关系正确,字体工整。

(二)测绘零件图的技术要求

投影对应关系为“长对正、高平齐、宽相等”,即:

长对正——主视图与俯视图的长度相等,位置对正;

高平齐——主视图与左视图的高度相等,位置对正;

宽相等——俯视图与左视图的宽度相等。

四、注意事项

(1)画图前应对零件地结构形状、作用、加工方法有初步的了解。在此基础上,将零件分解为若干基本形体,从而确定零件的主视图、视图数量和剖视方法。

(2)根据零件的形状大小和视图数量,选定绘图比例与视图,绘出各视图的基准线。

(3)按照零件形状的大小,首先绘制起主体作用的基本形体,而且最好从能反映形体特征的那个视图开始，逐次地画出其他形体的各个视图。

(4)画剖视图时，应直接画出剖切后的线框。在画剖面线时应注意：顺着筋板剖切时按规定不画剖面线，而垂直筋板剖切时要画剖面线。

(5)在加深图线前，应对底稿进行一次检查，去掉多余的图线。

(6)标注尺寸时，应按画图的过程逐个注写出基本形状的大小和定位尺寸，并按有关标准标注。

模块二　维修、保养井下工具

项目一　相关知识

一、螺杆钻具

(一)用途

螺杆钻是以液体压力为动力,驱动井下钻具旋转的工具,可用于磨铣、钻进等作业。

J(GJ)BE014 螺杆钻的结构

(二)结构

螺杆钻由上接头、旁通阀总成、转子、定子、联轴节总成、过水接头、轴承总成、驱动轴、下接头等组成,如图3-2-1所示。

上接头:经油管螺纹或钻杆螺纹可与钻柱(油管)相连,其下部为外螺纹,与液马达总成(定子和转子)相连。

旁通阀总成:由中间阀座、侧向阀座、阀球过滤片、推杆弹簧、定位套、卡簧、卡环、密封圈、旁通孔等组成。作用:

(1)防止下钻或接单根时因环形空间液体密度较大,液体的流到钻具内,造成转子的转动及松扣现象。

(2)防止含钻屑的洗井液进入定子腔内卡死钻具。

(3)制止钻具内的意外井喷。

(4)起钻时可泄出钻柱内的洗井液。

(5)当正常钻进时,阀球被洗井液推动下移坐于旁通阀关闭旁通孔,洗井液全部通过定子内腔形成钻柱封闭循环,液体流经液马达转子开始工作。当起钻时,阀球处于两阀座之间,以保证钻柱内的液体流回井中。

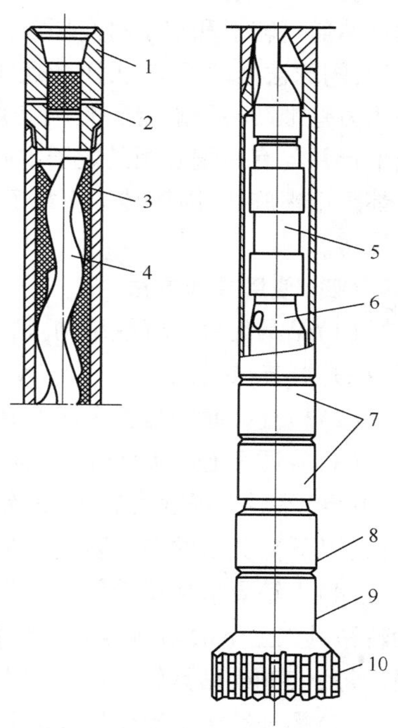

图3-2-1　修井螺杆钻具

1—接头;2—旁通阀;3—定子;4—转子;5—联轴节;6—过水接头;7—轴承总成;8—驱动轴;9—下接头;10—钻头

转子:一根单头螺旋轴,用合金钢加工成形后,表面镀一层有利于防腐、耐磨的硬铬,并通过镀铬来控制定转子的配合间隙。

转子作用:转子上部为自由端,下部有螺纹与联轴节总成相连接,转子与定子配合为该钻具的动力输出关键部件。

定子:经过精加工的钢筒内硫化成形有双头螺旋腔的橡胶套。上下均有螺纹,与上接头和联轴节外套相接。

定子作用:由于转子的偏心距和螺旋头数与定子螺旋头数之差中形成大小不同的腔体,

在高压液体的作用下，使腔内形成不同的压差，从而推动螺杆旋转，排量越大，转动越快，马达的输出功率也越大。

联轴节：由两组鼓形齿轮副及钢球组成。

联轴节作用：联轴节上部与转子相接，下部与过水接头相接，将转子承受的轴向力及输出扭矩传递给轴承总成及驱动轴。

过水接头：其作用是将联轴节环形空间的洗井液导向驱动轴中心的孔道。

轴承总成：由轴承、限流器、芯轴、径向轴承组成。

轴承总成作用：无钻压时，上轴承负担轴向水力负荷及转子等转动部件的自身重量。当钻进时，下轴承起着承受钻压及钻头震动载荷的作用，同时上下轴承控制了驱动轴的径向摆动，并将扭矩传给钻头。

下接头：上部与驱动轴相连，下部接钻头。其作用除传递扭矩外，还有保护驱动轴螺纹的作用。

J(GJ)BE015 螺杆钻的工作原理

（三）工作原理

螺杆钻是利用管柱携带螺杆钻具到井底，通过水力驱动管柱下部的螺杆钻具旋转的。螺杆钻通过转子和定子将高压液体的能量转变成机械能；当高压液体通过钻具内孔进入钻具后，阀球被推动下移，关闭旁通阀，从而进入转子与定子形成的各个密封腔；液体在各腔中的压力差推动转子沿定子的螺旋通道滚动，转子在沿自身的轴线转动的同时，还绕与转子轴线平行并与有一偏心距的定子中心线公转，这就是螺杆钻的行星传动原理。由于转子和定子都采用螺旋线，因而转子绕定子轴线做逆时针转动，并以自身轴线作顺时针转动去带动钻具旋转。

J(GJ)BE016 螺杆钻的操作方法

（四）使用操作方法

（1）钻具配合。管柱结构：钻头（磨铣工具）+螺杆钻具+提升短节+缓冲短节+井下过滤器+提升短节+钻柱。

（2）检查旁通阀是否灵活可靠，旁通筛孔是否畅通，各连接螺纹是否完好。

（3）验证旁通阀灵活性。须将旁通阀放至转盘面以下（无转盘作业施工井人员离开井口）开泵，然后上提观察钻头（磨铣工具）转动是否正常，停泵时仍将旁通阀放至转盘以下（井口以下），其目的在于防止开泵时洗井液从旁通孔处刺伤人。

（4）下钻要求平稳操作，随时注意悬重变化，下钻速度以 10～20m/min 为宜。如遇阻，慢转钻具先上下活动钻具管柱措施处理，不可盲目划眼，认定遇阻物后在措施指令下进行划眼。每下 500m 钻具管柱向钻柱内灌入清水一次。

（5）螺杆钻定子硫化橡胶的养护温度为 176℃，因此，工具下入高温井段时应分段循环降温。

（6）施工入井液流体采用清水或无固相液体，含砂量控制在 0.5%以下，颗粒直径不大于 0.3mm，否则会加速定转子的磨损。

（7）正常钻进或磨铣时，要控制一定的钻压（根据井下实际状况和现场经验确定排量的大小），使用 YLN-100 型螺杆钻时，钻压以 5～15kN 为宜。洗井排量则以 500～600L/min 为宜，最大不超过 1200L/min，待循环正常，转子启动后，缓慢下放钻具到鱼顶（或塞面），进行正常磨铣（钻进）。

(8)钻铣中要随时注意泵压变化,如泵压忽然升高,应首先检查钻压是否增大,如果钻压和排量正常则认为钻头水眼或液马达可能被堵死,则上提管柱更换工具。相反,如遇泵压下降,排量正常,可认为旁通阀损坏,液马达不工作。

(9)液马达不转时不得转动钻具,否则传动轴与联轴节的连接将会脱扣而损坏。

(10)禁止长时间制动情况下循环洗井液,因为洗井液长时间流过不转的液马达(转子、定子),会使液马达严重损坏。

(11)正常有进尺泵压=悬空循环泵压+2.4MPa(LZ165-1型)=悬空循环泵压引+1.75MPa(LZ197型)。

(12)正常起下钻柱按起下钻柱操作规程执行。

(五)使用注意事项

J(GJ)BE017 螺杆钻的操作注意事项

(1)井口必须安装自封封井器,防止小件物品落井卡钻。

(2)入井流体返出洗井液必须过筛,沉砂(磨屑)后方可使用,上水龙头必须装施工要求的标准筛网。

(3)接单根前及完成钻铣后应充分洗井,使井内无钻屑。

(4)随时掌握钻压和泵压变化,防止钻压过大而压死工具,压后立即上提钻具,然后减压试钻铣。

(六)检修保养

J(GJ)BE018 螺杆钻的保养方法

(1)清洗螺杆钻,检查外表有无磕碰等伤痕并检查钻头磨损情况。

(2)连接试压泵或水泥车,检查螺杆钻是否转动正常和旁通阀是否开关灵活。

(3)拆卸旁通阀,检查弹簧弹性如无弹性则更换弹簧,有脏物则清洗干净。

(4)拆卸液马达部分,将螺杆钻万向轴固定在卸扣机上,卸下定子,再固定定子,拉钻头,将转子从定子内拉出。

(5)检查转子有无损伤,如有轻微损伤则用研磨膏研磨处理后,擦洗干净,涂抹黄油,待用,如损伤严重则更换转子或报废处理。

(6)检查定子,首先清洗定子内部,检查定子是否有损伤,有则进行更换,再检查定子是否与定子钢本体有脱胶现象,有则进行重新粘固,不行则更换。

(7)第(2)步如验证螺杆钻不转,先利用管钳转动钻头,应不转动,加上定子内无砂卡死,则拆卸检查传动轴部分,检查传动轴上下轴承是否损坏,如损坏则更换。

(8)组装螺杆钻,先组装传动轴部分再将其固定后,连接转子,将定子一边右旋,一边顶入转子。

(9)连接旁通阀。

(10)连接试压泵或水泥车,检验旁通阀是否开关自如,钻头是否转动正常,如不行则按上步骤重新检修,如试验正常则放好,待用。

J(GJ)BE019 磨铣工艺的技术要求

(七)磨铣作业

磨铣井下各种不同落物时,除了对磨鞋、铣鞋的结构、形状几何尺寸等有一定的要求外,在磨铣施工中对井下磨铣情况的掌握与判断,使用的工艺参数选择以及各种工艺技术的配合,也十分重要。如果以上各方面配合得当,既可以提高磨铣速度,又保证安全生产。

1. 对磨屑返出物的辨认分析

磨屑返出物有片状、丝状、砂粒状、粉末状等几种。

(1)当井下落物为稳定落鱼（即落鱼卡死固定）、材料含碳量较高时（如 P110、N80、35GMO、40Cr），其磨屑为丝状，最大厚度在 0.5~0.8mm，长度可达 7mm 以上，当磨屑呈头发丝状时，说明钻压小，适当增加钻压。

(2)当磨铣含碳量较低的落鱼时，出现的磨屑呈鳞片状，说明磨铣是局部挤压研磨形成的，如果在磨铣中磨屑大量呈鳞片状或铁末，进尺较慢或无进尺，说明参数不合理应进行调整，同时也可说明磨鞋大量磨损，需要换新磨鞋。

(3)磨铣时应注意洗井液的排量（同时考虑地层漏失量），排量不够时应增大排量，环形空间的流速不大于磨屑沉降速度，则大的磨屑在井筒中悬浮，地面收集到的磨屑实际是假象，此时应根据排量等综合因素判断分析。

(4)如果发现磨屑成细粉末状，可能是排量较小、磨屑重复研磨所致，此时应增大排量，排量加大后磨屑应无变化，无进尺，磨鞋过度磨损，需更换磨鞋。

J(GJ)BE020 磨铣钻压、钻速的选择

2. 钻压选择

(1)根据不同鱼顶、不同井深选用不同钻压，磨铣平底、凹底、领眼磨鞋时，可选用较大钻压；使用梨形、柱形、套铣和裙边磨鞋时，由于工具接触部分受力面积较小，不能采用高钻压，以免损坏工具。

(2)钻具出现蹩跳时，一般通过降低转速减小钻压即可消除，如出现周期性突变，应上提钻具（活动钻具）加大排量，轻压快转可达到消除的目的。

3. 转速选择

(1)一般应选用较高的磨铣速度（100r/min 左右），具体操作时应根据钻压、钻具和工具、设备动力、地面扭矩等因素而定。

(2)磨铣井下不稳定落鱼时，若发现磨铣速度变慢，应上提钻具进行顿钻稳定落鱼，将落鱼处于暂时稳定状态后再进行磨铣。

J(GJ)BE021 磨铣中问题的处理方法

4. 对井下不稳定落鱼的磨铣方法

当井下落鱼处于不稳定的可变位置状态时，在磨铣中落物会转动、滑动或者跟随磨鞋一起做圆周运动，这会大大地降低磨铣效果，因而应采取一定措施，使落物于某一段时间内暂时处于固定状态，以便磨铣。常采用的方法是顿钻，将其落物暂顿实，实施步骤如下：

(1)确定钻压的零点，或者说钻具的悬重位置是磨铣工具刚离开落鱼的位置，然后在方钻杆上做好标记。

(2)将方钻杆上提 1.2~1.8m（浅井为 1.8m，深井为 1.2m），以此作为施工参考数据，具体应根据井内落鱼情况、钻具、压井液（主要考虑浮力）情况设计上提冲顿参数。

(3)向下溜钻。当方钻杆标记离转盘 0.3~0.5m（根据浮力考虑）时突然刹车，使钻具因下落惯性产生伸长，冲击井下落物，使落物顿紧压实。

(4)如顿钻后转动 60°~90°，重复(3)的动作再行冲顿。如此进行 3~4 次，即可继续往下磨铣。

(5)不要让金属碎块卡在磨鞋一边不动，要下顿磨鞋将其捣碎，若磨铣时扭矩明显增大是好现象，表明碎块都靠在磨鞋旁边。

(6)千万不要让平底磨鞋在落鱼上停留时间太长(这样会在磨鞋上形成很深的磨痕),此时应上下活动钻具,边转动边下放钻具使磨鞋落到鱼顶上,以使改变磨鞋与落鱼的接触位置,保证均匀磨铣。

(7)磨铣铸铁桥塞时,磨鞋直径要比桥塞直径小 3~4mm。

5. 钻具蹩跳处理

(1)磨鞋磨铣平稳证明工作性能最佳。产生跳钻时,必须把转速降到 50r/min 左右,钻压降到 10kN 以下,待磨铣平稳时,再逐步加压试探蹩跳情况(根据井下情况和操作经验综合分析逐步加压情况)。若磨铣运转平稳,磨铣速度理想的话,转速保持不变,若磨铣速度偏低,可提高转速;若重新跳钻,应恢复原转速直到磨铣运转平稳后再加速,并保持这一转速。

(2)当钻具被蹩卡,产生周期性突变时(转速由快变慢,机器负荷声音加大,到一定圈数时,钻具突然快速转动,并发出较大声响),说明磨鞋在井下有卡死现象。卡死的原因一是落鱼偏靠套管,二是落鱼碎块,三是铁屑沉积。无论是什么原因,均应上提钻具,排除磨鞋周边的卡阻物或改变磨铣工具与落鱼的相对位置,并加大排量洗井。若上提遇卡,可边钻边提解卡。提出钻具之后,大排量充分洗井,以保证将磨下的碎屑全部洗出地面。洗井之后,因井下落鱼已不稳定,应继续采取对不稳定落鱼的顿钻稳定措施,方能继续磨铣。

(3)磨铣套管时出现跳钻,尤其是使用领眼磨鞋时出现的跳钻,往往说明套管由于固定不牢而摆动,一般降低转速可以克服这种情况。

J(GJ)BE022 磨铣作业的注意事项

6. 磨铣中注意事项

(1)洗井液的上返速度不得低于 $36m^3/h$,保证携砂能力,及时排出井下磨屑,防止卡钻。

(2)采用洗井液磨铣时,应提高洗井液的黏度,如用清水、盐水磨铣时,必须满足 $36m^3/h$ 的排量。

(3)在磨铣的过程中,井下的磨鞋既旋转又摆动,为了顺利垂直稳定工作,不操作套管,应在磨铣工具的上部连接相应长度的钻铤,或在钻杆上加扶正器,以保证磨鞋处于平稳的工作状态。

(4)所有的磨铣作业施工不能与震击器配合使用,因配合后不能进行顿钻和冲顿物碎块。

J(GJ)BB019 安全接头的操作方法

二、安全接头

安全接头是连接在特殊要求作业和复杂性打捞事故作业管柱中的具有特殊用途的接头。当作业管柱正常作业时,它可传递正向或反向扭矩,可承受拉压负荷并保证压井畅通。当作业工具遇卡时,安全接头可以首先脱开,将安全接头以上管柱起出可以简化下一步作业程序。

J(GJ)BB018 安全接头的种类

(一)锯齿形安全接头

1. 结构

锯齿形安全接头由上接头、上下 O 形密封圈、下接头组成,如图 3-2-2 所示。

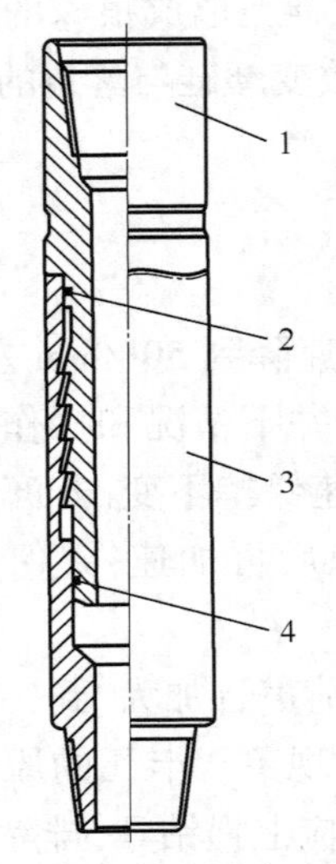

图 3-2-2　锯齿形安全接头
1—上接头；2,4—O 形密封圈；3—下接头

2. 操作方法及注意事项

(1)检查上下接头密封件。

(2)上下接头宽锯齿形螺纹涂油、拧紧。

(3)将打捞工具管柱安全接头接在打捞工具之上。

(4)脱开安全接头的操作程序：将工具反转 1～3 圈，下放管柱，钻压保持 5～10kN，反转工具管柱，上下接头松开、起钻。

(5)下井前安全接头上、下接头必须拧紧，安全接头与管柱要拧紧。

3. 维修保养

(1)每次用完后，必须卸开安全接头，清洗干净。

(2)检查各部螺纹，更换密封件。

(二)方螺纹型安全接头

1. 结构

方螺纹型安全接头由上接头、密封、下接头组成，如图 3-2-3 所示。

2. 工作原理

工具依靠相互配合的倾斜凸缘承受轴向拉压负荷及单向扭矩。当需要卸开时，反转钻具，安全接头方螺纹首先卸开，即可退出安全接头以上全部管柱。

3. 操作方法

(1)在地面全面检查 O 形密封圈是否完好，螺纹及通径是否合格，涂好润滑脂，组装好安全接头。

(2)下到设计深度后并记录悬重。

(3)当需要卸开时，将钻具提至原悬重，井口反转钻具，同时观察指重表的变化，如悬重逐渐下降说明安全接头已卸开，继续上提钻具至原悬重卸扣，直到方螺纹部分完全卸开为止。

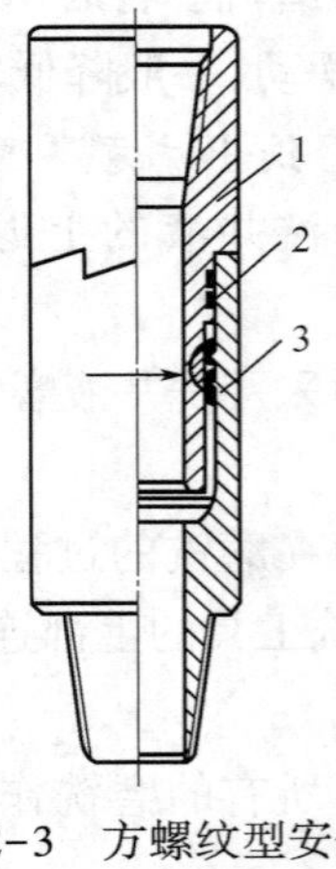

图 3-2-3　方螺纹型安全接头
1—上接头；2—密封圈；3—下接头

4. 注意事项

(1)此安全接头是依靠倾斜凸缘传递扭矩的，当凸缘结合之后就无法再旋紧螺纹，因而要求螺纹的配合有一定的预紧度，使用时必须在地面用管钳等工具旋紧，以防中途自行倒开。

(2)在下钻与使用中应防止钻具反转。

5. 维修保养

(1)工具使用后应清洗干净，检查方螺纹及凸缘有无擦伤。

(2)更换 O 形密封圈。

(3)擦干后，涂润滑脂，放阴干处保管。

J(GJ)BE007
活动肘节的用途

J(GJ)BE008
活动肘节的原理

三、活动肘节

(一)用途

活动肘节与打捞工具配合使用,像人体的胳臂和手一样可弯曲、可伸直、可抓取,也可退回,它除了能抓住倾斜度很大的落鱼外,还能去寻找掉入"大肚子"里或上部有棚盖等遮盖物的落鱼。因此,当钻杆、油管或抽油杆等的顶部落入裸眼或大尺寸的套管内,用常规的打捞矛、打捞筒等打捞工具无法抓取时可用此工具,活动肘节可承受拉、压、扭、冲击等负荷。

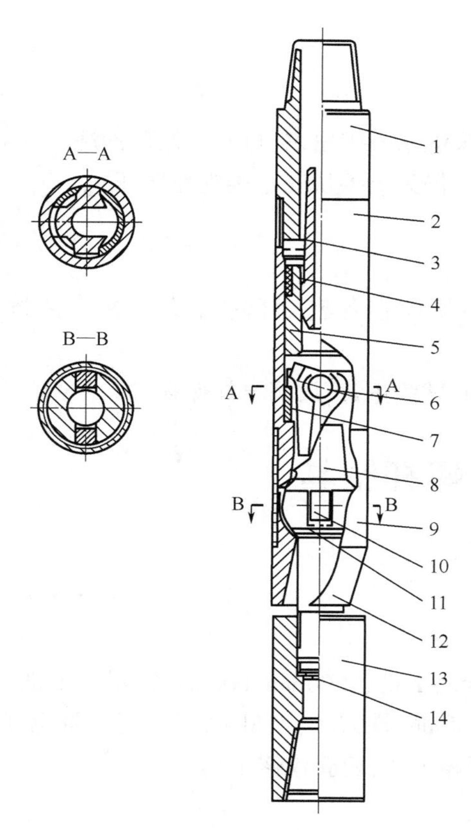

图 3-2-4　活动肘节

1—上接头;2—筒体;3—限流塞;4—Y 形密封圈;5—活塞;6—凸轴;7—凸轴座;8—活动短节;9—接箍;10—方圆键;11—O 形密封圈;12—球座;13—下接头;14—调整垫

(二)结构

活动肘节由上接头、筒体、限流塞、活塞凸轮、凸轮座、接箍、方圆销、摆动短节、球座、调整垫、下接头及密封装置等组成,如图 3-2-4 所示。

(三)工作原理

未投限流塞时开泵循环洗井,活动肘节垂直向下,无任何动作。

投入限流塞后开泵循环,液体进入上接头水眼受到限流塞水眼节流而产生压差,活塞下移压迫凸轮上端面,凸轮绕悬挂中心摆动,摆动短节反向摆动,其摆动的角度与所加液压有关,液压越高,摆动的角度越大,当液体压力固定在某一值时,摆动短节的角度也相应地定在一定值上。如果流体压力增加,活塞下移量增加,摆动角度也增加。自然压差为零时,活动肘节会无任何动作而垂直而下。

如钻具慢慢旋转,摆动一定角度的摆动短节也随之做圆周运动,安装在摆动短节上打捞筒前端的引鞋就像弯曲着的手指一样寻找落鱼,并且把它导入打捞筒内。

如果钻具在短距离内上、下移动,而打捞筒抓住落鱼后可停泵,活动肘节恢复常态。

(四)操作方法及注意事项

J(GJ)BBE009
活动肘节的使用要求

1. 操作方法

(1)工具管柱按下列顺序连接(鱼顶往上):打捞筒+安全接头+活动肘节+震击器+打捞管柱(钻具、油管)。

(2)检查工具管柱及接头内通径尺寸能否通过限流塞打捞筒(打捞管柱必须用标准通管规逐根通过)。

(3)检查摆动肘节拐角方向是否与打捞筒的引鞋缺口方向一致。

(4)管柱下到落鱼预定深度后,开泵循环,冲洗洗井筒和鱼头。

(5)循环畅通后停泵,投入限流塞,开泵送限流塞入座,待限流塞入座后,增加泵压,缓慢旋转钻具，同时向下移动钻具进行打捞。

（6）悬重增加表明抓住落鱼，停泵起钻。

2. 注意事项

（1）如果提不动，限流塞打捞筒采用软捞工艺将限流塞打捞出来，再开泵循环冲洗。

（2）如果仍提不动，则应用震击器上下活动解卡。仍无效果从安全接头处倒开。

（3）投入限流塞时，细光杆（带捞牙）朝上。

（五）维修保养

（1）活动肘节属于液压传动装置，因此用后必须检查各密封部件，及时更换密封部件。

（2）拆洗全部零件，擦拭干净后，涂油组装好，地面试验正常，放阴干处保存。

项目二　检修液压螺杆钻具

一、准备工作

（一）材料、工具

水泥车 1 台，水罐 1 台，砂纸若干，300mm 游标卡尺 1 把，1200mm、600mm 管钳各 1 把，钢丝刷 1 个，专用工具台 1 台，150mm 螺丝刀 1 把，150mm 锉刀 1 把，8kg 大锤 1 把，油盆 1 个，黄油若干，螺纹脂若干，柴油若干，棉纱若干，紫铜棒 1 个，配套检修工具 1 套。

（二）人员

1 人操作，持证上岗，劳动保护用品穿戴齐全。

二、操作规程

序号	工序	操作步骤
1	准备工作	将准备的工具放置于专用工作台上，核对准备的工具数量和种类
2	检查清洗	（1）清洗螺杆钻，检查外表有无磕碰等伤痕。 （2）连接试压泵，检查螺杆钻是否转动正常、旁通阀是否开关灵活
3	拆卸	（1）将螺杆钻外筒固定在工作台的压力钳上。 （2）拆卸旁通阀，检查弹簧弹性。 （3）拆卸液马达部分，将螺杆钻万向轴固定在卸扣机上，卸下定子。 （4）固定定子，拉钻头，将转子从定子内拉出。 （5）检查转子，如有轻微损伤，则用研磨膏研磨处理。 （6）检查定子是否与钢体有脱胶现象
4	更换、检测零件	（1）清洗零件，记录损伤的零件编号，更换新的零件。 （2）对损伤的零件本体、外径、内径等尺寸进行测量

续表

序号	工序	操作步骤
5	组装	(1)各零件先去毛刺,并清洗干净。 (2)先组装传动轴部分并将其固定。 (3)连接转子,将定子一边右旋,一边顶入转子。 (4)连接旁通阀。 (5)螺纹连接均应涂上密封脂
6	测试	(1)连接试压泵。 (2)检验旁通阀是否开关自如,钻头转动是否正常
7	收尾工作	对现场进行清理,收取工具,上交记录单等

三、注意事项

(1)清洗检查螺杆钻具外观。
(2)使用拆卸工具按顺序拆卸螺杆钻具,对零部件外观及螺纹进行检查。
(3)清洗零部件,按要求测量和及时更换易损件。
(4)按顺序组装螺杆钻具。

项目三　检修活动肘节

一、准备工作

(一)材料、工具

水泥车 1 台,水罐 1 台,砂纸若干,300mm 游标卡尺 1 把,1200mm、600mm 管钳各 1 把,钢丝刷 1 个,专用工具台 1 台,150mm 螺丝刀 1 把,150mm 锉刀 1 把,8kg 大锤 1 把,油盆 1 个,黄油若干,螺纹脂若干,柴油若干,棉纱若干,紫铜棒 1 个,配套检修工具 1 套。

(二)人员

1 人操作,持证上岗,劳动保护用品穿戴齐全。

二、操作规程

序号	工序	操作步骤
1	准备工作	将准备的工具放置于专用工作台上,核对准备的工具数量和种类
2	检查清洗	(1)清洗活动肘节。 (2)检查活动肘节外观。 (3)检查活动肘节接头螺纹

续表

序号	工序	操作步骤
3	拆卸	(1)将活动肘节筒体固定在工作台的压力钳上。 (2)卸下上、下接头。 (3)卸下接箍。 (4)取出活塞和凸轴。 (5)卸下活动短节
4	更换、检测零件	(1)清洗零件，记录损伤的零件编号，更换新的零件。 (2)对损伤的零件本体、外径、内径等尺寸进行测量
5	组装	(1)各零件先去毛刺，并清洗干净。 (2)密封配合面不得有咬痕等缺陷，组装时应涂上润滑油。 (3)螺纹连接均应涂上密封脂。 (4)按装配图及要求进行组装。 (5)密封圈要涂抹润滑脂
6	收尾工作	对现场进行清理，收取工具，上交记录单等

三、注意事项

(1)清洗检查活动肘节外观。

(2)使用拆卸工具按顺序拆卸活动肘节，对零部件外观及螺纹进行检查。

(3)清洗零部件，按要求测量和及时更换易损件。

(4)按顺序组装活动肘节。

项目四　检修局部反循环打捞篮

一、准备工作

(一)材料、工具

300mm 游标卡尺 1 把，1200mm、600mm 管钳各 1 把，钢丝刷 1 个，专用工具台 1 台，150mm 螺丝刀 1 把，150mm 锉刀 1 把，8kg 大锤 1 把，油盆 1 个，黄油若干，螺纹脂若干，柴油若干，棉纱若干，紫铜棒 1 个，配套检修工具 1 套。

(二)人员

1 人操作，持证上岗，劳动保护用品穿戴齐全。

二、操作规程

序号	工序	操作步骤
1	准备工作	将准备的工具放置于专用工作台上，核对准备的工具数量和种类
2	检查清洗	(1)清洗局部反循环打捞篮。 (2)检查局部反循环打捞篮外观。 (3)检查工具螺纹

续表

序号	工序	操作步骤
3	拆卸	(1)将局部反循环打捞篮上接头固定在工作台的压力钳上。 (2)卸下铣鞋。 (3)取出篮筐总成。 (4)卸开筒体。 (5)取出阀体总成
4	更换、检测零件	(1)清洗零件,记录损伤的零件编号,更换新的零件。 (2)对损伤的零件本体、外径、内径等尺寸进行测量
5	组装	(1)各零件先去毛刺,并清洗干净。 (2)密封配合面不得有咬痕等缺陷,组装时应涂上润滑油。 (3)螺纹连接均应涂上密封脂。 (4)按装配图及要求进行组装。 (5)密封圈要涂抹润滑脂
6	收尾工作	对现场进行清理,收取工具,上交记录单等

三、注意事项

(1)清洗检查局部反循环打捞篮外观。

(2)使用拆卸工具按顺序拆卸局部反循环打捞篮,对零部件外观及螺纹进行检查。

(3)清洗零部件,按要求测量和及时更换易损件。

(4)按顺序组装局部反循环打捞篮具。

项目五　检修手动双闸板防喷器

一、准备工作

(一)材料、工具

300mm 游标卡尺 1 把,1200mm、600mm 管钳各 1 把,钢丝刷 1 个,专用工具台 1 台,150mm 螺丝刀 1 把,150mm 锉刀 1 把,8kg 大锤 1 把,油盆 1 个,黄油若干,螺纹脂若干,柴油若干,棉纱若干,紫铜棒 1 个,配套检修工具 1 套。

(二)人员

1 人操作,持证上岗,劳动保护用品穿戴齐全。

二、操作规程

序号	工序	操作步骤
1	准备工作	将准备的工具放置于专用工作台上,核对准备的工具数量和种类
2	检查清洗	(1)清洗单闸板半封封井器。 (2)检查单闸板半封封井器外观

续表

序号	工序	操作步骤
3	拆卸	(1)卸开锁紧螺母与侧门螺栓。 (2)卸下螺钉与锁帽。 (3)取出闸板总成
4	更换、检测零件	(1)清洗零件,记录损伤的零件编号,更换新的零件。 (2)对损伤的零件本体、外径、内径等尺寸进行测量
5	组装	(1)各零件先去毛刺,并清洗干净。 (2)密封配合面不得有咬痕等缺陷,组装时应涂上润滑油。 (3)螺纹连接均应涂上密封脂。 (4)按装配图及要求进行组装。 (5)密封圈要涂抹润滑脂
6	收尾工作	对现场进行清理,收取工具,上交记录单等

三、注意事项

(1)清洗检查手动双闸板防喷器。

(2)使用拆卸工具按顺序拆卸手动双闸板防喷器,对零部件外观及螺纹进行检查。

(3)清洗零部件,按要求测量和及时更换易损件。

(4)按顺序组装单闸板半封封井器。

模块三　综合管理

项目一　相关知识

一、质量管理

J(GJ)BH001 质量管理的工作程序

(一)质量管理工作程序

质量管理是一门科学,它是随着生产技术的发展而发展的,有着它自己的一般发展过程,概括起来它经历了三个阶段:一是传统质量管理阶段(检验质量管理阶段);二是统计质量管理阶段;三是全面质量管理阶段。

传统质量管理阶段——它是按照规定的技术要求,对产品进行严格质量检验为主要特征的。

统计质量管理阶段——它是在传统质量管理的基础上,把数据统计这门科学运用到质量管理中来,对生产过程中影响质量的各种因素实施质量控制。

全面质量管理阶段——它是按照现代生产技术发展的需要,以系统的观点来看待产品质量。对一切同产品质量有关的因素进行系统管理,力求在此基础上建立一个能够有效地确保产品质量和不断提高产品质量的质量体系。

J(GJ)BH002 全面质量管理的特点

1. 全面质量管理的特点

全面质量管理就是企业全体员工及有关部门同心协力,把专业技术、经营管理、数据统计和思想教育结合起来,建立起产品的研究、设计、生产、服务等全过程的质量体系,从而有效地利用人力、物力、财力、信息等资源提供出符合规定要求和用户期望的产品或服务。

具体操作过程中,全面质量管理把过去的以检验和把关为主转变为以预防为主、改进为主;把过去的以就事论事、分散管理变为以系统的观点进行全面的综合治理,以管结果变为管因素,把影响质量的诸因素都查出来,抓住主要矛盾,发动全员,全部门参加,依靠科学管理的理论、程序和方法,使生产、作业的全过程都处于受控状态,以达到保证和提高产品质量的目的。

J(GJ)BH003 全面质量管理的工作方法

2. 全面质量管理的要求和要领

(1)全面质量管理是要求全员参加的质量管理。企业中任何一个环节,任何一个人的工作质量都会不同程度地直接或间接地影响着产品质量,因此,要求全体员工的共同努力。

(2)全面质量管理的范围是产品质量产生、形成和实现的全过程,要保证产品质量,不仅要管好生产或作业过程的质量管理,还要管好设计过程和使用过程的质量管理,形成一个综合性的质量体系。

(3)全面质量管理要求是全企业的质量管理。全企业的含义就是要求企业各管理层都有明确的质量管理活动内容，一个企业组成一个完整的管理体系。要保证和改善产品质量，就必须将分散在企业各部门的质量职能充分地发挥出来，都对产品质量负责。

(4)全面质量管理应采用各种各样的管理方法。随着现代科学技术的发展，对产品质量的要求越来越高，影响产品质量的因素也越来越复杂。要把这一系列的因素系统地控制起来，全面管好，就必须根据不同情况，区别不同的影响因素，广泛、灵活地运用各种现代化管理方法加以综合治理。

(5)要抓住思想、目标、体系、技术这四个要领。必须在思想上摆脱过去旧体制下长期形成的各种固定的观念和小生产习惯势力的影响，树立起质量第一、提高社会效益和经济效益为中心的指导思想；全面质量管理是为一定的质量目标服务的，是围绕一定的质量目标而展开的，要建立健全有效的管理体系，使企业有关部门围绕一定的质量目标形成一个网络系统，相互协调地为实现质量目标而共同努力。全面质量管理还是一套能够控制质量和提高质量的管理技术。

J(GJ)BH004 全面质量管理的分类

3. 全面质量管理的分类

全面管理指是进行全过程的管理、全企业的管理和全员的管理。全面质量管理要求对产品生产过程进行全面控制。

全企业管理的一个重要特点是强调质量管理工作不局限于质量管理部门，要求企业所属各单位、各部门都要参与质量管理工作，共同对产品质量负责。全面质量管理要求把质量控制工作落实到每一名员工，让每一名员工都关心产品质量。

(二)现场质量管理

现场质量管理是指生产第一线的质量管理，它的目标是生产符合设计要求的产品。现场质量管理的任务有如下 4 个方面：

(1)预防产生质量缺陷和防止质量缺陷的重复出现，把产品的缺陷消除在产生之前，防止成批产品报废是现场质量管理的重要任务。

(2)利用科学的管理方法和技术措施来及时发现并消除质量下降或不稳定的趋势，把产品质量控制在规定水平上。

(3)不断提高符合性质量，运用质量管理的科学思想和方法，经常不断地去发现可以改进的主要问题，并组织实施改进，使产品合格率从已经达到的水平向更高的水平突破。

(4)评定产品符合设计、工艺标准要求的程度。质量评定的目的有三个：一是鉴别质量是否合格或鉴别质量的等级；二是预防质量缺陷的产生；三是要为质量维持和质量改进提供有用的信息。

(三)全面质量管理中的 PDCA 循环

PDCA 循环是指“计划—实施—检查—处理”的工作方式，它是全面质量管理的基本工作程序，包括计划、实施、检查、处理四个阶段。

(1)计划阶段：计划阶段包括 4 个步骤。

① 分析现状：收集数据、语言资料、找出问题，如不良率，或某个质量特性观测值和缺陷等。

② 分析原因：找出工序因素和质量特性之间的相互关系，从 5 个方面(人、机器、材料、方法、环境)从粗到细、由大到小、集思广益，寻根究底。

③ 寻出主要原因：关键是少数，一般是多数。

④ 针对原因：制订措施和行为计划。

（2）实施阶段，要对作业人员进行培训，弄清计划措施的要求是什么，实施步骤方法如何，同时要严格按计划措施办事。

（3）检查阶段：检查作业是否按标准规程进行，检测数值和结果是否符合标准要求，找出明显的或潜在的各类质量问题和影响因素。

（4）处理阶段：对出现的各种问题进行处理，纠正失败，形成标准，没有解决的问题向下一循环反映，作为下一次计划的目标之一。

PDCA 循环的特点：

（1）大环套小环，互相促进，整个企业是一个大的 PDCA 循环，各部门、各机构又有自己的 PDCA 循环，上一级管理是下一级管理循环的根据，下一级循环是上一级循环的具体保证。通过循环，彼此协调、互相促进。

（2）不断循环，周而复始，爬楼梯，逐级上升，每一次转动都有新的内容和新目标、产品质量得到一个新的提高。

（3）“处理”阶段是关键，要求用标准化、制度化的方法来巩固成果，避免犯重复性错误，处理阶段起一个承上启下的作用，既是对这一循环成败功过的总结，又为下一个循环提供目标，它是关键阶段。

（四）基层实行全面质量管理注意问题

在提高质量意识教育上下功夫，为推行全面质量管理奠定稳固的思想基础，基层单位部分工人技术素质低，质量意识差，因此，要通过质量意识的教育，使广大职工认识到企业应以优质产品或优质工程开拓市场，竞争首先是质量的竞争。使职工明确质量与速度、质量与效益的辩证关系，树立“质量第一”的思想，通过开展质量意识教育，使广大职工认识到全面质量管理是保证工程与产品质量的重要手段，为深入推行全面质量管理奠定稳固的思想基础。

在完善质量保证体系上下功夫，搞好生产管理全过程的质量管理。为了强化全面质量管理，各基层单位要建立生产全过程，检验考核、信息反馈等各项保证制度，在生产中注意加强各工序的控制与管理，关键工序设立管理点，严把工序质量，全面实施质量保证体系。要求按照质量保证体系的实施细则，严格执行操作规程，按标准化要求操作，控制各个工序的工作质量，加强全过程的质量控制与管理。

在加强基础工作方面下功夫，提高科学的管理方式。要求重视和加强各项基础工作；建立质量管理台账，严格基础资料管理；健全各类技术标准和管理标准；加强定额、计量、综合信息管理工作；质量考核与经济责任制紧密结合；加强技术管理与培训工作，提高素质，积极开展质量管理小组的活动。

开展多种形式的社会主义劳动竞赛，推动全面质量管理深入发展。各基层单位应结合自己的实际情况开展各种各样的劳动竞赛，并把创优活动和开展质量意识教育有机地结合起来，加强质量管理，使广大职工始终保持一种积极向上的热情，只要形式多样、内容丰富、创优活动和各种竞赛活动就会收到良好效果并不断取得新的成果，从而推动全面质量管理的深入发展。

（五）质量管理体系

1. 质量管理体系的概念

质量管理体系是指在质量方面指挥和控制组织的管理体系。

质量管理体系是企业（或组织）若干管理体系中的一个组成部分。它致力于建立质量方针和质量目标，并为实现质量方针和质量目标确定相关的过程、活动和资源。质量管理体系主要在质量方面能帮助企业（或组织）提供持续满足要求的产品，以满足顾客和其他相关方的需求。

企业（或组织）可通过质量管理体系来实施质量管理，质量管理的中心任务是建立、实施和保持一个有效的质量管理体系并持续改进其有效性。

2. 质量管理的八项原则

多年来，基于质量管理的理论和实践经验，在质量管理领域，形成了一些有影响的质量管理的基本原则和思想，总结为质量管理八项原则。这些原则适用于所有类型的产品和企业（或组织），成为质量管理体系建立的理论基础。

八项质量管理原则：

（1）以顾客为关注焦点：企业（或组织）依存于顾客。因此，企业（或组织）应当理解顾客当前和未来的需求，满足顾客要求并争取超越顾客期望。

（2）领导作用：领导者确立企业（或组织）统一的宗旨及方向，他们应当创造并保持使员工能充分参与实现企业（或组织）目标的内部环境。

（3）全员参与：各级人员都是企业（或组织）之本，只有他们的充分参与，才能使他们的才干为企业（或组织）带来收益。

（4）过程方法：将活动和相关的资源作为过程进行管理，可以更高效地得到期望的结果。

（5）管理的系统方法：将相互关联的过程作为系统加以识别、理解和管理，有助于企业（或组织）提高实现目标的有效性和效率。

（6）持续改进：持续改进总体业绩应当是企业（或组织）的一个永恒目标。

（7）基于事实的决策方法：有效决策是建立在数据和信息分析的基础上。

（8）与供方互利的关系：企业（或组织）与供方是相互依存的，互利的关系可增强双方创造价值的能力。

3. ISO 9000：2000 族质量管理体系标准

（1）GB/T 19000—2016《质量管理体系 基础和术语》，此标准表述了 ISO 9000 族标准中质量管理体系的基础，并确定了相关的术语。

（2）GB/T 19001—2016《质量管理体系 要求》，此标准提供了质量管理体系的要求，供企业（或组织）需要证实其具有稳定地提供满足顾客要求和适用法律法规要求的产品的能力时使用，企业（或组织）可通过体系的有效应用，包括持续改进体系的过程及保证符合顾客与适用的法规要求，增强顾客满意。

（3）GB/T 19004—2011《追求组织的持续成功 质量管理方法》。此标准以八项质量管理原则为基础，帮助企业（或组织）用有效和高效的方式识别并满足顾客和其他相关方的需求和期望，实现、保持和改进企业（或组织）的整体业绩，从而使企业（或组织）获得成功。

（4）ISO 19011:2000《质量和（或）环境管理体系审核指南》，标准遵循“不同管理体系可以有共同的管理和审核要求”的原则，为质量和环境管理体系审核的基本原则、审核方案的管理、环境和质量管理体系审核的实施以及对环境和质量管理体系审核员的资格要求提供了指南。它适用于所有运行质量和（或）环境管理体系的企业（或组织），指导其内审和外审的管理工作。

4. 质量管理体系与其他管理体系的关系

质量管理体系是企业（或组织）管理体系的一个组成部分，质量管理体系要求不包括其他管理体系例如环境管理、职业健康安全管理、财务管理或风险管理有关的特定要求。

质量管理体系和其他管理体系的要求具有相容性。

（六）质量管理体系的基本要求

GB/T 19001—2016 规定了质量管理体系应满足的基本要求。任一企业（或组织）都有其质量管理体系，或在客观上都存在质量管理体系，企业（或组织）根据其对质量管理体系的不同需要，都会对质量管理体系提出各自的要求，GB/T 19001—2016（以下简称标准）为有下列需求的企业（或组织）提出了质量管理体系应满足的基本要求：一是需要证实其有能力稳定地提供满足顾客和适用的法律法规要求的产品；二是通过体系的有效应用，包括体系持续改进的过程以及保证符合顾客与适用的法律法规要求，旨在增强顾客满意。

1. 质量管理体系总要求

质量管理体系总要求包括五个方面：

（1）符合：质量管理体系应符合标准所提出的各项要求。

（2）文件：质量管理体系应形成文件。

（3）实施：质量管理体系应加以实施。

（4）保持：质量管理体系应加以保持。

（5）改进：质量管理体系应持续改进其有效性。

2. 质量管理体系文件要求

企业（或组织）应以灵活的方式将其质量管理体系形成文件。质量管理体系文件可以与企业（或组织）的全部活动或选择的部分活动有关。不同企业（或组织）的质量管理体系文件的多少与详略程度取决于：

（1）企业（或组织）的规模和活动的类型；

（2）过程及其相互作用的复杂程度；

（3）人员的能力。

质量管理体系文件至少应包括：

（1）形成文件的质量方针和质量目标；

（2）质量手册；

（3）标准所要求的形成文件的程序；

（4）企业（或组织）为确保其过程的有效策划、运行和控制所需的文件；

（5）标准所要求的记录。

标准要求企业（或组织）对下列六项活动有形成文件的程序：

（1）文件控制；

（2）记录控制；

(3)内部审核；

(4)不合格品的控制；

(5)纠正措施；

(6)预防措施。

“形成文件的程序”涵盖了四个方面要求：

(1)建立该程序；

(2)将该程序形成文件；

(3)实施该程序；

(4)保持该程序。

“程序”是为进行某项活动或过程所规定的途径。程序可以形成文件，也可以不形成文件。当程序形成文件时通常称为“形成文件的程序”或“书面程序”。

标准所要求的记录包括：

(1)管理评审；

(2)教育、培训、技能和经验；

(3)实现过程及其产品满足要求的证据；

(4)与产品有关的要求的评审结果及由评审而引起的措施；

(5)与产品要求有关的设计和开发输入；

(6)设计和开发评审的结果以及必要的措施；

(7)设计和开发验证的结果以及必要的措施；

(8)设计和开发确认的结果以及必要的措施；

(9)设计和开发更改评审的结果以及必要的措施；

(10)设计和开发更改的记录；

(11)供方评价结果以及由评价而采取的必要措施；

(12)在输出的结果不能够被随后的监视和测量所证实的情况下，企业(或组织)应证实对过程的确认；

(13)当有可追溯性要求时，对产品的唯一性标识；

(14)丢失、损坏或者被发现不适宜使用的顾客财产；

(15)当无国际或国家测量标准时，用以检定或校准测量设备的依据；

(16)当测量设备被发现不符合要求时，对以往的测量结果的确认；

(17)测量设备校准和验证的结果；

(18)内部审核结果；

(19)指明授权放行产品的人员；

(20)产品符合性状况以及随后所采取的措施，包括所获得的让步；

(21)纠正措施的结果；

(22)预防措施的结果。

3. 质量手册

“质量手册”是企业(或组织)规定质量管理体系的文件。对某一企业(或组织)而言，质量管理体系是唯一的，质量手册也具有唯一性。

企业(或组织)应编制和保持质量手册,并按文件控制要求控制质量手册。

质量手册的内容至少应包括:

(1)质量管理体系的范围,包括任何删减的细节和合理性;

(2)质量管理体系所编制的形成文件的程序或对这些程序的引用;

(3)质量管理体系过程及其相互作用的描述。

4. 文件控制

企业(或组织)应对质量管理体系文件进行控制,并对这种控制编制形成文件的程序"文件控制程序"。

"文件"是指信息及其承载媒体。媒体可以是纸张、计算机磁盘、光盘或其他电子媒体、照片或标准样品,或他们的组合。无论文件以何种形式的媒体存在,"文件控制程序"都应对以下方面所需的控制做出规定:

(1)文件发布前得到批准,以确保文件是充分与适宜的;

(2)必要时对文件进行评审与更新,并再次批准;

(3)确保文件的更改和现行修订状态得到识别;

(4)确保在使用处可获得适用文件的有关版本;

(5)确保文件保持清晰、易于识别;

(6)确保外来文件得到识别,并控制其分发;

(7)防止作废文件的非预期使用,若因任何原因而保留作废文件时,对这些文件进行适当的标识。文件控制的主要目的是为了控制文件的有效性。文件的版本是体现文件有效性的标识,应注意识别,确保所使用的文件是现行有效的。文件控制还包括对外来文件的控制。

5. 记录控制

"记录"是阐明所取得结果或提供所完成活动的证据的文件。为了提供符合要求和质量管理体系有效运行的证据,企业(或组织)应建立和保持记录,并对记录进行控制。记录虽也是文件,但记录是一种特殊类型的文件,对记录的控制应有形成文件的程序:"记录控制程序"。

"记录控制程序"应对记录的控制做出规定,包括记录的标识、储存、保护、检索、保存期限和记录的处置。

记录控制的主要目的是为了解决记录的"可追溯性",以便在保存期限内检索到所需要的记录以提供证据。因此,记录应保持清晰,易于识别和检索,通常不需要控制记录的版本。

(七)质量管理体系审核

1. 基本概念

质量管理体系审核是指依据质量管理体系标准及审核原则对企业(或组织)的质量管理体系的符合性及有效性进行客观评价,是系统的、独立的并形成文件的过程。质量管理体系审核对企业(或组织)质量管理体系的持续改进具有重要的作用。

2. 分类

审核可以是为内部或外部的目的而进行的,因此质量管理体系审核通常分为内部质量管理体系审核和外部质量管理体系审核两大类。

内部质量管理体系审核即第一方审核，是一个企业（或组织）对其自身质量管理体系所进行的审核，用于内部目的，由企业（或组织）自己或以企业（或组织）名义进行，可作为企业（或组织）自我合格声明的基础。

外部质量管理体系审核可以分为第二方审核和第三方审核两类。第二方审核是由企业（或组织）顾客或其他人以顾客的名义进行，可按合同规定要求对企业（或组织）质量管理体系进行审核，也可作为合同前评定企业（或组织）是否具备一定的质量保证能力的措施；第三方审核是由外部独立的审核服务企业（或组织）进行，这类企业（或组织）通常是经认可的，提供符合要求（如 ISO 9001）的认证或注册。

3. 作用

第一方审核（内部质量管理体系审核）的作用：

（1）依据质量管理体系要求标准对活动和过程进行检查，评价企业（或组织）自身的质量管理体系是否符合质量方针、程序和管理体系及相应法规的要求；

（2）验证企业（或组织）自身的质量管理体系要求是否持续有效地实施和保持；

（3）评价管理者的决策、质量方针和目标、企业（或组织）自身的规定、合同的要求等有效性和效率；

（4）作为一种重要的管理手段，及时发现问题，采取纠正或预防措施，为持续改进提供信息。

第二方审核的作用：

（1）当有建立合同关系的意向时，对供方进行初步评价；

（2）在有合同关系的情况下，验证供方的质量管理体系是否持续满足规定的要求并且正在运行；

（3）作为制定和调整合格供方的名单的依据之一；

（4）沟通供需双方对质量要求的共识。

第三方审核的作用：

（1）检查质量管理体系要求是否符合规定要求；

（2）确定现行的质量管理体系实现规定质量目标的有效性；

（3）确定受审核方的质量管理体系是否能被认证、注册，这是第三方审核的最直接的目的；

（4）为受审核方提供改进其质量管理体系的机会。

4. 内部质量管理体系审核

这是企业（或组织）对其自身的产品、过程或质量管理体系进行的审核。审核员通常是本　企业（或组织）的，也可聘请外部人员。通过审核，综合评价质量活动及其结果，对审核中发现的不合格项采取纠正和改进措施。

内部质量管理体系审核的步骤：

（1）审核策划（包括制定审核计划、成立审核小组、编制检查表、通知审核）；

（2）审核实施（包括召开首次会议、现场审核、不合格项报告、末次会议）；

（3）审核报告；

（4）跟踪审核。

内部质量管理体系审核的基本要求:审核程序、内审重点、审核计划、审核人员、审核资源、审核结果、审核文件和纠正措施。

内部质量管理体系审核(简称内审)的基本特点:内审的主要动力来自管理者、内审的重点是推动内部改进、内审的人员来自企业(或组织)内部、内审程序通常比第三方审核简单、内审的规范要求比第三方审核低、内审对纠正措施的跟踪控制比较及时有效、内审更有利提高质量管理体系运作效果、内审是管理者介入质量管理的重要工具。

(八)质量管理体系保证

质量管理体系是企业为了提供足够的信任表明实体能够满足质量要求,而在质量管理体系中实施并根据需要进行的全部有计划和有系统的活动。

在日常的生产中根据质量管理体系中的质量程序《三标作业细则》的标准,融会全面质量管理,使各项工作有法可依、有章可循。

首先,标准化设计是标准化施工和标准化操作的前提,提高设计的符合率,才能使施工和操作有的放矢。标准化施工是以作业施工措施项目若干标准为主要内容的,从客观上需要标准化操作的结果必须达到质量标准,从而保证施工满足设计的要求。其次,标准化操作是标准施工的基础,只有按照操作标准进行操作才能保证施工工序质量达到标准。

对地质、工程工艺部门和各采油单位的送修设计(送修措施),所制定的各种措施井的完井管柱结构是否按标准要求执行,否则根据措施工序和完井的具体条件,提出以保证所修井的完井管柱标准的统一性,提出改进意见,保证施工顺利完成。

其次,根据送修措施的施工项目技术要求,分工序步骤执行各项质量标准,达不到标准要求的不能进行下一道工序的施工,必要时可根据工序的质量要求采取切实可行的补救措施;在施工中出现难以完成的工序质量标准,应及时向上级有关技术部门汇报,争取改变工艺措施,不可擅自执行。每道工序质量完成的好与差与执行者(操作者、管理者)都有直接的关系。标准化施工的主要内容为施工质量标准和打分考核标准,它既是施工者的准则又是管理者的管理考核办法,施工者可依此检查已施工工序是否达到标准,管理者可依此检查每道工序是否达标,进行评比打分考核。

施工中出现的质量问题应及时地分析,找出出现质量问题的根本原因,同时制定切实可行的补救措施,把质量损失降到最低点,并制定今后施工中应注意的事项和改进措施不再发生此类质量问题。

第三,人的思想意识是完成质量标准好与坏的决定因素,每道工序的所有执行动作都是由人来完成的。人的素质决定质量,所以人的思想素质和技术素质两个因素是不可忽视的。操作者能否按质量标准操作,制定了各道工序质量完成操作标准,做到对操作者有法可依、有章可循。日常的施工中严格地执行操作标准,对出现的操作误差应及时纠正,往往由于操作不当,损坏工具和造成工序施工一次不成功失败现象时有发生,造成施工质量上的经济损失。施工中必须掌握每项措施中的每道工序的每一个操作标准,要经常对职工进行质量标准和操作标准进行培训,提高他们的思想素质和技术素质,达到自觉严格执行操作标准的习惯,才能保证质量上台阶。

第四,对施工中所用的下井工具和完井工具的全面技术参数、动作规范、连接的合理性进行检查验收，决不允许不合格产品下井。在施工中对每道工序的完成必须制定操作注意事项和安全操作注意事项，能够制定新工艺工具操作规程标准和安全操作注意事项。

J(GJ)BH005 质量责任制的内容

（九）质量责任制

质量责任制是指保证产品或服务质量的一种责任制度。是搞好质量管理的一项重要的基础工作。在质量责任制中，应明确规定企业每个人在质量工作上的责任、权限与物质利益。质量责任制一般有企业各级行政领导责任制，职能机构责任制以及车间、班组和个人责任制。

J(GJ)BH006 质量责任制的要求

建立质量责任制是企业开展全面质量管理的一项基础性工作，也是企业建立质量体系中不可缺少的内容。企业中的每一个部门、每一个职工都应明确规定他们的具体任务，应承担的责任和权利范围，做到事事有人管，人人有专责，办事有标准，考核有依据。把同质量有关的各项工作同广大职工的积极性和责任心结合起来，形成一个严密的质量管理工作系统，一旦发现产品质量问题，可以迅速进行质量跟踪，查清质量责任，总结经验教训，更好地保证和提高产品质量。在企业内部形成一个严密有效的全面质量管理工作体系。

建立质量责任制是企业建立经济责任制的首要环节。它要求明确规定企业每一个人在质量工作上的具体任务、责任和权力，以便做到质量工作事事有人管、人人有专责，办事有标准，工作有检查，把同质量直接有关的各项工作和广大职工的劳动积极性结合起来，形成一个严密的质量管理工作系统。一旦发现产品质量有问题，可以追溯责任，有利于总结正反两方面的经验，更好地保证和提高产品质量。

实践证明，为了使所有影响质量的活动受到恰当而连续的控制，且能迅速查明实际的或潜在的质量问题、并及时采取纠正和预防措施，必须建立和实施质量责任制度。只有实行严格的质量责任制，才能建立正常的生产技术工作程序，才能加强对设备、工装、原材料和技术工作的管理，才能统一工艺操作，才能从各个方面有力地保证产品质量的提高；实行严格的责任制，不仅提高了与产品质量直接联系的各项工作质量，而且提高了企业各项专业管理工作的质量，这就可以从各方面把隐患消灭在萌芽之中，杜绝产品质量缺陷的产生；实行严格的责任制；可使工人对于自己该做什么，怎么做，做好的标准是什么都心中有数。同时通过技术练兵使工人掌握操作的基本功，从而就可以熟练地排除生产过程中出现的故障，取得生产的主动权。所有这些都为提高产品质量提供了基本保证。

1. 内容形式

凡推行全面质量管理的企事业单位和部门都应根据国家关于全面质量管理和质量责任的有关法规和 GB/T 19000—2016 标准要求制定本单位和本部门的质量责任制度。

企业的质量责任制是经营承包责任制的核心内容和重要组成部分。企业的质量责任制内容主要是规定各级领导干部和部分与产品或服务质量直接有关的职工以及各部门的质量责任。

2. 质量责任

1）厂长（经理）质量责任

（1）认真执行"质量第一"及其他国家有关质量工作的方针、政策、法规，领导和推行全面质量管理，制定本企业的质量方针；

(2)组织制订质量管理的中期、远期发展规划,制订质量目标及实施计划,如积极采用国际标准和国外先进标准,配备先进检测手段等,使产品质量精益求精、物美价廉、适销对路、用户满意;

(3)设计、建立质量管理组织体制,配备质量活动过程所需资源建立和完善质量体系,并认真进行管理评审,检查落实各级质量责任制和质量奖励制度的执行,促进质量体系的有效运行;

(4)迅速掌握质量信息,及时处理质量问题,及时总结质量管理中的经验与教训,并纳入企业标准,付诸实施;

(5)重视和控制质量成本,减少质量损失,提高质量管理水平和效益等。

2)总工程师(或技术副厂长、副经理)质量责任

(1)在厂长(经理)领导下,对产品研制、开发、设计制造等过程中的技术工作负责;

(2)组织制订和实施企业产品质量创优升级规划和质量改进计划;

(3)坚决贯彻有关技术标准;组织制订与实施各类企业技术标准等。

3)总会计师(或财务副厂长、副经理)的质量责任

(1)协助厂长(经理)制定年度质量成本计划,并认真组织实施,以不断降低质量成本、提高经济效益;

(2)认真、及时、准确地对质量成本进行分析和控制;

(3)参加企业质量管理成果的评审,审定质量管理措施所取得的经济效果等。

质量管理以人为本,质量活动的成效涉及企业每个员工。

质量责任制还要对其他企业领导成员、企业各职能部门(科、处、室)、各车间的质量责任及企业直接从事质量管理工作(如设计、采购、工艺、设备、质检、计量检测、标准化等)人员的质量责任都要做出明确具体的规定,同时,还对各质量活动之间的接口控制与协调措施做出清晰、明确的规定,以防止相互扯皮和推诿。

企业质量责任制的表达形式主要有两种:一是以企业规章制度形式颁布实行;二是以企业标准形式发布实施。随着企业管理标准化工作的推行,许多企业采用了后一种形式,并取得较好的效果。

3. *质量否决*

所谓“质量否决权”,就是国家对企业,企业对职工的考核都必须坚持“质量第一”,质量指标达不到,其他考核项目得分再高,也要按质量指标水平降下来,就是说,质量指标的考核起着决定性的否决作用。这是一项有利于质量责任制实施的重要措施,对增强企业领导和广大职工的质量意识,提高工作质量和产品质量起到显著的推动作用,如湖南岳阳石化总厂授予厂质检科行使“质量否决权”,一是从奖金分配上行使质量否决权,即产品质量不过关,质检科对其全部奖金否定;二是抽查有质量退步现象,可对全部已获得的荣誉称号进行否决。

实施质量否决权的关键是要有一支公正、无私、精通业务的考核队伍,实行严格的考核和奖惩。只有严格考核并奖惩分明,才能使质量责任制持久地执行下去。

总之。质量管理是涉及各个部门和全体职工的一项综合性的管理工作,而不是一个管理部门单独的任务。为了确保产品质量,企业各级行政领导人员、各个管理部门以至每个工

人都必须对自己应负的质量责任十分明确，都要积极完成自己的质量任务。因此，在建立质量管理机构的同时，要建立和健全企业各级行政领导、职能机构和工人的质量责任制，明确各自职责及其相互关系。这是质量管理工程建设中一项重要的基础建设。

4. 具体内容

1）总经理质量管理责任制

（1）认真贯彻执行国家关于产品质量方面的法律、法规和政策。

（2）负责领导和组织企业质量管理的全面工作，确定企业质量目标，组织制订产品质量发展规划。

（3）督促检查企业质量管理工作的开展情况，确保实现质量目标。

（4）随时掌握企业产品质量情况，对影响产品质量的重大技术性问题，组织有关人员进行检查。

（5）负责处理重大质量事故。

（6）经常分析企业产品质量情况，负责产品质量的奖惩工作，对一贯重视产品质量的先进典型和先进个人进行表扬和奖励，对出了废品和严重质量事故，要查明原因，分清责任，严肃对待，情节恶劣的要给予经济处罚或降级降职处分。

（7）负责组织抓好质量管理教育，领导全公司员工开展产品质量活动，对于产品质量的薄弱环节和重大质量问题，组织质量攻关。

（8）为使产品质量满足用户要求，由总经理组织进行征求用户意见，搞好信息反馈工作，将用户意见向全公司公布，并根据用户意见及时研究改进提高质量的措施，认真解决用户所反映的问题。

（9）带领全公司各基层领导和员工，高标准、严要求，统筹抓好质量管理工作。

2）分管生产、技术副总经理质量管理责任制

（1）在总经理的领导下，对全公司的质量管理工作负主要责任。

（2）认真贯彻执行国家关于产品质量方面的法律和政策。

（3）组织制定企业质量标准和规划目标。

（4）针对影响产品质量的技术性难题，制订攻关方案计划，并负责领导实施。

（5）针对产品质量的薄弱环节，发动员工进行质量攻关，大搞技术革新，切实解决有关影响质量的因素，努力提高产品质量。

（6）组织全公司质量攻关活动，认真总结交流提高产品质量的经验，制订赶超国内外先进水平的规划，落实提高产品质量的措施。

（7）协助总经理处理重大责任事故，并组织有关部门分析原因，提出改进措施。

（8）经常听取质量检查的汇报，积极支持技术检查部门的工作，努力提高产品质量。

（9）负责组织基层领导定期召开质量分析会议，征求意见，采纳合理化建议，抓好质量管理工作。

（10）协调工艺部门、生产部门及质量检测部门之间的关系，确保产品质量的不断提高。

3）技术部门和品质部门质量管理责任制

（1）技术部门负责制订工艺规程和临时性工艺参数的制定，随着产品质量不断提高，工

艺规程要不断进行修改和补充,修改补充必须经过总工程师或分管生产、技术副总经理的审批;对与工艺规程和工艺参数有关的质量负责。

(2)技术部协助副总经理组织全公司质量活动,总结交流提高质量的经验,制定提高产品质量的措施,制定赶超国内外先进水平和提高产品质量的计划和工艺方案。

(3)品质部负责制订产品质量标准,负责向采购部门提供符合工艺要求的原材料质量标准,并由专人检验入厂的各种原材料,对不合格的原材料经过加工,仍达不到使用要求,为确保质量应提出措施报总经理批准,方可投产。

(4)品质部负责会同有关部门制订和提出原材料、半成品及生产过程的检验项目和检查方法,并经常检查执行情况和组织统一操作,生产使用的标准试剂由品质部统一分配,对试剂和所使用的仪器的准确性负责,并应定期校正。

(5)品质部定期组织质量分析会,并把有关情况向总经理和常务副总经理汇报;经常组织检验人员参加业务学习,提高技术管理水平。

(6)为了提高产品质量,赶超国内外先进水平,技术部负责收集整理和交流国内外技术情报,并建立技术档案。

(7)实行专职质检人员检查与生产质量责任人自检相结合,品质部的专职检查人员要认真负责,及时将检查结果通知有关部门,共同把好质量关。对出厂成品评定的等级负直接检查的责任,不得弄虚作假以次充好。

(8)品质部负责将运行不佳的检测仪器及时告知设备部检修和维护,并按时请专业检定部门进行年检。为保证产品质量创造条件。

(9)品质部负责市场同类及配套产品质量信息的搜集与汇总,并及时向总经理汇报。

(10)品质部负责产品质量的售后服务工作,负责产品质量投诉和质量事故的核实和处理以及质量信息的反馈;负责用户提出的有关产品使用方面疑难问题的解答,负责组组织生产和技术人员一道对用户进行不定期的走访,参与售前和售中质量服务。

4)生产部车间主任和主管质量管理责任制

(1)深入进行“质量第一”的思想教育,认真执行以“预防为主”的方针,组织好自检、互检,支持专职检验人员的工作,把好质量关。

(2)严格贯彻执行工艺和技术操作规程,有组织、有秩序地文明生产,保持环境卫生,提高产品质量。

(3)掌握本车间的质量情况,表扬重视产品质量的好人好事,对不重视产品质量的员工进行批评教育。

(4)组织车间员工参加技术学习,针对主要的质量问题提出课题,发动员工开展技术革新与合理化建议活动,对产品质量存在的问题和质量事故要分析原因,并积极向有关部门提出,共同研究解决。

(5)不合格产品出车间要负主要责任。

5)生产班长质量管理责任制

(1)坚持“质量第一”的方针,对本班组人员进行质量管理教育,认真贯彻执行质量制度和各项技术规定。

(2)尊重专检人员的工作,并组织好自检、互检活动,严禁弄虚作假行为,开好班组质量分析会,充分发挥班组质量管理的作用。

(3)严格执行工艺和技术操作规程,建立员工的质量责任制,重点抓好影响产品质量关键岗位,加强上下工序联系,确保产品质量。

(4)组织有序的文明生产,保证质量指标的完成。

(5)组织本班组参加技术学习,针对影响质量关键因素,开展革新和合理化建议活动,积极推广新工艺、新技术交流和技术协作,帮助员工练好基本功,提高技术水平和质量管理水平。

(6)组织班组员工对质量事故进行分析,找出原因,提出改进办法。

6)员工质量管理责任制

(1)要牢固树立"质量第一"的管理思想,精益求精,做到好中求多,好中求快,好中求省。

(2)要积极参加技术学习,做到四懂:懂产品质量要求、懂工艺技术、懂设备性能、懂检验方法。

(3)严格遵守操作规程,对本单位的设备、仪器、仪表做到合理使用,精心维护,经常保持良好状态。

(4)认真做好自检与互检,勤检查、勤调整、发现问题及时通知下一个岗位,做到人人把好质量关。

(5)对产品质量要认真负责,确保表里一致,严禁弄虚作假。

5. 注意问题

(1)必须明确质量责任制的实质是责、权、利三者的统一,切忌单纯偏重任何一个方面;

(2)按照不同层次、不同对象、不同业务来制定各部门和各级各类人员的质量责任制;

(3)规定的任务与责任要尽可能做到具体化、数据化,以便进行考核;

(4)在制定企业的质量责任制时,要由粗到细,逐步完善;

(5)为了切实把质量责任制落到实处,企业必须制定相应的质量奖惩措施。

项目二　创建学生自然状况录入表单

一、准备工作

(一)材料、工具

计算机1台,Office办公软件1套。

(二)人员

1人操作,持证上岗,劳动保护用品穿戴齐全。

二、操作规程

序号	工序	操作步骤
1	准备工作	检查电源线路是否安全;开机检查机器运行是否正常

续表

序号	工序	操作步骤
2	创建学生自然状况录入表单	(1)启动 Word; (2)输入试题内容的文章; (3)标题为隶书、小二号字、居中对正,正文为默认; (4)第一段设置为悬挂缩进 1cm; (5)第二、第三段设置为首行缩进 0.75cm; (6)全文段前、段后分别设置为 6 磅; (7)第三段行距设置为 1.5 倍行距; (8)对齐方式为两端对齐; (9)把文档保存到 C:\kg9

项目三　使用 CAXA 2009 电子图版测绘零件

一、准备工作

(一)材料、工具

计算机 1 台,Office 办公软件 1 套,打印机 1 台,CAXA 2009 绘图软件 1 套,B4 打印纸若干张。

(二)人员

1 人操作,持证上岗,劳动保护用品穿戴齐全。

二、操作规程

序号	工序	操作步骤
1	准备工作	检查电源线路是否安全;开机检查机器运行是否正常
2	使用计算机绘图	(1)CAXA2009 电子图版测绘零件; (2)按测绘尺寸绘制零件图; (3)把文档保存到 C:\kg9
3	打印出图样	(1)装入打印纸; (2)启动打印机; (3)进行打印设置后打印图样

项目四　HSE 管理培训

一、准备工作

(一)材料、工具

备课笔记、考生提交 1 份自备 1 份。

(二)人员

1 人操作,持证上岗,劳动保护用品穿戴齐全。

二、操作规程

序号	工序	操作步骤
1	准备工作	教具、讲义、演示工具准备齐全
2	HSE 管理培训	(1)主题明确，重点突出； (2)讲课内容与实际结合紧密； (3)讲课内容，能够指导生产

三、注意事项

(1)着装得体、整洁。

(2)讲解准确顺畅。

项目五　注水井作业施工质量管理培训

一、准备工作

(一)材料、工具

备课笔记，考生提交 1 份自备 1 份。

(二)人员

1 人操作，持证上岗，劳动保护用品穿戴齐全。

二、操作规程

序号	工序	操作步骤
1	准备工作	教具、讲义、演示工具准备齐全
2	注水井作业施工质量管理培训	(1)主题明确，重点突出； (2)讲课内容与实际结合紧密； (3)讲课内容，能够指导生产

三、注意事项

(1)着装得体、整洁。

(2)讲解准确顺畅。

项目六　讲解可退式打捞矛结构、工作原理及使用技术要求

一、准备工作

(一)材料、工具

可退式打捞矛的结构、工作原理教学挂图 1 张。

(二)人员

1人操作,持证上岗,劳动保护用品穿戴齐全。

二、操作规程

序号	工序	操作步骤
1	准备工作	教具、讲义、演示工具准备齐全
2	讲解可退式打捞矛各组成部分及作用	(1)讲解组成可退式打捞矛的用途; (2)讲解上接头的构造及作用; (3)讲解芯轴的构造及作用; (4)讲解圆卡瓦的构造及作用; (5)讲解释放环的构造及作用; (6)讲解引鞋的构造及作用
3	讲解可退式打捞矛的工作原理	(1)讲解下井前圆卡瓦应处的位置; (2)讲解打捞工具进入鱼腔的工作过程; (3)讲解打捞工具退出鱼腔的工作过程
4	讲解可退式打捞矛施工时管柱结构、施工注意事项、使用方法	(1)讲解工具下井前应进行检查; (2)讲解工具下至距鱼顶时的冲洗方法; (3)讲解打捞前记录悬重及下入深度; (4)讲解退鱼时,下击心轴的方法

三、注意事项

(1)着装得体、整洁。
(2)讲解准确顺畅。

项目七 讲解局部反循环打捞篮结构、工作原理及使用技术要求

一、准备工作

(一)材料、工具

局部反循环打捞篮的结构、工作原理教学挂图1张。

(二)人员

1人操作,持证上岗,劳动保护用品穿戴齐全。

二、操作规程

序号	工序	操作步骤
1	准备工作	教具、讲义、演示工具准备齐全
2	讲解局部反循环打捞篮各组成部分及作用	(1)讲解局部反循环打捞篮的用途; (2)讲解局部反循环打捞篮各部分构造及作用; (3)讲解筒体总成的构造及作用; (4)讲解阀体总成的构造及作用; (5)讲解篮筐总成的构造及作用; (6)讲解铣鞋总成的构造及作用

续表

序号	工序	操作步骤
3	讲解局部反循环打捞篮的工作原理	(1)讲解下至鱼顶前洗井方法； (2)讲解投球后打压方法； (3)讲解解液流变化过程
4	讲解局部反循环打捞篮施工时管柱结构、施工注意事项、使用方法	(1)讲解工具下井前应检查水眼是否畅通； (2)讲解工具下井前应检查篮爪是否灵活； (3)讲解工具下井前应检查钢球入座情况； (4)讲解反复提放管柱增加打捞效果方法； (5)讲解洗井液必须过滤的注意事项

三、注意事项

(1)着装得体、整洁。
(2)讲解准确顺畅。

项目八　讲解平底磨鞋磨铣工艺方法

一、准备工作

(一)材料、工具

平底磨鞋的结构、工作原理教学挂图1张。

(二)人员

1人操作，持证上岗，劳动保护用品穿戴齐全。

二、操作规程

序号	工序	操作步骤
1	准备工作	教具、讲义、演示工具准备齐全
2	讲解平底磨鞋各组成部分及作用	(1)讲解平底磨鞋的用途； (2)讲解平底磨鞋各部分构造及作用
3	讲解平底磨鞋的工作原理	(1)讲解平底磨鞋依靠钻柱转动对落物进行切削； (2)讲解 YD 合金在钻压的作用下磨碎落物； (3)讲解磨屑随循环液带出地面
4	讲解平底磨鞋施工时管柱结构、施工注意事项、使用方法	(1)讲解钻盘驱动和螺杆钻驱动的管柱结构； (2)讲解不同管柱结构对于磨铣转速的要求； (3)讲解磨屑的辨别方法； (4)讲解不稳定落鱼的磨铣方法； (5)讲解钻具蹩跳的处理方法

三、注意事项

(1)着装得体、整洁。
(2)讲解准确顺畅。

项目九　结合工作岗位撰写论文

一、准备工作

(一)材料、工具

考生论文5份,答辩记录若干,由考评员记录。

(二)人员

1人操作,持证上岗,劳动保护用品穿戴齐全。

二、操作规程

序号	工序	操作步骤
1	结合工作岗位撰写论文	(1)论文字数不少于3000字。 (2)论文格式符合文档要求。 (3)论点明确。 (4)论据充分。 (5)条理清晰。 (6)与工作岗位结合紧密
2	论文答辩	考评员提出5个有关论文的主要问题,考生进行答辩

三、注意事项

(1)着装得体、整洁。

(2)讲解准确顺畅。

理论知识练习题

高级工理论知识练习题及答案

一、单项选择题(每题有4个选项,只有1个是正确的,将正确的选项号填入括号内)

1. AA001　冲砂作业时,由于排量不足,洗井液(　　),不能将砂子洗出或完全洗出井外会造成砂卡。
   A. 携砂能力强　B. 携砂能力差
   C. 量足　D. 以上选项都不对
2. AA001　压裂施工中,由于管柱深度不合适、砂比大、(　　)及压裂后放压太猛会造成砂卡。
   A. 压裂液不合格　B. 前置液量多
   C. 顶替过量　D. 压裂液携砂能力强
3. AA002　在填砂作业时,由于砂比太大,未持续活动管柱,会造成(　　)。
   A. 落物卡　B. 砂卡　C. 水泥卡钻　D. 套管变形
4. AA002　下列说法不准确的是(　　)。
   A. 正冲砂冲砂液上返速度小,携砂能力差;反冲砂液体下行时速度较低,冲击力小,易堵塞管柱
   B. 当其他条件相同时,渗透率较高,岩石强度较强,地层则容易出砂
   C. 油井长期出砂与射孔炮眼产生摩擦作用,使炮眼孔径变大,壁厚变薄,抗拉强度降低,导致套管损坏
   D. 由于油层大量出砂,致使井筒附近油层逐渐被掏空,造成局部垮塌,使地层与套管接触面的保护作用削弱,造成套管损坏,甚至导致油井报废
5. AA003　水泥固住部分管柱,不能正常提出管柱的事故称为(　　)。
   A. 落物卡　B. 砂卡　C. 水泥卡　D. 套管变形卡
6. AA003　使用水泥的温度低,而井下(　　),或井下遇到高压盐水层,以致早期凝固。
   A. 温度过高　B. 温度过低　C. 注水泥深度较浅　D. 套管变形
7. AA004　水泥卡的原因之一是替完水泥浆后没有(　　)管柱。
   A. 提放　B. 下放　C. 上提　D. 活动
8. AA004　用15%浓度的盐酸进行循环有可能解除(　　)。
   A. 砂卡　B. 落物卡　C. 水泥卡　D. 套管变形卡
9. AA005　井口(　　)的事故称为落物卡。
   A. 掉入落物卡住管柱不能正常提出管柱
   B. 水泥固住部分管柱不能正常提出管柱
   C. 落物卡住管柱能正常提出管柱
   D. 落物不能卡住管柱但不能正常提出管柱

10. AA005　下列选项中关于落物卡的定义表述正确的是(　　)。
A. 在起下钻施工中,由于井内落物把井下管柱卡住造成不能正常起下的事故
B. 井下管柱、工具等卡在套管内,用与井下管柱悬重相等或稍大的载荷无法正常起下作业的现象
C. 由于水泥固住部分管柱不能正常提出管柱的事故
D. 在油水井生产或井下作业中,由于地层出砂或作业用砂及压裂砂埋住部分管柱,造成管柱不能正常提出井口的现象

11. AA006　落物卡的原因是(　　)。
A. 排量不足,洗井液携带能力差
B. 井口工具质量差、强度低
C. 注水泥时间拖长或催凝剂用量过大
D. 井壁坍塌造成套管变形或损坏

12. AA006　落物卡钻的原因不包括(　　)。
A. 井口未装防落物保护装置会造成井下落物
B. 施工人员责任心不强,工作中马马虎虎,不严格按操作规程施工,造成井下落物
C. 井口工具质量差,强度低,在正常施工时也可能造成井下落物
D. 井壁坍塌造成套管变形或损坏

13. AA007　(　　)或地震等会造成套管错断、损坏发生卡钻。
A. 井内大量结垢　　B. 构造运动
C. 注水管柱长期生产未及时更换　　D. 井口未装防落物保护装置

14. AA007　井下管柱、工具等卡在套管内,用与(　　)的现象称为套管变形卡。
A. 井下管柱悬重相等或稍小能正常起下作业
B. 井下管柱悬重不等或稍大能正常起下作业
C. 井下管柱悬重不等或稍小不能正常起下作业
D. 井下管柱悬重相等或稍大一些的力不能正常起下作业

15. AA008　砂桥卡钻或卡钻时间不长、不严重的井可采用(　　)的方法解卡。
A. 大力上提　　B. 套铣
C. 放喷　　D. 上提下放反复活动钻具

16. AA008　套管卡钻的原因不包括(　　)。
A. 对井下套管情况不清楚,错误地把管柱、工具下在套管损坏处
B. 油水井在生产过程中,泥岩膨胀、井壁坍塌造成套管变形或损坏,而将井下管柱卡在井内
C. 构造运动或地震等原因造成套管错断、损坏发生卡钻
D. 井内大量结垢,使井内管柱不能正常提出

17. AA009　活动管柱解卡是在(　　)上提下放活动管柱。
A. 大负荷　　B. 管柱负荷允许的范围内
C. 小负荷　　D. 超负荷

18. AA009　憋压法解卡是发现砂卡立即开泵洗井,若能洗通则砂卡解除,如洗不通可采取(　　)的方法。

A. 在油套环空内注入高压液体　　B. 边憋压边活动管柱
C. 套管内注入高压液体　　D. 油管内注入高压液体

19. AA010　落物不深并且不大,可采用(　　)的洗井液大排量正洗井,同时上提管柱,直到把落物洗出井外后使管柱解卡。

A. 悬浮力较强　　B. 悬浮力较弱　　C. 密度小　　D. 黏度小

20. AA010　被卡管柱下面有较大工具,落物任何角度都无法通过环空,并且落物构质坚硬不易挤碎轻提慢放转动管柱无效,测算(　　),将卡点以上管柱倒出。

A. 下面管柱深度　　B. 卡点深度
C. 落物大小　　D. 上面管柱深度

21. AA011　管柱内外全部被水泥固死,可采取(　　)。

A. 套铣后倒扣解卡的方法　　B. 大力上提
C. 诱喷　　D. 活动解卡法

22. AA011　套管内径较小,固死的管柱外无套铣空间,对这样的卡钻事故可采取(　　)。

A. 倒扣解卡法　　B. 大力上提　　C. 诱喷　　D. 磨铣法

23. AA012　机械整形是解除(　　)的一种手段。

A. 砂卡　　B. 落物卡　　C. 水泥卡　　D. 套管卡钻

24. AA012　对套管造成的损伤或套管破裂,可通过(　　)进行补救。

A. 注水泥塞　　B. 套管补贴　　C. 下封隔器　　D. 套管整形

25. AA013　常用的井下落物判断方法有两种,一种原物判断法,另一种(　　)。

A. 打印确认法　　B. 压井确认法　　C. 钻井确认法　　D. 憋压确认法

26. AA013　使用公锥打捞落物时,要根据(　　)选择公锥规格。

A. 落鱼长度　　B. 落鱼内径　　C. 公锥水眼尺寸　　D. 落鱼深度

27. AA014　在修井工作中经常碰到螺栓、钢球、钳牙、牙轮、撬杠等小物件落井,这给(　　)作业带来一定的困难。

A. 试油　　B. 压裂　　C. 采油　　D. 井下

28. AA014　正常打捞,公锥下至鱼顶以上(　　)时,开泵冲洗,然后以小排量循环并下探鱼顶。

A. 10~20m　　B. 1~5m　　C. 50~80m　　D. 100~150m

29. AA015　铅模下至鱼头以上(　　)左右时,开泵大排量冲洗,边冲洗边缓慢下管柱,下放速度不超过 2m/min。

A. 10m　　B. 5m　　C. 20m　　D. 15m

30. AA015　钻杆落井属于(　　)落物。

A. 管类　　B. 杆类　　C. 管杆类　　D. 绳类

31. AA016　在打捞大直径落物时,鱼头与套管间隙为 6~8mm 时,应选用可退式的(　　)打捞器进行打捞。

A. 带引鞋的杆式　　B. 带引鞋筒式　　C. 杆式　　D. 筒式

32. AA016　从鱼腔内打捞，打捞工具的外径尺寸由（　　）决定。
A. 套管内径　B. 落物内径　C. 落物的外径　D. 落物的重量

33. AA017　油层压裂是利用液体传递压力，把压裂车产生的（　　）传递到井底附近。
A. 动力　B. 压强　C. 压差　D. 高压

34. AA017　油层压裂的目的之一是改造低渗透油层的（　　），降低流动阻力，提高油井的产油能力。
A. 物理性质　B. 化学性质　C. 一般性质　D. 特殊性质

35. AA018　油层破裂压力是指油层压开时的井底（　　）。
A. 压差　B. 压力　C. 压强　D. 负压

36. AA018　（　　）是指支撑剂与携砂液之比。
A. 含砂比　B. 压力比　C. 压强比　D. 介质比

37. AA019　压裂施工（　　）的目的是鉴定各种设备的性能、检查管线是否畅通。
A. 替挤　B. 试挤　C. 循环　D. 试压

38. AA019　压裂施工（　　）工序用来估计最高破裂压力和油层吸水指数。
A. 顶替　B. 试挤　C. 扩散　D. 放喷

39. AA020　压裂施工中要注意防砂堵、防卡管，所以压裂管柱结构必须合理，喷砂器必须与下封隔器连接，尾管长度必须大于（　　），严禁用压裂管柱进行替喷和打捞作业。
A. 4m　B. 2m　C. 5m　D. 8m

40. AA020　压裂施工为防止压断油管，下井压裂管柱螺纹连接处一定要涂抹密封脂后上紧扣，余扣不得大于（　　）。
A. 1 扣　B. 2 扣　C. 3 扣　D. 4 扣

41. AA021　低压替酸时，替入量为（　　）。
A. 酸化管柱内容积　B. 酸化管柱内容积+0. 2m^3
C. 套管容积　D. 酸化管柱内容积×1. 5

42. AA021　（　　）就是以酸作工作液对油气水井进行的增产（注）措施的统称。
A. 酸化　B. 压裂　C. 增油技术　D. 酸压

43. AA022　酸压施工时，提高酸液穿透距离的途径有控制酸液的滤失速度、（　　）、减缓酸岩反应速度。
A. 加大酸液浓度　B. 提高施工泵压
C. 提高注入排量　D. 加大酸液用量

44. AA022　采用缓速酸、前置酸压工艺、（　　）、降低滤失量可以减缓酸岩的反应速度。
A. 提高施工泵压　B. 提高注入排量　C. 降低注入排量　D. 降低酸液浓度

45. AA023　酸化工艺技术，不包括（　　）。
A. 分层酸化　B. 闭合酸化　C. 基质酸化　D. 介质酸化

46. AA023　闭合酸化是以（　　）地层破裂压力，将酸液注入闭合或部分闭合的裂缝中的工艺。
A. 高于　B. 等于　C. 低于　D. 以上选项均正确

47. AB001　画局部视图时,其断裂边界线应以(　　)表示。
A. 双折线　B. 波浪线　C. 双点画线　D. 细实线
48. AB001　主视图能反映出投影物体的(　　)。
A. 高度和宽度　B. 长度和宽度
C. 长度和高度　D. 宽度
49. AB002　当机件上具有倾斜结构时,使用(　　)可以反映机件的结构。
A. 局部视图　B. 旋转视图　C. 斜视图　D. 基本视图
50. AB002　俯视图与左视图中相应的投影(　　)相等。
A. 宽　B. 长　C. 高　D. 高和长度
51. AB003　局部剖视图的剖与不剖部分用(　　)为界。
A. 细实线　B. 粗实线　C. 双点画线　D. 波浪线
52. AB003　当机件的一个视图画成剖视图后,其他视图的画法是(　　)。
A. 仍按完整机件画　B. 按机件剖切后画
C. 必须画成剖视图　D. 可以画成局部剖视图
53. AB004　剖面图是零件上剖切处(　　)的投影。
A. 断面　B. 剖切面
C. 剖切后零件　D. 不可见轮廓
54. AB004　画剖面图时,其画法是(　　)。
A. 不画剖面线　B. 不可见轮廓画剖面线
C. 被剖切部位画剖面线　D. 全部画剖面线
55. AB005　所有增环的最小极限尺寸之和减去所有减环的最大极限尺寸之和等于(　　)。
A. 封闭环最小极限尺寸　B. 封闭环最大极限尺寸
C. 封闭环公差　D. 封闭环偏差
56. AB005　(　　)表示是分析和技术工序尺寸的有效工具,在制订机械加工工艺过程和保证装配精度中都起着很重要的作用。
A. 尺寸链　B. 增环　C. 减环　D. 封闭环
57. AB006　表面粗糙度是零件表面的(　　)程度。
A. 平滑　B. 光洁　C. 微观不平　D. 光亮
58. AB006　零件表面粗糙度是 100 时,表示的是(　　)表面。
A. 半光面　B. 光面　C. 非加工面　D. 粗加工面
59. AB007　轴径的尺寸公差标注代号是 ϕ50H7,其中 7 是(　　)。
A. 公差 0. 070mm　B. 7 级标准公差
C. 上偏差+0. 070ram　D. 下偏差-0. 070mm
60. AB007　轴径的基本尺寸为 50mm,上偏差为+0. 050mm,下偏差为-0. 020mm,它的尺寸公差标方法为(　　)。
A. $\phi50^{+0.050}_{-0.020}$　B. $\phi50^{-0.020}_{+0.050}$　C. $\phi50\left(^{+0.050}_{-0.020}\right)$　D. $\phi50\left(^{-0.020}_{+0.050}\right)$
61. AB008　被测单一实际要素对其理想要素的变动量称为该要素的(　　)。
A. 形状误差　B. 形位误差　C. 位置公差　D. 位置误差

62. AB008　下列形位公差名称中(　　)组全是形状公差。

A. 度、平行度、平面度、圆柱度

B. 直度、平面度、同轴度、位置度

C. 直线度、圆度、线轮廓度、面轮廓度

D. 行度、垂直度、同轴度、位置度

63. AB009　(　　)是关联实际要素的位置对基准所允许的变动全量。

A. 位置公差　　B. 尺寸公差　　C. 形状公差　　D. 表面粗糙度

64. AB009　定向公差包括(　　)、垂直度及倾斜度 3 种。

A. 平行度　　B. 同轴度　　C. 定位　　D. 对称度

65. AB010　下列关于间隙配合叙述正确的是(　　)。

A. 孔的实际尺寸永远大于或等于轴的实际尺寸

B. 孔的实际尺寸永远小于或等于轴的实际尺寸

C. 孔的实际尺寸可能大于或小于轴的实际尺寸

D. 孔轴配合时,可能存在间隙,也可能存在过盈

66. AB010　过渡配合是指(　　)的配合关系。

A. 孔的公差带在轴的公差带之上　　B. 孔的公差带在轴的公差带之下

C. 孔的公差带与轴的公差带交叉　　D. 孔的公差与轴的公差交叉

67. AC001　盛装(　　)的钢瓶,应每两年检验一次。

A. 腐蚀性气体　　B. 氧气　　C. 二氧化碳气　　D. 氩气

68. AC001　健康、安全、环境管理体系简称为(　　)体系。

A. 质量管理　　B. 环境管理　　C. HSE 管理　　D. QHSE 管理

69. AC002　使用乙炔气瓶时,环境温度不应超过(　　)。

A. 2000℃　　B. 3000℃　　C. 2500℃　　D. 400℃

70. AC002　乙炔发生器与明火的距离应在(　　)以上。

A. 1m　　B. 10m　　C. 250m　　D. 0m

71. AC003　ISO 14001 系列标准的指导思想是(　　)。

A. 污染预防　　B. 持续改进

C. 末端治理　　D. 污染预防、持续改进

72. AC003　ISO 14001 环境管理体系由环境方针、(　　)、实施、测量和评价、评审和改进等五个基本要素构成。

A. 组织　　B. 措施　　C. 计划　　D. 规划

73. AC004　HSE 管理体系是由管理思想、(　　)和措施联系在一起构成的,这种联系不是简单的组合而是一种有机的、相互关联和相互制约的联系。

A. 制度　　B. 规程　　C. 机构　　D. 文件

74. AC004　HSE 管理体系文件可分为(　　)。

A. 20 层　　B. 3 层　　C. 12 层　　D. 6 层

75. AC005　HSE 管理体系由(　　)个一级要素和相应的二级要素组成。

A. 5　　B. 6　　C. 7　　D. 8

76. AC005　HSE 管理体系的主要要素:领导和承诺,方针和战略目标,组织机构、资源和文件,风险评估和管理,(　　),实施和监测,评审和审核。

A. 规划　　B. 程序　　C. 隐患　　D. 计划

77. AC006　在 HSE 管理体系中,危害识别的范围主要包括人员、原材料、机械设备、(　　)等方面。

A. 产品　　B. 质量　　C. 销售　　D. 作业环境

78. AC006　在 HSE 管理体系中,危害识别的状态是正常状态、异常状态、(　　)。

A. 紧急状态　　B. 自由状态　　C. 控制状态　　D. 事故状态

79. AC007　在 HSE 管理体系中,风险评价方法主要分为直接经验分析法、(　　)、综合性分析法。

A. 系统安全分析法　　B. 数分析法　　C. 安全检查表法　　D. 工作危害分析法

80. AC007　在 HSE 管理体系中,与"管理者的代表"相对应的一级要素是(　　)。

A. 企业机构、资源和文件　　B. 实施和监测

C. 规划　　D. 评价和风险管理

81. AC008　产品质量认证活动是(　　)开展的活动。

A. 生产方　　B. 购买方

C. 生产和购买双方　　D. 独立于生产方和购买方之外的第三方机构

82. AC008　在 HSE 管理上应有明确的(　　)文件的方针目标,最高管理者提供强有力的领导和自上而下的承诺,是成功实施 HSE 管理体系的基础。

A. 承认和管理　　B. 承担和形式　　C. 承诺和形成　　D. 方法和形成

83. AC009　HSE 管理岗位职责,组织开展对(　　)、设备、环保、质量事故的调查、处理。

A. 重大火灾　　B. 爆炸　　C. 人身伤亡　　D. 以上选项均正确

84. AC009　HSE 管理岗位职责,要求(　　)召开一次工作会议,研究解决重大 HSE 问题,布置安排下阶段的 HSE 工作。

A. 季度　　B. 月度　　C. 全年　　D. 半年

85. AC010　防毒技术措施包括改革生产工艺,采用新材料,车间内通风净化(　　)。

A. 配备专职人员　　B. 减少作业时间

C. 保持合适温度　　D. 增湿除尘

86. AC010　有毒、有害物质的包装必须符合安全要求,防止(　　)。

A. 泄漏扩散　　B. 单位损失　　C. 影响性能　　D. 影响企业形象

87. BA001　试压泵开始使用前应详细检查(　　)。

A. 各部件连接处是否拧紧

B. 压力表是否正常

C. 进出水管是否安装好

D. 各部件连接处是否拧紧、压力表是否正常、进出水管是否安装好

88. BA001　试压完毕,打开手动试压泵的(　　),泵内液体流回水箱中即可排空泄掉容器内的压力。

A. 泵筒　　B. 泵体　　C. 放水阀　　D. 柱塞

89. BA002　YNJ-160/8 液压拧扣机主要由（　　）、副机头支架、底座、操作台、油箱、齿轮泵、液压马达等组成。

A. 钳牙　B. 液压工具　C. 钳体　D. 主扣头

90. BA002　YNJ-16018 液压拧扣机主扣头通过（　　）、液压马达，借助滚子在渐开线交错面上滚动。

A. 钳牙　B. 底座　C. 齿轮泵　D. 操作台

91. BA003　YNJ-160/8 型拧扣机的通径为（　　）。

A. 114mm　B. 140mm　C. 127mm　D. 160mm

92. BA003　YNJ-160/8 型拧扣机低挡额定扭矩为（　　）。

A. 5kN · m　B. 8kN · m　C. 10kN · m　D. 15kN · m

93. BA004　管钳是用来上、卸（　　）的工具。

A. 螺杆　B. 抽油杆

C. 油管　D. 管子和其他圆形工作物

94. BA004　管钳的规格是指管钳（　　）时从钳头到钳尾的长度。

A. 开口　B. 最大开口

C. 合口　D. 合理工作开口

95. BA005　手动葫芦的起吊高度一般不超过（　　）。

A. 2m　B. 3m　C. 4m　D. 5m

96. BA005　数台葫芦同时起吊一个工件时，受力要均衡，要有专人指挥、（　　）同步。

A. 起落　B. 高低　C. 重量　D. 受力

97. BA006　下列符合氧气切割条件的是（　　）。

A. 金属在氧气中的燃烧点高于熔点

B. 金属在气割时形成氧化物的熔点高于金属本身

C. 金属在切割氧射流中燃烧反应为放热反应

D. 金属的导热性较高

98. BA006　气焊低碳钢应采用（　　）。

A. 碳化焰　B. 氧化焰　C. 轻微碳化焰　D. 中性焰

99. BA007　弧焊机整流器按主回路控制元件分类可分（　　）。

A. 2 类　B. 3 类　C. 4 类　D. 5 类

100. BA007　直流弧焊机按电动机激磁形式和获得陡降外特性去磁形式的不同可以分为（　　）。

A. 2 种　B. 3 种　C. 4 种　D. 6 种

101. BA008　用电焊机焊接时，当焊条与工件接触的短路瞬间，电弧电压（　　）。

A. 极高　B. 极低　C. 不变　D. 等于零

102. BA008　将电气设备和用电装置的金属外壳与（　　）相连接称为接零。

A. 系统中性点　B. 接地装置　C. 导线　D. 大地

103. BA009　J427 焊条的烘干温度为（　　）。

A. 150℃　B. 250℃　C. 350℃　D. 450℃

104. BA009 焊条直径为 3.2mm 时,比较合适的电流范围是( )。
A. 50~6000A B. 90~120A C. 140~20000A D. 190~25000A

105. BA010 提高焊接质量的方法有( )。
A. 减小电流 B. 减低电压 C. 减低焊接速度 D. 提高速度

106. BA010 一般情况下,最难焊的身体位置是( )。
A. 平焊 B. 横焊 C. 立焊 D. 仰焊

107. BB001 机械式内割刀是一种从井下管柱内部切割管子的专用工具,( )。
A. 但不能任意部位切割 B. 除加厚部位外可任意部位切割
C. 可任意部位切割 D. 除接箍外可在任意部位切割

108. BB001 机械式内割刀限位圈端面上有( ),切割时与刀枕一起转动,但不能随工具下行。
A. 2 个凸台 B. 1 个凸台 C. 3 个凸台 D. 4 个凸台

109. BB002 机械式内割刀使用时,正转钻柱,( ),推动卡瓦上行沿锥面张开,并与套管内壁接触,完成锚定作用。
A. 迫使滑牙板与滑牙套相互结合 B. 迫使滑牙板与滑牙套相对转动
C. 迫使滑牙板与滑牙套相对轴向滑动 D. 迫使滑牙板转动

110. BB002 使用机械式内割刀切割完毕后上提,芯轴上行,( ),由此滑牙板与滑牙套即可跳跃复位,卡瓦脱开,解除锚定。
A. 单向锯齿螺纹压缩滑牙板弹簧 B. 单向锯齿螺纹松开滑牙板弹簧
C. 单向滑套压缩滑牙板弹簧 D. 单向滑套松开滑牙板弹簧

111. BB003 切割井段应避开接头、( )及有扶正器的井段。
A. 抽油泵 B. 砂卡 C. 落鱼 D. 接箍

112. BB003 在下水力内割刀以前,应用标准的内径规通井( )。
A. 1 次 B. 2 次 C. 3 次 D. 4 次

113. BB004 TGX-9 水力式内割刀的本体外径为( )。
A. 140mm B. 115mm C. 210mm D. 125mm

114. BB004 GX-7 水力式内割刀的接头螺纹为( )。
A. NC38 B. NC50 C. NC31 D. NC57

115. BB005 机械式外割刀是用卡爪装置固定割刀来实现( )切割的。
A. 定位 B. 内部 C. 外部 D. 多向

116. BB005 随着工具管柱的( )是机械式外割刀切割的主运动,刀片绕轴销缓慢地转动是切削的进给运动。
A. 上下运动 B. 进给运动
C. 旋转运动 D. 以上选项均正确

117. BB006 机械式外割刀的卡爪装置的下面是( ),这两个零件是上部静止部分与下部运动部分的分界。
A. 滑动环和承载环 B. 止推环和滑动环
C. 止推环和承载环 D. 压力环和轴承

118. BB006　机械式外割刀下至切割位置后，上提钻具，卡爪便卡在被切段上部的(　　)。
A. 第一个按箍台肩处
B. 第一根被切管柱本体
C. 第一个管柱的加厚处或者被切管柱本体
D. 第一个按箍台肩处或者被切管柱本体

119. BB007　机械式外割刀下入井内时，卡爪装置中的卡爪(　　)。
A. 紧紧贴在爪槽内下行
B. 紧紧贴在被切管拉本体外壁下行
C. 不接触被切管拉本体外壁下行
D. 第一个按箍台肩处或者被切管柱本体

120. BB007　使用机械式外割刀在裸眼中切割，一般情况下，切割长度不要超过(　　)。
A. 140m　　B. 180m　　C. 240m　　D. 400m

121. BB008　在使用机械式外割刀整个切割过程中，要保持剪断剪销时的(　　)。
A. 转速　　B. 上提负荷　　C. 平稳　　D. 以上选项均正确

122. BB008　在使用机械式外割刀整个切割过程中，开始时要做到(　　)，实现轻微切割。
A. 慢转小扭矩　　B. 快转小扭矩　　C. 慢转大扭矩　　D. 快转大扭矩

123. BB009　水力式外割刀的外筒壁上有(　　)，其内各装一个刀片、刀销和一个刀销螺钉。
A. 4 条纵向刀槽　　B. 5 条横向刀槽　　C. 5 条纵向刀槽　　D. 6 条纵向刀槽

124. BB009　水力式外割刀的进给机构由活塞和进刀套两部分组成，活塞是一个完整的(　　)，称为活塞片。
A. 锥体切成相等的 5 片　　B. 锥体切成相等的 6 片
C. 圆柱切成相等的 4 片　　D. 锥体切成相等的 4 片

125. BB010　水力式外割刀靠液体的压差推动活塞，(　　)，使进刀套剪断销钉，进刀套继续下移推动刀片绕刀销轴向内转动。
A. 随着活塞上移　　B. 随着外筒下移
C. 随着活塞下移　　D. 活塞不动

126. BB010　水力式外割刀在切割过程中，液体压差应随(　　)的下移而逐渐均匀增加，由此实现连续进刀，直至切断管柱。
A. 进刀套　　B. 活塞
C. 钻具、活塞、进刀套　　D. 活塞、进刀套

127. BB011　使用水力式外割刀切割应以 15～25r/min 的低转速转动，(　　)，直至压力和排量达到规定值。
A. 慢慢关小放泄阀　　B. 慢慢开大放泄阀
C. 慢慢关小泄压阀　　D. 慢慢关小旁通阀

128. BB011　起钻切割中若转速、扭矩和悬重出现明显变化，说明管柱可能已被割断，起钻之前先将割刀向上试提(　　)，旋转钻柱如不受阻，证明切割成功，即可起钻。
A. 25～50mm　　B. 30～50mm　　C. 10～50mm　　D. 5～50mm

129. BB012　刮刀钻头一般比尖钻头(　　)。

A. 长、刮削空间短　　B. 短、刮削空间短

C. 长、刮削空间长　　D. 短、刮削空间长

130. BB012　刮刀钻头使用后,(　　)。

A. 清洗干净

B. 不用清洗,避风放置

C. 检查接头螺纹、刮刀磨损过程中,出现有问题只能更换,无法维修

D. 以上选项均正确

131. BC001　画轴类零件图时,一般按轴加工位置将轴线水平横放绘制的视图是(　　)。

A. 俯视图　　B. 左视图　　C. 右视图　　D. 主视图

132. BC001　绘制图样标注的尺寸,一般以(　　)为单位,如要标注其他单位必须注明。

A. m　　B. dm　　C. cm　　D. mm

133. BC002　视图中最能表达零件形状特征的视图是(　　)。

A. 俯视图　　B. 主视图　　C. 左视图　　D. 右视图

134. BC002　确定主视图投影方向的原则是(　　)。

A. 能明显反映零件结构、形状特征　　B. 便利于画图

C. 有利于其他视图的选择　　D. 符合三视图的三等原则

135. BC003　图样的水平方向尺寸数字写在尺寸线的(　　)。

A. 左边　　B. 右边　　C. 中间下方　　D. 中间上方或中断处

136. BC003　图样中角度的数字规定(　　)标注。

A. 倾斜　　B. 水平　　C. 随意　　D. 垂直

137. BC004　零件的主要尺寸一般从(　　)起标注。

A. 工艺基准　　B. 设计基准　　C. 相对基准　　D. 绝对基准

138. BC004　零件图和装配图中的汉字应写成(　　)。

A. 行书体　　B. 仿宋体　　C. 草书体　　D. 隶书体

139. BC005　在画零件图前应在现场(　　)。

A. 徒手画出零件草图　　B. 了解零件的基本情况,并做好记录

C. 量好主要尺寸,并做好记录　　D. 把了解到的零件资料列表登记

140. BC005　画零件图时,一些重要表面尺寸公差、结构形状应(　　)。

A. 根据经验,仔细慎重考虑才能决定　　B. 查阅资料,参照标准

C. 根据实测结果确定,不能乱改　　D. 要注全,但次要尺寸可少注

141. BC006　零件图中标注尺寸时,注意尺寸(　　)。

A. 宁可重复,不可丢失　　B. 注全,重要尺寸应有重复

C. 既要注全,但又不应有多余尺寸　　D. 要注全,但次要尺寸可少注

142. BC006　为了加工方便,加工面和非加工面的尺寸最好列在视图(　　)。

A. 同一侧　　B. 内部　　C. 两侧　　D. 空余的地方

143. BC007　看零件图时应该先看(　　)。

A. 主视图　　B. 俯视图　　C. 局部视图　　D. 剖视图

144. BC007 零件图上的技术要求主要有（　　）、形位公差、热处理要求及零件加工的其他要求。

A. 配合关系　　B. 表面粗糙度　　C. 比例　　D. 材料种类

145. BC008 加工 M105×2 螺纹时，其退刀槽宽度为（　　）。

A. 2mm　　B. 4mm　　C. 6mm　　D. 8mm

146. BC008 加工 M20 螺孔时，其底孔直径为（　　）。

A. 16mm　　B. 16. 5mm　　C. 18mm　　D. 17. 4mm

147. BC009 标注直径尺寸时，应在数字前加注（　　）。

A. d　　B. ϕ　　C. R　　D. r

148. BC009 必要时尺寸可重复注写，但必须在重复尺寸数字上加注（　　），以表示加工和检验的参考。

A. 引号　　B. 括号　　C. 方括号　　D. 线条

149. BC010 国标规定，螺纹的牙顶（大径）及螺纹的终止线用（　　）表示。

A. 双点画线　　B. 中心线　　C. 细实线　　D. 粗实线

150. BC010 国标规定，螺纹的牙底（小径）用（　　）表示。

A. 双点画线　　B. 中心线　　C. 细实线　　D. 粗实线

151. BC011 国标规定，在剖视图中表示内、外螺纹连接时，其旋合部分应按（　　）的画法表示。

A. 内螺纹　　B. 外螺纹　　C. 螺纹牙型　　D. 以上选项均正确

152. BC011 螺孔的剖视图，剖面线必须画到（　　）。

A. 虚线处　　B. 螺纹连接处

C. 粗实线处　　D. 以上选项均正确

153. BC012 计量检定规程是指对计量器具的计量性能、检定项目、检定条件、检定方法、检定周期以及检定数据处理等所做的技术（　　）。

A. 规范　　B. 范围　　C. 规定　　D. 指标

154. BC012 在一个平面上测量孔间距时，可用内、外卡钳与（　　）测量。

A. 圆规　　B. 丁字尺　　C. 游标卡尺　　D. 圆角规

155. BC013 对于零件上的圆弧、曲线或回转面的轮廓，可用（　　）进行测量。

A. 拓印法　　B. 坐标法　　C. 铅丝法　　D. 以上选项均正确

156. BC013 对于有回转曲面的零件，其轮廓尺寸可用其上各点的坐标表示，而各点坐标均由钢板尺与三角板配合测出，此方法称为（　　）。

A. 拓印法　　B. 坐标法　　C. 铅丝法　　D. 都不正确

157. BD001 地层砂影响抽油泵的工作和寿命，安装阻砂导向器、（　　）滤砂器、滤砂管等，可以减轻砂子对抽油泵工作的影响。

A. 砂锚　　B. 油管　　C. 防蜡器　　D. 封隔器

158. BD001 抽油泵常见的腐蚀形式有脆裂腐蚀、酸蚀、断裂处腐蚀、（　　）点蚀和磨蚀6种。

A. 磨损　　B. 锈蚀　　C. 电化学腐蚀　　D. 气体腐蚀

159. BD002　使用(　　)有助于避免结垢卡钻现象的发生。

A. 加长柱塞泵　B. 加短柱塞泵　C. 硬度合适泵　D. 高强度泵

160. BD002　通常所说的泵效实际上是(　　)。

A. 理论排量与泵实际排量的比值　B. 泵实际排量与理论排量的比值

C. 理论排量　D. 泵实际排量

161. BD003　金属柱塞直径 $d-0.025$,尺寸分挡 1,泵筒与金属柱塞配合间隙范围为(　　)。

A. 0.050~0.113　B. 0.025~0.088　C. 0.100~0.163　D. 0.075~0.138

162. BD003　金属柱塞直径 $d-0.125$,尺寸分挡 5,泵筒与金属柱塞配合间隙范围为(　　)。

A. 0.050~0.113　B. 0.125~0.188　C. 0.100~0.163　D. 0.075~0.138

163. BD004　抽油泵使用后的检定是做好维修工作的关键,以下不属于检定基本程序的是(　　)。

A. 卸掉接头及阀罩,取出阀球和阀座

B. 使用气动测量仪测量泵筒内径

C. 清洗柱塞,检查柱塞长度

D. 填写抽油泵回收鉴定书

164. BD004　对于抽油泵间隙漏失量试验,试验操作程序步骤叙述不正确的是(　　)。

A. 将未装柱塞总成的抽油泵平放在支架上

B. 在泵筒内装一组能限制柱塞总成在试验部位定位的圆柱形顶杆

C. 在泵筒接箍上拧紧试压接头,试压 5MPa,稳压 30s,不漏为合格品

D. 装入与泵筒配对的柱塞总成

165. BD005　在抽油泵整体密封的测量过程中,以下关于阀球与阀座的密封性能试验操作程序叙述不正确的是(　　)。

A. 将配研好的阀球与阀座彻底清除干净

B. 配研好的阀球与阀座不需要清除干净

C. 将阀球放在与阀座配研好的密封面上

D. 将阀座与阀球置于真空泵吸入口处,让阀座底面平放在真空泵吸入口的密封软橡胶板上

166. BD005　以下关于泵总成密封和承压强度试验的操作程序叙述不正确的是(　　)。

A. 将总装好的抽油泵(不装柱塞)直立放在地面上

B. 在泵筒接箍上拧紧试压接头

C. 用吸球器将进油阀球吸住并将其坐在进油阀球的密封面上

D. 关闭试压泵,若稳压 3min,压力降小于等于 0.5MPa,该泵的本项试验为合格

167. BD006　固定阀开,游动阀关,根据提供工作状态,判断管式泵中活塞所处位置是(　　)。

A. 上死点　B. 下死点　C. 上冲程　D. 下冲程

168. BD006　一般情况下,抽油井宜选用(　　)的泵,以减小气体对泵效的影响。

A. 长冲程和小泵径　B. 长冲程和大泵径

C. 短冲程和小泵径　D. 短冲程和大泵径

169. BD007　特种泵中没有采用由不同直径柱塞串联的泵是(　　)。
A. 环流抽油泵　B. 液力反馈抽油泵
C. 双作用泵　D. 三管抽油泵

170. BD007　抽油泵工作中无液流脉动的抽油泵是(　　)。
A. 双向进油抽油泵　B. 两级压缩抽油泵
C. 螺杆泵　D. 双作用泵

171. BD008　为提高泵效率或改变泵的(　　)，而需要进行检泵。
A. 参数　B. 冲程　C. 冲次　D. 工作制度

172. BD008　对使用后回收的各类抽油泵进行质量鉴定、维修时必须先进行(　　)。
A. 清洗　B. 拆卸　C. 组装　D. 试压

173. BD009　检泵起出的抽油杆，应摆放在有(　　)油管桥架的抽油杆桥上。
A. 3 道　B. 4 道　C. 5 道　D. 6 道

174. BD009　出砂井检泵，在下泵之前均需下(　　)探砂面冲砂，并视出砂情况采取防砂措施。
A. 笔尖　B. 喇叭口　C. 活接头　D. 油管接箍

175. BD010　地层出砂严重，测完一个点上提封隔器时，应活动泄压，缓慢上提，速度小于(　　)，防止地层出砂造成卡钻事故。
A. 10m/min　B. 20m/h　C. 25m/h　D. 30m/h

176. BD010　计算管柱深度时，应包括(　　)高度。
A. 套补距　B. 联入　C. 法兰　D.油补距

177. BD011　在下泵过程中，每一根油管都必须按规定(　　)用液压油管钳上紧。
A. 圈数　B. 速度　C. 扭矩　D. 时间

178. BD011　在浅井进行检泵施工时，挂完悬绳器，驴头在下死点时，井口防喷盒以上光杆裸露(　　)为合格。
A. 1. 5m　B. 2. 0m　C. 2. 5m　D. 3. 0m

179. BD012　检泵时抽油杆、油管、回音标、泵径、泵深符合(　　)要求。
A. 地质　B. 工艺　C. 设计　D. 作业

180. BD012　抽油泵试压试验主要包括两大项，一项是抽油泵总成密封和承压强度测试；另一项是抽油泵(　　)漏失量试压。
A. 衬套　B. 间隙　C. 泵筒　D. 游动阀

181. BD013　使用电流法判断泵的工作状态，电流明显高于正常运转电流，排量正常，油压正常，可能是定子橡胶溶胀或(　　)引起的。
A. 油管严重漏失　B. 原油含气大　C. 原油黏度大　D. 油管结蜡

182. BD013　使用憋压法判断泵的工作状态，油压不上升，无排量，可能是(　　)造成的。
A. 抽油杆断脱　B. 油管严重漏失　C. 油管结蜡　D. 原油黏度大

183. BD014　螺杆泵抽油井停泵一天以上时，对于稠油井、出砂井，应(　　)。
A. 上提抽油杆进行洗井　B. 立即开井
C. 立即洗井　D. 起出螺杆泵

184. BD014　螺杆泵的特点是(　　)。

A. 排量大、扬程低、能耗低、寿命长　　B. 排量大、扬程高、能耗低、寿命长

C. 排量小、扬程高、能耗低、寿命长　　D. 排量大、扬程高、能耗低、寿命短

185. BD015　大排量螺杆泵的沉没度不小于(　　)。

A. 100m　　B. 150m　　C. 200m　　D. 300m

186. BD015　定子(螺杆泵外筒)下井时,其下部要连接(　　)。

A. 砂锚　　B. 丝堵　　C. 扶正器　　D. 加热装置

187. BD016　当螺杆插入衬胶筒后,螺杆与衬胶筒的橡胶形成多个密封的空间,这些空间的位置随螺杆的转动(　　)。

A. 不断转动　　B. 不断上移　　C. 保持静止　　D. 不断下移

188. BD016　螺杆泵基本上是由定子总成及(　　)两部分组成。

A. 转子　　B. 限位销　　C. 杆柱　　D. 油管

189. BD017　电动潜油单螺杆泵适用于(　　)的油井。

A. 高黏度　　B. 高含气量

C. 高黏度或高含气量　　D. 高黏度或低含气量

190. BD017　潜油泵工作时,电动机带动泵轴上的叶轮高速旋转时,叶轮内液体的每一质点受离心作用,从叶轮中心(　　)甩向叶轮四周。

A. 沿叶片　　B. 沿叶片表面

C. 沿外筒的流道　　D. 沿叶片间的流道

191. BD018　电潜泵的常见故障类型有电缆脱落堆积卡阻电潜泵和套管损坏卡阻电潜泵,它们的特点是(　　)。

A. 卡阻简单

B. 施工难度相对较小

C. 施工周期相对较短

D. 卡阻复杂、施工难度相对较大、周期相对较长

192. BD018　在使用测卡切割处理电缆卡管柱时,切割位置应在(　　)。

A. 卡点以下任意位置　　B. 卡点以上靠近卡点位置

C. 卡点以下靠近卡点位置　　D. 卡点以上任意位置

193. BD019　由于电潜泵外径较大,与套管环形空间间隙很小,小件物体一旦落入环空、将使机组严重受卡阻,这种故障属于(　　)。

A. 电机泵组砂埋卡型　　B. 死油、死蜡卡阻电泵机组

C. 小物件卡阻电泵机组　　D. 电缆脱落堆积卡阻电潜泵

194. BD019　潜油电动机通电后(　　)的三相线圈将产生旋转磁场。

A. 转子　　B. 定子线圈　　C. 电动机轴　　D. 电动机头部

195. BD020　潜油泵井下机组的转动部分主要有轴、键、叶轮、垫片、轴套和(　　)等。

A. 限位卡簧　　B. 限位圈　　C. 卡簧　　D. 电动机

196. BD020　潜油电动机的定子是起(　　)作用的。

A. 固定　　B. 定位　　C. 产生旋转磁场　　D. 变频

197. BE001　环形防喷器锥形或球形胶芯在关井时，作用在活塞内腔上部环形面积上的井压向上推活塞，促使胶芯密封更紧密，因此具有（　　）的特点。
A. 漏斗效应　　B. 胶芯寿命长
C. 不易翻胶　　D. 井压助封

198. BE001　在高压自喷井找窜时，可用（　　）将找窜管柱下入预定层位。
A. 全封封井器　　B. 半封封井器
C. 自封封井器　　D. 不压井不放喷的井口装置

199. BE002　2SF218-21 型号为（　　）。
A. 手动单闸板防喷器　　B. 液动单闸板防喷器
C. 环形防喷器　　D. 手动双闸板防喷器

200. BE002　闸板防喷器按控制方式分为（　　）和手动闸板防喷器。
A. 液控单闸板防喷器　　B. 液控双闸板防喷器
C. 液控三闸板防喷器　　D. 液控闸板防喷器

201. BE003　手动闸板防喷器具有（　　）、结构简单、辅助设备少等优点。
A. 小巧轻便　　B. 液压控制　　C. 可无人操作　　D. 以上选项均正确

202. BE003　手动闸板防喷器主要由（　　）、闸板总成、侧门、闸板芯子、手控总成及密封装置等组成。
A. 法兰　　B. 胶圈　　C. 防喷器扳手　　D. 壳体

203. BE004　以下关于闸板防喷器的功用说法错误的是（　　）。
A. 当井内有管柱时，能封闭管柱与套管形成的环空
B. 不能封闭空井
C. 封井后，可进行强行起下作业
D. 在必要时不能用半封闸板能悬挂钻具

204. BE004　环形防喷器处于封井状态时，（　　）。
A. 只允许转动钻具而不许上下活动钻具
B. 只允许上下活动钻具而不允许活动钻具
C. 既允许上下活动钻具也允许转动钻具
D. 既不允许上下活动钻具也不允许转动钻具

205. BE005　闸板防喷器封闭不严的可能原因是（　　）。
A. 闸板前端有硬东西卡住　　B. 胶芯老化
C. 井内压力过高　　D. 控制台压力过高

206. BE005　闸板防喷器长期关闭后打不开，可能的原因是（　　）。
A. 锁紧轴未解锁　　B. 防喷器侧门螺栓未上紧
C. 胶芯老化损坏　　D. 防喷器侧门密封圈失效

207. BE006　国产防喷器型号 FZ18-21 表示（　　）防喷器，通径为（　　），工作压力为（　　）。
A. 环形，18cm，21MPa　　B. 单闸板，18cm，21MPa
C. 单闸板，21cm，18MPa　　D. 双闸板，18cm，21MPa

208. BE006　国产防喷器型号 3FZ18-35 表示(　　)防喷器,通径为(　　),工作压力为(　　)。

A. 三闸板,18cm,35MPa　　B. 单闸板,18cm,35MPa

C. 单闸板,35cm,18MPa　　D. 环形,35cm,18MPa

209. BE007　2SF218-35 手动双闸板防喷器有(　　)轴承。

A. 4 个　　B. 3 个　　C. 2 个　　D. 1 个

210. BE007　闸板防喷器要有(　　)密封起作用才能有效地密封井口。

A. 4 处　　B. 3 处　　C. 2 处　　D. 1 处

211. BE008　井口修井液结冻使闸板防喷器封闭不严,排除的方法是(　　)。

A. 提高储能器的压力　　B. 井口加温化冻

C. 反复进行开关动作　　D. 进行解锁

212. BE008　下列说法错误的是(　　)。

A. 非特殊情况环形防喷器不允许用来封闭空井

B. 检修装有铰链侧门的闸板防喷器或更换其闸板时,两侧门需同时打开

C. 手动半封闸板防喷器操作时,两翼应同步打开或关闭

D. 当井内有管柱时,不允许关闭全封闸板防喷器

213. BE009　液控系统发生故障时,利用(　　)可以实现手动关井。

A. 气压　　B. 液压

C. 机械锁紧装置　　D. 气压和液压双重作用

214. BE009　快速防喷装置的主要构成中不包括(　　)。

A. 带控制阀的提升短节　　B. 防喷油管挂

C. 快速连接捞筒或捞矛　　D. 锥阀总成

215. BE010　当水龙头冲管和密封填料因磨损而需要更换时,只需将上下(　　)旋开即可将整个装置从支架一侧取出。

A. 密封装置压帽　　B. 方钻杆　　C. 鹅颈管　　D. 轴承

216. BE010　井口装置主要包括(　　)、油管悬挂器、采油树、地面安全阀和节流阀、采油树帽、仪表等。

A. 抽油机　　B. 防喷器　　C. 四通　　D. 抽油杆

217. BE011　转台通孔直径表示能通过(　　)的最大直径。

A. 锁销　　B. 钻具　　C. 方瓦　　D. 方钻杆

218. BE011　方钻杆补心放在方瓦内,靠方瓦四方的带动将扭矩传递给(　　)。

A. 方钻杆　　B. 水龙头　　C. 大钩　　D. 顶驱

219. BE012　使用游车大钩时,各滚动轴承及钩体支撑销每 150h 加一次(　　)。

A. 锂基润滑脂　　B. 柴油

C. 滑石粉　　D. 清洁剂

220. BE012　游车大钩挂吊环用的(　　)是游车大钩最易磨损部位,应定期检测量。

A. 副轴　　B. 弹簧

C. 销钉　　D. 滑轮

221. BF001　封隔器检修注意事项中，下列叙述不正确的是（　　）。

A. 对封隔器拆卸后，各部分零部件应进行表面检查

B. 使用拆卸工具按顺序拆卸封隔器，对零部件外观及螺纹进行检查

C. 按零件顺序组装后的封隔器，上井使用

D. 对封隔器进行试压测试，查看是否有刺漏点

222. BF001　封隔器检修过程中，下列叙述正确的是（　　）。

A. 检修后的封隔器，必须贴有合格证

B. 检修后的封隔器，必须在高温或低温中存放

C. 检修后的封隔器，外螺纹可不涂抹脂类油

D. 在封隔器搬运过程中，不进行要求

223. BF002　拆装 Y341 封隔器时不得把管钳打在（　　）部位。

A. 螺纹处和密封　　B. 胶筒　　C. 卡瓦　　D. 变形

224. BF002　Y341-114 封隔器不包括（　　）零配件。

A. 内外中心管　　B. 胶筒　　C. 卡瓦　　D. 滑套

225. BF003　组装 K344 型封隔器时，长胶筒从（　　）套入。

A. 锥体　　B. 调节环　　C. 中心管　　D. 限位套

226. BF003　组装 K344 型封隔器时，试压合格后，下一步是检查胶筒的膨胀情况和（　　）的密封情况。

A. 隔环　　B. 胶筒　　C. 胶圈　　D. 限位套

227. BF004　Y445-114 封隔器的钢体最大外径为（　　）。

A. 114mm　　B. 445mm　　C. 120mm　　D. 45mm

228. BF004　Y445-114 封隔器坐封时，将封隔器下到井下设计位置，向油管内打液压，当压力达（　　）时，压力突然降为 0，封隔器坐封，上提管柱，丢开送封工具。

A. 5～8MPa　　B. 1.5～2.5MPa

C. 17～21MPa　　D. 22MPa 以上

229. BF005　根据封隔器封隔件的工作原理不同，封隔器可分为（　　）。

A. 自封式、压缩式　　B. 楔入式、扩张式

C. 自封式、压缩式、楔入式　　D. 自封式、压缩式、楔入式、扩张式

230. BF005　Y341-114 封隔器使用过程中，应注意（　　）。

A. 封隔器两端在入井前必须加戴护丝，不许着地

B. 封隔器应由专门负责井下工具的单位进行检验，组装成品后使用

C. 起下带封隔器的管柱时可猛起猛放和频繁上下活动

D. 下封隔器的油井，可直接下入封隔器，不要求提前通井作业

231. BF006　组装好 K344 封隔器后，以 25MPa 压力试压，稳压（　　），不渗不漏、无压降为合格。

A. 10min　　B. 20min　　C. 25min　　D. 30min

232. BF006　为确保施工质量，K344 封隔器密封胶筒部不应存在（　　）现象。

A. 老化起泡　　B. 少许油污　　C. 老旧　　D. 以上选项均正确

233. BF007 K344-115 封隔器坐封压力为( )。
A. 0.2MPa B. 0.4MPa C. 0.5MPa D. 2MPa

234. BF007 Y445-114 封隔器解封载荷是( )。
A. 6~8kN B. 40~60kN C. 800~1000N D. 100~120MN

235. BF008 当油管内加液压( )时,Y445-114 封隔器的坐封活塞上行,压缩胶筒,封隔油套管环形空间。
A. 1~7MPa B. 8~10MPa C. 11~16MPa D. 17~21MPa

236. BF008 Y141-114 型扶正式可洗井封隔器洗井完毕,洗井阀在( )作用下自动关闭封隔器,恢复密封。
A. 静压 B. 动压 C. 压差 D. 自重

237. BF009 目前国内油田单管分层配注管柱按配水器结构有 3 种,即固定式、活动式和( )。
A. 开关式 B. 桥式式 C. 卡瓦式 D. 偏心式

238. BF009 偏心配水管柱目前使用较普遍的是( )封隔器,可与偏心配水器组合下入注水井中。
A. 自封式 B. 楔入式 C. 压缩式 D. 可洗井压缩式

239. BF010 由于射孔工艺不当,射孔时产生的( )太大将造成管外窜通。
A. 应力 B. 压力 C. 冲击波 D. 辐射

240. BF010 在溢流量相等的情况下,最容易诱发井喷的溢流流体是( )。
A. 原油 B. 盐水 C. 天然气 D. 油气混合物

241. BF011 边水或底水的窜入会造成油井( )。
A. 套压升高 B. 油压升高 C. 含水下升 D. 含水上升

242. BF011 对于浅层的( )油层,水窜侵蚀会造成地层坍塌使油井停产。
A. 白云岩 B. 砂岩 C. 碳酸盐岩 D. 火成岩

243. BF012 套压法是采用观察( )的变化来分析判断欲测层段之间有无窜槽的方法。
A. 套管压力 B. 油管压力 C. 静压 D. 流压

244. BF012 使用单水力压差式封隔器找窜,其管柱结构自上而下为( )。
A. 油管→水力压差式封隔器→节流器→喇叭口
B. 油管→水力压差式封隔器→节流器→油管鞋
C. 油管→节流器→水力压差式封隔器→球座
D. 油管→水力压差式封隔器→节流器→球座

245. BF013 在声幅测井找窜施工中,声波幅度的衰减( )。
A. 正比于套管的厚度,反比于水泥环的密度
B. 正比于套管的厚度,正比于水泥环的密度
C. 反比于套管的厚度,正比于水泥环的密度
D. 反比于套管的密度,正比于水泥环的厚度

246. BF013 在进行声幅测井施工时,要下外径比套管内径小( )的通径规,通井至被找窜层以下 50m。
A. 10~12mm B. 12~14mm C. 6~8mm D. 4~6mm

247. BF014 在进行同位素测井找窜施工时，操作人员在室内使用半衰期短的放射性同位素配制完后，用(　　)将其送往施工现场。

A. 铁制容器　　B. 铝制容器　　C. 铜制容器　　D. 铅制容器

248. BF014 利用同位素找窜，挤同位素后测得的放射性曲线与挤同位素前测得的放射性曲线比较，其峰值(　　)。

A. 增高　　B. 不便　　C. 下降　　D. 无规律波动

249. BF015 低压井封隔器找窜时，先将找窜管柱下入设计层位，测油井(　　)，再循环洗井、投球；当油管压力上升时，再测定套管返出液量。

A. 流压　　B. 溢流量　　C. 产气量　　D. 产油量

250. BF015 低压井封隔器找窜时，当测量完一点时要上提封隔器，要先活动泄压，缓慢上提，以防止地层大量(　　)，造成验窜管柱卡钻。

A. 出油　　B. 出水　　C. 出砂　　D. 出气

251. BF016 在漏失严重的井段进行封隔器找窜时，因井内液体不能构成循环，因而无法应用(　　)或套溢法验证。

A. 套压法　　B. 循环法　　C. 挤入法　　D. 循环挤入法

252. BF016 漏失井封隔器找窜，是采用油管打液体套管(　　)的方法进行找窜。

A. 测套压　　B. 测流压　　C. 测动液面　　D. 测溢流量

253. BF017 循环法封窜是指将封堵用的水泥浆以循环的方式，在(　　)的情况下，替入窜槽井段的窜槽孔缝内，使水泥浆在窜通孔缝内凝固，封堵窜槽井段。

A. 低压　　B. 不憋压力　　C. 憋压力　　D. 高压

254. BF017 单水力压差式封隔器封窜时，封窜前只露出夹层以下(　　)层段，其他层段则应采用人工填砂的方法掩盖。

A. 1 个　　B. 2 个　　C. 3 个　　D. 4 个

255. BF018 使用光油管进行封窜，把管柱下到上部射孔井段(　　)，当水泥浆快出油管时，关套管阀门，将水泥浆挤入窜槽中。

A. 10～20m　　B. 12～30m　　C. 25～45m　　D. 10～15m

256. BF018 当窜槽复杂或套管损伤不易下入(　　)时，可以下入光油管柱进行封窜。

A. 桥塞　　B. 封隔器　　C. 水泥承转器　　D. 配产器

257. BG001 偏心式抽油杆接箍打捞筒可在油管内打捞，(　　)。

A. 也可在套管内打捞　　B. 也可在深井内打捞

C. 也可在浅井内打捞　　D. 也可在多鱼顶情况下打捞

258. BG001 偏心式抽油杆接箍打捞筒适应性强，可抓住接箍，也可(　　)。

A. 卡住抽油杆本体　　B. 卡住弯曲的抽油杆

C. 卡住接箍与抽油杆接头台肩　　D. 在多鱼顶情况下打捞

259. BG002 如果抽油杆接箍位于偏心套与下筒体的偏心孔内，在提拉负荷及落鱼重量的作用下，接箍被夹紧，在这种情况下(　　)。

A. 偏心套被推向工具左面　　B. 偏心套被推向工具上部右面

C. 偏心套被推向工具下部　　D. 偏心套被推向工具上部

260. BG002 偏心式抽油杆接箍打捞筒打捞时,抽油杆接箍与下部所连接的抽油杆一起进入上、下筒体内,(　　)。

A. 接箍通过中心进入上筒体
B. 接箍通过偏心套进入下筒体
C. 接箍通过偏心套进入上筒体
D. 接箍通过中心进入下筒体

261. BG003 使用偏心式抽油杆接箍打捞筒前要查明落鱼尺寸及鱼顶形状,安装合适的(　　)。

A. 卡瓦套　　B. 偏心套　　C. 卡瓦牙　　D. 偏心卡牙

262. BG003 使用偏心式抽油杆接箍打捞筒打捞时,下至(　　),试提工具管柱。

A. 深度为鱼顶深度加 0.2~0.4m 或指重表有显示时
B. 深度值为鱼顶深度加 0.5~0.7m 或指重表有显示时
C. 深度值为鱼顶深度加 0.3~0.4m 或指重表有显示时
D. 深度值为鱼顶深度加 0.5~0.6m 或指重表有显示时

263. BG004 三球打捞器是专门用来在套管内打捞(　　)的打捞工具。

A. 抽油杆接箍或抽油杆加厚台肩部位
B. 小件落物
C. 抽油杆本体
D. 油管

264. BG004 在设计打捞工具时,要根据(　　)确定打捞工具的连接形式和工具的操作方式。

A. 套管尺寸　　B. 钻具　　C. 鱼顶　　D. 打捞方式

265. BG005 三球打捞器是依靠三个球在斜孔中的位置变化来改变三个球的(　　)来打捞落物的。

A. 外径　　B. 内径
C. 方向　　D. 公共内切圆直径大小

266. BG005 在设计打捞管柱结构时,要考虑整个打捞管柱的(　　)问题,这样可避免事故的复杂性。

A. 实用性　　B. 可退性　　C. 通用性　　D. 可操作性

267. BG006 三球打捞器每次用完清洗时都要检测(　　)是否变形损坏,如损坏做到及时更换。

A. 密封圈　　B. 本体　　C. 尺寸　　D. 引鞋

268. BG006 使用三球打捞器打捞时,下至鱼顶以上 5m 时应(　　)。

A. 匀速下放管柱　　B. 转动管柱下放
C. 加快下放速度　　D. 猛提猛放,使鱼顶进入打捞工具内

269. BG007 使用测(试)井仪器打捞筒打捞后起钻时要求(　　)。

A. 快速起钻,防止落物重新落井　　B. 轻提慢放,防止落物落井
C. 起两根后下放一次　　D. 正常起钻

270. BG007　使用测(试)井仪器打捞筒打捞前要求洗井液(　　)，防止污物将工具循环通道堵死。

A. 必须清洁　　B. 密度要大　　C. 黏度适中　　D. 悬浮性能好

271. BG008　测(试)井仪器打捞筒起主要打捞作用的是(　　)。

A. 钢丝环　　B. 卡牙　　C. 钢丝　　D. 外筒

272. BG008　测(试)井仪器打捞筒 CYLQ148 适用于在(　　)套管内打捞。

A. 5in　　B. 5½in　　C. 6⅝in　　D. 7in

273. BG009　短鱼头打捞筒适用于打捞鱼头距卡点很近的落物，一般鱼头露出(　　)就能被抓住。

A. 10mm　　B. 20mm　　C. 50mm　　D. 100mm

274. BG009　短鱼头打捞筒筒体内有宽锯齿形内螺纹，宽锯齿形螺纹的起点处有(　　)。

A. 挡键　　B. 控制环　　C. 内卡瓦　　D. 宽的键槽

275. BG010　当短鱼头打捞筒内外螺纹锥面吻合，并有(　　)，筒体便给卡瓦以夹紧力，迫使卡瓦内缩夹紧落鱼，即所谓抓捞。

A. 钻压　　B. 悬重　　C. 上提力时　　D. 冲击力时

276. BG010　短鱼头打捞筒打捞时，提拉钻具则筒体(　　)，两螺旋锥面贴合，卡瓦咬入落鱼，随提拉力的增加夹紧力加大，实现打捞。

A. 下行　　B. 上行　　C. 卡瓦下推　　D. 卡瓦上推

277. BG011　使用短鱼头捞筒打捞落鱼时应根据(　　)，选择合适的短鱼头捞筒。

A. 鱼头大小　　B. 鱼头形状和井眼尺寸　　C. 鱼头长度和井眼尺寸　　D. 鱼头大小和井眼尺寸

278. BG011　使用短鱼头捞筒打捞落鱼遇卡，需要释放工具时，应加给打捞筒下击力，然后(　　)，并慢慢上提钻具。

A. 快速右旋　　B. 慢慢左旋　　C. 慢慢右旋　　D. 快速左旋

279. BG012　可退式打捞筒可分为(　　)打捞筒和螺旋可退式打捞筒。

A. 篮式　　B. 可退式　　C. 不可退式　　D. 篮式可退式

280. BG012　篮式可退式打捞筒由(　　)、铣控环、内密封圈、O 形密封圈、引鞋组成。

A. 上接头、篮式卡瓦　　B. 壳体总成、篮式卡瓦　　C. 篮式卡瓦　　D. 上接头、壳体总成、篮式卡瓦

281. BG013　组合式抽油杆打捞筒是将打捞抽油杆本体的打捞筒与(　　)组合在一起构成的一种新式打捞工具。

A. 打捞抽油杆接箍　　B. 打捞抽油杆接箍和台肩的打捞筒　　C. 台肩的打捞筒　　D. 可退式打捞筒

282. BG013　组合式抽油杆打捞筒上筒部分专供打捞(　　)本体。

A. 抽油杆接箍　　B. 抽油杆　　C. 落鱼　　D. 油管

283. BH001　平底磨鞋是用(　　)所堆焊的 YD 合金或耐磨材料去研磨井下落物的工具。

A. 侧面　　B. 底面　　C. 侧面和底面　　D. 底面中心部

284. BH001　高效磨鞋由本体硬段、本体软段和(　　)构成。

A. 硬质合金柱　B. YD 合金　C. 钨钢　D. 耐磨材料

285. BH002　平底磨鞋的水眼可做成(　　)。

A. 直通式　B. 旁通式

C. 直通式和旁通式两种　D. 直通兼旁通式

286. BH002　平底磨鞋磨铣桥塞时，选用钻压为(　　)。

A. 10～40kN　B. 50N　C. 600kN　D. 700kN

287. BH003　平底磨鞋下至鱼顶以上(　　)，开泵冲洗鱼顶。

A. 1～2mm　B. 2～3mm　C. 3～5mm　D. 5～10mm

288. BH003　磨鞋可与(　　)配合使用。

A. 扶正器　B. 开式下击器

C. 钻铤　D. 以上选项均正确

289. BH004　PMB127 型平底磨鞋最大磨削直径为(　　)。

A. 106mm　B. 108mm　C. 110mm　D. 112mm

290. BH004　PMB(　　)型平底磨鞋接头螺纹是 NC38(310)。

A. 152mm　B. 156mm　C. 159mm　D. 168mm

291. BH005　磨损的平底磨鞋底平面上的 YD 合金或耐磨材料(　　)补焊。

A. 允许　B. 不允许　C. 可定期　D. 可根据直径大小

292. BH005　下列关于平底磨鞋使用过程中的注意事项的叙述不正确的是(　　)。

A. 下钻速度不宜太快

B. 作业中不得停泵

C. 如果出现单点长期无进尺，应分析原因，采取措施，防止磨坏套管

D. 可使用在活动鱼顶

293. BH006　凹面磨鞋可用于磨削井下(　　)以及其他不稳定落物。

A. 小件落物　B. 水泥塞　C. 封隔器　D. 大件落物

294. BH006　凹面磨鞋的底面为(　　)凹面角。

A. 5°～10°　B. 10°～30°　C. 5°～30°　D. 20°～30°

295. BH007　凹面磨鞋的底部有(　　)。

A. YD 合金　B. 耐磨材料

C. YD 合金或其他耐磨材料　D. 金属材料

296. BH007　使用凹面磨鞋磨铣桥塞时的钻压为(　　)。

A. 100kN　B. 60kN　C. 50N　D. 15～45kN

297. BH008　以下四种磨鞋中，(　　)承受钻压最大，转速最大。

A. 套铣鞋　B. 梨形磨鞋　C. 平底磨鞋　D. 凹面磨鞋

298. BH008　凹底磨鞋在磨铣较长落物时容易出现(　　)磨削，应加以注意。

A. 滑动部位　B. 固定部位　C. 测面部位　D. 跳动

299. BH009　凹底磨鞋有(　　)水眼，容易被泥砂堵死，影响井下作业。

A. 组合式　B. 小的　C. 旁通式　D. 底尖部

300. BH009　当磨铣 N-80 油管时,返出磨屑为(　　)。
A. 细长卷条状　B. 长鳞片状　C. 砂粒状　D. 丝状
301. BH010　凹面磨鞋的维修保养与平底磨鞋(　　)。
A. 完全不同　B. 完全相同　C. 有相同点　D. 无可比性
302. BH010　用凹面磨鞋磨削落物,如果固定部位的 YD 合金和耐磨材料全部磨损,那么泵压(　　)。
A. 上升无进尺　B. 上升有进尺
C. 下降扭矩下降　D. 上升无进尺,扭矩下降
303. BH011　胀管器的锥角应大于(　　)。
A. 30°　B. 50°　C. 25°　D. 45°
304. BH011　第二级胀管器比第一级胀管器的直径大(　　)较为合适。
A. 2~2.5mm　B. 1.5~2.5mm　C. 1.5~2mm　D. 2~2.5mm
305. BH012　当选用胀管器外径尺寸超过套管变形部位内通径 2mm 以上,经多次胀管胀不开时,需(　　)。
A. 起钻,换小直径胀管器　B. 继续胀管
C. 起钻重新打印　D. 起钻换大直径胀管器
306. BH012　ZQ-140 梨形胀管器接头螺纹直径是(　　)。
A. NC31(210)　B. NC26(210)
C. NC38(320)　D. NC31(210)
307. BH013　胀管时上提钻具(　　)后应以较快的速度下放。
A. 1~3m　B. 1~2m　C. 2~3m　D. 3~4m
308. BH013　一般选用比变形套管大(　　)的梨形胀管器下井。
A. 5mm　B. 4mm　C. 3mm　D. 2mm
309. BH014　使用梨形胀管器时,每次胀大的横向距离一般为(　　),然后换下一只胀管器。
A. 6~8mm　B. 5~6mm　C. 4~7mm　D. 1~3mm
310. BH014　套管整形都是针对缩径套管,缩径后的短轴与原直径长度之差如果大于原直径的(　　),则套管很难整形。
A. 15%　B. 25%　C. 35%　D. 50%
311. BH015　弹簧式套管刮削器主要由(　　)等零件组成。
A. 本体、刀板　B. 本体、刀板、固定块、压块
C. 本体、固定块、压块　D. 本体、压块
312. BH015　弹簧式套管刮削器维修保养时,发现(　　)或者有残余变形(自由高度明显减少)的必须更换新的。
A. 弹簧损坏　B. 主体　C. 刀板　D. 表面破损
313. BH016　偏心辊子整形器由(　　)钢球及丝堵等组成。
A. 偏芯轴、上辊、中辊、锥辊　B. 上辊、中辊、锥辊
C. 偏芯轴、上辊　D. 偏芯轴、中辊、锥辊

314. BH016　偏心辊子整形器辊子包括(　　)。
A. 上辊、中辊、下辊、锥辊　　B. 上辊、中辊、下辊
C. 上辊、下辊、锥辊　　D. 上辊、锥辊

315. BH017　鱼顶修整器下端有与引鞋相连的外螺纹,其下端有锥度为(　　)的锥面。
A. 1∶5　　B. 1∶8　　C. 1∶10　　D. 1∶16

316. BH017　鱼顶修整器由(　　)、芯轴、喇叭口、引鞋等组成。
A. 下接头　　B. 上接头　　C. 刀片　　D. 合金钢

317. BH018　YDSZ-89 鱼顶修整器的修复外径是(　　)。
A. 71mm　　B. 85mm　　C. 89mm　　D. 90mm

318. BH018　当(　　)引入落鱼之后,由于(　　)本身的扶正作用,使芯轴尖部在任何状态下均能对中鱼腔。
A. 喇叭口　　B. 磨铣　　C. 套筒　　D. 引鞋

319. BH019　整形冲胀次数以(　　)为宜,不宜过多,否则将对鱼顶产生不良影响。
A. 2 次　　B. 3 次　　C. 5 次　　D. 10 次

320. BH019　用鱼顶修整器修整后下入打捞工具时,应充分考虑其顶部都有大小不等的裂纹存在,以免将鱼顶撕裂,使打捞失效,建议采用(　　)。
A. 公锥
B. 滑块
C. 可退打捞矛
D. 卡瓦打捞筒、带引鞋的滑块卡瓦打捞矛或可退打捞矛

二、多项选择题(每题有 4 个选项,至少有 2 个是正确的,将正确的选项号填入括号内,多选、错选、漏选均不得分)

1. AA001　砂卡的类型包括(　　)。
A. 管柱卡　　B. 落物卡　　C. 套管变形卡　　D. 井下工具卡

2. AA002　下列叙述中,属于造成砂卡原因的是(　　)。
A. 在油井生产过程中,油层中的砂子随油流进入油套管环空后逐渐沉积造成砂埋一部分管柱形成砂卡
B. 冲砂作业时,由于排量不足,洗井液携砂能力差,不能将砂子洗出或完全洗出井外造成砂卡。施工中由于液量不足冲砂进尺太快,接单根时间过长,因故不能连续施工,都会造成砂子下沉埋住管柱而卡钻
C. 对井下套管情况不清楚,错误地把管柱、工具下在套管损坏处
D. 在填砂作业时,由于砂比太大,未持续活动管柱,也会造成砂卡

3. AA003　下列叙述中,对水泥卡定义的理解正确的是(　　)。
A. 油水井在生产过程中,由于泥岩膨胀、井壁坍塌造成套管变形或损坏,而将井下管柱卡在井内
B. 由于水泥固住部分管柱不能正常提出管柱的事故
C. 注水泥时间拖长或催凝剂用量过大,使水泥浆过早凝固将井下管柱固住
D. 使用水泥的温度过高,而井下温度过低,或井下遇到高压盐水层,以致凝固

4. AA004　下列叙述中属于造成水泥卡的原因的是(　　)。

A. 油水井在生产过程中,由于泥岩膨胀、井壁坍塌造成套管变形或损坏,而将井下管柱卡在井内

B. 在填砂作业时,由于水泥混砂比太大,未持续活动管柱

C. 注水泥时间拖长或催凝剂用量过大,使水泥浆过早凝固将井下管柱固住

D. 井内注水泥管柱深度或顶替量计算错误

5. AA005　下列叙述中,对落物卡钻定义的理解正确的是(　　)。

A. 在起下钻施工中,由于井内落物把井下管柱卡住造成不能正常起下的事故

B. 井口未装防落物保护装置会造成井下落物

C. 井口工具质量差、强度低,在正常施工时也可能造成井下落物

D. 压裂施工砂比大造成井内工具、管柱卡死的现象

6. AA006　下列叙述中,不属于造成落物卡的原因的是(　　)。

A. 井口未装防落物保护装置会造成井下落物

B. 由于发生套管变形,错误地把管柱、工具下在套管损坏处

C. 井口工具质量差、强度低,在正常施工时也可能造成井下落物

D. 压裂施工砂比大造成井内工具、管柱卡死的现象

7. AA007　井下管柱、工具等卡在(　　)内,用与井下管柱悬重相等或(　　)一些的力不能正常起下作业的现象称为套管卡。

A. 套管　　B. 管柱　　C. 稍大　　D. 稍小

8. AA008　下列叙述中,属于造成套管变形卡的原因的是(　　)。

A. 构造运动或地震等原因造成套管错断、损坏发生卡钻

B. 由于对井下套管情况不清楚,错误地把管柱、工具下在套管损坏处

C. 由于井口工具质量差、强度低,在施工时无法起出的现象

D. 压裂施工砂比大造成井内工具、管柱卡死的现象

9. AA009　解除砂卡的方法,包括(　　)。

A. 活动管柱解卡　　B. 憋压循环解卡

C. 诱喷法解卡　　D. 倒扣解卡法

10. AA010　解除落物卡钻切忌大力上提以防卡死或损伤套管,一般处理的方法包括(　　)。

A. 根据落物形状大小及材质,考虑把落物拨正后能否从环空落下去或能否靠管柱提放、转动将其挤碎

B. 通过慢慢提放、转动管柱,将落物拨正落到井底或将其挤碎,达到解卡的目的

C. 如落物不深并且不大(如钳牙、螺栓等),可采用悬浮力较强的洗井液大排量正洗井,同时上提管柱,直到把落物洗出井外后使管柱解卡

D. 如果被卡管柱下面有较大工具(如封隔器等),落物任何角度都无法通过环空,并且落物材质坚硬不易挤碎,轻提慢放转动管柱无效,可测算卡点深度,将卡点以上管柱倒出,根据落物形状大小,选择合适的工具(如强磁打捞器、一把抓等),将落物捞出,如捞不出可选择尺寸合适的套铣筒将其套铣掉,再捞出落井管柱

11. AA011　下列关于水泥卡的解除方法的叙述正确的是(　　)。

A. 对于卡钻不死、能开泵循环通的井,可把浓度为15%的盐酸替到水泥卡的井段,靠盐酸破坏水泥环而解卡

B. 如套管内径较小,固死的管柱外无套铣空间,可采取磨铣法

C. 如循环不通,管柱内外全部被水泥固死,可采取倒扣解卡法

D. 套铣过程中要保证洗井液及排量充足,接卸单根动作要迅速,防止水泥屑下沉造成新的卡钻

12. AA012　下列关于解除套管卡钻事故的处理方法的叙述正确的是(　　)。

A. 一般变形不严重的井,可采取机械整形(胀管器、滚子整形器)或爆炸整形的方法将套管修复好达到解卡目的

B. 变形严重时,可下铣锥或领眼高效磨鞋,进行磨铣打开通道解卡

C. 可将卡点以上的管柱起出,方法可采取倒扣、下割刀切割或爆炸切割

D. 通过打铅印、测井径、电视测井等方法就可以解决卡钻事故

13. AA013　下列关于打捞作业分类的叙述正确的是(　　)。

A. 管类落物打捞,如油管、钻杆、封隔器、工具等

B. 杆类落物打捞,如(断脱的)抽油杆、测试仪器、抽汲加重杆等

C. 绳类落物打捞,如铅锤、刮蜡器、取样器等

D. 小件落物打捞,如录井钢丝、电缆等

14. AA014　下列关于常见井下打捞作业的叙述正确的是(　　)。

A. 井下落物类型主要有管类落物、杆类落物、绳类落物和小件落物

B. 打捞前应首先掌握油水井基础数据,即了解清楚钻井和采油资料,搞清井的结构、套管情况、有无早期落物等

C. 常用打捞工具有母锥、公锥、捞矛、卡瓦捞筒等

D. 打捞小件落物的工具主要有磁铁打捞器、一把抓、反循环打捞篮等

15. AA015　铅模外径(　　),起下(　　)造成二次事故,其螺纹需特别上紧。

A. 大　　B. 小　　C. 易变形　　D. 易松扣脱落

16. AA016　下列关于打捞作业操作方法的叙述正确的是(　　)。

A. 第一次打捞前,应有印模资料,以便选择合适的打捞工具

B. 每次打捞过程中,应有相应的安全措施,避免将鱼顶破坏,防止事故复杂化

C. 管柱遇卡需进行倒扣时,应测出卡点位置,根据卡点深度确定倒扣载荷

D. 倒扣时,转盘补心应固定牢靠,防止飞出伤人

17. AA017　下列对油层压裂目的的叙述正确的是(　　)。

A. 改造低渗透油层的物理性质,降低流动阻力,提高油井的产油能力

B. 减缓层间矛盾,只能使低渗透率的油层合理开采,提高油井利用率

C. 压裂只能解除近井地带的堵塞

D. 压裂是油井增产的主要措施

18. AA018　压裂液用量是(　　)、(　　)与(　　)三部分液量的总和。

A. 前置液　　B. 顶替液　　C. 携砂液　　D. 支撑液

19. AA019　压裂施工工序步骤：循环、(　　)、试挤、(　　)、顶替、关井扩散压力、放喷。
A. 试压　B. 洗井　C. 压裂　D. 活动管柱
20. AA020　在压裂施工中，下列对安全注意事项的叙述正确的是(　　)。
A. 施工现场严禁用明火，严禁吸烟；高压区严禁非岗人员接近
B. 施工中要注意防砂堵、防卡管
C. 压裂车安全销子允许超过最高工作压力
D. 在处理刺漏时必须放空压力
21. AA021　下列对油层酸化技术的叙述正确的是(　　)。
A. 增加地层中孔隙、裂缝的流动能力，改善油、气、水的流动状况，从而达到增加油气井产量和注水井注入量的目的
B. 酸化处理是油气水井的有效增产措施之一
C. 可以解除或者缓解完井及生产过程中，完井液或注水管线腐蚀后生成的氧化铁和细菌繁殖对地层的污染堵塞
D. 酸化就是以酸作工作液对油气(水)井进行的增产(注)措施的统称
22. AA022　下列对油层酸化施工工序的叙述正确的是(　　)。
A. 油层酸化施工工序：循环、试压—低压替酸—封隔器坐封—高压挤酸—顶替—关井反应、开井放喷
B. 油层酸化施工工序：循环、试压—高压替酸—封隔器坐封—低压挤酸—顶替—关井反应、开井放喷
C. 在试压过程中，高压管汇用清水以设计施工压力的1~1.5倍试压，稳压1min不刺不漏为合格。
D. 在试压过程中，高压管汇用清水试压(0.4~0.5MPa)。
23. AA023　油层酸化工艺技术包括(　　)三大类。
A. 基质酸化　B. 酸压　C. 分层酸化　D. 化学酸化
24. AA023　下列对于油层分层酸化的叙述正确的是(　　)。
A. 封隔器分层酸化
B. 投球分层酸化
C. 化学暂堵分层酸化
D. 分层酸化技术是针对纵向多产层井或有特殊要求的井的一种酸化施工工艺
25. AB001　将零件的某一部分向基本投影所得的视图称为(　　)，如果局部视图的结构不完整，外形轮廓线又不封闭时，应用(　　)断开。
A. 斜视图　B. 局部视图　C. 波浪线　D. 中心线
26. AB002　画斜视图时，必须在相应的视图附近，用箭头指明(　　)，并注上字母“X”，在斜视图上方标出(　　)。
A. 方向　B. 投影方向　C. X 向　D. 箭头
27. AB003　假想用剖切面剖开零件，将处在观察者和剖切面之间的部分移去，而将(　　)向投影面投影所得的图形，称为(　　)。
A. 其余部分　B. 整体　C. 剖面图　D. 剖视图

28. AB004　假想用(　　)将零件的某处切断,仅画出断面的图形,并画上剖面符号,这样的图形称为(　　)。

A. 剖切平面　　B. 曲线　　C. 移出剖面图　　D. 剖面图

29. AB005　尺寸链按几何特征分类,可分为(　　)。

A. 角度尺寸链　　B. 长度尺寸链　　C. 直线尺寸链　　D. 装配尺寸链

30. AB006　表面粗糙度(Ra)的代号为$\overset{50}{\checkmark}$,通过(　　)方法加工制作。

A. 精车　　B. 粗车　　C. 粗铣　　D. 精磨

31. AB007　下列对尺寸公差的定义的表述正确的是(　　)。

A. 允许尺寸的变动量

B. 最大极限尺寸与最小极限尺寸之代数差的绝对值

C. 上偏差与下偏差的代数差的绝对值

D. 以上选项均不正确

32. AB008　[− | 0.04]的意义是(　　),[▱ | 0.05]的意义是(　　)。

A. 直线度,允许的变动全量为 0.04　　B. 垂直度,允许的变动全量为 0.04

C. 平行度,允许的变动全量为 0.05　　D. 平面度,允许的变动全量为 0.05

33. AB009　被测(　　)实际要素的位置对其基准要素的变动量称为(　　)。

A. 单一　　B. 关联　　C. 位置误差　　D. 形状误差

34. AB010　$\phi50_{0}^{+0.0025}$ 的孔和 $\phi50_{0.043}^{+0.049}$ 的轴相配是(　　)配合,且与 $\phi50_{0.002}^{+0.0018}$ 轴相配是(　　)配合。

A. 基孔制间隙配合　　B. 基孔制过盈配合

C. 基孔制过渡配合　　D. 以上答案均不正确

35. AC001　下列关于焊接、切割设备使用过程中的注意事项的叙述正确的是(　　)。

A. 焊工与焊件间应绝缘,应设专人监护

B. 严格按照焊机额定焊接电流和暂载率来使用,严禁过载

C. 焊接过程中,如遇有短路现象,不允许时间过长

D. 焊接铜、铝、铁、锡等有色金属时,必须要通风良好,采取防毒措施

36. AC002　下列对气焊设备安全操作规定的叙述正确的是(　　)。

A. 点燃焊(割)炬时,应先开乙炔阀点火,然后用氧气阀调整火焰,关闭时应先关闭乙炔阀,再关闭氧气阀

B. 冬季在露天施工,如软管和回火防止器冻结进,可用热水、蒸气或在暖气设备下化冻,严禁用火焰烘烤

C. 氢氧并用时,应先开氢气,再开乙炔气,最后开氧气,再点燃

D. 氢氧并用,熄灭时,应先关氧气,再关氢气,最后关乙炔气

37. AC003　对 ISO 14001 环境管理体系理解,下列叙述正确的是(　　)。

A. 环境管理体系的实施是指为了实现组织提出的环境方针、目标和指标,必须具备的机制、资源和各种能力

B. 建立一个科学的管理运行机制,相应的机构与人员

C. 制定出一套完整的管理文件并采取必要的文件控制措施

D. 要有环境知识和技能的培训

38. AC004　HSE 管理体系中 H 代表（　　），S 代表（　　），E 代表环境。

A. 健康　　B. 习惯　　C. 保证　　D. 安全

39. AC005　下列关于质量标准化的意义的叙述正确的是（　　）。

A. 改进产品、过程或服务的实用性

B. 防止产品流失

C. 促进技术合作、在一定范围内获得最佳秩序有一个或多个特定目的，以适应某种需要

D. 促进企业发展

40. AC006　下列关于 HSE 管理体系标准术语的叙述正确的是（　　）。

A. 事故：造成死亡、职业病、伤害、财产损失或环境破坏的事件

B. 危害：可能造成人员伤害、职业病、财产损失、作业环境破坏的根源或状态

C. 风险评价：依照现有的专业经验、评价标准和准则，对危害分析结果做出判断的过程

D. 管理者代表：由公司最高领导者任命，在公司内代表最高领导者履行 HSE 管理职能的人员

41. AC007　下列关于 HSE 管理体系对应急能力和意识的分析的叙述正确的是（　　）。

A. 组织应确保与组织应急工作密切相关的职能部门、管理层及岗位的人员具备相应的应急工作能力

B. 开展或管理的工作或活动可能发生突发事件的风险

C. 发生突发事件时的操作、行动或程序，包括执行这些操作、行动或程序的有效途径和方法

D. 与组织应急工作相关的作用、职责和权限，包括应急管理计划所赋予的职责，并能有效执行

42. AC008　HSE 管理体系培训的方式，包括（　　）。

A. 课堂培训　　B. 会议　　C. 专题讨论　　D. 岗位实际练习

43. AC009　下列关于 HSE 管理岗位职责的叙述正确的是（　　）。

A. 贯彻执行国家、地方政府和公司有关 HSE 方针、政策、法令、法规及各项规章制度

B. 研究部署季节性的重点 HSE 工作

C. 组织开展对重大火灾、爆炸、人身伤亡、设备、环保、数质量事故的调查、处理

D. 每年召开一次 HSE 会议

44. AC010　下列关于 HSE 管理体系对防尘防毒要求的叙述正确的是（　　）。

A. 各生产区域应防止粉尘、毒物的泄漏和扩散，应采取有效的防护措施，严格劳动防护用品的穿戴，减少人员与尘毒物料的接触

B. 对于散发的有害物质，应加强排风；对于粉尘和毒物的作业场所，要及时清理保持清洁

C. 有毒、有害物质的包装必须符合安全要求，防止泄漏扩散

D. 各生产单位必须加强针对防毒、防尘设备的管理，杜绝跑、冒、滴、漏

45. BA001　为提高试压效率,可先将被测试容器或设备(　　),再接试压泵的(　　)。
A. 先注满水　　B. 先释放压力
C. 出水管　　D. 进水管

46. BA002　下列关于 YNJ-160/8 液压拧扣机上、卸扣操作步骤的说法正确的是(　　)。
A. 将要上、卸扣的部件分别装夹在拧扣机上
B. 根据上扣扭矩初步确定上卸扣压力
C. 启动拧扣机进行上、卸扣,并观察记录卸扣压力
D. 以上选项均不正确

47. BA003　下列属于 YNJ-160/8 型拧扣机显示油温过高原因的是(　　)。
A. 有严重的泄漏,油泵压力调整得过高
B. 误用黏度过大的油,引起油液黏度过大
C. 散热不良,要检查冷却器等装置
D. 换向时的冲击现象,造成不必要的能量损失

48. BA004　下列属于液压扭扣机使用时系统压力调上不去原因的是(　　)。
A. 控制元件,溢流阀失灵
B. 液压油不足,供油泵失灵
C. 液压油中有杂质
D. 换向时的冲击现象造成不必要的能量损失

49. BA005　下列对手动葫芦的使用注意事项叙述正确的是(　　)。
A. 使用手拉葫芦的吊挂必须牢靠,检查起重链条是否有扭结现象,如有应调整好后才能使用
B. 操作手拉葫芦时,先将手链正拉,并将起重链条放松,使其有充分的起升距离
C. 不要斜向拽动手拉链条,也不要用力过猛
D. 葫芦不得超载使用

50. BA006　下列对手工气焊注意事项叙述正确的是(　　)。
A. 禁止用易产生火花的工具去开启氧气或乙炔气阀门
B. 焊接场地应备有相应的消防器材
C. 压力容器及压力表、安全阀应按规定定期送交校验和试验
D. 氧气瓶或乙炔气瓶与明火间的距离保持在 1m 就可以

51. BA007　目前电焊机有(　　)大类及(　　)系列。
A. 25 个　　B. 22 个　　C. 40 个　　D. 45 个

52. BA008　下列属于常用手工电焊机的是(　　)。
A. 交流弧焊机　　B. 直流弧焊机
C. 激光焊机　　D. 闪光电焊机

53. BA009　按照焊条的用途,可以将电焊条分为(　　)。
A. 结构钢焊条　　B. 耐热钢焊条
C. 不锈钢焊条　　D. 堆焊焊条

54. BA010　下列关于焊接质量基本要求的叙述正确的是(　　)。

A. Ⅰ、Ⅱ级焊缝不得有裂纹、焊瘤、烧穿、弧坑等缺陷

B. 焊缝应外形均匀,焊道与焊道、焊道与基本金属之间过渡平滑,焊渣和飞溅物清除干净

C. Ⅰ、Ⅱ级焊缝不允许表面气孔

D. Ⅰ级焊缝不允许咬边

55. BB001　机械式内割刀由(　　)部件所组成。

A. 芯轴　B. 切割机构　C. 限位机构　D. 锚定机构

56. BB002　下列关于机械式内割刀的工作原理和注意事项的叙述正确的是(　　)。

A. 当工具下放到预定深度时,正转钻柱,由于摩擦块紧贴套管内壁产生一定的摩擦力,迫使滑牙板与滑牙套相对转动,推动卡瓦上行沿锥面张开,并与套管内壁接触,完成锚定作用

B. 继续转动并下放钻柱,则进行切割;切割完毕后上提钻柱,芯轴上行,单向锯齿螺纹压缩滑牙板弹簧,使之收缩,由此滑牙板与滑牙套即可跳跃复位,卡瓦脱开,解除锚定

C. 下工具时防止正转钻柱以免中途坐卡。如果中途坐卡,可上提钻柱即可复位,然后继续下放

D. 切割时应按规定控制下放量和转速,防止刀片损坏

57. BB003　水力式内割刀是利用(　　)的力量从管子(　　)切割管体的工具。

A. 液压推动　B. 气压推动　C. 内部　D. 外部

58. BB004　下列关于水力式内割刀的工作原理的叙述正确的是(　　)。

A. 将工具下到需要切割的位置,在停泵的条件下,按规定的转速旋转钻具,数分钟后按规定的排量开泵循环钻井液

B. 调压总成的限流作用使活塞总成两端压差增大

C. 切割刀片共有 6 个

D. 当管壁完全切开时,活塞总成也完全离开了调压总成的限流塞

59. BB005　下列关于机械式外割刀的工作原理的叙述正确的是(　　)。

A. 用卡爪装置固定割刀来实现定位切割

B. 工具管柱的旋转运动是切割的主运动,刀片绕轴销缓慢地转动是切削的进给运动

C. 进给运动是靠压缩后主弹簧的反力来实现自动进给

D. 当遇到接箍或者加厚部位时,卡爪或者被外推或者被胀大,在弹性力的作用下,卡爪又贴在接箍下行,直至通过接箍后,卡爪又重新贴在管柱本体下行

60. BB006　机械式外割刀由(　　)等部件所组成。

A. 卡爪装置　B. 止推环　C. 进给套　D. 筒体

61. BB007　JWGD 05 机械式外割刀的外径为(　　),内径为(　　),切割范围为 88.9~114.3mm。

A. 194mm　B. 143mm　C. 123.8mm　D. 161.9mm

62. BB008　下列关于使用机械式外割刀优缺点的叙述正确的是(　　)。

A. 切割深度准确,切口整齐,有利于下一步作业

B. 切割速度平稳,能自动进刀

C. 可进行修井液循环

D. 该工具是不可退式工具,操作中要特别细心,保证一次切割成功

63. BB009　下列关于水力式外割刀用途的叙述中正确的是(　　)。

A. 一种从套管、油管或钻杆外部切断管柱的专用工具

B. 更换卡爪装置后,可在除接箍外任何部位切割

C. 切断后可直接提出断口以上管柱

D. 用途与机械式外割刀相同

64. BB010　下列关于水力式外割刀工作原理的叙述正确的是(　　)。

A. 水力式外割刀靠液体的压差推动活塞,随着活塞下移,使进刀套剪断销钉,进刀套继续下移推动刀片绕刀销轴向内转动

B. 转动工具管柱,刀片就切入管壁,实现切割运动,这里特别应该指出的是,在切割过程中,液体压差应随活塞、进刀套的下移而逐渐均匀增加,由此实现连续进刀,直至切断管柱

C. 切割完成后,只要上提工具管柱,活塞片就将卡在被切管柱最下面的一个接箍上,把进刀套推在外筒的内台肩上

D. 带着切下管柱一起提出井口

65. BB011　下列关于水力式外割刀使用方法的叙述正确的是(　　)。

A. 适当规格的水力式外割刀,配上合适的活塞,将工具接到套铣管柱上,下至预割位置

B. 打开放泄阀,启动钻井泵,再逐步关闭放泄阀,增大排量使活塞外产生 1~1.2MPa 压差将销钉剪断,然后打开放泄阀放掉压力

C. 切割以 15~25r/min 的低转速转动水力式外割刀,慢慢关小放泄阀,直至压力和排量达到规定值

D. 起钻切割中若转速、扭矩和悬重出现明显变化,说明管柱可能已被割断;起钻之前先将割刀向上试提 25~50mm,旋转钻柱如不受阻,证明切割成功,即可起钻

66. BB012　下列关于刮刀钻头结构的叙述正确的是(　　)。

A. 刮刀钻头与尖钻头基本相同,都是由接头与钻头体焊接而成,只不过其底部是刀刃形而不是尖形

B. 因其形状不同,又有鱼尾刮刀钻头和三刮刀钻头

C. 若在刮刀钻头的头部增加一段尖部领眼,称其为领眼钻头

D. 尖部领眼的重要作用之一是使钻头沿原孔眼刮削钻进

67. BC001　一张完整的零件图应包括(　　)。

A. 一组视图　　B. 全部尺寸　　C. 技术要求　　D. 标题栏

68. BC002　主视图是零件图的核心,而主视图的确定应考虑(　　)的原则。

A. 表现形体特征　　B. 表现加工位置

C. 表现工作位置　　D. 表现加工工序

69. BC003　标注零件图的尺寸时,合理的标注尺寸要符合(　　),满足(　　)。

A. 设计要求　　B. 公差配合　　C. 工艺要求　　D. 尺寸规格

70. BC004　标注尺寸时，尺寸基准一般都是零件上的一些的(　　)和(　　)。
A. 面　B. 对称中心　C. 线　D. 轴

71. BC005　下列关于绘制草图步骤的叙述正确的是(　　)。
A. 零件尺寸大小选定比例、画幅，画出边框线
B. 安排视图位置，注意留出标注尺寸所需的地位
C. 用细实线画出零件图各部分内容
D. 在画出各视图的基准线的基础上进行作图

72. BC006　下列关于绘制草图的测量及标注尺寸的叙述不正确的是(　　)。
A. 根据所需标注的尺寸公差，画出尺寸界线、尺寸线、箭头
B. 按所画尺寸线有条不紊地测量尺寸、进行注写
C. 表面粗糙度符号、对有配合要求或形位公差要求的部位要仔细测量
D. 对表面粗糙度、配合公差，参考有关技术资料加以确定，其他符合不用参考技术资料

73. BC007　看零件图的方法总体原则包括(　　)。
A. 概括了解　B. 分析表达方式，搞清视图间的联系
C. 分析尺寸及技术要求　D. 综合归纳

74. BC008　工艺基准是根据零件的(　　)和(　　)要求而选定的基准。
A. 尺寸　B. 大小　C. 结构　D. 设计

75. BC009　按测量要求标注尺寸是指在生产中，为便于加工测量，应尽量采用(　　)，减少(　　)。
A. 普通量具　B. 精度高的量具
C. 多次测量　D. 专用量具

76. BC010　外螺纹的大径和完整螺纹的终止界线均用(　　)表示，当需要表示螺纹收尾时，螺尾部分的牙底用与轴线成30°的(　　)绘制。
A. 粗实线　B. 细直线
C. 双点画线　D. 以上选项均不正确

77. BC011　牙型代号为M12-7g8g-L，下列表述正确的是(　　)。
A. 普通螺纹大径为12mm　B. 中径公差带代号为7g8g
C. 顶径公差带代号为8g　D. 旋合长度“L”，右旋

78. BC012　测绘时所用的量具分为(　　)3种。
A. 普通量具　B. 精密量具　C. 特殊量具　D. 千分量具

79. BC013　测量重要尺寸时（如两轴孔的中心距、齿轮上轮齿的尺寸等），则应使用(　　)，并且(　　)。
A. 较精密量具　B. 普通量具　C. 不得圆整　D. 读数圆整

80. BD001　下列油井检泵原因的叙述正确的是(　　)。
A. 油井结蜡造成的活塞卡、阀卡使抽油泵不能正常工作或将油管堵死
B. 砂卡、砂堵检泵
C. 抽油杆的断裂造成检泵
D. 泵的磨损漏失量不断增大，造成产液量下降，泵效降低

81. BD002　影响泵效的原因包括(　　)。

A. 抽油杆柱和油管柱的弹性伸缩　　B. 气体和充不满的影响

C. 漏失的影响　　D. 以上选项均不正确

82. BD003　泵的等级分为Ⅰ、Ⅱ、Ⅲ级,不同等级表示间隙的大小,对各等级泵间隙,下列表述正确的是(　　)。

A. Ⅰ级泵的间隙为0.025~0.088mm

B. Ⅱ级泵的间隙为0.050~0.113mm

C. Ⅲ级泵的间隙为0.075~0.138mm

D. 不同等级表示间隙的大小不代表泵的制造质量

83. BD004　下列关于间隙漏失量的测量试验操作程序的表述正确的是(　　)。

A. 在泵筒内装一组能限制柱塞总成在试验部位全部定位的圆柱形顶杆

B. 因泵筒长度大于3m,要在上、下两个部位测试柱塞与泵筒的间隙漏失量,故顶杆也应由各种长度进行组合,以满足需要,泵筒长度等于或小于3m的,只测其下部漏失量

C. 开低压充液泵将10号轻柴油充满泵筒,同时柱塞总成也被柴油压送到顶杆处

D. 如间隙漏失量大,要重新选较大直径柱塞进行装配,如间隙漏失量太小,要重新选较小直径柱塞进行装配

84. BD005　下列关于抽油泵的阀球与阀座的密封性能试验的表述正确的是(　　)。

A. 将配研好的阀球与阀座彻底清除干净

B. 将阀球放在与阀座配研好的密封面上

C. 将阀座与阀球置于真空泵吸入口处,并让阀座底面平放在真空泵吸入口的密封软橡胶板上

D. 如一次试验真空度在保持5s时间内仍达到85kPa,证明这对阀球与阀座的密封性能试验合格

85. BD006　管式抽油泵可分为(　　)。

A. 组合管式抽油泵　　B. 整筒管式抽油泵

C. 稠油泵　　D. 耐磨泵

86. BD007　管式泵按结构可分为(　　)等。

A. 组合管式抽油泵　　B. 动筒式防砂泵

C. 液压反馈抽稠泵　　D. 整筒管式抽油泵

87. BD008　检泵分为(　　)检泵方式。

A. 计划　　B. 周期性　　C. 预定　　D. 躺井

88. BD009　在施工作业中,探砂面工序需注意事项包括(　　)。

A. 核实人工井底,如果砂柱超过允许高度,要进行冲砂

B. 用原井管柱探砂面要有油管记录,起出后应该核实井内管柱,防止探砂面不准

C. 砂面深度以管柱悬重下降20~30kN,连续3次数据一致为准

D. 探砂面施工作业前,需倒出油井油管挂

89. BD010　下列关于杆式泵管柱的组配公式的叙述正确的是（　　）。

A. 泵挂深度=油补距+油管挂短节长度+外工作筒支撑环上油管长度+外工作筒支撑环以上附加工具长度+泵长

B. 尾管深度=油补距+油管挂短节长度+外工作筒支撑环上油管长度+外工作筒支撑环以上附加工具长度+外工作筒长+外工作筒以下附加工具长度+尾管长度

C. 尾管深度=油补距+油管挂短节长度+泵以上油管长度+泵上附加工具长度+泵长+泵以下附加工具长度+尾管长度

D. 泵挂深度=油补距+油管挂短节长度+泵以上油管长度+泵上附加工具长度+泵长

90. BD011　下列关于可打捞式管式抽油泵下井操作的叙述正确的是（　　）。

A. 将下端连有固定阀固定装置的泵筒总成，通过上部油管接箍直接连接在油管柱下端，随油管柱下到井下预定的泵挂深度处

B. 将下端连有固定阀打捞装置的柱塞和通过丝锥式打捞头连接的固定阀总成一起随抽油杆柱下入井下抽油泵泵筒，直到固定阀总成在固定阀固定位置（支撑套）中就位

C. 反向旋转抽油杆柱，使丝锥式打捞头从固定阀罩的母螺纹中旋出为止

D. 向上提起柱塞，按规定反方向调整防冲距和冲程

91. BD012　下列关于油井检泵施工工序中施工质量方面注意事项的叙述正确的是（　　）。

A. 用专用车运送抽油泵，应放平卡牢，平稳行驶

B. 抽油机井在起抽油杆前要进行探泵作业

C. 偏心采油树必须将四通拆除

D. 下泵时，每根油管必须缠螺纹膜或抹相应的密封脂

92. BD013　螺杆泵出现故障，通过观测驱动电动机的工作电流变化，可判断泵的工作状态，下列叙述正确的是（　　）。

A. 接近空载电流，无排量，一般是抽油杆断脱式油管严重漏失

B. 接近正常运转电流，但排量很小，如果井内液面较高，一般是油管漏失或定子橡胶失效

C. 明显高于正常运转电流，排量正常，油压正常，可能是定子橡胶溶胀或油管结蜡引起的

D. 电流周期性波动，排出液流不稳定，往往是原油含气的影响、供液不足及防冲距没提到位

93. BD014　螺杆泵出现故障，下列通过憋压法判断泵的工作状态的叙述正确的是（　　）。

A. 憋压法是通过关闭采油树出油阀门，观测井口油压和套压变化，进行诊断井下泵工作状态的方法

B. 油压不上升，无排量，抽油杆可能断脱

C. 油压不上升，接近套压，液面到井口，排量很小，或无排量，一般是油管严重漏失

D. 油压与套压接近，油套连通，一般是泵定子橡胶脱落

94. BD015　螺杆泵出现故障，下列通过憋压法和电流法判断泵的故障的叙述正确的是(　　)。

A. 接近空载电流，无排量，一般是抽油杆断脱式油管严重漏失

B. 油压不上升，无排量，抽油杆可能断脱

C. 油压不上升，接近套压，液面到井口，排量很小，或无排量，一般是油管严重漏失

D. 油压与套压接近，油套连通，一般是泵定子橡胶脱落

95. BD016　下列关于螺杆泵使用后保养的叙述正确的是(　　)。

A. 除去螺杆泵表面油污并清洗干净

B. 检查各部连接螺纹是否松动、损伤

C. 拆卸并清洗螺杆泵各部件

D. 将螺杆用软布擦净表面的水分防止生锈，或置于通风良好库房内进行保存

96. BD017　潜油电动机新井投产时出现过载现象，下列关于故障现象及检验方法的叙述正确的(　　)。

A. 新井投产时，启动机组出现瞬时脱扣跳闸

B. 检查机组的三相对地绝缘电阻是否符合要求

C. 检查中心控制器过载值调整是否适当

D. 检查总开关脱扣装置是否脱扣

97. BD018　潜油电动机机械故障包括(　　)。

A. 各部件壳体间连接螺栓变形与断裂

B. 泵内部零部件损坏导致的卡泵

C. 保护器失效，电动机烧毁

D. 人为因素引起的振动，而振动导致动载荷，加剧了零部件间的磨损

98. BD019　潜油电泵出现泵的排量低或等于零时，正确的处理方式包括(　　)。

A. 转向不正确，调整相序使潜油电泵正转

B. 地面管线堵塞，检查阀门及回压，热洗地面管线

C. 管柱有漏失，憋压检查，起泵处理

D. 泵设计扬程不够，重新选泵，并更换机组

99. BD020　潜油电泵出现运行电流偏高时，正确的处理方式包括(　　)。

A. 机组在弯曲井段，上提或下放若干根油管

B. 电压过高，按需要调整电压值

C. 井液黏度或密度过大，校对黏度和密度，重新选泵，起井更换机组

D. 井液中含有泥沙或其他杂质，取样化验，严重的可改其他方式生产

100. BE001　使用自封封井器的要求包括(　　)。

A. 压盖螺纹与壳体螺纹相配合，已全部能用手上紧为合格

B. 通过自封封井器的下井工具，外径小于 ϕ115mm

C. 通过直径较大的钻具时，可在自封封井器的胶皮芯子上涂抹黄油

D. 现场施工时应有备用的胶皮芯子

101. BE002　闸板防喷器按控制方式可分为(　　)。

A. 液控闸板防喷器　　B. 手动闸板防喷器

C. 环形防喷器　　D. 简易防喷器

102. BE003　手动闸板防喷器具有(　　)等优点。

A. 小巧轻便　　B. 结构简单

C. 加工成本低　　D. 辅助设备少

103. BE004　防喷器具有(　　)特点，是油田常用的防止井喷的安全密封井口装置。

A. 结构简单　　B. 易操作　　C. 耐高压　　D. 以上选项均不正确

104. BE005　防喷器的检查周期可分为(　　)。

A. 3 月期　　B. 1 年期　　C. 3 年期　　D. 5 年期

105. BE006　防喷器型号为 FZ18-21，下列叙述正确的是(　　)。

A. 工作压力为 21MPa　　B. 工作压力为 18MPa

C. 手动单闸板防喷器　　D. 环形防喷器

106. BE007　防喷器型号为 2FZ18-21，下列叙述正确的是(　　)。

A. 工作压力为 21MPa　　B. 工作压力为 18MPa

C. 手动双闸板防喷器　　D. 环形防喷器

107. BE008　下列关于使用一年的闸板防喷器的修复工作的叙述正确的是(　　)。

A. 检查壳体垂直通孔内圆柱面的偏磨情况，其任一半径方向的偏磨量不应超过 3mm

B. 闸板胶芯工作面不应有磨损、撕裂、脱胶、严重变形等缺陷

C. 检查锁紧轴出现裂纹、发生弯曲、开关迟钝，需要更换锁紧轴

D. 检查各螺纹孔，不应有乱扣、缺扣等现象

108. BE009　防喷器每服务完(　　)或施工周期超过(　　)，施工结束后，送回井控车间，进行全面的清理、检查，有损坏的零件及时更换。

A. 3 口井　　B. 1 口井　　C. 1 天　　D. 3 个月

109. BE010　采油树的主要作用是(　　)。

A. 悬挂油气水井内的油管　　B. 调控油井、气井的油气流

C. 调控注水井的注入量　　D. 调控井内的采油量

110. BE011　转盘按结构形式可分为(　　)。

A. 船形底座转盘　　B. 法兰底座转盘

C. 轴传动　　D. 链条传动

111. BE012　下列关于游车大钩的维修保养的叙述正确的是(　　)。

A. 游车大钩在装卸和运输过程中，尽量不要突然摔落或在地面拖拉，以防侧护罩变形和其他突出件损坏

B. 滑轮组轴承每半年通过轴端油嘴注入一次钙基润滑脂，承力体内润滑每个大修期后，注入一次混合油

C. 游车大钩严格执行国家标准要求，进行周期性大修与保养

D. 在维修保养过程中，清洗和检查各滚动轴承，更换易损件，对主要承力件进行无损探伤检查

112. BF001 封隔器是在油田的井筒里(　　)井内工作管柱与井筒内环形空间的(　　)。
A. 密封　B. 封隔　C. 密封工具　D. 封隔工具
113. BF002 下列关于 Y341-114 封隔器的维修保养的叙述中不正确的是(　　)。
A. 封隔器由井内起出现场清洗,放置一段时间,再回收
B. 影响使用的变形、损伤、锈蚀零件应更换,橡胶件如果完好可不用更换
C. 修复、组合、组装合格和封隔器及零件,采取防护措施,存放在通风、干燥的库房工具架上
D. 库存时间较长的封隔器(超过橡胶件存放期)应重新更换橡胶件、检查、试压后方可使用
114. BF003 K344 封隔器的工作原理包括(　　)。
A. 从油管内加液压,液压经滤网、下接头的孔眼和中心管的水槽
B. 液压作用在胶筒的内腔,胶筒胀大,封隔油套环形空间
C. 放掉油管压力,胶筒即收回解封
D. K344 封隔器是压缩式封隔器,胶筒坐封与解封,通过胶筒座压缩来完成
115. BF004 下列关于 Y445 封隔器的工作原理的叙述正确的是(　　)。
A. Y445 封隔器液压坐封
B. 双向卡瓦锚定可以有效阻止管柱窜动
C. 上部坐封部分采用丢手设计
D. 下部中心管设计成插管形式,可重复使用
116. BF005 Y341 封隔器的工作原理是(　　)。
A. 解封　B. 打捞　C. 增注　D. 坐封
117. BF006 K344 系列压裂封隔器与各类喷砂器配套可实现(　　)。
A. 单层酸化　B. 分层酸化　C. 单层压裂　D. 分层压裂
118. BF007 Y344-114 型封隔器坐封压力是(　　),最小通径为(　　)。
A. 1~2MPa　B. 2~3MPa　C. 52mm　D. 73mm
119. BF008 封隔器坐封方式分别是(　　)。
A. 提放管柱　B. 转动管柱　C. 自封　D. 液压
120. BF009 下列关于 Y341 注水封隔器反洗井工作原理的表述不正确的是(　　)。
A. 反洗通道的开闭通过凸形密封的内锥面与反洗活塞的外锥面的分离与接触来实现
B. 正常注水时,油管内的高压水经上内管传压孔进入反洗活塞下部空腔,压力作用于反洗活塞下部,推动反洗活塞上移,使反洗活塞外锥面与坐封座内的凸形密封内锥面接触压紧关闭反洗通道
C. 胶筒在此力和下活塞向上的合力作用下被压缩,使密封胶筒下部环形空间内的压力不能通过反洗井道以及胶筒与套管壁之间进入上部环形空间,从而实现上下层段的封隔,进行分层注水
D. 停注进行反洗井时,从套管内注入的高压水从上部环形空间由反洗套上的液槽进入,流经上内管与外管形成的环形空间作用于反洗活塞的上部锥面,推动反洗活塞下移打开反洗井通道,高压水经此通道进入上部环形空间

121. BF010　当油水井发生窜槽时，通过地质因素进行判断，包括（　　）。
A. 地层裂缝　　B. 地震活动　　C. 地壳运动　　D. 施工质量

122. BF011　油井发生套管外窜槽的主要危害包括（　　）。
A. 边水或底水的窜入造成油井含水上升，影响油井的正常生产，严重的水窜会造成油井全部出水而停产
B. 浅层胶结疏松的砂岩油层因水窜侵蚀，地层坍塌，使油井停产
C. 严重水窜加剧套管腐蚀损坏，从而造成油井报废
D. 加剧套管外壁的腐蚀，降低抗挤压性能，导致套管变形或损坏

123. BF012　封隔器数量分类的找窜方法可分为（　　）。
A. 单水力压差式封隔器找窜　　B. 双水力压差式封隔器找窜
C. 套溢井找窜　　D. 漏失井找窜

124. BF013　下列关于油水井找窜中声幅测井找窜基本原理的叙述正确的是（　　）。
A. 当进行声幅测井施工时，先由声源振动发出声波，此声波经井内的液体、套管、水泥环和地层各自返回接收器
B. 声波在套管中的传播速度大于在其他介质中的传播速度，而声波幅度的衰减与水泥环和套管、水泥环和地层的胶结程度有关
C. 声波幅度的衰减反比于套管的厚度，正比于水泥环的密度
D. 固井良好的井段，大量声波能被水泥与地层吸收，曲线幅度为低值

125. BF014　下列关于油水井找窜中同位素测井找窜基本原理的叙述正确的是（　　）。
A. 同位素测井找窜是往地层内挤入含放射性的液体
B. 通过挤入放射性的液体测得放射强度曲线
C. 放射性曲线与该井的自然放射强度曲线做比较，排除影响因素
D. 固井良好的井段，大量声波能被水泥与地层吸收，曲线幅度为低值

126. BF015　下列关于油水井找窜中应用低压井找窜方法的叙述正确的是（　　）。
A. 找窜管柱下入设计层位，测油井溢流量，然后循环洗井、投球
B. 当油管压力上升时，再测定套管返出液量
C. 返出量不大于溢流量时，则证明管外不窜
D. 返出量大于溢流量，先将封隔器上提至射孔井段以上，验其密封性，若封隔器密封，则证明地层是窜通的

127. BF016　油水井封窜的方法按照封堵剂种类划分，主要包括（　　）。
A. 水泥封窜　　B. 补孔封窜
C. 高强度复合堵水剂封窜　　D. 光油管封窜

128. BF017　根据水泥浆进入地层的方式不同，水泥封窜又可分为（　　）。
A. 循环法　　B. 挤入法　　C. 循环挤入法　　D. 光油管封窜

129. BF018　油水井封窜时，出现憋有适当的压力的情况下，将水泥浆挤入窜槽部位，已达到封窜的目的，下列叙述正确的是（　　）。
A. 封窜方法是水泥封窜
B. 封窜方法是挤入法封窜

C. 挤入法封窜包括封隔器封窜和油管封窜两种
D. 循环挤入法封窜是循环法和挤入法两种方法的联合使用

130. BG001 下列关于偏心式抽油杆接箍打捞筒的叙述正确的是(　　)。
A. 用来打捞抽油杆接箍的小型打捞筒
B. 可在油管内打捞,也可在套管内打捞
C. 适应性强可抓住接箍,也可卡住接箍与抽油杆接头台肩
D. 多种用途更换卡瓦,可改变其尺寸;更换引鞋,可改变其工作的环形空间

131. BG002 偏心式抽油杆接箍打捞筒由(　　)等组成。
A. 上接头　　B. 上下筒体　　C. 偏心套　　D. 限位螺钉

132. BG003 下列关于偏心式抽油杆接箍打捞筒维修保养的叙述正确的是(　　)。
A. 工具使用完毕之后,将工具置放在通风处
B. 偏心式抽油杆接箍打捞筒结构没有弹簧片
C. 将工具表面放于机油中浸湿
D. 打捞操作中,由于偏心式抽油杆接箍打捞筒材质较硬,可猛放重压

133. BG004 下列关于三球打捞器用途和结构的叙述正确的是(　　)。
A. 三球打捞器是专门用来在套管内打捞抽油杆接箍或抽油杆加厚台肩部位的打捞工具
B. 三球打捞器由筒体、钢球、引鞋等零件组成
C. 三球打捞器是专门用来在套管内打捞原井油管的打捞工具
D. 三球打捞器由上接头、活页总成、筒体等零件组成

134. BG005 下列关于三球打捞器的工作原理的叙述正确的是(　　)。
A. 三球打捞器靠三个球在斜孔中的位置变化来改变三个球内切圆直径的大小,从而允许抽油杆台肩和接箍通过
B. 带接箍或带台肩的抽油杆进入引鞋后,接箍或者台肩推动钢球沿斜孔上升,三个球形成的内切圆逐渐增大,待接箍或台肩通过三个球后,三个球依其自重沿斜孔回落,停靠在抽油杆本体上
C. 三球打捞器是专门用来在套管内打捞原井油管的打捞工具
D. 上提管柱,抽油杆台肩或接箍因尺寸较大无法通过而压在三个球上,斜孔中的三个钢球在斜孔的作用下,给落物以径向夹紧力,从而抓住落鱼

135. BG006 下列关于三球打捞器使用后维修保养的叙述正确的是(　　)。
A. 用完后拆卸清洗三个钢球和斜孔滑道
B. 清洗各部件,只检查筒体、篮体、篮爪、外套、轴销、扭簧等部件
C. 装配后上接头涂黄油并上紧,斜孔滑道和钢球涂机油
D. 每次用完清洗时都要对钢球进行检测,如有变形损坏,应及时更换

136. BG007 下列关于测井仪器打捞器操作方法和注意事项的叙述正确的是(　　)。
A. 在地面检查工具,各钢丝是否完好,有无损坏,并绘草图
B. 将工具下至鱼顶 2~3m,开泵冲洗鱼顶,然后缓慢旋转并下放管柱,下放时应特别留心指重表指针的变化,如有变化,立即停止下放与转动,再上提管柱

C. 洗井液必须清洁，应在泵上水管及方钻杆入口处（或水龙带入口处）安装过滤网，以防止污物将工具循环通道堵死

D. 下放时不能快放重压，否则会将落井仪器压弯，造成下步打捞困难

137. BG008　下列关于测井仪器打捞器维修保养的叙述正确的是（　　）。

A. 工具使用完毕之后，应立即送回工具车间拆开工具，将各个钢丝环逐个取出，逐个清洗干净，并检查各钢丝，如有弯曲变形应更换

B. 将钢丝环及螺纹涂黄油或密封脂

C. 上紧装配好之后，放入机油中浸泡 1h 后，取出擦洗干净后入库存放

D. 如果洗井液中含有腐蚀介质，更应及时拆卸洗净，否则存放时间较长，钢丝将全部腐蚀，无法使用

138. BG009　下列关于短鱼头打捞筒的用途和结构的叙述正确的是（　　）。

A. 短鱼头打捞筒由上接头、控制环、篮式卡瓦、筒体、引鞋等零件组成

B. 普通打捞筒要求有一定的打捞范围和最小的引入长度

C. 如果鱼头距卡点很近，或者鱼头在接箍以上长度很小时，这类落物无法使用普通打捞筒

D. 鱼头露出 50mm 时，使用短鱼头打捞筒实现打捞

139. BG010　下列关于短鱼头打捞筒工作原理的叙述正确的是（　　）。

A. 短鱼头打捞筒筒体与篮式卡瓦上的宽锯齿形螺纹，就一个螺距而言，是一个螺旋锥面

B. 当内外螺旋锥面脱开，并施以正扭矩和上提力时，控制环上的长键带动卡瓦右旋

C. 短鱼头打捞筒的工作过程与可退式打捞筒一样

D. 一旦落鱼遇卡需退出工具时，可加给打捞筒以下击力，使篮式卡瓦、筒体的螺旋锥面脱开

140. BG011　下列关于 LT-01DJ 短鱼头打捞筒主要参数的叙述正确的是（　　）。

A. 外形尺寸 95×540mm　　B. 接头螺纹 NC26（2A10）

C. 适用范围 4½in 套管　　D. 许用拉力 100kN

141. BG012　篮式可退式打捞筒由（　　）等零件组成。

A. 上接头　　B. 壳体总成

C. 螺旋卡瓦　　D. 铣控环

142. BG013　组合式抽油杆打捞筒的用途是在不换卡瓦的情况下，在（　　）或（　　），是一种多用途、高效率打捞抽油杆的组合工具。

A. 油管内打捞抽油杆本体　　B. 套管内打捞油管

C. 打捞抽油杆台肩及接箍　　D. 打捞油管接箍

143. BH001　下列关于平底磨鞋用途的叙述正确的是（　　）。

A. 平底磨鞋是用底面所堆焊的 YD 合金或耐磨材料去研磨井下落物的工具

B. 可用于磨碎钻杆落物

C. 可用于磨碎钻具落物

D. 具备打捞功能

144. BH002　下列关于平底磨鞋结构的叙述正确的是(　　)。

A. 平底磨鞋由磨鞋本体及所堆焊的 YD 合金或其他耐磨材料组成

B. 磨鞋本体由两段圆柱体组成

C. 小圆柱上部是内螺纹,与钻柱相连;大圆柱体底面和侧面有过水槽,在底面过水槽间焊满 YD 合金或其他耐磨材料

D. 磨鞋体从上至下有水眼,可做成直通式和旁通式两种

145. BH003　平底磨鞋由(　　)组成。

A. 磨鞋本体　　B. 所堆焊的 YD 合金或其他耐磨材料

C. 引鞋　　D. 螺旋槽

146. BH004　下列关于型号 PMB140 平底磨鞋技术规范的叙述不正确的是(　　)。

A. 接头螺纹 NC31(210)　　B. 最大磨削直径为 116~124mm

C. 用于套管规范 5½in　　D. 外形尺寸为 D×260

147. BH005　下列关于平底磨鞋使用的操作方法和注意事项的叙述正确的是(　　)。

A. 下井前检查钻杆螺纹是否完好,水眼是否畅通,YD 合金或耐磨材料不得超过本体直径

B. 平底磨鞋连接在工具最下端

C. 下至鱼顶以上 2~3m,开泵冲洗鱼顶

D. 下钻速度必须快速

148. BH006　下列关于凹面磨鞋用途的叙述正确的是(　　)。

A. 凹面磨鞋可用于磨削井下小件落物以及其他不稳定落物

B. 可用于磨削钢球、螺栓、螺母、炮垫子、钳牙、不规则金属块(片)等

C. 由于磨鞋凹面在磨削过程中能罩住落鱼,迫使落鱼聚集于切削范围之内而被磨碎,由洗井液带出地面

D. 具备打捞功能

149. BH007　下列关于凹面磨鞋结构的叙述正确的是(　　)。

A. 凹面磨鞋底面为 5°~30°凹面角

B. 凹面磨鞋底面为 8°~60°凹面角

C. 其上有 YD 合金或其他耐磨材料,其余结构与平面磨鞋相同

D. 其上有耐磨材料,其余结构与领眼磨鞋相同

150. BH008　下列关于凹面磨鞋工作原理的叙述不正确的是(　　)。

A. 凹面磨鞋的工作原理与平底磨鞋相同

B. 凹面磨鞋的工作原理与平底磨鞋不相同

C. YD 合金由硬质合金颗粒及焊接剂(打底焊条)组成,在上、下提拉中对落物进行切削

D. 采用钨钢粉作为耐磨材料的工具,可利于用较大的钻压对落物表面进行研磨

151. BH009　下列关于凹面磨鞋技术规范的叙述正确的是(　　)。

A. 凹面磨鞋技术规范与领眼磨鞋相同

B. 凹面磨鞋技术规范与平底磨鞋相同

C. 可用于 7in 套管

D. 可用于 4½in 套管

152. BH010　下列关于凹面磨鞋使用操作方法和注意事项的叙述正确的是(　　)。
A. 凹面磨鞋操作方法与领眼磨鞋相同
B. 凹面磨鞋操作方法与平底磨鞋相同
C. 旁通式水眼容易被泥沙堵死,影响井下作业
D. 下井前检查外,在下井过程中应采取分段洗井,一般为400m洗一次井
153. BH011　下列关于梨形胀管器结构及用途的叙述正确的是(　　)。
A. 简称胀管器,是用以修复井下套管较小变形的整形工具之一
B. 梨形胀管器依靠地面施加的冲击力,迫使工具的锥形头部楔入变形套管部位,进行挤胀,实现恢复其内通径尺寸的目的
C. 梨形胀管器为一上下分体结构,其过水槽可分为直槽式和螺旋槽式两种
D. 梨形胀管器为整体结构,其过水槽可分为直槽式和螺旋槽式两种
154. BH013　下列关于梨形胀管器使用操作方法的叙述正确的是(　　)。
A. 使用梨形胀管器前,要进行打铅印或下通径规,搞清变形套管的最大通径
B. 选用比最大通径大2mm的胀管器,接上钻具下井
C. 下至套管变形井段以上一单根时,开泵洗井,然后下钻具,探遇阻深度,并做好深度记号
D. 上提钻具2~3m后,以较快速度下放,当记号离转盘面高1~2m时,突然刹车,让钻具的惯性伸长使工具冲胀变形套管
155. BH014　下列关于梨形胀管器使用注意事项的叙述正确的是(　　)。
A. 当选用胀管器外径尺寸超过套管变形部位内通径2mm以上时,有可能出现多次胀不开情况
B. 切忌高速下放冲胀
C. 套管被挤胀之后钢构本身的弹性恢复力将使胀管器通过后的尺寸缩小
D. 由于速度及下放高度的增加所产生的瞬时冲击力很大,胀管器虽可强行通过,易形成恶性卡钻事故
156. BH015　弹簧式套管刮削器用于清除残留在套管壁上(　　)。
A. 水泥块　　B. 硬蜡　　C. 各种盐类结晶　　D. 沉积物
157. BH016　偏心辊子整形器由(　　)、钢球及丝堵等组成。
A. 偏芯轴　　B. 上辊　　C. 中辊　　D. 锥辊
158. BH017　鱼顶修整器是用来修整(　　)的工具。
A. 椭圆形鱼顶　　B. 任何鱼顶
C. 较小弯曲的鸭嘴形鱼顶　　D. 较大弯曲的鸭嘴形鱼顶
159. BH018　下列关于鱼顶修整器工作原理的叙述正确的是(　　)。
A. 当引鞋引入落鱼之后,引鞋本身的扶正作用使芯轴尖部在任何状态下均能对中鱼腔
B. 利用钻柱下滑力量使芯轴尖部进入,首先对椭圆形的短轴向外挤胀使短轴加长,继而喇叭口部分进入鱼顶,首先接触长轴,迫使长轴向内收缩
C. 在这内胀外缩的作用下,使椭圆弯曲的鱼顶,逐渐变形复原而进入环形锥体空间
D. 将其弯曲部分校直,并继续对椭圆变形下部的过渡段整形,达到全部整形复原效果

160. BH019 芯轴中部的应力减震槽应仔细检查，若发现有裂纹，或怀疑有( )应作( )处理。

A. 磨损 B. 裂纹 C. 报废 D. 修复

三、判断题(对的画"√"，错的画"×")

( )1. AA001 严重漏失井进行冲砂作业时，多采用清水或密度大的修井液冲砂。

( )2. AA002 油层压力低或漏失严重的井冲砂时最好采用正反冲砂方式。

( )3. AA003 注水泥塞按其位置可分为有底水泥塞、有支撑水泥塞和悬空水泥塞。

( )4. AA004 正冲砂比反冲砂对井内砂堵的冲刺力大，携砂能力差。

( )5. AA005 下入打捞震击组合管柱捞取潜油电泵机组，先大力上提活动管柱，不能解卡时，也不可向上震击或向下震击解卡。

( )6. AA006 使用螺杆钻具钻塞前，应用比套管内径小 6~8mm 的通径规通井。

( )7. AA007 井下管柱、工具等卡在套管内，用与井下管柱悬重相等或稍大的载荷无法正常起下作业的现象称为套管卡。

( )8. AA008 套损型卡阻处理中，对于错断状况，视错断通径大小与整形类型适当选用整形器复位。

( )9. AA009 冲砂时，作业机、井口、泵车各岗位要密切配合，根据泵压来控制下放速度。

( )10. AA010 下井的封隔器坐封位置要避开套管接箍，确保密封。

( )11. AA011 对于水泥卡钻不能开泵循环的井，管柱内外全部被水泥固死，可采用间歇大力上提的方法。

( )12. AA012 一般套管变形严重的井可采用机械整形或爆炸整形的方法将套管修复好达到解卡的目的。

( )13. AA013 井下落物鱼头的判断有两种方法，一是原物判断法，二是打印确认法。

( )14. AA014 弹簧打捞筒下至鱼头后，需慢转钻柱引入落鱼，再施加钻压 10~15kN。

( )15. AA015 起铅印管柱遇卡时，要猛提猛放直到解卡。

( )16. AA016 如果 L 代表卡点深度，P 代表上拉拉力，λ 代表在 P 的作用下管柱的伸长量，K 为系数，则计算卡点经验公式为 $L=KP/\lambda$。

( )17. AA017 油层压裂可以减缓层间矛盾，使高、中、低渗透率的油层都能合理开采提高油井利用率。

( )18. AA018 压裂施工中所有使用的入井流体统称压裂液。

( )19. AA019 压裂施工由循环、试压、压裂等 7 个步骤组成。

( )20. AA020 压裂作业后，应先放压卸管线再关井口阀门。

( )21. AA021 酸化管柱深度按施工设计深度下入，一般情况下酸化管柱位置在酸化井段上部 10m 左右。

( )22. AA022 土酸对沙粒、黏土、钻井液颗粒和滤饼的溶蚀能力超过单纯的盐酸液。

( )23. AA023 重复酸化过的井段，处理半径应逐次减少。

( )24. AB001 测量尺寸时，要正确地选择测量基准，以减少测量误差。

(　　)25. AB002　机件向不平行于任何基本投影面的平面投影所得的视图称斜视图。
(　　)26. AB003　剖面图是零件上剖切处断面的投影。
(　　)27. AB004　剖面图不画出剖切断面的图形。
(　　)28. AB005　由于尺寸增大使封闭环尺寸也增大的环称为减环。
(　　)29. AB006　✓是表示用不去除材料的方法（如铸、锻、轧制等）或者保持原供应状况的表面的符号。
(　　)30. AB007　基孔制是标准公差为一定的孔的公差带与不同基本偏差的轴的公差带形成各种配合的一种配合制度。
(　　)31. AB008　形状公差代号|⌒|0.03|表示被测件的线轮廓度允差为 0.03mm。
(　　)32. AB009　位置公差是限制被测要素对基准要素所要求的几何关系上的错误。
(　　)33. AB010　过渡配合介于间隙配合与过盈配合之间的配合，可能出现间隙，可能出现过盈，这样的配合可以作为精密定位的配合。
(　　)34. AC001　焊条的直径以焊条外径来表示。
(　　)35. AC002　采用正接法焊接是把阳极接在焊条上，阴极接在焊件上。
(　　)36. AC003　ISO 14001 环境管理体系认证是指依据 ISO 14001 标准由第三方认证机构实施的合格评定活动。
(　　)37. AC004　HSE 管理小组的职责是决定开展 HSE 检查的方式、方法、时间和内容。
(　　)38. AC005　高级管理层的领导和承诺是 HSE 管理体系的核心，是体系运转的动力，对体系的建立、运行和保持具有十分重要的意义。
(　　)39. AC006　全面质量管理依靠科学管理的理论、程序和方法，使生产的全过程都处于受控状态。
(　　)40. AC007　领导和承诺是由高层领导为公司制定的 HSE 管理的指导思想和行为准则，是健康、安全与环境管理的意图、行动的原则，是改善 HSE 表现的目标。
(　　)41. AC008　在 IS0 14001 环境管理体系中，初始环境评审是建立环境管理体系的基础。
(　　)42. AC009　进入易燃易爆区域操作及维修时，必须使用防爆工具、用具。
(　　)43. AC010　气井，尤其是含硫化氢气井压井，要特别制定防火、防爆、防中毒措施。
(　　)44. BA001　在试压过程中若发现有任何细微的掺水现象，应在掺水情况下继续加大压力。
(　　)45. BA002　YNJ-160/8 液压拧扣机主要由主扣头和副机头支架组成。
(　　)46. BA003　YNJ-160/8 型拧扣机高挡额定转速为 500r/min。
(　　)47. BA004　维修试压泵使用的润滑油必须是清洁的齿轮油。
(　　)48. BA005　齿条式千斤顶和螺旋式千斤顶都能在水平方向操作使用。
(　　)49. BA006　金属的气割过程包括预热、燃烧和后热。
(　　)50. BA007　硅整流弧焊机和旋转式电焊机同为直流弧焊机。
(　　)51. BA008　直流弧焊机绝缘电阻测量应在绝缘介电强度试验后进行。

(　　)52. BA009　焊条直径为3.2mm时,比较合适的电流范围是90~120A。
(　　)53. BA010　Ⅰ、Ⅱ级焊缝必须经探伤检验,并应符合设计要求和施工及验收规范的规定。
(　　)54. BB001　机械式内割刀从开始切割起,每次下放量为1~2mm。
(　　)55. BB002　机械式内割刀完成锚定作用后进行切割。
(　　)56. BB003　水力式切割刀的刀片共有六个,由于刀片内侧凸台位置不一样,在切割刚开始时,只有三片刀片张开参与切割管体,这有利于增加刀尖的应力,加快切割速度。
(　　)57. BB004　GX-7水力式切割刀的接头螺纹为NC50。
(　　)58. BB005　机械式外割刀从开始切割起,每次下放量为1~2mm。
(　　)59. BB006　机械式外割刀是一种从套管、油管或钻杆外部切断管柱的专用工具。
(　　)60. BB007　机械式内割刀限位圈端面上有两个凸台,切割时与刀枕一起转动,但不能随工具下行。
(　　)61. BB008　机械式外割刀的组装与维修保养,对刀片、卡爪装置应进行全面检查,发现磨损较大及破损时必须更换。
(　　)62. BB009　使用水力式外割刀切割前应准备用一个外径比水力式外割刀外径稍大,内径比水力式外割刀内径稍小的铣鞋套铣被卡管柱。
(　　)63. BB010　SWD116水力式外割刀切割外径为48.3~73mm。
(　　)64. BB011　水力式外割刀的筒体部分由上接头、外筒、引鞋等组成。
(　　)65. BB012　刮刀钻头的工作原理与三牙轮钻头不同。
(　　)66. BC001　轴类零件图中,通常采用剖面、局部剖视、局部视图等表达方法表示键槽、孔和槽等结构。
(　　)67. BC002　在确定主视图投影面选择及摆放位置时,不应考虑便于绘图。
(　　)68. BC003　在同一图样中,每一处尺寸一般只标注一次,并应标注在反映该结构最清晰的图形上。
(　　)69. BC004　标注尺寸时,面基准一般选择在零件上的主要加工面、两零件的结合面、零件的对称中心面、端面、轴肩等。
(　　)70. BC005　轴端一般车有倒角,有利于装配和操作安全,常见的倒角是60°。
(　　)71. BC006　标注尺寸时,尺寸应标注在零件的可直接测量部位。
(　　)72. BC007　看视图、分析视图时,应先看主视图,再结合俯视图、左视图,对零件的总体结构形状有个基本全面的认识,再看剖视图、剖面图、局部视图等,对零件的复杂部位、细节部位进行详细确定。在内外零件结构上,先看零件的外部构造,后看零件的内部构造,如剖视图等;先看容易确定的简单的部分,后看复杂的难于确定的部分,然后再把各部分视图的分析结果综合起来,反复琢磨,逐步想象出零件的整体形状和结构。
(　　)73. BC008　阶梯轴的断面变化处用圆角衔接,以便防止应力集中,其标注可以用圆角半径R表示。
(　　)74. BC009　合理的标注尺寸,是指所注尺寸既符合设计要求,又满足工艺要求。

(　　)75. BC010　梯形螺纹的标注特征符号为 M。

(　　)76. BC011　外螺纹的大径和完整螺纹的终止界线均用粗实线表示，当需要表示螺纹收尾时，螺尾部分的牙底用与轴线成 20°的细直线绘制。

(　　)77. BC012　测量尺寸时，不需要正确地选择测量基准。

(　　)78. BC013　直线尺寸一般可直接用钢板尺、卷尺测量，必要时也可用丁字尺、三角板配合测量。

(　　)79. BD001　结垢会使抽油泵部件或孔眼堵死，使泵不能正常进行工作。

(　　)80. BD002　使用加长柱塞泵，保证每个冲程有一段柱塞冲出泵筒的下端，从而有助于避免结垢卡柱现象的发生。

(　　)81. BD003　间隙漏失量试验是测试在规定的压力下，柱塞与泵筒的间隙漏失量是否在合适的范围内，以保证抽油泵在下井工作后不致因漏失量过大而降低泵效，或不会因漏失量过小而不能满足含砂较多的油井或稠油井的工作需要。

(　　)82. BD004　管式抽油泵一般用于供液能力差、产量较低的深井。

(　　)83. BD005　ϕ32 杆式抽油泵的连接抽油杆螺纹直径为 26.988mm。

(　　)84. BD006　杆式泵的型式代号中，定筒式底部定位代号为 A。

(　　)85. BD007　管式泵主要由泵筒、固定阀和带有游动阀的空心柱塞组成。

(　　)86. BD008　抽油泵零件的配合面、密封面应光洁完整，并打好标记。

(　　)87. BD009　冲砂施工中，若作业机出故障，必须进行彻底循环洗井。

(　　)88. BD010　堵水时，下井管柱、工具必须清洁干净，丈量准确，丈量累积误差不得大于 20‰。

(　　)89. BD011　深井泵下井时要保持泵清洁，并涂抹干净的机油。

(　　)90. BD012　抽油泵组装后，应对泵筒、各接头、吸入阀组件各密封面和油管螺纹进行压力试验。

(　　)91. BD013　对正在井下工作的螺杆泵，如果运行中噪声小，有异常声响，应停机检查，查明问题并处理后方可开机。

(　　)92. BD014　螺杆不断转动，井筒内液体也不断被挤入油管内，随着液体量的增加，一直被排到地面。

(　　)93. BD015　螺杆泵是近几年在油田广泛使用的一种排液设备，具有节能、投资少、适应黏度范围广等优点。

(　　)94. BD016　螺杆泵的衬胶筒内的橡胶也是螺旋形状，但与螺杆的螺旋有一定的差别。

(　　)95. BD017　经分离器入口将井内液体吸入，经过气液分离前，把井液举入潜油电泵。

(　　)96. BD018　吊卡的开口始终朝向电缆一边，油管上的电缆要朝向电缆滚筒那边。

(　　)97. BD019　下潜油电泵，电缆滚筒与井口连线和通井机与井口连线夹角为 20°~40°。

(　　)98. BD020　潜油泵是由单级叶轮和导轮组成，分多节串联的离心泵。

(　　)99. BE001　根据不同井况，采用注氮排液可设计任意的排液深度都能一次成功，但须考虑井身结构和套管强度。

(　　)100. BE002　闸板防喷器分为手动闸板防喷器和液动闸板防喷器。

(　　)101. BE003　手动闸板防喷器具有小巧轻便、结构简单、辅助设备少等优点。

(　　)102. BE004　国产防喷器 HF18-35 是闸板防喷器。

(　　)103. BE005　环形防喷器关闭不严,可能是新胶芯关闭不严,可多次活动解决;若支撑筋已靠拢仍关闭不严,胶芯损坏。

(　　)104. BE006　胶芯存放在光线较暗又干燥的室内,温度不能太高,应避开取暖设备和阳光直射。

(　　)105. BE007　井内压力平稳,当井内有管柱时严禁关闭全封闸板,以防损伤挤坏闸板芯子、管柱。

(　　)106. BE008　防喷器每服务完 3 口井或施工周期超过 3 个月,施工结束后,送回井控车间,进行全面的清理、检查,有损坏的零件及时更换。

(　　)107. BE009　备用橡胶件须存放在光线较暗且又干燥的室内,温度为 0~25℃,避免靠近取暖设备、高压带电设备及阳光直射。

(　　)108. BE010　在侵入井内的地层流体循环出井的过程中,环空压力有利于控制地层压力。

(　　)109. BE011　转台用主轴承支撑在底座上,主轴承是径向止推轴承,下钻时它承受井内钻具的 1/2 负荷。

(　　)110. BE012　游动滑车的滑轮绳槽结构按 API 的要求设计制造,滑轮内孔与滑轮轴之间装有滚动轴承,各滑轮轴承采用单独润滑,游动滑车内部有挡绳装置,防止钢丝绳跳槽。

(　　)111. BF001　井内起出的 K344 封隔器要清洗干净,确保表面无油污,并检查外表面损坏程度及外螺纹是否完好。

(　　)112. BF002　保养 Y341 型封隔器时,主要检修上下接头、锁环、锁套、卡瓦、中心管、活塞、密封套、密封胶圈等。

(　　)113. BF003　组装 K344 封隔器,装好滤网后,封隔器下接头要先与下钢套连接,然后在胶筒处套入专用试压套管短节。

(　　)114. BF004　K344 封隔器密封圈的过盈量为 0.25~0.5mm。

(　　)115. BF005　保养 Y341 型封隔器时,不应在卸下承拉套、卡簧座、下活塞等后拆卸坐封锁紧机构,再逐个分解。

(　　)116. BF006　组装 K344 封隔器,装好滤网前,封隔器下接头要先与下钢套连接,然后在胶筒处套入专用试压套管短节。

(　　)117. BF007　K344-112 型封隔器坐封压力是 2~3MPa,最大外径为 112mm。

(　　)118. BF008　封隔器坐封方式包括提放管柱、转动管柱、自封等方式。

(　　)119. BF009　Y341 注水封隔器反洗井时,由反洗通道的开闭通过凸形密封的内锥面与反洗活塞的外锥面的分离与接触来实现。

(　　)120. BF010　注水井窜槽加剧套管外壁的腐蚀,降低抗挤压性能,导致套管变形或损坏。

(　　)121. BF011　发现油井出水后不用通过各种途径确定出水层位,然后才能采取措施进行堵水。

(　　)122. BF012　使用 Y521 封隔器找窜结束后，将封隔器上提至射孔井段坐封，验证封隔器的密封性。

(　　)123. BF013　根据声幅曲线可以判断水泥胶结的好坏。

(　　)124. BF014　管外窜槽将造成原油产量下降，油井含水上升。

(　　)125. BF015　低压井找窜施工时，不需坐好井口装置。

(　　)126. BF016　在高压自喷井找窜时，可用不压井不放喷的井口装置将找窜管柱下入预定层位。

(　　)127. BF017　循环法封窜是指将封堵用的水泥浆以循环的方式，在不憋压力的情况，替入窜槽井段的窜槽孔缝内，使水泥浆在窜通孔缝内凝固，封堵窜槽井段。

(　　)128. BF018　挤入法封窜可分为单水力压差式封隔器封窜和双水力压差式封隔器封窜两种。

(　　)129. BG001　CGLT-70 偏心式抽油杆接箍打捞筒有 4 套卡瓦。

(　　)130. BG002　偏心式抽油杆接箍打捞筒更换引鞋可改变其工作的环形空间。

(　　)131. BG003　偏心式抽油杆接箍捞筒打捞使用后要检查各零件，损坏件必须更换。

(　　)132. BG004　三球打捞器的引鞋下部内孔有很大的锥角，以便引入落鱼。

(　　)133. BG005　采用三球打捞器打捞前可以不进行通井刮蜡洗井。

(　　)134. BG006　三球打捞器每次用完清洗时都要检测引鞋是否变形损坏，如损坏做到及时更换。

(　　)135. BG007　测井仪器打捞器专门用于打捞各种直径小、重量轻、没有卡阻的落井仪器和杆类的工具。

(　　)136. BG008　测井仪器打捞器使用完毕之后，应立即送回工具车间，拆开工具，将各个钢丝环逐个取出，逐个清洗干净，并检查各钢丝，如有弯曲变形应更换。

(　　)137. BG009　短鱼头打捞筒筒体内有一段螺纹牙与控制环相配合。

(　　)138. BG010　短鱼头打捞筒打捞时，提拉钻具则筒体上行，两螺旋锥面分开，卡瓦咬入落鱼，随提拉力的增加夹紧力加大，实现打捞。

(　　)139. BG011　使用短鱼头打捞筒打捞之前，鱼顶情况要清楚，如直径大小、距接箍距离、鱼顶形状、井眼尺寸等。

(　　)140. BG012　篮式可退式打捞筒由上接头、壳体总成、篮式卡瓦、铣控环、内密封圈、O 形密封圈、引鞋组成。

(　　)141. BG013　组合式抽油杆打捞筒是将打捞抽油杆本体的打捞筒与打捞抽油杆接箍和台肩的打捞筒组合在一起构成的一种新式打捞工具。

(　　)142. BH001　钨钢粉作为耐磨材料的工具，利于用较大的钻压对落物表面进行研磨。

(　　)143. BH002　PMB114 平底磨鞋接头螺纹是 NC26(2A10)。

(　　)144. BH003　PMB127 型平底磨鞋最大磨削直径为 120mm。

(　　)145. BH004　平底磨鞋可用于磨削井下小件落物以及其他稳定落物。

( )146. BH005 磨鞋在井下卡死的原因一是落鱼偏靠套管；二是落鱼碎块；三是钻屑沉积。

( )147. BH006 磨铣工具一般不应有外出刃，如果必须有外出刃，应考虑磨铣时对套管的损伤。

( )148. BH007 带有旁通式水眼的磨鞋下井时要防止砂卡。

( )149. BH008 领眼磨鞋的领眼锥体主要作用不是固定鱼头。

( )150. BH009 凹面磨鞋应连接在工具最下端。

( )151. BH010 使用凹面磨鞋磨削落物，如果泵压上升无进尺，扭矩下降，说明固定部位的 YD 合金和耐磨材料全部磨损。

( )152. BH011 凹底磨鞋的底面为 15°~45°凹面角，其上有 YD 合金或其他耐磨材料。

( )153. BH012 梨形胀管器从上至下都没有水眼。

( )154. BH013 梨形胀管器挤胀力 F 与半锥角的正切成正比。

( )155. BH014 当选用胀管器外径尺寸比套管变形部位内通径大 2mm 以上，经多次胀管胀不开时，需采用起钻换大直径的。

( )156. BH015 弹簧式套管刮削器用于清除残留在套管壁上的水泥块、水泥环、硬蜡、各种盐类结晶或沉积物、射孔毛刺以及套管腐蚀所产生的氧化物等脏物，以方便畅通无阻的下入各种井下工具。尤其在井下工具与套管内径环形空间较大时，更应在刮削之后进行下一步施工。

( )157. BH016 偏心辊子整形器用完后应清洗干净，拆卸后检查偏芯轴及各辊子有无擦伤，磨损量是否过大，损坏件应更换。

( )158. BH017 鱼顶修整器的特点是不管鱼顶有无劈裂，修整器都能将其修整成便于打捞的圆度。

( )159. BH018 当引鞋引入落鱼之后，由于引鞋本身的扶正作用，芯轴尖部在任何状态下均能对中鱼腔。

( )160. BH019 鱼顶修整器使用完毕后，应及时拆开清洗，即时更换所有配件。

四、简答题

1. AA006 造成套管变形卡的主要原因有哪些？
2. AA017 什么是水力压裂？
3. BA003 简述液压传动的特点。
4. BA003 简述液压系统的组成及各部分的作用。
5. BA003 油缸的密封装置有哪几种？
6. BA007 简述电焊机的定义。
7. BB002 简述机械式内割刀的工作原理。
8. BB003 简述水力式内割刀结构。
9. BC005 绘制零件图要注意的问题有哪些？
10. BD001 抽油泵的检验工具有哪些？
11. BD012 简述检泵的目的。

12. BD014　定子橡胶的失效形式有哪几种?
13. BD015　简述螺杆泵的结构及工作原理。
14. BD016　螺杆泵如何检查维护?
15. BF002　简述 Y341 封隔器的工作原理、用途。
16. BF003　简述 K344 封隔器的工作原理、特点、用途。
17. BF011　简述水井井窜槽的危害。
18. BG001　简述偏心式抽油杆接箍打捞筒的用途及主要特点。
19. BG004　三球打捞器的用途是什么?
20. BG010　简述短鱼头打捞筒的工作原理。
21. BH001　简述平底磨鞋的用途。
22. BH007　简述凹面磨鞋的用途。

五、计算题

1. AA001　某井油层深度为 1350.5~1325.4m,测得地层中部压力为 $\rho_{静}=11.6$MPa,试求该井选用什么冲砂液冲砂才能做到不喷不漏?(取小数点后两位,$g=10\text{m/s}^2$)
2. AA002　某井补孔试油准备用水泥车压井,测得中部油层压力为 18.5MPa,该层中部深度为 1628m,如附加压力按 1.5MPa 计算,应选用多大密度的钻井液?(取小数点后两位,$g=10\text{g/s}^2$)
3. AA003　某型号的油井水泥浆在常温常压下初始稠化时间为 120min,如温度不变,压力每增加 10MPa,初始稠化时间(和常温常压下相比)缩短 12%。设温度不变,压力增加 30MPa,求压力增加后的水泥浆初始稠化时间。(结果取分钟的整数)
4. AA004　某容器装有干水泥 20m³,密度为 3.15g/cm³,某稠油井挤水泥作业需要干水泥 50t,该容器内的干水泥能否够用?
5. AA006　某井套管内径 $d_{套内}=124$mm,井内用 ϕ73mm 平式油管刮削,油管深度 $H=2345$m,如果泵车排量 $Q=500$L/min,循环洗井,请问多少分钟可循环一周?(取整数位)
6. AA009　某井套管外径为 140mm,每米容积为 12.07L,下入 ϕ73mm 油管 2850m,油管壁厚每米体积 1.17L,水泥车以 350L/min 的排量替喷,需要多长时间可完成一周循环?(不计管路损失,取整数)
7. AA013　某井用 ϕ73mm 平式油管通井,探得人工井底为 3352m,井内套管内径为 123.7mm,若按井筒容积的 1.5 倍计算,需要准备多少立方米压井液?(取小数点后两位)
8. AA014　某井套铣头垂深 3350m,套铣桥塞,钻头处带一随钻压力仪,使用修井液的密度 $\rho=1.05\text{g/cm}^3$,测得套铣头处压力 $p=39520$kPa 若环空钻屑引起的液柱压力增加值 $p_2=1.250$MPa,求修井液在环空的流动阻力 p_1。(重力加速度 g 取 9.8111m/s^2,结果取单位"千帕"的整数)
9. AA016　某井用 $D=800$mm 分离器量油,玻璃管上升高度 $H=40$cm,共 3 次,分别为 $t_1=$

130s，t_2=110s，t_3=140s，原油含水为 70%，求平均日产液量和产油量。（取小数点后两位）

10. AC002　有一块有功功率表，通过电压比 10/0.1 的电压互感器和变流比 100/5 的电流互感器接入电路，功率表指示为 800W，求被测功率。（单位取 kW）

11. BA003　某液压系统的工作压力 $P=7$MPa，工作油缸活塞的直径 D 为 100mm，试求油缸活塞的最大推力。

12. BA004　液压系统的油泵排量 $Q=0.001\mathrm{m^3/s}$，工作油缸活塞的直径为 100mm，计算油缸活塞的平均推进速度。

13. BD001　某抽油井深井泵泵径 $D=38$mm，冲程 $S=3$m，冲次 $n=6$r/min，泵效 $\eta=50\%$，求该井日产液量。

14. BD011　已知某井泵挂深度 $H_{泵}=1000$m，实测动液面深度 $H_{液}=600$m，油井套压 $p_c=1.5$MPa，井液相对密度 $\rho_{液}=0.8329$，求该井折算沉没度 $H_{沉}$。（g 取 $10\mathrm{m/s^2}$）

15. BD015　某螺杆泵的偏心 $e=5$mm，转子直径 $d=38$mm，导程 $T=160$mm，求转速 $n=150$r/min 时该螺杆泵的理论排量。（单位取 $\mathrm{m^3}$）

16. BD018　某井直井地层压力系数为 1，井内充满清水，油气层中部深度为 2600m，清水正循环时发现套管流量增大，停止循环关闭油套阀门，5min 后天然气到达井口，压力为 25MPa，试求此时 2600m 处的压力。（重力加速度 g 取 $10\mathrm{m/s^2}$，结果取单位“兆帕”的整数）

17. BF004　某井井筒内充满清水，下堵水封隔器 Y445，下井管柱组合为丝堵+丢手封隔器+ϕ73mm 油管×1000m（油管内容积 $3.019\mathrm{m^3/km}$，重力加速度 $g=10\mathrm{m/s^2}$）。使用清水坐封，求封隔器丢手后管柱悬重的变化。（封隔器重量忽略，结果取“千牛”的整数）

18. BF016　某地区 3000m 以内为正常地层压力，测得地层深度为 2600m 处的地层压力为 26MPa，求该地区的正常地层压力梯度。（重力加速度 g 取 $10\mathrm{m/s^2}$）

19. BF017　某直井内充满清水，地层破裂压力为 65MPa，化学堵水管柱内径 ϕ76mm 下深 3000m，油层深度 3000m，堵剂的密度为 $1.81\mathrm{g/cm^3}$，设计堵剂的用量为 $10\mathrm{m^3}$，顶替液为清水。化堵时不使地层压开的最高压力不能超过多少？（内径 ϕ76mm 的油管内容积 $4.53\mathrm{m^3/km}$，g 取 $10\mathrm{m/s^2}$ 结果取单位“兆帕”的整数）

20. BG007　某井套管外径为 140mm，其流通容积每米 11L，清水替喷后，采用反气举诱喷，如果液面在井口，压风机压力为 12MPa，预计压风机打到工作压力后可举出多少立方米清水（气举效率为 90%）？井内液面可降多少米？（取小数点后两位，$g=10\mathrm{m/s^2}$）

21. BG008　某井采用清水压差垫圈流量计测气，孔板直径 $d=40$mm，U 形管水柱平均压差 $H=87$mm，$t=25$℃ 时天然气的相对密度 $\rho=0.675$，求日产量。（取小数点后两位）

22. BH004　某井磨鞋垂深 3600m，使用修井液密度 $\rho=1.35\mathrm{g/cm^3}$。若此时环空流动阻力为 $p_1=3.0$MPa，环空钻屑引起的液柱压力增加值为 $p_2=2.0$MPa，求正常磨铣时磨

鞋位置的压力。（重力加速度 g 取 $10m/s^2$，结果取单位“兆帕”的整数）

23. BH005　某井磨鞋垂深 3600m，使用修井液密度 $\rho=1.35g/cm^3$。若此时环空流动阻力为 $p_1=3.0MPa$，环空钻屑引起的液柱压力增加值为 $p_2=2.0MPa$，求正常磨铣时磨鞋位置的压力。（重力加速度 g 取 $10m/s^2$，结果取单位“兆帕”的整数）

答　　案

一、单项选择题

1. B　2. A　3. B　4. B　5. C　6. A　7. C　8. C　9. A　10. A
11. B　12. D　13. B　14. D　15. D　16. D　17. B　18. B　19. A　20. B
21. A　22. D　23. D　24. B　25. A　26. B　27. D　28. B　29. B　30. A
31. C　32. B　33. D　34. A　35. B　36. A　37. C　38. B　39. D　40. B
41. B　42. A　43. C　44. B　45. D　46. C　47. B　48. C　49. C　50. A
51. D　52. A　53. A　54. C　55. A　56. A　57. C　58. D　59. B　60. A
61. A　62. C　63. A　64. A　65. A　66. D　67. A　68. C　69. D　70. B
71. D　72. D　73. A　74. B　75. C　76. A　77. D　78. A　79. A　80. A
81. D　82. C　83. D　84. D　85. D　86. A　87. D　88. C　89. D　90. C
91. D　92. B　93. D　94. C　95. B　96. A　97. C　98. D　99. C　100. D
101. B　102. A　103. C　104. B　105. C　106. D　107. D　108. C　109. B　110. A
111. D　112. A　113. C　114. A　115. A　116. C　117. C　118. D　119. B　120. A
121. B　122. A　123. C　124. D　125. C　126. D　127. A　128. A　129. C　130. A
131. D　132. D　133. B　134. A　135. D　136. B　137. B　138. B　139. A　140. B
141. C　142. C　143. A　144. B　145. C　146. D　147. B　148. B　149. D　150. C
151. B　152. C　153. C　154. B　155. D　156. B　157. A　158. C　159. B　160. B
161. B　162. B　163. C　164. C　165. B　166. A　167. C　168. B　169. D　170. C
171. A　172. A　173. B　174. A　175. A　176. D　177. C　178. A　179. C　180. B
181. D　182. A　183. A　184. B　185. D　186. C　187. B　188. A　189. C　190. D
191. D　192. B　193. C　194. B　195. A　196. C　197. D　198. D　199. D　200. D
201. A　202. D　203. A　204. B　205. A　206. A　207. B　208. A　209. A　210. A
211. B　212. B　213. C　214. D　215. A　216. C　217. B　218. A　219. A　220. A
221. C　222. A　223. A　224. D　225. C　226. C　227. A　228. C　229. D　230. A
231. D　232. A　233. C　234. B　235. D　236. A　237. D　238. D　239. C　240. C
241. D　242. B　243. A　244. D　245. C　246. C　247. D　248. A　249. B　250. C
251. A　252. C　253. B　254. A　255. D　256. B　257. A　258. C　259. D　260. C
261. B　262. D　263. A　264. D　265. D　266. B　267. D　268. B　269. B　270. A
271. C　272. D　273. C　274. D　275. C　276. B　277. D　278. C　279. D　280. D
281. B　282. B　283. B　284. A　285. D　286. A　287. B　288. D　289. D　290. D
291. A　292. D　293. A　294. C　295. C　296. D　297. D　298. B　299. C　300. A
301. B　302. D　303. A　304. C　305. A　306. D　307. C　308. D　309. D　310. B

311. B　312. A　313. A　314. A　315. B　316. B　317. D　318. D　319. A　320. D

二、多项选择题

1. AD　2. ABD　3. BC　4. CD　5. ABCD　6. BD　7. AC
8. AB　9. ABC　10. ABCD　11. ABCD　12. ABC　13. AB　14. ABCD
15. AC　16. ABCD　17. AD　18. ABC　19. AC　20. ABD　21. ABCD
22. AC　23. ABC　24. BC　25. BC　26. AC　27. AD　28. AB
29. BC　30. ABC　31. AD　32. BC　33. BC　34. ABCD　35. ABD
36. ABCD　37. AD　38. ABCD　39. ABCD　40. ABCD　41. ABCD　42. ABC
43. ABCD　44. AC　45. ABC　46. ABCD　47. ABCD　48. ACD　49. ABC
50. BD　51. AB　52. ABCD　53. ABCD　54. ABCD　55. ABCD　56. AC
57. ABCD　58. ABCD　59. ABCD　60. AD　61. ABCD　62. ABCD　63. ABCD
64. ABCD　65. ABCD　66. ABCD　67. ABC　68. AC　69. AC　70. ABD
71. AD　72. ABCD　73. CD　74. AD　75. AB　76. ACD　77. ABC
78. AC　79. ABCD　80. ABC　81. ABCD　82. BCD　83. ABC　84. AB
85. AD　86. AD　87. ABCD　88. AB　89. ABC　90. ABD　91. ABCD
92. ABCD　93. ABCD　94. ABC　95. ABCD　96. ABCD　97. ABCD　98. ABCD
99. ABCD　100. AB　101. ABD　102. ABC　103. ABC　104. AC　105. AC
106. ABCD　107. AD　108. ABC　109. ABCD　110. ABCD　111. AD　112. AB
113. ABC　114. ABCD　115. AD　116. ABCD　117. BC　118. ABCD　119. CD
120. ABC　121. ABC　122. AB　123. ABCD　124. ABCD　125. ABCD　126. ABC
127. ABC　128. ABCD　129. ABCD　130. ABCD　131. AB　132. AB　133. ABD
134. ACD　135. ABCD　136. ABCD　137. ABCD　138. ABCD　139. ABC　140. ABD
141. AC　142. ABC　143. ABCD　144. AB　145. ABD　146. ABC　147. ABC
148. AC　149. BC　150. BCD　151. BCD　152. ABD　153. ABC　154. ABC
155. ABCD　156. ABCD　157. ABCD　158. AC　159. ABCD　160. BC

三、判断题

1.×　正确答案：严重漏失井进行冲砂作业时，多采用低密度泡沫或气化水冲砂。　2.×　正确答案：油层压力低或漏失严重的井冲砂时最好采用气化液冲砂。　3.×　正确答案：注水泥塞按其位置可分可分为有底水泥塞和悬空水泥塞。　4.√　5.×　正确答案：下入打捞震击组合管柱捞取潜油电泵机组，先大力上提活动管柱，如不能解卡时，可向上震击或向下震击解卡。　6.√　7.√　8.×　正确答案：在套损型卡阻处理中，对于错断状况，视错断通径大小与错断类型适当选用整形器复位。　9.×　正确答案：冲砂时，作业机、井口、泵车各岗位要密切配合，根据泵压和出口排量来控制下放速度。　10.√　11.×　正确答案：对于水泥卡钻不能开泵循环的井，管柱内外全部被水泥固死，可采用倒扣解卡法。　12.×　正确答案：一般套管变形不严重的井可采用机械整形或爆炸整形的方法将套管修复好达到解卡的目的。　13.√　14.×　正确答案：弹簧打捞筒下至鱼头后，需慢转钻柱引入落鱼，再施加钻压5～10kN。 15. × 正确答案:起铅印管柱遇卡时,要平稳活动管柱,严禁猛提猛放。 16. × 正确答案:如果L代表卡点深度,P代表上拉拉力,λ代表在P的作用下管柱的伸长量,K为系数,则计算卡点经验公式为$L=K\lambda/P$。 17. √ 18. √ 19. √ 20. × 正确答案:压裂作业后,应先关井口阀门再放压卸管线。 21. √ 22. √ 23. × 正确答案:重复酸化过的井段,处理半径应逐次增大。 24. √ 25. √ 26. √ 27. × 正确答案:剖面图只画出剖切断面的图形。 28. √ 29. √ 30. × 正确答案:基孔制是基本偏差为一定的孔的公差带与不同基本偏差的轴的公差带形成各种配合的一种配合制度。 31. √ 32. √ 33. √ 34. × 正确答案:焊条的直径以焊芯外径来表示。 35. × 正确答案:采用正接法焊接是把阴极接在焊条上,阳极接在焊件上。 36. √ 37. √ 38. √ 39. √ 40. × 正确答案:方针和战略目标是由高层领导为公司制定的HSE管理的指导思想和行为准则,是健康、安全与环境管理的意图、行动的原则,是改善HSE表现的目标。 41. √ 42. √ 43. √ 44. × 正确答案:在试压过程中若发现有任何细微的掺水现象,应立即停止工作进行检查和修理,严禁在掺水情况下继续加大压力。 45. × 正确答案:YNJ-160/8液压拧扣机主要由主扣头、副机头支架、座底、操作台、油箱、齿轮泵、液压马达等组成。 46. × 正确答案:YNJ-160/8型拧扣机高挡额定转速为54r/min。 47. √ 48. √ 49. × 正确答案:金属的气割过程包括预热、燃烧和熔渣吹除。 50. √ 51. × 正确答案:直流弧焊机绝缘电阻测量应在绝缘介电强度试验前进行。 52. √ 53. √ 54. √ 55. × 正确答案:机械式内割刀完成锚定作用后,继续转动并下放钻柱,则进行切割。 56. √ 57. × 正确答案:GX-7水力式切割刀的接头螺纹为NC38。 58. × 正确答案:机械式内割刀从开始切割起,每次下放量为1～2mm。 59. √ 60. × 正确答案:机械式内割刀限位圈端面上有三个凸台,切割时与刀枕一起转动,但不能随工具下行。 61. √ 62. √ 63. √ 64. √ 65. × 正确答案:刮刀钻头的工作原理基本与三牙轮钻头基本相同。 66. √ 67. × 正确答案:在确定主视图投影面选择及摆放位置时,主要应考虑便于绘图。 68. √ 69. √ 70. √ 71. √ 72. √ 73. √ 74. √ 75. × 正确答案:梯形螺纹的标注特征符号为Tr。 76. × 正确答案:外螺纹的大径和完整螺纹的终止界线均用粗实线表示,当需要表示螺纹收尾时,螺尾部分的牙底用与轴线成30°的细直线绘制。 77. × 正确答案:测量尺寸时,要正确地选择测量基准,以减少测量误差。 78. √ 79. √ 80. × 正确答案:使用加长柱塞泵,保证每个冲程有一段柱塞冲出泵筒的上端,从而有助于避免结垢卡柱现象的发生。 81. √ 82. × 正确答案:管式抽油泵理论排量大,一般用于供液能力强、产量较高的浅井和中深井。 83. × 正确答案:ϕ32杆式抽油泵的连接抽油杆螺纹直径为23.813mm。 84. × 正确答案:杆式泵的型式代号中,定筒式顶部定位代号为A。 85. √ 86. × 正确答案:抽油泵零件的配合面、密封面应光洁完整,严禁打任何标记。 87. √ 88. × 正确答案:堵水时,下井管柱、工具必须清洁干净,丈量准确,丈量累积误差不得大于0.2‰。 89. × 正确答案:深井泵下井时要保持泵清洁,并涂抹干净的螺纹脂。 90. × 正确答案:抽油泵组装后,应对泵筒、各接头、吸入阀组件各密封面和油管螺纹进行密封性能试验。 91. × 正确答案:对正在井下工作的螺杆泵,如果运行中噪声大,有异常声响,应停机检查,查明问题并处理后方可开机。 92. √ 93. √ 94. √ 95. × 正确答案:经分离器入口将井内液体吸入,经过气液分离后,把井液举入潜油电泵。 96. √ 97. × 正确答案:下潜油电泵,电缆滚筒与井口连线和通井机与井口连线夹角为30°~40°。 98. × 正确答案:潜油泵是由多级叶轮和导轮组成,分多节串联的离心泵。 99. √ 100. √ 101. √ 102. × 正确答案:国产防喷器 HF18-35 是环形防喷器。 103. √ 104. √ 105. √ 106. √ 107. √ 108. √ 109. × 正确答案:转台用主轴承支撑在底座上,主轴承是径向止推轴承,下钻时它承受井内钻具的全部负荷。 110. √ 111. √ 112. √ 113. √ 114. √ 115. × 正确答案:保养 Y341 型封隔器时,应在卸下承拉套、卡簧座、下活塞等后拆卸坐封锁紧机构,再逐个分解。 116. × 正确答案:组装 K344 封隔器,装好滤网后,封隔器下接头要先与下钢套连接,然后在胶筒处套入专用试压套管短节。 117. √ 118. √ 119. √ 120. √ 121. × 正确答案:发现油井出水后,首先必须通过各种途径确定出水层位,然后才能采取措施进行堵水。 122. × 正确答案:使用 Y521 封隔器找窜结束后,将封隔器上提至射孔井段以上坐封,验证封隔器的密封性。 123. √ 124. √ 125. × 正确答案:找窜施工时,应坐好井口装置。 126. √ 127. √ 128. × 正确答案:挤入法封窜可分为封隔器封窜和油管封窜两种。 129. √ 130. √ 131. √ 132. √ 133. × 正确答案:采用三球打捞器打捞前必须进行通井刮蜡洗井。 134. √ 135. √ 136. √ 137. × 正确答案:短鱼头打捞筒筒体内有一段光滑的表面与控制环相配合。 138. × 正确答案:短鱼头打捞筒打捞时,提拉钻具则筒体上行,两螺旋锥面贴合,卡瓦咬入落鱼,随提拉力的增加夹紧力加大,实现打捞。 139. √ 140. √ 141. √ 142. × 正确答案:钨钢粉作为耐磨材料的工具,利于用较小的钻压对落物表面进行研磨。 143. √ 144. × 正确答案:PMB127 型平底磨鞋最大磨削直径为 110mm。 145. × 正确答案:凹面磨鞋可用于磨削井下小件落物以及其他不稳定落物。 146. √ 147. √ 148. √ 149. × 正确答案:领眼磨鞋的领眼锥体主要作用是固定鱼头。 150. √ 151. √ 152. × 正确答案:凹底磨鞋的底面为 5°~30°凹面角,其上有 YD 合金或其他耐磨材料。 153. × 正确答案:梨形胀管器自上而下都有水眼。 154. × 正确答案:梨形胀管器挤胀力 F 与半锥角的正切成反比。 155. × 正确答案:当选用胀管器外径尺寸比套管变形部位内通径大 2mm 以上,经多次胀管胀不开时,需采用起钻换小直径的。 156. × 正确答案:弹簧式套管刮削器用于清除残留在套管壁上的水泥块、水泥环、硬蜡、各种盐类结晶或沉积物、射孔毛刺以及套管腐蚀所产生的氧化物等脏物,以方便畅通无阻的下入各种井下工具。尤其在井下工具与套管内径环形空间较小时,更应在刮削之后进行下步施工。 157. √ 158. √ 159. √ 160. × 正确答案:鱼顶修整器使用完毕后,应及时拆开清洗,应即时更换损坏变形件。

四、简答题

1. 答:①对井下套管情况不清楚,错误地把管柱、工具下在套管损坏处。②油水井在生产过程中,泥岩膨胀、井壁坍塌造成套管变形或损坏,而将井下管柱卡在井内。③构造运动或地震等原因造成套管错断、损坏发生卡钻。④在井下作业及增产措施施工中,操作或技术措施不当也会造成套管损坏而卡钻。

评分标准:答对①②③④各占 25%。

2. 答:①水力压裂是利用地面高压泵,通过井筒向油层挤注具有较高黏度的压裂液。当注入压裂液的速度超过油层的吸收能力时,则在井底油层上形成很高的压力,当这种压力超过井底附近油层岩石的破裂压力时,油层将被压开并产生裂缝。②继续不停地向油层挤注压裂液,裂缝就会继续向油层内部扩张,为了保持压开的裂缝处于张开状态,接着向油层挤入带有支撑剂(通常石英砂)的携砂液,携砂液进入裂缝之后,一方面可以使裂缝继续向前延伸,可以支撑已经压开的裂缝,使其不闭合。③再接着注入顶替液,将井筒的携砂液全部顶替进入裂缝,用石英砂将裂缝支撑起来。最后,注入的高黏度压裂液会自动降解排出井筒之外,在油层中留下一条或多条长、宽、高不等的裂缝,使油层与井筒之间建立起一条新的流体通道。压裂之后,油气井的产量一般会大幅度增长。

评分标准:答对①占 40%,答对②③各占 30%。

3. 答:①液压元件体积小、重量轻,组成的系统可获得较大的力和力矩。②液压传动容易实现较大范围的无级变速。③液压件容易实现过载保护和传动功率大。④液压传动惯性小,运行平稳,可减少变速时的功率损失。⑤液压马达与同等功率的电动机相比,质量可减轻 30%~50%。⑥液压元件在油液中工作,有润滑作用,使用寿命长。⑦液压件易于实现标准化、系列化,有利于专业化批量生产,提高产品质量和降低成本。

评分标准:答对①②③各占 20%,答对④⑤⑥⑦各占 10%。

4. 答:①动力元件:可将原动机的机械能转换成液体的压力能,指液压系统中的油泵,它向整个液压系统提供动力。②执行元件:可将液体的压力能转换为机械能,驱动负载作直线往复运动或回转运动。③控制元件:可在液压系统中控制和调节液体的压力、流量和方向。④辅助元件:包括油箱、滤油器、油管及管接头、高压球阀、胶管总成、压力表、油位油温计等。⑤液压油:液压系统中传递能量的工作介质,有各种矿物油、乳化液和合成型液压油等几大类。

评分标准:答对①②③④⑤各占 20%。

5. 答:①活塞环密封;②O 形密封圈;③金属(铜垫与铝垫)密封;④Y 形密封圈;⑤V 形密封圈;⑥防尘密封圈。

评分标准:答对①②③⑥各占 20%,答对④⑤各占 10%。

6. 答:电焊机是利用正负两极在瞬间短路时产生的高温电弧来熔化电焊条上的焊料和被焊材料,来达到使它们结合目的的工具。

评分标准:答对占 100%。

7. 答:①当工具下放到预定深度时,正转钻柱,由于摩擦块紧贴套管内壁产生一定的摩擦力,②迫使滑牙板与滑牙套相对转动,③推动卡瓦上行沿锥面张开,并与套管内壁接触,完成锚定作用。④继续转动并下放钻柱,则进行切割。⑤切割完毕后上提钻柱,芯轴上行,单向锯齿螺纹压缩滑牙板弹簧,使之收缩,⑥由此滑牙板与滑牙套即可跳跃复位,卡瓦脱开,解除锚定。

评分标准:答对①③⑤⑥各占 20%,答对②④各占 10%。

8. 答:水力式内割刀由上接头、调压总成、活塞总成、缸套、弹簧、导流管总成、本体、刀片总成、扶正块和堵头组成。

评分标准:答对占 100%。

9. 答:①画图前应对零件的结构形状、作用、加工方法有初步的了解,在此基础上,将零件分解为若干基本形体,从而确定零件的主视图、视图数量和剖视方法。②根据零件的形状大小和视图数量选定绘图比例与视图，绘出各视图的基准线。③按照零件形状的大小，首先绘制起主体作用的基本形体，而且最好从能反映形体特征的那个视图开始，逐次地画出其他形体的各个视图。④画剖视图时，应直接画出剖切后的线框，在画剖面线时，顺着筋板剖切时按规定不画剖面线，而垂直筋板剖切时要画剖面线。⑤在加深图线前，应对底稿进行一次检查，去掉多余的图线。⑥标注尺寸时，应按画图的过程逐个注写出基本形状的大小和定位尺寸，并按有关标准标注。

评分标准：答对①②各占 20%，答对③④⑤⑥各占 15%。

10. 答：①长度检测有钢卷尺、皮尺。②直径检测有气动量仪（内径）、外径千分尺、卡钳、游标卡尺。③密封检测有试压泵、真空泵、秒表、量杯。④螺纹检测有螺纹量块。

评分标准：答对①②③④各占 25%。

11. 答：①抽油泵在井下工作过程中，受到磨损及砂、蜡、气、水等的腐蚀侵害，泵的部件受到损害，甚至漏失或蜡卡、抽油杆断脱等使油井减产甚至停泵。②因此，必须及时检泵，更换封隔器、换泵处理故障，以维护抽油井的正常生产。

评分标准：答对①②各占 50%。

12. 答：①脱胶。②机械损伤。③化学腐蚀。④级间压差超值。⑤热损坏。

评分标准：答对①②③④⑤各占 20%。

13. 答：①螺杆泵主要由上接箍、上筒、衬胶筒、下接头及螺杆组成。②螺杆泵的工作原理：螺杆泵工作部位由衬胶筒和螺杆组成。③衬胶筒内的橡胶也是螺旋形状，但与螺杆的螺旋一定的差别。④当螺杆插入衬胶筒后，螺杆与衬胶筒的橡胶形成多个密封的空间，⑤这些空间的位置随螺杆的转动不断上移，而下部也不断形成新的空间。⑥筒内的液体被吸入这个空间后，这些液体随螺杆的转动，被不断带动挤入油管。⑦这样，不断转动，井筒内液体也不断被挤入油管内。随着液体量的增加，一直被排到地面。

评分标准：答对①⑤⑥各占 20%，答对②③④⑦各占 10%。

14. 答：①除去螺杆泵表面油污并清洗干净；②检查各部连接螺纹是否松动、损伤；③拆卸并清洗螺杆泵各部件；④检查转子是否有刮伤、变形等，若有损伤现象应及时修复或更换；⑤如转子各部件完好，应按要求进行组装，各部件连接螺纹上紧；⑥将螺杆用软布擦净表面的水分，涂抹黄油防止生锈，装箱保存。

评分标准：答对①②各占 10%，答对③④⑤⑥各占 20%。

15. 答：工作原理：①坐封：当水注入油管，压力经内中心管压力孔推动上、下活塞，当推力达到一定值，坐封剪钉被剪断，活塞继续上行推动压缩胶筒封隔油套环形空间，与此同时上行的锁套被由卡瓦座、卡瓦牙组成的锁紧机构锁定，使胶筒保持压缩状态，密封油套空间。②解封：上提油管柱，当拉力达到一定值后，剪段上接头与中间接头之间的解封剪钉，中心管上移，解封套压下卡牙，锁紧机构失去支撑，卡爪与锁套脱开，胶筒靠自身弹性推动外中心管下移，从而胶筒恢复原位。

③用途：Y341 系列封隔器是用于分层注水、高压注水、酸化和挤堵等的井下工具。

评分标准：答对①②各占 40%，答对③占 20%。

16. 答：①当该工具下到预定位置时，从油管加液压，内、外压差达到胶筒胀开压力时，胶筒胀大，密封油套环形空间，放掉油管内的压力，胶筒即收回解封。②无须打压坐封，即可正常坐封,工艺简单,使用方便,避免返工作业,经济效益好。③K344扩张式封隔器应用于油田的分层注水、分层酸化、分层挤堵、分层压裂等施工工艺。

评分标准:答对①占40%,答对②③各占30%。

17. 答:①达不到预期的配注目标,影响单井(或区块)原油产能,另外,还影响砂岩地层泥质胶结强度,从而造成地层坍塌堵塞。②加剧套管外壁的腐蚀,降低抗挤压性能,导致套管变形或损坏。③导致区块的注采失调,达不到配产方案要求,使油井减产或停产。

评分标准:答对①占40%,答对②③各占30%。

18. 答:①用途:偏心式抽油杆接箍打捞筒是用来打捞抽油杆接箍的小型打捞筒,尤其对接箍上残留极短的抽油杆鱼顶,该打捞筒最为适用。这种打捞筒可在油管内打捞,也可在套管内打捞,是一种适应性较强的工具,其主要特点:

②适应性强可抓住接箍,也可卡住接箍与抽油杆接头台肩。

③多种用途,更换卡瓦可改变其尺寸;更换引鞋可改变其工作的环形空间。

④结构简单易于加工和操作,使用方便可靠。

评分标准:答对①占40%,答对②③④各占20%。

19. 答:三球打捞器是专门用来在套管内打捞抽油杆接箍或抽油杆加厚台肩部位的打捞工具。

评分标准:答对占100%。

20. 答:①捞筒进入落鱼后,首先将卡瓦上推,使其螺旋锥面脱开,则卡瓦被胀大,鱼头进入。②提拉钻具则筒体上行,两螺旋锥面贴合,卡瓦咬入落鱼,随提拉力的增加夹紧力加大,实现打捞。③一旦落鱼遇卡需退出工具时,可加给捞筒以下击力,使篮式卡瓦、筒体的螺旋锥面脱开,再行右旋钻具并上提,螺旋卡瓦内径与鱼头间产生正向扭矩迫使卡瓦处于松扣胀大状态,阻止螺旋锥面的贴合,工具被退出。

评分标准:答对①占20%,答对②占30%,答对③占50%。

21. 答:用途:平底磨鞋是用底面所堆焊的YD合金或耐磨材料去研磨井下落物的工具,如磨碎钻杆、钻具等落物。

评分标准:答对占100%。

22. 答:结构:凹面磨鞋底面为5°~30°凹面角,其上有YD合金或其他耐磨材料,其余结构与平面磨鞋相同。

评分标准:答对占100%。

五、计算题

1. 解:

已知,油层深度为1350.5~1325.4m,$\rho_{静}=11.6\text{MPa}$,$\rho_{水}=1000\text{kg/m}^3$。

油层中部深度:

$$H=(1350.5+1325.4)/2=1337.95(\text{m})$$

油井地层压力系数:

$$K=\frac{p_{静}\times10^6}{\rho_{水}gH}=\frac{11.6\times10^6}{1000\times10\times1337.95}=0.87$$

答：由于该井的压力系数为0.87，小于1，所以只能采用混合气水冲砂液，水中含气量为13%，才能做到不喷不漏。

评分标准：公式对占40%，过程对占40%，结果对占20%，公式、过程不对，结果对不得分。

2. 解：

已知，油层中部压力 $p_{静}=18.5\text{MPa}$，深度为1628m，$p_{附}=1.5\text{MPa}$，$g=10\text{g/s}^2$，压井液密度：

$$\rho=\frac{(p_{静}+p_{附})\times100}{H}=\frac{(1.85+1.5)\times100}{1628}=1.23(\text{g/cm}^3)$$

答；压井液密度为 1.23g/cm^3。

评分标准：公式对占40%，过程对占40%，结果对占20%，公式、过程不对，结果对不得分。

3. 解：

已知，温度不变，压力每增加10MPa初始稠化时间缩短12%，则压力增加30MPa，初始稠化时间减少：

$$\Delta t=(\Delta p\times12\%\div10)\times T=(30\times12\%\div10)\times120=43.2(\text{min})\approx43(\text{min})$$

压力增加30MPa时，初始稠化时间：

$$t=T-\Delta t=120-43=77(\text{min})$$

答：压力增加30MPa时，水泥浆初始稠化时间为77min。

评分标准：公式对占40%，过程对占40%，结果对占20%，公式、过程不对，结果对不得分。

4. 解：

20m^3 干水泥的质量：

$$m=V\gamma=20\times3.15=63(\text{t})>50\text{t}$$

答：该容器内的干水泥够用。

评分标准：公式对占40%，过程对占40%，结果对占20%，公式、过程不对，结果对不得分。

5. 解：

已知，套管内径 $d_{套内}=124\text{mm}$，井内为 $\phi73\text{mm}$ 平式油管，油管深度 $H=2345\text{m}$，泵车排量 $Q=500\text{L/min}$。

循环一周时间：

$$t=\frac{H\times\frac{\pi}{4}(d_{套内}^2-d_{油外}^2+d_{油内}^2)}{Q}=\frac{2345\times10\times\frac{\pi}{4}(1.24^2-0.73^2+0.62^2)}{500}$$

$$=\frac{23450\times0.785\times1.38}{500}=51(\text{min})$$

答：经过51min可循环洗井一周。

评分标准：公式对占40%，过程对占40%，结果对占20%，公式、过程不对，结果对不得分。

6. 解：

已知，已知每米套管容积 $V_{套}=12.07\text{L}$，油管每米体积 $V_{油}=1.17\text{L}$，油管下入深度 $H=2850\text{m}$，水泥车排量 $Q=350\text{L/min}$。

井筒容积：

$$V=(V_{套}-V_{油})\times10^{-3}\times H=(12.07-1.17)\times10^{-3}\times2850=31(\text{m}^3)$$

循环洗井一周时间：

$$t=\frac{V}{Q}=\frac{31}{350\times10^{-3}}=89(\text{min})$$

答：循环洗井一周要 89min。

评分标准：公式对占 40%，过程对占 40%，结果对占 20%，公式、过程不对，结果对不得分。

7. 解：

已知，井深 3352m，套管内径 $d=123.7\text{mm}$，油管外径 $d_{油外}=73\text{mm}$，油管内径 $d_{油内}=62\text{mm}$，附加系数 $K=1.5$。

压井液用量：

$$V=\frac{\pi}{4}[(d^2-d_{油外}^2)+d_{油内}^2]\times HK=\frac{\pi}{4}\times[(0.1237^2-0.073^2)+0.062^2]\times3352\times1.5$$

$$=0.7855\times0.0138\times3352\times1.5=54.55(\text{m}^3)$$

答：需备压井液 54.55m^3。

评分标准：公式对占 40%，过程对占 40%，结果对占 20%，公式、过程不对，结果对不得分。

8. 解：

$$p_1=p-\rho gH-p_2=39520-(1050\times9.8111\times3350)-1250$$

$$=39520-34510.5-1250=3759.5(\text{kPa})\approx3760(\text{kPa})$$

答：修井液在环空的流动阻力为 3760kPa。

评分标准：公式对占 40%，过程对占 40%，结果对占 20%，公式、过程不对，结果对不得分。

9. 解：

已知，分离器直径 $D=800\text{mm}$，玻璃管上升高度 $H=40\text{cm}=0.4\text{m}$ 的时间分别为 $t_1=130\text{s}$、$t_2=110\text{s}$、$t_3=140\text{s}$，原油含水 70%，清水密度 $\rho=1\text{t/m}^3$。

$$Q=\frac{86400H\rho_{水}\times\frac{\pi}{4}D^2}{t}$$

代入 3 次量油时间及已知数得：

$$Q_1=\frac{\pi}{4}\times0.8^2\times0.4\times1\times86400/130=17363/130=133.56(\text{t/d})$$

$$Q_2=\frac{\pi}{4}\times0.8^2\times0.4\times1\times86400/110=17363/110=157.84(\text{t/d})$$

$$Q_3=\frac{\pi}{4}\times 0.8^2\times 0.4\times 1\times 86400/140=17363/140=124.02(\text{t/d})$$

平均日产液量：

$$Q_{液}=(Q_1+Q_2+Q_3)/3=(133.56+157.84+124.02)/3=138.47(\text{t/d})$$

平均日产油量：

$$Q_{油}=Q_{液}\times(1-0.7)=138.47\times 0.30=41.54(\text{t/d})$$

答：该井平均日产液量138.47t，日产油量为41.54t。

评分标准：公式对占40%，过程对占40%，结果对占20%，公式、过程不对，结果对不得分。

10. 解：

电压比：

$$kV=100$$

变流比：

$$kL=20$$

$$P=kVkLP=100\times 20\times 800=1600000(\text{W})=1600(\text{kW})$$

答：被测功率是1600kW。

评分标准：公式对占40%，过程对占40%，结果对占20%，公式、过程不对，结果对不得分。

11. 解：

活塞面积：

$$A_{活塞}=\frac{\pi D^2}{4}$$

油缸活塞最大推力：

$$F=\rho A_{活塞}=\rho\times\frac{\pi D^2}{4}=\frac{7\times 10^6\times 3.14\times 0.1^2}{4}=54950(\text{N})=54.95(\text{kN})$$

答：油缸活塞的最大推力是54.95(kN)

评分标准：公式对占40%，过程对占40%，结果对占20%，公式、过程不对，结果对不得分。

12. 解：

油缸活塞的平均推进速度：

$$v_{平均}=Q/A_{活塞}=\frac{4Q}{\pi D^2}=\frac{4\times 0.001}{3.14\times 0.1^2}=0.127(\text{m/s})$$

答：油缸活塞的平均推进速度为0.127m/s。

评分标准：公式对占40%，过程对占40%，结果对占20%，公式、过程不对，结果对不得分。

13. 解：

$$\begin{aligned}Q&=Q_{理}\eta\\&=\frac{\pi}{4}D^2\times Sn\times 1440\times\eta\\&=3.14\div 4\times 0.038^2\times 3\times 6\times 1440\times 50\%\\&=14.7(\text{m}^3/\text{d})\end{aligned}$$

答:该井日产液量为 14.7m^3/d。

评分标准:公式对占 40%,过程对占 40%,结果对占 20%,公式、过程不对,结果对不得分。

14. 解:

折算动液面深度:

$$H_{折}=H_{液}-p_c\times100\%\div\rho_{液}=600-(1.5\times100)\div0.8329=420(m)$$

折算沉没度:

$$H_{沉}=H_{泵}-H_{折}=1000-420=580(m)$$

答:该井折算沉没度为 580m。

评分标准:公式对占 40%,过程对占 40%,结果对占 20%,公式、过程不对,结果对不得分。

15. 解:

$$\begin{aligned}Q_{理}&=4edTn\times60\times24\\&=4\times0.005\times0.038\times0.160\times150\times60\times24\\&=26.3(m^3/d)\end{aligned}$$

答:该泵的理论排量为 26.3m^3/d。

评分标准:公式对占 40%,过程对占 40%,结果对占 20%,公式、过程不对,结果对不得分。

16. 解:

地层压力:

$$p_1=k\rho gH=1\times1000\times10\times2600\times10-6=26(MPa)$$

井口压力 $p_2=25MPa$,则:2600m 处的压力:

$$p=p_1+p_2=26+25=51(MPa)$$

答:此时 2600m 处的压力 51MPa。

评分标准:公式对占 40%,过程对占 40%,结果对占 20%,公式、过程不对,结果对不得分。

17. 解:

封隔器坐封前油管内是空的,坐封丢手后油管内充满液体,油管内总体积:

$$V=hQ=1000\times3.019=3.019(m^3)$$

重量增加:

$$G=V\gamma g=3.019\times1.0\times10=30.19(kN)\approx30(kN)$$

答:封隔器丢手后,管柱悬重增加 30kN。

评分标准:公式对占 40%,过程对占 40%,结果对占 20%,公式、过程不对,结果对不得分。

18. 解:

地层压力梯度:

$$G=p/H=26\div2600=10(kPa/m)$$

答:该地区的正常地层压力梯度为 10kPa/m。

评分标准：公式对占 40%，过程对占 40%，结果对占 20%，公式、过程不对，结果对不得分。

19. 解：

油管内总体积：

$$V=hQ=3000\times4.53=13.59(\mathrm{m}^3)>10\mathrm{m}^3$$

$$h_1=V_1/Q=10\div4.53=2208(\mathrm{m})$$

$$h_2=h-h_1=3000-2208=792(\mathrm{m})$$

$$p_{破}=(\rho_1gh_1+\rho_2gh_2)+p$$

$$\begin{aligned}p&=p_{破}-(\rho_1gh_1+\rho_2gh_2)\\&=65-(1.81\times10\times2.208+1.00\times10\times0.792)\\&=65-(40.0+7.9)\\&=17.1(\mathrm{MPa})\approx17(\mathrm{MPa})\end{aligned}$$

答：最高压力不能超过 17MPa。

评分标准：公式对占 40%，过程对占 40%，结果对占 20%，公式、过程不对，结果对不得分。

20. 解：

反举后出水量：

$$Q=V_{井}\,p\times100\times0.9\times10^{-3}=11\times12\times100\times0.9\times10^{-3}=11.88(\mathrm{m}^3)$$

井内液面下降：

$$h=\frac{Q\times10^3}{V_{井}}=\frac{11.88\times10^3}{11}=1080.00(\mathrm{m})$$

答：反举 12MPa 压力后可排出清水 $11.88\mathrm{m}^3$，井内液面下降 1080.00m。

评分标准：公式对占 40%，过程对占 40%，结果对占 20%，公式、过程不对，结果对不得分。

21. 解：

$$\begin{aligned}Q&=0.178\times d^2\times\sqrt{\frac{293}{273+t}}\times\sqrt{\frac{1}{\rho}}\times\sqrt{H}=0.178\times40^2\times\sqrt{\frac{293}{273+25}}\times\sqrt{\frac{1}{0.675}}\times\sqrt{87}\\&=3209.34(\mathrm{m}^3/\mathrm{d})\end{aligned}$$

答：该井日产气量 $3209.34\mathrm{m}^3$。

评分标准：公式对占 40%，过程对占 40%，结果对占 20%，公式、过程不对，结果对不得分。

22. 解：

$$\begin{aligned}p&=\gamma gH+p_1+p_2=(1.35\times10\times3600)/1000+3.0+2.0\\&=53.6(\mathrm{MPa})\approx54(\mathrm{MPa})\end{aligned}$$

答：正常磨铣时磨鞋位置的压力为 54MPa。

评分标准：公式对占 40%，过程对占 40%，结果对占 20%，公式、过程不对，结果对不得分。

23. 解：

$$p = \rho g H + p_1 + p_2 = (1.35 \times 10 \times 3600) \div 1000 + 3.0 + 2.0$$

$$= 53.6(\mathrm{MPa}) \approx 54(\mathrm{MPa})$$

答：正常磨铣时磨鞋位置的压力为54MPa。

评分标准：公式对占40%，过程对占40%，结果对占20%，公式、过程不对，结果对不得分。

技师、高级技师理论知识练习题及答案

一、单项选择题（每题有4个选项，只有1个是正确的，将正确的选项号填入括号内）

1. AA001 当地层压力低于饱和压力时，地层中原油脱气，造成原油（ ），增强了对地层岩石的拖曳力，加剧出砂。
   A. 渗流速度增大 B. 渗流速度减小 C. 黏度增大 D. 黏度减小
2. AA001 油层改造及大量注水，导致地层结构破坏和水敏性物质的膨胀松散迁移，降低了（ ），加剧出砂。
   A. 胶结强度 B. 渗流速度 C. 黏度 D. 采油速度
3. AA002 最为有效的防砂手段是将地层砂粒粒径小于（ ）的粉砂随油流产出地面。
   A. 20μm B. 40μm C. 80μm D. 100μm
4. AA002 机械防砂不适用于（ ）和高压地层。
   A. 细砂岩地层 B. 粗砂岩地层
   C. 中砂岩地层 D. 中粗砂岩地层
5. AA003 用（ ）判断油层是否产水，其原理是：由于地层水的矿化度比较高，不同层位的地层水所含的金属离子不同，根据离子含量确定出水层位。
   A. 等离子法 B. 试管分析法 C. 水化学分析法 D. 自由度法
6. AA003 分层测试找水方法是利用（ ）将各层分开，通过分层求产的方式找出水层位置的方法。
   A. 封隔器 B. 配水器 C. 抽油泵 D. 自封
7. AA004 油井过早水淹是（ ）造成的。
   A. 开采方式不当 B. 产量高 C. 原油中含水 D. 洗井、压井
8. AA004 底水进入油层后，原来的油水界面在靠近井底处呈（ ）状态。
   A. 水平分布 B. 均匀分布 C. 锥形升高 D. 垂直分布
9. AA005 单级封隔器找水选用滑套开关井时，最下部应选用（ ）滑套。
   A. 常开 B. 常关 C. 剪销 D. 憋压
10. AA005 封隔器找水施工时，大斜度的井应采用（ ）方式的封隔器，提高封隔器坐封的成功率。
    A. 自封坐封 B. 液压坐封 C. 转管柱坐封 D. 锚瓦坐封
11. AA006 低压井封隔器寻找水窜，先将找窜管柱下入设计层位，测油井（ ），再循环洗井、投球，当油管压力上升时，测定套管返出液量。
    A. 流压 B. 溢流量 C. 产气量 D. 产油量
12. AA006 封隔器找水时，无法确定（ ）油水层的位置。
    A. 夹层薄的 B. 厚度大的 C. 层位不同的 D. 夹层厚的

13. AA007　堵水施工时封隔器(　　)应无窜槽,套管内壁光洁无黏结物。
A. 含蜡层段　B. 含水层段　C. 出水层段　D. 卡点层段
14. AA007　单封隔器挤同位素管柱自上而下是(　　)。
A. 油管+Y211 封隔器+节流器+球座　B. 油管+K344 封隔器+节流器+球座
C. 油管+节流器+K344 封隔器+球座　D. 油管+节流器+Y211 封隔器+球座
15. AA008　编写封隔器堵水施工设计的井筒准备要求:套管尺寸清楚,射孔数据准确,卡点层段无窜槽,(　　)光洁无黏结物。
A. 油管外壁　B. 人工井底　C. 射孔井段　D. 套管内壁
16. AA008　下封隔器找水管柱必须通井、刮削、洗井;根据设计的卡封位置,用油管连接上、下工作筒,下至预定位置,在下井过程中,必须匀速下放,不得猛顿猛放,防止(　　)。
A. 泄压　B. 漏失　C. 中途坐封　D. 中途解封
17. AA009　下堵水管柱时,入井工具及油管内外表面必须干净、无油污、无泥砂,并用标准(　　)通过。
A. 抽油杆　B. 加重杆　C. 通径规　D. 油管
18. AA009　如果井筒内有油气,起封隔器之前,用与底层相配伍的洗井液洗井 1~2 周,用量为(　　)。
A. 井容的 1.5~2.0 倍　B. 井容的 1.0~1.5 倍
C. 地层井容的 1.0~2.0 倍　D. 井容的 2.5~3.0 倍
19. AA010　堵水管柱下到设计位置,封隔器要经过(　　),才能坐封。
A. 试压　B. 校深　C. 释放　D. 加热
20. AA010　封隔器堵水工艺操作步骤有通井、刮削、洗井、配管柱、下管柱、坐封、(　　)。
A. 试压　B. 校深　C. 释放　D. 验封
21. AA011　封隔器堵水适用于单一的出水层或含水率很高(　　)的层段。
A. 套管缩径　B. 套管变形
C. 无开采价值　D. 裸眼
22. AA011　封隔器机械堵水时,封堵上层水的管柱结构是(　　)。
A. 丝堵+Y545 封隔器
B. 丝堵+筛管 Y521 封隔器+油管+Y445 封隔器
C. 油管+K344 封隔器+节流器+Y211 封隔器+球座
D. 油管+Y211 封隔器十节流器+K344 封隔器+球座
23. AA012　实现封下采上堵水方法可以用(　　)封隔器。
A. K344　B. Y521　C. Y445 丢手　D. Y344
24. AA012　在封隔器堵水施工中,封下采上的管柱结构为(自下而上):(　　)。
A. 丝堵+油管+Y445 封隔器+丢手接头+单流开关+油管
B. 管鞋+油管+Y341 封隔器+油管+丢手接头+油管
C. 丝堵+油管+Y341 封隔器+油管+Y441 封隔器+丢手+油管
D. 管鞋+油管+Y445 封隔器+油管+Y211 封隔器+丢手+单流开关+油管

25. AB001　建设项目中职业安全与卫生技术措施和设施应与主体工程（　　）、同时施工、同时投产使用，习惯上称之为“三同时”。

A. 同时备料　B. 同时改进　C. 同时设计　D. 同时修改

26. AB001　通过设计来消除和控制各种危险，防止所设计的系统在研制、生产、（　　）过程中发生导致人员伤亡和设备损坏的各种意外事故，是事故预防的最佳手段。

A. 服务和销售　B. 保障和服务　C. 运输和交付　D. 使用和保障

27. AB002　重大危险源是指工业活动中客观存在的危险物质或（　　）的设备或设施。

A. 能量超过临界值　B. 放射性超过临界值

C. 硫化氢超过临界值　D. 二氧化硫或一氧化碳超过临界值

28. AB002　风险管理的过程分 4 个阶段：（　　）、风险衡量、风险管理对策选择、风险执行与评估。

A. 建立判别准则　B. 记录重要危害影响

C. 风险识别　D. 确定相应的法规要求

29. AB003　危害辨识方法有分析物料性质、（　　）、分析工艺流程或生产条件。

A. 分析能量超限值　B. 分析作业环境

C. 分析作业井性质　D. 分析潜在隐患

30. AB003　化学性危险和有害因素中的腐蚀性物质主要是指腐蚀性气体、腐蚀性液体、（　　）及其他腐蚀性物质。

A. 硫酸铵　B. 腐蚀性固体

C. 腐蚀性烧碱　D. 硝酸铵

31. AB004　通过合理的设计和科学的管理，尽可能从根本上消除危险和（　　）。

A. 人的因素　B. 化学因素

C. 有害因素　D. 物理因素

32. AB004　操作者失误或设备运行达到危险状态时，应通过联锁装置（　　）的发生。

A. 防止危险、危害　B. 隔离危险、危害

C. 减弱危险、危害　D. 终止危险、危害

33. AB005　修订后的事故应急预案应重新发布，并将事故应急预案的修订情况及时（　　）。

A. 通知所有相关的人员　B. 告知附近村民

C. 告知上一级管理部门　D. 通知全队职工

34. AB005　井喷失控后，在人员（作业人员和井场周边群众）的生命受到巨大威胁、人员撤离无望、失控井无希望得到控制的情况下，作为最后手段，应按（　　）。

A. 抢险作业预案实施井口点火

B. 抢险作业程序实施井口点火

C. 防喷演练动作实施井口点火

D. 重大突发事故应急处理规程实施井口点火

35. AB006　HSE 管理体系是由（　　）关键要素构成。

A. 七个　B. 八个　C. 九个　D. 十个

36. AB006　实施 HSE 管理体系是贯彻国家(　　)发展战略的需要。
A. 可持续　　B. 环保法
C. "九五"规划　　D. 2010 年远景规划纲要

37. AB007　氮气压力容器的爆炸是(　　)爆炸。
A. 气体　　B. 液体　　C. 物理　　D. 化学

38. AB007　防火的基本原则是主要是建立在消除(　　)的基础上。
A. 着火源　　B. 可燃物　　C. 助燃物　　D. 二氧化碳

39. AB008　焊接切割作业时,气瓶设备管道冻结,严禁用火烤或用工具敲击冻块,氧气阀或管道要用不超过(　　)的温水溶化。
A. 20℃　　B. 30℃　　C. 40℃　　D. 50℃

40. AB008　民用爆破器材行业所牵涉的爆炸过程主要就是(　　)爆炸。
A. 物理　　B. 化学　　C. 核　　D. 原子

41. AB009　易熔塞在气瓶温度达到(　　)左右时熔化。
A. 500℃　　B. 200℃　　C. 2500℃　　D. 2000℃

42. AB009　在有(　　)附近焊接时,其最小安全距离是 5m。
A. 设备　　B. 可燃物　　C. 其他人　　D. 未成年人

43. AB010　防止爆炸首先要防止可燃物与(　　)相互扩散,形成爆炸混合物。
A. 氧化剂　　B. 物理性　　C. 混合型　　D. 混合性

44. AB010　防止爆炸要防止可燃物与(　　)的接触,避免发生爆炸的化学反应。
A. 着火源　　B. 着火点　　C. 氧气　　D. 二氧化碳

45. AB011　盛装腐蚀性气体的钢瓶,应每(　　)检验一次。
A. 1 年　　B. 3 年　　C. 5 年　　D. 2 年

46. AB011　氧气胶管与乙炔气胶管(　　),管路连接处严防漏气。
A. 不得换用或代用　　B. 可换用　　C. 可代替　　D. 可换用或代用

47. AB012　QD-2 减压器是(　　)。
A. 单级式　　B. 双级式　　C. 单级反作用式　　D. 正作用式

48. AB012　减压器在专用气瓶上应安装牢固,采用螺纹连接时,应拧足(　　)以上螺纹。
A. 2 个　　B. 3 个　　C. 4 个　　D. 5 个

49. AB013　在(　　)以上进行高空焊接作业时,必须使用安全带。
A. 2m　　B. 2. 5m　　C. 0. 5m　　D. 1m

50. AB013　空气中一氧化碳浓度过高,进入肺泡后会很快和血红蛋白产生很强的亲和力,形成碳氧血红蛋白,阻止氧和(　　)的结合。
A. 骨骼　　B. 血红蛋白　　C. 细胞　　D. 肌肉

51. AB014　进行铝火焰钎焊时,有害气体主要是(　　)。
A. 氧化硫　　B. 二氧化碳　　C. 氟化物　　D. 锌烟

52. AB014　等离子弧焊接与切割过程中产生的烟尘和有毒气体主要是(　　)。
A. 氟化氢　　B. 金属蒸气、臭氧、氮化物
C. 臭氧　　D. 硫化物

53. BA001　轮、盘类零件在选择主视图时，一般将轴线放成水平位置，且常采用（　　）。

A. 全剖　　B. 局部剖　　C. 半剖　　D. 全剖或半剖

54. BA001　在（　　）零件图中，通常采用剖面、局部剖视、局部视图等表达方法表示键槽、孔和槽等结构。

A. 几何类　　B. 管类　　C. 盘类　　D. 轴类

55. BA002　确定主视图投影方向的原则是（　　）。

A. 能明显反映零件结构、形状特征　　B. 便于画图

C. 有利于其他视图的选择　　D. 符合三视图的三等原则

56. BA002　在主视图中，轴类零件一般是水平横放的，这主要是为了（　　）。

A. 便于工人看图加工　　B. 符合工作位置

C. 减少其他视图数量　　D. 便于画图

57. BA003　画零件图时，一些重要表面尺寸公差、结构形状应（　　）。

A. 根据经验，仔细慎重考虑才能决定

B. 查阅资料，参照标准

C. 根据实测结果，不能乱改

D. 要注全，但次要尺寸可少注

58. BA003　根据零件（　　）确定和标注配合等级和公差。

A. 使用要求和实测结果　　B. 技术要求

C. 使用要求　　D. 实测结果

59. BA004　要全面了解被测绘的井下工具，根据产品说明书等有关资料详细了解井下工具的机械性能、用途、工作原理、传动情况、（　　）、操作方法、各零件作用、零部件间装配关系和连接方式等。

A. 结构特点　　B. 性能　　C. 视图　　D. 比例

60. BA004　画零件图标注尺寸时，不但要标注（　　），还要标注表面粗糙度、配合及形位公差等。

A. 组合尺寸　　B. 基本尺寸　　C. 装配尺寸　　D. 结构尺寸

61. BA005　装配图中的视图可表达机器或部件的工作原理、零件间的（　　）以及连接和传动关系等。

A. 组合特点　　B. 投影关系　　C. 装配关系　　D. 结构特点

62. BA005　装配图中的技术要求是说明机器或部件的（　　）和装配、调整、试验等所必须满足的技术条件。

A. 性能　　B. 主要特点　　C. 主要加工要求　　D. 热处理

63. BA006　在装配图上，当剖切平面通过标准件和（　　）的轴线时，这些零件按不剖切绘制。

A. 空心杆件　　B. 实心杆件　　C. 球面　　D. 抛物面

64. BA006　组成装配体零件往往相互交叉、遮盖，导致投影重叠，因此，为使某一层或某一装配干线的情况表达清楚，装配图一般都选择（　　）。

A. 主视图　　B. 俯视图　　C. 左视图　　D. 剖视图

65. BA007　对于与某部件相关联的，但不属于该部件的零件，可用(　　)。

A. 剖切画法　　B. 双点画线画出其轮廓

C. 精细画法　　D. 夸大画法

66. BA007　同一规格、均匀分布的螺栓、螺母等连接件或相同的零件组可以使用(　　)画法。

A. 拆卸　　B. 假想　　C. 简化　　D. 精细

67. BA008　装配图上的表示部件的性能或规格的(　　)，要直接注出。

A. 特性尺寸　　B. 配合尺寸　　C. 安装尺寸　　D. 总体尺寸

68. BA008　装配图上应注有性能尺寸、装配关系尺寸、安装尺寸、(　　)和其他尺寸。

A. 各装配干线的轴线间的距离　　B. 配合尺寸

C. 总体尺寸　　D. 定位尺寸

69. BA009　画装配图步骤有：(　　)、选图幅；依次画主要件和较大零件的轮廓；画其他零件及各零件的细节部分；检查加深图线，标注尺寸和注写技术要求，填明细表、标题栏；进行全面校核。

A. 比对实物　　B. 定比例　　C. 拍照　　D. 测绘

70. BA009　视图布局通过画装配体基准面和(　　)来安排。

A. 基准点　　B. 基准线　　C. 尺寸标注　　D. 轮廓线

71. BA010　要对一个装配图有大致的了解，首先应该看(　　)。

A. 标题栏　　B. 视图关系　　C. 技术要求　　D. 主视图

72. BA010　装配图上的技术要求主要有(　　)、形位公差、热处理要求及零件加工的其他要求。

A. 配合关系　　B. 表面粗糙度　　C. 比例　　D. 材料种类

73. BA011　使用 CAXA(电子图板 2007)时，层锁定后，此层上的图素能进行(　　)。

A. 删除　　B. 平移、拉伸

C. 复制、粘贴　　D. 比例缩放

74. BA011　CAXA(电子图板 2007)相对坐标输入时，必须在第一个坐标值前面加上符号(　　)。

A. @　　B. #　　C. $　　D. &

75. BA012　CAXA(电子图板 2007)以当前用户坐标系的原点为基准，垂直方向为 Y 方向，并且(　　)。

A. 向下为正，向上为负　　B. 向上为正，向下为负

C. 向右为负，向左为正　　D. 向右为正，向左为负

76. BA012　CAXA(电子图板 2007)利用(　　)平面图形常用的命令可以得到精确的尺寸，可在距现有对象指定的距离处创建新对象或创建指定点的新对象。

A. Offset　　B. line　　C. Trim　　D. Circle

77. BA013　CAXA(电子图板 2007)绝对坐标的输入方法：直接通过键盘输入 X、Y 坐标，但 X、Y 坐标值之间必须用(　　)隔开。

A. 逗号　　B. 句号　　C. 冒号　　D. 顿号

78. BA013　CAXA（电子图板 2007）对参考点的解释：参考点是系统自动设定的相对坐标的参考基准，它通常是用户最后一次操作点的位置。在当前命令的交互过程中，用户可以按（　　）键，专门确定希望的参考点。

A. F1　　B. F2　　C. F3　　D. F4

79. BA014　CAXA（电子图板 2007）在绘图区的中央设置了一个二维直角坐标系，该坐标系称为（　　）。

A. 世界坐标系　　B. 标准坐标系　　C. 图板坐标系　　D. 平面坐标系

80. BA014　在绘图工具栏中，打开（　　）可进行线型加载操作，可分别建立中心线、尺寸标注、剖面线、虚线等线型设置。

A. 图层管理器按钮　　B. F5　　C. F3　　D. F4

81. BA015　CAXA（电子图板 2007）工具点捕捉就是使用鼠标捕捉工具点菜单中的某个特征点。用户进入作图命令，需要输入特征点时，只要按下（　　），即在屏幕上弹出工具点菜单。

A. F7 键　　B. F8 键　　C. 空格键　　D. F6 键

82. BA015　CAXA（电子图板 2007）在绘图区的中央设置了一个二维直角坐标系，该坐标系称为世界坐标系。它的坐标原点为（　　）。

A.（0. 000，0. 000）　　B.（0. 0000，0. 0000）

C.（0. 00，0. 00）　　D.（0. 0，0. 0）

83. BA016　CAXA（电子图板 2007）：由于绘图区的大小和形状决定插入到 Word 文件中的电子图板对象的大小和形状，因此绘制完成后，可通过改变 EB 窗口的大小来改变绘图区的大小，然后单击（　　）将所绘制的图形在绘图区内充分显示。

A. "显示全部"按钮或 F9　　B. "属性"按钮

C. F9　　D. F6

84. BA016　CAXA（电子图板 2007）：用键盘输入方式绘制一个中心在（20，50），直径为 60 圆的步骤如下：（1）启动 CAXA 电子图版（2007）。（2）操作提示区提示"命令："，用键盘输入绘图圆的命令"Circle"并按下 Enter 键。（3）在绘图区左下角出现绘制圆的立即菜单，选择"圆心－半径""直径"方式，系统提示"圆心点："，用键盘输入圆的圆心坐标"20，50"并按下 Enter 键。（4）系统又提示"输入直径或圆上一点："，用键盘输入圆的直径"60"并按下（　　）键。一个圆出现在绘图区。

A. Enter　　B. 空格　　C. Ctrl　　D. Tab

85. BA017　CAXA（电子图板 2007）主菜单位于屏幕的顶部，由一行菜单条及其子菜单组成，菜单条包括（　　）、工具和帮助等。

A. 文件、编辑　　B. 视图、格式　　C. 绘制、标注、修改　　D. 全选

86. BA017　CAXA（电子图板 2007）相对坐标可以用极坐标的方式表示，例@ 30<35 表示输入了一个相对当前点的极坐标，相对当前点的极坐标半径为 30，半径（　　）。

A. 与 Y 轴的逆时针夹角为 35°　　B. 与 X 轴的顺时针夹角为 35°

C. 与 Y 轴的顺时针夹角为 35°　　D. 与 X 轴的逆时针夹角为 35°

87. BB001　打捞作业前应该掌握本期井下作业的施工原因和(　　)。

A. 井下完井管柱现状　　B. 施工单位

C. 管井单位　　D. 设计单位

88. BB001　管柱砂埋卡死,如果环空尺寸足够,最合理的处理方法是(　　)。

A. 冲捞　　B. 磨铣

C. 套铣、打捞　　D. 以上选项都不对

89. BB002　下面 4 个铅模印痕中,(　　)是鱼头为杆类,且直立于井的中央。

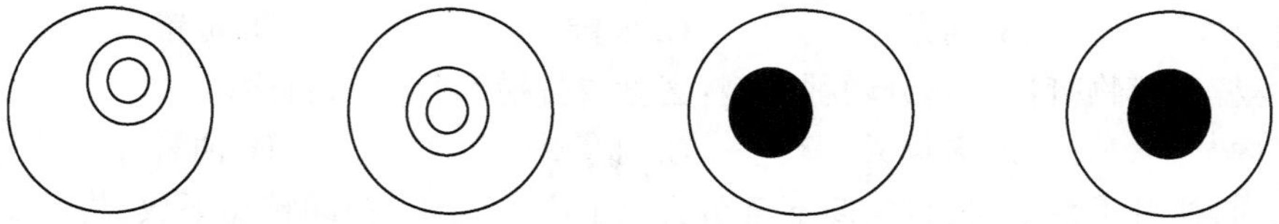

A. 单圈印痕　　B. 单圈印痕　　C. 圆洞印痕　　D. 圆洞印痕

90. BB002　下列 4 个铅模印痕中,(　　)是鱼头为油管内螺纹且歪斜在井中。

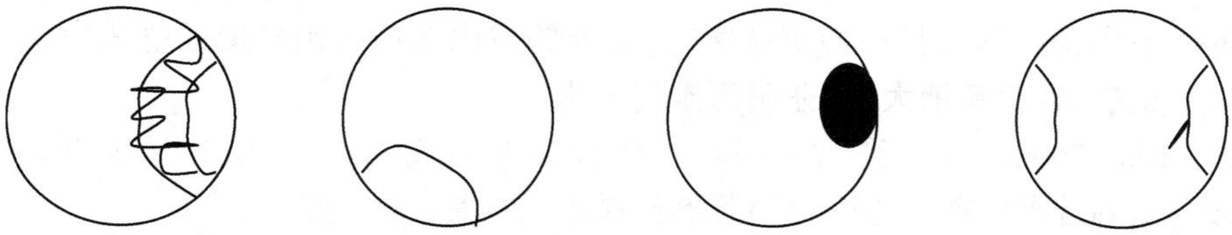

A. 双半圈印痕　　B. 单半圈印痕　　C. 圆洞印痕　　D. 铅模两缘偏陷

91. BB003　铅模下至鱼头以上(　　)左右时,开泵大排量冲洗,边冲洗边缓慢下管柱,下放速度不超过 2m/min。

A. 10m　　B. 5m　　C. 20m　　D. 15m

92. BB003　钻杆落井属于(　　)落物。

A. 管类　　B. 杆类　　C. 管杆类　　D. 绳类

93. BB004　某井压井液为清水,油管钢材体积为 1. 11/m,井内管柱每千米悬重比其实际轻(　　)。

A. 1. 1kN($g=10m/s^2$)　　B. 11kN($g=10m/s^2$)

C. 110kN($g=10m/s^2$)　　D. 18kN($g=10m/s^2$)

94. BB004　测卡仪由(　　)、磁性定位器、加重杆、滑动接头、振荡器、上弹簧锚、传感器、下弹簧锚、底部短节等组成。

A. 电缆接头　　B. 上接头　　C. 上部短节　　D. 加长短节

95. BB005　在各种修井作业中,打捞作业占(　　)以上。

A. 1/2　　B. 2/5　　C. 3/5　　D. 2/3

96. BB005　井下落物影响生产,一般需(　　)处理。

A. 套铣　　B. 磨铣　　C. 顿击　　D. 打捞

97. BB006　一般作业队设备及技术力量无法处理,需使用转盘倒扣、套铣、钻磨等措施处理才能恢复正常生产的作业过程,均属(　　)作业。

A. 复杂打捞　　B. 一般打捞

C. 简单打捞　　D. 非常规

98. BB006　掉入井内的管类、封隔器和绳类等，没有卡钻遇阻等复杂情况，这类打捞作业属于（　　）作业。

A. 复杂打捞　　B. 简单打捞　　C. 一般打捞　　D. 非常规

99. BB007　井下打捞作业施工中，管类落物是最为常见的井下落物，下列选项中属于管类落物的是（　　）。

A. 抽油杆　　B. 测试仪　　C. 导锥　　D. 封隔器

100. BB007　打捞井下落物作业施工过程中，（　　）是最为常见的管类落物打捞工具。

A. 捞筒　　B. 捞矛　　C. 公锥　　D. 母锥

101. BB008　杆类落物打捞工具分两种类型：套管内打捞和（　　）打捞。

A. 泵筒内　　B. 泵筒外　　C. 油管内　　D. 油管外

102. BB008　打捞杆类落物时，打捞筒下至鱼头以上（　　）左右，即转动下放，将鱼头拨正，使鱼头进入打捞筒内腔；上提时，卡瓦卡住落物，将落物打捞上来。

A. 400m　　B. −3m　　C. −2m　　D. 1m

103. BB009　使用正扣钻具打捞绳类落物时，将外钩或内钩插入钢丝绳或电缆内（　　）后试提，若负荷增大时，证明已捞到落物。

A. 正转 100～200 圈　　B. 反转 2～3 圈　　C. 反转 5～6 圈　　D. 正转 5～8 圈

104. BB009　下列选项中能够进行绳类落物打捞的工具是（　　）。

A. 母锥　　B. 外钩　　C. 捞筒　　D. 公锥

105. BB010　小件落物打捞工具必须具备易捞、有足够的（　　）、构造简单、操作方便的特点。

A. 硬度　　B. 强度　　C. 塑性　　D. 弹性

106. BB010　在小物件卡阻型处理中，套铣或震击效果不明显或无效时，最后使用（　　）方法，除掉小部分机泵组，为整体打捞创造条件。

A. 冲洗　　B. 磨铣　　C. 倒扣　　D. 活动

107. BB011　倒扣器是一种（　　）传动装置，其主要功能是将钻杆的右旋转动（正扭矩）变成遇卡管柱的左旋转动（反扭矩）。

A. 变径　　B. 变方位　　C. 变向　　D. 变位移

108. BB011　倒扣器的长轴和承载套负担打捞作业（包括倒扣作业）中的（　　）。

A. 扭矩　　B. 拉力　　C. 全部提力　　D. 弹力

109. BB012　倒扣器空心轴的上部是细牙螺纹，与锁定套相连，下端面有压嵌与变向机构的（　　）相连接。

A. 连接轴　　B. 支撑套　　C. 行星齿轮　　D. 联动板

110. BB012　锁定套套装在长轴上，其上的内螺纹与锚定机构的空心轴连接，并有（　　）紧固螺钉固定。

A. 3 个　　B. 4 个　　C. 5 个　　D. 6 个

111. BB013　倒扣器工作时，主要传动是钻杆带动牙嵌的连接轴长轴行星齿轮组，此时有两种运动，即行星齿轮自转，（　　）同行星齿轮绕长轴公转。

A. 外筒　　B. 滑动轴　　C. 支撑套　　D. 滑动套

112. BB013　倒扣器下井后，当外筒与支撑套均无制动力矩时，倒扣器整体(　　)。

A. 左旋　B. 右旋　C. 自转　D. 公转

113. BB014　倒扣动作实现后，需起出打捞管柱工具，但是由于倒扣器还坐定在套管上，因此必须解除锚定。其方法是(　　)。

A. 正转钻杆 1~2 圈　B. 正转钻杆 6 圈

C. 反转倒扣器 1/4~1/2 圈　D. 正转钻杆 0~1/4 圈

114. BB014　DKQ95 型倒扣器锚定套管的内径为(　　)。

A. 99.6~127mm　B. 108.6~150.4mm

C. 152.5~205mm　D. 216~258mm

115. BB015　在使用倒扣器打捞时，缓慢反转管柱使工具入鱼，待指重表向下降(　　)后停止下放，在井口记下第一个记号。

A. 0kN　B. 10~20kN　C. 100~200kN　D. 200~300kN

116. BB015　使用倒扣器时，如果鱼头处于裸眼或破损套管处，必须在倒扣器与下击器间加接(　　)，使倒扣器锚定在完好的套管内。

A. 反扣钻杆　B. 正扣钻杆　C. 反扣方钻杆　D. 正扣钻铤

117. BB016　倒扣器工作前必须(　　)，循环不正常不得进行倒扣作业。

A. 开泵洗井　B. 磨铣　C. 倒扣　D. 刮蜡

118. BB016　倒扣器锚定翼板上的每组合金块安装时必须保证在同一水平线上，可用一(　　)检查，低者、高者均需更换。

A. 卡尺　B. 三角板　C. 钢板尺　D. 皮尺

119. BB017　倒扣器正常使用的情况下，每下井(　　)要中修。

A. 3~5 次　B. 6~8 次　C. 8~10 次　D. 10 次以上

120. BB017　倒扣器中修包括：全部拆卸清洗检查、更换或修正损伤的零部件、更换全部密封件、校准更换合金块、(　　)等。

A. 充填润滑脂　B. 充填机油　C. 充填柴油　D. 充填冷却液

121. BB018　在打捞施工过程中，安全接头应连接在(　　)。

A. 打捞管柱中间　B. 打捞管柱上部　C. 打捞工具上部　D. 何处都可以

122. BB018　在施工过程中，安全接头依靠相互配合的(　　)承受轴向拉压负荷及单向扭矩。

A. 上接头　B. 下接头　C. 倾斜凸缘　D. 密封圈

123. BB019　使用安全接头时，应将其接在(　　)。

A. 井口　B. 管柱中部

C. 仅靠下井工具上部油管的下部　D. 仅靠下井工具下部油管的上部

124. BB019　在施工过程中，使用锯齿型安全接头，在退扣时，其悬重应(　　)打捞管柱的悬重。

A. 大于　B. 小于　C. 等于　D. 大于或等于

125. BC001　某套管的连接螺纹标记为 CSG，则该套管连接螺纹的汉字表述是(　　)。

A. 长螺纹　B. 短圆螺纹　C. 方螺纹　D. 平式螺纹

126. BC001　某套管的连接螺纹标记为 BCSG，则该套管连接螺纹的汉字表述是（　　）。

A. 加厚螺纹　B. 短螺纹　C. 平式螺纹　D. 偏梯螺纹

127. BC002　某套管名义外径是 11¾in，折合成毫米为（　　）。

A. 177.8mm　B. 3000mm　C. 1134mm　D. 298.45mm

128. BC002　某钢级为 H－40 的套管，其抗拉强度为 400MPa，管体环形横截面积为 $5000mm^2$，其抗拉力为（　　）。

A. 400kN　B. 800kN　C. 2000kN　D. 8000kN

129. BC003　API 油管规格及尺寸公称尺寸 2⅞in 不加厚外径为（　　），不加厚内径为（　　），不加厚接箍外径为（　　）。

A. 60.3mm，50.3mm，73mm　B. 73.0mm，62.0mm，89.5mm

C. 88.9mm，75.9mm，107mm　D. 101.6mm，88.6mm，121mm

130. BC003　API 油管规格及尺寸公称尺寸 4in 不加厚外径为（　　），不加厚内径为（　　），不加厚接箍外径为（　　）。

A. 60.3mm，50.3mm，73mm　B. 73.0mm，62.0mm，89.5mm

C. 88.9mm，75.9mm，107mm　D. 101.6mm，88.6mm，121mm

131. BC004　锥螺纹抽油杆、插接式抽油杆为（　　）专用抽油杆。

A. 螺杆泵　B. 潜油电泵　C. 整筒泵　D. 注水井

132. BC004　空心光（抽油）杆连接特性代号为（　　）。

A. J　B. KA　C. B　D. KJ

133. BC005　HL 型超高强度抽油杆屈服点为（　　）。

A. 980～1176kPa　B. 98～117MPa

C. 793～862MPa　D. 90～176MPa

134. BC005　某抽油杆的抗拉强度为 800MPa，横截面积为 $380mm^2$，其抗拉力为（　　）。

A. 304kN　B. 800N　C. 380kN　D. 80kN

135. BC006　在设计井下打捞工具时，首先要根据井下落鱼的具体情况，收集相关的技术、数据资料，进行分析计算，构思井下工具每个动作的（　　），并绘制草图（方案图）。

A. 使用要求　B. 工作原理

C. 结构　D. 工作原理和结构

136. BC006　制作井下打捞工具时，要按各零部件图的结构尺寸及工艺要求审核井下工具设计的正确性，即工作原理是否正确，（　　），加工是否可行。

A. 设计是否合理　B. 有关技术数据是否正确

C. 结构是否合理　D. 施行方案是否正确

137. BC007　在设计打捞工具时，打捞工具的工作原理和（　　）应符合现场实际设备和操作环境要求，且实现的方法越简单越好。

A. 操作方法　B. 注意事项　C. 加工方法　D. 检验方法

138. BC007　井下落物是小直径管类，并且鱼头完好，一般选择（　　）打捞。

A. 内捞　B. 捞矛　C. 强磁打捞　D. 打捞筒

139. BC008 进行打捞工具设计之前,应首先了解井况资料、(　　)、井内管柱状态和结构、各层的生产情况,以便制定一套完整、切实可行的打捞处理方案。

A. 井深结构　　B. 套管内径
C. 井下压力　　D. 形成落物原因及落物情况

140. BC008 搞清楚井下落鱼情况后,常规的打捞工具又解决不了问题,必须要认真研究,以设计实用的(　　)。

A. 打捞为主　　B. 地面工具为主
C. 打捞工具为主　　D. 井下工具为主

141. BC009 设计工具提高价值原则是指在产品(工具)的使用寿命周期内,(　　)实现产品(工具)的必要功能。

A. 以较少的成本　　B. 用最低的成本
C. 用最低的资本　　D. 用最低的支出

142. BC009 设计简单的井下工具的要求:功能满足要求,效率高;便于使用,维护和修理;容易制造;(　　);减轻体力劳动,操作安全,对环境不产生污染及影响;总体布置匀称紧凑,外形美观。

A. 结构简单　　B. 寿命长
C. 工作可靠　　D. 结构简单,工作可靠,寿命长

143. BC010 管体抗拉强度是使管体钢材达到(　　),在拉断前所承受的最大应力。

A. 最小拉力时　　B. 最小屈服强度时
C. 最小抗拉强度时　　D. 最大屈服强度时

144. BC010 平式油管抗拉强度的计算以(　　)的抗拉强度,也就是螺纹根部的截面积乘以管材的屈服强度。

A. 完整螺纹　　B. 最后一牙
C. 最后一根管螺纹根部　　D. 最大屈服极限

145. BC011 钻杆允许扭转圈数计算公式为 $N=KH$,其中,N 为允许扭转圈数,圈;K 为(　　),圈/m;H 为卡点深度,m。

A. 屈服强度　　B. 抗扭强度　　C. 抗拉强度　　D. 扭转系数

146. BC011 某井用 ϕ73IF 钻杆(钢级 D65)处理解卡,卡点深度 2000m,倒扣时允许扭转圈数为(　　)。

A. 23　　B. 35　　C. 40　　D. 29

147. BD001 理论示功图是假想驴头只承受抽油杆和(　　)以上的液柱静载荷时,理论上得到的示功图。

A. 脱节器　　B. 活塞截面　　C. 固定阀球座　　D. 游动阀球座

148. BD001 通过对油井测试(　　)的分析,便于制定抽油机井合理的工作制度。

A. 示功图　　B. 泵的参数　　C. 抽油参数组合　　D. 抽油情况

149. BD002 通过抽油井测试分析可以了解(　　)是否合理。

A. 抽油数据　　B. 泵的参数
C. 抽油参数组合　　D. 抽油情况

150. BD002　通过抽油井测试分析可以了解（　　）是否合适。

A. 下泵深度　　B. 防冲距

C. 驴头高度　　D. 悬挂重量

151. BD003　驴头往复运动（　　）循环后，在记录纸上画出一个封闭的记录曲线，即为示功图。

A. 半个　　B. 一个　　C. 两个　　D. 三个

152. BD003　当光杆上下运动时，CY611 型水力式动力仪行程转换系统带着记录台（　　）运动，同时要受液压的螺旋弹簧管绕其轴产生一个转角。

A. 左右　　B. 上下　　C. 前后　　D. 旋转

153. BD004　示功图（　　）线条为卸载线，抽油杆下行，抽油杆因卸载而缩短。

A. 上面　　B. 下面　　C. 左侧　　D. 右侧

154. BD004　示功图右侧斜线条为卸载线，抽油杆下行，抽油杆因卸载而（　　）。

A. 伸长　　B. 缩短　　C. 不变　　D. 扭曲

155. BD005　下面 4 个示功图中，砂卡抽油杆示功图是（　　）。

A.　　B.

C.　　D.

156. BD005　下面 4 个示功图中，蜡卡抽油杆示功图是（　　）。

A.　　B.

C.　　D.

157. BD006　静液面深度数值越大，井筒内液柱（　　）。

A. 越高　　B. 距井口越远

C. 距井口越近　　D. 越浅

158. BD006　测液面的目的是为了解油井液面的高低，确定（　　）和油层的供液能力。

A. 泵挂深度　　B. 泵径

C. 泵冲次　　D. 泵冲程

159. BE001　倒扣打捞筒筒体上部内壁上有三个键，控制着（　　）的位置。

A. 花键套　　B. 限位座

C. 弹簧　　D. 限位块

160. BE001 倒扣打捞筒筒体下部内圆锥面上有三个键,用来( )。
A. 悬挂落物 B. 传递压力 C. 传递扭矩 D. 密封内部空间
161. BE002 倒扣打捞筒筒体的锥面使卡瓦产生夹紧力,实现( )。
A. 上提负荷 B. 钻压平衡 C. 打捞 D. 传递扭矩
162. BE002 使用倒扣打捞筒时,当鱼顶将限位座及卡瓦顶到一定位置,并右旋( )时,卡瓦被限制,不能与筒体相对运动,工具处于释放状态。
A. 45° B. 90° C. 120° D. 180°
163. BE003 倒扣打捞筒需要退出时,下击钻具使捞筒卡瓦和筒体锥面分离后,可以正转管柱,并采取( )的方法,即可退出落鱼。
A. 反转半圈 B. 下击
C. 一边转动一边上提 D. 大力上提
164. BE003 使用倒扣打捞筒打捞油管落物遇卡时,可以给打捞筒施加( )实施倒扣打捞。
A. 上提负荷 B. 钻压 C. 左旋扭矩 D. 右旋扭矩
165. BE004 倒扣打捞矛在井下落物打捞过程中,主要用于( )作业。
A. 倒扣 B. 磨铣 C. 套铣 D. 顿击
166. BE004 倒扣打捞矛可以代替( ),可以打捞落鱼内径的任何部位。
A. 右旋螺纹公锥 B. 左旋螺纹公锥 C. 滑块捞矛 D. 倒扣捞筒
167. BE005 倒扣打捞矛的卡瓦抓捞部分为( )。
A. 一瓣 B. 二瓣 C. 三瓣 D. 四瓣
168. BE005 倒扣打捞矛分瓣卡瓦进入落鱼内腔时,上行到矛杆小锥端,靠弹性紧贴落鱼内壁,( )矛杆,矛杆锥面撑紧卡瓦,即可抓住落鱼。
A. 上提 B. 下放 C. 旋转 D. 下击
169. BE006 接头螺纹为正扣的倒扣打捞矛进入鱼腔内后,如果上提打捞管柱捞矛打滑,可能打捞矛处于释放状态,应在捞矛进入鱼腔内后( )打捞管柱 0.5~1 圈,再上提即可捞获落鱼。
A. 左旋 B. 右旋 C. 下放 D. 上提
170. BE006 常规的正扣可退式打捞矛退出鱼腔时下击钻具使卡瓦和芯轴脱开后( )。
A. 正转退出 B. 反转退出 C. 提放退出 D. 加压退出
171. BE007 当钻杆、油管或抽油杆等落物的顶部落入裸眼或大尺寸的套管内,用常规的打捞矛、打捞筒等打捞工具无法抓取时可用( )进行打捞。
A. 公锥 B. 母锥 C. 套铣筒 D. 活动肘节
172. BE007 活动肘节与( )工具配合使用,像人体的胳臂和手一样可弯曲、可伸直、可抓取,也可退回。
A. 打捞 B. 磨铣 C. 旋转 D. 下击
173. BE008 活动肘节摆动短节摆动的角度与所加液压有关,液压越高,摆动的角度( )。
A. 越小 B. 不变 C. 越大 D. 无规律

174. BE008　在自然压差为(　　)时,活动肘节会无任何动作而垂直向下。
A. 零　　B. 正值　　C. 负值　　D. 无规律

175. BE009　活动肘节可以承受(　　)。
A. 提拉负荷　　B. 扭转负荷　　C. 冲击负荷　　D. 以上选项均正确

176. BE009　活动肘节属于(　　),用后必须对各密封部件进行检查,有问题及时更换。
A. 液压传动装置　　B. 机械传动装置
C. 气动传动装置　　D. 手动传动装置

177. BE010　倒扣安全接头由上接头、(　　)、下接头、密封件等组成。
A. 铣控环　　B. 限位座　　C. 防挤环　　D. 活动肘节

178. BE010　倒扣安全接头从上至下有一个水眼,保证循环修井液畅通,同时在上、下接头配合表面处有(　　)装置,封隔了下行及上返修井液的通道。
A. 旋转　　B. 磨铣　　C. 密封　　D. 下击

179. BE011　DANJ95 型倒扣安全接头可承受的传递扭矩为(　　)。
A. 11kN · m　　B. 21kN · m　　C. 48kN · m　　D. 86kN · m

180. BE011　DANJ148 型倒扣安全接头可承受的传递扭矩为(　　)。
A. 11kN · m　　B. 21kN · m　　C. 48kN · m　　D. 86kN · m

181. BE012　爆炸松扣工具由提环、防磁外壳、磁定位器、加重杆、爆炸杆、雷管、(　　)和引鞋等组成。
A. 导爆杆　　B. 导爆索　　C. 防挤环　　D. 隔套

182. BE012　爆炸松扣工具结构部件中,(　　)的作用是用来确定准确的爆炸位置。
A. 提环　　B. 防磁外壳　　C. 磁定位器　　D. 爆炸杆

183. BE013　爆炸松扣前要测卡点位置,用磁定位器找出(　　)以上第一个接箍的深度。
A. 封隔器　　B. 卡点　　C. 大直径工具　　D. 中和点

184. BE013　爆炸松扣前,上提打捞管柱,其负荷为卡点以上全部重量加(　　),使卡点以上第一个接箍处于稍微受拉状态。
A. 3%　　B. 5%　　C. 10%　　D. 15%

185. BE014　螺杆钻轴承总成由轴承、限流器、(　　)、径向轴承等组成。
A. 驱动轴　　B. 旁通阀　　C. 螺纹　　D. 芯轴

186. BE014　螺杆钻定子是一个单头螺旋轴,上部为自由端,下部与(　　)相连。
A. 驱动轴总成　　B. 旁通阀总成　　C. 联轴节总成　　D. 芯轴

187. BE015　螺杆钻是以高压液体为动力,驱动井下钻具旋转的工具,可用来(　　)。
A. 试油　　B. 测井　　C. 钻井　　D. 替喷

188. BE015　螺杆钻通过(　　)将高压液体的能量转变成机械能。
A. 液压钳　　B. 转子和定子
C. 旁通阀　　D. 钻杆或油管

189. BE016　使用螺杆钻施工过程中,下钻要求平稳,随时注意悬重变化,控制下钻速度以(　　)为宜。
A. 1~5m/min　　B. 5~10m/min　　C. 10~20m/min　　D. 20~30m/min

190. BE016　使用螺杆钻施工过程中，入井液体采用清水或无固相液体，含砂量控制在（　　）以下。

A. 1%　　B. 2%　　C. 3%　　D. 5%

191. BE017　螺杆钻在使用前要检查（　　）是否灵活可靠。

A. 控制阀　　B. 溢流阀　　C. 转向阀　　D. 旁通阀

192. BE017　马达不转时不得转动钻具，否则（　　）与联轴节的连接将会脱扣而损坏。

A. 传动轴　　B. 转子　　C. 驱动轴　　D. 旁通阀

193. BE018　检修保养螺杆钻具时，首先要清洗螺杆钻，检查外表有无磕碰等伤痕，并检查（　　）磨损情况。

A. 接头　　B. 钻头　　C. 外壁　　D. 马达

194. BE018　检修保养螺杆钻具时，转子如损伤严重，则（　　）或报废处理。

A. 用砂纸打磨光滑　　B. 用研磨膏研磨处理

C. 更换转子　　D. 继续使用

195. BE019　如果在磨铣中磨屑大量呈鳞片状或铁末，进尺较慢或无进尺，说明（　　）。

A. 钻压过大　　B. 钻压过小　　C. 磨鞋磨损严重　　D. 转速过小

196. BE019　钻具蹩跳可能导致落鱼活动，停止旋转，上提钻具 3~6m 下放，用钻具的伸长量砸击鱼头数次后，继续磨铣，钻压（　　）缓慢加压，反复调节找出一个平稳的钻压进行磨铣。

A. 由小到大　　B. 由大到小

C. 由大到小再到大　　D. 由小到大再到小

197. BE020　下列选项的工具中，（　　）承受钻压最大，转速最大。

A. 铣鞋　　B. 梨形磨鞋　　C. 铣锥　　D. 平底磨鞋

198. BE020　一般应选择（　　）的磨铣速度，具体操作时应根据钻压、钻具和工具、设备动力、地面扭矩等因素而定。

A. 较高　　B. 较低　　C. 很高　　D. 很低

199. BE021　磨铣铸铁桥塞时，磨鞋直径要比套管直径小（　　）。

A. 9mm　　B. 1mm　　C. 3~4mm　　D. 12mm

200. BE021　磨铣胶皮时应采取（　　）方法。

A. 降低泵压、顿钻　　B. 加大钻压

C. 减小钻压　　D. 降低转速

201. BE022　磨铣作业时，洗井液的上返速度不得低于（　　），保证携砂能力，及时排出井下磨屑，防止卡钻。

A. $18m^3/h$　　B. $24m^3/h$　　C. $36m^3/h$　　D. $40m^3/h$

202. BE022　所有的磨铣作业施工的不能与（　　）配合使用，因配合后不能进行顿钻和冲顿物碎块。

A. 扶正器　　B. 震击器　　C. 打捞杯　　D. 安全接头

203. BF001　开式下击器是一种（　　）震击工具。

A. 弹簧式　　B. 润滑式　　C. 机械式　　D. 密封式

204. BF001　开式下击器用途广泛，适用于解卡，不仅是有效的解卡工具，而且也是各种打捞作业必备的（　　）。

A. 配套工具　B. 专用工具　C. 打捞工具　D. 震击工具

205. BF002　开式下击器（　　）下部是钻杆外螺纹，中间是外六方长杆，上部有连接外螺纹，内有水眼。

A. 外筒　B. 撞击套　C. 芯轴　D. 抗挤压环

206. BF002　开式下击器（　　）安装在芯轴上端的外螺纹上，用螺钉锁紧。

A. 外筒　B. 撞击套　C. 芯轴外套　D. 抗挤压环

207. BF003　在开式下击器工作时，上部钻柱的悬重越小，（　　）越小。

A. 冲力　B. 动力　C. 震击力　D. 摩擦力

208. BF003　开式下击器的（　　）越长，震击力越大。

A. 芯轴　B. 冲程　C. 撞击套　D. 抗挤环

209. BF004　XJ-K95 型开式下击器许用拉力为（　　）。

A. 1250kN　B. 1550kN　C. 1960kN　D. 2100kN

210. BF004　XJ-K108 型开式下击器许用拉力为（　　）。

A. 1250kN　B. 1550kN　C. 1960kN　D. 2100kN

211. BF005　开式下击器在井内向下连续震击时，上提钻住使钻柱产生适当的弹性伸长，迅速下放钻柱，下击器迅速关闭，芯轴外套下端面与（　　）发生连续撞击。

A. 撞击套　B. 抗挤压环　C. 挡环　D. 芯轴台肩

212. BF005　在地面使用开式下击器时，可以将（　　）从落鱼中退出。

A. 滑块捞矛　B. 公锥　C. 可退式捞筒　D. 母锥

213. BF006　开式下击器是（　　）有效的解卡工具。

A. 打捞作业　B. 物探作业　C. 测井作业　D. 压裂作业

214. BF006　开式下击器结构简单，制造成本低，坚固耐用，经得起（　　）和大负荷提拉。

A. 强力下击　B. 强大扭力　C. 强大拉力　D. 强力弯曲

215. BF007　地面下击器下部是细牙内螺纹，与芯轴连接，芯轴除连接螺纹外，其余部分为（　　）。

A. 六方形　B. 五角形　C. 四方形　D. 三角形

216. BF007　地面下击器震击力的调节方法：卸下锁紧螺钉，旋动（　　），就可以改变摩擦卡瓦的工作位置，从而调节了震击力。

A. 支撑套　B. 调节环　C. 摩擦芯轴　D. 摩擦卡瓦

217. BF008　地面下击器芯轴与摩擦芯轴连接处有一个（　　）。

A. 支撑套　B. 调节环　C. 密封座　D. 摩擦卡瓦

218. BF008　地面下击器的震击力主要是靠摩擦芯轴与摩擦卡瓦间在（　　）时的巨大摩擦力的阻力作用下使卡点以上钻柱产生弹性伸长。

A. 伸缩　B. 拉伸　C. 缩短　D. 压缩

219. BF009　地面下击器可以改变摩擦卡瓦的工作位置，从而调节（　　）。

A. 扭矩　B. 弹力　C. 上提力　D. 震击力

220. BF009　地面式下击器 DXJ-M178 的冲程为(　　)。
A. 178mm　B. 1219mm　C. 3833mm　D. 71000mm

221. BF010　DXJ-M178 型地面下击器的外径尺寸为(　　)。
A. ϕ98mm　B. ϕ121mm　C. ϕ140mm　D. ϕ178mm

222. BF010　DXJ-M178 型地面下击器的内径尺寸为(　　)。
A. ϕ38mm　B. ϕ48mm　C. ϕ58mm　D. ϕ78mm

223. BF011　如操作中要保持修井液循环,可在地面下击器上方接(　　)。
A. 阀门　B. 方钻杆　C. 水龙头　D. 三通

224. BF011　使用地面下击器时,要计算(　　)以上钻柱在修井液中的重力,记录并标记在指重表上。
A. 尾管　B. 卡点　C. 井底　D. 中和点

225. BF012　地面下击器使用前,摩擦芯轴和摩擦卡瓦应处于(　　)状态。
A. 打开　B. 关闭　C. 锁死　D. 旋转

226. BF012　地面下击器震击作业时,拉力绝不能超过(　　)以上管柱在修井液中的重力。
A. 尾管　B. 卡点　C. 井底　D. 中和点

227. BF013　每次调节地面下击器拉力时,应从锁钉孔注入些(　　),并检查是否有修井液进入。
A. 水　B. 机油　C. 柴油　D. 润滑油

228. BF013　地面下击器大拉力震击时,应检查井架各(　　),防止松动。
A. 连接件　B. 紧固件　C. 支撑件　D. 密封件

229. BF014　井架负荷小、不能大负荷提拉钻具时,(　　)的解卡能力更显得优越。
A. 液压上击器　B. 润滑式下击器　C. 地面式下击器　D. 开式下击器

230. BF014　液压上击器接加速器后可用于(　　)。
A. 各类井　B. 超深井　C. 浅井　D. 深井

231. BF015　液压上击器的上接头上部为钻杆内螺纹,同上部钻具连接,下部为细牙螺纹,同(　　)连接。
A. 芯轴　B. 放油塞　C. 支撑套　D. 撞击锤

232. BF015　液压上击器的芯轴上部为光滑圆柱,下部为花键,花键与上壳体下部的花键孔配合传递(　　)。
A. 压力　B. 扭矩　C. 热量　D. 势能

233. BF016　使用液压上击器时,上提钻柱,钻具被拉长,储存变形能,属于上击器工作过程的(　　)。
A. 储能阶段　B. 释放阶段　C. 撞击阶段　D. 复位阶段

234. BF016　在液压上击器的撞击阶段,急速上行的芯轴带动撞击锤,猛烈撞击上缸的下端面,与上缸连在一起的(　　)受到一个上击力。
A. 活塞　B. 落物　C. 支撑套　D. 活塞环

235. BF017　YSQ-95 型液压式上击器的内径尺寸为(　　)。
A. ϕ38mm　B. ϕ49mm　C. ϕ51mm　D. ϕ62mm

236. BF017　YSQ-108 型液压式上击器的内径尺寸为(　　)。

A. ϕ38mm　　B. ϕ49mm　　C. ϕ51mm　　D. ϕ62mm

237. BF018　液压式上击器管柱中,浅井和斜井需加(　　)。

A. 扶正器　　B. 通径规　　C. 加速器　　D. 封隔器

238. BF018　使用液压式上击器作业时,当钻台(井台)发生震动后,(　　)钻具关闭上击器。

A. 上提　　B. 下放　　C. 旋转　　D. 锁死

239. BF019　液压式上击器入井前须经(　　)试验,检查上击器的性能。

A. 钻台　　B. 实验架　　C. 提拉力　　D. 打压

240. BF019　调整液压式上击器上击力的方法是改变上提速度以调整上提负荷和根据井口所作标记改变上击器(　　)程度。

A. 打开　　B. 关闭　　C. 旋转　　D. 锁死

241. BF020　给液压式上击器充油所用的液压油必须是精制的机械油,充油时上击器必须(　　)。

A. 放平　　B. 上接头朝上

C. 上接头朝上,并倾斜 30°　　D. 上接头朝下

242. BF020　液压式上击器的活塞环、中缸体对研,节流缝间隙为(　　),保证各活塞环缝隙互相错开。

A. 0. 1~0. 2mm　　B. 0. 2~0. 4mm　　C. 0. 3~0. 5mm　　D. 0. 4~0. 6mm

243. BF021　倒扣下击器主要由芯轴、(　　)、键、筒体、销、导管、下接头及各种密封件组成。

A. 心轴套　　B. 承载套　　C. 撞击套　　D. 抗挤环

244. BF021　倒扣下击器(　　)把筒体、芯轴连在一起,传递扭矩,并允许芯轴上下滑动。

A. 导管　　B. 承载套　　C. 键　　D. 弹性销

245. BF022　倒扣下击器下击的工作原理及动作过程与(　　)相同。

A. 地面下击器　　B. 润滑式下击器　　C. 开式下击器　　D. 液压上击器

246. BF022　倒扣器是用来对接头螺纹施加反扭矩,旋开连接接头的一种传递力矩的(　　)装置。

A. 导向　　B. 变向　　C. 专用　　D. 锁紧

247. BF023　DXJQ95 型倒扣下击器的冲程是(　　)。

A. 350mm　　B. 406mm　　C. 457mm　　D. 510mm

248. BF023　DXJQ105 型倒扣下击器的冲程是(　　)。

A. 350mm　　B. 406mm　　C. 457mm　　D. 510mm

249. BF024　润滑式下击器又称(　　)下击器。

A. 闭合式　　B. 开式　　C. 地面　　D. 油浴式

250. BF024　润滑式下击器与(　　)主要区别在于工具本身的撞击过程是在润滑腔的密闭式油浴中进行的。

A. 地面下击器　　B. 液压上击器　　C. 开式下击器　　D. 倒扣式下击器

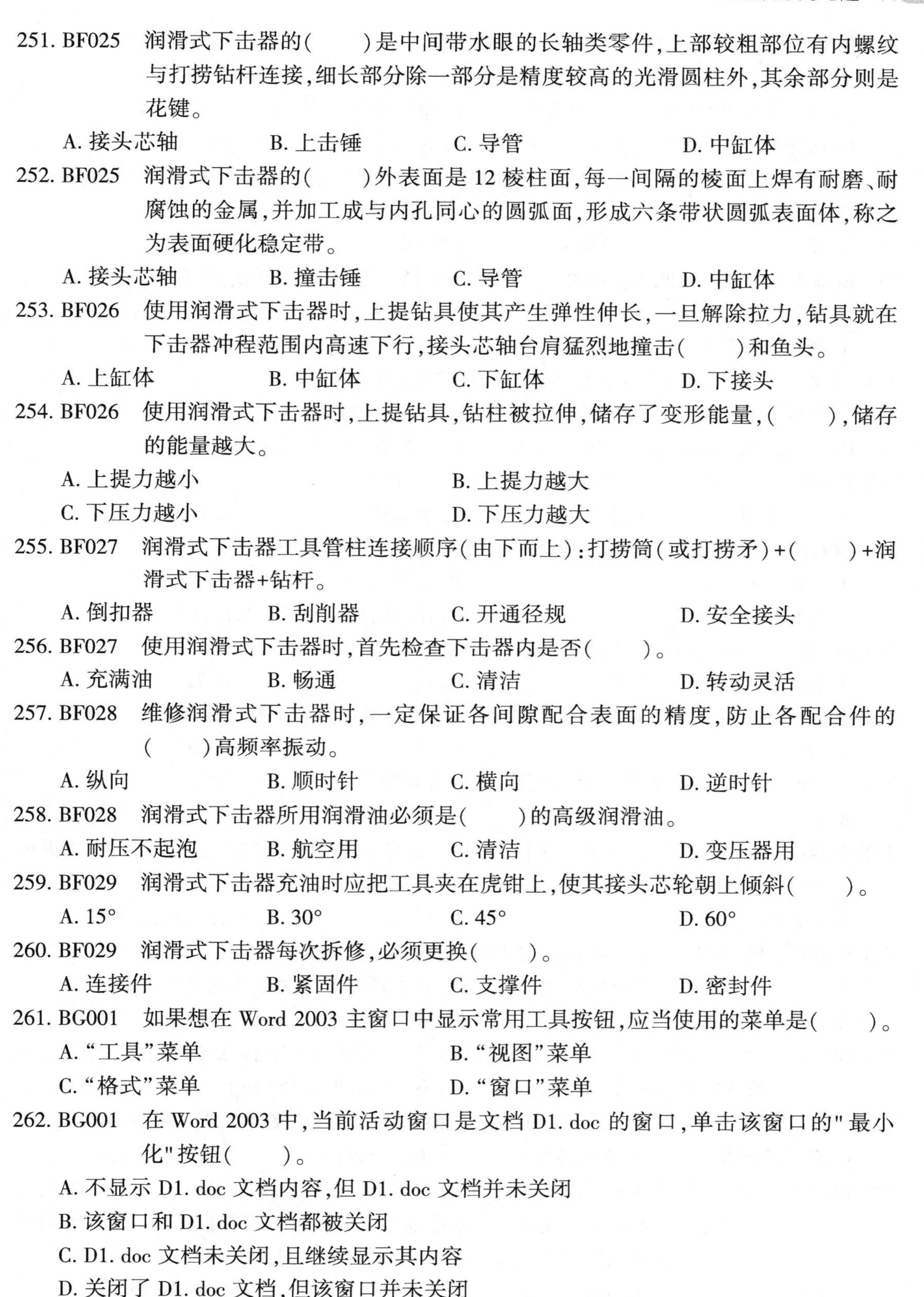

251. BF025　润滑式下击器的(　　)是中间带水眼的长轴类零件,上部较粗部位有内螺纹与打捞钻杆连接,细长部分除一部分是精度较高的光滑圆柱外,其余部分则是花键。

A. 接头芯轴　　B. 上击锤　　C. 导管　　D. 中缸体

252. BF025　润滑式下击器的(　　)外表面是 12 棱柱面,每一间隔的棱面上焊有耐磨、耐腐蚀的金属,并加工成与内孔同心的圆弧面,形成六条带状圆弧表面体,称之为表面硬化稳定带。

A. 接头芯轴　　B. 撞击锤　　C. 导管　　D. 中缸体

253. BF026　使用润滑式下击器时,上提钻具使其产生弹性伸长,一旦解除拉力,钻具就在下击器冲程范围内高速下行,接头芯轴台肩猛烈地撞击(　　)和鱼头。

A. 上缸体　　B. 中缸体　　C. 下缸体　　D. 下接头

254. BF026　使用润滑式下击器时,上提钻具,钻柱被拉伸,储存了变形能量,(　　),储存的能量越大。

A. 上提力越小　　B. 上提力越大

C. 下压力越小　　D. 下压力越大

255. BF027　润滑式下击器工具管柱连接顺序(由下而上):打捞筒(或打捞矛)+(　　)+润滑式下击器+钻杆。

A. 倒扣器　　B. 刮削器　　C. 开通径规　　D. 安全接头

256. BF027　使用润滑式下击器时,首先检查下击器内是否(　　)。

A. 充满油　　B. 畅通　　C. 清洁　　D. 转动灵活

257. BF028　维修润滑式下击器时,一定保证各间隙配合表面的精度,防止各配合件的(　　)高频率振动。

A. 纵向　　B. 顺时针　　C. 横向　　D. 逆时针

258. BF028　润滑式下击器所用润滑油必须是(　　)的高级润滑油。

A. 耐压不起泡　　B. 航空用　　C. 清洁　　D. 变压器用

259. BF029　润滑式下击器充油时应把工具夹在虎钳上,使其接头芯轮朝上倾斜(　　)。

A. 15°　　B. 30°　　C. 45°　　D. 60°

260. BF029　润滑式下击器每次拆修,必须更换(　　)。

A. 连接件　　B. 紧固件　　C. 支撑件　　D. 密封件

261. BG001　如果想在 Word 2003 主窗口中显示常用工具按钮,应当使用的菜单是(　　)。

A. “工具”菜单　　B. “视图”菜单

C. “格式”菜单　　D. “窗口”菜单

262. BG001　在 Word 2003 中,当前活动窗口是文档 D1. doc 的窗口,单击该窗口的"最小化"按钮(　　)。

A. 不显示 D1. doc 文档内容,但 D1. doc 文档并未关闭

B. 该窗口和 D1. doc 文档都被关闭

C. D1. doc 文档未关闭,且继续显示其内容

D. 关闭了 D1. doc 文档,但该窗口并未关闭

263. BG002　在 Word 2003 中，下列选项中操作不能达到新建 Word 文档的效果的是（　　）。

A. 在菜单中选择“文件”→“新建”　　B. 按快捷键“Ctrl+N”

C. 选择工具栏中的“新建”按钮　　D. 在菜单中选择“文件”→“打开”

264. BG002　在 Word 2003 中，设定段落使用的字体、边框、制表位和语言等格式，被称为新建（　　）。

A. 样式　　B. 模板　　C. 版式　　D. 摘要

265. BG003　在 Word 2003 文档中，一页未满的情况下需要强制换页，应该采用（　　）操作。

A. 插入分段符　　B. 插入分页符　　C. 插入命令符　　D. Ctrl+Shift

266. BG003　下列关于 Word 2003 操作的说法错误的是（　　）。

A. 原则上先录入文本再排版　　B. 不使用空格对齐文本

C. 输入法的切换可用 Tab 键来实现　　D. 开始新的一段才敲回车键

267. BG004　Word 的（　　）中能够设置页边距、纸张类型。

A. 打印预览　　B. 打印　　C. 页面设置　　D. 网页预览

268. BG004　Word 2003 中打印页码“3-5，10，12”表示打印的页码是（　　）。

A. 3，4，5，10，12　　B. 5，5，5，10，12

C. 3，3，3，10，12　　D. 10，10，10，12，12，12，12，12

269. BG005　在 Excel 2003 单元格中输入=MIN（16，6），将显示（　　）。

A. 16　　B. 6　　C. 10　　D. 22

270. BG005　Excel 表格中每个单元格都有一个地址，第 6 行第 5 列的地址为（　　）。

A. 5F　　B. 6E　　C. F5　　D. E6

271. BG006　在 Excel 所选单元格中创建公式，应先键入（　　）。

A. ;　　B. =　　C. ?　　D. !

272. BG006　在 Excel 的 A1 单元格中输入“1”，A2 单元格中输入“2”，选定 A1、A2 用鼠标左键拖动填充柄，则 A 列中出现（　　）。

A. 1，1，1，…　　B. 1，2，3，…　　C. 1，3，5，…　　D. 1，11，111，…

273. BG007　单元格格式化字体设定操作步骤：选定单元格，选择（　　）菜单中的“单元格”命令，弹出单元格对话框，可进行字体、字号、颜色等的设置，单击确定完成设置。

A. 文件　　B. 编辑　　C. 视图　　D. 格式

274. BG007　为“总成绩”一栏设置条件格式，总成绩为“良好”的用粗体、红色字显示：点格式，点条件格式，第一个方框选择（　　），第二个方框选择“等于”第三个方框输入“良好”在点下面的格式，在字形选择“加粗”颜色中选择“红色”，点确定，再点确定。

A. 单元格数值　　B. 单元格编辑　　C. 单元格视图　　D. 单元格格式

275. BG008　操作水平并排窗口，将 Book1 中的“我的工作表”复制到 Book2 的 Sheet3 之后（使用鼠标操作），点窗口，点重排窗口，选中“水平并排”，点确定，然后用（　　）加左键拖拉到 Book2 的 Sheet3 后松开，完成。

A. Ctrl 键　　B. Shift 键　　C. Alt 键　　D. Ctrl+Shift 键

276. BG008　将当前工作簿中的 Sheet1 工作表复制一份到 Sheet3 之后的操作:点(　　),点移动或复制工作表,选中(移至最后),在建立复本前打上对钩,点确定。

A. 文件　　B. 编辑　　C. 视图　　D. 格式

277. BG009　Excel 表格中可以插入单元格、整行插入、整列插入,先确定插入的位置,然后点击(　　),单击插入单元格或行列选项,则插入新的内容。

A. 文件　　B. 编辑　　C. 视图　　D. 插入

278. BG009　“查找和替换”在(　　)菜单中。

A. 文件　　B. 编辑　　C. 视图　　D. 插入

279. BG010　设置打印区域只打印有用的那一部分数据:选择要打印的部分,打开(　　)菜单,单击“打印区域”项,从子菜单中选择“设置打印区域”命令,再打印时就只能打印这些单元格了。

A. 文件　　B. 编辑　　C. 视图　　D. 插入

280. BG010　设置打印表头:打开(　　),打开“页面设置”对话框,单击“工作表”选项卡,单击“顶端标题行”中的拾取按钮,从工作表中选择要作为工作表的区域,单击输入框中的按钮,回到“页面设置”对话框,单击“确定”按钮。

A. 文件　　B. 编辑　　C. 视图　　D. 插入

281. BG011　要使一台计算机能采用拨号上网的方式链接到 Internet 网上需要装(　　)硬件设备。

A. 调制解调器　　B. 解压卡　　C. 网卡　　D. 声卡

282. BG011　Internet 网上对每一台计算机是通过(　　)来区分的。

A. 计算机的域名　　B. 计算机的用户名

C. 计算机登录名　　D. 计算机所分配的 IP 地址

283. BG012　利用 Internet Explorer 浏览器浏览网页时要显示打开 IE 的起始网页可以单击工具栏上的(　　)按钮。

A. 主页　　B. 停止

C. 后退　　D. 前进

284. BG012　在 IE 浏览器中点击(　　)按钮可以看到当前页面之前刚刚看过的 Web 页面。

A. 后退　　B. 收藏

C. 前进　　D. 刷新

285. BG013　若将雅虎 www. yahoo. com 设为主页应如何操作(　　)。

A. 将雅虎添加到收藏夹

B. 到雅虎网站去申请

C. 在 IE 窗口中单击主页按钮

D. 在 IE 属性主页地址栏中键入 www. yahoo. com

286. BG013　当浏览 www 页面时所看到的 www 页面又称(　　)。

A. HTM1 语言　　B. 文档

C. 超文本链接　　D. 网页

287. BG014　更改使用 Web 页的字体：在 Internet Explorer 的工具菜单上，单击 Internet 选项，单击（　　）。

A. 语言选项卡　　B. 颜色选项卡　　C. 字体选项卡　　D. 工具选项卡

288. BG014　通过 IE 提供的（　　）可用来保存网站地址以便快速打开相应网页。

A. 地址夹　　B. 收藏夹　　C. 保存按钮　　D. 工具夹

289. BG015　Outlook Express 中收到邮件中如果标注回形针图表说明（　　）。

A. 该邮件有附件

B. 该邮件是新邮件

C. 该邮件被发件人标记为高等级邮件

D. 该邮件被发件人标记为必须回复的邮件

290. BG015　若查看邮件的相关信息，应单击文件菜单，然后单击（　　）。

A. 地址夹　　B. 属性　　C. 保存按钮　　D. 工具夹

291. BG016　用户编写完电子邮件后可放在（　　）中等待以后发送。

A. 已发邮件箱　　B. 收件箱　　C. 废件箱　　D. 发件箱

292. BG016　当接收大量邮件时，可使用（　　）有效地处理邮件。

A. 邮件管理　　B. 邮件规则

C. 邮件加密　　D. 邮件删除

293. BH001　质量管理的第一阶段是（　　）阶段。

A. 传统质量管理　　B. 统计质量管理

C. 全面质量管理　　D. 特殊管理

294. BH001　按照现代生产技术发展的需要，以系统的观点看待产品质量，对一切与产品有关的因素进行系统管理，建立一个有效确保质量和提高质量的质量体系是（　　）阶段。

A. 传统质量管理　　B. 统计质量管理　　C. 全面质量管理　　D. 特殊管理

295. BH002　企业或组织可通过质量管理体系来实施全面质量管理，并建立一个有效的管理体系，持续改进其（　　）。

A. 可行性　　B. 适用性　　C. 实用性　　D. 有效性

296. BH002　下列对全面质量管理基本特点的叙述错误的是（　　）。

A. 质量管理从过去事后检验变为预防为主

B. 质量管理从过去事后把关变为改进为主

C. 从过去就事论事、分散管理变为以系统的观点进行综合的治理

D. 从管因素变为管结果

297. BH003　全过程的质量管理包括了从市场调研、产品的（　　）、生产及作业，到销售、服务等全部有关过程的质量管理。

A. 技术要求　　B. 设计开发　　C. 设计质量　　D. 生产数量

298. BH003　全面质量管理的最终目的是（　　）。

A. 提高人的素质　　B. 调动人的积极性

C. 提高产品质量或提高服务质量　　D. 建立一种科学管理的工作方法

299. BH004 质量手册中可不包括(　　)。
A. 质量方针目标　　B. 形成文件的程序或对其索引
C. 过程及其相互关系　　D. 删减细节与合理性

300. BH004 组织对供方的评价活动属于(　　)。
A. 第一方审核　　B. 第二方审核　　C. 第三方审核　　D. 管理评审

301. BH005 建立质量责任制是企业开展全面质量管理的一项基础性工作，也是企业建立(　　)中不可缺少的内容。
A. 质量体系　　B. 质量方针　　C. 质量目标　　D. 服务指标

302. BH005 质量责任制的内容是对全面质量管理的基本要求的概括，它是指全员的质量管理、(　　)的质量管理、全企业的质量管理和多方法的质量管理。
A. 设计过程　　B. 生产过程　　C. 销售过程　　D. 全过程

303. BH006 建立质量责任制要明确:(　　)，三者相辅相成，互为补充。
A. 责任是核心，权力是条件，利益是动力
B. 权力是核心，利益是条件，责任是动力
C. 利益是核心，责任是条件，权力是动力
D. 责任是核心，利益是条件，权力是动力

304. BH006 不建立质量责任制，就不能保证产品的质量，也就无(　　)可言。
A. 质量　　B. 产品　　C. 经济效益　　D. 企业发展

305. BI001 Y111 封隔器坐封时，需要(　　)。
A. 正转油管下放加压坐封　　B. 反转油管下放加压坐封
C. 上提管柱后，下放加压坐封　　D. 连接泵车，泵入压力坐封

306. BI001 Y211 与 Y341 连接完成堵水施工时，封隔器的坐封顺序为(　　)。
A. 先上提管柱，再下放加压 Y211 坐封，然后油管打压使 Y341 坐封
B. 先油管打压使 Y341 坐封，然后上提管柱后，下放加压 Y211 坐封
C. 上提管柱后，下放加压使 Y341 和 Y211 同时坐封
D. 连接泵车，泵入压力使 Y341 和 Y211 同时坐封

307. BI002 Y441-114 封隔器是一种(　　)。
A. 单卡瓦封隔器　　B. 双卡瓦封隔器　　C. 无卡瓦封隔器　　D. 无支撑封隔器

308. BI002 连接 Y441-114 封隔器的丢手工具的丢手压力为(　　)。
A. 15~16MPa　　B. 16~18MPa　　C. 18~20MPa　　D. 20~22MPa

309. BI003 Y211-114 封隔器的最大外径为(　　)。
A. 110mm　　B. 114mm　　C. 116mm　　D. 120mm

310. BI003 Y211-114 封隔器，符号“211”中的“2”表示(　　)。
A. 单向卡瓦支撑　　B. 双向卡瓦支撑
C. 尾管支撑　　D. 无支撑

311. BJ001 学员掌握的文化科学技术知识的范围，不应限于大纲的规定，但全面实现教学大纲是各科教学的(　　)。
A. 方式　　B. 基本任务　　C. 约束　　D. 方法

312. BJ001　教学大纲衡量(　　)的重要标准。

A. 教师能力　B. 教学质量　C. 教学方法　D. 教育部门

313. BJ002　教师和学员为实现教学目的、任务所采用的手段,包括教师教的方法和学员学的方法。科学合理地运用教学方法,对于全面提高(　　)具有重要意义。

A. 教学质量　B. 教学方法　C. 产品质量　D. 曲线

314. BJ002　教师指导学生利用一定设备、仪器和材料,按照要求进行独立作业,使研究对象发生某些变化,通过观察研究这些变化过程及结果,来验证理论知识或获得直接知识的方法称为(　　)教学。

A. 谈话法　B. 提问法　C. 实验法　D. 演示法

315. BJ003　评定成绩的主要方法是百分制计分法和(　　)记分法。

A. 千分制　B. 等级制　C. 学分制　D. 平时积分

316. BJ003　为全面提高教学质量,必须抓好教学工作的基本环节,这几个环节是:备课、(　　)、课外作业、教学辅导和答疑、学业成绩的检查等。

A. 上课　B. 考试　C. 课上作业　D. 课外实践

317. BJ004　考试测试过程包括考试、(　　)、评分。

A. 口试　B. 阅卷　C. 笔试　D. 听课

318. BJ004　传统考试方法存在的弊端:凭经验命题,评分主观性过大,题量少、(　　),不注意对考试质量指标的数量化分析,评分误差大。

A. 知识面宽　B. 阅读量大　C. 题目多　D. 覆盖面窄

319. BJ005　教育技术学又称教育工艺学,它运用(　　)、工艺学、信息科学、行为科学等多种学科的理论和技术成果,研究实现教育最优化的理论和技术,从而达到规定的教育和教学目标。

A. 教育学　B. 心理学　C. 生理学　D. 以上选项均正确

320. BJ005　教育心理学是心理学的分支之一,主要任务在于揭示受教育者在教育的影响下,形成道德品质、掌握知识和技能、发展智力和体力以及形成个性的(　　)。

A. 学习成绩　B. 品质教育

C. 心理活动规律　D. 生理活动规律

二、多项选择题(每题有4个选项,至少有2个选项是正确的,将正确的选项号填入括号内)

1. AA001　在油田开采过程中,(　　)会造成油井出砂。

A. 生产压差过大　B. 渗流速度增大

C. 稠油　D. 增产增注措施不当

2. AA002　机械防砂不适用于(　　)。

A. 细砂岩地层　B. 粗砂岩地层

C. 中砂岩地层　D. 高压地层

3. AA003　封隔器分层测试找水方法的缺点是(　　)。

A. 施工周期长　B. 无法确定夹层薄的油水层的位置

C. 工艺简单　D. 窜槽井必须封窜后才能进行找水施工

4. AA004　油层出水的主要来源有(　　)。
A. 地表水　B. 注入水　C. 洗井水　D. 地层水

5. AA005　单级封隔器分层找水施工的下井工具连接顺序错误的是(　　)。
A. 丝堵+油管+工作筒+油管+封隔器+油管+工作筒+油管十油管挂
B. 筛管+工作筒+封隔器+油管+工作筒十油管挂
C. 油管+工作筒+油管+封隔器+油管+工作筒+油管+油管挂
D. 丝堵十油管+工作筒+油管+封隔器+油管+油管+油管挂

6. AA006　下封隔器管柱进行找水作业前,必须先进行(　　)作业施工,保证井内畅通。
A. 通井　B. 洗井　C. 刮削　D. 封堵

7. AA007　下列关于漏失井封隔器找水窜的做法不正确的是(　　)。
A. 采用油管打液体套管测套压　B. 采用油管打液体套管测流压
C. 采用油管打液体套管测动液面　D. 采用油管打液体套管测溢流量

8. AA008　在编写封隔器堵水施工设计过程中,井筒准备要求(　　)。
A. 套管尺寸清楚　B. 射孔数据准确
C. 卡点层段无窜槽　D. 套管内壁光洁无黏结物

9. AA009　下列常用的颗粒类堵水化学剂中,(　　)在岩石中吸水膨胀性好,可增加封堵效果。
A. 膨润土　B. 聚丙烯酰胺
C. 聚乙烯醇　D. 青石粉

10. AA010　下封隔器堵水管柱过程中,应操作平稳,防止顿钻,下列做法错误的是(　　)。
A. 下钻速度控制在 150 根/h　B. 下钻速度控制在 75 根/h
C. 下钻速度控制在 50 根/h　D. 下钻速度控制在 20 根/h

11. AA011　封隔器堵水适用于(　　)的层段。
A. 单一出水　B. 套管变形　C. 含水率很高　D. 裸眼

12. AA012　泡沫类堵水化学剂中,三相泡沫的主要成分有(　　)。
A. 发泡剂十二烷基磺酸钠　B. 烷基苯磺酸钠
C. 羧甲基纤维素　D. 水

13. AB001　事故预防是指通过(　　)的手段,使事故不发生。
A. 宣传教育　B. 监督检查　C. 技术　D. 管理

14. AB002　风险管理的过程包括(　　)。
A. 风险衡量　B. 风险执行与评估
C. 风险识别　D. 确定相应的法规要求

15. AB003　危害辨识方法有(　　)。
A. 分析能量超限值　B. 分析作业环境
C. 分析物料性质　D. 分析工艺流程或生产条件

16. AB004　下列选项中容易引发触电事故原因的有(　　)。
A. 线路老化　B. 违章合闸
C. 恶劣天气　D. 没有安装漏电保护器或漏电保护器具损坏

17. AB005　下列选项中属于油气田处理井喷事故现场抢险指挥部的是(　　)。

A. 技术组　　B. 抢险组　　C. 安全环保组　　D. 生活保障组

18. AB006　下列关于 HSE 管理体系的说法错误的是(　　)。

A. 摒弃了传统的事后管理与处理的做法

B. 摒弃了传统的事前管理与处理的做法

C. 摒弃了传统的事中管理与处理的做法

D. 摒弃了传统的松散管理与处理的做法

19. AB007　在通常的情况下,下列选项中不属于着火源的是(　　)。

A. 煤油　　B. 柴油

C. 燃放的烟花　　D. 雷电产生的火花

20. AB008　下列关于石油产品说法错误的是(　　)。

A. 闪点越高,危险性越大　　B. 闪点越低,危险性越大

C. 闪点越宽,危险性越大　　D. 闪点越窄,危险性越大

21. AB009　在有可燃物附近焊接时,下列选项中不符合安全距离要求的是(　　)。

A. 10m　　B. 8m　　C. 3m　　D. 1m

22. AB010　防火防爆的措施有(　　),防止形成新的燃烧条件阻止火灾范围扩大。

A. 消除着火源　　B. 控制可燃物　　C. 隔绝空气　　D. 隔绝二氧化碳

23. AB011　下列选项中说法错误的是(　　)。

A. 盛装腐蚀性气体的钢瓶,应每年检验一次

B. 盛装氧气的钢瓶,应每年检验一次

C. 盛装二氧化碳的钢瓶,应每年检验一次

D. 盛装氩气的钢瓶,应每年检验一次

24. AB012　减压器接通气源后,如发现(　　),应由专业部门修理,禁止焊工自行调整。

A. 零线接地　　B. 表盘指针迟滞不动

C. 表盘指针有误差　　D. 以上选项均正确

25. AB013　(　　)场地应采用局部通风。

A. 气焊　　B. 气割　　C. 电焊　　D. 以上选项均正确

26. AB014　等离子弧焊接与切割过程中产生的烟尘和有毒气体主要是(　　)。

A. 臭氧　　B. 金属蒸气　　C. 氮化物　　D. 硫化物

27. BA001　零件图包括下列选项中的(　　)等内容。

A. 一组视图　　B. 全部尺寸　　C. 技术要求　　D. 标题栏

28. BA002　确定主视图投影方向的原则是能明显反映零件的(　　)。

A. 结构　　B. 高度　　C. 形状特征　　D. 三视图

29. BA003　根据零件使用要求和实测结果确定和标注(　　)。

A. 配合等级　　B. 技术要求　　C. 使用要求　　D. 公差

30. BA004　画零件图标注尺寸时,要标注(　　)。

A. 组合尺寸　　B. 基本尺寸

C. 表面粗糙度　　D. 配合及形位公差

31. BA005 下列选项中属于画装配体的特殊表达方法是(　　)。
A. 拆卸画法　B. 投影画法　C. 装配画法　D. 夸大画法

32. BA006 下列选项中说法错误的是(　　)。
A. 在装配图上,两相邻零件的剖面线可以不绘
B. 在装配图上,两相邻零件的剖面线可以省略
C. 在装配图上,两相邻零件的剖面线方向相反
D. 在装配图上,两相邻零件的剖面线可以相连

33. BA007 工艺结构的(　　)可采用简化画法画出来。
A. 圆角　B. 倒角　C. 退刀槽　D. 轮廓

34. BA008 装配图上装配关系尺寸有(　　)。
A. 各装配干线的轴线间的距离　B. 配合尺寸
C. 安装尺寸　D. 主要轴线的定位尺寸

35. BA009 下列选项中属于装配图来源的是(　　)。
A. 结构装配图
B. 新产品的设计,体现为设计装配图
C. 零件图
D. 通过对现有机器(部件)进行测绘获得的资料而绘制的装配图

36. BA010 下列选项中属于装配图主要的技术要求的是(　　)。
A. 形位公差　B. 表面粗糙度　C. 比例　D. 热处理要求

37. BA011 使用 CAXA(电子图板 2007)时,层锁定后,此层上的图素不能进行(　　)。
A. 删除　B. 阵列　C. 复制、粘贴　D. 比例缩放

38. BA012 CAXA(电子图板 2007)以当前用户坐标系的原点为基准,水平方向为 X 方向,并且(　　)。
A. 向下为正　B. 向上为负　C. 向左为负　D. 向右为正

39. BA013 使用 CAXA(电子图板 2007)时,背景图片可进行(　　)的编辑。
A. 放大　B. 缩小
C. 可创建指定点的新对象　D. 移动位置

40. BA014 在 CAXA(电子图板 2007)绘图工具栏中,打开 F5 可进行线型加载操作,可建立(　　)线型设置。
A. 管理器　B. 中心线　C. 尺寸标注　D. 虚线

41. BA015 下列选项中关于 CAXA(电子图板 2007)坐标原点描述错误的是(　　)。
A. (0.000,0.000)　B. (0.0000,0.0000)
C. (0.00,0.00)　D. (0.0,0.0)

42. BA016 CAXA(电子图板 2007)可通过改变 EB 窗口的大小来改变绘图区的大小,单击(　　)可将所绘制的图形在绘图区内充分显示。
A. "显示全部"按钮　B. "属性"按钮　C. F9 键　D. F6 键

43. BA017 CAXA(电子图板 2007)在绘图区(　　),均以当前用户坐标系为基准。
A. 用鼠标拾取的点　B. 立体坐标系　C. 由键盘输入的点　D. 世界坐标系

44. BB001　在打捞作业前应该掌握本次井下作业的(　　)。

A. 施工原因　　B. 井下完井管柱现状

C. 管井单位　　D. 设计单位

45. BB002　打印选择的印模要根据(　　)而定。

A. 施工设备　　B. 压井情况　　C. 井下落物的材质　　D. 套管的内径尺寸

46. BB003　打印施工时,属于正确操作方法的是(　　)。

A. 遇到鱼顶后,加压打印,加压范围在 10~20kN

B. 当铅模下至距预定 0. 5m 时,要首先冲洗鱼顶在打印

C. 带铅模验窜

D. 下放遇阻后,提出 2~3m 快速下放冲击打印

47. BB004　下列选项中属于卡点测定方法的是(　　)。

A. 测卡仪器测卡　　B. 回音标测卡　　C. 计算法测卡　　D. 憋压法测卡

48. BB005　下列选项中,(　　)落物属于井下落物常见类型。

A. 捞筒　　B. 捞矛　　C. 绳类　　D. 小件类

49. BB006　电泵机组鱼顶上部堆积的电缆卡子、护罩等落物可以采用(　　)的方法进行处理。

A. 一把抓打捞　　B. 开窗捞筒打捞　　C. 捞矛打捞　　D. 套铣筒套铣

50. BB007　下列选项中能够进行管类落物打捞的工具是(　　)。

A. 捞筒　　B. 捞矛　　C. 母锥　　D. 活齿外钩

51. BB008　下列选项中能够进行杆类落物打捞的工具是(　　)。

A. 捞筒　　B. 捞矛　　C. 母锥　　D. 公锥

52. BB009　下列关于使用测卡切割处理电缆卡管柱操作方法的叙述错误的是(　　)。

A. 切割位置在卡点以下任意位置

B. 切割位置在卡点以上靠近卡点位置

C. 切割位置在卡点以下靠近卡点位置

D. 切割位置在卡点以上任意位置

53. BB010　一把抓可捞不规则的小件落物,比如牙轮、卡瓦牙、(　　)等。

A. 钳牙　　B. 桥塞　　C. 加重杆　　D. 碎块胶皮

54. BB011　倒扣器与公母锥倒扣、滑牙块打捞矛倒扣作业相比,具有(　　)的优点。

A. 节省反扣钻杆　　B. 工具可释放可收回

C. 操作安全可靠、反弹力小　　D. 节省打捞工具

55. BB012　下列选项中属于倒扣器接头总成主要部件的是(　　)。

A. 锁定套　　B. 节流塞　　C. 支撑套　　D. 承载套

56. BB013　在整个打捞倒扣操作过程中,倒扣器可以实现(　　)转动。

A. 同步同向　　B. 同步固定　　C. 同步异向　　D. 异向固定

57. BB014　下列选项中属于 DKQ95 型倒扣器技术规范的是(　　)。

A. 长度为 2642mm　　B. 内径为 25mm

C. 抗拉极限负荷为 400kN　　D. 锚定套管尺寸为 99. 6~127mm

58. BB015　下列选项中属于正确的倒扣器操作方法的是(　　)。
A. 下至鱼顶前可以转动管柱,打捞落物后则不可以
B. 倒扣工作开始前必须进行洗井
C. 锚定翼板上的合金块必须保证在同一水平线上
D. 倒扣器可锚定在破损的套管下部

59. BB016　倒扣作业前对(　　),而对倾斜状态下的落鱼打捞可加接引鞋。
A. 打捞矛进行润滑　　B. 不规则鱼顶进行修整
C. 变形套管进行整形　　D. 井筒进行清洗

60. BB017　下列选项中属于正确的倒扣器保养方法的是(　　)。
A. 每下井 3~5 次要小修一次,检查合金块及充填润滑脂
B. 每下井 1 次后,要更换全部密封件
C. 用后必须彻底清洗
D. 保养后涂油放阴干处保管

61. BB018　在施工过程中,安全接头可以(　　),并保证压井液畅通。
A. 传递正向扭矩　　B. 传递反向扭矩
C. 承受拉压负荷　　D. 打捞落物

62. BB019　下列选项中属于正确的安全接头操作方法是(　　)。
A. 下至设计深度后,记录悬重　　B. 安全接头螺纹不要拧紧
C. 在下钻与使用中应防止钻具反转　　D. 安全接头要安装在打捞工具下部

63. BC001　按使用情况分类,下列选项中属于井下套管的是(　　)。
A. 导管　　B. 表层套管
C. 技术套管　　D. 油层套管

64. BC002　某套管名义外径是 11¾in,折合成毫米,计算错误的是(　　)。
A. 177.8mm　　B. 3000mm　　C. 1134mm　　D. 298.45mm

65. BC003　API 油管规格及尺寸公称尺寸 2⅞in,下列描述正确的是(　　)。
A. 不加厚外径 73mm　　B. 不加厚内径 62mm
C. 不加厚接箍外径 89.5mm　　D. 不加厚接箍外径 107mm

66. BC004　下列选项中属于螺杆泵专用抽油杆的是(　)。
A. 锥螺纹抽油杆　　B. 插接式抽油杆
C. 修复杆　　D. 细螺纹杆

67. BC005　下列选项中关于 HY 型超高强度抽油杆抗拉强度的描述错误的是(　　)。
A. 980~1176MPa　　B. 98~117MPa
C. 9800~11700Pa　　D. 90~176MPa

68. BC006　制作井下打捞工具时,首先要考虑井下落物鱼头的(　　),才能增加捞获概率。
A. 形状　　B. 材质　　C. 尺寸　　D. 工作原理

69. BC007　在设计打捞工具时,打捞工具的(　　)应符合现场实际设备和操作环境要求,且实现的方法越简单越好。
A. 操作方法　　B. 注意事项　　C. 加工方法　　D. 工作原理

70. BC008　进行打捞工具设计之前，应首先了解（　　），以便制定一套完整、切实可行的打捞处理方案。

A. 井内管柱状态和结构　　B. 套管内径

C. 井下压力　　D. 形成落物原因

71. BC009　下列选项中属于设计井下工具必须遵守的原则的是（　　）。

A. 实施操作程序　　B. 注意事项　　C. 安全性原则　　D. 人机工程学原则

72. BC010　油管的抗拉强度计算以屈服极限作为主要依据，危险断面主要选择（　　）。

A. 平式油管的本体处　　B. 平式油管的螺纹处

C. 加厚油管的本体处　　D. 加厚油管的加厚处

73. BC011　某井用 ϕ73IF 钻杆（钢级 P105）处理解卡，卡点深度为 2000m，下列选项中倒扣时错误的扭转圈数是（　　）。

A. 45　　B. 35　　C. 40　　D. 26

74. BD001　抽油井测试的目的是（　　）。

A. 了解抽油机驴头负荷的变化情况　　B. 了解抽油参数组合是否合理

C. 了解抽油泵的工作性能情况　　D. 判断抽油杆是否断脱

75. BD002　利用液面测深仪测取油套环形空间的（　　）。

A. 下泵深度　　B. 动液面深度　　C. 静液面深度　　D. 油层深度

76. BD003　CY611 型水力式动力仪的膜片是由磷铜薄膜制成，其（　　）。

A. 厚度为 0.15mm　　B. 厚度为 0.25mm

C. 直径为 611mm　　D. 直径为 61mm

77. BD004　下列选项中关于示功图说法错误的是（　　）。

A. 示功图左侧线条为增载线　　B. 示功图右侧线条为增载线

C. 示功图上面线条为增载线　　D. 示功图下面线条为增载线

78. BD005　下面 4 个示功图中，（　　）不是砂卡抽油杆示功图。

A.　　B.

C.　　D.

79. BD006　测液面的目的是了解油井液面的高低，确定（　　）。

A. 泵挂深度　　B. 泵径　　C. 泵冲次　　D. 油层的供液能力

80. BE001　下列选项中属于倒扣打捞筒主要部件的是（　　）。

A. 限位座　　B. 抓牢卡瓦　　C. 矛杆　　D. 制动片

81. BE002　倒扣打捞筒筒体下部的内圆锥面上有三个键，它的作用是（　　）。

A. 传递扭矩　　B. 打捞落物

C. 限定卡瓦与筒体贴合位置　　D. 控制着限位座的位置

82. BE003 使用倒扣捞筒对遇卡落物进行打捞时,可用倒扣捞筒进行(   )作业。

A. 直接打捞　B. 磨铣　C. 套铣　D. 倒扣

83. BE004 倒扣打捞矛在井下落物打捞过程中,具有(   )的功能。

A. 抓捞落物　B. 平衡钻压

C. 传递左旋扭矩　D. 传递右旋扭矩

84. BE005 下列选项中属于倒扣打捞矛结构部件的是(   )。

A. 弹簧　B. 花键套　C. 限位块　D. 限位座

85. BE006 下列选项中关于可退可倒扣打捞矛的工作原理的描述错误的是(   )。

A. 锥面挤胀　B. 螺纹造扣　C. 螺纹对扣　D. 台肩钩挂

86. BE007 活动肘节可承受(   )等负荷。

A. 拉　B. 压　C. 扭　D. 冲击

87. BE008 下列选项中关于活动肘节描述错误的是(   )。

A. 在自然压差为零时,活动肘节会无任何动作而垂直向下

B. 在自然压差为正值时,活动肘节会无任何动作而垂直向下

C. 在自然压差为负值时,活动肘节会无任何动作而垂直向下

D. 在自然压差为负值时,活动肘节会无任何动作而垂直向上

88. BE009 下列选项中关于活动肘节的描述正确的是(   )。

A. 可以承受提拉负荷　B. 可以承受扭转负荷

C. 可以承受冲击负荷　D. 可以捞获落物

89. BE010 倒扣安全接头防挤环的环体上、下端经特殊处理. 并均布 16 个半圆形孔,可十分有效地防止了端面因受巨大(   )而粘。

A. 弯曲　B. 撞击　C. 压力　D. 扭矩

90. BE011 DANJ197 型倒扣安全接头的技术参数是(   )。

A. 外形尺寸为 ϕ197mm×813mm　B. 配套倒扣器规格为 DKQ105

C. 传递扭矩 86kN · m　D. 传递扭矩 48kN · m

91. BE012 爆炸松扣工具结构部件中,爆炸杆是(   )的载体。

A. 导爆索　B. 防磁外壳　C. 磁定位器　D. 雷管

92. BE013 爆炸松扣时,(   )爆炸松扣操作的重要环节。

A. 上提卡点以上管柱悬重　B. 施加扭矩

C. 导爆索对准接箍　D. 下压管柱

93. BE014 在螺杆钻钻塞施工过程中,旁通阀所起的作用是(   )。

A. 防止含钻屑的洗井液进入定子卡死钻具

B. 阻止钻具内意外井喷

C. 连接轴承总成

D. 起钻时可泄出洗井液

94. BE015 在螺杆钻钻塞施工过程中,轴承组所起的作用是(   )。

A. 承受泵压　B. 承受钻头震动载荷

C. 控制驱动轴的径向摆动　D. 传递扭矩

95. BE016　使用螺杆钻施工过程中，正确的操作方法是(　　)。

A. 下井前要检查旁通阀是否灵活

B. 每下 500m 钻具管柱向钻柱内灌一次清水

C. 钻进时，要控制一定的钻压

D. 马达运转前要旋转钻具

96. BE017　使用螺杆钻钻铣施工时，要注意观察(　　)的变化，防止操作不当影响钻铣作业。

A. 钻压　　B. 钻速　　C. 泵压　　D. 拉力

97. BE018　检修保养螺杆钻具时，连接试压泵或水泥车，检查(　　)。

A. 螺杆钻是否转动正常　　B. 联轴节转动是否灵活

C. 旁通阀是否开关灵活　　D. 轴承总成转动是否灵活

98. BE019　在磨铣过程中，磨屑返出物的形状有(　　)。

A. 片状　　B. 丝状　　C. 沙粒状　　D. 粉末状

99. BE020　在磨铣和套铣时，(　　)，磨铣得越快，但容易出现蹩钻现象。

A. 钻压越低　　B. 钻压越高　　C. 转速越大　　D. 转速越小

100. BE021　磨铣过程中出现跳钻，一般(　　)就可以克服。

A. 顿钻　　B. 加大钻压　　C. 降低转速　　D. 减小钻压

101. BE022　下列选项中关于磨铣作业的描述正确的是(　　)。

A. 转速越慢越好

B. 清水、盐水磨铣时，必须满足 $36m^3/h$ 的排量

C. 磨铣作业不得损伤套管

D. 可以连接震击器

102. BF001　下列选项中属于开式下击器主要部件的是(　　)。

A. 抗挤压环　　B. 芯轴　　C. 单流阀　　D. 撞击套

103. BF002　下列选项中属于开式下击器结构部件的是(　　)。

A. 芯轴　　B. 撞击套　　C. 转子　　D. 扶正器

104. BF003　使用开式下击器过程中，影响震击力大小的主要因素有(　　)。

A. 下击器上部管柱的悬重越大，震击力越大

B. 钻柱产生的弹性伸长越大，震击力越大

C. 下击器用油密度越大，震击力越大

D. 下击器的冲程越长，震击力越大

105. BF004　XJ-K140 型开式下击器性能参数为(　　)。

A. 许用扭矩为 43766kN · m　　B. 冲程为 508mm

C. 水眼直径为 49mm　　D. 许用拉力为 2100kN

106. BF005　开式下击器采用不同的操作方法向下或向上震击，可以达到(　　)的目的。

A. 大负荷上提　　B. 落鱼解卡　　C. 退出工具　　D. 循环冲洗

107. BF006　开式下击器结构简单，制造成本低，坚固耐用，经得起(　　)。

A. 强力下击　　B. 强大扭力　　C. 大负荷提拉　　D. 强力弯曲

108. BF007　下列选项中关于地面下击器震击力调节方法的说法不正确的是(　　)。

A. 卸下锁紧螺钉,旋动支撑套,改变摩擦卡瓦的工作位置,从而调节了震击力

B. 卸下锁紧螺钉,旋动调节环,改变摩擦卡瓦的工作位置,从而调节了震击力

C. 卸下锁紧螺钉,旋动摩擦芯轴,改变摩擦卡瓦的工作位置,从而调节了震击力

D. 卸下锁紧螺钉,旋动摩擦卡瓦,改变摩擦卡瓦的工作位置,从而调节了震击力

109. BF008　地面下击器是装在钻台上,对遇卡管柱施加瞬间下砸力的一种震击工具,主要用于(　　)。

A. 钻柱解卡作业　　B. 驱动井内遇卡无法工作的震击器

C. 倒扣　　D. 解脱可释放的打捞工具

110. BF009　下列选项中关于 DXJ－M178 地面式下击器的震击调整范围描述错误的是(　　)。

A. 0~100kN　　B. 0~500kN　　C. 0~1000kN　　D. 0~2000kN

111. BF010　DXJ-M178 型地面下击器的技术规范为(　　)。

A. 冲程为 1219mm　　B. 极限扭矩为 71000N · m

C. 极限拉力为 3833kN　　D. 调节范围为 0~3833kN

112. BF011　将地面下击器接在转盘以上,使下接头靠近转盘,震击器上部按作业要求接(　　)。

A. 阀门　　B. 方钻杆

C. 钻杆　　D. 钻铤

113. BF012　地面下击器的优点是(　　)。

A. 可安装在井口之上　　B. 操作简单

C. 震击力大　　D. 下击力大小可调

114. BF013　下列关于地面下击器保养方法的描述正确的是(　　)。

A. 每次用后均应全部拆卸擦拭,更换损坏件

B. 更换磨损量较大的部件

C. 重新组装后,涂润滑油,放阴干处保管

D. 每使用 5~8 口井保养一次

115. BF014　液压上击器可以用于解除(　　)管柱。

A. 砂卡　　B. 蜡卡

C. 盐水和矿物结晶卡　　D. 封隔器卡

116. BF015　下列选项中属于液压上击器主要部件的是(　　)。

A. 芯轴　　B. 放油塞　　C. 支撑套　　D. 撞击锤

117. BF016　下列选项中与液压上击器工作原理相关的是(　　)。

A. 利用液体的不可压缩性　　B. 缝隙的溢流延时作用

C. 拉伸钻杆储存变形能　　D. 地面施加泵压

118. BF017　YSQ-121 型液压式上击器的技术规范为(　　)。

A. 外径为 ϕ121mm　　B. 冲程为 129mm

C. 最大上提负荷为 423kN　　D. 最大扭矩为 34900N · m

119. BF018　液压式上击器管柱组配时，(　　)需加加速器。

A. 浅井　B. 斜井　C. 直井　D. 水平井

120. BF019　使用液压式上击器时，如果第一次震击不成功，则应(　　)。

A. 逐步加大提拉力　B. 提高上提速度

C. 关闭上击器　D. 将震击器接在转盘以上

121. BF020　液压式上击器试验时，拉压负荷差值小，无卸荷显示，可能是(　　)造成的。

A. 节流缝小　B. 密封件严重漏油

C. 压力低　D. 上、下腔窜通

122. BF021　倒扣下击器圆柱形长键的作用是(　　)。

A. 传递扭矩

B. 提高上提速度

C. 防止过大的压力致使松扣部位乱扣

D. 防止过大的压力致使松扣部位粘扣

123. BF022　倒扣下击器连接在管柱中，作用是(　　)。

A. 平衡着管柱内外压力　B. 对卡点施以瞬间下砸力

C. 同倒扣器配合使用　D. 减少管柱移动阻力

124. BF023　DXJQ105 型倒扣下击器性能参数有(　　)。

A. 冲程为 510mm　B. 允许传递扭矩为 20. 7kN · m

C. 外形尺寸为 ϕ105mm×1753mm　D. 冲程为 350mm

125. BF024　润滑式下击器作为预防性措施连接在工具管柱中，可(　　)。

A. 替代安全接头　B. 传递足够的扭矩

C. 洗井　D. 承受很大的钻压

126. BF025　润滑式下击器上缸体下段有内花键，与接头芯轴相配合，可实现(　　)的功能。

A. 传递扭矩　B. 构成液体流动通道

C. 倒扣　D. 解脱可释放的工具

127. BF026　使用润滑式下击器时，上提钻具，储存了变形能量，如果突然卸去全部负荷，钻具在(　　)的作用下，快速向下运动，动能作用在上缸体的上端面上，并传给落鱼。

A. 重力　B. 冲程

C. 变形能　D. 压力

128. BF027　USJQ-95 型润滑式下击器技术规范为(　　)。

A. 外径为 ϕ95mm　B. 内径为 ϕ45mm

C. 冲程为 394mm　D. 许用拉力为 170kN

129. BF028　当润滑式下击器用于(　　)时，应选用重质润滑油。

A. 浅井　B. 深井　C. 低温井　D. 高温井

130. BF029　润滑式下击器进行保养时，(　　)的表面硬化带一经划伤，应用细砂布修光。

A. 各配合表面　B. 撞击锤　C. 导管　D. 密封件

131. BG001 在 Word 2003 的编辑状态下，执行“编辑”菜单中的“复制”命令后，下列说法不正确的是(　　)。

A. 被选择的内容被复制到插入点处

B. 被选择的内容被复制到剪贴板

C. 插入点所在的段落被复制到剪贴板

D. 插入点所在的段落内容被复制到剪贴板

132. BG002 下列选项中对 Word 2003 表格的叙述不正确的是(　　)。

A. 表格中的数据不能进行公式计算

B. 表格中的文本只能垂直居中

C. 只能在表格的外框画粗线

D. 可对表格中的数据排序

133. BG003 下列选项中关于 Word 2003 操作的说法错误的是(　　)。

A. 编辑状态下，设置字体前不选择文本，则设置的字体对任何文本起作用

B. 编辑状态下，设置字体前不选择文本，则设置的字体对全部文本起作用

C. 编辑状态下，设置字体前不选择文本，则设置的字体对当前文本起作用

D. 编辑状态下，设置字体前不选择文本，则设置的字体对插入点新输入的文本起作用

134. BG004 下列选项中关于 Word 2003 中“页眉页脚”的说法正确的是(　　)。

A. 页眉和页脚是打印在文档每页顶部和底部的描述性内容

B. 页眉和页脚的内容是专门设置的

C. 页眉和页脚可以是页码、日期、简单的文字、文档的总题目等

D. 页眉和页脚不能是图片

135. BG005 下列选项中关于 Excel 2003 的说法错误的是(　　)。

A. A3 单元格的含义是第 3 列第 A 行单元格

B. A3 单元格的含义是第 A 列第 3 行单元格

C. A3 单元格的含义是第 3 列第 3 行单元格

D. A3 单元格的含义是第 1 行第 3 列单元格

136. BG006 Excel 工作表中调整(　　)时，可以用菜单精确设置。

A. 行高　　B. 列宽　　C. 字体　　D. 颜色

137. BG007 下列选项中关于单元格格式化字体设定操作步骤的描述错误的是(　　)。

A. 选定单元格，选择“文件”菜单中的“单元格”命令

B. 选定单元格，选择“编辑”菜单中的“单元格”命令

C. 选定单元格，选择“视图”菜单中的“单元格”命令

D. 选定单元格，选择“格式”菜单中的“单元格”命令

138. BG008 Excel 中的“另存为”操作是将现在编辑的文件按新的(　　)存盘。

A. 文件名　　B. 编辑　　C. 视图　　D. 路径

139. BG009 使用“查找”命令可以在工作表中迅速找到含有(　　)的单元格。

A. 指定字符　　B. 公式　　C. 文本　　D. 批注

140. BG010　下列选项中关于设置打印表头的描述错误的是(　　)。

A. 打开文件-页面设置-工作表-顶端标题行-拾取按钮-选择表头-确定按钮

B. 打开编辑-页面设置-工作表-顶端标题行-拾取按钮-选择表头-确定按钮

C. 打开视图-页面设置-工作表-顶端标题行-拾取按钮-选择表头-确定按钮

D. 打开插入-页面设置-工作表-顶端标题行-拾取按钮-选择表头-确定按钮

141. BG011　下列选项中关于 TCP/IP 协议的描述错误的是(　　)。

A. TCP/IP 协议属于兼容协议

B. TCP/IP 协议属于文件传输协议

C. TCP/IP 协议属于超文本传输协议

D. TCP/IP 协议属于传输控制协议

142. BG012　下列选项中属于网址错误书写格式的是(　　)。

A. http://www.21cn.com\que.html　　B. http://www,21cn.com/que.html

C. http://www@21cn.com/que.html　　D. http://www.21cn.com/que.html

143. BG013　下列选项中属于错误操作的是(　　)。

A. 在 IE7.0 的地址栏中键入需要访问的网址

B. 在 IE7.0 的地址栏中键入要访问的计算机名

C. 在 IE7.0 的地址栏中键入对方计算机的端口号

D. 在 IE7.0 的地址栏中键入对方计算机的属性

144. BG014　下列选项中关于 IE 说法不正确的是(　　)。

A. 地址夹可用来保存网站地址以便快速打开相应网页

B. 收藏夹可用来保存网站地址以便快速打开相应网页

C. 保存按钮可用来保存网站地址以便快速打开相应网页

D. 工具夹可用来保存网站地址以便快速打开相应网页

145. BG015　下列选项中关于 Outlook Express 的说法不正确的是(　　)。

A. 收到邮件中，如果有感叹号"！"图标说明该邮件被发件人标记为高等级的邮件

B. 收到邮件中，如果有感叹号"！"图标说明该邮件是新邮件

C. 收到邮件中，如果有感叹号"！"图标说明该邮件有附件

D. 收到邮件中，如果有感叹号"！"图标说明该邮件被发件人标记为必须回复的邮件

146. BG016　要想正确收发邮件，必须设置电子邮件(　　)。

A. 账号　　B. 密码

C. 接收邮件服务器　　D. 发送邮件服务器

147. BH001　下列选项中属于全面质量管理阶段的是(　　)。

A. 按照规定的技术要求，对产品进行严格的质量检验

B. 把数据统计科学应用到质量管理中来

C. 以系统的观点来看待产品的质量

D. 对一切同产品质量有关的因素进行系统管理

148. BH002　实施全面质量管理是一套能够(　　)的技术管理。

A. 提高质量　　B. 统计质量　　C. 控制质量　　D. 特殊管理

149. BH003　全面质量管理的基本要求可以概括为(　　)。
A. 全面质量管理是要求全员参加的质量管理
B. 全面质量管理的范围是产品质量产生、形成和实现的全过程
C. 全面质量管理要求是全企业的质量管理
D. 全面质量管理应采用各种各样的管理方法

150. BH004　下列选项中属于全面质量管理“三全一多样”内容范围的是(　　)。
A. 全员的质量管理　B. 全过程的质量管理
C. 全企业的质量管理　D. 多方法的质量管理

151. BH005　下列选项中属于质量责任制的是(　　)。
A. 企业各级行政领导责任制　B. 基层队、班组和个人责任制
C. 职能机构责任制　D. 以上选项都不对

152. BH006　质量方面的指挥和控制活动通常包括制定质量策划、质量控制、(　　)。
A. 质量保证和技术改进　B. 质量保证和质量改进
C. 质量方针和质量目标　D. 质量改进和财务管理

153. BI001　下列关于 Y441-114 封隔器坐封的描述正确的是(　　)。
A. 旋转油管加压　B. 连接泵车泵入液压
C. 不可下放管柱加压　D. 上提管柱,边转边加压

154. BI002　下列选项中关于 Y441-114 封隔器的描述正确的是(　　)。
A. 单卡瓦封隔器　B. 双卡瓦封隔器
C. 无卡瓦封隔器　D. 压缩式

155. BI003　Y211 与 Y341 封隔器连接完成堵水施工时,下列选项中封隔器的坐封顺序错误的是(　　)。
A. 先上提管柱后,下放加压 211 坐封,然后油管打压使 Y341 坐封
B. 先油管打压使 Y341 坐封,然后上提管柱后,下放加压 211 坐封
C. 上提管柱后,下放加压使 Y341 和 Y211 同时坐封
D. 连接泵车,泵入压力使 Y341 和 Y211 同时坐封

156. BJ001　教学大纲要规定(　　)。
A. 课程的深度及其结构　B. 教师的水平
C. 教学方法　D. 教学的进度

157. BJ002　下列选项中属于常用的教学方法的是(　　)。
A. 评价法　B. 演示法　C. 列表法　D. 实验法

158. BJ003　衡量一堂课的标准,主要是看单位时间内,学生的(　　)。
A. 学习质量　B. 学习效果　C. 学习状态　D. 课外实践

159. BJ004　衡量考试标准化的要素是(　　)。
A. 有考试大纲或考试指导书
B. 命题标准化
C. 考试施测过程有严格统一的规定
D. 试题经过预测或调试

160. BJ005　下列选项中关于教育说法错误的是(　　)。
A. 教育是一种社会现象,是培养人的活动
B. 教育是一种社会现象,是教育人的活动
C. 教育是一种社会现象,是鼓励人的活动
D. 教育是一种社会现象,是养育人的活动

三、判断题(对的画"√",错的"×")

(　　)1. AA001　生产压差、采油速度、油井激动可引起地层应力参数变化,都会造成油井出砂。
(　　)2. AA002　物理防砂是将化学药剂注入地层,将疏松的地层砂颗粒胶结起来,形成有一定强度和渗透率的挡砂屏障,达到产油防砂的目的。
(　　)3. AA003　流体电阻测井只需测出井内电阻率曲线,而不需要反复抽汲降液进行多次测井,即可测得产水层位。
(　　)4. AA004　地层出水是底水锥进及注水、层间窜槽造成的,固井质量不好是造成油井出水的原因之一。
(　　)5. AA005　在找水过程中,只需找到出水层位,而不需要确定产水的来源。
(　　)6. AA006　封隔器找水前井筒准备应套管程序清楚,射孔数据准确,卡点层段无窜槽,套管内壁清洁。
(　　)7. AA007　下堵水管柱前,套管必须冲砂。
(　　)8. AA008　硫酸盐还原菌不能作为生物类堵水化学剂。
(　　)9. AA009　常用的颗粒类堵水化学剂有果壳、青石粉、石灰乳、膨润土、轻度交联的聚丙烯酰胺、聚乙烯醇酚等。其中膨润土具有轻度体积收缩性,聚丙烯酰胺、聚乙烯醇在岩石中吸水膨胀性好,可增加封堵效果。
(　　)10. AA010　堵水施工前需进行井况调查,其调查的内容有了解井身结构、历次施工、采油测试资料及射孔井段,掌握目前井下管柱和井场状况资料。
(　　)11. AA011　封隔器堵水技术只适用于单一的出水层或含水率很高、无开采价值的层段。
(　　)12. AA012　用 Y441-114 封隔器封堵下部出水层,管串结构:丝堵+筛管+Y441-114 封隔器+单流开关+丢手接头。
(　　)13. AB001　安全检查主要包括查思想、查串岗、查管理、查酒后上岗、查隐患、查整改、查纪律、查脱岗。
(　　)14. AB002　风险是指某一特定危害事件发生的可能性与后果的组合。
(　　)15. AB003　环境因素辨识的具体方法,包括环境因素调查表、实际勘察法、物料衡算法、综合排除法、污染物流失总量法和统计分析法。
(　　)16. AB004　触电事故原因是多方面的,主要原因有线路老化、磨损,违章合闸,没有安装漏电保护器或漏电保护器具损坏等。
(　　)17. AB005　硫化氢的安全临界浓度是指工作人员在露天安全工作 4h 可接受的空气中含硫化氢的最高浓度。

(　　)18. AB006　在 HSE 管理中,根据不同的对象和不同的活动形式,服务又可分成多类。

(　　)19. AB007　燃烧包括着火、自燃两种类型。

(　　)20. AB008　可燃性混合物的爆炸极限范围越宽、爆炸下限越低和爆炸上限越高,爆炸危险性越低。

(　　)21. AB009　有爆炸危险的场所应严格控制火源的进入。

(　　)22. AB010　物理性爆炸是由物理变化引起的,爆炸前后物质的性质和化学成分发生变化。

(　　)23. AB011　乙炔气瓶搬运、装卸、使用时都应竖立放稳,严禁在地面上卧放并直接使用。一旦要使用已卧放的乙炔气瓶,必须先直立后,静止 20min 再连接乙炔减压器后使用。

(　　)24. AB012　当气瓶阀着火时应立即关闭瓶阀。如果无法靠近可用大量冷水喷射,使瓶体降温,然后关闭瓶阀,切断气源灭火,同时防止着火的瓶体倾倒。

(　　)25. AB013　气焊、气割焊工在操作过程,应穿戴好个人防护用品,如绝缘鞋、皮手套、工作服等。

(　　)26. AB014　在电气焊过程中都会产生烟尘,直径小于 2μm 的微粒称为烟,直径大于 2μm 的微粒称为粉尘。

(　　)27. BA001　零件图用于指导零件的装配。

(　　)28. BA002　画零件图确定合理的表达方案是画好零件图的关键。

(　　)29. BA003　在标注尺寸时应将次要的轴段空出不标。

(　　)30. BA004　测绘零件前,首先画零件草图,应先画次要零件,然后画其他主要零件。标准件,如螺钉、螺母等可不画草图,只需量出其主要尺寸,查出其标准数据,并编出明细表即可。

(　　)31. BA005　零件图是表达装配体(机器或部件)的图样,它表示出该机器(或部件)的构造、零件之间的装配与连接关系,装配体的工作原理,以及生产该装配体的要求、检验要求等。

(　　)32. BA006　装配图画法的一般规定:在装配图上做剖视图时,当剖切平面通过件(螺母、螺钉、垫圈、销、键等)和实心件(轴、杆、柄、球等)的基本轴线时,这些零件按剖开绘制。

(　　)33. BA007　薄片零件或微小间隙可用夸大画法夸大画出。

(　　)34. BA008　装配图中的尺寸包括性能尺寸、装配尺寸、外形尺寸、安装尺寸和其他重要尺寸。

(　　)35. BA009　装配图中的明细栏应画在标题栏的上方,零件编写顺序从下到上。

(　　)36. BA010　看装配图时,应先看最复杂的图形,从深到浅。

(　　)37. BA011　CAXA(电子图板 2007)绘图软件不兼容 AutoCAD 绘图软件。

(　　)38. BA012　使用 CAXA(电子图板 2007)生成的图形的图框标题栏文字尺寸及其他标注的大小随绘出图形比例的变化而改变,设计时应考虑比例换算。

(　　)39. BA013　使用 CAXA(电子图板 2007)时,背景图片可进行放大缩小和移动位置

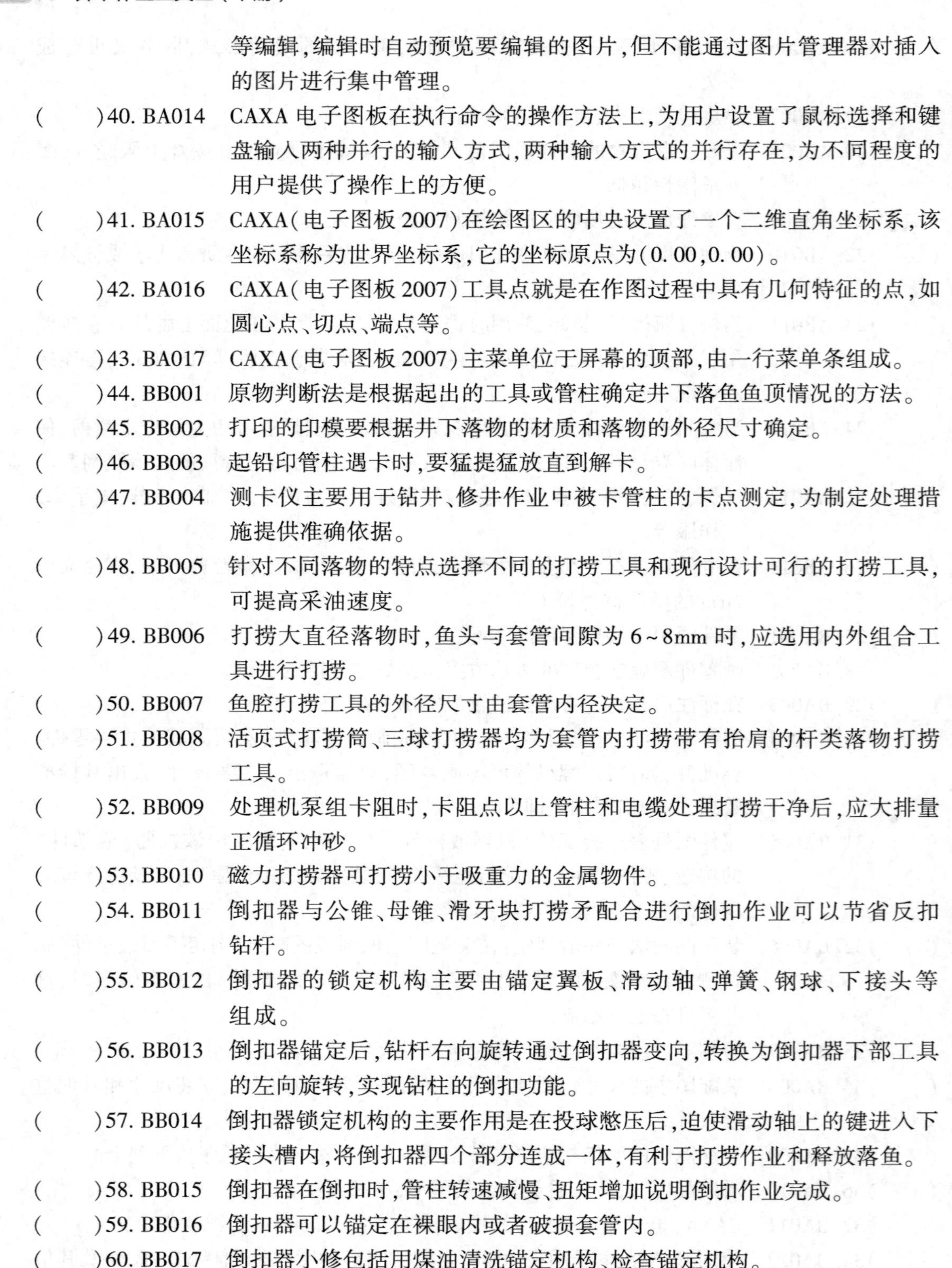

等编辑，编辑时自动预览要编辑的图片，但不能通过图片管理器对插入的图片进行集中管理。

(　　)40. BA014　CAXA 电子图板在执行命令的操作方法上，为用户设置了鼠标选择和键盘输入两种并行的输入方式，两种输入方式的并行存在，为不同程度的用户提供了操作上的方便。

(　　)41. BA015　CAXA（电子图板 2007）在绘图区的中央设置了一个二维直角坐标系，该坐标系称为世界坐标系，它的坐标原点为(0.00,0.00)。

(　　)42. BA016　CAXA（电子图板 2007）工具点就是在作图过程中具有几何特征的点，如圆心点、切点、端点等。

(　　)43. BA017　CAXA（电子图板 2007）主菜单位于屏幕的顶部，由一行菜单条组成。

(　　)44. BB001　原物判断法是根据起出的工具或管柱确定井下落鱼鱼顶情况的方法。

(　　)45. BB002　打印的印模要根据井下落物的材质和落物的外径尺寸确定。

(　　)46. BB003　起铅印管柱遇卡时，要猛提猛放直到解卡。

(　　)47. BB004　测卡仪主要用于钻井、修井作业中被卡管柱的卡点测定，为制定处理措施提供准确依据。

(　　)48. BB005　针对不同落物的特点选择不同的打捞工具和现行设计可行的打捞工具，可提高采油速度。

(　　)49. BB006　打捞大直径落物时，鱼头与套管间隙为 6~8mm 时，应选用内外组合工具进行打捞。

(　　)50. BB007　鱼腔打捞工具的外径尺寸由套管内径决定。

(　　)51. BB008　活页式打捞筒、三球打捞器均为套管内打捞带有抬肩的杆类落物打捞工具。

(　　)52. BB009　处理机泵组卡阻时，卡阻点以上管柱和电缆处理打捞干净后，应大排量正循环冲砂。

(　　)53. BB010　磁力打捞器可打捞小于吸重力的金属物件。

(　　)54. BB011　倒扣器与公锥、母锥、滑牙块打捞矛配合进行倒扣作业可以节省反扣钻杆。

(　　)55. BB012　倒扣器的锁定机构主要由锚定翼板、滑动轴、弹簧、钢球、下接头等组成。

(　　)56. BB013　倒扣器锚定后，钻杆右向旋转通过倒扣器变向，转换为倒扣器下部工具的左向旋转，实现钻柱的倒扣功能。

(　　)57. BB014　倒扣器锁定机构的主要作用是在投球憋压后，迫使滑动轴上的键进入下接头槽内，将倒扣器四个部分连成一体，有利于打捞作业和释放落鱼。

(　　)58. BB015　倒扣器在倒扣时，管柱转速减慢、扭矩增加说明倒扣作业完成。

(　　)59. BB016　倒扣器可以锚定在裸眼内或者破损套管内。

(　　)60. BB017　倒扣器小修包括用煤油清洗锚定机构、检查锚定机构。

(　　)61. BB018　安全接头是连接在特殊要求作业和复杂性打捞事故作业管柱中的具有特殊用途的接头。

(　　)62. BB019　当作业管柱遇卡时，安全接头可以抓牢管柱，将管柱全部起出，防止事故复杂化。

(　　)63. BC001　套管下井后要采用水泥固井，它与油管、钻杆相像，可以重复使用。

(　　)64. BC002　石油套管的钢级有 H40、J55、K55、N80、L80、C90、T95、P110、Q125 等。

(　　)65. BC003　API 油管规格及尺寸公称尺寸为 3½in，外加厚外径为 88.9mm，内径为 75.9mm，接箍外径为 107mm。

(　　)66. BC004　高强度抽油杆为 H 级，只有一种类型。

(　　)67. BC005　HL 型超高强度抽油杆的屈服点为 800MPa，横截面积为 $500mm^2$，其抗屈服拉力为 400N。

(　　)68. BC006　井下落鱼的具体情况是构思设计井下打捞工具的前提条件。

(　　)69. BC007　设计出较理想的打捞工具，必须有严格的实施操作程序和注意事项，不可盲目处理，避免给下一步制定措施带来不该有的麻烦。

(　　)70. BC008　有些设计的简单打捞工具在使用时做好操作程序的交底工作，这部分打捞工具往往需要较大的钻压(如一把抓、开窗、外钩等)。

(　　)71. BC009　产品成本略有提高，但产品功能大为改善，是提高价值的一个原则。

(　　)72. BC010　平式油管抗拉强度和钻杆抗拉强度的计算公式不同。

(　　)73. BC011　钻杆允许扭转圈数计算公式为 $N=KH$，其中，N 为允许扭转圈数，圈；K 为扭转系数，圈/m；H 为卡点深度，m。

(　　)74. BD001　通过测试分析可以提出油井的配产配注方案。

(　　)75. BD002　从示功图可以判断出油井产能的状况。

(　　)76. BD003　CY611 型水力式动力仪将作用在光杆上力的变化转变为液体重量的变化。

(　　)77. BD004　抽油泵吸入部分漏失示功图卸载线为一向上凹的曲线，其倾角比理论载荷线倾角要小，漏失越大，相对的倾角越小，并且漏失越严重，右下角变得越圆。由于提前增载，示功图的左下角变圆，而且漏失愈加厉害，下角变得越圆。

(　　)78. BD005　典型示功图是指某一因素特别明显，其形状代表了该因素的基本特征的示功图。

(　　)79. BD006　测液面通常用回生仪测试液面的方法。

(　　)80. BE001　倒扣打捞筒是从落鱼外径处打捞和倒扣的一种工具，它可以代替母锥和打捞筒。

(　　)81. BE002　倒扣捞筒筒体上部内壁上的 3 个键，控制着弹簧的位置。

(　　)82. BE003　在使用倒扣打捞筒倒掉遇卡落物后，需要更换其他捞筒进行打捞。

(　　)83. BE004　倒扣打捞矛可以代替左旋螺纹公锥，其功能与倒扣接头相似，不同的是，该工具不必与落鱼对扣，可以打捞落鱼内径的任何部位。

(　　)84. BE005　倒扣打捞矛的卡瓦为三瓣，卡瓦在矛杆上可以上下活动和转动一定角度。

(　　)85. BE006　在倒扣作业中，可退可倒扣捞矛可代替公锥，都是对落鱼进行造扣，然后再进行打捞。

(　　)86. BE007　活动肘节只能抓住倾斜度很小的落鱼。

(　　)87. BE008　活动肘节未投限流塞时开泵循环洗井，活动肘节垂直向下，无任何动作。

(　　)88. BE009　活动肘节与打捞工具配合使用，当油管或抽油杆等的顶部落入裸眼或大尺寸的套管内，用常规的打捞矛、打捞筒等打捞工具无法抓取时可用此工具。

(　　)89. BE010　倒扣安全接头可传递扭矩，承受拉、压和冲击负荷，在打捞工具遇卡时，可很容易地将此接头旋开，收回安全接头以上的工具及管柱。

(　　)90. BE011　DANJ197 型倒扣安全接头配套倒扣器规格为 DKQ196。

(　　)91. BE012　爆炸松扣是在测准卡点之后，用爆炸的方法促使卡点以上第一个接头螺纹松扣，收回卡点以上部分管柱的方法。

(　　)92. BE013　爆炸松扣时要施加反扭矩，如果井内打捞管柱是反扣，则应加正扭矩，力矩大小视上提负荷而定。

(　　)93. BE014　螺杆钻旁通阀总成由中间阀座、侧向阀座、阀球过滤片、推杆弹簧、定位套、卡簧、卡环、密封圈、旁通孔等组成。

(　　)94. BE015　螺杆钻将液压能转变成机械能，驱动井下工具旋转。

(　　)95. BE016　螺杆钻钻水泥塞的钻具组合：钻头+螺杆钻具+提升短节+缓冲短节+井下过滤器+提升短节+钻柱。

(　　)96. BE017　使用螺杆钻的井口必须安装半封封井器，防止小件物品落入油管卡钻。

(　　)97. BE018　组装螺杆钻，先组装传动轴部分再将其固定后，连接转子，将定子一边右旋，一边顶入转子。

(　　)98. BE019　若发现磨屑呈细粉末状，可能是排量较小，磨屑重复研磨所致，此时应增大排量，排量加大后磨屑仍无变化，无进尺，磨鞋过度磨损，应更换磨鞋。

(　　)99. BE020　对井下不稳定落鱼磨铣时，若发现磨铣速度变快，应上提钻具进行顿钻稳定落鱼，将落鱼处于暂时稳定的状态后，再进行磨铣。

(　　)100. BE021　采用洗井液磨铣时，应降低洗井液的黏度。

(　　)101. BE022　在磨铣的过程中，井下的磨鞋既旋转又摆动，为了不损伤套管，应在磨铣工具的上部连接相应长度的钻铤或在钻杆上加扶正器。

(　　)102. BF001　开式下击器的芯轴外套有六方孔，套在芯轴的六方杆上，不能移动但能传递扭矩。

(　　)103. BF002　开式下击器撞击套上由抗挤压环、挡环和 O 形密封围组成三组密封装置。

(　　)104. BF003　开式下击器的上部钻具越重下击力越大。

(　　)105. BF004　XJ-K108 型开式下击器许用扭矩为 11700kN · m。

(　　)106. BF005　在使用开式下击器前，将落鱼管柱卡点以上部分倒扣取出，使鱼顶尽可能接近卡点，因为震击时下击器离卡点越近，震击效果越好。

(　　)107. BF006　开式下击器拆修时密封件不坏可继续使用。

(　　)108. BF007　地面下击器不能安装在井口之上，它是对遇卡管柱施加瞬间下砸力的一种震击类工具。

(　　)109. BF008　地面下击器的六方形芯轴的外部,套装着短节和上壳体,短节同上壳体相连,短节有六方形内孔与芯轴上的六方相配,其功能是承担负荷。

(　　)110. BF009　地面下击器可以改变摩擦卡瓦的工作位置,从而调节震击力。

(　　)111. BF010　DXJ-M178 型地面下击器的外径尺寸为 ϕ178mm。

(　　)112. BF011　使用地面下击器时,计算卡点以上钻柱的悬重以供操作中检视。

(　　)113. BF012　地面下击器每次调节拉力时,应从锁钉孔注入些机油并检查是否由修井液进入。

(　　)114. BF013　地面下击器每次使用后,应检查摩擦卡瓦、摩擦芯轴及下壳体各部尺寸,更换磨损量较大的零部件。

(　　)115. BF014　液压式上击器可以用于处理深井的胶皮卡、封隔器卡以及小型落物卡等。

(　　)116. BF015　液压上击器的芯轴、导管与上中壳体、下接头间的空腔被活塞环分成上、中、下三腔。

(　　)117. BF016　液压式上击器撞击一次结束后,下放钻具卸荷,中缸体下腔内的液体沿着活塞上的油道毫无阻力的返回上腔至上击器全部关闭,等待下次震击。

(　　)118. BF017　YSQ-95 型液压式上击器的最大扭矩为 15500N · m。

(　　)119. BF018　使用液压式上击器作业时,按需用负荷上提钻具,刹车后等待下击。

(　　)120. BF019　给液压式上击器充油时,上接头朝上,并倾斜 30°。

(　　)121. BF020　液压式上击器使用后,必须清洗干净,并涂油放置阴凉处保存。

(　　)122. BF021　倒扣下击器下接头与反扣打捞工具或倒扣抓捞工具连接,其内孔中有两道密封装置,封隔着高压循环修井液和上返修井液。

(　　)123. BF022　倒扣器工作时必须固定在套管壁上,因此旋松螺纹的管柱升移量需要补偿。

(　　)124. BF023　DXJQ148 型倒扣下击器的配套倒扣器规格为 ϕ103mm。

(　　)125. BF024　润滑式下击器是开式下击器的一种。

(　　)126. BF025　润滑式下击器中缸体和下缸体连接成一体,包容着接头芯轴、导管及各部密封装置所构成的一个密封环形空间,润滑油就装在其中。

(　　)127. BF026　使用润滑式下击器时,上提钻具至规定负荷,接头芯轴首先上行,下击器被打开，　继续上提,钻柱被拉伸,储存变形能量。

(　　)128. BF027　使用润滑式下击器时,工具管柱连接顺序(由下而上):打捞筒(或打捞矛)+安全接头+润滑式下击器+钻杆。

(　　)129. BF028　使用润滑式下击器时,润滑油油质应清洁干净、无杂质。

(　　)130. BF029　润滑式下击器每使用一次,必须更换新润滑油,若用旧油,必须过滤。

(　　)131. BG001　Word 是一种操作系统。

(　　)132. BG002　要对一个 Word 文档进行编辑,首先要将该文件存储于磁盘中。

(　　)133. BG003　在 Word 2003 中,设定段落使用的字体、边框、制表位和语言等格式,被称为新建模板。

(　　)134. BG004　“文件”/“打印预览”,是全真打印效果,可同时查看数页,也可对任何一页放大查看。

(　　)135. BG005　Excel 文档的扩展名是. xls。

(　　)136. BG006　Excel 工作表窗口的拆分只能水平拆分。

(　　)137. BG007　在 Excel 中,想在多个单元格中输入相同的内容,可先选定单元格,输入内容后,然后按下“Enter”键,那么所有选中的工作表中的单元格区域都会自动填充相同的内容。

(　　)138. BG008　Excel 中的另存为操作是将现在编辑的文件按新的文件名或路径存盘。

(　　)139. BG009　使用“查找”命令,可以在工作表中迅速找到那些含有指定字符、文本、公式或批注的单元格。

(　　)140. BG010　如要改变 Excel 工作表的打印方向(如横向),可使用“文件”菜单中的“打印区域”命令。

(　　)141. BG011　在 Internet Explorer 浏览器中,不能将链接添加到收藏夹中。

(　　)142. BG012　浏览器将用户的请求送到要访问的 www 服务器上,www 服务器上运行的 www 服务程序在收到请求后,把用户指定访问的资源文件(HTML 格式)通过 HTTP 协议传送回浏览器,经浏览器解释后,将文档的内容以用户环境所许可的效果最大限度地显示在浏览器窗口中。

(　　)143. BG013　Web 是一种网上文章,通过它可以访问遍布于因特网主机上的链接文档。

(　　)144. BG014　在 Internet Explorer 的工具菜单上,单击 Internet 选项,单击高级选项卡,在多媒体区域,清除显示图片、播放动画、播放视频和播放声音等选框,可以降低 Web 的显示速度。

(　　)145. BG015　在 Outlook Express 中下载完邮件或者单击工具栏上的发送/接收按钮,即可在窗口中阅读电子邮件。

(　　)146. BG016　发送电子邮件的过程:在工具栏上单击新邮件,在收件人中键入电子邮件地址,在主题框中键入邮件主题,撰写邮件,然后单击工具栏上的发送按钮。

(　　)147. BH001　统计质量管理是把数理统计运用到质量管理中来,对生产过程中影响质量的各种因素实施质量控制。

(　　)148. BH002　质量管理是指在质量方面指挥、控制、组织、协调的活动。

(　　)149. BH003　全面质量管理的对象就是产品。

(　　)150. BH004　质量管理体系是指在质量监督方面指挥和控制的管理体系。

(　　)151. BH005　企业的质量责任制内容主要是规定部分与产品或服务质量直接有关的职工以及各部门的质量责任。

(　　)152. BH006　企业建立经济责任制的首要环节是建立监督机制。

(　　)153. BI001　用于卡封堵水时,Y341 封隔器不能单独使用,必须与其他封隔器配套使用。

(　　)154. BI002　Y441-114 封隔器下入井后,由于操作不当,中途坐封,这时需要提出管柱解封,然后继续下封隔器。

( )155. BI003 Y211是一种靠液压坐封的封隔器,而Y441或Y445是一种靠机械坐封的封隔器。

( )156. BJ001 理论与实践是编写教科书和教师进行教学的主要依据,是衡量教学质量的重要标准。当然学员掌握的科学技术知识的范围,也不应限于大纲的规定,但部分实现教学大纲是各科教学的基本任务。

( )157. BJ002 教育学研究的主要内容:(1)教育的一般原理和教育的本质、教育目的、教育制度等问题。(2)教育的过程和原则。(3)实现教育目的的方法、手段和组织形式。(4)教育制度和教育原理。

( )158. BJ003 为全面提高教学质量,必须抓好教学工作的基本环节,这几个环节是备课、上课、课外作业、教学辅导和答疑、学业成绩的检查等。

( )159. BJ004 在职业教育工作中,特别是工人技术学校培训中的测试和考试,已由传统式考试向标准化考试过渡,两种考试方法都有优点和缺陷,作为培训教师要综合运用各种学业检查评定方法,全面真实地考核出学生的知识技能和智力发展水平。

( )160. BJ005 教育是一种社会现象,是培养人的活动。凡是有意识、有目的地对受教育者施加一种影响以便在受教育者的身心上养成教育者所希望的品质都是教育。

四、简答题

1. AA005 下封隔器及入井管柱应满足哪些要求?
2. AA010 简述封隔器堵水工艺操作步骤。
3. AA011 简述封隔器堵水技术的应用条件。
4. AB002 风险评价有哪些作用?
5. AB003 生产工艺过程的危害辨识主要有哪些内容?
6. AB006 简述发生井喷事故后,当空气中硫化氢浓度达到 $10cm^3/m^3$ 的阈限值时,作业现场的应急响应程序。
7. BA009 画装配图前应了解的事项有哪些?
8. BA010 通过看装配图应了解什么?
9. BB001 常用的井下落鱼判断方法有几种?
10. BB002 铅模打印的操作步骤是什么?
11. BB003 铅模打印的技术要求是什么?
12. BB004 简述测卡仪的工作原理。
13. BB006 常用的杆类落物打捞工具有哪些?
14. BB012 简述倒扣器的主要组成。
15. BC009 设计打捞工具时应该考虑哪几个问题?
16. BE009 简述活动肘节的操作方法。
17. BE017 简述检修保养螺杆钻的操作步骤。

18. BE019　磨铣中应注意的事项有哪些?
19. BF003　影响开式下击器震击力大小的因素有哪些?
20. BJ003　简述教学工作中的几个重要环节。

五、计算题

1. AA006　已知某井套管内径为124mm,井内下Y111-114封隔器,封隔器坐封深度为1500m,封隔器以下支撑管30m,坐封载荷为5880N,胶筒压缩距为70mm,则封隔器坐封高度是多少?(已知井内为清水,液面在井口,油管在清水中的重力 $q=81.34N/m$,支撑管重量忽略不计,油管的密度:$\rho_1=7.85\times10^{-3}kg/cm^3$,清水的密度 $\rho_2=1.00\times10^{-3}kg/cm^3$,弹性模量 $E=2.1\times10^6kg/cm^2$;计算结果保留小数点后两位)
2. BB004　某井深为2325m,井内 ϕ73mm平式油管为1987m,在上提管柱时发现油管被卡,测卡点时第一次上提拉力为120kN,油管伸长为50cm,第二次上提拉力为140kN,油管伸长为70cm,第三次上提拉力为160kN,油管伸长为90cm,求卡点位置。(已知 ϕ73mm油管 $K=2450$;结果取整数)
3. BB004　某井为 ϕ73mm平式油管,下入深度为1897m,油井出砂卡住油管,用1.20g/cm³压井液压井处理事故,上提120kN倒扣,估计在什么位置上可以倒开管柱?(已知每米油管在空气中的质量为9.15kg,油管钢材的密度为7.85g/cm³,$g=10m/s^2$;结果取整数)
4. BB004　某井下 ϕ73mm油管用清水冲砂,冲至1850m时,油管断脱,下 ϕ73mm反扣钻杆在1125m处探得鱼头,并捞获油管,测卡点在1715m处,如想在卡点处倒出油管需要多大拉力(单位取kN)?(已知井内为清水,油管体积为1.17dm³/m,质量为9.15kg/m,钻杆体积为1.8dm³/m,质量为14.12kg/m,钢材的密度为7.85g/cm³,$g=10m/s^2$;结果取整数)
5. BB006　已知井内钻具材质的密度为7.85g/cm³,充满清水时悬重350kN,现全部替换成钻井液,钻井液的密度1.35g/cm³,试求井内钻具的悬重。(计算结果取整数)
6. BB006　某井深为1800m,用 ϕ73mm油管冲砂,当冲至1750m时,发生油管折断事故,落鱼长800m,鱼头深950m,ϕ73mm钻杆打捞发生卡钻事故,卡后上提管柱120kN时,钻具伸长65cm,试求卡点位置。(已知 ϕ73mm钻杆 $K_1=3800$,ϕ73mm油管 $K_2=2450$;取小数点后两位)
7. BB006　某井下入 ϕ73mm油管2829m,地层出砂后将油管卡住,用清水压井处理事故,倒出油管1350m,再下反扣 ϕ73mm钻杆打捞,上提钻杆210kN倒扣,预计倒扣位置(单位取m)。(已知清水中 ϕ73mm钻杆每米质量为12.4kg/m,清水中 ϕ73mm油管每米质量为8.3kg/m,$g=10m/s^2$;取小数点后一位)
8. BC001　已知基面螺纹平均直径为76.858mm,螺纹工作高度为1.734mm,基面至螺纹消失端的距离为12.7mm,螺纹用于拧紧度为9.5mm,螺纹空隙为0.076mm,锥度差为0.2mm,试求国产2⅞UPTBG(ϕ62mm加厚)油管接箍内牙螺纹端面螺纹的直径。

9. BC002 已知国产 ϕ73mm 加厚油管内径 $d=62$mm，油管公称壁厚为 5.5mm，管子屈服强度 $\sigma_s=500$MPa，计算油管水压试验压力。（计算结果保留小数点后两位）

10. BC002 已知国产 ϕ100.3mm 加厚油管，外径为 ϕ114.3mm，屈服强度 $\sigma_s=380$MPa，计算油管抗内压强度。（计算结果保留小数点后两位）

11. BC006 某井套管完好，内径为 ϕ159mm，井内有落物，如果设计打捞工具，其最大外径是多少？

12. BC007 计算 2⅞in 油管的每米容积。

13. BC007 某井套管为 5½in，油管为 2⅞in，计算油套环形空间的面积。

14. BC009 矛杆和接头抗拉强度不小于 1080MPa，直径为 ϕ57mm 的矛杆，安装滑块卡瓦后，最小横截面积是原来的一半，试求该矛杆的抗拉力。（计算结果取整数）

15. BC009 矛杆和接头抗拉强度不小于 1080MPa，直径为 ϕ72mm 的矛杆，安装滑块卡瓦后，最小横截面积是原来的一半，试求该矛杆的抗拉力。（计算结果取整数）

16. BC010 某井井深为 2872.18m，探得落鱼的鱼头深度为 2493.28m，为井下工具卡。采用原井 2⅞（TBG）油管打捞，油管材质为 J55，试计算活动打捞的安全范围。（已知油管螺纹牙高 $h=0.141$cm，J55 材质屈服限值 $\sigma_s=37.9\text{kN/cm}^2$，材质密度为 7.85t/m^3，g 取 9.8m/s^2）

17. BC010 国产 ϕ62mm 加厚油管，外径 ϕ73mm，屈服强度 500MPa，试求抗滑扣载荷。（结果取整数）

18. BC011 某井用国产 D55 钢级 2⅞in 钻杆处理解卡，卡点深度 1810m，决定扣套铣，试求倒扣时允许扭转圈数。（D55 钢级 2⅞in 钻杆扭转系数为 0.00999）

19. BC011 某井用国产 D55 钢级 2⅞in 钻杆处理解卡，卡点深度为 3010m，决定扣套铣，试求倒扣时允许扭转圈数。（D55 钢级 2⅞in 钻杆扭转系数为 0.00999）

20. BD001 某井使用 57mm 的抽油泵，该泵冲程为 3m，冲次为 10 次/min，实际排量为 $50\text{m}^3/\text{d}$，采出油的比重为 0.9，试求泵的理论排量和泵效。

答　案

一、单项选择题

1. C　2. A　3. B　4. A　5. C　6. A　7. A　8. C　9. A　10. B
11. B　12. A　13. D　14. B　15. D　16. C　17. C　18. A　19. B　20. D
21. C　22. D　23. C　24. A　25. C　26. D　27. A　28. C　29. B　30. B
31. C　32. D　33. A　34. B　35. A　36. A　37. C　38. A　39. C　40. B
41. B　42. B　43. A　44. A　45. A　46. A　47. B　48. C　49. ABD　50. ABC
51. AC　52. B　53. D　54. D　55. A　56. A　57. B　58. A　59. A　60. B
61. C　62. A　63. B　64. D　65. B　66. C　67. A　68. C　69. B　70. B
71. A　72. B　73. C　74. A　75. B　76. A　77. A　78. D　79. A　80. A
81. C　82. B　83. A　84. A　85. D　86. D　87. A　88. C　89. D　90. A
91. B　92. A　93. B　94. B　95. D　96. D　97. A　98. B　99. D　100. B
101. C　102. D　103. D　104. B　105. B　106. B　107. C　108. C　109. B　110. B
111. C　112. B　113. C　114. A　115. B　116. A　117. A　118. C　119. C　120. A
121. C　122. C　123. C　124. B　125. B　126. D　127. D　128. C　129. B　130. D
131. A　132. A　133. C　134. A　135. D　136. C　137. A　138. D　139. D　140. C
141. B　142. D　143. B　144. C　145. D　146. A　147. B　148. A　149. C　150. B
151. B　152. B　153. D　154. B　155. A　156. B　157. B　158. B　159. B　160. C
161. C　162. B　163. C　164. C　165. A　166. B　167. C　168. A　169. A　170. A
171. D　172. A　173. C　174. A　175. D　176. A　177. C　178. C　179. A　180. C
181. B　182. C　183. B　184. C　185. D　186. C　187. C　188. B　189. C　190. D
191. D　192. A　193. B　194. C　195. C　196. D　197. D　198. A　199. C　200. A
201. C　202. B　203. C　204. A　205. C　206. B　207. C　208. B　209. A　210. B
211. D　212. C　213. A　214. A　215. A　216. B　217. C　218. B　219. D　220. C
221. D　222. B　223. B　224. B　225. B　226. B　227. B　228. A　229. A　230. C
231. A　232. B　233. A　234. B　235. A　236. B　237. C　238. B　239. B　240. B
241. C　242. B　243. B　244. C　245. C　246. B　247. B　248. B　249. D　250. C
251. A　252. B　253. A　254. B　255. D　256. A　257. C　258. A　259. B　260. D
261. B　262. A　263. D　264. A　265. B　266. C　267. C　268. A　269. B　270. D
271. B　272. B　273. D　274. A　275. A　276. B　277. D　278. B　279. A　280. A
281. A　282. D　283. A　284. A　285. D　286. D　287. C　288. B　289. A　290. B
291. D　292. B　293. A　294. C　295. D　296. D　297. B　298. C　299. A　300. C
301. A　302. D　303. A　304. C　305. C　306. A　307. B　308. C　309. B　310. A

311. B　312. B　313. A　314. C　315. B　316. A　317. B　318. D　319. D　320. C

二、多项选择题

1. ABCD　2. AD　3. ABD　4. AD　5. ABC　6. ABC　7. ABD
8. ABCD　9. BC　10. ABC　11. AC　12. ABCD　13. CD　14. ABC
15. BCD　16. ABD　17. ABCD　18. BCD　19. AB　20. ACD　21. BCD
22. ABC　23. BCD　24. BC　25. AB　26. ABC　27. ABCD　28. AC
29. AD　30. BCD　31. AD　32. ACD　33. ABC　34. ABD　35. BD
36. ABD　37. AD　38. CD　39. ABD　40. BCD　41. ACD　42. AC
43. AC　44. AB　45. CD　46. AB　47. AC　48. CD　49. ABD
50. ABC　51. AC　52. ACD　53. ACD　54. ABC　55. AB　56. AC
57. CD　58. BC　59. BC　60. ACD　61. ABC　62. AC　63. ABCD
64. ABC　65. ABC　66. AB　67. BCD　68. AC　69. AD　70. ABD
71. CD　72. BC　73. D　74. ABCD　75. AB　76. AD　77. BCD
78. BCD　79. BD　80. AB　81. AC　82. AD　83. AC　84. BC
85. BCD　86. ABCD　87. BCD　88. ABC　89. CD　90. AC　91. AD
92. ABC　93. ABD　94. BCD　95. ABC　96. AC　97. AC　98. ABCD
99. BC　100. CD　101. BC　102. ABD　103. AB　104. ABD　105. ABD
106. BC　107. AC　108. ACD　109ABD　110. ABD　111. ABC　112. BCD
113. ABD　114. ABC　115. ACD　116. ACD　117. ABC　118. ABCD　119. AB
120. AB　121. BD　122. ACD　123. BC　124. BC　125. BD　126. AB
127. AC　128. ACD　129. BD　130. ABC　131. ACD　132. ABC　133. ABD
134. ABC　135. ACD　136. AB　137. ABC　138. AD　139. ABCD　140. BCD
141. ABC　142. ABC　143. BCD　144. ACD　145. BCD　146. ABCD　147. CD
148. AC　149. ABCD　150. ABCD　151. ABC　152. BC　153. BC　154. BD
155. BCD　156. ACD　157. BD　158. AB　159. ABCD　160. BCD

三、判断题

1. √　2. ×　正确答案:化学防砂是将化学药剂注入地层,将疏松的地层砂颗粒胶结起来,形成有一定强度和渗透率的挡砂屏障,达到产油防砂的目的的。　3. ×　正确答案:流体电阻测井需测出井内电阻率曲线基线,并反复抽汲降液进行多次测井取得多条曲线,通过曲线对比来确定产水层位。　4. √　5. ×　正确答案:在找水过程中,需要找到出水层位,还需要确定产水的来源。　6. √　7. ×　正确答案:下堵水管柱前,套管必须刮削、通井。　8. ×　正确答案:硫酸盐还原菌可作为生物类堵水化学剂。　9. ×　正确答案:常用的颗粒类堵水化学剂有果壳、青石粉、石灰乳、膨润土、轻度交联的聚丙烯酰胺、聚乙烯醇酚等。其中膨润土具有轻度体积膨胀性,聚丙烯酰胺、聚乙烯醇在岩石中吸水膨胀性好,可增加封堵效果。　10. √　11. √　12. ×　正确答案:用 Y441-114 封隔器封堵下部出水层,管串结构:丝堵+油管+Y441-114 封隔器+丢手接头。　13. ×　正确答案:安全检查主要包括查思想、查管理、查隐患、查整改。 14. √ 15. × 正确答案：环境因素辨识的具体方法包括环境因素调查表、物料衡算法、污染物流失总量法。 16. √ 17. × 正确答案：硫化氢的安全临界浓度是指工作人员在露天安全工作 8h 可接受的空气中含硫化氢的最高浓度。 18. √ 19. × 正确答案：燃烧包括闪燃着火、自燃两种类型。 20. × 正确答案：可燃性混合物的爆炸极限范围越宽、爆炸下限越低和爆炸上限越高，爆炸危险性越高。 21. √ 22. × 正确答案：物理性爆炸是由物理变化引起的，爆炸前后物质的性质和化学成分不变。 23. √ 24. √ 25. √ 26. × 正确答案：在电气焊过程中都会产生烟尘，直径小于 2μm 的微粒称为烟，直径在 2~20μm 之间的微粒称为粉尘。 27. × 正确答案：零件图用于指导零件的生产。 28. √ 29. √ 30. × 正确答案：测绘零件前，首先画零件草图，应先画主要零件，然后画其他零件。标准件，如螺钉、螺母等可不画草图，只需量出其主要尺寸，查出其标准数据，并编出明细表即可。 31. × 正确答案：装配图是表达装配体（机器或部件）的图样。它表示出该机器（或部件）的构造、零件之间的装配与连接关系，装配体的工作原理，以及生产该装配体的要求、检验要求等。 32. × 正确答案：装配图画法的一般规定：在装配图上做剖视图时，当剖切平面通过件（螺母、螺钉、垫圈、销、键等）和实心件（轴、杆、柄、球等）的基本轴线时，这些零件按不剖绘制。 33. √ 34. √ 35. √ 36. × 正确答案：看装配图时，按先简单后复杂的顺序，逐一了解各零件的结构形状。 37. × 正确答案：CAXA 绘图软件兼容 AutoCAD 绘图软件。 38. × 正确答案：使用 CAXA（电子图板 2007）生成的图形的图框标题栏文字尺寸及其他标注的大小不随绘出图形比例的变化而改变，设计时不必考虑比例换算。 39. × 正确答案：使用 CAXA（电子图板 2007）时，背景图片可进行放大缩小和移动位置等编辑，编辑时自动预览要编辑的图片，还可通过图片管理器对插入的图片进行集中管理。 40. √ 41. × 正确答案：CAXA（电子图板 2007）在绘图区的中央设置了一个二维直角坐标系，该坐标系称为世界坐标系，它的坐标原点为（0.0000，0.0000）。 42. √ 43. × 正确答案：CAXA（电子图板 2007）主菜单位于屏幕的顶部，由一行菜单条及其子菜单组成。 44. √ 45. × 正确答案：打印的印模要根据井下落物的材质和套管的内径尺寸确定。 46. × 正确答案：起铅印管柱遇卡时，要平稳活动管柱，严禁猛提猛放。 47. √ 48. × 正确答案：针对不同落物的特点选择不同的打捞工具和现行设计可行的打捞工具，可提高作业施工速度。 49. × 正确答案：在打捞大直径落物时，鱼头与套管间隙为 6~8mm 时，应选用内捞工具进行打捞。 50. × 正确答案：鱼腔打捞工具的外径尺寸由落物内径决定。 51. √ 52. √ 53. √ 54. √ 55. × 正确答案：倒扣器的锁定机构主要由滑动轴、弹簧、钢球、下接头等组成。 56. √ 57. √ 58. × 正确答案：倒扣器在倒扣时，管柱转速加快、扭矩减小说明倒扣作业完成。 59. × 正确答案：倒扣器不可锚定在裸眼内或者破损套管内。 60. × 正确答案：倒扣器小修包括用柴油清洗锚定机构、检查锚定机构。 61. √ 62. × 正确答案：当作业管柱遇卡时，安全接头可以首先脱开，将安全接头以上管柱起出，防止事故复杂化。 63. × 正确答案：套管下井后要采用水泥固井，它与油管、钻杆不同，不可以重复使用，属于一次性消耗材料。 64. √ 65. × 正确答案：API 油管规格及尺寸公称尺寸为 3½in，外加厚外径为 95.25mm，内径为 75.9mm，接箍外径为 114.5mm。 66. × 正确答案：高强度抽油杆为 H 级，有 HY 和 HL 两种类型。 67. × 正确答案：HL 型超高强度抽油杆的屈服点为 800MPa，横截面积为 500mm^2，其抗屈服拉力为400kN。 68. √ 69. √ 70. × 正确答案：有些设计的简单打捞工具在使用时做好操作程序的交底工作，这部分打捞工具往往不需要较大的钻压（如一把抓、开窗、外钩等）。 71. √ 72. × 正确答案：平式油管抗拉强度和钻杆抗拉强度的计算公式相同。 73. √ 74. √ 75. × 正确答案：从示功图可以判断出抽油泵在井下工作的状况。 76. × 正确答案：CY611 型水力式动力仪将作用在光杆上力的变化转变为液体压力的变化。 77. √ 78. √ 79. √ 80. √ 81. × 正确答案：倒扣捞筒筒体上部内壁上的三个键，控制着限位座的位置。 82. × 正确答案：在使用倒扣打捞筒倒掉遇卡落物后，上提捞筒即可实现打捞。 83. √ 84. √ 85. × 正确答案：在倒扣作业中，可退可倒扣捞矛可代替公锥，不同的是，该工具不必对落鱼进行造扣，可以打捞落鱼内径的任何部位。 86. × 正确答案：活动肘节除了能抓住倾斜度很大的落鱼外，还能去寻找掉入"大肚子"里或上部有棚盖等遮盖物的落鱼。 87. √ 88. √ 89. √ 90. √ 91. √ 92. × 正确答案：爆炸松扣时要施加反扭矩，如果井内打捞管柱是反扣，则应加正扭矩，力矩大小视松扣深度而定。 93. √ 94. √ 95. √ 96. × 正确答案：使用螺杆钻的井口必须安装全封封井器，防止小件物品落入油管卡钻。 97. √ 98. √ 99. × 正确答案：对井下不稳定落鱼磨铣时，若发现磨铣速度变慢，应上提钻具进行顿钻稳定落鱼，将落鱼处于暂时稳定的状态后，再进行磨铣。 100. × 正确答案：采用洗井液磨铣时，应提高洗井液的黏度。 101. √ 102. × 正确答案：开式下击器的芯轴外套有六方孔，套在芯轴的六方杆上，能移动能传递扭矩。 103. × 正确答案：开式下击器撞击套上由抗挤压环、挡环和 O 形密封围组成二组密封装置。 104. √ 105. × 正确答案：XJ-K108 型开式下击器许用扭矩为 21800kN · m。 106. √ 107. × 正确答案：开式下击器每次拆修必须更换密封件。 108. × 正确答案：地面下击器可安装在井口之上，它是对遇卡管柱施加瞬间下砸力的一种震击类工具。 109. × 正确答案：地面下击器的六方形芯轴的外部，套装着短节和上壳体，短节同上壳体相连，短节接有六方形内孔与芯轴上的六方相配，其功能是传递扭矩及导向。 110. √ 111. √ 112. × 正确答案：使用地面下击器时，计算卡点以上钻柱在提拉时的伸长量以供操作中检视。 113. √ 114. √ 115. √ 116. × 正确答案：液压上击器的芯轴、导管与上中壳体、下接头间的空腔被活塞环分成上、下两腔。 117. √ 118. √ 119. × 正确答案：使用液压式上击器作业时，按需用负荷上提钻具，刹车后等待上击。 120. √ 121. √ 122. √ 123. √ 124. × 正确答案：DXJQ148 型倒扣下击器的配套倒扣器规格为 ϕ148mm。 125. × 正确答案：润滑式下击器是闭合式下击器的一种。 126. √ 127. √ 128. √ 129. √ 130. × 正确答案：润滑式下击器每拆修一次，必须更换新润滑油，若用旧油，必须过滤。 131. × 正确答案：Word 是一种字表处理软件。 132. × 正确答案：要对一个 Word 文档进行编辑，首先要在 Word 中打开该文档。 133. × 正确答案：在 Word 2003 中，设定段落使用的字体、边框、制表位和语言等格式，被称为新建样式。 134. √ 135. √ 136. × 正确答案：Excel 工作表窗口的拆分可以水平拆分，也可以垂直拆分。 137. √ 138. √ 139. √ 140. × 正确答案：如要改变 Excel 工作表的打印方向（如横向），可使用"文件"菜单中的"页面设置"命令。 141. √ 142. √ 143. × 正确答案：Web 是一种体系结构，通过它可以访问遍布于因特网主机上的链接文档。 144. × 正确答案：在 Internet Explorer 的工具菜单上，单击 Internet 选项，单击高级选项卡，在多媒体区域，清除显示图片、播放动画、播放视频和播放声音等选框，可以加快 Web 的显示速度。　145. √　146. √　147. √　148. √　149. ×　正确答案：全面质量管理的对象就是质量。　150. ×　正确答案：质量管理体系是指在质量方面指挥和控制的管理体系。　151. ×　正确答案：企业的质量责任制内容主要是规定各级领导干部和部分与产品或服务质量直接有关的职工以及各部门的质量责任。　152. ×　正确答案：企业建立经济责任制的首要环节是建立质量教育制度。　153. √　154. ×　正确答案：Y441-114 封隔器下入井后，由于操作不当，中途坐封，这时需要提出管柱换封隔器。　155. ×　正确答案：Y211 是一种靠机械坐封的封隔器，而 Y441 或 Y445 是一种靠液压坐封的封隔器。156. ×　正确答案：理论与实践是编写教科书和教师进行教学的主要依据，是衡量教学质量的重要标准。当然学员掌握的科学技术知识的范围，也不应限于大纲的规定，但全部实现教学大纲是各科教学的基本任务。　157. √　158. √　159. √　160. √

四、简答题

1. 答：①下入的油管应丈量准确，清洗干净，螺纹均匀涂好密封脂；②上扣至规定的扭矩，严禁超扭矩作业；③速度控制在每小时 20 根左右，严禁猛刹猛放，确保封隔器顺利坐封；④封隔器卡点准确，坐封吨位或加液压控制在该封隔器规定范围内。

评分标准：答对①②③④各占 25%。

2. 答：①通井；②刮削；③洗井；④配管柱；⑤下管柱；⑥坐封；⑦验封。

评分标准：答对①②③④⑤⑥各占 15%；答对⑦占 10%。

3. 答：①适用于单一的出水层或含水率很高，无开采价值的层段；②需封堵层段上下夹层稳定，固井质量合格无窜槽，且夹层大于 5.0m；③堵水管柱以及下井工具质量合格；④油层套管无损坏，井况良好；⑤出水层段岩性坚硬，无严重出砂。

评分标准：答对①②③④⑤各占 20%。

4. 答：①确定风险与判别准则的符合程度；②评价所要进行活动的可行性，判断是否允许操作；③确定是否需要特殊的预防、削减和恢复措施；④确定是否需要进一步监测；⑤确定进行改进的优先顺序。

评分标准：答对①②③④⑤各占 20%。

5. 答：①物料（毒性、腐蚀性、爆炸性）；②温度；③压力；④速度；⑤作业及控制条件；⑥事故及失控状态。

评分标准：答对①②③④各占 15%；答对⑤⑥各占 20%。

6. 答：①切断危险区的不防爆电器的电源；②安排专人观察风向、风速，以便确定受害的危险区；③安排专人佩带正压式空气呼吸器到危险区检查泄漏点；④非作业人员撤人安全区；⑤保持对环境中硫化氢浓度的监测。

评分标准：答对①②③④⑤各占 20%。

7. 答：在画装配图前，都必须对欲画装配体的功用、工作原理、结构特点以及各零件的装配关系等进行全面、充分地了解。

评分标准：答对占 100%。

8. 答：①装配体的名称、用途和工作原理。②各零件的装配关系，调整方法和安装顺序。

③主要零件的形状和作用。

评分标准:答对①占 40%;答对②③各占 30%。

9. 答:①常用的井下落物鱼头的判断有两种方法,一是原物判断法,二是打印确认法。②前者对鱼头的判断率较高,但往往和原物还是有一定的差别,必要时需打印印模进一步地证实。

评分标准:答对①占 50%;答对②占 50%。

10. 答:①打印前下笔尖进行大排量冲洗鱼头,使鱼头上的泥砂钻屑返出井口。②铅模下至鱼头以上 5m 左右时,开泵大排量冲洗,边冲洗边缓慢下放管柱,下放速度不超过 2m/min。③当铅模下至距鱼头 0.5m 时,冲洗 5~10min 后停泵,再缓慢下放管柱,遇到鱼头后,加压打印,加压范围为 10~30kN。④提出铅模后不能用硬物清洁铅模表面,用棉纱和破布清洁干净。

评分标准:答对①②③④各占 25%。

11. 答:①不应带铅模冲砂。②不应重复打印。③下铅模管柱操作要平稳,拉力表灵活好用,并随时观察拉力表的变化,若铅模遇阻时,应起出检查,找出遇阻原因。④防止压井液沉淀卡钻。⑤起铅模管柱遇卡时,要平稳活动管柱,严禁猛提猛放。

评分标准:答对①②③④⑤各占 20%。

12. ①被卡管柱在弹性极限范围内的拉、扭时,应变与应力呈线性关系。②卡点以上的部位受力时,应符合这种关系。③在卡点以下,因为力传递不到而无应变,而卡点则位于无应变到有应变的显著变化部位,测卡仪则能精确地测出 2.54×10^{-3}mm 的应变值,二次仪表能准确地接收、放大并显示在地面仪表上。④测卡仪下至遇卡位置,在不同的上提力或不同的扭矩下或在一定的上提力和扭矩的综合作用下,管柱卡阻位置的应力应变被传感器接收放大,经二次仪表反映在地面仪表上,即可直接读到卡点深度位置。

评分标准:答对①②③④各占 25%。

13. 答:①常用杆类落物打捞工具分两种类型:套管内打捞和油管内打捞。②套管内打捞工具,包括外钩、抽油杆接箍捞矛、篮式卡瓦抽油杆打捞筒、螺旋式卡瓦抽油杆打捞筒、活页式打捞筒、三球打捞器、偏心式抽油杆接箍打捞筒、不可退式抽油杆打捞筒、开窗打捞筒、弹簧打捞筒。③油管内打捞工具,包括抽油杆接箍打捞矛、篮式卡瓦抽油杆打捞筒、螺旋卡瓦式抽油杆打捞筒、组合式抽油杆打捞筒、偏心式抽油杆接箍打捞筒。

评分标准:答对①占 20%;答对②③各占 40%。

14. 倒扣器主要由接头总成、变向机构、锚定机构、锁定机构等组成。

评分标准:答对占 100%。

15. 答:①打捞工具下入方法;②打捞工具的可退性;③打捞工具操作的安全性;④打捞工具的可操作性;⑤打捞工具尽可能设计有循环通道;⑥打捞工具与现有工具的匹配性;⑦打捞作业应不改变原井身结构。

评分标准:答对①②③④占 10%;答对⑤⑥⑦各占 20%。

16. 答:①工具管柱连接顺序:打捞筒、安全接头、活动肘节、震击器、打捞管柱。②检查工具管柱及接头内通径尺寸。③检查摆动肘节拐角方向是否与捞筒的引鞋缺口方向一致。

④管柱下到落鱼预定深度后，开泵循环，冲洗鱼头。⑤循环畅通后停泵，投入限流塞，开泵送限流塞入座，待限流塞入座后，增加泵压，缓慢旋转钻具，同时向下移动钻具进行打捞。悬重增加表明抓住落鱼，停泵起钻。

评分标准：答对①②③④⑤占20%。

17. 答：①清洗检查外表磕伤及磨损情况。②打压试转。③拆卸、检查旁通阀。④拆卸电动机，卸下定子，将转子从定子内拉出。⑤检查、更换转子。⑥检查、更换定子。⑦加螺杆钻不转，则拆卸检查更换传动轴上下轴承。⑧组装螺杆钻，先组装传动轴部分，再将其固定后，连接转子，将定子一边右旋，一边顶入转子。⑨连接旁通阀。⑩打压，检验旁通阀、旋转扭矩。工作正常后待用。

评分标准：答对①②③④⑤⑥⑦⑧⑨⑩各占10%。

18. 答：①正常情况下磨铣工具不应有外出切削刃，防止伤害套管。②磨铣工具的上部连接相应长度的钻铤，或在钻杆上加扶正器，防止伤害套管。③修井液的上返速度满足磨铣要求，能够携出砂及磨屑，防止卡钻。必要时加打捞杯。④加压平稳，避免人为蹩钻。⑤接单根前充分循环，防止钻屑下沉卡钻。密切观察修井液，随时控制井喷。

评分标准：答对①②③④⑤各占20%。

19. 答：①下击器上部钻柱的悬重越大，震击力越大。②上提钻柱时钻柱产生的弹性伸长越大，震击力越大。③下击器的冲程越长震击力越大。

评分标准：答对①②各占30%；答对③占40%。

20. 答：①备课；②教学效果检查；③教学效果分析；④传统考试方法；⑤标准化考试。

评分标准：答对①②③④⑤各占20%。

五、计算题

1. 解：

已知：$p=5880\text{N}$，$q=81.34\text{N/m}$，则：

$$L_2=p/q=5880\div81.34=723(\text{m})=7.23\times10^4(\text{cm})$$

又 $L=1.5\times10^5\text{cm}$，则：

$$L_1=L-L_2=1.5\times10^5-7.23\times10^4=7.77\times10^4(\text{cm})$$

已知 $S=7\text{cm}$，$\rho_1=7.85\times10^{-3}\text{kg/cm}^3$，$\rho_2=1.00\times10^{-3}\text{kg/cm}^3$，$E=2.1\times10^6\text{kg/cm}^2$，则：

$$\Delta L=(\rho_1-\rho_2)\times L^2/(2E)=(7.85-1.00)\times10^{-3}\times(1.5\times10^5)^2\div(2\times2.1\times10^6)=36.70(\text{cm})$$

$$\Delta L_1=(\rho_1-\rho_2)\times L_1^2/(2E)=(7.85-1.00)\times10^{-3}\times(7.77\times10^4)^2\div(2\times2.1\times10^6)=9.85(\text{cm})$$

$$\Delta L_2=(\rho_1-\rho_2)\times L_2^2/(2E)=(7.85-1.00)\times10^{-3}\times(7.23\times10^4)^2\div(2\times2.1\times10^6)=8.53(\text{cm})$$

则：

$$H=\Delta L-\Delta L_1+\Delta L_2+S=36.7-9.85+8.53+7=42.38(\text{cm})$$

答：封隔器坐封高度为42.38cm。

评分标准：公式、过程、结果全对满分；过程、结果对、无公式得50%；过程、公式对，结果错得50%；只公式对得20%；公式、过程不对，结果对不得分。

2. 解：

三次上提油管平均拉力：

$$P=(P_1+P_2+P_3)\div3=(120+140+160)\div3=140(\text{kN})$$

三次上提油管平均伸长：

$$\lambda=(\lambda_1+\lambda_2+\lambda_3)\div3=(50+70+90)\div3=70(\text{cm})$$

卡点位置：

$$L=K\lambda/P=2450\times70\div140=1225(\text{m})$$

答：卡点在1225m处。

评分标准：公式、过程、结果全对得满分；公式、过程对，结果错得50%；无公式、过程，结果对得50%；只公式对得20%；公式、过程不对，结果对不得分。

3. 解：

每米油管在井内悬重：

$$q_{井}=q_{空}-\frac{\pi}{4}\times(D^2-d^2)L\rho_{钢}g$$

$$=9.15\times10-\frac{\pi}{4}(0.073^2-0.062^2)\times1\times1200\times10$$

$$=77.5(\text{N})$$

上提120kN，可提油管长度，即中和点位置：

$$L=p/q_{井}$$

$$=(120\times1000)\div77.5=1548.4=1548(\text{m})$$

答：估计可能在1548m处倒开。

评分标准：整个过程用到的一个总公式对，公式、过程、结果全对得满分；公式、过程对，结果错得50%；无公式、过程，结果对得50%；只公式对得20%；公式、过程不对，结果对不得分。

4. 解：

油管在水中的悬重：

$$F_1=[(\rho_{钢}-\rho_{液})/\rho_{钢}]m_{管}g$$

$$=[(7.85-1.0)\div7.85]\times9.15\times10$$

$$=79.8(\text{N/m})$$

每米钻杆在水中的悬重：

$$F_2=[(\rho_{钢}-\rho_{液})/\rho_{钢}]m_{管}g$$

$$=[(7.85-1.0)\div7.85]\times14.12\times10$$

$$=123.2(\text{N/m})$$

下井钻杆悬重：

$$F_{钻}=hF_2=1125\times123.2=138.6(\text{kN})$$

卡点以上油管悬重：

$$F_{管}=(L-h)F_1=(1715-1125)\times79.8=47.1(\text{kN})$$

卡点以上油管与钻杆总悬重：

$$F=F_{钻}+F_{管}=138.6+47.1=185.7=186(kN)$$

答：要在卡点处倒开应上提拉力为186kN。

评分标准：公式、过程、结果全对得满分；公式、过程对，结果错得50%；无公式、过程，结果对得50%；只公式对得20%；公式、过程不对，结果对不得分。

5. 解：

钻具在清水中的浮力系数：

$$k_{水}=(\gamma_{钻}-\gamma_{水})/\gamma_{钻}=(7.85-1.00)\div7.85=0.8726$$

钻具在空气中的重量：

$$M=F_{水}/k_{水}=350\div0.8726=401(kN)$$

钻具在钻井液中的浮力系数：

$$k_{泥}=(\gamma_{钻}-\gamma_{泥})\gamma_{钻}=(7.85-1.35)\div7.85=0.828$$

钻具的悬重：

$$F_{泥}=k_{泥}M=0.0828\times401=332(kN)$$

答：井内钻具的悬重为332kN。

评分标准：公式、过程、结果全对得满分；公式、过程对，结果错得50%；无公式，过程、结果对得50%；只公式对得20%；公式、过程不对，结果对不得分。

6. 解：

设钻杆伸长为λ_1，油管伸长为λ_2，则：

$$\lambda_1=L_1P/K_1$$
$$=950\times120\div3800=30(cm)$$

则：

$$\lambda_2=\lambda-\lambda_1=65-30=35(cm)$$

卡点以上油管长：

$$L_2=K_2\lambda_2/p$$
$$=2450\times35\div120=714.58(m)$$

卡点深度：

$$L=L_1+L_2=950+714.58=1664.58(m)$$

答：卡点深度为1664.58m。

评分标准：公式、过程、结果全对得满分；公式、过程对，结果错得50%；无公式、过程，结果对得50%；只公式对得20%；公式、过程不对，结果对不得分。

7. 解：

上提井内钻杆所需拉力：

$$P_1=q_{钻}L/100=12.4\times1350\div100=167.4(kN)$$

或

$$P_1=qLg=12.4\times1350\times10=167400(N)=167.4(kN)$$

用于上拉油管拉力：

$$P_2 = P - P_1 = 210 - 167.4 = 42.6(\mathrm{kN})$$

P_2 能提拉油管长度：

$$L_2 = P_2 / q_{油} \times 100 = 42.6 \div 8.3 \times 100 = 513.3(\mathrm{m})$$

预计倒开位置：

$$h = L + L_2 = 1350 + 513.3 = 1863.3(\mathrm{m})$$

答：预计倒开位置是 1863.3m。

评分标准：公式、过程、结果全对得满分；公式、过程对，结果错得 50%；无公式、过程、结果对得 50%；只公式对得 20%；公式、过程不对，结果对不得分。

8. 解：

端面螺纹外径为 d_4，端面螺纹内径为 d_5，则：

$$d_4 = d_{cp} + t_2 + 2Z + 锥度差$$

$$d_5 = d_{cp} - t_2 + 锥度差$$

式中 d_{cp}——基面螺纹平均直径，mm；

t_2——螺纹工作高度，mm；

Z——螺纹空隙，mm。

$$d_4 = d_{cp} + t_2 + 2Z + 锥度差 = 76.858 + 1.734 + 2 \times 0.076 + 0.2 = 78.944(\mathrm{mm})$$

$$d_5 = d_{cp} - t_2 + 锥度差 = 76.858 - 1.734 + 0.2 = 75.324(\mathrm{mm})$$

答：端面螺纹外径为 78.944mm，内径为 75.32mm。

评分标准：公式、过程、结果全对得满分；公式、过程对，结果错得 50%；无公式，过程，结果对得 50%；只公式对得 20%；公式、过程不对，结果对不得分；只计算一问时，得 50%。

9. 解：

$$p_{水} = 2\delta_{最小}\,\sigma / d$$

式中 $p_{水}$——油管水压试验压力，MPa；

$\delta_{最小}$——最小壁厚（最小壁厚 $\delta_{最小} = 0.875 \times$ 公称壁厚），mm；

σ——允许应力（允许应力 $\sigma = 0.8\sigma_s$），MPa；

d——油管内径，mm。

$$\delta_{最小} = 0.875 \times 公称壁厚 = 0.875 \times 5.5 = 4.8125(\mathrm{mm})$$

$$\sigma = 0.8\sigma_s = 0.8 \times 500 = 400(\mathrm{MPa})$$

$$p_{水} = 2\delta_{最小}\,R / d = 2 \times 4.8125 \times 400 \div 62 = 62.09(\mathrm{MPa})$$

答：油管水压试验压力为 62.09MPa。

评分标准：公式、过程、结果全对得满分；公式、过程对，结果错得 50%；无公式、过程，结果对得 50%；只公式对得 20%；公式、过程不对，结果对不得分。

10. 解：

$$p_{内} = 2\sigma_s \delta / D$$

式中 $p_{内}$——油管抗内压强度，MPa；

σ_s——管子材质的屈服强度，MPa；

δ——壁厚，mm；

D——油管外径，mm。

$$\delta=(D-d)/2=(114.3-100.3)/2=7(\mathrm{mm})$$

$$p_{内}=2\sigma_s\delta/D=2\times380\times7\div114.3=46.54(\mathrm{MPa})$$

答：油管抗内压强度为46.54MPa。

评分标准：公式、过程、结果全对得满分；过程对、结果错得50%；无公式、过程，结果对得50%；只公式对得20%；公式、过程不对，结果对不得分。

11. 解：

因下井工具最大外径要比套管内径小6～8mm，所以打捞工具最大外径为159－6＝153mm。

答：最大外径为153mm。

评分标准：过程、结果全对得满分；过程结果不对不得分。

12. 解：

已知2⅞in油管内径为6.2cm，则2⅞in油管的每米容积：

$$V=\pi r^2H=3.14\times(6.2\div2)^2\times100=3019(\mathrm{cm^3})=3.019(\mathrm{L})。$$

答：2⅞in油管的每米容积为3.019L。

评分标准：公式、过程、结果全对得满分；公式、过程对，结果错得50%分；无公式，过程、结果对得50%；只公式对得20%；公式、过程不对，结果对不得分；公式可用汉字表示。

13. 解：

油套环形空间的面积计算公式：

$$S=\frac{\pi}{4}(D^2-d^2)$$

式中 S——油套环形空间的面积，$\mathrm{cm^2}$ 或 $\mathrm{m^2}$；

D——套管内径，取124.1mm；

d——油管外径，取73.0mm。

$$S=\frac{\pi}{4}(D^2-d^2)=(3.14\div4)\times(12.41^2-7.30^2)=79.07(\mathrm{cm^2})$$

答：该井油套环形空间的面积为79.07$\mathrm{cm^2}$。

评分标准：公式、过程、结果全对得满分；公式、过程对，结果错得50%分；无公式，过程、结果对得50%；只公式对得20%；公式、过程不对，结果对不得分；公式可用汉字表示。

14. 解：

$$抗拉力=抗拉强度\times最小横截面积=1080\times10^3\times5\times\frac{\pi}{4}\times0.057^2=1377(\mathrm{kN})$$

答：该矛杆的抗拉力为1377kN。

评分标准：公式、过程、结果全对得满分；结果对、无公式得50%；过程对、结果错得50%；只有公式对得20%；公式、过程不对，结果对不得分。

15. 解：

$$抗拉力=抗拉强度\times最小横截面积=1080\times10^3\times\frac{1}{2}\times\frac{\pi}{4}\times0.072^2=2197(\mathrm{kN})$$

答:矛杆的抗拉力为 2197kN。

评分标准:公式、过程、结果全对得满分;结果对、无公式得 50%;过程对,结果错得 50%;只有公式对得 20%;公式、过程不对,结果对不得分。

16. 解:

已知,油管的外径 $D=73mm=7.3cm$,内径 $d=62mm=6.2cm$,$h=0.141cm$,

根据公式:

$$P_{j扣}=\frac{\pi}{4}\times[(D-2h)^2-d^2]\sigma_s=\frac{\pi}{4}\times[(7.3-2\times0.141)^2-6.2^2]\times37.9=321.6(kN)$$

$$P_{油管}=\frac{\pi}{4}\times(D^2-d^2)L\rho_{钢}g=\frac{\pi}{4}\times(7.3^2-6.2^2)\times2493.28\div10000\times7.85\times9.8=223.6(kN)$$

$$P_{j扣}+P_{油管}=321.6+223.6=545.2(kN)$$

答:打捞活动范围在 380~450kN 比较安全,但可根据现场具体情况,逐步的增加吨位活动,控制在 500kN 以内为佳。

评分标准:公式、过程、结果全对得满分;结果对、无公式得 50%;过程对,结果错得 50%;只有公式对得 20%;公式、过程不对,结果对不得分。

17. 解:

$$P_m=\frac{\pi}{4}(D^2-d^2)\sigma_s$$

式中 P_m——抗滑扣载荷,kN;

D——油管外径,cm;

d——油管内径,cm;

σ_s——油管材料屈服强度,MPa。

$$P_m=\frac{\pi}{4}(D^2-d^2)\sigma_s=(3.14/4)\times(0.073^2-0.062^2)\times500\times10^6$$

$$=0.58286\times10^6(N)=583(kN)$$

答:油管的抗滑扣载荷为 583kN。

评分标准:公式全对得满分;公式、过程对,结果错得 50%分;无公式,过程,结果对得 50%;只公式对得 20%;公式、过程不对,结果对不得分;结果 581、582kN 也对;公式可用汉字表示;结果无单位标注(kN 或千牛),结果为错。

18. 解:

已知 D55 的 $K=0.00999$,$H=1810m$,则:

$$N=KH=0.00999\times1810=18.0819(圈)\approx18(圈)$$

答:允许扭转圈数为 18 圈。

评分标准:公式、过程、结果全对得满分;结果对,无公式得 50%;过程对,结果错得 50%;只有公式对得 20%;公式、过程不对,结果对不得分。

19. 解:

已知 D55 的 $K=0.00999$,$H=3010m$,则:

$$N=KH=0.00999\times3010=30.07(圈)\approx30(圈)$$

答：允许扭转圈数为30圈。

评分标准：公式、过程、结果全对得满分，结果对，无公式，给一半分；过程对，结果错得50%；只有公式对，得20%；公式、过程不对，结果对不得分。

20. 解：

$$Q_{理}=\pi r^2 SN\gamma\times60\times24=3.14\times0.028^2\times3.0\times0.9\times10\times60\times24=95.7(m^3/d)$$

$$\eta=Q_{实}/Q_{理}=50\div95.7=0.522=52.2\%$$

答：理论排量为$95.7m^3/d$，泵效为52.2%。

评分标准：公式、过程、结果全对得满分；公式、过程对，结果错得50%分；无公式，过程、结果对得50%；只公式对得20%；公式、过程不对，结果对不得分；公式可用汉字表示。

附 录

附录1 职业技能等级标准

1. 工种概况

1.1 工种名称

井下作业工具工。

1.2 工种定义

操作清洗机、组装机、试压泵等设备,对采油、采气、试油、修井等井下作业工具、修井工具、地面工具及配件进行清洗、检查、拆装、试压、打标、修理的人员。

1.3 工种等级

本工种共设五个等级,分别为初级(国家职业资格五级)、中级(国家职业资格四级)、高级(国家职业资格三级)、技师(国家职业资格二级)、高级技师(国家职业资格一级)。

1.4 工种环境

室内作业,部分岗位为室外作业。

1.5 工种能力特征

身体健康,具有一定的理解、表达、分析、判断能力和形体知觉、色觉能力,动作协调灵活。

1.6 基本文化程度

高中毕业(或同等学力)。

1.7 培训要求

1.7.1 培训期限

全日制职业学校教育,根据其培养目标和教学计划确定期限。晋级培训:初级不少于280标准学时;中级不少于210标准学时;高级不少于200标准学时;技师不少于280标准学时;高级技师不少于200标准学时。

1.7.2 培训教师

培训初、中、高级的教师应具有本职业资格证书或中级以上专业技术职业任职资格;培训技师、高级技师的教师应具有本职业高级技师职业资格证书或相应专业高级专业技术职务。

1.7.3 培训场地设备

理论培训应具有可容纳30名以上学员的教室,操作技能培训应有相应的设备、工具、安全设施等较为完善的场地。

1.8 鉴定要求

1.8.1 适用对象

(1)新入职的操作技能人员；

(2)在操作技能岗位工作的人员；

(3)其他需要鉴定的人员。

1.8.2 申报条件

具备以下条件之一者可申报初级工：

(1)新入职完成本职业(工种)培训内容,经考核合格人员。

(2)从事本工种工作1年及以上的人员。

具备以下条件之一者可申报中级工：

(1)从事本工种工作5年以上,并取得本职业(工种)初级工职业技能等级证书。

(2)各类职业、高等院校大专及以上毕业生从事本工种工作3年及以上,并取得本职业(工种)初级工职业技能等级证书。

具备以下条件之一者可申报高级工：

(1)从事本工种工作14年以上,并取得本职业(工种)中级工职业技能等级证书的人员。

(2)各类职业、高等院校大专及以上毕业生从事本工种工作5年及以上,并取得本职业(工种)中级工职业技能等级证书的人员。

技师需取得本职业(工种)高级工职业技能等级证书3年以上,工作业绩经企业考核合格的人员。

高级技师需取得本职业(工种)技师职业技能等级证书3年以上,工作业绩经企业考核合格的人员。

1.8.3 鉴定方式

分理论知识考试和操作技能考核。理论知识考试采取闭卷笔试方式,操作技能考核采用现场实际操作方式。理论知识考试和操作技能考核均实行百分制,成绩均达到60分以上(含60分)者为合格。技师、高级技师还须进行综合评审,高级技师需进行论文答辩。

1.8.4 考评员与考生配比

理论知识考试考评人员与考生配比为1∶20,每标准教室不少于2名考评员；操作技能考核考评人员与考生配比为1∶5,且不少于3名考评人员；技师、高级技师综合评审及高级技师论文答辩考评人员不少于5人。

1.8.5 鉴定时间

理论知识考试90分钟,操作技能考核不少于60分钟,论文答辩40分钟。

1.8.6 鉴定场所设备

理论知识考试在标准教室进行,操作技能考核在具有相关的设备、工具和安全设备等较为完善的场地进行。

2. 基本要求

2.1 职业道德

(1)爱岗敬业,自觉履行职责;
(2)忠于职守,严于律己;
(3)吃苦耐劳,工作认真负责;
(4)勤奋好学,刻苦钻研业务技术;
(5)谦虚谨慎,团结协作;
(6)安全生产,严格执行生产操作规程;
(7)文明作业,质量环保意识强;
(8)文明守纪,遵纪守法。

2.2 基础知识

2.2.1 井下作业基本知识

(1)石油开发基础知识;
(2)机械采油常识;
(3)常规井下作业工艺。

2.2.2 机械制造基础知识

(1)制图的基本要求;
(2)机械性能与传动系统;
(3)金属材料的基本知识;
(4)热处理工艺;
(5)常用的测量方法。

2.2.3 安全环保知识

(1)QHSE 知识;
(2)ISO 9001 质量管理体系;
(3)ISO 14001 环境管理体系;
(4)应急处理措施;
(5)井下作业井控知识。

3. 工作要求

本标准对初级、中级、高级、技师、高级技师的技能要求依次递进,高级别包含低级别的要求。

3.1 初级

职业功能	工作内容	技能要求	相关知识
一、识别、检测井下工具	（一）使用测量工具	1. 能测量油管、套管及接头规格； 2. 能测量打捞工具规格	1. 常用计量器具的使用方法； 2. 法定计量单位的基本知识； 3. 常用打捞工具的外形尺寸； 4. API 油管、套管技术规范
	（二）使用设备	能初步检修抽油泵	1. 试压泵的操作方法； 2. 压力表的使用方法； 3. 千斤顶的使用方法
	（三）检测井下工具	能进行抽油泵质量的外观检查	常用抽油泵的类型及规格尺寸
二、拆卸、组装井下工具	（一）拆卸、组装封隔器	1. 能组装 Y111-114 封隔器； 2. 能拆卸 Y211-114 封隔器； 3. 能拆卸 Y341-114 封隔器； 4. 能组装 Y341-114 封隔器； 5. 能拆卸 K344-114 封隔器； 6. 能组装 K344-114 封隔器	1. 封隔器的分类和表示方法； 2. 常用封隔器的结构和工作原理； 3. 常用封隔器的技术参数和组装要求
	（二）拆卸、组装采油辅助工具	1. 能拆、装整筒式抽油泵； 2. 能拆、装 KGD-110 节流器； 3. 能拆、装 KQS-110 配产器； 4. 能拆、装 KPS 喷砂器	1. 偏心配水器的结构和保养要求； 2. 节流器的结构和保养要求； 3. 喷砂器的结构和保养要求； 4. 常用拆卸工具的基本知识
三、维修、保养井下工具	（一）钳工操作	能钻孔、攻螺纹	1. 划线工具的操作方法； 2. 锉刀的分类与使用方法； 3. 钻头的种类与钻孔的基本方法； 4. 常用攻、套螺纹工具及其使用方法； 5. 研磨的原理与方法； 6. 常用的研磨工具和研磨剂
	（二）维修、保养修井打捞工具	1. 能检修公锥； 2. 能检修滑块打捞矛； 3. 能检修可退式打捞矛； 4. 能检修卡瓦打捞筒	1. 修井打捞工具的种类； 2. 公锥、母锥的主要技术参数和维护、保养要求； 3. 滑块打捞矛的主要技术参数和维护、保养要求； 4. 卡瓦打捞筒的主要技术参数和维护、保养要求
	（三）维修、保养其他修井工具	能检修、保养月牙吊卡	1. 通径规的使用方法； 2. 刮蜡器的使用方法； 3. 吊卡的分类； 4. 常用吊卡的主要技术规范； 5. 吊卡的维修保养方法

3.2 中级

职业功能	工作内容	技能要求	相关知识
一、识别、检测井下工具	（一）使用设备	能检修液压动力钳	1. 液压动力钳的结构和工作原理； 2. 液压动力钳的维护、保养要求； 3. 液压动力钳的组装调试的方法
	（二）使用测量工具	1. 能根据井下工具装配图简述其结构、工作原理和组装步骤； 2. 能测量确定整筒抽油泵规格	1. 装配图的读取方法； 2. 千分尺的读数方法； 3. 内径百分表的使用

续表

职业功能	工作内容	技能要求	相关知识
一、识别、检测井下工具	(三)检测井下工具	1. 能检测滑块打捞矛; 2. 能检测可退式打捞矛	1. 检测滑块打捞矛技术要求; 2. 滑块打捞矛的用途、结构; 3. 检测可退式打捞矛技术要求; 4. 可退式打捞矛用途、结构
二、拆卸、组装井下工具	(一)拆卸、组装封隔器	1. 能组装 Y221-114 型封隔器; 2. 能组装 Y341-114 型封隔器; 3. 能组装 Y211-114 型封隔器; 4. 能组装 Y344-114 封隔器	1. 封隔器的型号、分类及代号; 2. 封隔器组装步骤; 3. 封隔器的使用条件和要求; 4. 封隔器的试压要求
	(二)拆卸、组装采油辅助工具	能检修和保养 SLM-114 水力锚	1. 水力锚结构、工作原理、技术参数、使用条件和试压要求; 2. 水力锚拆卸和组装步骤
	(三)拆卸、组装举升设备	能组装、保养抽油泵	1. 抽油泵结构和工作原理、分类和表示方法、技术参数; 2. 抽油泵的故障分析和处理方法; 3. 抽油泵检修的技术要求
三、维修、保养井下工具	(一)维修、保养试压设备	能检修、操作 SY-600B 型试压泵	1. 试压泵的结构和工作原理、分类和表示方法、技术参数; 2. 井下工具试压要求及注意事项; 3. 试压泵的维护保养及技术要求
	(二)维修、保养修井打捞工具	1. 能检修油管接箍打捞矛; 2. 能检修伸缩式打捞矛; 3. 能检修提放式分瓣打捞矛; 4. 能检修提放式倒扣打捞矛; 5. 能检修螺旋式卡瓦打捞筒; 6. 能检修双片式卡瓦打捞筒; 7. 能检修篮式卡瓦打捞筒	1. 油管接箍打捞矛的结构、工作原理及检修保养要求; 2. 伸缩式卡瓦打捞矛的结构、工作原理及检修保养要求; 3. 提放式分瓣打捞矛的结构、工作原理及检修保养要求; 4. 提放式倒扣打捞矛的结构、工作原理及检修保养要求; 5. 螺旋式卡瓦打捞筒的结构、工作原理及检修保养要求; 6. 双片式卡瓦打捞筒的结构、工作原理及检修保养要求; 7. 篮式卡瓦打捞筒的结构、工作原理及检修保养要求
	(三)检修、保养其他修井工具	能检修胶筒式套管刮削器	1. 套管刮削器的分类和表示方法; 2. 胶筒式套管刮削器的结构和工作原理、技术参数

3.3 高级

职业功能	工作内容	技能要求	相关知识
一、识别、检测井下工具	(一)使用设备	1. 能对液压拧扣机动力钳进行检测; 2. 能对液压拧扣机液压油缸进行检测	1. 试压泵的使用及故障分析、排除; 2. 液压油缸结构、工作原理和技术参数; 3. 液压油缸故障排除方法; 4. 检修拧扣机液压油缸及动力钳; 5. 电气焊机、手动葫芦的介绍和使用; 6. 修井工具零件的焊接要求

续表

职业功能	工作内容	技能要求	相关知识
一、识别、检测井下工具	(二)检测井下工具	1. 能检修、测量机械式内割刀； 2. 能检修、测量机械式外割刀	1. 机械式内割刀的结构、工作原理、技术规范和组装保养要求； 2. 水力式内割刀的结构、工作原理、技术规范和组装保养要求； 3. 机械式外割刀的结构、工作原理、技术规范和组装保养要求； 4. 水力式外割刀的结构、工作原理、技术规范和组装保养要求； 5. 刮刀钻头的结构、工作原理、技术规范和组装保养要求
	(三)测绘工件	1. 能使用测量工具测量零件尺寸、绘制零件图； 2. 能看懂装配图、根据装配图画零件图	1. 看零件图的方法； 2. 零件图的画法、测量、标注； 3. 螺纹的连接画法、尺寸标注
二、拆卸、组装井下工具	(一)拆卸、组装举升设备	1. 能拆卸、组装及检修抽油泵； 2. 能检验抽油泵的质量； 3. 能测量确定修复后的抽油泵的等级； 4. 能研磨修复抽油泵阀座； 5. 能拆卸、组装及检修螺杆泵	1. 抽油泵的安装、保养、使用及检泵的技术要求和常见故障； 2. 影响泵效的原因； 3. 测量柱塞与泵筒间隙、抽油泵漏失量及整体密封； 4. 测动液面及常用设备使用； 5. 常用抽油泵的技术规范； 6. 起、下抽油泵及组配管柱的注意事项及施工要求； 7. 螺杆泵的工作原理、故障诊断与排除； 8. 螺杆泵的检修和保养； 9. 潜油电泵的工作原理、故障诊断与排除； 10. 潜油电泵的检修和保养
	(二)拆卸、组装地面工具	能拆卸、组装单闸板防喷器	1. 组装自封封井器； 2. 手动单闸板防喷器维护保养； 3. 防喷器的分类及故障排除； 4. 水龙头、转盘、游车大钩的结构、工作原理、技术参数
三、维修保养井下工具	(一)维修、保养封隔器	1. 检修、保养 Y111-114 封隔器； 2. 检修、保养 Y344-114 封隔器； 3. 检修、保养 K344-114 封隔器	1. 封隔器的型号、分类及代号； 2. 封隔器组装、故障诊断； 3. 封隔器的使用条件和要求； 4. 油水井利用封隔器找窜方法； 5. Y341 型封隔器检修； 6. K344 型封隔器检修； 7. 检修 Y445 型封隔器； 8. 检修 Y111 型封隔器
	(二)维修、保养修井打捞工具	1. 检修、保养可退式打捞筒； 2. 检修、保养组合式抽油杆打捞筒； 3. 检修、保养偏心式抽油杆接箍打捞筒； 4. 检修、保养短鱼头打捞筒	1. 偏心式抽油杆接箍捞筒的结构、工作原理、技术规范和组装保养要求； 2. 三球打捞器的结构、工作原理、技术规范和组装保养要求； 3. 测井仪打捞器的结构、工作原理、技术规范和组装保养要求； 4. 短鱼头打捞筒的结构、工作原理、技术规范和组装保养要求； 5. 可退式打捞筒的结构、工作原理、技术规范和组装保养要求； 6. 组合式抽油杆打捞筒结构、工作原理、技术规范和组装保养要求

续表

职业功能	工作内容	技能要求	相关知识
三、维修保养井下工具	(三)维修、保养其他修井工具	1. 检修、保养弹簧式套管刮削器； 2. 检修、保养偏心棍子整形器	1. 平底磨鞋和凹面磨鞋的结构、工作原理、技术规范和组装保养要求； 2. 梨形胀管器的结构、工作原理、技术规范和组装保养要求； 3. 弹簧式套管刮削器的结构、工作原理、技术规范和组装保养要求； 4. 偏心辊子整形器的结构、工作原理、技术规范和组装保养要求

3.4 技师

职业功能	工作内容	技能要求	相关知识
一、识别、检测井下工具	(一)测绘工件	1. 能测绘油管变扣接头； 2. 能测绘滑块打捞矛； 3. 能测绘母锥； 4. 能测绘公锥； 5. 能测绘套铣筒	机械制图
	(二)选择打捞工具	1. 能根据无卡落物铅印选择打捞工具； 2. 能根据遇卡落物铅印选择打捞工具	1. 井下落物的特点； 2. 综合分析判断井下落鱼的方法； 3. 铅模印痕描述及事故判断； 4. 卡点公式； 5. 中和点公式； 6. 选择打捞工具的依据； 7. 落物在套管内和在油管内选择工具的原则； 8. 各修井打捞工具的使用条件
二、维修保养井下工具	(一)维修、保养举升设备	1. 能识别理论示功图； 2. 能根据示工图分析抽油泵的工作状态	1. 抽油泵的维护保养和技术要求； 2. 示功图知识； 3. 潜油电泵的结构和工作原理； 4. 螺杆泵的故障分析和处理方法
	(二)维修保养修井打捞工具	能检修、保养倒扣打捞筒	1. 倒扣打捞矛的结构、原理、技术参数及保养常识； 2. 倒扣打捞筒的结构、原理、技术参数及保养常识
	(三)维修保养其他修井工具	1. 能检修倒扣下击器； 2. 能检修开式下击器； 3. 能检修 Y341-114 封隔器	1. 震击器的保养常识； 2. 震击器的结构、工作原理、分类、表示方法和技术参数
三、综合管理	(一)计算机应用	1. 能录入、处理数据； 2. 能用数据制作图表	1. 数据录入方法； 2. 图表制作方法
	(二)质量管理	能进行 QHSE 管理培训	1. 质量管理内容方法； 2. QHSE 标准和要求； 3. 质量管理报告编写要求及方法
	(三)培训	1. 能讲解刮削作业施工的方法； 2. 能讲解管式抽油泵的结构、工作原理及使用技术要求； 3. 能讲解螺杆钻具的结构、工作原理及使用技术要求； 4. 能讲解液压油缸的结构、工作原理及使用技术要求	1. 教学计划编写方法； 2. 井下作业工具知识； 3. 技术改进知识

3.5 高级技师

职业功能	工作内容	技能要求	相关知识
一、识别、检测井下工具	（一）常用管材和工具设计	1. 能设计落鱼大于套管内径的打捞工具； 2. 能设计顶部活动落鱼小于套管内径的打捞工具； 3. 能设计遇卡落物鱼顶劈裂的打捞工具； 4. 能设计打捞方案； 5. 能设计封隔器堵水施工方案	1. 常用管材的型号规范； 2. 资料收集和整理方法； 3. 井下落物打捞工具设计； 4. 工程试验
	（二）测绘工件	1. 能测绘滑块打捞矛（带水眼）； 2. 能测绘油管接箍打捞矛； 3. 能测绘平底磨鞋	1. 测绘知识； 2. 机械制图知识
二、维修保养井下工具	（一）维修、保养修井打捞工具	1. 能检修、保养螺杆钻具； 2. 能检修、保养活动肘节； 3. 能检修局部反循环打捞篮	1. 螺杆钻具的保养常识； 2. 螺杆钻具的结构、工作原理、分类、表示方法和技术参数； 3. 活动肘节的保养常识； 4. 活动肘节的结构、工作原理、分类、表示方法和技术参数
	（二）维修保养其他修井工具	能检修、保养手动双闸板防喷器	1. 手动双闸板防喷器的结构； 2. 游车大钩的结构； 3. 水龙头的结构； 4. 转盘的结构
三、综合管理	（一）计算机应用	1. 能创建学生自然状况录入表单； 2. 能使用 CAXA2009 电子图版测绘零件	1. 网络查询方法； 2. 收发电子邮件方法； 3. 电子图测绘方法
	（二）技术文件的编写	能根据工作岗位撰写技术论文	1. 封隔器找水、堵水施工方案编写方法； 2. 论文编写方法； 3. 常用办公计算机软件
	（三）培训	1. 能进行 QHSE 管理培训； 2. 能进行注水井作业施工质量管理培训； 3. 能讲解可退式打捞矛的结构、工作原理、使用技术要求； 4. 能讲解局部反循环打捞篮的结构、工作原理、使用技术要求； 5. 能讲解平底磨鞋磨铣工艺方法	1. 培训基本的有关内容及要求； 2. 多媒体课件的制作方法； 3. 井下作业工具新技术、新工艺

4. 比重表

4.1 理论知识

项目			初级	中级	高级	技师、高级技师
基本要求		基础知识	35%	30%	26%	21%
相关知识	识别、检测井下工具	使用测量工具	11%	4%	—	—
		使用设备	3%	4%	6%	—

续表

项目			初级	中级	高级	技师、高级技师
相关知识	识别、检测井下工具	检测井下工具	4%	6%	7%	—
		测绘工件	—	—	8%	11%
		选择打捞工具	—	—	—	9%
		常用管材和工具设计	—	—	—	8%
	拆卸、组装井下工具	拆卸、组装封隔器	9%	8%	—	—
		拆卸、组装采油辅助工具	12%	8%	—	—
		拆卸、组装举升设备	—	21%	14%	—
		拆卸、组装地面工具	—	—	7%	—
	维修、保养井下工具	钳工操作	12%	—	—	—
		维修、保养封隔器	—	—	12%	—
		维修、保养修井打捞工具	10%	15%	8%	7%
		维修、保养其他修井工具	4%	—	12%	15%
		维修、保养试压设备	—	4%	—	—
		维修、保养举升设备	—	—	—	10%
	综合管理	计算机应用	—	—	—	10%
		质量管理	—	—	—	4%
		技术文件的编写	—	—	—	2%
		培训	—	—	—	3%
合计			100%	100%	100%	100%

4.2 操作技能

项目			初级	中级	高级	技师	高级技师
技能要求	识别、检测井下工具	使用测量工具	10%	10%	—	—	—
		使用设备	5%	5%	10%	—	—
		检测井下工具	5%	10%	10%	—	—
		测绘工件	—	—	10%	25%	15%
		选择打捞工具	—	—	—	10%	—
		常用管材和工具设计	—	—	—	—	25%
	拆卸、组装井下工具	拆卸、组装封隔器	20%	20%	—	—	—
		拆卸、组装采油辅助工具	20%	5%	—	—	—
		拆卸、组装举升设备	—	5%	25%	—	—
		拆卸、组装地面工具	—	—	5%	—	—
	维修、保养井下工具	钳工操作	5%	—	—	—	—
		维修、保养封隔器	—	—	13%	—	—

续表

项目			初级	中级	高级	技师	高级技师
技能要求	维修、保养井下工具	维修、保养修井打捞工具	25%	40%	18%	5%	15%
		维修、保养其他修井工具	10%	—	9%	15%	5%
		维修、保养试压设备	—	5%	—	—	—
		维修、保养举升设备	—	—	—	10%	—
	综合管理	计算机应用	—	—	—	10%	10%
		质量管理	—	—	—	5%	5%
		技术文件的编写	—	—	—	—	5%
		培训	—	—	—	20%	20%
合计			100%	100%	100%	100%	100%

附录 2　初级工理论知识鉴定要素细目表

行业：石油天然气　　工种：井下作业工具工　　等级：初级工　　鉴定方式：理论知识

行为领域	代码	鉴定范围	鉴定比重	代码	鉴定点	重要程度	备注
基础知识A（35%）	A	井下作业基础知识（18∶9∶0）	11%	001	油井相关概念	X	
				002	油气的性质	X	
				003	井身结构的构成	X	
				004	井身结构的相关概念	Y	
				005	油气井的完井方法	Y	
				006	裸眼完井方法的特点	Y	
				007	射孔完井方法的特点	Y	上岗要求
				008	油气水井井口装置的组成	X	上岗要求
				009	油气水井井口装置的作用	X	
				010	采油树的构成	X	上岗要求
				011	采油树的安装方法	Y	上岗要求
				012	采油的方式	Y	
				013	有杆泵抽油机的基本概念	Y	
				014	游梁式抽油机的分类	Y	
				015	无游梁式抽油机的分类	X	
				016	电动潜油离心泵的结构	X	
				017	洗井作业的方式	X	
				018	压井的方法	X	
				019	压井作业的施工步骤	X	
				020	起下管柱作业操作方法	X	
				021	检泵的作业要求	X	
				022	探砂面作业的操作方法	X	
				023	冲砂作业的操作步骤	X	
				024	冲砂作业的注意事项	X	
				025	刮削作业的要求	X	
				026	通井作业的要求	X	
				027	拉力表的使用方法	Y	
	B	机械制造基础知识（32∶0∶0）	16%	001	碳素钢的分类	X	
				002	碳素钢的用途	X	
				003	合金钢的分类	X	
				004	合金钢的编号	X	

续表

行为领域	代码	鉴定范围	鉴定比重	代码	鉴定点	重要程度	备注
基础知识A（35%）	B	机械制造基础知识（32：0：0）	16%	005	合金结构钢的分类	X	
				006	合金结构钢的用途	X	
				007	合金工具钢的分类	X	
				008	合金钢的构成	X	
				009	铸铁的分类	X	
				010	铸铁的用途	X	
				011	有色金属的名称	X	
				012	金属材料的机械性能	X	
				013	金属材料的强度	X	
				014	金属材料的硬度	X	
				015	机械零件的主要失效形式	X	
				016	金属的热处理方法	X	上岗要求
				017	退火的目的	X	上岗要求
				018	退火的方法	X	上岗要求
				019	正火的方法	X	上岗要求
				020	淬火的方法	X	上岗要求
				021	回火的方法	X	上岗要求
				022	回火的作用	X	上岗要求
				023	弹簧的机械性能	X	上岗要求
				024	弹簧的加工制作方法	X	上岗要求
				025	机构“十字”保养的方法	X	上岗要求
				026	油田常用管材的分类	X	上岗要求
				027	常用套管的技术规范	X	上岗要求
				028	常用油管的技术规范	X	上岗要求
				029	图线的画法	X	上岗要求
				030	比例的标注方法	X	上岗要求
				031	三视图的投影关系	X	上岗要求
				032	三视图的位置关系	X	上岗要求
	C	安全基础知识（10：0：5）	8%	001	劳动保护的意义	Z	上岗要求
				002	劳动保护的原则	Z	上岗要求
				003	安全教育的基本形式	Z	上岗要求
				004	安全生产责任制的内容	X	上岗要求
				005	安全行为的内容	X	上岗要求
				006	安全技术的内容	X	上岗要求
				007	燃烧的条件	X	上岗要求
				008	灭火器的使用方法	X	上岗要求

续表

行为领域	代码	鉴定范围	鉴定比重	代码	鉴定点	重要程度	备注
基础知识A（35%）	C	安全基础知识（10：0：5）	8%	009	工具工的安全操作规程	X	上岗要求
				010	起重设备的安全操作规程	X	上岗要求
				011	QHSE 管理体系的内容	Z	
				012	QHSE 管理体系的目的	Z	
				013	常用的电工名词	X	
				014	临时接线的安全要求	X	
				015	用电设备的使用安全要求	X	
专业知识B（65%）	A	使用测量工具（22：0：0）	11%	001	钢板尺的使用方法	X	上岗要求
				002	钢卷尺的使用方法	X	上岗要求
				003	卡钳的分类	X	上岗要求
				004	卡钳的使用方法	X	上岗要求
				005	游标卡尺的结构	X	上岗要求
				006	游标卡尺的读数原理	X	上岗要求
				007	游标卡尺的使用方法	X	上岗要求
				008	游标卡尺的保养方法	X	上岗要求
				009	万能角度尺的读数方法	X	上岗要求
				010	万能角度尺的使用方法	X	上岗要求
				011	水平仪的构成	X	上岗要求
				012	水平仪的使用方法	X	上岗要求
				013	千分尺的使用方法	X	上岗要求
				014	千分尺的用途	X	上岗要求
				015	划规的构成	X	上岗要求
				016	划规的用途	X	上岗要求
				017	划规的使用方法	X	上岗要求
				018	划线的方法	X	上岗要求
				019	划线的技巧	X	上岗要求
				020	法定长度计量单位	X	
				021	法定质量计量单位	X	
				022	法定压力计量单位	X	
	B	使用设备（5：1：0）	3%	001	压力表的安装要求	X	
				002	压力表的使用注意事项	X	
				003	千斤顶的使用方法	Y	
				004	YNJ-160/8 液压拧扣机的技术规范	X	
				005	试压泵的连接方法	X	
				006	试压泵的使用方法	X	

续表

行为领域	代码	鉴定范围	鉴定比重	代码	鉴定点	重要程度	备注
专业知识B（65%）	C	检测井下工具（7：1：0）	4%	001	杆式泵的分类	Y	
				002	抽油泵型号的表示方法	X	
				003	管式泵的特点	X	
				004	管式泵的结构	X	
				005	抽油泵的技术要求	X	
				006	抽油泵的检测方法	X	
				007	抽油泵的检修方法	X	
				008	深井泵的使用要求	X	
	D	拆卸、组装封隔器（11：0：0）	9%	001	封隔器的作用	X	
				002	封隔器的分类	X	
				003	封隔器的分类代号	X	
				004	封隔器的使用要求	X	
				005	封隔器的支撑方式代号	X	
				006	封隔器的坐封方式代号	X	
				007	封隔器的解封方式代号	X	
				008	Y111 型封隔器的基本参数	X	
				009	Y211 型封隔器的基本参数	X	
				010	Y341 型封隔器的工作原理	X	
				011	Y341-114 型封隔器的基本参数	X	
				012	Y344 型封隔器的工作原理	X	
				013	Y344 型封隔器的基本参数	X	
				014	K344 型封隔器的工作原理	X	
				015	K344 型封隔器的技术参数	X	
				016	组装 Y341 型封隔器的方法	X	上岗要求
				017	K344 型封隔器的质量检验标准	X	
	E	拆卸组装采油辅助工具（20：0：0）	12%	001	控制类工具的型式代号	X	
				002	固定式分层配水工具的技术规范	X	
				003	活动式分层配水工具的技术规范	X	
				004	KPX-113 型偏心配水器的技术规范	X	上岗要求
				005	KPS-114 型喷砂器的技术规范	X	上岗要求
				006	KPS-114 型导压式喷砂器的技术规范	X	上岗要求
				007	KDK 安全接头的技术规范	X	
				008	KHT-110 常闭开关的技术规范	X	
				009	自封封井器的用途	X	
				010	半封封井器的使用方法	X	
				011	全封封井器的结构	X	

续表

行为领域	代码	鉴定范围	鉴定比重	代码	鉴定点	重要程度	备注
专业知识B（65%）	E	拆卸组装采油辅助工具（24：0：0）	12%	012	活动弯头的用途	X	
				013	管钳的用途	X	
				014	常用管钳的技术规范	X	
				015	管钳的维护保养方法	X	
				016	管钳的使用方法	X	
				017	油管钳的维护保养方法	X	
				018	桌虎钳的使用方法	X	
				019	活动扳手的常用规格	X	
				020	活动扳手的使用方法	X	
	F	钳工操作（25：0：0）	12%	001	钳工操作的主要工作内容	X	
				002	錾子的分类	X	
				003	錾子的使用方法	X	
				004	錾削的注意事项	X	
				005	锉刀的分类	X	
				006	锉削的方法	X	
				007	锉刀的保养方法	X	
				008	钳工刮削的种类	X	
				009	平面刮削的操作步骤	X	
				010	刮刀的使用方法	X	
				011	麻花钻的结构	X	
				012	麻花钻的特点	X	
				013	钻孔的基本方法	X	
				014	钻孔的注意事项	X	
				015	铰刀的种类	X	
				016	铰孔的方法	X	
				017	锯削的操作方法	X	
				018	常用的攻螺纹工具	X	
				019	螺纹的种类	X	
				020	攻螺纹的基本方法	X	
				021	套螺纹的工具	X	
				022	套螺纹的基本方法	X	
				023	常用的研具	X	
				024	常用的研具材料	X	
				025	常用的研磨剂	X	
	G	维修、保养修井打捞工具（20：0：0）	10%	001	修井打捞工具的种类	X	上岗要求
				002	铅模的使用方法	X	上岗要求

续表

行为领域	代码	鉴定范围	鉴定比重	代码	鉴定点	重要程度	备注
专业知识B（65%）	G	维修、保养修井打捞工具（20：0：0）	10%	003	开窗打捞筒的用途	X	
				004	抽油杆打捞筒的分类	X	
				005	钻杆接头的种类	X	
				006	修井公锥的常用规格	X	
				007	公锥的结构	X	上岗要求
				008	公锥的工作原理	X	上岗要求
				009	公锥打捞的操作方法	X	
				010	母锥的结构	X	上岗要求
				011	母锥的工作原理	X	上岗要求
				012	母锥的操作方法	X	
				013	滑块式打捞矛的结构	X	上岗要求
				014	滑块式打捞矛的主要技术规范	X	上岗要求
				015	滑块式打捞矛的工作原理	X	上岗要求
				016	滑块式打捞矛的操作方法	X	
				017	滑块式打捞矛的保养方法	X	上岗要求
				018	可退式打捞矛的工作原理	X	上岗要求
				019	卡瓦打捞筒的结构	X	上岗要求
				020	卡瓦打捞筒的操作方法	X	
	H	维修、保养其他修井工具（8：0：0）	4%	001	通径规的常用规格	X	上岗要求
				002	通径规的保养方法	X	上岗要求
				003	常用吊卡的种类	X	
				004	吊卡的用途	X	
				005	吊卡型号的表示方法	X	
				006	常用吊卡的结构	X	
				007	吊卡加工的特殊要求	X	
				008	安全卡瓦的使用方法	X	

注：X—核心要素；Y—一般要素；Z—辅助要素。

附录 3 初级工操作技能鉴定要素细目表

行业:石油天然气　工种:井下作业工具工　等级:初级工　鉴定方式:操作技能

行为领域	代码	鉴定范围	鉴定比重	代码	鉴定点	重要程度
操作技能A(100%)	A	识别、检测井下工具	30%	001	测量油管、套管、变扣接头规格	X
				002	测量可退式打捞矛规格	X
				003	检查抽油泵质量、外观	X
				004	初步检修抽油泵	X
	B	拆卸、组装井下工具	35%	001	组装 Y111-114 型封隔器	Y
				002	拆卸 Y211-114 型封隔器	X
				003	拆卸 Y341-114 型封隔器	X
				004	组装 Y341-114 型封隔器	X
				005	拆卸 K344-114 型封隔器	X
				006	组装 K344-114 型封隔器	X
				007	拆装整筒式抽油泵	X
				008	组装 KGD-110 节流器	X
				009	组装 KQS-110 配产器	Y
				010	组装 KPS-114 喷砂器	X
	C	维修、保养井下工具	35%	001	在 ϕ40mm×15mm 工件中心钻孔、攻 M10 普通螺纹	X
				002	检修公锥	X
				003	检修母锥	X
				004	检修滑块打捞矛	X
				005	检修可退式打捞矛	X
				006	检修卡瓦打捞筒	X
				007	检修月牙式油管吊卡	X

注:X—核心要素;Y——般要素;Z—辅助要素。

附录4 中级工理论知识鉴定要素细目表

行业：石油天然气　　工种：井下作业工具工　　等级：中级工　　鉴定方式：理论知识

行为领域	代码	鉴定范围	鉴定比重	代码	鉴定点	重要程度
基础知识 A (30%)	A	井下作业一般知识 (12∶5∶3)	10%	001	油、气、水井的相关术语	X
				002	油井的主要采出方式	X
				003	压井方式	X
				004	替喷方法	X
				005	常见防喷器的型号表示	Y
				006	常见防喷器的工作原理	Y
				007	常见防喷器的使用	X
				008	旋塞阀的应用	X
				009	常见防喷器的维护	X
				010	防喷器常见故障的排除	X
				011	井控技术	Y
				012	井下作业井控技术规程	X
				013	油层出砂的危害	Z
				014	冲砂的概念	Y
				015	油井出水原因	X
				016	油井出水的预防	X
				017	油井找水技术	X
				018	常用通径规的技术规范	Y
				019	影响酸化效果的因素	Z
				020	使用铅模的注意事项	Z
	B	机械制造基础知识 (11∶5∶4)	10%	001	机械传动的应用	X
				002	链传动的原理	Y
				003	齿轮传动的原理	X
				004	螺旋传动的原理	Y
				005	蜗轮蜗杆传动的原理	Y
				006	金属晶体的结构	X
				007	合金的组织结构	X
				008	铁碳合金的应用	X
				009	黑色金属的性能	Z
				010	有色金属的性能	Z

续表

行为领域	代码	鉴定范围	鉴定比重	代码	鉴定点	重要程度
基础知识A（30%）	B	机械制造基础知识（11：5：4）	10%	011	金属材料的分类	X
				012	金属材料的基本性能	X
				013	金属材料的机械加工性能	X
				014	金属的物理热处理	X
				015	金属的化学热处理	X
				016	强度的概念	X
				017	碳素结构钢的性能	Y
				018	特种钢的应用	Z
				019	合金钢的应用	Z
				020	金属材料的理化性能	Y
	C	QHSE 知识（15：3：2）	10%	001	标准化的意义	X
				002	质量认证的概念	Y
				003	全面质量管理的特点	Y
				004	ISO 14001 环境管理体系的构成	X
				005	PDCA 动态循环的意义	Z
				006	ISO 9000 的核心	X
				007	ISO 9001 的意义	Y
				008	ISO 9001 管理原则	X
				009	QHSE 管理体系的构成	Z
				010	HSE 管理体系危害识别	X
				011	安全生产责任制的作用	X
				012	起重设备的安全问题	X
				013	干粉灭火器的使用	X
				014	日常用电知识	X
				015	简单电路	X
				016	防触电的一般方法	X
				017	人体触电的方式	X
				018	触电急救措施	X
				019	常用的灭火方法	X
				020	工具工安全操作规定	X
专业知识B（70%）	A	使用测量工具（4：5：0）	4%	001	钢卷尺的应用范围	X
				002	外径千分尺的校准	X
				003	外径千分尺的应用范围	X
				004	内径百分表的校准	Y
				005	内径百分表的使用	Y

续表

行为领域	代码	鉴定范围	鉴定比重	代码	鉴定点	重要程度
专业知识 B（70%）	A	使用测量工具（4：5：0）	4%	006	压力表的安装操作	X
				007	压力表常见问题的处理	Y
				008	螺纹量规的类型	Y
				009	万用表的使用方法	Y
	B	使用设备（7：1：0）	4%	001	液压动力钳的工作原理	X
				002	液压动力钳的结构	X
				003	液压动力钳的技术规范	X
				004	液压动力钳的使用方法	X
				005	液压动力钳的故障排除	X
				006	螺杆钻具的结构	X
				007	螺杆钻具的主要技术参数	X
				008	震击器的工作原理	Y
	C	检测井下工具（9：1：1）	6%	001	磁力打捞器的用途	Y
				002	磁力打捞器的结构	X
				003	防脱式套管刮削器的技术规范	X
				004	作业常用扳手的使用方法	X
				005	作业常用扳手的保养	Z
				006	控制工具的分类及型号编制方法	X
				007	油管通径规的工作原理	X
				008	油管通径规的使用方法	X
				009	抽油杆接箍的类型	X
				010	印模的分类	X
				011	印模打印施工方法	X
	D	拆卸、组装封隔器（15：1：0）	8%	001	封隔器的相关术语	X
				002	封隔器检修的注意事项	X
				003	组装 Y445 型封隔器	X
				004	组装 Y445 型封隔器的技术要求	X
				005	Y445 型封隔器的性能指标	X
				006	可钻桥塞的原理	X
				007	组装 Y347 型封隔器	X
				008	组装 Y347 型封隔器的技术要求	X
				009	Y347 型封隔器的性能指标	X
				010	组装 Y344 型封隔器	X
				011	组装 Y344 型封隔器的技术要求	X
				012	Y211 型封隔器的工作原理	X

续表

行为领域	代码	鉴定范围	鉴定比重	代码	鉴定点	重要程度
专业知识B（70%）	D	拆卸、组装封隔器（15：1：0）	8%	013	组装 Y211 型封隔器	X
				014	Y221 型封隔器的工作原理	X
				015	Y541 型封隔器的工作原理	X
				016	封隔器坐封高度的计算	Y
	E	拆卸、组装采油辅助工具（15：2：0）	8%	001	水力锚的结构及原理	X
				002	水力锚的技术参数	Y
				003	抽油杆扶正器的选用	X
				004	R-2 型注汽封隔器的原理	X
				005	JBR-Ⅱ型井下热胀补偿器的原理	X
				006	偏心配水器的试验方法	X
				007	工作筒组装步骤	X
				008	YNJ-160/8 型液压扭扣机的使用方法	X
				009	分层配水堵塞器组装步骤	X
				010	同心集成式细分注水工艺管柱的特点	Y
				011	吊环的技术规范	X
				012	吊卡的技术规范	X
				013	吊钳的技术规范	X
				014	井下作业用阀门的使用方法	X
				015	KPS-114 型喷砂器的使用方法	X
				016	梨形磨铣鞋的结构	X
				017	梨形磨铣鞋的使用方法	X
	F	拆卸、组装举升设备（35：6：0）	21%	001	抽油泵的型号	X
				002	管式抽油泵的用途	X
				003	管式抽油泵的工作原理	X
				004	抽油泵的试验标准	X
				005	抽油泵的试验设备	X
				006	抽油泵的试压试验	X
				007	抽油泵组装的技术要求	X
				008	抽油泵组装的质量要求	X
				009	抽油泵的常见故障	X
				010	抽油泵的故障预防	Y
				011	抽油泵的故障排除	X
				012	抽油泵的检修	X
				013	抽油泵检修的技术要求	X
				014	杆式抽油泵的结构	

续表

行为领域	代码	鉴定范围	鉴定比重	代码	鉴定点	重要程度
专业知识B（70%）	F	拆卸、组装举升设备（35：6：0）	21%	015	杆式抽油泵的工作原理	X
				016	防砂卡抽油泵的结构	X
				017	防砂卡抽油泵的工作原理	X
				018	防防砂卡抽油泵的特点	X
				019	防砂卡抽油泵的技术参数	X
				020	特种抽油泵的结构	X
				021	螺杆泵的基本结构	X
				022	螺杆泵采油的技术特点	X
				023	螺杆泵的工作原理	X
				024	螺杆泵的型号	X
				025	螺杆泵的工作特性	X
				026	螺杆泵的质量检测方法	X
				027	螺杆泵的橡胶特性	X
				028	螺杆泵的性能判断	X
				029	螺杆泵转子的构造	X
				030	螺杆泵水力特性检测标准	Y
				031	潜油电泵的工作原理	X
				032	潜油电动机的工作原理	X
				033	潜油电泵的基本参数	Y
				034	潜油电泵的型号表示方法	X
				035	潜油电泵的主要零部件	X
				036	潜油电泵的组装	X
				037	潜油电泵的拆检	X
				038	潜油电泵油气分离器的工作原理	X
				039	潜油电泵油气分离器的结构	Y
				040	潜油电泵电力电缆的基本参数	Y
				041	起下潜油电泵的质量标准	Y
				042	采油树的结构	X
	G	维修、保养修井打捞工具（29：2：0）	15%	001	胶筒式套管刮削器的结构	X
				002	胶筒式套管刮削器的技术参数	X
				003	胶筒式套管刮削器的检修保养	X
				004	胶筒式套管刮削器的使用	X
				005	水力打捞矛的工作原理	X
				006	水力打捞矛的使用	X
				007	水力打捞矛的检修保养	X

续表

行为领域	代码	鉴定范围	鉴定比重	代码	鉴定点	重要程度
专业知识B（70%）	G	维修、保养修井打捞工具（29∶2∶0）	15%	008	可退式打捞矛的使用	X
				009	可退式打捞矛的检修保养	X
				010	伸缩式打捞矛的使用	X
				011	伸缩式打捞矛的检修保养	X
				012	提放式分瓣打捞矛的使用	X
				013	提放式分瓣打捞矛的检修保养	X
				014	可退式倒扣打捞矛的结构与工作原理	X
				015	可退式倒扣打捞矛的使用	X
				016	提放式倒扣打捞矛的使用	X
				017	提放式倒扣打捞矛的检修保养	X
				018	倒扣套铣矛的使用	X
				019	倒扣套铣矛的检修保养	X
				020	接箍打捞矛的结构	X
				021	接箍打捞矛的使用	Y
				022	接箍打捞矛的检修保养	Y
				023	可退式卡瓦打捞筒的使用	X
				024	可退式卡瓦打捞筒的检修保养	X
				025	双片式卡瓦打捞筒的结构及工作原理	X
				026	篮式卡瓦打捞筒的使用	X
				027	螺旋式卡瓦打捞筒的使用	X
				028	多功能打捞筒的结构及原理	X
				029	多功能打捞筒的使用	X
				030	多功能打捞筒的检修保养	X
				031	开窗式打捞筒的检修保养	X
	H	维修、保养试压设备（7∶0∶0）	4%	001	试压泵的用途	X
				002	试压泵的结构	X
				003	试压泵技术参数	X
				004	试压泵的使用注意事项	X
				005	试压泵的保养	X
				006	试压泵的故障分析	X
				007	试压泵的故障排除	X

注：X—核心要素；Y——般要素；Z—辅助要素。

附录5 中级工操作技能鉴定要素细目表

行业：石油天然气　　工种：井下作业工具工　　等级：中级工　　鉴定方式：操作技能

行为领域	代码	鉴定范围	鉴定比重	代码	鉴定点	重要程度
操作技能A（100%）	A	识别、检测井下工具	25%	001	检修液压动力钳	X
				002	根据井下工具装配图简述其结构、工作原理和组装步骤	Y
				003	测量确定整筒抽油泵规格	X
				004	检测滑块打捞矛	X
				005	检测可退式打捞矛	X
	B	拆卸、组装井下工具	30%	001	组装 Y221-114 型封隔器	X
				002	组装 Y341-114 型封隔器	X
				003	组装 Y211-114 型封隔器	X
				004	组装 Y344-114 型封隔器	Y
				005	检测 SLM-114 型水力锚	Y
				006	组装保养抽油泵	X
	C	维修、保养井下工具	45%	001	检修、操作 SY-600B 型试压泵	X
				002	检修油管接箍打捞矛	X
				003	检修伸缩式打捞矛	X
				004	检修提放式分瓣打捞矛	X
				005	检修提放式倒扣打捞矛	X
				006	检修螺旋式卡瓦打捞筒	X
				007	检修双片式卡瓦打捞筒	X
				008	检修篮式卡瓦打捞筒	Y
				009	维修保养胶筒式套管刮削器	Z

注：X—核心要素；Y——般要素；Z—辅助要素。

附录 6 高级工理论知识鉴定要素细目表

行业:石油天然气　　工种:井下作业工具工　　等级:高级工　　鉴定方式:理论知识

行为领域	代码	鉴定范围	鉴定比重	代码	鉴定点	重要程度	备注
基础知识 A (26%)	A	井下作业基础知识 (20∶3∶0)	14%	001	砂卡的定义	X	JS
				002	砂卡的原因	Y	JS
				003	水泥卡的定义	X	JS
				004	水泥卡的原因	X	JS
				005	落物卡的定义	X	
				006	落物卡的原因	Y	JD/JS
				007	套管变形卡的定义	X	
				008	套管变形卡的原因	X	
				009	解除砂卡的方法	Y	JS
				010	落物卡钻事故的处理方法	X	
				011	水泥卡的处理方法	X	
				012	套管卡钻的处理方法	X	
				013	打捞作业的分类	X	JS
				014	打捞的基本原则	X	JS
				015	铅模调查的要求	X	
				016	打捞的操作方法	X	JS
				017	油层压裂的原理	X	JD
				018	油层压裂的术语	X	
				019	压裂施工的工序要求	X	
				020	压裂施工的安全措施	X	
				021	油层酸化的原理	X	
				022	酸化施工的工序要求	X	
				023	酸化工艺技术	X	
	B	机械制造基础知识 (4∶6∶0)	6%	001	局部视图的表示法	X	
				002	斜视图的表示法	X	
				003	剖视图的表示法	Y	
				004	剖面图的表示法	X	
				005	尺寸链的概念	X	
				006	表面粗糙度的概念	Y	
				007	尺寸公差的标注	Y	

续表

行为领域	代码	鉴定范围	鉴定比重	代码	鉴定点	重要程度	备注
基础知识A（26%）	B	机械制造基础知识（4：6：0）	6%	008	形状公差的标注	Y	
				009	位置公差的标注	Y	
				010	公差配合的种类	Y	
	C	安全环保基础知识（9：1：0）	6%	001	常用气焊设备的一般安全规定	X	
				002	气焊设备的安全操作规程	X	JS
				003	ISO 14001 环境管理体系的意义	X	
				004	HSE 管理体系的基本知识	X	
				005	质量管理体系标准化的意义	X	
				006	HSE 管理体系的相关术语	Y	
				007	HSE 应急管理体系的基本知识	X	
				008	HSE 培训体系的基本知识	X	
				009	HSE 管理岗位职责	X	
				010	防尘防毒的基本措施	X	
专业知识B（74%）	A	使用设备（4：3：3）	6%	001	试压泵的使用方法	X	
				002	YNJ-160/8 液压拧扣机的介绍	X	
				003	液压扭扣机的液压油缸故障分析	X	JD/JS
				004	液压扭扣机的液压油缸故障排除	X	JS
				005	手动葫芦的使用	Y	
				006	手工气焊的使用	Y	
				007	电焊机的种类	Y	JD
				008	常用手工电焊机的使用方法	Z	
				009	焊条的选择	Z	
				010	焊接修井工具的基本要求	Z	
	B	检测井下工具（10：2：0）	7%	001	机械式内割刀的功能	X	
				002	机械式内割刀的技术规范	X	JD
				003	水力式内割刀的功能	X	JD
				004	水力式内割刀的技术规范	X	
				005	机械式外割刀的工作原理	X	
				006	机械式外割刀的结构及用途	X	
				007	机械式外割刀的技术规范	Y	
				008	机械式外割刀的使用和维修保养	X	
				009	水力式外割刀的功能	X	
				010	水力式外割刀的技术规范	X	
				011	水力式外割刀的使用	X	
				012	刮刀钻头的使用	Y	

续表

行为领域	代码	鉴定范围	鉴定比重	代码	鉴定点	重要程度	备注
专业知识B（74%）	C	测绘工件（13：0：0）	8%	001	零件图的画法	X	
				002	主视图的选择	X	
				003	零件图的尺寸标注方法	X	
				004	基准尺寸的标注方法	X	
				005	零件图的测绘步骤	X	JD
				006	零件图的尺寸标注	X	
				007	看零件图的方法	X	
				008	按加工工艺标注尺寸的方法	X	
				009	按测量要求标注零件图尺寸的方法	X	
				010	螺纹的规定画法	X	
				011	螺纹连接的画法	X	
				012	常用的测量方法	X	
				013	尺寸测量中应注意的问题	X	
	D	拆卸、组装举升设备（13：3：4）	13%	001	抽油泵的检验工具	X	JD/JS
				002	影响泵效的因素	Y	
				003	柱塞与泵筒间隙的测量	X	
				004	抽油泵漏失量的测量	X	
				005	抽油泵整体密封的测量	X	
				006	常规有杆抽油泵介绍	Z	
				007	特殊有杆抽油泵介绍	Z	
				008	检泵的种类	Z	
				009	探砂面的注意事项	Z	
				010	组配下井油管柱的要点	X	
				011	下泵的操作注意事项	Y	
				012	检泵的质量标准	X	JD
				013	螺杆泵的故障诊断	X	
				014	螺杆泵的故障排除	X	JD
				015	螺杆泵的检修	Y	JD/JS
				016	螺杆泵的保养	X	JD
				017	潜油电泵的常见故障	X	
				018	潜油电泵常见故障的排除	X	JS
				019	潜油电泵的检修	X	
				020	潜油电泵的保养	X	
	E	拆卸、组装地面工具（8：4：0）	7%	001	自封封井器的技术规范	X	
				002	手动闸板防喷器的分类	X	

续表

行为领域	代码	鉴定范围	鉴定比重	代码	鉴定点	重要程度	备注
专业知识B（74%）	E	拆卸、组装地面工具（8：4：0）	7%	003	手动闸板防喷器的结构	X	
				004	手动闸板防喷器的工作原理	X	
				005	手动闸板防喷器的使用方法	X	
				006	手动单闸板防喷器的介绍	Y	
				007	手动双闸板防喷器的介绍	X	
				008	手动单闸板防喷器的使用注意事项	X	
				009	手动单闸板防喷器的维护保养	X	
				010	井口装置的维护保养	Y	
				011	转盘的技术规范	Y	
				012	游车大钩的常见故障	Y	
	F	维修保养封隔器（18：0：0）	12%	001	封隔器检修的注意事项	X	
				002	检修 Y341 型封隔器	X	JD
				003	检修 K344 型封隔器	X	JD
				004	检修 Y445 型封隔器	X	JS
				005	Y341 型封隔器的故障诊断	X	
				006	K344 型封隔器的故障诊断	X	
				007	封隔器整体密封的测量	X	
				008	封隔器的坐封压力	X	
				009	封隔器洗井的工作原理	X	
				010	油水井窜槽的原因	X	
				011	油水井窜槽的危害	X	JD
				012	封隔器找窜的方法	X	
				013	声幅测井找窜的方法	X	
				014	同位素测井找窜的方法	X	
				015	低压井封隔器找窜的方法	X	
				016	高压井封隔器找窜的方法	X	JS
				017	循环水泥法封窜的操作方法	X	
				018	挤入法封窜的操作方法	X	
	G	维修保养修井打捞工具（11：2：0）	8%	001	偏心式抽油杆接箍捞筒的用途	Y	JD
				002	偏心式抽油杆接箍捞筒的技术规范	X	
				003	偏心式抽油杆接箍捞筒的维修保养	X	
				004	三球打捞器的用途	X	
				005	三球打捞器的结构及技术规范	Y	
				006	三球打捞器的维修保养	X	
				007	测井仪器打捞器的用途	X	JS

续表

行为领域	代码	鉴定范围	鉴定比重	代码	鉴定点	重要程度	备注
专业知识B（74%）	G	维修保养修井打捞工具（11：2：0）	8%	008	测井仪器打捞器的维修保养	X	JS
				009	短鱼头打捞筒的技术规范	X	
				010	短鱼头打捞筒的工作原理	X	JD
				011	短鱼头打捞筒的维修保养	X	
				012	可退式打捞筒的维修保养	X	
				013	组合式抽油杆打捞筒的维修保养	X	
	H	维修保养其他修井工具（19：0：0）	13%	001	平底磨鞋的用途	X	JD
				002	平底磨鞋的结构	X	
				003	平底磨鞋的工作原理	X	
				004	平底磨鞋的技术规范	X	JS
				005	平底磨鞋的操作方法及注意事项	X	JS
				006	凹面磨鞋的用途	X	
				007	凹面磨鞋的结构	X	JD
				008	凹面磨鞋的工作原理	X	
				009	凹面磨鞋的技术规范	X	
				010	凹面磨鞋的使用注意事项	X	
				011	梨形胀管器的基本结构	X	
				012	梨形胀管器的工作原理	X	
				013	梨形胀管器的使用方法	X	
				014	梨形胀管器的使用注意事项	X	
				015	弹簧式套管刮削器的维修保养	X	
				016	偏心棍子整形器的维修保养	X	
				017	鱼顶修整器的结构	X	
				018	鱼顶修整器的工作原理	X	
				019	鱼顶修整器的维修保养	X	

注：X—核心要素；Y——一般要素；Z—辅助要素。

附录7　高级工操作技能鉴定要素细目表

行业:石油天然气　　工种:井下作业工具工　　等级:高级工　　鉴定方式:操作技能

行为领域	代码	鉴定范围	鉴定比重	代码	鉴定点	重要程度
操作技能A（100%）	A	识别、检测井下工具	30%	001	检修保养液压动力钳	X
				002	检修液压油缸	X
				003	检修机械式内割刀	X
				004	检修机械式外割刀	X
				005	测绘零部件	X
				006	根据装配图拆画零件图	X
	B	拆卸、组装井下工具	30%	001	检修抽油泵	X
				002	检验抽油泵质量	X
				003	测量确定修复后抽油泵等级	X
				004	研磨修复抽油泵阀座	X
				005	检修螺杆泵	X
				006	拆卸、组装单闸板防喷器	X
	C	维修、保养井下工具	40%	001	检修 Y111-114 封隔器	X
				002	检修 Y344-114 封隔器	X
				003	检修 K344-114 封隔器	X
				004	检修可退式打捞筒	X
				005	检修组合式抽油杆打捞筒	X
				006	检修偏心式抽油杆接箍捞筒	X
				007	检修短鱼头打捞筒	X
				008	检修弹簧式套管刮削器	X
				009	检修偏心辊子整形器	X

注:X—核心要素;Y——般要素;Z—辅助要素。

附录 8 技师、高级技师理论知识鉴定要素细目表

行业:石油天然气　　工种:井下作业工具工　　等级:技师、高级技师　　鉴定方式:理论知识

行为领域	代码	鉴定范围	鉴定比重	代码	鉴定点	重要程度	备注
基础知识 A (21%)	A	井下作业基础知识 (12:0:0)	9%	001	油井出砂的原因	X	
				002	油井防砂的方法	X	
				003	找水施工的方法	X	
				004	油井出水的主要来源	X	
				005	封隔器找水的方法	X	JD
				006	封隔器找水的技术要求	X	JS
				007	确定堵水井的方法	X	
				008	封隔器堵水的施工要求	X	
				009	封隔器堵水的井筒准备	X	
				010	封隔器堵水的操作方法	X	JD
				011	封隔器堵水技术的应用条件	X	JD
				012	封下采上堵水的方法	X	
	B	安全基础知识 (14:0:0)	11%	001	事故预防控制的方法	X	
				002	风险管理的方法	X	JD
				003	危害因素的识别方式	X	JD
				004	风险控制的措施	X	
				005	应急预案的实施方法	X	
				006	HSE 管理体系标准的实施方法	X	JD
				007	燃烧的原理	X	
				008	爆炸的原理	X	
				009	防火防爆技术的基本原理	X	
				010	防火防爆的措施	X	
				011	气瓶的安全使用方法	X	
				012	焊割工具的安全使用方法	X	
				013	气焊的注意事项	X	
				014	气焊的有害因素	X	
专业知识 B (79%)	A	测绘工件 (17:0:0)	11%	001	零件图的主要内容	X	
				002	零件表达方案的选择	X	
				003	零件的测绘	X	
				004	零件测绘的一般步骤	X	

续表

行为领域	代码	鉴定范围	鉴定比重	代码	鉴定点	重要程度	备注
专业知识 B（79%）	A	测绘工件（18：0：0）	11%	005	装配图的内容	X	
				006	装配图的一般表达方法	X	
				007	装配图的特殊表达方法	X	
				008	装配图的尺寸标注	X	
				009	画装配图的方法	X	
				010	看装配图的方法	X	JD
				011	电子图版的用途	X	JD
				012	电子图版的特点	X	
				013	电子图版用户界面的组成	X	
				014	电子图版菜单栏的组成	X	
				015	电子图版工具栏的组成	X	
				016	电子图版的基本操作方法	X	
				017	电子图版线型的画法	X	
	B	选择修井打捞工具（19：0：0）	9%	001	井下落物的判断方法	X	JD
				002	铅印的判断方法	X	JD
				003	铅模的使用方法	X	JD
				004	管柱卡点的计算方法	X	JD/JS
				005	井下落物的分类	X	
				006	常用打捞工艺的要求	X	JD/JS
				007	管类落物打捞工具的选择	X	
				008	杆类落物打捞工具的选择	X	
				009	绳类落物打捞工具的选择	X	
				010	小件类落物打捞工具的选择	X	
				011	倒扣器的用途	X	
				012	倒扣器的结构	X	JD
				013	倒扣器的作用原理	X	
				014	倒扣器的技术规范	X	
				015	倒扣器的操作方法	X	
				016	倒扣器的使用注意事项	X	
				017	倒扣器的维修保养	X	
				018	安全接头的种类	X	
				019	安全接头的操作方法	X	
	C	常用管材和工具设计（11：0：0）	8%	001	套管螺纹的种类	X	JS
				002	套管的强度	X	JS
				003	油管螺纹的种类	X	

续表

行为领域	代码	鉴定范围	鉴定比重	代码	鉴定点	重要程度	备注
专业知识B（79%）	C	常用管材和工具设计（11：0：0）	8%	004	抽油杆的种类	X	
				005	抽油杆的强度	X	
				006	工具设计的基本步骤	X	JS
				007	工具设计的依据	X	JS
				008	工具设计的效果分析	X	
				009	井下工具的设计原则	X	JD/JS
				010	管体抗拉载荷的计算	X	JS
				011	钻杆扭转圈数的计算	X	JS
	D	维修保养举升设备（10：3：3）	10%	001	抽油井测试的目的	Z	JS
				002	抽油井测试的内容	Z	
				003	CY611 型水力式动力仪的工作原理	Z	
				004	示功图的图形特征	Y	
				005	示功图的分析方法	Y	
				006	测动液面的方法	Y	
	E	维修保养修井打捞工具（20：2：0）	7%	001	倒扣打捞筒的结构	X	
				002	倒扣打捞筒的工作原理	X	
				003	倒扣打捞筒的操作方法	X	
				004	倒扣打捞矛的用途	X	
				005	倒扣打捞矛的工作原理	X	
				006	倒扣打捞矛的操作方法	X	
				007	活动肘节的用途	X	
				008	活动肘节的原理	X	
				009	活动肘节的使用要求	X	JD
				010	倒扣安全接头的结构	X	
				011	倒扣安全接头的技术规范	X	
				012	爆炸松扣工具的结构	Y	
				013	爆炸松扣工具的的操作方法	Y	
				014	螺杆钻的结构	X	
				015	螺杆钻的工作原理	X	
				016	螺杆钻的操作方法	X	
				017	螺杆钻的使用注意事项	X	JD
				018	螺杆钻的保养方法	X	
				019	磨铣工艺的技术要求	X	JD
				020	磨铣钻压钻速的选择	X	
				021	磨铣中问题的处理方法	X	
				022	磨铣作业的注意事项	X	

续表

行为领域	代码	鉴定范围	鉴定比重	代码	鉴定点	重要程度	备注
专业知识B（79%）	F	维修保养其他修井工具（29：0：0）	16%	001	开式下击器的用途	X	
				002	开式下击器的结构	X	
				003	开式下击器的工作原理	X	JD
				004	开式下击器技术规范	X	
				005	开式下击器的操作方法	X	
				006	开式下击器的保养方法	X	
				007	地面下击器的用途	X	
				008	地面下击器的结构	X	
				009	地面下击器的工作原理	X	
				010	地面下击器技术规范	X	
				011	地面下击器的操作方法	X	
				012	地面下击器的使用注意事项	X	
				013	地面下击器的保养方法	X	
				014	液压上击器的用途	X	
				015	液压上击器的结构	X	
				016	液压上击器的工作原理	X	
				017	液压式上击器的技术规范	X	
				018	液压式上击器的操作方法	X	
				019	液压式上击器的使用注意事项	X	
				020	液压上击器的保养方法	X	
				021	倒扣下击器的结构	X	
				022	倒扣用下击器的工作原理	X	
				023	倒扣用下击器的技术规范	X	
				024	润滑式下击器的用途	X	
				025	润滑式下击器的结构	X	
				026	润滑式下击器的工作原理	X	
				027	润滑式下击器的操作方法	X	
				028	润滑式下击器的使用注意事项	X	
				029	润滑式下击器的保养方法	X	
	G	计算机应用（0：16：0）	10%	001	Word 2003 的基本操作方法	Y	
				002	编辑文本内容的操作方法	Y	
				003	文本基本格式的设置	Y	
				004	打印文本的方法	Y	
				005	用 Excel 2003 制作表格的方法	Y	
				006	编辑工作表的方法	Y	

续表

行为领域	代码	鉴定范围	鉴定比重	代码	鉴定点	重要程度	备注
专业知识B（79%）	G	计算机应用（0：16：0）	10%	007	设置工作表格式的方法	Y	
				008	管理数据的方法	Y	
				009	Excel键的使用方法	Y	
				010	打印工作表的方法	Y	
				011	Internet Explorer 6.0浏览器的使用方法	Y	
				012	浏览器主界面的组成	Y	
				013	查找Web页的方法	Y	
				014	自定义浏览器的方法	Y	
				015	读取电子邮件的方法	Y	
				016	发送电子邮件的方法	Y	
	H	质量管理（6：0：0）	4%	001	质量管理的工作程序	X	
				002	全面质量管理的特点	X	
				003	全面质量管理的工作方法	X	
				004	全面质量管理的分类	X	
				005	质量责任制的内容	X	
				006	质量责任制的要求	X	
	I	编写技术文件（3：0：0）	2%	001	封隔器堵水的方法	X	
				002	应用Y441与Y445完成封下采上堵水的方法	X	
				003	应用Y211与Y341完成封上采下堵水的方法	X	
	J	培训（4：0：1）	3%	001	制定教学大纲的方法	X	
				002	常用的教学方法	X	
				003	教学的几个重要环节	X	JD
				004	教学的考核方法	X	
				005	教育学的基本概念	Z	

注：X—核心要素；Y—一般要素；Z—辅助要素。

附录 9 技师操作技能鉴定要素细目表

行业：石油天然气　　工种：井下作业工具工　　等级：技师　　鉴定方式：操作技能

行为领域	代码	鉴定范围	鉴定比重	代码	鉴定点	重要程度
操作技能 A（100%）	A	识别、检测井下工具	40%	001	根据井内无落物卡铅印选择打捞工具	X
				002	根据井内油管落物遇卡铅印选择打捞工具	X
				003	测绘油管变扣接头	X
				004	测绘滑块打捞矛	X
				005	测绘母锥	X
				006	测绘公锥	X
				007	测绘套铣筒	X
	B	维修、保养井下工具	35%	001	识别理论示功图	Z
				002	根据示功图分析抽油泵工作状态	Z
				003	检修倒扣下击器	X
				004	检修开式下击器	X
				005	检修 Y341-114 封隔器	X
				006	检修倒扣打捞筒	X
	C	综合管理	25%	001	在 Word 中实现段落设置操作	Y
				002	制作职工档案卡	Y
				003	讲解弹簧式刮削作业施工的施工方法及技术要求	X
				004	讲解管式抽油泵结构、工作原理及使用技术要求	X
				005	讲解修井螺杆钻具结构、工作原理及使用技术要求	X
				006	讲解液压油缸结构、工作原理及使用技术要求	X
				007	结合工作岗位撰写论文	X

注：X—核心要素；Y—一般要素；Z—辅助要素。

附录 10 高级技师操作技能鉴定要素细目表

行业:石油天然气　　工种:井下作业工具工　　等级:高级技师　　鉴定方式:操作技能

行为领域	代码	鉴定范围	鉴定比重	代码	鉴定点	重要程度
操作技能A(100%)	A	识别、检测井下工具	35%	001	设计顶部活动落鱼大于套管内径的打捞工具	X
				002	设计顶部活动落鱼小于套管内径的打捞工具	X
				003	设计遇卡落物鱼顶劈裂打捞工具	X
				004	设计打捞方案	X
				005	设计封隔器堵水施工方案	Y
				006	测绘滑块打捞矛(带水眼)	X
				007	测绘油管接箍打捞矛	X
				008	测绘平底磨鞋	X
	B	维修、保养井下工具	30%	001	检修液压螺杆钻具	Z
				002	检修活动肘节	Z
				003	检修局部反循环打捞篮	X
				004	检修手动双闸板防喷器	X
	C	综合管理	35%	001	创建学生自然状况录入表单	Y
				002	使用 CAXA 2009 电子图版测绘零件	Y
				003	HSE 管理培训	X
				004	注水井作业施工质量管理培训	X
				005	讲解可退式打捞矛结构、工作原理及使用技术要求	X
				006	讲解局部反循环打捞篮结构、工作原理及使用技术要求	X
				007	讲解平底磨鞋磨铣工艺方法	X
				008	结合工作岗位撰写论文	X

注:X—核心要素;Y——般要素;Z—辅助要素。

附录 11 操作技能考核内容层次结构表

级别＼项目	操作技能				合计
	识别、检测井下工具	拆卸、组装井下工具	维修、保养井下工具	综合管理	
初级工	20 分 15～30min	40 分 40～60min	40 分 40～60min		100 分 95～150min
中级工	25 分 15～30min	30 分 40～90min	45 分 40～90min		100 分 95～210min
高级工	30 分 15～60min	30 分 40～90min	40 分 40～90min		100 分 95～240min
技师	35 分 40～90min		30 分 40～90min	35 分 40～90min	100 分 120～270min
高级技师	40 分 40～90min		20 分 40～90min	40 分 40～90min	100 分 120～270min

参 考 文 献

[1] 孙祖岭. 井下作业工具工. 北京:石油工业出版社,2004.

[2] 吴奇. 井下作业监督. 3 版. 北京:石油工业出版社,2014.

[3] 吴奇. 井下作业工程师手册. 北京:石油工业出版社,2002.

[4] 孙金瑜. 石油石化职业技能培训教程:井下作业工. 北京:石油工业出版社,2012.

[5] 白玉,王俊亮. 井下作业实用数据手册. 北京:石油工业出版社,2007.

[6] 万仁溥,罗英俊. 采油技术手册:修井工具与技术(修订本 · 第 5 分册). 北京:石油工业出版社,1989.

[7] 孙永丰. 石油工人职业技能鉴定试题库:井下作业工具工. 北京:石油工业出版社,2000.

[8] 徐灏. 机械设计手册. 北京:机械工业出版社,1992.